21 世纪数学规划教材

数学基础课系列

U0369916

解析几何

（第三版）

丘维声 编著

北京大学出版社
PEKING UNIVERSITY PRESS

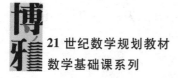

图书在版编目 (CIP) 数据

解析几何 / 丘维声编著 . — 3 版 . — 北京 : 北京大学出版社 , 2015.7
(21 世纪数学规划教材 · 数学基础课系列)
ISBN 978-7-301-25921-4

Ⅰ . ①解… Ⅱ . ①丘… Ⅲ . ①解析几何 – 高等学校 – 教材 Ⅳ . ① O182

中国版本图书馆 CIP 数据核字 (2015) 第 121214 号

本书采用出版物版权追溯防伪凭证，读者可通过手机下载 APP 扫描封底二维码，或者登录互联网查询产品信息。

书　　名 解析几何 (第三版)
著作责任者 丘维声　编著
责 任 编 辑 曾琬婷
标 准 书 号 ISBN 978-7-301-25921-4
出 版 发 行 北京大学出版社
地　　址 北京市海淀区成府路 205 号　100871
网　　址 http://www.pup.cn　新浪微博 : @ 北京大学出版社
电 子 信 箱 zpup@pup.cn
电　　话 邮购部 62752015　发行部 62750672　编辑部 62754819
印 刷 者 河北博文科技印务有限公司
经 销 者 新华书店
880 毫米 ×1230 毫米　A5　13 印张　368 千字
1988 年 6 月第 1 版
1996 年 10 月第 2 版
2015 年 7 月第 3 版　2025 年 7 月第 13 次印刷
印　　数 188751—194750 册
定　　价 52.00 元

作者简介

丘维声　1966年毕业于北京大学数学力学系；北京大学数学科学学院教授、博士生导师、全国高等学校第一届国家级教学名师，美国数学会*Mathematical Reviews*评论员，中国数学会组合数学与图论专业委员会首届常务理事，《数学通报》副主编，教育部高等学校数学与力学教学指导委员会(第一、二届)委员.

出版著作43部，发表教学研究论文23篇，编写的具有代表性的优秀教材有：《高等代数(上、下册)——大学高等代数课程创新教材》(清华大学出版社，2010年，“十二五”普通高等教育本科国家级规划教材，北京市高等教育精品教材重大立项项目)，《高等代数(上、下册)(第一、二、三版)》(高等教育出版社，1996年，2002年，2003年，2015年，普通高等教育“九五”教育部重点教材，普通高等教育“十五”国家级规划教材)，《高等代数》(科学出版社，2013年，普通高等教育“十二五”规划教材)，《解析几何(第一、二版)》(北京大学出版社，1988年，1996年)，《抽象代数基础》(高等教育出版社，2003年)，《近世代数》(北京大学出版社，2015年)，《群表示论》(高等教育出版社，2011年)，《数学的思维方式和创新》(北京大学出版社，2011年)，《简明线性代数》(北京大学出版社，2002年，普通高等教育“十一五”国家级规划教材，北京高等教育精品教材)，《有限群和紧群的表示论》(北京大学出版社，1997年)，《高等代数学习指导书(上、下册)》(清华大学出版社，2005年，2009年)等.

从事代数组合论、群表示论、密码学的研究，在国内外学术刊物上发表科学研究论文46篇；承担国家自然科学基金重点项目2项，主持国家自然科学基金面上项目3项.

获全国高等学校第一届国家级教学名师奖，3次被评为北京大学最受学生爱戴的十佳教师，获北京市高等学校教学成果一等奖、宝钢教育奖优秀教师特等奖、北京大学杨芙清-王阳元院士教学科研特等奖，被评为北京市科学技术先进工作者、全国电视大学优秀主讲教师，3次获北京大学教学优秀奖等.

内容简介

本书是根据作者多年来在北京大学数学科学学院讲授“解析几何”课程的讲稿补充编写而成的，主要讲述解析几何的基本内容和基本方法，内容包括：几何空间的线性结构和度量结构、空间直线和平面、常见曲面、坐标变换、二次曲线方程的化简及其类型和性质、正交变换、仿射变换、射影平面和射影变换等．本书注意培养读者的空间想象能力，论证严谨而简明，叙述深入浅出、条理清楚，注意讲清楚所讨论问题的来龙去脉．书中有适量例题且每节都配有习题，书末附有习题答案与提示．

本书第二版自 1996 年出版以来，受到了广大读者的肯定和欢迎，印刷了 22 次，共发行了约 10 万册．这次修订保持了第二版的诸多优点，并结合了近 20 年来作者在“解析几何”课程教学改革上的经验积累和深刻思考；调整了部分结构，修改了某些章节的内容，使其更易于读者理解与掌握，便于教学与自学．

本书可作为综合性大学、理工科大学和高等师范院校本科生“解析几何”课程的教材，也可供其他学习“解析几何”课程的广大读者作为教材或教学参考书．

第三版前言

本书这次修订主要是加强和突出了以下几个方面：

1. 强调以研究几何空间的线性结构和度量结构以及图形的性质、分类为主线.

几何空间既可以看做所有点构成的集合，又可以看做以定点 O 为起点的所有定位向量构成的集合(或者空间中所有向量构成的集合，此时方向相同且长度相等的向量称为相等的向量). 由于向量有加法(三角形法则)和数量乘法两种运算，并且满足 8 条运算法则，因此几何空间中只要取定了三个不共面的向量 $\boldsymbol{d}_1$，$\boldsymbol{d}_2$，$\boldsymbol{d}_3$，那么每一个向量 $\boldsymbol{c}$ 可以表示成 $\boldsymbol{d}_1$，$\boldsymbol{d}_2$，$\boldsymbol{d}_3$ 的线性组合，并且表示方式唯一. 这就给出了几何空间的线性结构，即每一个向量 $\boldsymbol{c}$ 可以表示成 $\boldsymbol{c}=k_1\boldsymbol{d}_1+k_2\boldsymbol{d}_2+k_3\boldsymbol{d}_3$，且表示法唯一. $\boldsymbol{d}_1$，$\boldsymbol{d}_2$，$\boldsymbol{d}_3$ 称为一个基，有序数组 $(k_1,k_2,k_3)^{\mathrm{T}}$(右上角加"T"表示写成一列)称为向量 $\boldsymbol{c}$ 在基 $\boldsymbol{d}_1$，$\boldsymbol{d}_2$，$\boldsymbol{d}_3$ 下的坐标. 在几何空间中取定一个点 O，则 $[O;\boldsymbol{d}_1,\boldsymbol{d}_2,\boldsymbol{d}_3]$ 称为一个仿射坐标系. 向量 $\overrightarrow{OP}$ 在基 $\boldsymbol{d}_1$，$\boldsymbol{d}_2$，$\boldsymbol{d}_3$ 下的坐标称为点 P 在这个仿射坐标系中的坐标. 向量 $\overrightarrow{PQ}$ 的坐标等于终点 Q 的坐标减去起点 P 的坐标. 这样在仿射坐标系 $[O;\boldsymbol{d}_1,\boldsymbol{d}_2,\boldsymbol{d}_2]$ 中，点和向量都有了坐标. 如果 $\boldsymbol{e}_1$，$\boldsymbol{e}_2$，$\boldsymbol{e}_3$ 是两两垂直的单位向量，那么 $[O;\boldsymbol{e}_1,\boldsymbol{e}_2,\boldsymbol{e}_3]$ 称为直角坐标系. 几何空间的线性结构好比构筑了一个多功能的舞台，从而在这舞台上可以演出绚丽多彩的"几何戏剧".

为了解决几何空间中有关长度、角度、垂直、面积、体积等的度量问题，除了需要有几何空间的线性结构外，还需要有几何空间的度量结构. 向量的内积的定义中包含了长度、角度的概念. 从内积的定义立即得出向量的内积具有对称性和正定性. 为了使内积能真正用来解决有关长度、角度和垂直等的度量问题，需要内积与几何空间的线性结构相容，即要求内积具有线性性：

$$(\boldsymbol{a}+\boldsymbol{c})\cdot\boldsymbol{b}=\boldsymbol{a}\cdot\boldsymbol{b}+\boldsymbol{c}\cdot\boldsymbol{b},\quad(\lambda\boldsymbol{a})\cdot\boldsymbol{b}=\lambda(\boldsymbol{a}\cdot\boldsymbol{b}).$$

为了证明向量的内积的确具有线性性，我们的方法如下：从内积的定义受到启发，我们引出了在轴 l（其单位方向向量为 $\boldsymbol{e}$）上的正投影的概念．过轴 l 上的原点 O 作与 l 垂直的平面 π，在平面 π 上取两个互相垂直的单位向量 $\boldsymbol{e}_2$，$\boldsymbol{e}_3$，于是 $[O;\boldsymbol{e},\boldsymbol{e}_2,\boldsymbol{e}_3]$ 成为一个直角坐标系，从而几何空间中任给的一个向量 $\boldsymbol{a}$ 可以唯一表示成 $\boldsymbol{a}=\mu_1\boldsymbol{e}+\mu_2\boldsymbol{e}_2+\mu_3\boldsymbol{e}_3$．记 $\boldsymbol{a}_1=\mu_1\boldsymbol{e}$，$\boldsymbol{a}_2=\mu_2\boldsymbol{e}_2+\mu_3\boldsymbol{e}_3$，则 $\boldsymbol{a}_1$ 与 $\boldsymbol{e}$ 共线，$\boldsymbol{a}_2$ 与 $\boldsymbol{e}$ 垂直，且 $\boldsymbol{a}=\boldsymbol{a}_1+\boldsymbol{a}_2$．我们把几何空间中每一个向量 $\boldsymbol{a}$ 对应到 $\boldsymbol{a}_1$（它与 $\boldsymbol{e}$ 共线）的映射称为在轴 l 上的正投影，记作 $\mathscr{P}_e$；并且把 $\boldsymbol{a}_1$ 称为 $\boldsymbol{a}$ 在方向 $\boldsymbol{e}$ 上的内射影，把 $\boldsymbol{a}_2$（它与 $\boldsymbol{e}$ 垂直）称为 $\boldsymbol{a}$ 沿方向 $\boldsymbol{e}$ 下的外射影．利用几何空间的线性结构，容易证明 $\mathscr{P}_e$ 保持加法运算和数量乘法运算，即

$$\mathscr{P}_e(\boldsymbol{a}+\boldsymbol{b})=\mathscr{P}_e(\boldsymbol{a})+\mathscr{P}_e(\boldsymbol{b}),\qquad\mathscr{P}_e(\lambda\boldsymbol{a})=\lambda\mathscr{P}_e(\boldsymbol{a}).$$

由于 $\boldsymbol{a}$ 在方向 $\boldsymbol{e}$ 上的内射影 $\boldsymbol{a}_1$ 与 $\boldsymbol{e}$ 共线，因此存在唯一的实数 μ_1，使得 $\boldsymbol{a}_1=\mu_1\boldsymbol{e}$. 我们把 μ_1 称为 $\boldsymbol{a}$ 在方向 $\boldsymbol{e}$ 上的分量，记作 $\Pi_e(\boldsymbol{a})$．直接计算可得 $\Pi_e(a)=|\boldsymbol{a}|\cos\langle\boldsymbol{a},\boldsymbol{e}\rangle$．由于 $\mathscr{P}_e(\boldsymbol{a})=\boldsymbol{a}_1=\mu_1\boldsymbol{e}=\Pi_e(\boldsymbol{a})\boldsymbol{e}$，因此从 $\mathscr{P}_e$ 保持加法和数量乘法运算可以推出

$$\Pi_e(\boldsymbol{a}+\boldsymbol{b})=\Pi_e(\boldsymbol{a})+\Pi_e(\boldsymbol{b}),\quad\Pi_e(\lambda\boldsymbol{a})=\lambda\Pi_e(\boldsymbol{a}).$$

又从向量的内积的定义和分量的计算公式立即得到

$$\boldsymbol{a}\cdot\boldsymbol{b}=|\boldsymbol{a}||\boldsymbol{b}|\cos\langle\boldsymbol{a},\boldsymbol{b}\rangle=|\boldsymbol{b}|\Pi_{b^0}(\boldsymbol{a}),$$

其中 $\boldsymbol{b}^0$ 是与 $\boldsymbol{b}$ 同向的单位向量．于是由分量的上述性质立即推出内积具有线性性．有了内积的线性性，我们就有了在直角坐标系（或仿射坐标系）中计算两个向量的内积 $\boldsymbol{a}\cdot\boldsymbol{b}$ 的公式，从而可以利用向量的内积解决有关长度、角度和垂直的度量问题．

向量的外积可以用于解决有关面积的度量问题．这是因为，在外积的定义中，$\boldsymbol{a}$ 与 $\boldsymbol{b}$ 的外积 $\boldsymbol{a}\times\boldsymbol{b}$ 的长度规定为 $|\boldsymbol{a}\times\boldsymbol{b}|=|\boldsymbol{a}||\boldsymbol{b}|\sin\langle\boldsymbol{a},\boldsymbol{b}\rangle$，于是当 $\boldsymbol{a}$ 与 $\boldsymbol{b}$ 不共线时，$\boldsymbol{a}\times\boldsymbol{b}$ 的长度表示以 $\boldsymbol{a}$，$\boldsymbol{b}$ 为邻边的平行四边形的面积．从外积的定义立即得到 $\boldsymbol{a}\times\boldsymbol{b}=-\boldsymbol{b}\times\boldsymbol{a}$，即外积满足反交换律．为了使外积能真正用来解决面积等度量问题，需要外积与几何空间的

线性结构相容. 要求外积与向量的加法运算相容，即要有左、右分配律：

$$\boldsymbol{a}\times(\boldsymbol{b}+\boldsymbol{c})=\boldsymbol{a}\times\boldsymbol{b}+\boldsymbol{a}\times\boldsymbol{c},\quad(\boldsymbol{b}+\boldsymbol{c})\times\boldsymbol{a}=\boldsymbol{b}\times\boldsymbol{a}+\boldsymbol{c}\times\boldsymbol{a};$$

要求外积与向量的数量乘法相容，即

$$(\lambda\boldsymbol{a})\times\boldsymbol{b}=\lambda(\boldsymbol{a}\times\boldsymbol{b})=\boldsymbol{a}\times(\lambda\boldsymbol{b}).$$

后者利用外积的定义和向量的数量乘法的定义容易证明. 关于左分配律的证明需要利用 $\boldsymbol{a}\times\boldsymbol{b}=\boldsymbol{a}\times\boldsymbol{b}_2$，其中 $\boldsymbol{b}_2$ 是 $\boldsymbol{b}$ 沿方向 $\boldsymbol{a}$ 的外射影，并且利用“单位向量 $\boldsymbol{e}$ 与跟它垂直的向量 $\boldsymbol{b}$ 的外积 $\boldsymbol{e}\times\boldsymbol{b}$ 等于在按右手螺旋法则绕 $\boldsymbol{e}$ 旋转 $90°$ 下 $\boldsymbol{b}$ 的像 $\boldsymbol{b}'$”. 有了外积与线性结构相容，我们就可以得到在右手直角坐标系(或仿射坐标系)中计算两个向量的外积 $\boldsymbol{a}\times\boldsymbol{b}$ 的公式，从而可以利用外积来解决面积等度量问题.

向量的混合积可以用于解决有关体积的度量问题. 这是因为以 $\boldsymbol{a}$，$\boldsymbol{b}$，$\boldsymbol{c}$ 为棱的平行六面体的体积等于 $|\boldsymbol{a}\times\boldsymbol{b}\cdot\boldsymbol{c}|$. 由此立即得到，三个向量 $\boldsymbol{a}$，$\boldsymbol{b}$，$\boldsymbol{c}$ 共面的充分必要条件是 $\boldsymbol{a}\times\boldsymbol{b}\cdot\boldsymbol{c}=0$. 取一个仿射坐标系 $[O;\boldsymbol{d}_1,\boldsymbol{d}_2,\boldsymbol{d}_3]$，分别利用外积和内积的计算公式可得，$\boldsymbol{a}\times\boldsymbol{b}\cdot\boldsymbol{c}$ 等于以 $\boldsymbol{a}$，$\boldsymbol{b}$，$\boldsymbol{c}$ 的坐标为列的行列式乘以 $\boldsymbol{d}_1\times\boldsymbol{d}_2\cdot\boldsymbol{d}_3$. 由于 $\boldsymbol{d}_1$，$\boldsymbol{d}_2$，$\boldsymbol{d}_3$ 不共面，因此 $\boldsymbol{d}_1\times\boldsymbol{d}_2\cdot\boldsymbol{d}_3\neq0$，从而得到：三个向量 $\boldsymbol{a}$，$\boldsymbol{b}$，$\boldsymbol{c}$ 共面的充分必要条件是以它们的坐标为列的行列式等于0. 这个结论在建立平面的方程中起了关键作用.

有了几何空间的线性结构和度量结构，就可以畅通无阻地建立平面的方程和直线的方程，以及研究平面、直线的位置关系和度量关系，进而建立旋转面、柱面、锥面的方程，研究它们的性质，以及利用二次曲面的标准方程研究它们的性质.

2. 既加强几何直观，又使解析几何与高等代数水乳交融，论证严谨而简明.

平面上的二次曲线有多少种类型？如何从二次曲线 S 的方程辨认它是哪一种类型？容易想到的办法是：先作转轴，使得二次曲线 S 的新方程中不出现交叉项；然后对新方程配方，作移轴，使得 S 的方程变得简单，易于辨认 S 是什么样的二次曲线. 设二次曲线 S 在直角坐标系 Oxy 中的方程为

$$a_{11}x^2+2a_{12}xy+a_{22}y^2+2a_1x+2a_2y+a_0=0. \tag{1}$$

把其中的二次项部分的系数组成一个对称矩阵 $\boldsymbol{A}$：

$$\boldsymbol{A}=\begin{pmatrix} a_{11} & a_{12} \\ a_{12} & a_{22} \end{pmatrix},$$

把一次项系数的一半组成一个列向量 $\boldsymbol{\delta}=(a_1,a_2)^{\mathrm{T}}$，则 S 的方程(1)可写成

$$(x,y)\boldsymbol{A}\begin{pmatrix} x \\ y \end{pmatrix}+2\boldsymbol{\delta}^{\mathrm{T}}\begin{pmatrix} x \\ y \end{pmatrix}+a_0=0, \tag{2}$$

其中 $\boldsymbol{\delta}^{\mathrm{T}}=(a_1,a_2)$. 作转轴

$$\begin{pmatrix} x \\ y \end{pmatrix}=\boldsymbol{T}\begin{pmatrix} x^* \\ y^* \end{pmatrix},$$

其中 $\boldsymbol{T}$ 是正交矩阵，且 $|\boldsymbol{T}|=1$，即

$$\boldsymbol{T}=\begin{pmatrix} \cos\theta & -\sin\theta \\ \sin\theta & \cos\theta \end{pmatrix}.$$

二次曲线 S 在转轴后的直角坐标系 Ox^*y^* 中的方程为

$$(x^*,y^*)\boldsymbol{T}^{\mathrm{T}}\boldsymbol{A}\boldsymbol{T}\begin{pmatrix} x^* \\ y^* \end{pmatrix}+2\boldsymbol{\delta}^{\mathrm{T}}T\begin{pmatrix} x^* \\ y^* \end{pmatrix}+a_0=0. \tag{3}$$

于是 S 的新方程(3)中不出现交叉项(即 x^*y^* 项)当且仅当

$$\boldsymbol{T}^{\mathrm{T}}\boldsymbol{A}\boldsymbol{T}=\begin{pmatrix} a_{11}^* & 0 \\ 0 & a_{22}^* \end{pmatrix}. \tag{4}$$

通常的做法是：选取转角 θ，使得 S 的新方程(3)中交叉项的系数为 0. 这时 $\cot 2\theta$ 必须满足一个条件．由此通过解一元二次方程解出 $\tan\theta$，再求出 $\cos\theta$ 和 $\sin\theta$，以便确定 $\boldsymbol{T}$. 然后 a_{11}^* 和 a_{22}^* 有一个用 $\tan\theta$ 表示的公式．这个方法的计算量较大，要记忆的公式比较多．我们现在的方法是换一个角度考虑．设 $\boldsymbol{T}=(\boldsymbol{\eta}_1,\boldsymbol{\eta}_2)$，则(4)式等价于

$$\boldsymbol{A}(\boldsymbol{\eta}_1,\boldsymbol{\eta}_2)=(\boldsymbol{\eta}_1,\boldsymbol{\eta}_2)\begin{pmatrix} a_{11}^* & 0 \\ 0 & a_{22}^* \end{pmatrix},$$

即

$$\boldsymbol{A}\boldsymbol{\eta}_1=a_{11}^*\boldsymbol{\eta}_1,\quad \boldsymbol{A}\boldsymbol{\eta}_2=a_{22}^*\boldsymbol{\eta}_2.$$

由此受到启发，引出了 n 阶矩阵 $\boldsymbol{A}$ 的特征值和特征向量的概念：设 $\boldsymbol{A}$ 是实数域上的 n 阶矩阵，如果存在一个实数 λ_0 和 $\mathbf{R}^n$ 的一个非零向量 $\boldsymbol{\gamma}$，使得 $\boldsymbol{A}\boldsymbol{\gamma}=\lambda_0\boldsymbol{\gamma}$，那么称 λ_0 是 $\boldsymbol{A}$ 的一个特征值，称 $\boldsymbol{\gamma}$ 是 $\boldsymbol{A}$ 的属于特征值 λ_0 的一个特征向量. 于是 S 在转轴后的方程(3)不出现交叉项当且仅当 $\boldsymbol{A}$ 有两个特征值 λ_1，λ_2，并且 $\boldsymbol{A}$ 的属于特征值 λ_1 的特征值向量 $\boldsymbol{\eta}_1$ 与属于特征值 λ_2 的特征向量 $\boldsymbol{\eta}_2$ 正交. 根据特征值和特征向量的定义可推导出 λ_0 是 $\boldsymbol{A}$ 的特征值当且仅当 λ_0 是多项式 $\lambda^2-(a_{11}+a_{22})\lambda+a_{11}a_{22}-a_{12}^2$ 的两个实根，$\boldsymbol{\gamma}$ 是 $\boldsymbol{A}$ 的属于 λ_0 的特征向量当且仅当 $\boldsymbol{\gamma}$ 是齐次线性方程组$(\lambda_0\boldsymbol{I}-\boldsymbol{A})\boldsymbol{X}=\boldsymbol{0}$ 的一个非零解. 我们把多项式 $\lambda^2-(a_{11}+a_{22})\lambda+a_{11}a_{22}-a_{12}^2$ 称为 $\boldsymbol{A}$ 的特征多项式. 它的判别式 Δ 一定大于或等于 0，等号成立当且仅当 $a_{11}=a_{22}$ 且 $a_{12}=0$. 于是，当 $a_{12}\neq 0$ 时，$\boldsymbol{A}$ 的特征多项式有两个不等实根 λ_1，λ_2，它们是 $\boldsymbol{A}$ 的两个不同的特征值. 通过计算可得，此时 $\boldsymbol{A}$ 的属于 λ_1 的特征向量 $\boldsymbol{\gamma}_1$ 与属于 λ_2 的特征向量 $\boldsymbol{\gamma}_2$ 一定正交. 令 $\boldsymbol{\eta}_1=\dfrac{1}{|\boldsymbol{\gamma}_1|}\boldsymbol{\gamma}_1$，$\boldsymbol{\eta}_2=\dfrac{1}{|\boldsymbol{\gamma}_2|}\boldsymbol{\gamma}_2$，则 $\boldsymbol{\eta}_1$ 与 $\boldsymbol{\eta}_2$ 是 $\boldsymbol{A}$ 的正交的单位特征向量，从而 $\boldsymbol{T}=(\boldsymbol{\eta}_1,\boldsymbol{\eta}_2)$是正交矩阵. 适当选取 $\boldsymbol{\gamma}_i$，可使得 $|\boldsymbol{T}|=1$. 于是作转轴 $\begin{pmatrix}x\\y\end{pmatrix}=\boldsymbol{T}\begin{pmatrix}x^*\\y^*\end{pmatrix}$，则二次曲线 S 的新方程为

$$\lambda_1x^{*2}+\lambda_2y^{*2}+2\boldsymbol{\delta}^{\mathrm{T}}\boldsymbol{T}\begin{pmatrix}x^*\\y^*\end{pmatrix}+a_0=0. \tag{5}$$

我们用现在这个方法，既突显了二次曲线 S 在上述转轴后的新方程中平方项的系数恰好是 $\boldsymbol{A}$ 的特征值，不需要记忆用 $\tan\theta$ 表示 a_{11}^*，a_{22}^* 的公式，而且很明显地表示了求新方程中一次项系数的一半的公式：$\boldsymbol{\delta}^{\mathrm{T}}\boldsymbol{T}$. 这个方法体现了解析几何与高等代数的水乳交融.

3. 继续强调用变换的观点研究图形的性质和分类.

平面(作为点集)到自身的一个映射 σ，如果使得每一个点 P 到它的像点 P' 的指向是给定的一个方向 $\boldsymbol{a}$，并且 $|PP'|=|\boldsymbol{a}|$，那么称这个映射 σ 是平面沿向量 $\boldsymbol{a}$ 的平移. 在平面上取定一个点 O，给定一个角 α，平面到自身的一个映射 σ，如果使得每一个点 P 的像点

P' 满足 $\angle POP'=\alpha$，$|OP|=|OP'|$，那么称 σ 是平面绕点 O 转角为 α 的旋转．在平面上取定一条直线 l，平面到自身的一个映射 σ，如果使得不在直线 l 上的每一个点 P 与其像点 P'的连线段 PP'被直线 l 垂直平分，l 上每一个点的像点是它自身，那么称 σ 是平面关于直线 l 的反射(也称为轴反射)．平移、旋转、轴反射的共同特征是保持平面上任意两点的距离不变．抓住这个共同特征抽象出下述概念：平面(作为点集)到自身的一个映射 σ，如果保持任意两点的距离不变，那么称 σ 是平面上的一个正交(点)变换(或者保距变换)．从这个定义出发，经过逻辑推理，可得出：正交变换把直线映成直线，把线段映成线段，并且保持线段的分比不变；正交变换是可逆变换，并且它的逆变换也是正交变换；正交变换的乘积还是正交变换；正交变换把平行直线映成平行直线；正交变换保持角的大小不变；正交变换诱导了平面(作为向量的集合)到自身的映射，并且保持向量的加法和数量乘法运算；正交变换把直角坐标系Ⅰ映成直角坐标系Ⅱ，并且使得每一个点 P 的Ⅰ坐标等于它的像点 P' 的Ⅱ坐标；正交变换或者是平移，或者是旋转，或者是轴反射，或者是它们之间的乘积．从平移、旋转和轴反射保持任意两点的距离不变抽象出正交变换的概念，经过逻辑推理证明了正交变换一定是平移、旋转、轴反射或者它们之间的乘积，这是多么有意思地揭示出了事物的内在规律．

从一张底片洗出二寸照片一张，并且放大洗出六寸照片一张，这两张照片对应线段的比是一个常数 3．由此抽象出下述概念：平面(作为点集)到自身的一个映射 τ，如果使得对应线段的比为一个非零常数 k，那么称 τ 是一个相似变换，简称为相似，其中 k 称为相似比．如果有一个相似比为 k 的相似变换 τ，使得一个图形 E 的像是图形 E'，那么称 E 和 E'是相似图形，其中 k 称为这两个图形的相似比．银幕上的图像是幻灯片上的图像经过放大得到的．由此抽象出下述概念：在平面上取定一个点 O，平面到自身的一个映射 τ，如果使得每一个点 P 的像点 P' 满足 $\overrightarrow{OP'}=k\overrightarrow{OP}$，其中 k 是一个非零常数，那么称 τ 是中心为 O 的位似，其中 k 称为位似比．易看出，位似比

为 k 的位似变换是相似比为 $|k|$ 的相似变换. 还可证明：位似是可逆变换，并且它的逆变换也是位似；相似可以分解成一个位似与一个正交变换的乘积，从而相似是可逆变换．相似、位似都是可逆变换，且把共线三点映成共线三点．平面上沿方向 $\boldsymbol{e}$ 向着直线 l 的压缩，以及平面上的错切也都是可逆变换，且把共线三点映成共线三点．由此我们抽象出下述概念：平面(作为点集)到自身的映射 τ，如果是双射，并且把共线的三点映成共线的三点，那么称 τ 是平面上的一个仿射变换．从这个定义出发经过逻辑推理得到：仿射变换把不共线的三点映成不共线的三点；仿射变换的逆变换是仿射变换；仿射变换的乘积是仿射变换；仿射变换把平行直线映成平行直线；仿射变换把线段映成线段；仿射变换诱导了平面(作为向量的集合)到自身的一个映射，并且保持向量的加法和数量乘法运算；仿射变换保持线段的分比不变；仿射变换把仿射坐标系Ⅰ变成仿射坐标系Ⅱ，并且每一个点 P 的Ⅰ坐标等于它的像点 P' 的Ⅱ坐标，反之也成立；平面上任给两组不共线三点 A_1，A_2，A_3 和 B_1，B_2，B_3，则存在唯一的仿射变换把 A_i 映成 $B_i(i=1,2,3)$；仿射变换 τ 在仿射坐标系Ⅰ$[O;\boldsymbol{d}_1,\boldsymbol{d}_2]$中的公式为

$$\begin{pmatrix} x' \\ y' \end{pmatrix} = \begin{pmatrix} a_{11} & a_{12} \\ a_{21} & a_{22} \end{pmatrix}\begin{pmatrix} x \\ y \end{pmatrix} + \begin{pmatrix} x_0 \\ y_0 \end{pmatrix},$$

其中系数矩阵是可逆矩阵，其第 1 列是 $\tau(\boldsymbol{d}_1)$的Ⅰ坐标，第 2 列是 $\tau(\boldsymbol{d}_2)$的Ⅰ坐标，$(x_0,y_0)^{\mathrm{T}}$ 是 $\tau(O)$的Ⅰ坐标，$(x,y)^{\mathrm{T}}$，$(x',y')^{\mathrm{T}}$ 分别是点 P 和 $\tau(P)$的Ⅰ坐标；反之，如果平面上的一个点变换 τ 在仿射坐标系Ⅰ$[O;\boldsymbol{d}_1,\boldsymbol{d}_2]$中的公式，其系数矩阵为可逆矩阵，那么 τ 是仿射变换. 这样，我们从仿射变换的定义出发，经过逻辑推理揭示出了仿射变换有多少(任给两组不共线的三点都存在唯一的仿射变换把第一组映成第二组)，平面上的点变换如果在仿射坐标系中的公式的系数矩阵是可逆矩阵，那么它就是仿射变换.

4. 把射影平面的概念从具体的几何模型(把 O 和扩大的欧氏平面)上升到公理化定义.

在几何空间中取定一点 O，过点 O 的所有直线和所有平面构成

的集合称为把 O. 把 O 是射影平面具体的几何模型. 几何空间作为以定点 O 为起点的所有定位向量组成的集合 V 是实数域 $\mathbf{R}$ 上的 3 维线性空间, 过点 O 的直线是 V 的 1 维子空间, 过点 O 的平面是 V 的 2 维子空间. 我们把 V 的 1 维子空间称为点, 2 维子空间称为线, 集合的包含关系作为关联关系, 则所有点构成的集合, 所有线构成的集合, 连同关联关系一起成为一个射影平面, 记作 $\mathrm{PG}(2,\mathbf{R})$. 理由是: $\mathrm{PG}(2,\mathbf{R})$ 的点集与把 O 的所有直线组成的集合有一个一一对应, $\mathrm{PG}(2,\mathbf{R})$ 的线集与把 O 的所有平面组成的集合有一个一一对应, 并且这种对应关系保持关联性, 因此 $\mathrm{PG}(2,\mathbf{R})$ 是一个射影平面. 利用线性空间的结构, 容易证明: 在 $\mathrm{PG}(2,\mathbf{R})$ 中, 任给两个不同的点, 有且只有一条线与它们关联; 任给两条不同的线, 有且只有一个点与它们关联; 存在四个不同的点, 其中任意三点都不与一条线关联. 由此抽象出射影平面的公理化定义: 一个关联结构 $\mathscr{D}=(V,\mathscr{B},I)$ (其中 V 是点集, $\mathscr{B}$ 是线集, I 是点与线的关联关系), 如果满足: (1) 任给两个不同的点恰有一条线与它们关联; (2) 任给两条不同的线恰有一个点与它们关联; (3) 存在四个不同的点, 其中任意三点都不与一条线关联, 那么称 $\mathscr{D}$ 是一个射影平面. 这样, 我们对射影平面的概念揭示出了它的内在本质.

5. 用数学的思维方式编写教材.

如何让数学比较不难学? 如何把数学学得很好? 作者的体会是用数学的思维方式学数学. 数学的思维方式是一个全过程: 观察客观现象, 抓住主要特征抽象出概念; 提出要研究的问题. 运用"解剖麻雀"、直觉、归纳、类比、联想、逻辑推理等进行探索; 猜测可能有的规律, 而这个猜测是真是假要进行论证, 数学的论证方法是只运用定义、公理和已经证明了的定理进行逻辑推理; 揭示出事物的内在规律.

在本次修订中, 我们用数学的思维方式编写教材, 让读者比较容易地学习解析几何, 而且学得好.

6. 这次修订对每一节的所有习题都给出了答案或提示.

本教材获得 2014 年度北京大学教材建设立项, 特此向北京大学教材建设委员会表示感谢!

作者感谢使用《解析几何(第二版)》作为教材的老师以及读者对第二版提出的宝贵修改建议.

作者感谢本书第一、二版的责任编辑王明舟和第三版的责任编辑曾琬婷, 他们对本书的出版付出了辛勤的劳动.

真诚欢迎广大读者对本书提出宝贵意见.

丘维声
北京大学数学科学学院
2014 年 9 月

前　言

解析几何是大学数学系的主要基础课程之一，学好这门课对于学习数学分析、高等代数、微分几何和力学等课程都是有很大的帮助，并且它本身的内容对于解决一些实际问题也是很有用的.

本书是以作者近几年在北京大学数学系讲授解析几何课程的讲稿为基础编写成的. 编写中主要考虑了以下几点：

1. 贯穿全书的主线是阐述解析几何的几种基本方法：坐标法、向量法、坐标变换法、点变换法. 第一、二、三章主要讲坐标法和向量法，并且用这些方法讨论了空间中的平面和直线，以及常见曲面. 第四、五章主要讲坐标变换法，并且用这些方法讨论了二次曲线方程的化简. 第六、七章主要讲点变换法，讲了三种变换：正交变换、仿射变换和射影变换；讲了如何用点变换法研究图形的性质；并且运用这些变换分别讨论了二次曲线的正交分类、仿射分类和射影分类.

2. 本书主要讲欧氏几何和仿射几何，同时射影几何的内容也占了一定的篇幅. 本书在讲射影几何的内容时，紧紧抓住几何背景(主要是抓住“中心投影”和“把”)，从而使读者易于理解射影平面、齐次坐标、交比、射影坐标和射影映射等概念.

3. 本书注意培养读者对空间图形的直观想象能力，这尤其体现在第三章中关于旋转面、柱面和锥面方程的建立，以及专门用一节介绍了画空间图形常用的三种方法，画曲面的交线和画曲面围成的区域的方法.

4. 本书论证严谨，同时又力求简明. 叙述上深入浅出，条理清楚，注意讲清所讨论问题的来龙去脉.

5. 本书在第四章 §2 结合坐标变换引进了矩阵的概念，讲了矩阵的运算以及可逆矩阵、正交矩阵等内容. 这样从第四章 §3 开始，本书就运用了矩阵的工具，从而使很多叙述和证明变得比较简单.

6. 本书仔细注意了习题的选择和配置. 每一节后面都配了习题，有些习题是为了熟练掌握正文内容的，有些习题是富有启发性的，有的习题是对正文内容的补充. 加“*”号的题较难一些.

本书可供综合大学和高等师范院校的数学系、力学系作为解析几何教材. 如果周学时为4+2(即每周4学时讲课，2学时习题课)，则一学期可讲完全书(加“*”号的内容可略去). 如果周学时为3+1，则可略去加“*”号内容以及第六章§6和第七章.

作者衷心感谢姜伯驹教授，他仔细审阅了本书初稿，提出了许多宝贵的修改意见，尤其是第七章，在他的指导下，作者对这一章的初稿做了修改，使得该章的质量有了很大的提高.

作者感谢章学诚副教授和尤承业副教授，他们曾经对本书初稿的提纲提出了宝贵意见. 作者还要感谢吴光磊教授、丁石孙教授、程庆民教授、田畴教授以及北京大学数学系几何与代数教研室的同志们给予的支持和帮助.

由于作者水平的限制，书中缺点错误在所难免，诚恳地希望大家批评指正.

丘维声

1986年4月于北京大学

目　　录

第一章　几何空间的线性结构和度量结构

解析几何最基本的方法是坐标法，即建立一个坐标系，使得点可以用有序实数组(称为它的坐标)来表示，从而可以用方程表示图形，通过方程来研究图形的性质. 坐标法的优越性在于它利用了数可以进行运算的优点. 那么，能否把代数运算直接引到几何中来呢? 即什么样的几何对象能够做运算? 我们从力学中知道，力、速度这些量既有大小、又有方向，它们可以用有向线段来表示，力(或速度)的合成可以通过有向线段来进行. 这类既有大小、又有方向的量称为向量(或矢量). 本章要研究向量的代数运算. 利用向量的运算来研究图形性质的方法称为向量法. 它的优点在于比较直观，并且对向量也引进它的坐标，这样又可以利用数的运算，从而向量具有双重的优点. 向量在力学、物理学和工程技术中也有重要的应用. 此外，我们这里讲向量的概念及其运算也为线性代数中讲线性空间提供了几何背景，而一般的线性空间在现代数学中起着重要的作用.

这一章我们首先引进向量的加法和数量乘法运算，研究几何空间的线性结构；然后引进向量的内积、外积和混合积，研究几何空间的度量结构.

§1　向量及其线性运算

1.1　向量的概念

既有大小、又有方向的量称为**向量**(或**矢量**). 向量用符号 $\boldsymbol{a}$, $\boldsymbol{b}$, $\boldsymbol{c}$, … 或 $\vec{a}$, $\vec{b}$, $\vec{c}$, … 表示.

一个向量 $\boldsymbol{a}$ 可以用一条有向线段 $\overrightarrow{AB}$ 来表示，其中用这条线段的长度 $|AB|$ 表示 $\boldsymbol{a}$ 的大小，用起点 A 到终点 B 的指向表示 $\boldsymbol{a}$ 的方向

(如图 1.1).

规定长度相等并且方向相同的有向线段表示同一个向量. 例如, 若 $\overrightarrow{AB}$ 表示向量 $\boldsymbol{a}$, 则 $\overrightarrow{AB}$ 经过平行移动得到的有向线段 $\overrightarrow{CD}$ 仍然表示向量 $\boldsymbol{a}$ (如图 1.2), 记作 $\boldsymbol{a}=\overrightarrow{AB}=\overrightarrow{CD}$.

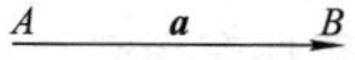

图 1.1

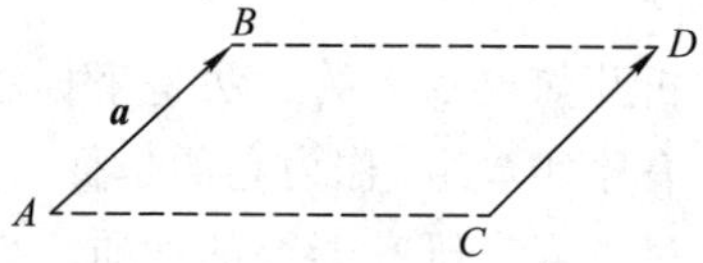

图 1.2

我们今后把向量的大小也称为向量的**长度**. 向量 $\boldsymbol{a}$ 的长度记作 $|\boldsymbol{a}|$. 长度为零的向量称为**零向量**, 记作 $\boldsymbol{0}$. 零向量的方向不确定.

长度为 1 的向量称为**单位向量**. 与 $\boldsymbol{a}$ 同向的单位向量记作 $\boldsymbol{a}^0$.

与 $\boldsymbol{a}$ 长度相等并且方向相反的向量称为 $\boldsymbol{a}$ 的**反向量**, 记作 $-\boldsymbol{a}$. 例如, $\overrightarrow{BA}$ 是 $\overrightarrow{AB}$ 的反向量, 因此 $\overrightarrow{BA}=-\overrightarrow{AB}$.

1.2 向量的加法

我们知道, 接连做两次位移 $\overrightarrow{AB}$ 和 $\overrightarrow{BC}$ 的效果是做了位移 $\overrightarrow{AC}$ (如图 1.3). 由这个实际背景我们给出

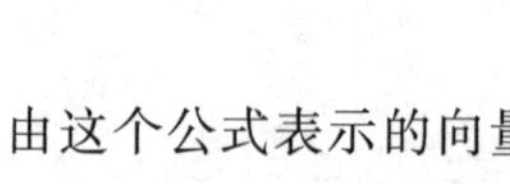

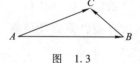

图 1.3

定义 1.1 对于向量 $\boldsymbol{a}$, $\boldsymbol{b}$, 作有向线段 $\overrightarrow{AB}$ 表示 $\boldsymbol{a}$, 作有向线段 $\overrightarrow{BC}$ 表示 $\boldsymbol{b}$, 把 $\overrightarrow{AC}$ 表示的向量 $\boldsymbol{c}$ 称为 $\boldsymbol{a}$ 与 $\boldsymbol{b}$ 的**和**, 记作 $\boldsymbol{c}=\boldsymbol{a}+\boldsymbol{b}$ (如图 1.4(a)), 也就是

$$\overrightarrow{AB}+\overrightarrow{BC}=\overrightarrow{AC}.$$

由这个公式表示的向量加法规则通常称为**三角形法则**.

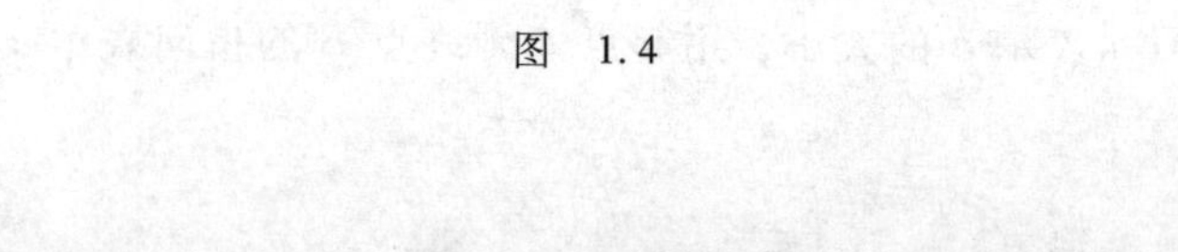

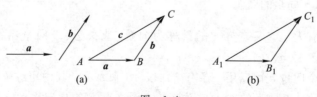

图 1.4

注 1 若另取一个起点 A_1，作 $\overrightarrow{A_1B_1}$ 表示 $\boldsymbol{a}$，作 $\overrightarrow{B_1C_1}$ 表示 $\boldsymbol{b}$，则容易说明 $\overrightarrow{A_1C_1}$ 与 $\overrightarrow{AC}$ 表示同一个向量(如图 1.4(b))．因此向量的加法与起点的选择无关.

注 2 也可以从同一起点 O 作 $\overrightarrow{OA}$ 表示 $\boldsymbol{a}$，作 $\overrightarrow{OB}$ 表示 $\boldsymbol{b}$，再以 OA 和 OB 为边作平行四边形 $OACB$，则容易说明对角线 $\overrightarrow{OC}$ 也表示向量 $\boldsymbol{a}$ 与 $\boldsymbol{b}$ 的和 $\boldsymbol{c}$（如图 1.5）．这称为向量加法的**平行四边形法则**.

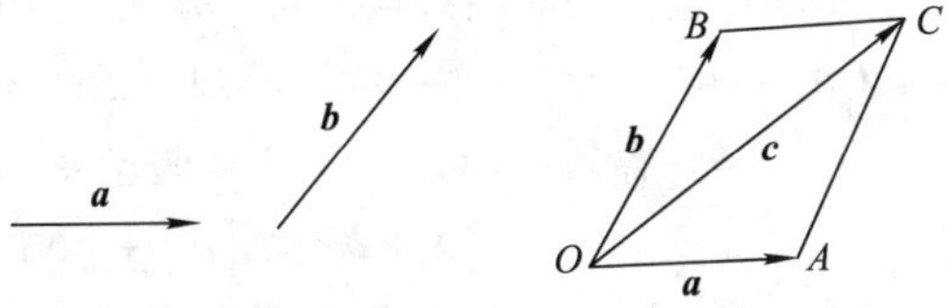

图 1.5

向量的加法适合下述规律：

（1）结合律：$(\boldsymbol{a}+\boldsymbol{b})+\boldsymbol{c}=\boldsymbol{a}+(\boldsymbol{b}+\boldsymbol{c})$，其中 $\boldsymbol{a}$，$\boldsymbol{b}$，$\boldsymbol{c}$ 是任意向量；

（2）交换律：$\boldsymbol{a}+\boldsymbol{b}=\boldsymbol{b}+\boldsymbol{a}$，其中 $\boldsymbol{a}$，$\boldsymbol{b}$ 是任意向量；

（3）对任意向量 $\boldsymbol{a}$，有 $\boldsymbol{a}+\boldsymbol{0}=\boldsymbol{a}$；

（4）对任意向量 $\boldsymbol{a}$，有 $\boldsymbol{a}+(-\boldsymbol{a})=\boldsymbol{0}$.

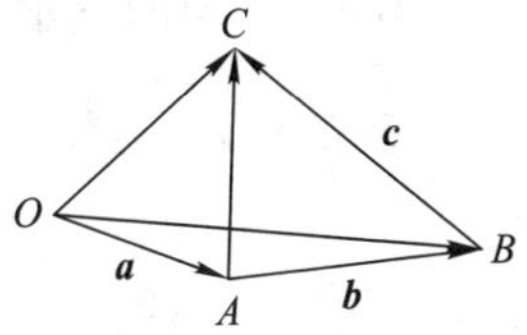

图 1.6

证明 (1)作 $\overrightarrow{OA}$ 表示 $\boldsymbol{a}$，作 $\overrightarrow{AB}$ 表示 $\boldsymbol{b}$，作 $\overrightarrow{BC}$ 表示 $\boldsymbol{c}$(如图 1.6)，则

$$(\boldsymbol{a}+\boldsymbol{b})+\boldsymbol{c}=(\overrightarrow{OA}+\overrightarrow{AB})+\overrightarrow{BC}=\overrightarrow{OB}+\overrightarrow{BC}=\overrightarrow{OC},$$

$$\boldsymbol{a}+(\boldsymbol{b}+\boldsymbol{c})=\overrightarrow{OA}+(\overrightarrow{AB}+\overrightarrow{BC})=\overrightarrow{OA}+\overrightarrow{AC}=\overrightarrow{OC},$$

因此

$$(\boldsymbol{a}+\boldsymbol{b})+\boldsymbol{c}=\boldsymbol{a}+(\boldsymbol{b}+\boldsymbol{c}).$$

（2）作 $\overrightarrow{OA}$ 表示 $\boldsymbol{a}$，作 $\overrightarrow{OB}$ 表示 $\boldsymbol{b}$，以 OA 和 OB 为边作平行四边形 $OACB$（如图 1.5），则 $\overrightarrow{OC}=\boldsymbol{a}+\boldsymbol{b}$，并且 $\overrightarrow{BC}=\boldsymbol{a}$，从而

$$\boldsymbol{b}+\boldsymbol{a}=\overrightarrow{OB}+\overrightarrow{BC}=\overrightarrow{OC}=\boldsymbol{a}+\boldsymbol{b}.$$

（3）作 $\overrightarrow{AB}$ 表示 $\boldsymbol{a}$，$\boldsymbol{0}$ 可用 $\overrightarrow{BB}$ 表示，于是

$$\boldsymbol{a}+\boldsymbol{0}=\overrightarrow{AB}+\overrightarrow{BB}=\overrightarrow{AB}=\boldsymbol{a}.$$

(4) 作 $\overrightarrow{AB}$ 表示 $\boldsymbol{a}$，则

$$\boldsymbol{a}+(-\boldsymbol{a})=\overrightarrow{AB}+(-\overrightarrow{AB})=\overrightarrow{AB}+\overrightarrow{BA}=\overrightarrow{AA}=\boldsymbol{0}.$$ □

本书中用符号“$A:=B$”表示用 B 来规定 A，读作“A 定义成 B”. 向量的减法的定义为

定义 1.2 $\boldsymbol{a}-\boldsymbol{b}:=\boldsymbol{a}+(-\boldsymbol{b})$.

若 $\boldsymbol{a}$，$\boldsymbol{b}$ 分别用同一起点的有向线段 $\overrightarrow{OA}$，$\overrightarrow{OB}$ 表示(如图 1.7)，则

$$\boldsymbol{a}-\boldsymbol{b}=\overrightarrow{OA}-\overrightarrow{OB}=\overrightarrow{OA}+(-\overrightarrow{OB})=\overrightarrow{OA}+\overrightarrow{BO}=\overrightarrow{BA}.$$

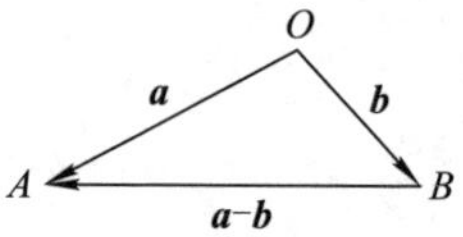

图 1.7

容易看出，对于任意向量 $\boldsymbol{a}$，$\boldsymbol{b}$，都有

$$|\boldsymbol{a}+\boldsymbol{b}|\leqslant|\boldsymbol{a}|+|\boldsymbol{b}|.$$

这个不等式称为**三角形不等式**，它是用向量的形式表示“三角形的一边不大于另两边的和”. 证明留给读者，作为本节习题的第 7 题.

1.3 向量的数量乘法

定义 1.3 实数 λ 与向量 $\boldsymbol{a}$ 的**乘积** $\lambda\boldsymbol{a}$ 是一个向量，它的长度为

$$|\lambda\boldsymbol{a}|:=|\lambda||\boldsymbol{a}|,$$

它的方向当 $\lambda>0$ 时与 $\boldsymbol{a}$ 相同，当 $\lambda<0$ 时与 $\boldsymbol{a}$ 相反.

对于任意向量 $\boldsymbol{a}$，由于 $|0\boldsymbol{a}|=0|\boldsymbol{a}|=0$，所以 $0\boldsymbol{a}=\boldsymbol{0}$. 同理，对一切实数 λ，都有 $\lambda\boldsymbol{0}=\boldsymbol{0}$.

设 $\boldsymbol{a}\neq\boldsymbol{0}$. 因为 $|\boldsymbol{a}|^{-1}\boldsymbol{a}$ 与 $\boldsymbol{a}$ 同向，并且

$$||\boldsymbol{a}|^{-1}\boldsymbol{a}|=|\boldsymbol{a}|^{-1}|a|=1,$$

所以 $\boldsymbol{a}^0=|\boldsymbol{a}|^{-1}\boldsymbol{a}$. 把一个非零向量 $\boldsymbol{a}$ 乘以它的长度的倒数，便得到一个与它同向的单位向量 $\boldsymbol{a}^0$. 这称为把 $\boldsymbol{a}$ **单位化**.

向量的数量乘法适合下述规律：对于任意向量 $\boldsymbol{a}$，$\boldsymbol{b}$ 和任意实数 λ，μ，有

(1) $1\boldsymbol{a}=\boldsymbol{a}$，$(-1)\boldsymbol{a}=-\boldsymbol{a}$；

(2) $\lambda(\mu\boldsymbol{a})=(\lambda\mu)\boldsymbol{a}$；

(3) $(\lambda+\mu)\boldsymbol{a}=\lambda\boldsymbol{a}+\mu\boldsymbol{a}$； (1.1)

(4) $\lambda(\boldsymbol{a}+\boldsymbol{b})=\lambda\boldsymbol{a}+\lambda\boldsymbol{b}$. (1.2)

关于(1)和(2)可以用定义 1.3 直接验证.

(3)的证明 若 $\boldsymbol{a}=\boldsymbol{0}$ 或者 λ,μ 中有一个为零，则等式(1.1)显然成立. 下面设 λ,μ 都不等于零，并且 $\boldsymbol{a}\neq\boldsymbol{0}$.

情形 1 若 λ,μ 同号，则 $\lambda\boldsymbol{a}$ 与 $\mu\boldsymbol{a}$ 方向相同. 因此有

$$\begin{aligned}|\lambda\boldsymbol{a}+\mu\boldsymbol{a}| &= |\lambda\boldsymbol{a}|+|\mu\boldsymbol{a}| = |\lambda||\boldsymbol{a}|+|\mu||\boldsymbol{a}| \\ &= (|\lambda|+|\mu|)|\boldsymbol{a}|.\end{aligned}$$

又有

$$|(\lambda+\mu)\boldsymbol{a}| = |\lambda+\mu||\boldsymbol{a}| = (|\lambda|+|\mu|)|\boldsymbol{a}|,$$

因而

$$|\lambda\boldsymbol{a}+\mu\boldsymbol{a}| = |(\lambda+\mu)\boldsymbol{a}|,$$

并且当 λ,μ 同号时，显然 $\lambda\boldsymbol{a}+\mu\boldsymbol{a}$ 与 $(\lambda+\mu)\boldsymbol{a}$ 同向，所以

$$(\lambda+\mu)\boldsymbol{a} = \lambda\boldsymbol{a}+\mu a.$$

情形 2 若 λ,μ 异号，由于 λ 和 μ 的地位是对称的，因此不妨设 $\lambda>0$，$\mu<0$. 又分以下三种情形：

① 若 $\lambda+\mu=0$，则等式(1.1)的左边为 $0\boldsymbol{a}=\boldsymbol{0}$，右边为

$$\lambda a+(-\lambda)\boldsymbol{a} = \lambda\boldsymbol{a}+(-1)(\lambda\boldsymbol{a}) = \lambda\boldsymbol{a}+(-\lambda\boldsymbol{a})=\boldsymbol{0},$$

因此(1.1)式成立.

② 若 $\lambda+\mu>0$，因为 $\lambda+\mu>0$，$-\mu>0$，于是由情形 1 知

$$[(\lambda+\mu)+(-\mu)]\boldsymbol{a} = (\lambda+\mu)\boldsymbol{a}+(-\mu)\boldsymbol{a},$$

即得

$$\lambda\boldsymbol{a} = (\lambda+\mu)\boldsymbol{a}+(-\mu\boldsymbol{a}),$$

从而有

$$(\lambda+\mu)\boldsymbol{a} = \lambda\boldsymbol{a}+\mu\boldsymbol{a}.$$

③ 若 $\lambda+\mu<0$，因为 $\lambda+\mu$ 与 $-\lambda$ 同号，于是由情形 1 知

$$[(\lambda+\mu)+(-\lambda)]\boldsymbol{a} = (\lambda+\mu)\boldsymbol{a}+(-\lambda)\boldsymbol{a}.$$

类似于②可得(1.1)式. □

(4)的证明 若 $\lambda=0$ 或者 $\boldsymbol{a},\boldsymbol{b}$ 中有一个为 $\boldsymbol{0}$，则(1.2)式显然成立. 下面设 $\lambda\neq0$，$\boldsymbol{a}\neq\boldsymbol{0}$，$\boldsymbol{b}\neq\boldsymbol{0}$.

若经过平行移动 $\boldsymbol{a}$ 和 $\boldsymbol{b}$ 在一直线上，则存在实数 μ，使得 $\boldsymbol{b}=\mu\boldsymbol{a}$，于是

$$\begin{aligned}\lambda(\boldsymbol{a}+\boldsymbol{b}) &= \lambda(1\boldsymbol{a}+\mu\boldsymbol{a}) = \lambda[(1+\mu)\boldsymbol{a}] = [\lambda(1+\mu)\boldsymbol{a}] \\ &= (\lambda+\lambda\mu)\boldsymbol{a} = \lambda\boldsymbol{a} + (\lambda\mu)\boldsymbol{a} \\ &= \lambda\boldsymbol{a} + \lambda(\mu\boldsymbol{a}) = \lambda\boldsymbol{a} + \lambda\boldsymbol{b}.\end{aligned}$$

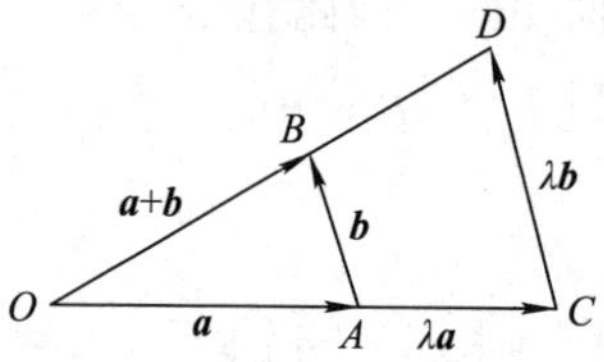

图　1.8

若经过平行移动 $\boldsymbol{a}$ 和 $\boldsymbol{b}$ 不在一直线上，那么当 $\lambda>0$ 时，作 $\overrightarrow{OA}$，$\overrightarrow{AB}$ 分别表示 $\boldsymbol{a}$，$\boldsymbol{b}$，于是 $\overrightarrow{OB}$ 表示 $\boldsymbol{a}+\boldsymbol{b}$；作 $\overrightarrow{OC}$，$\overrightarrow{CD}$ 分别表示 $\lambda\boldsymbol{a}$，$\lambda\boldsymbol{b}$（如图 1.8），则 $\triangle OAB \backsim \triangle OCD$，从而 D 必在直线 OB 上，于是 $\overrightarrow{OD}$ 表示 $\lambda(\boldsymbol{a}+\boldsymbol{b})$. 又 $\overrightarrow{OD}$ 表示 $\lambda\boldsymbol{a}+\lambda\boldsymbol{b}$，所以有

$$\lambda(\boldsymbol{a}+\boldsymbol{b}) = \lambda\boldsymbol{a}+\lambda\boldsymbol{b}.$$

当 $\lambda<0$ 时，可以作类似讨论. □

1.4　共线(共面)的向量组

向量的加法和数量乘法统称为向量的线性运算.

设 $\boldsymbol{a}_1$，$\boldsymbol{a}_2$，…，$\boldsymbol{a}_n$ 是一组向量，k_1，k_2，…，k_n 是一组实数，则 $k_1\boldsymbol{a}_1+k_2\boldsymbol{a}_2+\cdots+k_n\boldsymbol{a}_n$ 是一个向量，称它是向量组 $\boldsymbol{a}_1$，$\boldsymbol{a}_2$，…，$\boldsymbol{a}_n$ 的一个**线性组合**，称 k_1，k_2，…，k_n 是这个组合的**系数**.

定义 1.4　向量组若用同一起点的有向线段表示后，它们在一条直线(一个平面)上，则称这个向量组是**共线的(共面的)**.

显然，$\boldsymbol{0}$ 与任意向量共线；共线的向量组一定共面；两个向量一定共面；若 $\boldsymbol{a}=\lambda\boldsymbol{b}$（或者 $\boldsymbol{b}=\mu\boldsymbol{a}$），则 $\boldsymbol{a}$ 与 $\boldsymbol{b}$ 共线.

命题 1.1　若 $\boldsymbol{a}$ 与 $\boldsymbol{b}$ 共线，并且 $\boldsymbol{a}\neq\boldsymbol{0}$，则存在唯一的实数 λ，使得 $\boldsymbol{b}=\lambda\boldsymbol{a}$.

证明　*存在性*　若 $\boldsymbol{a}$ 与 $\boldsymbol{b}$ 同向，则 $\boldsymbol{b}^0=\boldsymbol{a}^0$，从而有

$$\boldsymbol{b}=|\boldsymbol{b}|\boldsymbol{b}^0=|\boldsymbol{b}|\boldsymbol{a}^0=|\boldsymbol{b}|(|\boldsymbol{a}|^{-1}\boldsymbol{a})=(|\boldsymbol{b}||\boldsymbol{a}|^{-1})\boldsymbol{a}.$$

取 $\lambda=|\boldsymbol{b}||\boldsymbol{a}|^{-1}$，即得 $\boldsymbol{b}=\lambda\boldsymbol{a}$. 若 $\boldsymbol{a}$ 与 $\boldsymbol{b}$ 反向，可以类似讨论.

唯一性　假如 $\boldsymbol{b}=\lambda\boldsymbol{a}=\mu\boldsymbol{a}$，则 $(\lambda-\mu)\boldsymbol{a}=\boldsymbol{0}$. 因为 $\boldsymbol{a}\neq\boldsymbol{0}$，所以 $\lambda-\mu=0$，即 $\lambda=\mu$. □

命题 1.2　$\boldsymbol{a}$ 与 $\boldsymbol{b}$ 共线的充分必要条件是，存在不全为零的实数

λ，μ，使得

$$\lambda\boldsymbol{a}+\mu\boldsymbol{b}=\boldsymbol{0}. \tag{1.3}$$

证明 必要性 设 $\boldsymbol{a}$ 与 $\boldsymbol{b}$ 共线，若 $\boldsymbol{a}=\boldsymbol{b}=\boldsymbol{0}$，则有 $1\boldsymbol{a}+1\boldsymbol{b}=\boldsymbol{0}$.

若 $\boldsymbol{a}$ 与 $\boldsymbol{b}$ 不全为 $\boldsymbol{0}$，不妨设 $\boldsymbol{a}\neq\boldsymbol{0}$，则存在实数 λ，使得 $\boldsymbol{b}=\lambda\boldsymbol{a}$，从而有

$$\lambda\boldsymbol{a}+(-1)\boldsymbol{b}=\boldsymbol{0}.$$

充分性 若有不全为零的实数 λ，μ，使得(1.3)式成立，不妨设 $\lambda\neq0$，则由(1.3)式得 $\boldsymbol{a}=-\dfrac{\mu}{\lambda}\boldsymbol{b}$. 因此 $\boldsymbol{a}$ 与 $\boldsymbol{b}$ 共线. □

推论 1.1 $\boldsymbol{a}$ 与 $\boldsymbol{b}$ 不共线的充分必要条件是从(1.3)式成立可以推出 $\lambda=\mu=0$. □

命题 1.3 若 $\boldsymbol{c}=\lambda\boldsymbol{a}+\mu\boldsymbol{b}$，则 $\boldsymbol{a}$，$\boldsymbol{b}$，$\boldsymbol{c}$ 共面.

证明 若 $\boldsymbol{a}$ 与 $\boldsymbol{b}$ 共线，则 $\boldsymbol{a}$，$\boldsymbol{b}$，$\boldsymbol{c}$ 共线，从而它们共面. 若 $\boldsymbol{a}$ 与 $\boldsymbol{b}$ 不共线，则当 $\lambda>0$，$\mu>0$ 时，由图 1.9 知，$\boldsymbol{a}$，$\boldsymbol{b}$，$\boldsymbol{c}$ 共面. 对 λ，μ 的其他取值情况，可以类似讨论. □

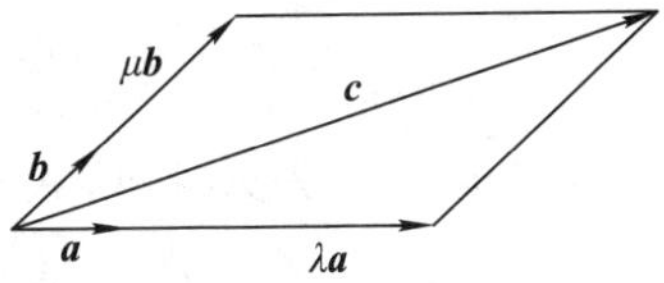

图 1.9

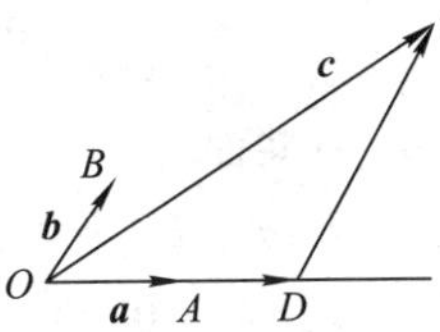

图 1.10

命题 1.4 若 $\boldsymbol{a}$，$\boldsymbol{b}$，$\boldsymbol{c}$ 共面，并且 $\boldsymbol{a}$ 与 $\boldsymbol{b}$ 不共线，则存在唯一的一对实数 λ，μ，使得

$$\boldsymbol{c}=\lambda\boldsymbol{a}+\mu\boldsymbol{b}.$$

证明 存在性 如图 1.10 所示，从同一起点 O 作

$$\overrightarrow{OA}=\boldsymbol{a},\quad \overrightarrow{OB}=\boldsymbol{b},\quad \overrightarrow{OC}=\boldsymbol{c}.$$

过 C 作 $CD/\!/OB$，且与直线 OA 交于 D. 因为 $\overrightarrow{OD}$ 与 $\boldsymbol{a}$ 共线，所以存在实数 λ，使得 $\overrightarrow{OD}=\lambda\boldsymbol{a}$. 同理有 $\overrightarrow{DC}=\mu\boldsymbol{b}$. 因此有

$$\boldsymbol{c}=\overrightarrow{OC}=\overrightarrow{OD}+\overrightarrow{DC}=\lambda\boldsymbol{a}+\mu\boldsymbol{b}.$$

唯一性 假如 $\boldsymbol{c}=\lambda\boldsymbol{a}+\mu\boldsymbol{b}=\lambda_1\boldsymbol{a}+\mu_1\boldsymbol{b}$，则有

$$(\lambda-\lambda_1)\boldsymbol{a}+(\mu-\mu_1)\boldsymbol{b}=\boldsymbol{0}.$$

因为 $\boldsymbol{a}$ 与 $\boldsymbol{b}$ 不共线，根据推论 1.1 即得

$$\lambda-\lambda_1=0,\quad \mu-\mu_1=0,$$

于是 $\lambda=\lambda_1$，$\mu=\mu_1$. □

命题 1.5 $\boldsymbol{a}$，$\boldsymbol{b}$，$\boldsymbol{c}$ 共面的充分必要条件是，存在不全为零的实数 k_1，k_2，k_3，使得

$$k_1\boldsymbol{a}+k_2\boldsymbol{b}+k_3\boldsymbol{c}=\boldsymbol{0}. \tag{1.4}$$

证明 必要性 设 $\boldsymbol{a}$，$\boldsymbol{b}$，$\boldsymbol{c}$ 共面，若 $\boldsymbol{a}$ 与 $\boldsymbol{b}$ 不共线，则存在实数 λ，μ，使得 $\boldsymbol{c}=\lambda\boldsymbol{a}+\mu\boldsymbol{b}$，即

$$\lambda\boldsymbol{a}+\mu\boldsymbol{b}+(-1)\boldsymbol{c}=\boldsymbol{0};$$

若 $\boldsymbol{a}$ 与 $\boldsymbol{b}$ 共线，则存在不全为零的实数 λ，μ，使得 $\lambda\boldsymbol{a}+\mu\boldsymbol{b}=\boldsymbol{0}$，从而有

$$\lambda\boldsymbol{a}+\mu\boldsymbol{b}+0\boldsymbol{c}=\boldsymbol{0}.$$

充分性 不妨设 $k_1\neq0$，则由(1.4)式得

$$\boldsymbol{a}=-\frac{k_2}{k_1}\boldsymbol{b}-\frac{k_3}{k_1}\boldsymbol{c}.$$

因此 $\boldsymbol{a}$，$\boldsymbol{b}$，$\boldsymbol{c}$ 共面. □

推论 1.2 $\boldsymbol{a}$，$\boldsymbol{b}$，$\boldsymbol{c}$ 不共面的充分必要条件是从(1.4)式成立可以推出 $k_1=k_2=k_3=0$. □

由于上述这些命题成立，使得向量的线性运算可以用来解决有关点的共线或共面问题、直线的共点问题以及线段的定比分割问题；并且这些命题是研究几何空间的线性结构的依据.

例 1.1 试证：点 M 在线段 AB 上的充分必要件是，存在非负实数 λ，μ，使得

$$\overrightarrow{OM}=\lambda\overrightarrow{OA}+\mu\overrightarrow{OB},\quad 且\quad \lambda+\mu=1,$$

其中 O 是任意取定的一点.

证明 必要性 设 M 在线段 AB 上，则 $\overrightarrow{AM}$ 与 $\overrightarrow{AB}$ 同向，并且 $0\leqslant|\overrightarrow{AM}|\leqslant|\overrightarrow{AB}|$. 所以

$$\overrightarrow{AM}=k\overrightarrow{AB},\quad 0\leqslant k\leqslant1.$$

任取一点 O，由上式得 $\overrightarrow{OM}-\overrightarrow{OA}=k(\overrightarrow{OB}-\overrightarrow{OA})$，即

$$\overrightarrow{OM}=(1-k)\overrightarrow{OA}+k\overrightarrow{OB}.$$

取 $\lambda=1-k$，$\mu=k$，则 $\lambda+\mu=1$，并且 $\lambda\geqslant 0$，$\mu\geqslant 0$.

充分性　若对某一点 O，有非负实数 λ，μ，使得

$$\overrightarrow{OM}=\lambda\overrightarrow{OA}+\mu\overrightarrow{OB},\quad 且\quad \lambda+\mu=1,$$

则

$$\begin{aligned}\overrightarrow{AM}=\overrightarrow{OM}-\overrightarrow{OA}&=(\lambda\overrightarrow{OA}+\mu\overrightarrow{OB})-(\lambda+\mu)\overrightarrow{OA}\\&=\mu(\overrightarrow{OB}-\overrightarrow{OA})=\mu\overrightarrow{AB}.\end{aligned}$$

于是 $\overrightarrow{AM}$ 与 $\overrightarrow{AB}$ 共线，所以 M 在直线 AB 上．由于 $0\leqslant\mu\leqslant 1$，所以 M 在线段 AB 上. □

例 1.2　试证：三点 A，B，C 共线的充分必要条件是，存在不全为零的实数 λ，μ，ν，使得

$$\lambda\overrightarrow{OA}+\mu\overrightarrow{OB}+\nu\overrightarrow{OC}=\mathbf{0},\quad 且\quad \lambda+\mu+\nu=0,$$

其中 O 是任意取定的一点.

证明　必要性　若 A，B，C 共线，则 $\overrightarrow{AB}$ 与 $\overrightarrow{AC}$ 共线．于是，存在不全为零的实数 k，l，使得

$$k\overrightarrow{AB}+l\overrightarrow{AC}=\mathbf{0}.$$

任取一点 O，由上式得

$$k(\overrightarrow{OB}-\overrightarrow{OA})+l(\overrightarrow{OC}-\overrightarrow{OA})=\mathbf{0},$$

即

$$-(k+l)\overrightarrow{OA}+k\overrightarrow{OB}+l\overrightarrow{OC}=\mathbf{0}.$$

取 $\lambda=-(k+l)$，$\mu=k$，$\nu=l$，则得

$$\lambda\overrightarrow{OA}+\mu\overrightarrow{OB}+\nu\overrightarrow{OC}=\mathbf{0},\quad 且\quad \lambda+\mu+\nu=0.$$

充分性　若对某一点 O，存在不全为零的实数 λ，μ，ν，使得

$$\lambda\overrightarrow{OA}+\mu\overrightarrow{OB}+\nu\overrightarrow{OC}=\mathbf{0},\quad 且\quad \lambda+\mu+\nu=0,$$

则 $\lambda=-(\mu+\nu)$．于是

$$-(\mu+\nu)\overrightarrow{OA}+\mu\overrightarrow{OB}+\nu\overrightarrow{OC}=\mathbf{0},$$

即

$$\mu(\overrightarrow{OB}-\overrightarrow{OA})+\nu(\overrightarrow{OC}-\overrightarrow{OA})=\mathbf{0},$$

也就是 $\mu\overrightarrow{AB}+\nu\overrightarrow{AC}=\mathbf{0}$．易说明 μ，ν 不全为零，从而得 $\overrightarrow{AB}$ 与 $\overrightarrow{AC}$ 共线，所以 A，B，C 共线. □

习　题　1.1

1. 已知平行四边形 $ABCD$ 的对角线为 AC 和 BD，设 $\overrightarrow{AC}=\boldsymbol{a}$，$\overrightarrow{BD}=\boldsymbol{b}$，求 $\overrightarrow{AB}$，$\overrightarrow{BC}$，$\overrightarrow{CD}$ 和 $\overrightarrow{DA}$.

2. 已知平行四边形 $ABCD$ 的边 BC 和 CD 的中点分别为 K 和 L，设 $\overrightarrow{AK}=\boldsymbol{k}$，$\overrightarrow{AL}=\boldsymbol{l}$，求 $\overrightarrow{BC}$ 和 $\overrightarrow{CD}$.

3. 证明：M 是线段 AB 的中点的充分必要条件是，对任意一点 O，有 $\overrightarrow{OM}=\dfrac{1}{2}(\overrightarrow{OA}+\overrightarrow{OB})$.

4. 设 M 是平行四边形 $ABCD$ 的对角线交点，证明：对任意一点 O，有 $\overrightarrow{OM}=\dfrac{1}{4}(\overrightarrow{OA}+\overrightarrow{OB}+\overrightarrow{OC}+\overrightarrow{OD})$.

5. 设 AD，BE，CF 是 $\triangle ABC$ 的三条中线，用 $\overrightarrow{AB}$，$\overrightarrow{AC}$ 表示 $\overrightarrow{AD}$，$\overrightarrow{BE}$，$\overrightarrow{CF}$，并且求 $\overrightarrow{AD}+\overrightarrow{BE}+\overrightarrow{CF}$.

6. 设 A，B，C，D 是一个四面体的顶点，M，N 分别是棱 AB，CD 的中点，证明：$\overrightarrow{MN}=\dfrac{1}{2}(\overrightarrow{AD}+\overrightarrow{BC})$.

7. 证明：对任意向量 $\boldsymbol{a}$，$\boldsymbol{b}$，都有

$$|\boldsymbol{a}+\boldsymbol{b}|\leqslant|\boldsymbol{a}|+|\boldsymbol{b}|.$$

这个不等式称为**三角形不等式**. 等号成立的充分必要条件是什么？

8. 证明：若向量 $\boldsymbol{a}$，$\boldsymbol{b}$，$\boldsymbol{c}$ 共面，则其中至少有一个向量可以表示成其余两个向量的线性组合. 是否其中每一个向量都可以表示成其余两个向量的线性组合？

9. 证明：点 M 在直线 AB 上的充分必要条件是，存在实数 λ，μ，使得

$$\overrightarrow{OM}=\lambda\overrightarrow{OA}+\mu\overrightarrow{OB},\quad \text{且}\quad \lambda+\mu=1,$$

其中 O 是任意取定的一点.

10. 证明：四点 A，B，C，D 共面的充分必要条件是，存在不全为零的实数 λ，μ，ν，ω，使得

$$\lambda\overrightarrow{OA}+\mu\overrightarrow{OB}+\nu\overrightarrow{OC}+\omega\overrightarrow{OD}=\boldsymbol{0},\quad \text{且}\quad \lambda+\mu+\nu+\omega=0,$$

其中 O 是任意取定的一点.

11. 设 A, B, C 是不在一直线上的三点，证明：点 M 在 A, B, C 决定的平面上的充分必要条件是，存在实数 λ, μ, ν, 使得

$$\overrightarrow{OM} = \lambda\overrightarrow{OA} + \mu\overrightarrow{OB} + \nu\overrightarrow{OC}, \quad 且 \quad \lambda + \mu + \nu = 1,$$

其中 O 是任意取定的一点.

12. 证明：点 M 在 $\triangle ABC$ 内(包括三条边)的充分必要条件是，存在非负实数 λ, μ, 使得

$$\overrightarrow{AM} = \lambda\overrightarrow{AB} + \mu\overrightarrow{AC}, \quad 且 \quad \lambda + \mu \leqslant 1.$$

13. 证明：点 M 在 $\triangle ABC$ 内(包括三边)的充分必要条件是，存在非负实数 λ, μ, ν, 使得

$$\overrightarrow{OM} = \lambda\overrightarrow{OA} + \mu\overrightarrow{OB} + \nu\overrightarrow{OC}, \quad 且 \quad \lambda + \mu + \nu = 1,$$

其中 O 是任意取定的一点.

14. 用向量法证明：平行四边形的对角线互相平分.

15. 用向量法证明：$\triangle ABC$ 的三条中线相交于一点 M，并且对任意一点 O，有

$$\overrightarrow{OM} = \frac{1}{3}(\overrightarrow{OA} + \overrightarrow{OB} + \overrightarrow{OC}).$$

16. 用向量法证明：四面体 $ABCD$ 的对棱中点连线交于一点 M，并且对于任意一点 O，有

$$\overrightarrow{OM} = \frac{1}{4}(\overrightarrow{OA} + \overrightarrow{OB} + \overrightarrow{OC} + \overrightarrow{OD}).$$

17. 在 $\triangle ABC$ 中，E, F 分别是边 AC, AB 上的点，并且 $CE = \frac{1}{3}CA$, $AF = \frac{1}{3}AB$. 设 BE 与 CF 交于 G，证明：

$$GE = \frac{1}{7}BE, \quad GF = \frac{4}{7}CF.$$

*18. 设 A_1, A_2, $\cdots$, A_n 是正 n 边形的顶点，O 是它的对称中心，证明：$\overrightarrow{OA_1} + \overrightarrow{OA_2} + \cdots + \overrightarrow{OA_n} = \mathbf{0}$.

*19. 设一个区域 G，如果连接它的任意两点的线段上的每一点都是 G 中的点，则称 G 是**凸的**. 证明：由同一点出发的向量

$$x = k_1 a_1 + k_2 a_2 + \cdots + k_m a_m$$

的终点组成的区域是凸的，其中 k_1，k_2，…，k_m 都是非负实数，并且

$$k_1 + k_2 + \cdots + k_m = 1.$$

§2　几何空间的线性结构

几何空间 V 是空间中所有的点组成的集合. 取一个点 O，以 O 为起点的向量称为**定位向量**. 所有定位向量组成的集合与 V 有一个一一对应：$\overrightarrow{OM}$ 对应于终点 M. 于是 V 也可以看成由所有定位向量组成的集合. 由于向量 $\overrightarrow{OM}$ 经过平行移动得到的向量与 $\overrightarrow{OM}$ 相等，因此 V 也可以看成由所有向量组成的集合，其中经过平行移动得到的向量是相等的向量. V 中的向量有加法和数量乘法运算，这使得几何空间 V 有一个很好的结构.

2.1　向量和点的仿射坐标、直角坐标

定理 2.1　几何空间 V 中任意给定三个不共面的向量 $\boldsymbol{d}_1$，$\boldsymbol{d}_2$，$\boldsymbol{d}_3$，则任意一个向量 $\boldsymbol{m}$ 可以唯一表示成 $\boldsymbol{d}_1$，$\boldsymbol{d}_2$，$\boldsymbol{d}_3$ 的线性组合.

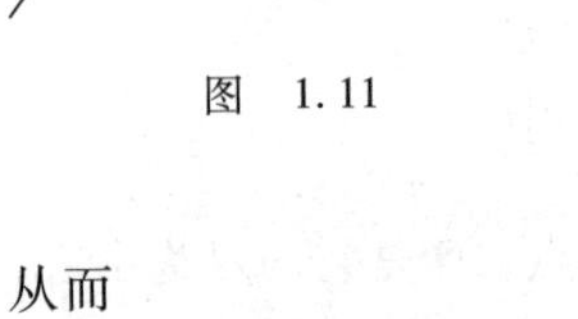

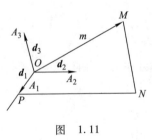

图　1.11

证明　可表性　取一点 O，作 $\overrightarrow{OA_1}$，$\overrightarrow{OA_2}$，$\overrightarrow{OA_3}$，$\overrightarrow{OM}$ 分别表示 $\boldsymbol{d}_1$，$\boldsymbol{d}_2$，$\boldsymbol{d}_3$，$\boldsymbol{m}$. 过 M 作一直线与 OA_3 平行，且与 OA_1 和 OA_2 决定的平面交于 N. 过 N 作一直线与 OA_2 平行，并且与 OA_1 交于 P（如图 1.11）. 因为 $\overrightarrow{OP}$ 与 $\boldsymbol{d}_1$ 共线，$\overrightarrow{PN}$ 与 $\boldsymbol{d}_2$ 共线，$\overrightarrow{NM}$ 与 $\boldsymbol{d}_3$ 共线，所以分别存在实数 x，y，z，使得

$$\overrightarrow{OP} = x\boldsymbol{d}_1, \quad \overrightarrow{PN} = y\boldsymbol{d}_2, \quad \overrightarrow{NM} = z\boldsymbol{d}_3,$$

从而

$$\boldsymbol{m} = \overrightarrow{OM} = \overrightarrow{OP} + \overrightarrow{PN} + \overrightarrow{NM} = x\boldsymbol{d}_1 + y\boldsymbol{d}_2 + z\boldsymbol{d}_3.$$

唯一性　若

$$\overrightarrow{OM}=x\boldsymbol{d}_1+y\boldsymbol{d}_2+z\boldsymbol{d}_3=x_1\boldsymbol{d}_1+y_1\boldsymbol{d}_2+z_1\boldsymbol{d}_3,$$

则得

$$(x-x_1)\boldsymbol{d}_1+(y-y_1)\boldsymbol{d}_2+(z-z_1)\boldsymbol{d}_3=\boldsymbol{0}.$$

因为 $\boldsymbol{d}_1$，$\boldsymbol{d}_2$，$\boldsymbol{d}_3$ 不共面，所以

$$x-x_1=y-y_1=z-z_1=0,$$

即

$$x=x_1,\quad y=y_1,\quad z=z_1.$$ □

定理 2.1 给出了几何空间 V 的线性结构，即只要给出了 V 中三个不共面的向量，那么 V 中所有向量就了如指掌了.

定义 2.1 几何空间 V 中任意三个有次序的不共面向量 $\boldsymbol{d}_1$，$\boldsymbol{d}_2$，$\boldsymbol{d}_3$ 称为 V 的一个**基**. 对于几何空间中任一向量 $\boldsymbol{m}$，若

$$\boldsymbol{m}=x\boldsymbol{d}_1+y\boldsymbol{d}_2+z\boldsymbol{d}_3,$$

则把三元有序实数组 (x,y,z) 称为 $\boldsymbol{m}$ 在基 $\boldsymbol{d}_1$，$\boldsymbol{d}_2$，$\boldsymbol{d}_3$ 下的**坐标**，记作

$$\begin{pmatrix}x\\y\\z\end{pmatrix}\quad 或 \quad (x,y,z)^{\mathrm{T}}.$$

向量有了坐标后，我们再对空间中的点也引进坐标.

定义 2.2 几何空间中一个点 O 和一个基 $\boldsymbol{d}_1$，$\boldsymbol{d}_2$，$\boldsymbol{d}_3$ 合在一起称为几何空间的一个**仿射标架**或**仿射坐标系**，记作 $[O;\boldsymbol{d}_1,\boldsymbol{d}_2,\boldsymbol{d}_3]$，其中 O 称为**原点**. 对于几何空间中任意一点 M，把它的定位向量 $\overrightarrow{OM}$ 在基 $\boldsymbol{d}_1$，$\boldsymbol{d}_2$，$\boldsymbol{d}_3$ 下的坐标称为点 M 在仿射标架 $[O;\boldsymbol{d}_1,\boldsymbol{d}_2,\boldsymbol{d}_2]$ 中的**坐标**.

由定义 2.2 知，点 M 在 $[O;\boldsymbol{d}_1,\boldsymbol{d}_2,\boldsymbol{d}_3]$ 中的坐标为 $(x,y,z)^{\mathrm{T}}$ 的充分必要条件是

$$\overrightarrow{OM}=x\boldsymbol{d}_1+y\boldsymbol{d}_2+z\boldsymbol{d}_3.$$

以后我们把向量 $\boldsymbol{m}$ 在基 $\boldsymbol{d}_1$，$\boldsymbol{d}_2$，$\boldsymbol{d}_3$ 下的坐标也称为 $\boldsymbol{m}$ 在仿射标架 $[O;\boldsymbol{d}_1,\boldsymbol{d}_2,\boldsymbol{d}_3]$ 中的坐标.

几何空间中取定了一个仿射标架后，由定理 2.1 知，几何空间中全体向量的集合与全体有序三元实数组的集合之间就建立了一一对应；通过定位向量，几何空间中全体点的集合与全体有序三元实

数组的集合之间也建立了一一对应.

设$[O;\boldsymbol{d}_1,\boldsymbol{d}_2,\boldsymbol{d}_3]$为几何空间的一个仿射标架，过原点$O$，且分别以$\boldsymbol{d}_1$，$\boldsymbol{d}_2$，$\boldsymbol{d}_3$为方向的有向直线分别称为$x$轴，$y$轴，$z$轴，统称为**坐标轴**. 由每两根坐标轴决定的平面称为**坐标平面**，它们分别为Oxy平面，Oyz平面，Ozx平面. 坐标平面把空间分成八个部分，称为八个**卦限**(如图1.12). 在每个卦限内，点的坐标的符号是不变的(如表1-1).

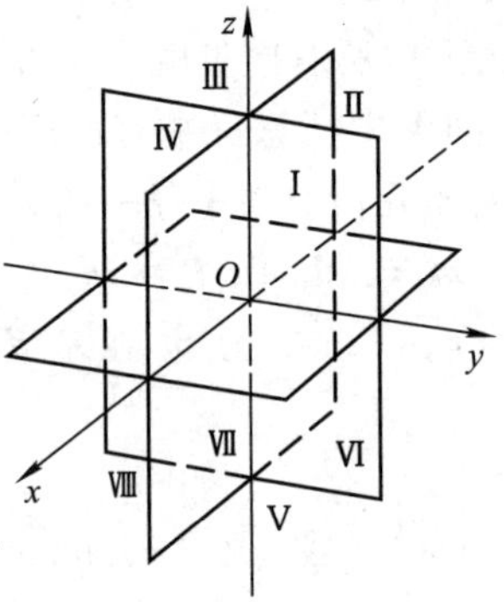

图　1.12

表　1-1

卦限 / 坐标	Ⅰ	Ⅱ	Ⅲ	Ⅳ	Ⅴ	Ⅵ	Ⅶ	Ⅷ
x	+	−	−	+	+	−	−	+
y	+	+	−	−	+	+	−	−
z	+	+	+	+	−	−	−	−

将右手四指(拇指除外)从x轴方向弯向y轴方向(转角小于π)，如果拇指所指的方向与z轴方向在Oxy平面同侧，则称此坐标系为**右手坐标系**，简称**右手系**；否则，称为**左手坐标**系，简称**左手系**(如图1.13).

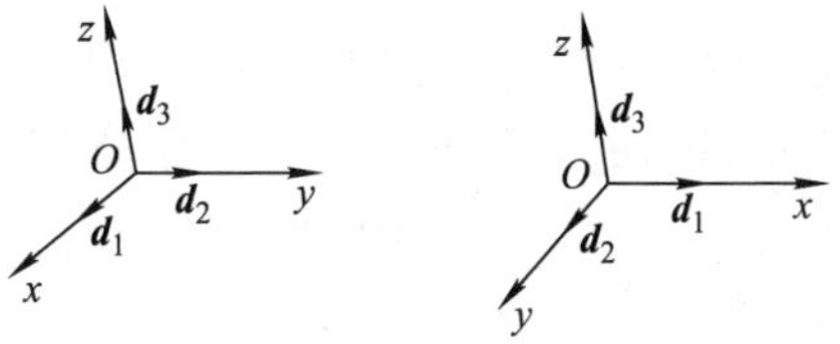

右手系　　　　左手系

图 1.13

定义 2.3 如果 $\boldsymbol{e}_1$，$\boldsymbol{e}_2$，$\boldsymbol{e}_3$ 两两垂直，并且它们都是单位向量，则$[O;\boldsymbol{e}_1,\boldsymbol{e}_2,\boldsymbol{e}_3]$称为一个**直角标架**或**直角坐标系**.

若 $\boldsymbol{e}_1,\boldsymbol{e}_2,\boldsymbol{e}_3$ 两两垂直，则它们一定不共面，因此直角标架是特殊的仿射标架.

点(或向量)在直角坐标系中的坐标称为它的**直角坐标**，在仿射坐标系中的坐标称为它的**仿射坐标**.

类似地，可讨论平面上的仿射坐标系和直角坐标系.

运用几何空间的线性结构，可以解决三点共线、线段的定比分点和三线共点等问题.

2.2 用坐标做向量的线性运算

取定仿射标架$[O;\boldsymbol{d}_1,\boldsymbol{d}_2,\boldsymbol{d}_3]$，设 $\boldsymbol{a}$ 的坐标是$(a_1,a_2,a_3)^{\mathrm{T}}$，$\boldsymbol{b}$ 的坐标是$(b_1,b_2,b_3)^{\mathrm{T}}$，则

$$\begin{aligned}\boldsymbol{a}+\boldsymbol{b}&=(a_1\boldsymbol{d}_1+a_2\boldsymbol{d}_2+a_3\boldsymbol{d}_3)+(b_1\boldsymbol{d}_1+b_2\boldsymbol{d}_2+b_3\boldsymbol{d}_3)\\&=(a_1+b_1)\boldsymbol{d}_1+(a_2+b_2)\boldsymbol{d}_2+(a_3+b_3)\boldsymbol{d}_3.\end{aligned}$$

所以 $\boldsymbol{a}+\boldsymbol{b}$ 的坐标是$(a_1+b_1,a_2+b_2,a_3+b_3)^{\mathrm{T}}$. 这说明，向量和的坐标等于对应坐标的和.

对于任意实数 λ，有

$$\begin{aligned}\lambda\boldsymbol{a}&=\lambda(a_1\boldsymbol{d}_1+a_2\boldsymbol{d}_2+a_3\boldsymbol{d}_3)\\&=(\lambda a_1)\boldsymbol{d}_1+(\lambda a_2)\boldsymbol{d}_2+(\lambda a_3)\boldsymbol{d}_3,\end{aligned}$$

所以 $\lambda\boldsymbol{a}$ 的坐标是$(\lambda a_1,\lambda a_2,\lambda a_3)^{\mathrm{T}}$. 这说明，$\boldsymbol{a}$ 乘以实数 λ，则它的坐标就都乘上同一个实数 λ.

由上述得：$\boldsymbol{a}-\boldsymbol{b}$ 的坐标是 $(a_1-b_1,\ a_2-b_2,\ a_3-b_3)^{\mathrm{T}}$.

定理 2.2　向量的坐标等于其终点坐标减去其起点坐标.

证明　对于向量 $\overrightarrow{AB}$，设 A，B 的坐标分别是 $(x_1,y_1,z_1)^{\mathrm{T}}$，$(x_2,y_2,z_2)^{\mathrm{T}}$，它们也分别是 $\overrightarrow{OA}$，$\overrightarrow{OB}$ 的坐标. 因为 $\overrightarrow{AB}=\overrightarrow{OB}-\overrightarrow{OA}$，所以 $\overrightarrow{AB}$ 的坐标是 $(x_2-x_1,y_2-y_1,z_2-z_1)^{\mathrm{T}}$. □

点 M 的坐标是它的定位向量 $\overrightarrow{OM}$ 的坐标；向量的坐标等于其终点坐标减去其起点坐标. 这两句话表明了点的坐标与向量的坐标之间的关系.

2.3　三点(或两向量)共线的条件

命题 2.1　设平面上两个向量 $\boldsymbol{a}$，$\boldsymbol{b}$ 的坐标分别为 $(a_1,a_2)^{\mathrm{T}}$，$(b_1,b_2)^{\mathrm{T}}$，则 $\boldsymbol{a}$ 与 $\boldsymbol{b}$ 共线的充分必要条件是

$$\begin{vmatrix} a_1 & b_1 \\ a_2 & b_2 \end{vmatrix}=0.$$

证明　*必要性*　设 $\boldsymbol{a}$ 与 $\boldsymbol{b}$ 共线. 若 $\boldsymbol{a}\neq\boldsymbol{0}$，则存在实数 λ，使得 $\boldsymbol{b}=\lambda\boldsymbol{a}$，从而 $b_1=\lambda a_1$，$b_2=\lambda a_2$. 于是

$$\begin{vmatrix} a_1 & b_1 \\ a_2 & b_2 \end{vmatrix}=a_1b_2-a_2b_1=a_1(\lambda a_2)-a_2(\lambda a_1)=0.$$

若 $\boldsymbol{a}=\boldsymbol{0}$，则

$$\begin{vmatrix} a_1 & b_1 \\ a_2 & b_2 \end{vmatrix}=\begin{vmatrix} 0 & b_1 \\ 0 & b_2 \end{vmatrix}=0.$$

充分性　设 $\begin{vmatrix} a_1 & b_1 \\ a_2 & b_2 \end{vmatrix}=a_1b_2-a_2b_1=0$. 若 $\boldsymbol{a}\neq\boldsymbol{0}$，则不妨设 $a_1\neq 0$. 于是有 $b_2=\dfrac{b_1}{a_1}a_2$. 又有 $b_1=\dfrac{b_1}{a_1}a_1$. 因此 $\boldsymbol{b}=\dfrac{b_1}{a_1}\boldsymbol{a}$，从而 $\boldsymbol{b}$ 与 $\boldsymbol{a}$ 共线. 若 $\boldsymbol{a}=\boldsymbol{0}$，则 $\boldsymbol{b}$ 与 $\boldsymbol{a}$ 共线. □

命题 2.2　在三个点 A，B，C 所在的平面上取一个仿射标架 $[O;\boldsymbol{d}_1,\boldsymbol{d}_2]$，设 A，B，C 的坐标分别是

$$(x_1,y_1)^{\mathrm{T}},\quad (x_2,y_2)^{\mathrm{T}},\quad (x_3,y_3)^{\mathrm{T}},$$

则三点 A，B，C 共线的充分必要条件是

$$\begin{vmatrix} x_1 & x_2 & x_3 \\ y_1 & y_2 & y_3 \\ 1 & 1 & 1 \end{vmatrix} = 0.$$

证明 利用命题 2.1 得

$$\begin{aligned} & \text{三点 } A,B,C \text{ 共线} \\ \Longleftrightarrow\ & \overrightarrow{CA} \text{ 与 } \overrightarrow{CB} \text{ 共线} \\ \Longleftrightarrow\ & 0 = \begin{vmatrix} x_1 - x_3 & x_2 - x_3 \\ y_1 - y_3 & y_2 - y_3 \end{vmatrix} = \begin{vmatrix} x_1 - x_3 & x_2 - x_3 & x_3 \\ y_1 - y_3 & y_2 - y_3 & y_3 \\ 0 & 0 & 1 \end{vmatrix} \\ & = \begin{vmatrix} x_1 & x_2 & x_3 \\ y_1 & y_2 & y_3 \\ 1 & 1 & 1 \end{vmatrix}, \end{aligned}$$

其中最后一个等号由 3 阶行列式的第 3 列分别加到第 1 列和第 2 列上，行列式的值不变而得到. □

命题 2.3 设两向量 $\boldsymbol{a}$，$\boldsymbol{b}$ 在空间仿射标架$[O;\boldsymbol{d}_1,\boldsymbol{d}_2,\boldsymbol{d}_3]$中的坐标分别是$(a_1,a_2,a_3)^{\mathrm{T}}$，$(b_1,b_2,b_3)^{\mathrm{T}}$，则 $\boldsymbol{a}$ 与 $\boldsymbol{b}$ 共线的充分必要条件是

$$\begin{vmatrix} a_1 & b_1 \\ a_2 & b_2 \end{vmatrix} = \begin{vmatrix} a_1 & b_1 \\ a_3 & b_3 \end{vmatrix} = \begin{vmatrix} a_2 & b_2 \\ a_3 & b_3 \end{vmatrix} = 0. \tag{2.1}$$

证明 *必要性* 设 $\boldsymbol{a}$ 与 $\boldsymbol{b}$ 共线. 假如 $\boldsymbol{a}=\boldsymbol{0}$，则(2.1)式显然成立. 下面设 $\boldsymbol{a}\neq\boldsymbol{0}$，于是有实数 k，使得 $\boldsymbol{b}=k\boldsymbol{a}$. 所以

$$b_i = ka_i, \quad i = 1,2,3,$$

从而

$$\begin{vmatrix} a_1 & b_1 \\ a_2 & b_2 \end{vmatrix} = \begin{vmatrix} a_1 & ka_1 \\ a_2 & ka_2 \end{vmatrix} = 0.$$

同理，(2.1)式中的其余两个行列式也为零.

充分性 设(2.1)式成立. 如果 $\boldsymbol{a}$，$\boldsymbol{b}$ 中有一个为 $\boldsymbol{0}$，则结论显然成立. 下面设 $\boldsymbol{a}\neq\boldsymbol{0}$，$\boldsymbol{b}\neq\boldsymbol{0}$. 不妨设 $a_1\neq 0$（$a_2\neq 0$ 或 $a_3\neq 0$ 的情况可类似讨

论). 令 $k=\frac{b_1}{a_1}$, 则 $b_1=ka_1$, 从而

$$0=\begin{vmatrix} a_1 & b_1 \\ a_2 & b_2 \end{vmatrix}=a_1b_2-a_2ka_1.$$

于是 $b_2=ka_2$. 因为

$$0=\begin{vmatrix} a_1 & b_1 \\ a_3 & b_3 \end{vmatrix}=a_1b_3-a_3ka_1,$$

所以 $b_3=ka_3$. 于是有

$$(b_1,b_2,b_3)=(ka_1,ka_2,ka_3),$$

从而得 $\boldsymbol{b}=k\boldsymbol{a}$. 因此 $\boldsymbol{a}$ 与 $\boldsymbol{b}$ 共线. □

2.4 线段的定比分点

对于线段 $AB(A\neq B)$, 如果点 C 满足 $\overrightarrow{AC}=\lambda\overrightarrow{CB}$, 则称**点 C 分线段 AB 成定比 λ**. 当 $\lambda>0$ 时, $\overrightarrow{AC}$ 与 $\overrightarrow{CB}$ 同向, 点 C 是线段 AB 内部的点, 称 C 为**内分点**; 当 $\lambda<0$ 时, $\overrightarrow{AC}$ 与 $\overrightarrow{CB}$ 反向, C 是线段 AB 外部的点, 称 C 为**外分点**; 当 $\lambda=0$ 时, 点 C 与点 A 重合. 假如 $\lambda=-1$, 则得 $\overrightarrow{AC}=-\overrightarrow{CB}$, 即 $\overrightarrow{AB}=\mathbf{0}$, 矛盾. 所以 $\lambda\neq-1$.

命题 2.4 设 A, B 的坐标分别是 $(x_1,y_1,z_1)^{\mathrm{T}}$, $(x_2,y_2,z_2)^{\mathrm{T}}$, 则分线段 AB 成定比 $\lambda(\lambda\neq-1)$ 的分点 C 的坐标是

$$x=\frac{x_1+\lambda x_2}{1+\lambda},\quad y=\frac{y_1+\lambda y_2}{1+\lambda},\quad z=\frac{z_1+\lambda z_2}{1+\lambda}.\tag{2.2}$$

证明 设点 C 的坐标是 $(x,y,z)^{\mathrm{T}}$. $\overrightarrow{AC}=\lambda\overrightarrow{CB}$ 用坐标写出就是

$$\begin{cases} x-x_1=\lambda(x_2-x), \\ y-y_1=\lambda(y_2-y), \\ z-z_1=\lambda(z_2-z). \end{cases}$$

解得

$$x=\frac{x_1+\lambda x_2}{1+\lambda},\quad y=\frac{y_1+\lambda y_2}{1+\lambda},\quad z=\frac{z_1+\lambda z_2}{1+\lambda}.$$ □

推论 2.1 设 A, B 的坐标分别为 $(x_1,y_1,z_1)^{\mathrm{T}}$, $(x_2,y_2,z_2)^{\mathrm{T}}$, 则线段 AB 的中点的坐标为

$$x=\frac{x_1+x_2}{2},\quad y=\frac{y_1+y_2}{2},\quad z=\frac{z_1+z_2}{2}.$$ □

例 2.1 用坐标法证明：四面体对棱中点的连线交于一点.

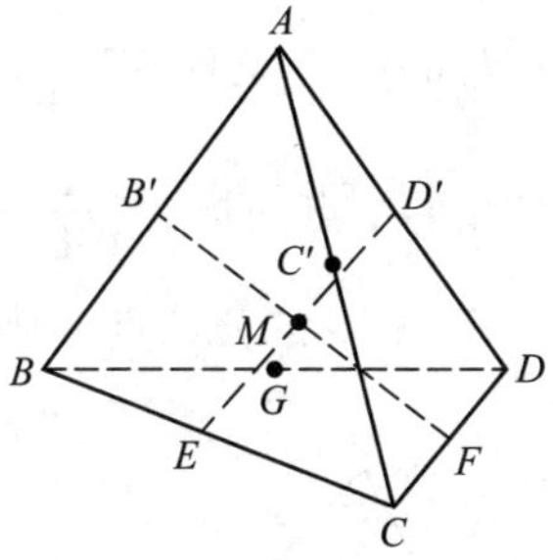

图 1.14

证明 设四面体 $ABCD$ 的棱 AB，AC，AD，BC，CD，DB 的中点分别是 B'，C'，D'，E，F，G（如图 1.14）.

取仿射标架 $[A;\overrightarrow{AB},\overrightarrow{AC},\overrightarrow{AD}]$，则各点坐标分别为 $A(0,0,0)^{\mathrm{T}}$，$B(1,0,0)^{\mathrm{T}}$，$C(0,1,0)^{\mathrm{T}}$，$D(0,0,1)^{\mathrm{T}}$，$B'\left(\frac{1}{2},0,0\right)^{\mathrm{T}}$，

$C'\left(0,\frac{1}{2},0\right)^{\mathrm{T}},D'\left(0,0,\frac{1}{2}\right)^{\mathrm{T}},E\left(\frac{1}{2},\frac{1}{2},0\right)^{\mathrm{T}},F\left(0,\frac{1}{2},\frac{1}{2}\right)^{\mathrm{T}},G\left(\frac{1}{2},0,\frac{1}{2}\right)^{\mathrm{T}}$.

设 $B'F$ 与 $D'E$ 交于点 $M(x,y,z)^{\mathrm{T}}$，并设

$$\overrightarrow{B'M}=k\,\overrightarrow{MF},\quad \overrightarrow{D'M}=l\,\overrightarrow{ME},$$

则 M 的坐标为

$$x=\frac{\frac{1}{2}+k\cdot 0}{1+k}=\frac{0+l\cdot\frac{1}{2}}{1+l},\quad y=\frac{0+k\frac{1}{2}}{1+k}=\frac{0+l\frac{1}{2}}{1+l},$$

$$z=\frac{0+k\frac{1}{2}}{1+k}=\frac{\frac{1}{2}+l\cdot 0}{1+l}.$$

解得 $l=1$，$k=1$，从而 M 的坐标为 $\left(\frac{1}{4},\frac{1}{4},\frac{1}{4}\right)^{\mathrm{T}}$.

$\overrightarrow{C'G}$，$\overrightarrow{C'M}$ 的坐标分别为 $\left(\frac{1}{2},-\frac{1}{2},\frac{1}{2}\right)^{\mathrm{T}}$，$\left(\frac{1}{4},-\frac{1}{4},\frac{1}{4}\right)^{\mathrm{T}}$. 由于

$$\begin{vmatrix}\frac{1}{2} & \frac{1}{4}\\ -\frac{1}{2} & -\frac{1}{4}\end{vmatrix}=0,\quad \begin{vmatrix}\frac{1}{2} & \frac{1}{4}\\ \frac{1}{2} & \frac{1}{4}\end{vmatrix}=0,\quad \begin{vmatrix}-\frac{1}{2} & -\frac{1}{4}\\ \frac{1}{2} & \frac{1}{4}\end{vmatrix}=0,$$

因此根据命题 2.3 得 $\overrightarrow{C'G}$ 与 $\overrightarrow{C'M}$ 共线，于是点 M 在 $C'G$ 上，从而

$B'F$, $D'E$, $C'G$ 交于一点 M. □

注 此题在写出各点坐标后，也可以先求出各连线的中点坐标：$B'F$ 的中点坐标为$\left(\frac{1}{4},\frac{1}{4},\frac{1}{4}\right)^{\mathrm{T}}$，$D'E$ 的中点坐标为$\left(\frac{1}{4},\frac{1}{4},\frac{1}{4}\right)^{\mathrm{T}}$，$C'G$ 的中点坐标为$\left(\frac{1}{4},\frac{1}{4},\frac{1}{4}\right)^{\mathrm{T}}$. 这说明点 $M\left(\frac{1}{4},\frac{1}{4},\frac{1}{4}\right)^{\mathrm{T}}$ 是 $B'F$, $D'E$, $C'G$ 的公共点，从而得证.

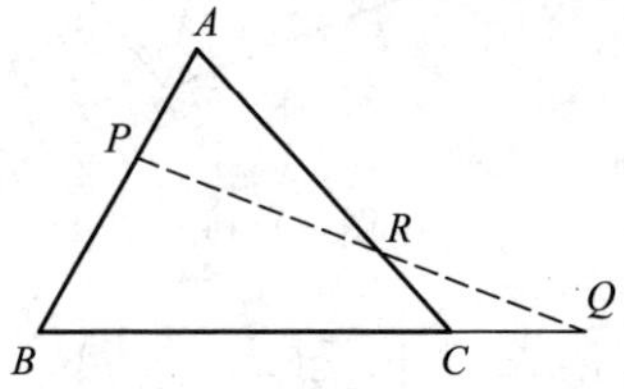

图 1.15

在用坐标法解决问题时，一定要注意针对问题的特点选取合适的坐标系.

命题 2.2 可以用来解决平面上三点共线的判定问题.

例 2.2(门内劳斯(Menelaus)定理) 设点 P, Q, R 分别分 $\triangle ABC$ 的边 AB, BC, CA 成定比 λ, μ, ν, 如图 1.15 所示，证明：

$$\text{三点 } P,\ Q,\ R \text{ 共线} \Longleftrightarrow \lambda\mu\nu = -1.$$

证明 取平面仿射标架$[A;\overrightarrow{AB},\overrightarrow{AC}]$，点 A, B, C 的坐标分别为

$$(0,0)^{\mathrm{T}},\quad (1,0)^{\mathrm{T}},\quad (0,1)^{\mathrm{T}}.$$

根据命题 2.4，点 P, Q, R 的坐标分别为

$$\left(\frac{\lambda}{1+\lambda},0\right)^{\mathrm{T}},\quad \left(\frac{1}{1+\mu},\frac{\mu}{1+\mu}\right)^{\mathrm{T}},\quad \left(0,\frac{1}{1+\nu}\right)^{\mathrm{T}}.$$

根据命题 2.2，有

$$\text{三点 } P,Q,R \text{ 共线}$$

$$\Longleftrightarrow 0 = \begin{vmatrix} \frac{\lambda}{1+\lambda} & \frac{1}{1+\mu} & 0 \\ 0 & \frac{\mu}{1+\mu} & \frac{1}{1+\nu} \\ 1 & 1 & 1 \end{vmatrix}$$

$$= \frac{1}{(1+\lambda)(1+\mu)(1+\nu)} \begin{vmatrix} \lambda & 1 & 0 \\ 0 & \mu & 1 \\ 1+\lambda & 1+\mu & 1+\nu \end{vmatrix}$$

$$= \frac{\lambda\mu\nu+1}{(1+\lambda)(1+\mu)(1+\nu)}$$

$\Longleftrightarrow \lambda\mu\nu = -1.$ □

三线共点的问题可以转化为三点共线的问题.

例 2.3(切瓦(Ceva)定理) 设点 P, Q, R 分别内分 $\triangle ABC$ 的边 AB, BC, CA 成定比 λ, μ, ν, 如图 1.16 所示, 证明:

$$\text{三线 } AQ, BR, CP \text{ 共点} \Longleftrightarrow \lambda\mu\nu = 1.$$

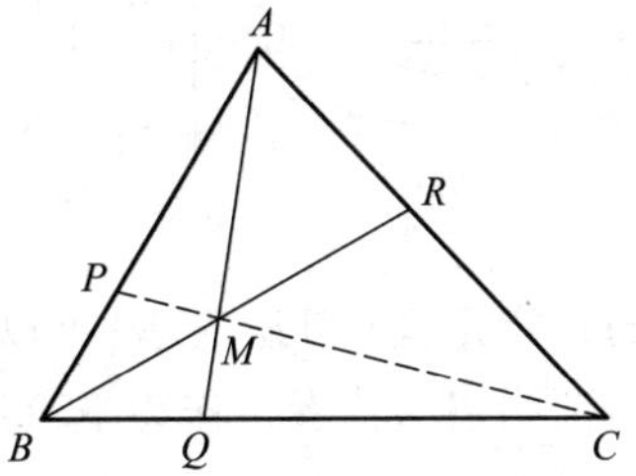

图 1.16

证明 取平面仿射标架 $[A;\overrightarrow{AB},\overrightarrow{AC}]$, 点 A, B, C 的坐标分别为 $(0,0)^{\mathrm{T}}$, $(1,0)^{\mathrm{T}}$, $(0,1)^{\mathrm{T}}$; 点 P, Q, R 的坐标分别为

$$\left(\frac{\lambda}{1+\lambda},0\right)^{\mathrm{T}},\quad \left(\frac{1}{1+\mu},\frac{\mu}{1+\mu}\right)^{\mathrm{T}},\quad \left(0,\frac{1}{1+\nu}\right)^{\mathrm{T}}.$$

设 AQ 与 BR 相交于点 $M(x,y)^{\mathrm{T}}$, 且点 M 分别分线段 AQ, BR 成定比 k, l, 则

$$x = \frac{k\dfrac{1}{1+\mu}}{1+k} = \frac{1}{1+l},\quad y = \frac{k\dfrac{\mu}{1+\mu}}{1+k} = \frac{l\dfrac{1}{1+\nu}}{1+l}.$$

将上述两个式子相除$\left(\text{即考虑 } \dfrac{x}{y}\right)$, 得

$$\frac{1}{\mu}=\frac{1+\nu}{l},$$

于是 $l=\mu(1+\nu)$. 因此

$$x=\frac{1}{1+\mu(1+\nu)},\quad y=\frac{\mu}{1+\mu(1+\nu)}.$$

由于 $\mu>0$, $\nu>0$, 因此 $1+\mu(1+\nu)\neq 0$, 从而

$$\begin{aligned}
&\text{三线 } AQ,BR,CP \text{ 共点}\\
\Longleftrightarrow\ &\text{三点 } C,M,P \text{ 共线}\\
\Longleftrightarrow\ &0=\begin{vmatrix}0 & \dfrac{1}{1+\mu(1+\nu)} & \dfrac{\lambda}{1+\lambda}\\ 1 & \dfrac{\mu}{1+\mu(1+\nu)} & 0\\ 1 & 1 & 1\end{vmatrix}=\frac{-1+\lambda\mu\nu}{(1+\lambda)[1+\mu(1+\nu)]}\\
\Longleftrightarrow\ &\lambda\mu\nu=1.
\end{aligned}$$

□

利用三线共点的判定定理(切瓦定理)可以简捷地证明三角形三条中线相交于一点. 证明留给读者, 作为本节习题的第 11 题.

习 题 1.2

1. 在一个仿射坐标系中画出下列各点:

$$P(1,3,4)^{\mathrm{T}},\quad Q(-1,1,3)^{\mathrm{T}},\quad M(-1,-2,-3)^{\mathrm{T}}.$$

2. 给定直角坐标系, 设点 M 的坐标为 $(x,y,z)^{\mathrm{T}}$, 求它分别对于 Oxy 平面, x 轴和原点的对称点的坐标.

3. 设平行四边形 $ABCD$ 的对角线交于点 M, 且有

$$\overrightarrow{DP}=\frac{1}{5}\overrightarrow{DB},\quad \overrightarrow{CQ}=\frac{1}{6}\overrightarrow{CA}.$$

取仿射标架 $[A;\overrightarrow{AB},\overrightarrow{AD}]$, 求点 M, P, Q 的坐标以及向量 $\overrightarrow{PQ}$ 的坐标.

4. 对于平行四边形 $ABCD$, 求 A, D, $\overrightarrow{AD}$, $\overrightarrow{DB}$ 在仿射标架 $[C;\overrightarrow{AC},\overrightarrow{BD}]$ 中的坐标.

5. 设 $ABCDEF$ 为正六边形, 求各顶点以及向量 $\overrightarrow{DB}$, $\overrightarrow{DF}$ 在仿射标架 $[A;\overrightarrow{AB},\overrightarrow{AF}]$ 中坐标.

6. 已知 $\overrightarrow{OA}=\boldsymbol{d}_1$, $\overrightarrow{OB}=\boldsymbol{d}_2$, $\overrightarrow{OC}=\boldsymbol{d}_3$ 是以原点 O 为顶点的平行六面体的三条棱，求此平行六面体过点 O 的对角线与平面 ABC 的交点 M 在仿射标架$[O;\boldsymbol{d}_1,\boldsymbol{d}_2,\boldsymbol{d}_3]$中的坐标.

7. 设向量 $\boldsymbol{a}$, $\boldsymbol{b}$, $\boldsymbol{c}$ 的坐标分别是$(1,5,2)^{\mathrm{T}}$, $(0,-3,4)^{\mathrm{T}}$, $(-2,3,-1)^{\mathrm{T}}$，求下列向量的坐标：

(1) $2\boldsymbol{a}-\boldsymbol{b}+\boldsymbol{c}$;　　(2) $-3\boldsymbol{a}+2\boldsymbol{b}+4\boldsymbol{c}$.

8. 已知平行四边形 $ABCD$ 中顶点 A, B, C 的坐标分别为$(1,0,2)^{\mathrm{T}}$, $(0,3,-1)^{\mathrm{T}}$, $(2,-1,3)^{\mathrm{T}}$，求点 D 和对角线交点 M 的坐标.

9. 下列各组的三个向量 $\boldsymbol{a}$, $\boldsymbol{b}$, $\boldsymbol{c}$ 是否共面？能否将 $\boldsymbol{c}$ 表示成 $\boldsymbol{a}$, $\boldsymbol{b}$ 的线性组合？若能表示，则写出表示式.

(1) $\boldsymbol{a}(5,2,1)^{\mathrm{T}}$, $\boldsymbol{b}(-1,4,2)^{\mathrm{T}}$, $\boldsymbol{c}(-1,-1,5)^{\mathrm{T}}$;

(2) $\boldsymbol{a}(6,4,2)^{\mathrm{T}}$, $\boldsymbol{b}(-9,6,3)^{\mathrm{T}}$, $\boldsymbol{c}(-3,6,3)^{\mathrm{T}}$;

(3) $\boldsymbol{a}(1,2,-3)^{\mathrm{T}}$, $\boldsymbol{b}(-2,-4,6)^{\mathrm{T}}$, $\boldsymbol{c}(1,0,5)^{\mathrm{T}}$.

10. 设点 C 分线段 AB 成 5:2，点 A 的坐标为$(3,7,4)^{\mathrm{T}}$，点 C 的坐标为$(8,2,3)^{\mathrm{T}}$，求点 B 的坐标.

11. 用切瓦定理证明：$\triangle ABC$ 的三条中线交于一点. 若点 A, B, C 的坐标分别为$(x_1,y_1,z_1)^{\mathrm{T}}$, $(x_2,y_2,z_2)^{\mathrm{T}}$, $(x_3,y_3,z_3)^{\mathrm{T}}$，求 $\triangle ABC$ 的重心的坐标.

12. 证明：三角形的三条角平分线相交于一点.

§3 向量的内积

有关长度、角度、垂直等的度量问题如何利用向量来解决？从力学中知道，若力 $\boldsymbol{F}$ 使质点 A 位移 $\boldsymbol{S}$，则 $\boldsymbol{F}$ 做的功 W 为

$$W=|\boldsymbol{F}_1||\boldsymbol{S}|=|\boldsymbol{F}||\boldsymbol{S}|\cos\alpha,$$

其中 $\boldsymbol{F}_1$ 是 $\boldsymbol{F}$ 沿 $\boldsymbol{S}$ 方向的分力，α 是 $\boldsymbol{F}$ 与 $\boldsymbol{S}$ 的夹角（如图 1.17）. 在求功 W 的式子里出现了向量的长度、两向量的夹角. 从这一物理背景受到启发，为了解决有关长度、角度的问题，需要考虑类似于功 W 那样的数量，它是由向量 $\boldsymbol{F}$ 和 $\boldsymbol{S}$ 确定的. 由于求

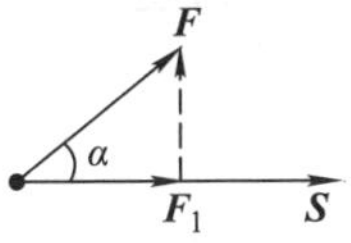

图 1.17

功 W 的第一步是求分力 $\boldsymbol{F}_1$，所以先来考虑类似于分力 $\boldsymbol{F}_1$ 那样的向量.

3.1　射影和分量

几何空间 V 中，给了一个单位向量 $\boldsymbol{e}$，过点 O 作直线 l，其方向向量为 $\boldsymbol{e}$；过点 O 作一个平面 π 与 l 垂直，在平面 π 上取两个互相垂直的单位向量 $\boldsymbol{e}_1$，$\boldsymbol{e}_2$，如图 1.18 所示，则 $[O;\boldsymbol{e}_1,\boldsymbol{e}_2,\boldsymbol{e}]$ 是几何空间 V 的一个直角坐标系. 于是，任给向量 $\boldsymbol{a}$，它可以唯一地分解成

$$\boldsymbol{a} = x\boldsymbol{e}_1 + y\boldsymbol{e}_2 + z\boldsymbol{e} = \boldsymbol{a}_2 + \boldsymbol{a}_1, \tag{3.1}$$

其中 $\boldsymbol{a}_2 = x\boldsymbol{e}_1 + y\boldsymbol{e}_2$，$\boldsymbol{a}_1 = z\boldsymbol{e}$.

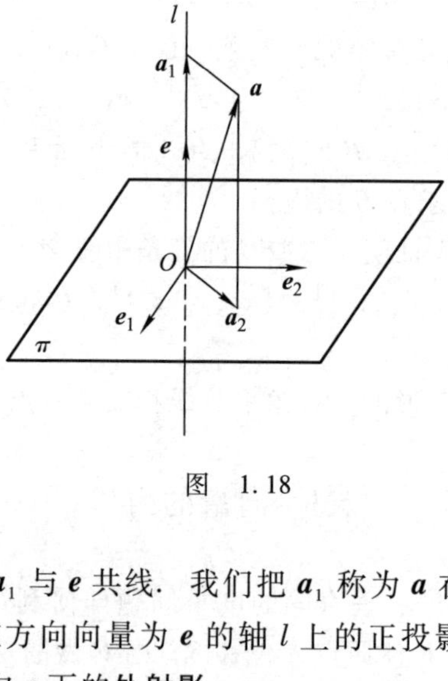

图　1.18

可见 $\boldsymbol{a}_2 \perp \boldsymbol{e}$，$\boldsymbol{a}_1$ 与 $\boldsymbol{e}$ 共线. 我们把 $\boldsymbol{a}_1$ 称为 $\boldsymbol{a}$ 在方向 $\boldsymbol{e}$ 上的**内射影**(也称 $\boldsymbol{a}_1$ 是 $\boldsymbol{a}$ 在方向向量为 $\boldsymbol{e}$ 的轴 l 上的正投影)，记作 $\mathscr{P}_{\boldsymbol{e}}(\boldsymbol{a})$；把 $\boldsymbol{a}_2$ 称为 $\boldsymbol{a}$ 沿方向 $\boldsymbol{e}$ 下的**外射影**.

命题 3.1　对于几何空间中任意向量 $\boldsymbol{a}$，$\boldsymbol{b}$，任意实数 λ，有

$$\mathscr{P}_{\boldsymbol{e}}(\boldsymbol{a} + \boldsymbol{b}) = \mathscr{P}_{\boldsymbol{e}}(\boldsymbol{a}) + \mathscr{P}_{\boldsymbol{e}}(\boldsymbol{b}), \tag{3.2}$$

$$\mathscr{P}_{\boldsymbol{e}}(\lambda\boldsymbol{a}) = \lambda\mathscr{P}_{\boldsymbol{e}}(\boldsymbol{a}). \tag{3.3}$$

证明　设 $\boldsymbol{a} = \boldsymbol{a}_1 + \boldsymbol{a}_2$，其中 $\boldsymbol{a}_1$ 与 $\boldsymbol{e}$ 共线，$\boldsymbol{a}_2 \perp \boldsymbol{e}$，又设 $\boldsymbol{b} = \boldsymbol{b}_1 + \boldsymbol{b}_2$，其中 $\boldsymbol{b}_1$ 与 $\boldsymbol{e}$ 共线，$\boldsymbol{b}_2 \perp \boldsymbol{e}$，则

$$\boldsymbol{a}+\boldsymbol{b}=(\boldsymbol{a}_1+\boldsymbol{a}_2)+(\boldsymbol{b}_1+\boldsymbol{b}_2)=(\boldsymbol{a}_1+\boldsymbol{b}_1)+(\boldsymbol{a}_2+\boldsymbol{b}_2).$$

由于$\boldsymbol{a}_1$，$\boldsymbol{b}_1$都与$\boldsymbol{e}$共线，因此$(\boldsymbol{a}_1+\boldsymbol{b}_1)$与$\boldsymbol{e}$共线. 因为$\boldsymbol{a}_2\perp\boldsymbol{e}$，$\boldsymbol{b}_2\perp\boldsymbol{e}$，所以$\boldsymbol{a}_2$，$\boldsymbol{b}_2$都在过点$O$与直线$l$(其方向向量为$\boldsymbol{e}$)垂直的平面$\pi$内，从而$\boldsymbol{a}_2+\boldsymbol{b}_2$也在平面$\pi$内. 于是$(\boldsymbol{a}_2+\boldsymbol{b}_2)\perp\boldsymbol{e}$. 因此$\boldsymbol{a}_1+\boldsymbol{b}_1$是$\boldsymbol{a}+\boldsymbol{b}$在方向$\boldsymbol{e}$上的内射影，从而

$$\mathscr{P}_e(\boldsymbol{a}+\boldsymbol{b})=\boldsymbol{a}_1+\boldsymbol{b}_1=\mathscr{P}_e(\boldsymbol{a})+\mathscr{P}_e(\boldsymbol{b}).$$

由于$\lambda\boldsymbol{a}=\lambda\boldsymbol{a}_1+\lambda\boldsymbol{a}_2$，且$\lambda\boldsymbol{a}_1$与$\boldsymbol{e}$共线，$(\lambda\boldsymbol{a}_2)\perp\boldsymbol{e}$，因此

$$\mathscr{P}_e(\lambda\boldsymbol{a})=\lambda\boldsymbol{a}_1=\lambda\mathscr{P}_e(\boldsymbol{a}).$$ □

由于$\boldsymbol{a}$在方向$\boldsymbol{e}$上的内射影$\boldsymbol{a}_1$与$\boldsymbol{e}$共线，因此存在唯一的实数μ，使得$\boldsymbol{a}_1=\mu\boldsymbol{e}$. 把这个实数$\mu$称为**$\boldsymbol{a}$在方向$\boldsymbol{e}$上的分量**，记作$\Pi_e(\boldsymbol{a})$.

命题 3.2 几何空间中任一向量$\boldsymbol{a}$在方向$\boldsymbol{e}$上的分量为

$$\Pi_e(\boldsymbol{a})=|\boldsymbol{a}|\cos\langle\boldsymbol{a},\boldsymbol{e}\rangle,\tag{3.4}$$

其中$\langle\boldsymbol{a},\boldsymbol{e}\rangle$表示向量$\boldsymbol{a}$与$\boldsymbol{e}$之间的夹角.

证明 用μ表示$\Pi_e(\boldsymbol{a})$，则$\boldsymbol{a}_1=\mu\boldsymbol{e}$. 于是$|\boldsymbol{a}_1|=|\mu|$.

情形1 $\boldsymbol{a}_1$与$\boldsymbol{e}$同向，如图1.18所示，则$\mu>0$，且$0\leqslant\langle\boldsymbol{a},\boldsymbol{e}\rangle<\frac{\pi}{2}$，从而

$$\mu=|\boldsymbol{a}_1|=|\boldsymbol{a}|\cos\langle\boldsymbol{a},\boldsymbol{e}\rangle.$$

情形2 $\boldsymbol{a}_1$与$\boldsymbol{e}$反向，则$\mu<0$. 此时$\frac{\pi}{2}<\langle\boldsymbol{a},\boldsymbol{e}\rangle\leqslant\pi$，从而

$$-\mu=|\boldsymbol{a}_1|=|\boldsymbol{a}|\cos(\pi-\langle\boldsymbol{a},\boldsymbol{e}\rangle)=-|\boldsymbol{a}|\cos\langle\boldsymbol{a},\boldsymbol{e}\rangle,$$

因此

$$\mu=|\boldsymbol{a}|\cos\langle\boldsymbol{a},\boldsymbol{e}\rangle.$$

情形3 $\boldsymbol{a}_1=\mathbf{0}$. 此时$\mu=0$，且$\boldsymbol{a}\perp\boldsymbol{e}$，于是仍有

$$\mu=|\boldsymbol{a}|\cos\langle\boldsymbol{a},\boldsymbol{e}\rangle.$$ □

从内射影和分量的定义立即得到

命题 3.3 对几何空间中任一向量$\boldsymbol{a}$，有

$$\mathscr{P}_e(\boldsymbol{a})=\Pi_e(\boldsymbol{a})\boldsymbol{e}.$$ □

从命题3.1，命题3.2和命题3.3可得出

命题 3.4　对于几何空间中任意向量 $\boldsymbol{a}$，$\boldsymbol{b}$，有

$$\Pi_e(\boldsymbol{a}+\boldsymbol{b}) = \Pi_e(\boldsymbol{a}) + \Pi_e(\boldsymbol{b}), \tag{3.5}$$

$$\Pi_e(\lambda\boldsymbol{a}) = \lambda\Pi_e(\boldsymbol{a}),\quad \lambda \in \mathbf{R}. \tag{3.6}$$

证明　由于

$$\mathscr{P}_e(\boldsymbol{a}+\boldsymbol{b}) = \mathscr{P}_e(\boldsymbol{a}) + \mathscr{P}_e(\boldsymbol{b}),\quad \mathscr{P}_e(\boldsymbol{a}+\boldsymbol{b}) = \Pi_e(\boldsymbol{a}+\boldsymbol{b})\boldsymbol{e},$$

因此

$$\Pi_e(\boldsymbol{a}+\boldsymbol{b})\boldsymbol{e} = \Pi_e(\boldsymbol{a})\boldsymbol{e} + \Pi_e(\boldsymbol{b})\boldsymbol{e} = (\Pi_e(\boldsymbol{a}) + \Pi_e(\boldsymbol{b}))\boldsymbol{e},$$

从而

$$\Pi_e(\boldsymbol{a}+\boldsymbol{b}) = \Pi_e(\boldsymbol{a}) + \Pi_e(\boldsymbol{b}).$$

由于 $\mathscr{P}_e(\lambda\boldsymbol{a}) = \lambda\mathscr{P}_e(\boldsymbol{a})$，$\mathscr{P}_e(\lambda\boldsymbol{a}) = \Pi_e(\lambda\boldsymbol{a})\boldsymbol{e}$，因此

$$\Pi_e(\lambda\boldsymbol{a})\boldsymbol{e} = \lambda\Pi_e(\boldsymbol{a})\boldsymbol{e},$$

从而

$$\Pi_e(\lambda\boldsymbol{a}) = \lambda\Pi_e(\boldsymbol{a}).$$ □

3.2　向量的内积的定义和性质

类似于功那样的数量，我们引进向量的内积的概念.

定义 3.1　两个向量 $\boldsymbol{a}$ 与 $\boldsymbol{b}$ 的**内积**(记作 $\boldsymbol{a}\cdot\boldsymbol{b}$)规定为一个实数：

$$\boldsymbol{a}\cdot\boldsymbol{b} := |\boldsymbol{a}||\boldsymbol{b}|\cos\langle\boldsymbol{a},\boldsymbol{b}\rangle. \tag{3.7}$$

若 $\boldsymbol{a}$ 与 $\boldsymbol{b}$ 中有一个为 $\boldsymbol{0}$，则 $\boldsymbol{a}\cdot\boldsymbol{b}:=0$.

若 $\boldsymbol{b}\neq\boldsymbol{0}$，则由(3.4)式和(3.7)式得

$$\boldsymbol{a}\cdot\boldsymbol{b} = (\Pi_{b^0}(\boldsymbol{a}))|\boldsymbol{b}|. \tag{3.8}$$

(3.8)式表明了向量的内积与分量的关系.

由(3.7)式可得

$$|\boldsymbol{a}| = \sqrt{\boldsymbol{a}\cdot\boldsymbol{a}}, \tag{3.9}$$

$$\cos\langle\boldsymbol{a},\boldsymbol{b}\rangle = \frac{\boldsymbol{a}\cdot\boldsymbol{b}}{|\boldsymbol{a}||\boldsymbol{b}|},\quad \boldsymbol{a}\neq\boldsymbol{0},\boldsymbol{b}\neq\boldsymbol{0}. \tag{3.10}$$

(3.9)式和(3.10)式表明，可以利用向量的内积来解决有关长度和角度的问题.

由定义 3.1 可得到：$\boldsymbol{a}\perp\boldsymbol{b}$ 的充分必要条件是 $\boldsymbol{a}\cdot\boldsymbol{b}=0$.

定理 3.1　对于任意向量 $\boldsymbol{a}$，$\boldsymbol{b}$，$\boldsymbol{c}$，任意实数 λ，有

(1) $\boldsymbol{a}\cdot\boldsymbol{b}=\boldsymbol{b}\cdot\boldsymbol{a}$（对称性）；

(2) $(\lambda\boldsymbol{a})\cdot\boldsymbol{b}=\lambda(\boldsymbol{a}\cdot\boldsymbol{b})$（线性性之一）；

(3) $(\boldsymbol{a}+\boldsymbol{c})\cdot\boldsymbol{b}=\boldsymbol{a}\cdot\boldsymbol{b}+\boldsymbol{c}\cdot\boldsymbol{b}$（线性性之二）；

(4) $\boldsymbol{a}\cdot\boldsymbol{a}\geqslant 0$，等号成立当且仅当 $\boldsymbol{a}=\boldsymbol{0}$（正定性）.

证明 由定义 3.1 立即得到

$$\boldsymbol{a}\cdot\boldsymbol{b}=\boldsymbol{b}\cdot\boldsymbol{a}.$$

由(3.8)式，(3.6)式和(3.5)式得

$$(\lambda\boldsymbol{a})\cdot\boldsymbol{b}=\Pi_{\boldsymbol{b}^0}(\lambda\boldsymbol{a})|\boldsymbol{b}|=\lambda\Pi_{\boldsymbol{b}^0}(\boldsymbol{a})|\boldsymbol{b}|=\lambda(\boldsymbol{a}\cdot\boldsymbol{b}),$$

$$\begin{aligned}(\boldsymbol{a}+\boldsymbol{c})\cdot\boldsymbol{b}&=\Pi_{\boldsymbol{b}^0}(\boldsymbol{a}+\boldsymbol{c})|\boldsymbol{b}|=(\Pi_{\boldsymbol{b}^0}(\boldsymbol{a})+\Pi_{\boldsymbol{b}^0}(\boldsymbol{c}))|\boldsymbol{b}|\\&=\boldsymbol{a}\cdot\boldsymbol{b}+\boldsymbol{c}\cdot\boldsymbol{b}.\end{aligned}$$

由定义 3.1 立即得到：若 $\boldsymbol{a}\neq\boldsymbol{0}$，则 $\boldsymbol{a}\cdot\boldsymbol{a}=|\boldsymbol{a}|^2>0$；若 $\boldsymbol{a}=\boldsymbol{0}$，则 $\boldsymbol{a}\cdot\boldsymbol{a}=0$. □

由内积的对称性和线性性还可得到

$$\boldsymbol{a}\cdot(\lambda\boldsymbol{b})=\lambda(\boldsymbol{a}\cdot\boldsymbol{b}),$$

$$\boldsymbol{a}\cdot(\boldsymbol{b}+\boldsymbol{c})=\boldsymbol{a}\cdot\boldsymbol{b}+\boldsymbol{a}\cdot\boldsymbol{c}.$$

例 3.1 证明：三角形的三条高线交于一点.

证明 设△ABC 的两条高线 BE，CF 交于点 M，连接 AM（如图 1.19）. 因为 $BE\perp AC$，所以 $\overrightarrow{BM}\cdot\overrightarrow{AC}=0$，即

$$(\overrightarrow{AM}-\overrightarrow{AB})\cdot\overrightarrow{AC}=0,$$

亦即

$$\overrightarrow{AM}\cdot\overrightarrow{AC}=\overrightarrow{AB}\cdot\overrightarrow{AC}.$$

因为 $CF\perp AB$，所以 $\overrightarrow{CM}\cdot\overrightarrow{AB}=0$，从而得

$$\overrightarrow{AM}\cdot\overrightarrow{AB}=\overrightarrow{AC}\cdot\overrightarrow{AB}.$$

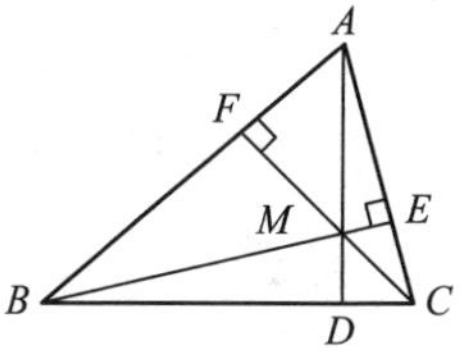

图 1.19

于是有 $\overrightarrow{AM}\cdot\overrightarrow{AC}=\overrightarrow{AM}\cdot\overrightarrow{AB}$，即得 $\overrightarrow{AM}\cdot\overrightarrow{BC}=0$.
这表明 $AM\perp BC$. 延长 AM 与 BC 交于 D，则 AD 为 BC 边上的高. 所以△ABC 的三条高线交于一点 M. □

3.3 用坐标计算向量的内积

首先取一个仿射标架 $[O;\boldsymbol{d}_1,\boldsymbol{d}_2,\boldsymbol{d}_3]$，设 $\boldsymbol{a}$，$\boldsymbol{b}$ 的坐标分别是 $(a_1,a_2,a_3)^{\mathrm{T}}$，$(b_1,b_2,b_3)^{\mathrm{T}}$，则

$$\begin{aligned}\boldsymbol{a}\cdot\boldsymbol{b}&=(a_1\boldsymbol{d}_1+a_2\boldsymbol{d}_2+a_3\boldsymbol{d}_3)\cdot(b_1\boldsymbol{d}_1+b_2\boldsymbol{d}_2+b_3\boldsymbol{d}_3)\\&=a_1b_1\boldsymbol{d}_1\cdot\boldsymbol{d}_1+a_1b_2\boldsymbol{d}_1\cdot\boldsymbol{d}_2+a_1b_3\boldsymbol{d}_1\cdot\boldsymbol{d}_3\\&\quad+a_2b_1\boldsymbol{d}_2\cdot\boldsymbol{d}_1+a_2b_2\boldsymbol{d}_2\cdot\boldsymbol{d}_2+a_2b_3\boldsymbol{d}_2\cdot\boldsymbol{d}_3\\&\quad+a_3b_1\boldsymbol{d}_3\cdot\boldsymbol{d}_1+a_3b_2\boldsymbol{d}_3\cdot\boldsymbol{d}_2+a_3b_3\boldsymbol{d}_3\cdot\boldsymbol{d}_3.\end{aligned}\tag{3.11}$$

可见，只要知道基向量 $\boldsymbol{d}_1$，$\boldsymbol{d}_2$，$\boldsymbol{d}_3$ 之间的内积(9 个数，实质上只有 6 个数)就可以求出任意两个向量的内积. 这 9 个数称为仿射标架 $[O;\boldsymbol{d}_1,\boldsymbol{d}_2,\boldsymbol{d}_3]$ 的**度量参数**.

现在设 $[O;\boldsymbol{e}_1,\boldsymbol{e}_2,\boldsymbol{e}_3]$ 是直角标架，则有

$$\boldsymbol{e}_i\cdot\boldsymbol{e}_i=|\boldsymbol{e}_i|^2=1,\quad \boldsymbol{e}_i\cdot\boldsymbol{e}_j=0,\quad i\neq j.$$

于是由(3.11)式得到

$$\boldsymbol{a}\cdot\boldsymbol{b}=a_1b_1+a_2b_2+a_3b_3.\tag{3.12}$$

因此有

定理 3.2　在直角坐标系中，两个向量的内积等于它们的对应坐标的乘积之和. □

由定理 3.2 即知，向量 $\boldsymbol{a}(a_1,a_2,a_3)^{\mathrm{T}}$ 的长度为

$$|\boldsymbol{a}|=\sqrt{a_1^2+a_2^2+a_3^2},\tag{3.13}$$

两点 $A(x_1,y_1,z_1)^{\mathrm{T}}$，$B(x_2,y_2,z_2)^{\mathrm{T}}$ 之间的距离为

$$|\overrightarrow{AB}|=\sqrt{(x_2-x_1)^2+(y_2-y_1)^2+(z_2-z_1)^2}.\tag{3.14}$$

注意(3.12)，(3.13)，(3.14)三个式子只在直角坐标系中才成立.

3.4　方向角和方向余弦

在直角坐标系中，还可以用向量 $\boldsymbol{a}$ 与基向量的内积来计算 $\boldsymbol{a}$ 的坐标. 设 $\boldsymbol{a}$ 在直角标架 $[O;\boldsymbol{e}_1,\boldsymbol{e}_2,\boldsymbol{e}_3]$ 中的坐标为 $(a_1,a_2,a_3)^{\mathrm{T}}$，则有

$$\boldsymbol{a}=a_1\boldsymbol{e}_1+a_2\boldsymbol{e}_2+a_3\boldsymbol{e}_3.$$

上式两边用 $\boldsymbol{e}_1$ 作内积，得

$$\boldsymbol{a}\cdot\boldsymbol{e}_1=a_1.$$

同理可得

$$\boldsymbol{a}\cdot\boldsymbol{e}_2=a_2,\quad \boldsymbol{a}\cdot\boldsymbol{e}_3=a_3.$$

这说明向量 $\boldsymbol{a}$ 与基向量 $\boldsymbol{e}_j$ 的内积就是 $\boldsymbol{a}$ 的第 j $(j=1,2,3)$ 个直角

坐标.

特别地，单位向量 $\boldsymbol{a}^0$ 的直角坐标为

$$x = \boldsymbol{a}^0 \cdot \boldsymbol{e}_1 = \cos\langle \boldsymbol{a}^0, \boldsymbol{e}_1\rangle = \cos\langle \boldsymbol{a}, \boldsymbol{e}_1\rangle,$$

$$y = \boldsymbol{a}^0 \cdot \boldsymbol{e}_2 = \cos\langle \boldsymbol{a}, \boldsymbol{e}_2\rangle,$$

$$z = \boldsymbol{a}^0 \cdot \boldsymbol{e}_3 = \cos\langle \boldsymbol{a}, \boldsymbol{e}_3\rangle.$$

我们把一个向量 $\boldsymbol{a}$ 与直角标架中的基向量 $\boldsymbol{e}_1$，$\boldsymbol{e}_2$，$\boldsymbol{e}_3$ 所成的角 α，β，γ 称为方向 $\boldsymbol{a}$① 的**方向角**，把方向角的余弦 $\cos\alpha$，$\cos\beta$，$\cos\gamma$ 称为方向 $\boldsymbol{a}$ 的**方向余弦**. 由上述知，$\boldsymbol{a}$ 的方向余弦就等于单位向量 $\boldsymbol{a}^0$ 的直角坐标，从而有

$$\cos^2\alpha + \cos^2\beta + \cos^2\gamma = 1. \tag{3.15}$$

习 题 1.3

1. 已知 $|\boldsymbol{a}|=3$，$|\boldsymbol{b}|=2$，$\langle \boldsymbol{a},\boldsymbol{b}\rangle = \dfrac{\pi}{6}$，求 $3\boldsymbol{a}+2\boldsymbol{b}$ 与 $2\boldsymbol{a}-5\boldsymbol{b}$ 的内积.

2. 设 $OABC$ 是一个四面体，$|OA|=|OB|=2$，$|OC|=1$，$\angle AOB = \angle AOC = \dfrac{\pi}{3}$，$\angle BOC = \dfrac{\pi}{6}$，$P$ 是 AB 的中点，M 是 $\triangle ABC$ 的重心，求 $|OP|$，$|OM|$ 和 $\langle \overrightarrow{OP}, \overrightarrow{OM}\rangle$.

3. 证明下列各对向量互相垂直：

(1) 直角坐标分别为 $(3,2,1)^{\mathrm{T}}$ 和 $(2,-3,0)^{\mathrm{T}}$ 的两个向量；

(2) $\boldsymbol{a}(\boldsymbol{b}\cdot\boldsymbol{c}) - \boldsymbol{b}(\boldsymbol{a}\cdot\boldsymbol{c})$ 与 $\boldsymbol{c}$.

4. 证明：$\overrightarrow{AB}\cdot\overrightarrow{CD} + \overrightarrow{BC}\cdot\overrightarrow{AD} + \overrightarrow{CA}\cdot\overrightarrow{BD} = 0$.

5. 证明：对任意向量 $\boldsymbol{a}$，$\boldsymbol{b}$，都有

$$|\boldsymbol{a}+\boldsymbol{b}|^2 + |\boldsymbol{a}-\boldsymbol{b}|^2 = 2|\boldsymbol{a}|^2 + 2|\boldsymbol{b}|^2.$$

当 $\boldsymbol{a}$ 与 $\boldsymbol{b}$ 不共线时，说明此等式的几何意义.

6. 下列等式是否正确？

(1) $|\boldsymbol{a}|\boldsymbol{a} = \boldsymbol{a}\cdot\boldsymbol{a}$；　　(2) $\boldsymbol{a}(\boldsymbol{a}\cdot\boldsymbol{b}) = (\boldsymbol{a}\cdot\boldsymbol{a})\boldsymbol{b}$；

---

① 向量 $\boldsymbol{a}$ 所表示的方向简称为方向 $\boldsymbol{a}$.

(3) $(\boldsymbol{a}\cdot\boldsymbol{b})^2=(\boldsymbol{a}\cdot\boldsymbol{a})(\boldsymbol{b}\cdot\boldsymbol{b})$；　(4) $(\boldsymbol{a}\cdot\boldsymbol{b})\boldsymbol{c}=\boldsymbol{a}(\boldsymbol{b}\cdot\boldsymbol{c})$.

7. 在直角坐标系中，已知 $\boldsymbol{a}$，$\boldsymbol{b}$，$\boldsymbol{c}$ 的坐标分别为$(3,5,7)^{\mathrm{T}}$，$(0,4,3)^{\mathrm{T}}$ 和$(-1,2,-4)^{\mathrm{T}}$，设

$$\boldsymbol{u}=3\boldsymbol{a}+4\boldsymbol{b}-\boldsymbol{c},\quad \boldsymbol{v}=2\boldsymbol{b}+\boldsymbol{c},$$

求 $\boldsymbol{u}\cdot\boldsymbol{v}$, $|\boldsymbol{u}|$，$|\boldsymbol{v}|$ 和$\langle\boldsymbol{u},\boldsymbol{v}\rangle$.

8. 已知$\triangle ABC$ 的顶点 A，B，C 的直角坐标分别为$(2,5,0)^{\mathrm{T}}$，$(11,3,8)^{\mathrm{T}}$，$(5,11,12)^{\mathrm{T}}$，求各边和各中线的长度.

9. 已知$\triangle ABC$ 的顶点 A，B，C 的直角坐标分别为$(2,4,3)^{\mathrm{T}}$，$(4,1,9)^{\mathrm{T}}$，$(10,-1,6)^{\mathrm{T}}$，证明：$\triangle ABC$ 是直角三角形.

10. 证明：三角形三条中线的长度的平方和等于三边长度的平方和的$\dfrac{3}{4}$.

11. 证明：三角形三边的垂直平分线交于一点.

12. 证明：如果一个四面体有两对对棱互相垂直，则第三对对棱也必垂直，并且三对对棱的长度的平方和相等.

13. 设向量 $\boldsymbol{a}$ 的直角坐标为$(1,2,-2)^{\mathrm{T}}$，求方向 $\boldsymbol{a}$ 的方向角和方向余弦.

14. 判断下述推断是否正确：若 $\boldsymbol{a}\cdot\boldsymbol{c}=\boldsymbol{b}\cdot\boldsymbol{c}$，且 $\boldsymbol{c}\neq\boldsymbol{0}$，则

$$\boldsymbol{a}=\boldsymbol{b}.$$

15. 证明：设三个向量 $\boldsymbol{a}$，$\boldsymbol{b}$，$\boldsymbol{c}$ 不共面，如果向量 $\boldsymbol{x}$ 满足

$$\boldsymbol{x}\cdot\boldsymbol{a}=0,\quad \boldsymbol{x}\cdot\boldsymbol{b}=0,\quad \boldsymbol{x}\cdot\boldsymbol{c}=0,$$

则 $\boldsymbol{x}=\boldsymbol{0}$.

*16. 证明：三向量 $\boldsymbol{a}$，$\boldsymbol{b}$，$\boldsymbol{c}$ 共面的充分必要条件是

$$\begin{vmatrix}\boldsymbol{a}\cdot\boldsymbol{a} & \boldsymbol{a}\cdot\boldsymbol{b} & \boldsymbol{a}\cdot\boldsymbol{c}\\ \boldsymbol{b}\cdot\boldsymbol{a} & \boldsymbol{b}\cdot\boldsymbol{b} & \boldsymbol{b}\cdot\boldsymbol{c}\\ \boldsymbol{c}\cdot\boldsymbol{a} & \boldsymbol{c}\cdot\boldsymbol{b} & \boldsymbol{c}\cdot\boldsymbol{c}\end{vmatrix}=0.$$

§4　向量的外积

从力学中知道，作用在点 A 上的力 $\boldsymbol{F}$ 关于支点 O（如图 1.20）

的力矩 $\boldsymbol{M}$ 的大小为

$$|\boldsymbol{M}| = |\boldsymbol{F}_1||\overrightarrow{OA}| = |\boldsymbol{F}||\overrightarrow{OA}|\sin\langle \boldsymbol{F},\overrightarrow{OA}\rangle,$$

力矩 $\boldsymbol{M}$ 的方向为：让右手四指从 $\overrightarrow{OA}$ 弯向 $\boldsymbol{F}$（转角小于 π），则拇指的指向即 $\boldsymbol{M}$ 的方向. 本节我们来研究类似于由 $\overrightarrow{OA}$ 和 $\boldsymbol{F}$ 求力矩 $\boldsymbol{M}$ 这样的向量运算.

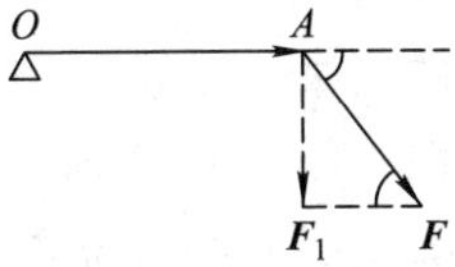

图　1.20

4.1　向量的外积的定义

定义 4.1　两个向量 $\boldsymbol{a}$ 与 $\boldsymbol{b}$ 的**外积**（记作 $\boldsymbol{a}\times\boldsymbol{b}$）仍是一个向量，它的长度规定为

$$|\boldsymbol{a}\times\boldsymbol{b}| := |\boldsymbol{a}||\boldsymbol{b}|\sin\langle \boldsymbol{a},\boldsymbol{b}\rangle, \tag{4.1}$$

且当 $|\boldsymbol{a}\times\boldsymbol{b}| \neq 0$ 时，它的方向规定为：与 $\boldsymbol{a}$，$\boldsymbol{b}$ 均垂直，并且使 $(\boldsymbol{a},\boldsymbol{b},\boldsymbol{a}\times\boldsymbol{b})$ 成右手系，即当右手四指从 $\boldsymbol{a}$ 弯向 $\boldsymbol{b}$（转角小于 π）时，拇指的指向就是 $\boldsymbol{a}\times\boldsymbol{b}$ 的方向.

如果 $\boldsymbol{a}$，$\boldsymbol{b}$ 中有一个为 $\boldsymbol{0}$，则 $\boldsymbol{a}\times\boldsymbol{b}=\boldsymbol{0}$.

由定义立即看出，$\boldsymbol{a}\times\boldsymbol{b}=\boldsymbol{0}$ 的充分必要条件是 $\boldsymbol{a}$ 与 $\boldsymbol{b}$ 共线. 因此要特别注意：若 $\boldsymbol{a}\times\boldsymbol{b}=\boldsymbol{0}$，不能断定 $\boldsymbol{a}$，$\boldsymbol{b}$ 中必有一个为 $\boldsymbol{0}$. 这是与数的乘法很不一样的地方.

4.2　向量的外积的几何意义，平面的定向

外积的几何意义：当 $\boldsymbol{a}$ 与 $\boldsymbol{b}$ 不共线时，从(4.1)式看出，$|\boldsymbol{a}\times\boldsymbol{b}|$ 表示以 $\boldsymbol{a}$，$\boldsymbol{b}$ 为邻边的平行四边形的面积. 为了说明 $\boldsymbol{a}\times\boldsymbol{b}$ 的方向的几何意义，我们需要先给出所谓的**平面的定向**的概念.

平面的定向，就是平面上的旋转方向. 在平面几何中，常用“逆时针方向”与“顺时针方向”来描述平面上的两个旋转方向. 对于放在三维空间中的平面，这种说法不足以描述平面上的旋转方向：从这一侧看来是逆时针的旋转方向，从另一侧看就成了顺时针的. 因此通常用另一种方法来描述.

给了平面 π_0 上的一对不共线向量，如果规定了它们的先后顺序，则从第一个向量到第二个向量的转角小于 π 的旋转方向就称为

平面 π_0 的一个定向. 譬如，设 $\boldsymbol{a}_0$，$\boldsymbol{b}_0$ 不共线，如果规定先 $\boldsymbol{a}_0$ 后 $\boldsymbol{b}_0$ 的顺序，则从 $\boldsymbol{a}_0$ 到 $\boldsymbol{b}_0$ 的转角小于 π 的旋转方向是平面 π_0 的一个定向，如图 1.21 所示. 但是，如果规定先 $\boldsymbol{b}_0$ 后 $\boldsymbol{a}_0$ 的顺序，则从 $\boldsymbol{b}_0$ 到 $\boldsymbol{a}_0$ 的转角小于 π 的旋转方向是平面 π_0 的另一个定向，它与前述定向相反，如图 1.22 所示.

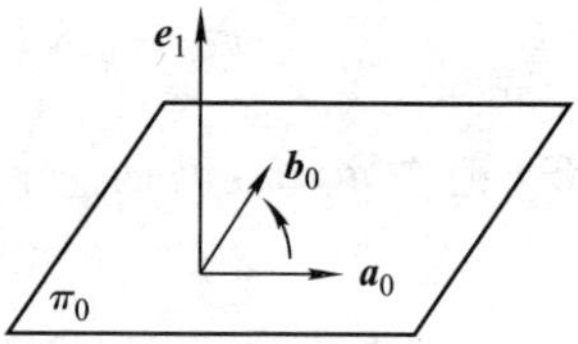

图　1.21

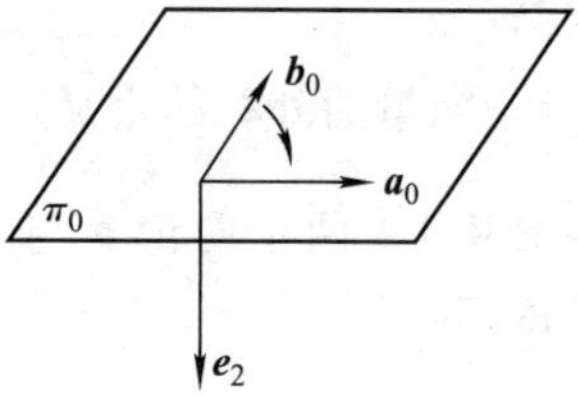

图　1.22

平面的两个定向，也可以用平面的两侧来代表：如果右手四指沿平面上取定的旋转方向弯曲，拇指必指向平面的一侧. 这样，平面的两个定向就对应于平面的两侧，而平面的两侧又可用垂直于该平面的两个方向(或单位向量)来刻画，因此通常也用垂直于平面的方向来表示平面的定向：设 $\boldsymbol{e}_1$ 是与平面 π_0 垂直的单位向量，如果右手四指从 $\boldsymbol{a}_0$ 弯向 $\boldsymbol{b}_0$(转角小于 π)时拇指的指向为 $\boldsymbol{e}_1$ 的方向，则 $\boldsymbol{e}_1$ 表示的平面 π_0 的定向就是由 $\boldsymbol{a}_0$ 到 $\boldsymbol{b}_0$ 的旋转方向(转角小于 π)，见图 1.21. 设单位向量 $\boldsymbol{e}_2$ 与 $\boldsymbol{e}_1$ 方向相反，则 $\boldsymbol{e}_2$ 表示的平面 π_0 的定向就是由 $\boldsymbol{b}_0$ 到 $\boldsymbol{a}_0$ 的旋转方向，见图 1.22.

现在来看外积 $\boldsymbol{a}\times\boldsymbol{b}$ 的方向的几何意义. $\boldsymbol{a}\times\boldsymbol{b}$ 的方向给出了以 $\boldsymbol{a}$，$\boldsymbol{b}$ 为邻边的平行四边形的边界的一个环行方向，即让右手的拇指指向 $\boldsymbol{a}\times\boldsymbol{b}$ 的方向，右手其余四指的弯向(转角小于 π)就是以 $\boldsymbol{a}$，$\boldsymbol{b}$ 为邻边的平行四边形的边界环行方向. 对于一个平行四边形，如果给它的边界指定了一个环行方向，则称它是**定向平行四边形**. 因此，$\boldsymbol{a}\times\boldsymbol{b}$ 的方向的几何意义就是它给以 $\boldsymbol{a}$，$\boldsymbol{b}$ 为邻边的平行四边形确定了一个定向.

假定我们已经用单位向量 $\boldsymbol{e}$ 规定了平面 π_0 的定向，见图 1.23.

对于平面 π_0 上的定向平行四边形，可以给它的面积一个正负号：如果它的定向与 π_0 的定向一致，则规定它的面积为正的；如果不一致，则规定它的面积为负的. 这叫做定向平行四边形的**定向面积**. 以 $\boldsymbol{a}$，$\boldsymbol{b}$ 为邻边并且定向为 $\boldsymbol{a}\times\boldsymbol{b}$ 的平行四边形的定向面积用 $(\boldsymbol{a},\boldsymbol{b})$ 表示. 于是，当 $\boldsymbol{a}\times\boldsymbol{b}$ 与 $\boldsymbol{e}$ 同向时，$(\boldsymbol{a},\boldsymbol{b})>0$；当 $\boldsymbol{a}\times\boldsymbol{b}$ 与 $\boldsymbol{e}$ 反向时，$(\boldsymbol{a},\boldsymbol{b})<0$. 又由于 $|\boldsymbol{a}\times\boldsymbol{b}|=|(\boldsymbol{a},\boldsymbol{b})|$，因此

$$\boldsymbol{a}\times\boldsymbol{b}=(\boldsymbol{a},\boldsymbol{b})\boldsymbol{e}. \tag{4.2}$$

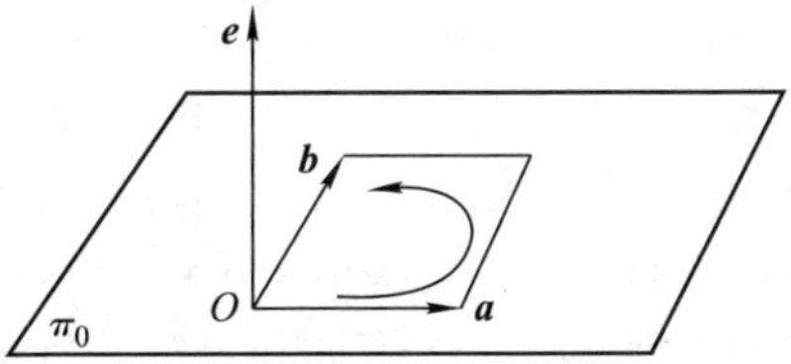

图 1.23

4.3 向量的外积的运算规律

命题 4.1 若 $\boldsymbol{a}\neq\boldsymbol{0}$，则 $\boldsymbol{a}\times\boldsymbol{b}=\boldsymbol{a}\times\boldsymbol{b}_2$，其中 $\boldsymbol{b}_2$ 是 $\boldsymbol{b}$ 沿方向 $\boldsymbol{a}$ 下的外射影.

证明 设 $\boldsymbol{b}=\boldsymbol{b}_1+\boldsymbol{b}_2$，其中 $\boldsymbol{b}_1$ 与 $\boldsymbol{a}$ 共线，$\boldsymbol{b}_2\perp\boldsymbol{a}$. 若 $\boldsymbol{a}$ 与 $\boldsymbol{b}$ 不共线，则由直角三角形的解法知

$$|\boldsymbol{b}_2|=|\boldsymbol{b}|\sin\langle\boldsymbol{a},\boldsymbol{b}\rangle,$$

于是

$$|\boldsymbol{a}\times\boldsymbol{b}|=|\boldsymbol{a}||\boldsymbol{b}|\sin\langle\boldsymbol{a},\boldsymbol{b}\rangle=|\boldsymbol{a}||\boldsymbol{b}_2|=|\boldsymbol{a}\times\boldsymbol{b}_2|.$$

由图 1.24 易看出，$\boldsymbol{a}\times\boldsymbol{b}$ 与 $\boldsymbol{a}\times\boldsymbol{b}_2$ 的方向相同，所以

$$\boldsymbol{a}\times\boldsymbol{b}=\boldsymbol{a}\times\boldsymbol{b}_2.$$

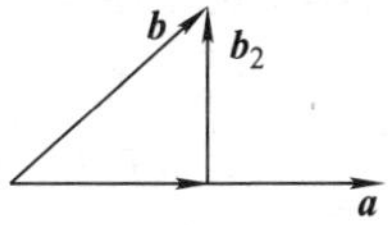

图 1.24

若 $\boldsymbol{a}$ 与 $\boldsymbol{b}$ 共线，则 $\boldsymbol{b}_2=\boldsymbol{0}$，从而

$$\boldsymbol{a}\times\boldsymbol{b}=\boldsymbol{0}=\boldsymbol{a}\times\boldsymbol{b}_2.$$

□

命题 4.2 设 $\boldsymbol{e}$ 是单位向量，$\boldsymbol{b}\perp\boldsymbol{e}$，则 $\boldsymbol{e}\times\boldsymbol{b}$ 等于 $\boldsymbol{b}$ 按右手螺旋

规律绕 $\boldsymbol{e}$ 旋转 90° 得到的向量 $\boldsymbol{b}'$.

证明　因为 $|\boldsymbol{e}\times\boldsymbol{b}|=|\boldsymbol{e}||\boldsymbol{b}|\sin\langle\boldsymbol{e},\boldsymbol{b}\rangle=|\boldsymbol{b}|=|\boldsymbol{b}'|$，又由图 1.25 看出，$\boldsymbol{e}\times\boldsymbol{b}$ 与 $\boldsymbol{b}'$ 同向，所以 $\boldsymbol{e}\times\boldsymbol{b}=\boldsymbol{b}'$. □

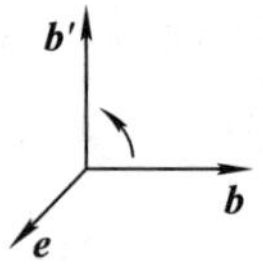

图　1.25

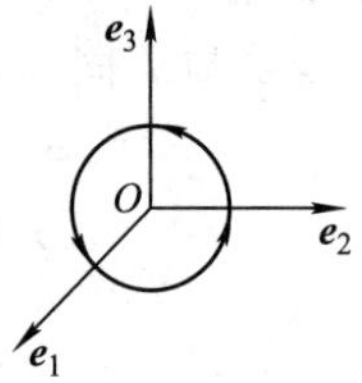

图　1.26

推论 4.1　若$[O;\boldsymbol{e}_1,\boldsymbol{e}_2,\boldsymbol{e}_3]$为右手直角坐标系(如图 1.26)，则有

$$\boldsymbol{e}_1\times\boldsymbol{e}_2=\boldsymbol{e}_3,\quad \boldsymbol{e}_2\times\boldsymbol{e}_3=\boldsymbol{e}_1,\quad \boldsymbol{e}_3\times\boldsymbol{e}_1=\boldsymbol{e}_2.$$ □

定理 4.1　外积适合下列运算规律：对于任意向量 $\boldsymbol{a}$，$\boldsymbol{b}$，$\boldsymbol{c}$ 和任意实数 λ，有

(1) $\boldsymbol{a}\times\boldsymbol{b}=-\boldsymbol{b}\times\boldsymbol{a}$ (反交换律)；

(2) $(\lambda\boldsymbol{a})\times\boldsymbol{b}=\lambda(\boldsymbol{a}\times\boldsymbol{b})=\boldsymbol{a}\times(\lambda\boldsymbol{b})$；

(3) $\boldsymbol{a}\times(\boldsymbol{b}+\boldsymbol{c})=\boldsymbol{a}\times\boldsymbol{b}+\boldsymbol{a}\times\boldsymbol{c}$ (左分配律)；

$(\boldsymbol{b}+\boldsymbol{c})\times\boldsymbol{a}=\boldsymbol{b}\times\boldsymbol{a}+\boldsymbol{c}\times\boldsymbol{a}$ (右分配律).

证明　(1) 由定义 4.1 立即得到.

(2) $$|(\lambda\boldsymbol{a})\times\boldsymbol{b}|=|\lambda\boldsymbol{a}||\boldsymbol{b}|\sin\langle\lambda\boldsymbol{a},\boldsymbol{b}\rangle=|\lambda||\boldsymbol{a}||\boldsymbol{b}|\sin\langle\boldsymbol{a},\boldsymbol{b}\rangle$$
$$=|\lambda||\boldsymbol{a}\times\boldsymbol{b}|=|\lambda(\boldsymbol{a}\times\boldsymbol{b})|.$$

当 $\lambda>0$ 时，$\lambda\boldsymbol{a}$ 与 $\boldsymbol{a}$ 同向，所以 $\lambda\boldsymbol{a}\times\boldsymbol{b}$ 与 $\lambda(\boldsymbol{a}\times\boldsymbol{b})$ 同向；当 $\lambda<0$ 时，$\lambda\boldsymbol{a}\times\boldsymbol{b}$ 与 $\boldsymbol{a}\times\boldsymbol{b}$ 反向，$\lambda(\boldsymbol{a}\times\boldsymbol{b})$ 与 $\boldsymbol{a}\times\boldsymbol{b}$ 反向，从而 $\lambda\boldsymbol{a}\times\boldsymbol{b}$ 与 $\lambda(\boldsymbol{a}\times\boldsymbol{b})$ 同向. 因此有

$$\lambda\boldsymbol{a}\times\boldsymbol{b}=\lambda(\boldsymbol{a}\times\boldsymbol{b}).$$

$$\begin{aligned}\boldsymbol{a}\times(\lambda\boldsymbol{b})&=-[(\lambda\boldsymbol{b})\times\boldsymbol{a}]=(-1)[\lambda(\boldsymbol{b}\times\boldsymbol{a})]\\&=(-\lambda)(\boldsymbol{b}\times\boldsymbol{a})=(-\lambda)(-\boldsymbol{a}\times\boldsymbol{b})\\&=(-\lambda)[(-1)(\boldsymbol{a}\times\boldsymbol{b})]=\lambda(\boldsymbol{a}\times\boldsymbol{b}).\end{aligned}$$

(3) 先证左分配律. 若 $\boldsymbol{a}=\boldsymbol{0}$，则结论显然成立. 下设 $\boldsymbol{a}\neq\boldsymbol{0}$. 因为

$$\boldsymbol{a}\times(\boldsymbol{b}+\boldsymbol{c})=(|\boldsymbol{a}|\boldsymbol{a}^0)\times(\boldsymbol{b}+\boldsymbol{c})=|\boldsymbol{a}|[\boldsymbol{a}^0\times(\boldsymbol{b}+\boldsymbol{c})],$$

所以只要考虑 $\boldsymbol{a}^0\times(\boldsymbol{b}+\boldsymbol{c})$. 设 $\boldsymbol{b}=\boldsymbol{b}_1+\boldsymbol{b}_2$，其中 $\boldsymbol{b}_1$ 与 $\boldsymbol{a}^0$ 共线，$\boldsymbol{a}^0\perp\boldsymbol{b}_2$；设 $\boldsymbol{c}=\boldsymbol{c}_1+\boldsymbol{c}_2$，其中 $\boldsymbol{c}_1$ 与 $\boldsymbol{a}^0$ 共线，$\boldsymbol{a}^0\perp\boldsymbol{c}_2$. 于是

$$\boldsymbol{b}+\boldsymbol{c}=(\boldsymbol{b}_1+\boldsymbol{c}_1)+(\boldsymbol{b}_2+\boldsymbol{c}_2).$$

根据命题 3.1 的证明过程，得 $(\boldsymbol{b}_1+\boldsymbol{c}_1)$ 与 $\boldsymbol{a}^0$ 共线，$(\boldsymbol{b}_2+\boldsymbol{c}_2)\perp\boldsymbol{a}^0$，于是由命题 4.1 得

$$\boldsymbol{a}^0\times(\boldsymbol{b}+\boldsymbol{c})=\boldsymbol{a}^0\times(\boldsymbol{b}_2+\boldsymbol{c}_2).$$

再由命题 4.2 知，$\boldsymbol{a}^0\times(\boldsymbol{b}_2+\boldsymbol{c}_2)$ 等于 $(\boldsymbol{b}_2+\boldsymbol{c}_2)$ 绕 $\boldsymbol{a}^0$ 右旋 90° 得到的向量 $\boldsymbol{d}'$. 同理，$\boldsymbol{a}^0\times\boldsymbol{b}=\boldsymbol{a}^0\times\boldsymbol{b}_2$ 是将 $\boldsymbol{b}_2$ 绕 $\boldsymbol{a}^0$ 右旋 90° 得到的向量 $\boldsymbol{b}_2'$，$\boldsymbol{a}^0\times\boldsymbol{c}=\boldsymbol{a}^0\times\boldsymbol{c}_2$ 是将 $\boldsymbol{c}_2$ 绕 $\boldsymbol{a}^0$ 右旋 90° 得到的向量 $\boldsymbol{c}_2'$（如图 1.27）. 因为 $\boldsymbol{b}_2$，$\boldsymbol{c}_2$，$\boldsymbol{b}_2+\boldsymbol{c}_2$ 可连成一个三角形，所以由它们绕 $\boldsymbol{a}^0$ 右旋 90° 得到的向量 $\boldsymbol{b}_2'$，$\boldsymbol{c}_2'$，$\boldsymbol{d}_2'$ 也一定可以连成一个三角形. 于是 $\boldsymbol{d}'=\boldsymbol{b}_2'+\boldsymbol{c}_2'$，即

$$\boldsymbol{a}^0\times(\boldsymbol{b}_2+\boldsymbol{c}_2)=\boldsymbol{a}^0\times\boldsymbol{b}_2+\boldsymbol{a}^0\times\boldsymbol{c}_2,$$

从而得

$$\begin{aligned}\boldsymbol{a}\times(\boldsymbol{b}+\boldsymbol{c})&=|\boldsymbol{a}|[\boldsymbol{a}^0\times(\boldsymbol{b}+\boldsymbol{c})]=|\boldsymbol{a}|[\boldsymbol{a}^0\times(\boldsymbol{b}_2+\boldsymbol{c}_2)]\\&=|\boldsymbol{a}|(\boldsymbol{a}^0\times\boldsymbol{b}_2+\boldsymbol{a}^0\times\boldsymbol{c}_2)\\&=|\boldsymbol{a}|(\boldsymbol{a}^0\times\boldsymbol{b}+\boldsymbol{a}^0\times\boldsymbol{c})\\&=\boldsymbol{a}\times\boldsymbol{b}+\boldsymbol{a}\times\boldsymbol{c}.\end{aligned}$$

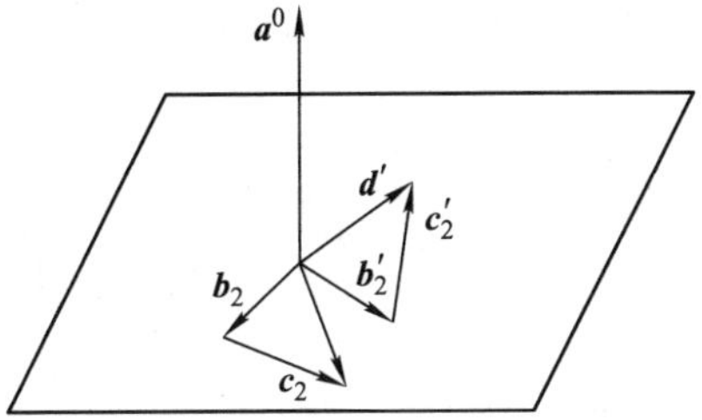

图 1.27

再证右分配律：

$$(\boldsymbol{b}+\boldsymbol{c})\times\boldsymbol{a}=-\boldsymbol{a}\times(\boldsymbol{b}+\boldsymbol{c})=-(\boldsymbol{a}\times\boldsymbol{b}+\boldsymbol{a}\times\boldsymbol{c})$$

$$= (-1)(\boldsymbol{a} \times \boldsymbol{b} + \boldsymbol{a} \times \boldsymbol{c})$$
$$= (-1)(\boldsymbol{a} \times \boldsymbol{b}) + (-1)(\boldsymbol{a} \times \boldsymbol{c})$$
$$= -\boldsymbol{a} \times \boldsymbol{b} + (-\boldsymbol{a} \times \boldsymbol{c})$$
$$= \boldsymbol{b} \times \boldsymbol{a} + \boldsymbol{c} \times \boldsymbol{a}.$$ □

4.4　用坐标计算向量的外积

先取一个仿射标架$[O;\boldsymbol{d}_1,\boldsymbol{d}_2,\boldsymbol{d}_3]$，设向量 $\boldsymbol{a}$，$\boldsymbol{b}$ 的坐标分别是$(a_1,a_2,a_3)^{\mathrm{T}}$，$(b_1,b_2,b_3)^{\mathrm{T}}$，则

$$\begin{aligned}\boldsymbol{a} \times \boldsymbol{b} &= (a_1\boldsymbol{d}_1 + a_2\boldsymbol{d}_2 + a_3\boldsymbol{d}_3) \times (b_1\boldsymbol{d}_1 + b_2\boldsymbol{d}_2 + b_3\boldsymbol{d}_3)\\ &= (a_1b_2 - a_2b_1)\boldsymbol{d}_1 \times \boldsymbol{d}_2 + (a_3b_1 - a_1b_3)\boldsymbol{d}_3 \times \boldsymbol{d}_1\\ &\quad + (a_2b_3 - a_3b_2)\boldsymbol{d}_2 \times \boldsymbol{d}_3. \end{aligned} \tag{4.3}$$

由此可见，只要知道基向量之间的外积，就可求出 $\boldsymbol{a} \times \boldsymbol{b}$.

现在设$[O;\boldsymbol{e}_1,\boldsymbol{e}_2,\boldsymbol{e}_3]$是右手直角标架，根据推论 4.1，由(4.3)式得到

$$\begin{aligned}\boldsymbol{a} \times \boldsymbol{b} &= (a_2b_3 - a_3b_2)\boldsymbol{e}_1 + (a_3b_1 - a_1b_3)\boldsymbol{e}_2 + (a_1b_2 - a_2b_1)\boldsymbol{e}_3\\ &= \begin{vmatrix} a_2 & b_2 \\ a_3 & b_3 \end{vmatrix}\boldsymbol{e}_1 - \begin{vmatrix} a_1 & b_1 \\ a_3 & b_3 \end{vmatrix}\boldsymbol{e}_2 + \begin{vmatrix} a_1 & b_1 \\ a_2 & b_2 \end{vmatrix}\boldsymbol{e}_3. \end{aligned} \tag{4.4}$$

于是我们有

定理 4.2　设 $\boldsymbol{a}$，$\boldsymbol{b}$ 在右手直角坐标系中的坐标分别为

$$(a_1,a_2,a_3)^{\mathrm{T}}, \quad (b_1,b_2,b_3)^{\mathrm{T}},$$

则 $\boldsymbol{a} \times \boldsymbol{b}$ 的坐标为

$$\left(\begin{vmatrix} a_2 & b_2 \\ a_3 & b_3 \end{vmatrix}, -\begin{vmatrix} a_1 & b_1 \\ a_3 & b_3 \end{vmatrix}, \begin{vmatrix} a_1 & b_1 \\ a_2 & b_2 \end{vmatrix} \right)^{\mathrm{T}}, \tag{4.5}$$

从而

$$|\boldsymbol{a} \times \boldsymbol{b}| = \sqrt{(a_2b_3 - a_3b_2)^2 + (a_3b_1 - a_1b_3)^2 + (a_1b_2 - a_2b_1)^2}. \tag{4.6}$$

□

由外积的几何意义知，(4.6)式也是以 $\boldsymbol{a}$，$\boldsymbol{b}$ 为邻边的平行四边形的面积公式.

注　(4.4)式，(4.5)式和(4.6)式只在右手直角坐标系中才成立. 作为一种记忆方式，(4.4)式可以形式地写成

$$\boldsymbol{a}\times\boldsymbol{b}=\begin{vmatrix}\boldsymbol{e}_1 & a_1 & b_1\\ \boldsymbol{e}_2 & a_2 & b_2\\ \boldsymbol{e}_3 & a_3 & b_3\end{vmatrix}. \tag{4.7}$$

4.5　二重外积

向量的外积是否满足结合律？首先让我们来探索 $\boldsymbol{a}\times(\boldsymbol{b}\times\boldsymbol{c})$ 等于什么？设 $\boldsymbol{b}$，$\boldsymbol{c}$ 不共线，从外积的定义知，$\boldsymbol{b}\times\boldsymbol{c}$ 垂直于由 $\boldsymbol{b}$，$\boldsymbol{c}$ 确定的一个平面 π. 又由于 $\boldsymbol{a}\times(\boldsymbol{b}\times\boldsymbol{c})$ 与 $\boldsymbol{b}\times\boldsymbol{c}$ 垂直，因此 $\boldsymbol{a}\times(\boldsymbol{b}\times\boldsymbol{c})$ 在平面 π 内，从而 $\boldsymbol{a}\times(\boldsymbol{b}\times\boldsymbol{c})=k_1\boldsymbol{b}+k_2\boldsymbol{c}$，其中 k_1，k_2 待定.

命题 4.3　对任意向量 $\boldsymbol{a}$，$\boldsymbol{b}$，$\boldsymbol{c}$，有

$$\boldsymbol{a}\times(\boldsymbol{b}\times\boldsymbol{c})=(\boldsymbol{a}\cdot\boldsymbol{c})\boldsymbol{b}-(\boldsymbol{a}\cdot\boldsymbol{b})\boldsymbol{c}. \tag{4.8}$$

(4.8)式称为**二重外积公式**.

证明　取一个右手直角坐标系，设

$$\boldsymbol{a}(a_1,a_2,a_3)^{\mathrm{T}},\quad \boldsymbol{b}(b_1,b_2,b_3)^{\mathrm{T}},\quad \boldsymbol{c}(c_1,c_2,c_3)^{\mathrm{T}}.$$

设 $\boldsymbol{b}\times\boldsymbol{c}$ 的坐标为 $(d_1,d_2,d_3)^{\mathrm{T}}$，$\boldsymbol{a}\times(\boldsymbol{b}\times\boldsymbol{c})$ 的坐标为 $(h_1,h_2,h_3)^{\mathrm{T}}$，由(4.5)式得

$$\begin{aligned}h_1&=a_2d_3-a_3d_2=a_2(b_1c_2-b_2c_1)-a_3(b_3c_1-b_1c_3)\\&=b_1(a_2c_2+a_3c_3)-c_1(a_2b_2+a_3b_3)\\&=b_1(\boldsymbol{a}\cdot\boldsymbol{c}-a_1c_1)-c_1(\boldsymbol{a}\cdot\boldsymbol{b}-a_1b_1)\\&=(\boldsymbol{a}\cdot\boldsymbol{c})b_1-(\boldsymbol{a}\cdot\boldsymbol{b})c_1.\end{aligned}$$

同理可得

$$h_2=(\boldsymbol{a}\cdot\boldsymbol{c})b_2-(\boldsymbol{a}\cdot\boldsymbol{b})c_2,\quad h_3=(\boldsymbol{a}\cdot\boldsymbol{c})b_3-(\boldsymbol{a}\cdot\boldsymbol{b})c_3.$$

所以

$$\boldsymbol{a}\times(\boldsymbol{b}\times\boldsymbol{c})=(\boldsymbol{a}\cdot\boldsymbol{c})\boldsymbol{b}-(\boldsymbol{a}\cdot\boldsymbol{b})\boldsymbol{c}.$$ □

由公式(4.8)和外积的反交换律可得到

$$(\boldsymbol{a}\times\boldsymbol{b})\times\boldsymbol{c}=-\boldsymbol{c}\times(\boldsymbol{a}\times\boldsymbol{b})=-(\boldsymbol{c}\cdot\boldsymbol{b})\boldsymbol{a}+(\boldsymbol{c}\cdot\boldsymbol{a})\boldsymbol{b},$$

从而在一般情况下，$\boldsymbol{a}\times(\boldsymbol{b}\times\boldsymbol{c})\neq(\boldsymbol{a}\times\boldsymbol{b})\times\boldsymbol{c}$，即向量的外积不适合

结合律.

请读者证明下述的**雅可比(Jacobi)等式**:

$$\boldsymbol{a}\times(\boldsymbol{b}\times\boldsymbol{c})+\boldsymbol{b}\times(\boldsymbol{c}\times\boldsymbol{a})+\boldsymbol{c}\times(\boldsymbol{a}\times\boldsymbol{b})=\boldsymbol{0}. \tag{4.9}$$

习　题　1.4

1. 证明: $|\boldsymbol{a}\times\boldsymbol{b}|^2=|\boldsymbol{a}|^2|\boldsymbol{b}|^2-(\boldsymbol{a}\cdot\boldsymbol{b})^2$.

2. 证明: 若 $\boldsymbol{a}\times\boldsymbol{b}=\boldsymbol{c}\times\boldsymbol{d}$, $\boldsymbol{a}\times\boldsymbol{c}=\boldsymbol{b}\times\boldsymbol{d}$, 则 $\boldsymbol{a}-\boldsymbol{d}$ 与 $\boldsymbol{b}-\boldsymbol{c}$ 共线.

3. 在右手直角坐标系中, 设 $\boldsymbol{a}$, $\boldsymbol{b}$ 的坐标分别是

$$(5,-2,1)^{\mathrm{T}},\quad (4,0,6)^{\mathrm{T}},$$

求 $\boldsymbol{a}\times\boldsymbol{b}$ 和以 $\boldsymbol{a}$, $\boldsymbol{b}$ 为邻边的平行四边形的面积.

4. 在右手直角坐标系中, 设 $\boldsymbol{a}$, $\boldsymbol{b}$, $\boldsymbol{c}$ 的坐标分别是

$$(1,0,-1)^{\mathrm{T}},\quad (1,-2,0)^{\mathrm{T}},\quad (-1,2,1)^{\mathrm{T}},$$

求 $(3\boldsymbol{a}+\boldsymbol{b}-\boldsymbol{c})\times(\boldsymbol{a}-\boldsymbol{b}+\boldsymbol{c})$.

5. 证明 $(\boldsymbol{a}-\boldsymbol{b})\times(\boldsymbol{a}+\boldsymbol{b})=2(\boldsymbol{a}\times\boldsymbol{b})$, 并且说明它的几何意义.

6. 证明: 若 $\boldsymbol{a}+\boldsymbol{b}+\boldsymbol{c}=\boldsymbol{0}$, 则 $\boldsymbol{a}\times\boldsymbol{b}=\boldsymbol{b}\times\boldsymbol{c}=\boldsymbol{c}\times\boldsymbol{a}$. 并且说明其几何意义.

7. 证明: 三角形的重心与三个顶点的连线分原三角形成三个等积的三角形.

8. 在平面右手直角坐标系 $[O;\boldsymbol{e}_1,\boldsymbol{e}_2]$ 中, 设 $\triangle ABC$ 的三个顶点 A, B, C 的坐标分别为

$$(x_1,y_1)^{\mathrm{T}},\quad (x_2,y_2)^{\mathrm{T}},\quad (x_3,y_3)^{\mathrm{T}},$$

证明 $\triangle ABC$ 的面积为

$$S=\pm\frac{1}{2}\begin{vmatrix} x_1 & x_2 & x_3 \\ y_1 & y_2 & y_3 \\ 1 & 1 & 1 \end{vmatrix},$$

并且说明正负号的几何意义.

9. 下述推断是否正确?

若 $\boldsymbol{c}\times\boldsymbol{a}=\boldsymbol{c}\times\boldsymbol{b}$, 并且 $\boldsymbol{c}\neq\boldsymbol{0}$, 则 $\boldsymbol{a}=\boldsymbol{b}$.

10. 设 $\boldsymbol{x}$ 与 $\boldsymbol{x}\times\boldsymbol{y}$ 共线, 试讨论 $\boldsymbol{x}$ 与 $\boldsymbol{y}$ 的关系.

11. 就下列各种情形, 讨论 $\boldsymbol{x}$ 与 $\boldsymbol{y}$ 的关系, 其中 $\boldsymbol{a}\neq\boldsymbol{0}$, 且 $\boldsymbol{a}$, $\boldsymbol{x}$,

$\boldsymbol{y}$ 都是以定点 O 为起点的定位向量：

(1) $\boldsymbol{a}\cdot\boldsymbol{x}=\boldsymbol{a}\cdot\boldsymbol{y}$；

(2) $\boldsymbol{a}\times\boldsymbol{x}=\boldsymbol{a}\times\boldsymbol{y}$；

(3) $\boldsymbol{a}\cdot\boldsymbol{x}=\boldsymbol{a}\cdot\boldsymbol{y}$，且 $\boldsymbol{a}\times\boldsymbol{x}=\boldsymbol{a}\times\boldsymbol{y}$.

*12. 设 $\boldsymbol{a}\neq\boldsymbol{0}$，$\overrightarrow{OP}=\boldsymbol{x}$，求满足方程 $\boldsymbol{a}\times\boldsymbol{x}=\boldsymbol{b}$ 的点 P 的轨迹，其中所有向量都是以定点 O 为起点的定位向量.

*13. 设 $\boldsymbol{a}$，$\boldsymbol{b}$，$\boldsymbol{c}$ 都不是 $\boldsymbol{0}$，$\boldsymbol{x}\cdot\boldsymbol{a}=h\neq0$，$\boldsymbol{x}\times\boldsymbol{b}=\boldsymbol{c}$，求 $\boldsymbol{x}$（讨论各种情况），其中所有向量都是以定点 O 为起点的定位向量.

14. (1) 已知 $|\boldsymbol{e}|=1$，$\boldsymbol{e}\perp\boldsymbol{r}$，将 $\boldsymbol{r}$ 绕 $\boldsymbol{e}$ 右旋角度 θ 得 $\boldsymbol{r}_1$，试用 $\boldsymbol{e}$，$\boldsymbol{r}$，θ 表示 $\boldsymbol{r}_1$；

(2) 给定三点 O，A，P，$O\neq A$，将 P 绕 $\overrightarrow{OA}$ 右旋角度 θ 得到 P_1，试用 $\overrightarrow{OA}$，$\overrightarrow{OP}$，θ 表示 $\overrightarrow{OP_1}$.

§5 向量的混合积

5.1 向量的混合积的几何意义和性质

如何利用向量来计算几何体的体积？由于计算几何体的体积可以归结为计算平行六面体的体积，因此我们来讨论平行六面体 $ABCD\text{-}A'B'C'D'$（如图 1.28）. 设 $\overrightarrow{AB}=\boldsymbol{a}$，$\overrightarrow{AD}=\boldsymbol{b}$，$\overrightarrow{AA'}=\boldsymbol{c}$，则底面积为 $|\boldsymbol{a}\times\boldsymbol{b}|$，高为 $|\overrightarrow{AH}|$，其中 $\overrightarrow{AH}$ 是 $\boldsymbol{c}$ 在方向 $(\boldsymbol{a}\times\boldsymbol{b})^0$ 上的内射影. 因此

$$|\overrightarrow{AH}|=|\Pi_{(\boldsymbol{a}\times\boldsymbol{b})^0}(\boldsymbol{c})|,$$

从而平行六面体的体积为

$$\begin{aligned}V&=|\boldsymbol{a}\times\boldsymbol{b}||\Pi_{(\boldsymbol{a}\times\boldsymbol{b})^0}(\boldsymbol{c})|\\&=||\boldsymbol{a}\times\boldsymbol{b}|\Pi_{(\boldsymbol{a}\times\boldsymbol{b})^0}(\boldsymbol{c})|\\&=|\boldsymbol{c}\cdot(\boldsymbol{a}\times\boldsymbol{b})|\\&=|\boldsymbol{a}\times\boldsymbol{b}\cdot\boldsymbol{c}|.\end{aligned}$$

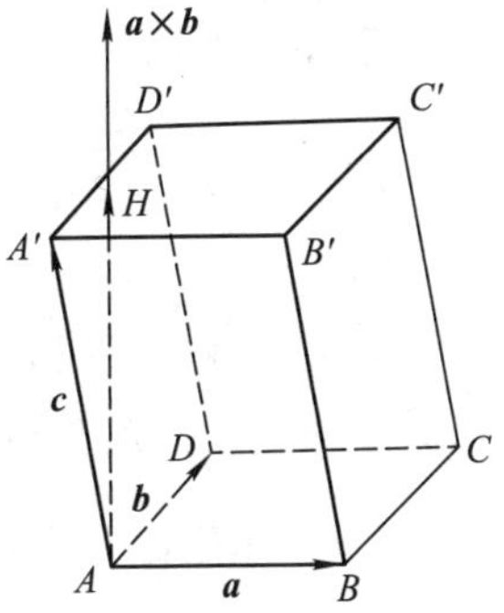

图 1.28

$\boldsymbol{a}\times\boldsymbol{b}\cdot\boldsymbol{c}$ 称为向量 $\boldsymbol{a}$, $\boldsymbol{b}$, $\boldsymbol{c}$ 的**混合积**. 上述表明, $|\boldsymbol{a}\times\boldsymbol{b}\cdot\boldsymbol{c}|$ 表示以 $\boldsymbol{a}$, $\boldsymbol{b}$, $\boldsymbol{c}$ 为棱的平行六面体的体积. 若 $\boldsymbol{a}\times\boldsymbol{b}\cdot\boldsymbol{c}>0$, 则夹角 $\langle\boldsymbol{a}\times\boldsymbol{b},\boldsymbol{c}\rangle$ 为锐角, 由于 $(\boldsymbol{a},\boldsymbol{b},\boldsymbol{a}\times\boldsymbol{b})$ 构成右手系, 于是 $(\boldsymbol{a},\boldsymbol{b},\boldsymbol{c})$ 此时也构成右手系. 由类似的讨论知, 若 $\boldsymbol{a}\times\boldsymbol{b}\cdot\boldsymbol{c}<0$, 则 $(\boldsymbol{a},\boldsymbol{b},\boldsymbol{c})$ 构成左手系. 因此 $\boldsymbol{a}\times\boldsymbol{b}\cdot\boldsymbol{c}$ 的正负可判断 $(\boldsymbol{a},\boldsymbol{b},\boldsymbol{c})$ 是右手系还是左手系. 若在平行六面体的同一顶点上的三条棱之间规定好一个顺序 $(\boldsymbol{a},\boldsymbol{b},\boldsymbol{c})$, 则称这个平行六面体的**定向**为 $(\boldsymbol{a},\boldsymbol{b},\boldsymbol{c})$. 对于定向平行六面体, 可以给它的体积一个正负号: 如果它的定向 $(\boldsymbol{a},\boldsymbol{b},\boldsymbol{c})$ 构成右手系, 则它的体积规定为正的; 如果它的定向 $(\boldsymbol{a},\boldsymbol{b},\boldsymbol{c})$ 构成左手系, 则它的体积规定为负的. 这叫作定向平行六角面体的**定向体积**. 于是, 混合积 $\boldsymbol{a}\times\boldsymbol{b}\cdot\boldsymbol{c}$ 表示了定向为 $(\boldsymbol{a},\boldsymbol{b},\boldsymbol{c})$ 的平行六面体的定向体积.

由混合积的几何意义立即得到

命题 5.1 三个向量 $\boldsymbol{a}$, $\boldsymbol{b}$, $\boldsymbol{c}$ 共面的充分必要条件是

$$\boldsymbol{a}\times\boldsymbol{b}\cdot\boldsymbol{c}=0. \qquad \square$$

混合积有以下两条常用的性质:

(1) $\boldsymbol{a}\times\boldsymbol{b}\cdot\boldsymbol{c}=\boldsymbol{b}\times\boldsymbol{c}\cdot\boldsymbol{a}=\boldsymbol{c}\times\boldsymbol{a}\cdot\boldsymbol{b}$;

(2) $\boldsymbol{a}\times\boldsymbol{b}\cdot\boldsymbol{c}=\boldsymbol{a}\cdot\boldsymbol{b}\times\boldsymbol{c}$.

证明 (1) 因为 $|\boldsymbol{a}\times\boldsymbol{b}\cdot\boldsymbol{c}|$, $|\boldsymbol{b}\times\boldsymbol{c}\cdot\boldsymbol{a}|$, $|\boldsymbol{c}\times\boldsymbol{a}\cdot\boldsymbol{b}|$ 都表示以 $\boldsymbol{a}$, $\boldsymbol{b}$, $\boldsymbol{c}$ 为同一顶点上的三条棱的平行六面体的体积, 所以它们相等. 又因为若 $(\boldsymbol{a},\boldsymbol{b},\boldsymbol{c})$ 为右(左)手系, 则 $(\boldsymbol{b},\boldsymbol{c},\boldsymbol{a})$ 和 $(\boldsymbol{c},\boldsymbol{a},\boldsymbol{b})$ 均为右(左)手系, 所以

$$\boldsymbol{a}\times\boldsymbol{b}\cdot\boldsymbol{c}=\boldsymbol{b}\times\boldsymbol{c}\cdot\boldsymbol{a}=\boldsymbol{c}\times\boldsymbol{a}\cdot\boldsymbol{b}.$$

(2) $\boldsymbol{a}\times\boldsymbol{b}\cdot\boldsymbol{c}=\boldsymbol{b}\times\boldsymbol{c}\cdot\boldsymbol{a}=\boldsymbol{a}\cdot\boldsymbol{b}\times\boldsymbol{c}$. $\square$

性质(2)说明三个有序向量 $\boldsymbol{a}$, $\boldsymbol{b}$, $\boldsymbol{c}$ 的混合积与"×", "·"的位置无关, 因此可把 $\boldsymbol{a}\times\boldsymbol{b}\cdot\boldsymbol{c}$ 记成 $(\boldsymbol{a},\boldsymbol{b},\boldsymbol{c})$. 要注意的是, $\boldsymbol{a}\cdot\boldsymbol{b}\times\boldsymbol{c}$ 仍然是要先作外积 $\boldsymbol{b}\times\boldsymbol{c}$, 后作内积 $\boldsymbol{a}\cdot(\boldsymbol{b}\times\boldsymbol{c})$, 反之则没有意义.

5.2 用坐标计算向量的混合积

取一个仿射标架 $[O;\boldsymbol{d}_1,\boldsymbol{d}_2,\boldsymbol{d}_3]$, 设向量 $\boldsymbol{a}$, $\boldsymbol{b}$, $\boldsymbol{c}$ 的坐标分别为 $(a_1,a_2,a_3)^{\mathrm{T}}$, $(b_1,b_2,b_3)^{\mathrm{T}}$, $(c_1,c_2,c_3)^{\mathrm{T}}$, 则

$$\begin{aligned}\boldsymbol{a}\times\boldsymbol{b}\cdot\boldsymbol{c}&=[(a_1b_2-a_2b_1)\boldsymbol{d}_1\times\boldsymbol{d}_2+(a_3b_1-a_1b_3)\boldsymbol{d}_3\times\boldsymbol{d}_1\\&\quad+(a_2b_3-a_3b_2)\boldsymbol{d}_2\times\boldsymbol{d}_3]\cdot(c_1\boldsymbol{d}_1+c_2\boldsymbol{d}_2+c_3\boldsymbol{d}_3)\\&=[(a_1b_2-a_2b_1)c_3+(a_3b_1-a_1b_3)c_2\\&\quad+(a_2b_3-a_3b_2)c_1]\boldsymbol{d}_1\times\boldsymbol{d}_2\cdot\boldsymbol{d}_3\\&=\begin{vmatrix}a_1&b_1&c_1\\a_2&b_2&c_2\\a_3&b_3&c_3\end{vmatrix}\boldsymbol{d}_1\times\boldsymbol{d}_2\cdot\boldsymbol{d}_3.\end{aligned}\tag{5.1}$$

由于 $\boldsymbol{d}_1$，$\boldsymbol{d}_2$，$\boldsymbol{d}_3$ 不共面，所以 $\boldsymbol{d}_1\times\boldsymbol{d}_2\cdot\boldsymbol{d}_3\neq 0$. 于是得到

命题 5.2 任意取定一个仿射标架 $[O;\boldsymbol{d}_1,\boldsymbol{d}_2,\boldsymbol{d}_3]$，设向量 $\boldsymbol{a}$，$\boldsymbol{b}$，$\boldsymbol{c}$ 的坐标分别是 $(a_1,a_2,a_3)^{\mathrm{T}}$，$(b_1,b_2,b_3)^{\mathrm{T}}$，$(c_1,c_2,c_3)^{\mathrm{T}}$，则

$$\frac{\boldsymbol{a}\times\boldsymbol{b}\cdot\boldsymbol{c}}{\boldsymbol{d}_1\times\boldsymbol{d}_2\cdot\boldsymbol{d}_3}=\begin{vmatrix}a_1&b_1&c_1\\a_2&b_2&c_2\\a_3&b_3&c_3\end{vmatrix}.\tag{5.2}$$

□

定理 5.1 若 $[O;\boldsymbol{e}_1,\boldsymbol{e}_2,\boldsymbol{e}_3]$ 为右手直角标架，$\boldsymbol{a}$，$\boldsymbol{b}$，$\boldsymbol{c}$ 的坐标分别为 $(a_1,a_2,a_3)^{\mathrm{T}}$，$(b_1,b_2,b_3)^{\mathrm{T}}$，$(c_1,c_2,c_3)^{\mathrm{T}}$，则

$$\boldsymbol{a}\times\boldsymbol{b}\cdot\boldsymbol{c}=\begin{vmatrix}a_1&b_1&c_1\\a_2&b_2&c_2\\a_3&b_3&c_3\end{vmatrix}.\tag{5.3}$$

证明 因为 $[O;\boldsymbol{e}_1,\boldsymbol{e}_2,\boldsymbol{e}_3]$ 为右手直角标架，所以 $\boldsymbol{e}_1\times\boldsymbol{e}_2=\boldsymbol{e}_3$，从而 $\boldsymbol{e}_1\times\boldsymbol{e}_2\cdot\boldsymbol{e}_3=\boldsymbol{e}_3\cdot\boldsymbol{e}_3=1$. 于是由(5.2)式立即得到(5.3)式. □

定理 5.1 表明，以 $\boldsymbol{a}$，$\boldsymbol{b}$，$\boldsymbol{c}$ 为棱的平行六面体的定向体积等于以这三个向量的右手直角坐标组成的 3 阶行列式. 这是 3 阶行列式的几何意义.

5.3 三向量(或四点)共面的条件

定理 5.2 设向量 $\boldsymbol{a}$，$\boldsymbol{b}$，$\boldsymbol{c}$ 的仿射坐标分别为

$$(a_1,a_2,a_3)^{\mathrm{T}},\quad(b_1,b_2,b_3)^{\mathrm{T}},\quad(c_1,c_2,c_3)^{\mathrm{T}},$$

则 $\boldsymbol{a}$，$\boldsymbol{b}$，$\boldsymbol{c}$ 共面的充分必要条件是

$$\begin{vmatrix} a_1 & b_1 & c_1 \\ a_2 & b_2 & c_2 \\ a_3 & b_3 & c_3 \end{vmatrix} = 0.$$

证明 由命题 5.1 和命题 5.2 立即得到. □

推论 5.1 设四点 A，B，C，D 的仿射坐标分别为

$$(x_i, y_i, z_i)^{\mathrm{T}}, \quad i = 1,2,3,4,$$

则 A，B，C，D 共面的充分必要条件是

$$\begin{vmatrix} x_1 & x_2 & x_3 & x_4 \\ y_1 & y_2 & y_3 & y_4 \\ z_1 & z_2 & z_3 & z_4 \\ 1 & 1 & 1 & 1 \end{vmatrix} = 0.$$

这里我们指出，4 阶行列式可以沿任意一行（或一列）展开，譬如上述 4 阶行列式沿第 4 行展开得

$$\begin{vmatrix} x_1 & x_2 & x_3 & x_4 \\ y_1 & y_2 & y_3 & y_4 \\ z_1 & z_2 & z_3 & z_4 \\ 1 & 1 & 1 & 1 \end{vmatrix} = (-1)^{4+1} \cdot 1 \cdot \begin{vmatrix} x_2 & x_3 & x_4 \\ y_2 & y_3 & y_4 \\ z_2 & z_3 & z_4 \end{vmatrix}$$

$$+ (-1)^{4+2} \cdot 1 \cdot \begin{vmatrix} x_1 & x_3 & x_4 \\ y_1 & y_3 & y_4 \\ z_1 & z_3 & z_4 \end{vmatrix}$$

$$+ (-1)^{4+3} \cdot 1 \cdot \begin{vmatrix} x_1 & x_2 & x_4 \\ y_1 & y_2 & y_4 \\ z_1 & z_2 & z_4 \end{vmatrix}$$

$$+ (-1)^{4+4} \cdot 1 \cdot \begin{vmatrix} x_1 & x_2 & x_3 \\ y_1 & y_2 & y_3 \\ z_1 & z_2 & z_3 \end{vmatrix},$$

并且 4 阶行列式也具有类似于 2 阶，3 阶行列式那样的性质.

推论 5.1 的证明 A，B，C，D 共面也就是 $\overrightarrow{DA}$，$\overrightarrow{DB}$，$\overrightarrow{DC}$ 共面，从而充分必要条件是

$$\begin{vmatrix} x_1 - x_4 & x_2 - x_4 & x_3 - x_4 \\ y_1 - y_4 & y_2 - y_4 & y_3 - y_4 \\ z_1 - z_4 & z_2 - z_4 & z_3 - z_4 \end{vmatrix} = 0.$$

上式左边的 3 阶行列式等于

$$\begin{vmatrix} x_1 - x_4 & x_2 - x_4 & x_3 - x_4 & x_4 \\ y_1 - y_4 & y_2 - y_4 & y_3 - y_4 & y_4 \\ z_1 - z_4 & z_2 - z_4 & z_3 - z_4 & z_4 \\ 0 & 0 & 0 & 1 \end{vmatrix} = \begin{vmatrix} x_1 & x_2 & x_3 & x_4 \\ y_1 & y_2 & y_3 & y_4 \\ z_1 & z_2 & z_3 & z_4 \\ 1 & 1 & 1 & 1 \end{vmatrix},$$

最后这个等式成立是因为把左边的 4 阶行列式的第 4 列分别加到第 1，2，3 列上，这时行列式的值不变. 综上所述便得到我们所要的结论. □

5.4 拉格朗日恒等式及其应用

定理 5.3 对任意四个向量 $\boldsymbol{a}$，$\boldsymbol{b}$，$\boldsymbol{c}$，$\boldsymbol{d}$，有

$$(\boldsymbol{a} \times \boldsymbol{b}) \cdot (\boldsymbol{c} \times \boldsymbol{d}) = \begin{vmatrix} \boldsymbol{a} \cdot \boldsymbol{c} & \boldsymbol{a} \cdot \boldsymbol{d} \\ \boldsymbol{b} \cdot \boldsymbol{c} & \boldsymbol{b} \cdot \boldsymbol{d} \end{vmatrix}. \tag{5.4}$$

(5.4)式称为**拉格朗日(Lagrange)恒等式**.

证明

$$\begin{aligned} (\boldsymbol{a} \times \boldsymbol{b}) \cdot (\boldsymbol{c} \times \boldsymbol{d}) &= \boldsymbol{a} \cdot \boldsymbol{b} \times (\boldsymbol{c} \times \boldsymbol{d}) \\ &= \boldsymbol{a} \cdot [(\boldsymbol{b} \cdot \boldsymbol{d})\boldsymbol{c} - (\boldsymbol{b} \cdot \boldsymbol{c})\boldsymbol{d}] \\ &= (\boldsymbol{b} \cdot \boldsymbol{d})(\boldsymbol{a} \cdot \boldsymbol{c}) - (\boldsymbol{b} \cdot \boldsymbol{c})(\boldsymbol{a} \cdot \boldsymbol{d}) \\ &= \begin{vmatrix} \boldsymbol{a} \cdot \boldsymbol{c} & \boldsymbol{a} \cdot \boldsymbol{d} \\ \boldsymbol{b} \cdot \boldsymbol{c} & \boldsymbol{b} \cdot \boldsymbol{d} \end{vmatrix}. \end{aligned}$$

□

拉格朗日恒等式很有用，有人还称它为二维的勾股定理，这是因为由它可以证出下面例 5.1 所述的命题.

例 5.1　证明：直角三棱锥①斜面面积的平方等于其他三个直角面面积的平方和.

证明　设 O-ABC 是直角三棱锥，其中 $\angle AOB=\angle AOC=\angle BOC=90°$，$\triangle ABC$ 是它的斜面，如图 1.29 所示. 我们有

$$
\begin{aligned}
|\overrightarrow{AB}\times\overrightarrow{AC}|^2 &= (\overrightarrow{AB}\times\overrightarrow{AC})\cdot(\overrightarrow{AB}\times\overrightarrow{AC})\\
&= \begin{vmatrix} \overrightarrow{AB}\cdot\overrightarrow{AB} & \overrightarrow{AB}\cdot\overrightarrow{AC} \\ \overrightarrow{AC}\cdot\overrightarrow{AB} & \overrightarrow{AC}\cdot\overrightarrow{AC} \end{vmatrix}\\
&= |\overrightarrow{AB}|^2|\overrightarrow{AC}|^2-(\overrightarrow{AB}\cdot\overrightarrow{AC})^2\\
&= (|\overrightarrow{OA}|^2+|\overrightarrow{OB}|^2)(|\overrightarrow{OA}|^2+|\overrightarrow{OC}|^2)\\
&\quad -[(\overrightarrow{OB}-\overrightarrow{OA})\cdot(\overrightarrow{OC}-\overrightarrow{OA})]^2\\
&= |\overrightarrow{OA}|^4+|\overrightarrow{OB}|^2|\overrightarrow{OA}|^2+|\overrightarrow{OA}|^2|OC|^2\\
&\quad +|\overrightarrow{OB}|^2|\overrightarrow{OC}|^2-|\overrightarrow{OA}|^4\\
&= (|\overrightarrow{OB}||\overrightarrow{OA}|)^2+(|\overrightarrow{OA}||\overrightarrow{OC}|)^2\\
&\quad +(|\overrightarrow{OB}||\overrightarrow{OC}|)^2.
\end{aligned}
$$

由此即得所要证的结论. □

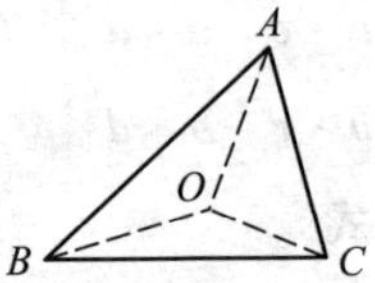

图　1.29

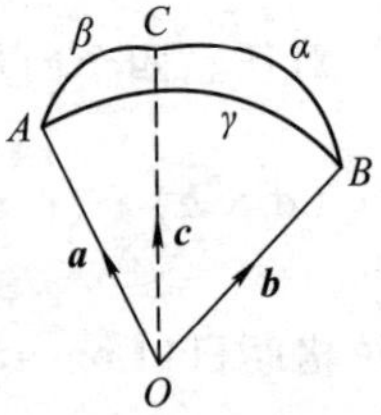

图　1.30

*5.5　向量代数在球面三角中的应用

设在中心为 O，半径为 R 的球面上，有不在同一大圆弧上的三

---

① 将侧棱相互垂直的三棱锥称为直角三棱锥，其中三棱锥的侧面和底面分别叫做直角三棱锥的直角面和斜面.

点 A, B, C. 分别连接其中两点的大圆弧 $\alpha=\overset{\frown}{BC}$, $\beta=\overset{\frown}{CA}$, $\gamma=\overset{\frown}{AB}$ 围成一个区域，称为**球面三角形**（如图 1.30），其中 A, B, C 是它的**顶点**；α, β, γ 是它的**边**，用边所在的大圆弧的弧度来量度. 边 β 与 γ 所夹的角是指由 β 与 γ 分别所在的平面组成的二面角，仍记作 A，称为球面三角形的**内角**.

我们可以用向量法证明球面三角的下述公式：

(1) $\cos\alpha=\cos\beta\cos\gamma+\sin\beta\sin\gamma\cos A$（余弦公式）；

(2) $\dfrac{\sin\alpha}{\sin A}=\dfrac{\sin\beta}{\sin B}=\dfrac{\sin\gamma}{\sin C}$（正弦公式）.

证明 (1) 设 $\boldsymbol{a}$, $\boldsymbol{b}$, $\boldsymbol{c}$ 分别是 $\overrightarrow{OA}$, $\overrightarrow{OB}$, $\overrightarrow{OC}$ 方向的单位向量. 显然角 A 是 $\boldsymbol{a}\times\boldsymbol{b}$ 与 $\boldsymbol{a}\times\boldsymbol{c}$ 的夹角. 根据拉格朗日恒等式，有

$$
\begin{aligned}
(\boldsymbol{a}\times\boldsymbol{b})\cdot(\boldsymbol{a}\times\boldsymbol{c}) &= \begin{vmatrix} \boldsymbol{a}\cdot\boldsymbol{a} & \boldsymbol{a}\cdot\boldsymbol{c} \\ \boldsymbol{b}\cdot\boldsymbol{a} & \boldsymbol{b}\cdot\boldsymbol{c} \end{vmatrix} \\
&= |\boldsymbol{a}|^2(\boldsymbol{b}\cdot\boldsymbol{c})-(\boldsymbol{a}\cdot\boldsymbol{c})(\boldsymbol{b}\cdot\boldsymbol{a}) \\
&= \cos\alpha-\cos\beta\cos\gamma,
\end{aligned}
$$

又有

$$
\begin{aligned}
(\boldsymbol{a}\times\boldsymbol{b})\cdot(\boldsymbol{a}\times\boldsymbol{c}) &= |\boldsymbol{a}\times\boldsymbol{b}|\,|\boldsymbol{a}\times\boldsymbol{c}|\cos\langle\boldsymbol{a}\times\boldsymbol{b},\boldsymbol{a}\times\boldsymbol{c}\rangle \\
&= \sin\langle\boldsymbol{a},\boldsymbol{b}\rangle\sin\langle\boldsymbol{a},\boldsymbol{c}\rangle\cos A \\
&= \sin\gamma\sin\beta\cos A,
\end{aligned}
$$

所以

$$
\cos\alpha=\cos\beta\cos\gamma+\sin\beta\sin\gamma\cos A.
$$

(2) 由二重外积公式得

$$
\begin{aligned}
&(\boldsymbol{a}\times\boldsymbol{b})\times(\boldsymbol{a}\times\boldsymbol{c})=(\boldsymbol{a}\times\boldsymbol{b}\cdot\boldsymbol{c})\boldsymbol{a}, \\
&(\boldsymbol{a}\times\boldsymbol{b})\times(\boldsymbol{b}\times\boldsymbol{c})=(\boldsymbol{a}\times\boldsymbol{b}\cdot\boldsymbol{c})\boldsymbol{b}, \\
&(\boldsymbol{a}\times\boldsymbol{c})\times(\boldsymbol{b}\times\boldsymbol{c})=-(\boldsymbol{a}\times\boldsymbol{c}\cdot\boldsymbol{b})\boldsymbol{c}=(\boldsymbol{a}\times\boldsymbol{b}\cdot\boldsymbol{c})\boldsymbol{c},
\end{aligned}
$$

所以

$$
\begin{aligned}
|(\boldsymbol{a}\times\boldsymbol{b})\times(\boldsymbol{a}\times\boldsymbol{c})| &= |(\boldsymbol{a}\times\boldsymbol{b})\times(\boldsymbol{b}\times\boldsymbol{c})| \\
&= |(\boldsymbol{a}\times\boldsymbol{c})\times(\boldsymbol{b}\times\boldsymbol{c})|.
\end{aligned}
$$

由外积的定义可得

$$
\sin\langle\boldsymbol{a},\boldsymbol{b}\rangle\sin\langle\boldsymbol{a},\boldsymbol{c}\rangle\sin A=\sin\langle\boldsymbol{a},\boldsymbol{b}\rangle\sin\langle\boldsymbol{b},\boldsymbol{c}\rangle\sin B
$$

$$= \sin\langle \boldsymbol{a},\boldsymbol{c}\rangle \sin\langle \boldsymbol{b},\boldsymbol{c}\rangle \sin C,$$

即

$$\sin\gamma\ \sin\beta\ \sin A = \sin\gamma\ \sin\alpha\ \sin B = \sin\beta\ \sin\alpha\ \sin C.$$

由此即得正弦公式. □

习　题　1.5

1. 证明: $|\boldsymbol{a}\times\boldsymbol{b}\cdot\boldsymbol{c}| \leqslant |\boldsymbol{a}||\boldsymbol{b}||\boldsymbol{c}|$.

2. 证明: 若 $\boldsymbol{a}\times\boldsymbol{b}+\boldsymbol{b}\times\boldsymbol{c}+\boldsymbol{c}\times\boldsymbol{a}=\boldsymbol{0}$, 则 $\boldsymbol{a}$, $\boldsymbol{b}$, $\boldsymbol{c}$ 共面.

3. 在右手直角坐标系中, 已知一个四面体的顶点 A, B, C, D 的坐标分别是

$$(1,2,0)^{\mathrm{T}},\quad (-1,3,4)^{\mathrm{T}},\quad (-1,-2,-3)^{\mathrm{T}},\quad (0,-1,3)^{\mathrm{T}},$$

求它的体积.

4. 证明: $(\boldsymbol{a}\times\boldsymbol{b},\boldsymbol{b}\times\boldsymbol{c},\boldsymbol{c}\times\boldsymbol{a}) = (\boldsymbol{a},\boldsymbol{b},\boldsymbol{c})^2$.

5. 证明:

$$(\boldsymbol{a}\times\boldsymbol{b})\cdot(\boldsymbol{c}\times\boldsymbol{d}) + (\boldsymbol{b}\times\boldsymbol{c})\cdot(\boldsymbol{a}\times\boldsymbol{d}) + (\boldsymbol{c}\times\boldsymbol{a})\cdot(\boldsymbol{b}\times\boldsymbol{d}) = 0.$$

6. 证明:

$$\boldsymbol{a}\times[\boldsymbol{b}\times(\boldsymbol{c}\times\boldsymbol{d})] = (\boldsymbol{b}\cdot\boldsymbol{d})(\boldsymbol{a}\times\boldsymbol{c}) - (\boldsymbol{b}\cdot\boldsymbol{c})(\boldsymbol{a}\times\boldsymbol{d}).$$

*7. 证明:

(1) $(\boldsymbol{a}\times\boldsymbol{b})\times(\boldsymbol{c}\times\boldsymbol{d}) = (\boldsymbol{a},\boldsymbol{b},\boldsymbol{d})\boldsymbol{c} - (\boldsymbol{a},\boldsymbol{b},\boldsymbol{c})\boldsymbol{d}$;

(2) $(\boldsymbol{a}\times\boldsymbol{b})\times(\boldsymbol{c}\times\boldsymbol{d}) = (\boldsymbol{a},\boldsymbol{c},\boldsymbol{d})\boldsymbol{b} - (\boldsymbol{b},\boldsymbol{c},\boldsymbol{d})\boldsymbol{a}$.

*8. 证明: 对任意四个向量 $\boldsymbol{a}$, $\boldsymbol{b}$, $\boldsymbol{c}$, $\boldsymbol{d}$, 有

$$(\boldsymbol{b},\boldsymbol{c},\boldsymbol{d})\boldsymbol{a} + (\boldsymbol{c},\boldsymbol{a},\boldsymbol{d})\boldsymbol{b} + (\boldsymbol{a},\boldsymbol{b},\boldsymbol{d})\boldsymbol{c} + (\boldsymbol{b},\boldsymbol{a},\boldsymbol{c})\boldsymbol{d} = \boldsymbol{0}.$$

9. 若 $\boldsymbol{x}$, $\boldsymbol{y}$ 与 $\boldsymbol{x}\times\boldsymbol{y}$ 共面, 讨论 $\boldsymbol{x}$ 与 $\boldsymbol{y}$ 的关系.

10. 证明:

$$[\boldsymbol{v}_1\times(\boldsymbol{v}_1\times\boldsymbol{v}_2)]\times[\boldsymbol{v}_2\times(\boldsymbol{v}_1\times\boldsymbol{v}_2)] = |\boldsymbol{v}_1\times\boldsymbol{v}_2|^2(\boldsymbol{v}_1\times\boldsymbol{v}_2).$$

11. 证明: 若 $\boldsymbol{v}_1$ 与 $\boldsymbol{v}_2$ 不共线, 则 $\boldsymbol{v}_1\times(\boldsymbol{v}_1\times\boldsymbol{v}_2)$ 与 $\boldsymbol{v}_2\times(\boldsymbol{v}_1\times\boldsymbol{v}_2)$ 不共线.

12. 设 $\boldsymbol{d}_1$, $\boldsymbol{d}_2$, $\boldsymbol{d}_3$ 不共面, 证明: 任一向量 $\boldsymbol{a}$ 可以表示成

$$\boldsymbol{a} = \frac{\boldsymbol{a}\cdot\boldsymbol{d}_2\times\boldsymbol{d}_3}{\boldsymbol{d}_1\times\boldsymbol{d}_2\cdot\boldsymbol{d}_3}\boldsymbol{d}_1 + \frac{\boldsymbol{a}\cdot\boldsymbol{d}_3\times\boldsymbol{d}_1}{\boldsymbol{d}_1\times\boldsymbol{d}_2\cdot\boldsymbol{d}_3}\boldsymbol{d}_2 + \frac{\boldsymbol{a}\cdot\boldsymbol{d}_1\times\boldsymbol{d}_2}{\boldsymbol{d}_1\times\boldsymbol{d}_2\cdot\boldsymbol{d}_3}\boldsymbol{d}_3.$$

13. 用向量法证明：若三元一次方程组的系数行列式不等于零，则它有唯一的一个解.

*14. 设 $\boldsymbol{a}$，$\boldsymbol{b}$，$\boldsymbol{c}$ 不共面，向量 $\boldsymbol{x}$ 满足

$$\boldsymbol{a}\cdot\boldsymbol{x}=f,\quad \boldsymbol{b}\cdot\boldsymbol{x}=g,\quad \boldsymbol{c}\cdot\boldsymbol{x}=h,$$

证明：

$$\boldsymbol{x}=\frac{f(\boldsymbol{b}\times\boldsymbol{c})+g(\boldsymbol{c}\times\boldsymbol{a})+h(\boldsymbol{a}\times\boldsymbol{b})}{\boldsymbol{a}\times\boldsymbol{b}\cdot\boldsymbol{c}}.$$

第二章　空间的平面和直线

本章将把坐标法和向量法结合起来研究空间中平面和直线的方程以及它们的性质.

§1　仿射坐标系中平面的方程，两平面的相关位置

1.1　平面的参数方程和普通方程

读者已经知道，确定一个平面的条件是：不在一直线上的三点；或者一条直线和此直线外的一点；或者两条相交直线；或者两条平行直线. 为了便于用向量法，我们采用“一个点和两个不共线的向量确定一个平面”作为讨论的出发点.

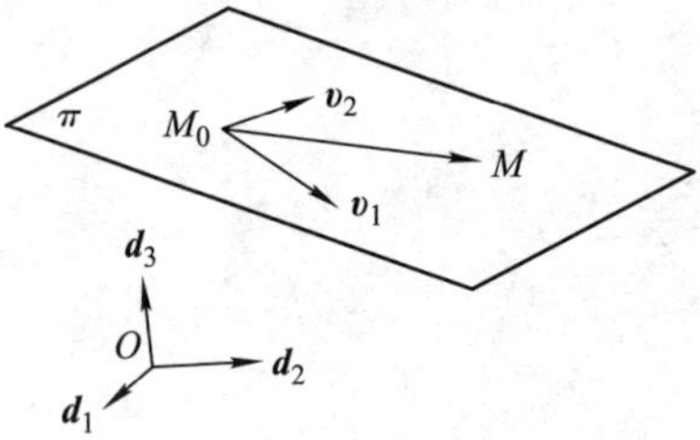

图　2.1

取定仿射标架$[O;\boldsymbol{d}_1,\boldsymbol{d}_2,\boldsymbol{d}_3]$. 已知一个点$M_0(x_0,y_0,z_0)^{\mathrm{T}}$，向量$\boldsymbol{v}_1(X_1,Y_1,Z_1)^{\mathrm{T}}$和$\boldsymbol{v}_2(X_2,Y_2,Z_2)^{\mathrm{T}}$，其中$\boldsymbol{v}_1$与$\boldsymbol{v}_2$不共线，我们来求由点$M_0$和$\boldsymbol{v}_1$，$\boldsymbol{v}_2$确定的平面$\boldsymbol{\pi}$的方程.

点$M(x,y,z)^{\mathrm{T}}$在平面$\boldsymbol{\pi}$上的充分必要条件是$\overrightarrow{M_0M}$与$\boldsymbol{v}_1$，$\boldsymbol{v}_2$共面(如图2.1). 因为$\boldsymbol{v}_1$与$\boldsymbol{v}_2$不共线，所以$\overrightarrow{M_0M}$，$\boldsymbol{v}_1$，$\boldsymbol{v}_2$共面的充分必要条件是，存在唯一的一对实数λ，μ，使得

$$\overrightarrow{M_0M}=\lambda\boldsymbol{v}_1+\mu\boldsymbol{v}_2.$$

上式用坐标写出即得

$$\begin{cases} x = x_0 + \lambda X_1 + \mu X_2, \\ y = y_0 + \lambda Y_1 + \mu Y_2, \\ z = z_0 + \lambda Z_1 + \mu Z_2. \end{cases} \tag{1.1}$$

(1.1)式称为平面 π 的**参数方程**，其中 λ，μ 称为**参数**，它们可取任意实数.

又有 $\overrightarrow{M_0M}$，$\boldsymbol{v}_1$，$\boldsymbol{v}_2$ 共面的充分必要条件是

$$\begin{vmatrix} x - x_0 & X_1 & X_2 \\ y - y_0 & Y_1 & Y_2 \\ z - z_0 & Z_1 & Z_2 \end{vmatrix} = 0, \tag{1.2}$$

即

$$Ax + By + Cz + D = 0, \tag{1.3}$$

其中

$$A = \begin{vmatrix} Y_1 & Y_2 \\ Z_1 & Z_2 \end{vmatrix}, \quad B = -\begin{vmatrix} X_1 & X_2 \\ Z_1 & Z_2 \end{vmatrix}, \quad C = \begin{vmatrix} X_1 & X_2 \\ Y_1 & Y_2 \end{vmatrix},$$

$$D = -(Ax_0 + By_0 + Cz_0).$$

(1.3)式称为平面 $\boldsymbol{\pi}$ 的**普通方程**. 由于 $\boldsymbol{v}_1$ 与 $\boldsymbol{v}_2$ 不共线，根据第一章的命题 2.3 知，A，B，C 不全为零，因此平面 $\boldsymbol{\pi}$ 的方程(1.3)是三元一次方程.

定理 1.1 在几何空间中取定一个仿射坐标系，则平面的方程必定是三元一次方程；反之，任意一个三元一次方程表示一个平面.

证明 定理的前半部分已经在前面说明. 现在看后半部分. 任给一个三元一次方程

$$A_1x + B_1y + C_1z + D_1 = 0, \tag{1.4}$$

不妨设 $A_1 \neq 0$. 取点 $M_1\left(-\dfrac{D_1}{A_1},0,0\right)^{\mathrm{T}}$，并取向量

$$\boldsymbol{\mu}_1\left(-\frac{B_1}{A_1},1,0\right)^{\mathrm{T}}, \quad \boldsymbol{\mu}_2\left(-\frac{C_1}{A_1},0,1\right)^{\mathrm{T}},$$

显然 $\boldsymbol{\mu}_1$ 与 $\boldsymbol{\mu}_2$ 不共线. 由点 M_1 和 $\boldsymbol{\mu}_1$，$\boldsymbol{\mu}_2$ 决定的平面 π_1 的方程为

$$\begin{vmatrix} x+\dfrac{D_1}{A_1} & -\dfrac{B_1}{A_1} & -\dfrac{C_1}{A_1} \\ y-0 & 1 & 0 \\ z-0 & 0 & 1 \end{vmatrix}=0,$$

即
$$A_1x+B_1y+C_1z+D_1=0.$$

这说明方程(1.4)表示一个平面 π_1. □

我们来看平面 π 的方程(1.3)中系数的几何意义.

定理 1.2　设平面 π 的方程是(1.3)，则向量 $\boldsymbol{\omega}(r,s,t)^{\mathrm{T}}$ 平行于平面 π 或在 π 上的充分必要条件是

$$Ar+Bs+Ct=0. \tag{1.5}$$

证明　不妨设 $A\neq0$. 由定理 1.1 的证明过程知道，平面 π 是与由点 $M_1\left(-\dfrac{D}{A},0,0\right)^{\mathrm{T}}$ 和向量 $\boldsymbol{\mu}_1\left(-\dfrac{B}{A},1,0\right)^{\mathrm{T}}$，$\boldsymbol{\mu}_2\left(-\dfrac{C}{A},0,1\right)^{\mathrm{T}}$ 决定的平面一致的. $\boldsymbol{\omega}$ 平行于平面 π 或在 π 上的充分必要条件是 $\boldsymbol{\omega}$，$\boldsymbol{\mu}_1$，$\boldsymbol{\mu}_2$ 共面，即

$$\begin{vmatrix} r & -\dfrac{B}{A} & -\dfrac{C}{A} \\ s & 1 & 0 \\ t & 0 & 1 \end{vmatrix}=0,$$

亦即

$$Ar+Bs+Ct=0.$$ □

因为平面 π 的方程(1.3)中 A，B，C 不全为零，譬如说 $A\neq0$，则从(1.5)式可解得 $\boldsymbol{\omega}_1\left(-\dfrac{B}{A},1,0\right)^{\mathrm{T}}$，$\boldsymbol{\omega}_2\left(-\dfrac{C}{A},0,1\right)^{\mathrm{T}}$，于是它们均平行于平面 π 或在 π 上，且根据第一章的命题 2.3 知，它们不共线. 根据高中立体几何的两个平面平行的判定定理“如果一个平面内有两条相交直线都平行于另一个平面，那么这两个平面平行”得，凡是与 $\boldsymbol{\omega}_1$，$\boldsymbol{\omega}_2$ 平行的平面，它们彼此平行或重合. 而一族平行或重合的平面在几何空间中有相同的方向. 因此平面方程中一次项的系数决定了这个平面的方向.

推论 1.1　设平面 π 的方程是(1.3)，则平面 π 平行于或经过 x

轴(y 轴或 z 轴)的充分必要条件是 $A=0$ ($B=0$ 或 $C=0$)；平面 π 通过原点的充分必要条件是 $D=0$.

证明 因为 $\boldsymbol{d}_1$ 的坐标是$(1,0,0)^{\mathrm{T}}$，所以 $\boldsymbol{d}_1$ 平行于平面 π 或在 π 上的充分必要条件是

$$A\cdot 1+B\cdot 0+C\cdot 0=0,$$

即 $A=0$. 关于 $\boldsymbol{d}_2$ 或 $\boldsymbol{d}_3$ 平行于平面 π 或在 π 上的情形可类似讨论.

原点 $O(0,0,0)^{\mathrm{T}}$ 在平面 π 上的充分必要条件是 $D=0$. □

例 1.1 画出平面 $x+2y-z=0$.

解 因为 $D=0$，所以此平面过原点. 解方程

$$r+2s-t=0,$$

求得两个不共线的向量 $\boldsymbol{\omega}_1(2,-1,0)^{\mathrm{T}}$，$\boldsymbol{\omega}_2(1,0,1)^{\mathrm{T}}$. 以原点为起点画出 $\boldsymbol{\omega}_1$，$\boldsymbol{\omega}_2$. 所求平面就是由原点和 $\boldsymbol{\omega}_1$，$\boldsymbol{\omega}_2$ 决定的平面(如图 2.2).

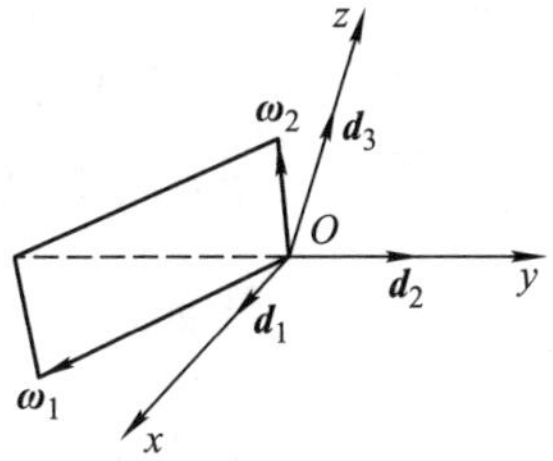

图 2.2

如果平面的方程 $Ax+By+Cz+D=0$ 满足 $ABCD\neq 0$，则此平面与三根坐标轴均相交，且交点不是原点，因此这三个交点不共线. 把它们画出来，它们决定的平面就是所求平面. 如果平面的方程中 $B=0$，$A\neq 0$，$C\neq 0$，$D\neq 0$，则此平面与 y 轴平行，与 x 轴和 z 轴均相交，且交点不是原点. 把这两个交点画出来，再分别过它们画与 y 轴平行的直线，由此即得所求平面. 其余情况如何画平面，请读者思考.

1.2 两平面的相关位置

两平面的相关位置有三种可能情形：(1) 相交于一直线；(2) 平行；(3) 重合. 如何从两平面的方程判断它们属于何种情形?

定理 1.3 取定一个仿射标架，设平面 π_1 和 π_2 的方程分别是

$$\begin{aligned}A_1x+B_1y+C_1z+D_1&=0,\\A_2x+B_2y+C_2z+D_2&=0,\end{aligned}\tag{1.6}$$

则

(1) π_1 与 π_2 相交的充分必要条件是它们方程中的一次项系数不成比例;

(2) π_1 与 π_2 平行的充分必要条件是它们方程中的一次项系数成比例, 但常数项不与这些系数成比例;

(3) π_1 与 π_2 重合的充分必要条件是它们方程中所有系数成比例.

证明　由于平面方程的一次项系数决定了这个平面的方向, 而一族平行或重合的平面在几何空间中有相同的方向, 因此

$$\begin{aligned}&\text{平面 } \pi_1 \text{ 与 } \pi_2 \text{ 平行或重合}\\ \Longleftrightarrow\ &(A_2,B_2,C_2)^{\mathrm{T}} = k(A_1,B_1,C_1)^{\mathrm{T}},\text{对于某个非零实数 } k,\end{aligned}$$

从而

$$\begin{aligned}&\text{平面 } \pi_1 \text{ 与 } \pi_2 \text{ 相交}\\ \Longleftrightarrow\ &(A_2,B_2,C_2)^{\mathrm{T}} \neq k(A_1,B_1,C_1)^{\mathrm{T}},\ \forall k \in \mathbf{R}.\end{aligned}$$

□

1.3　三平面恰交于一点的条件

命题 1.1　设三个平面在仿射坐标系中的方程分别为

$$\begin{aligned}A_1x + B_1y + C_1z + D_1 = 0,\\ A_2x + B_2y + C_2z + D_2 = 0,\\ A_3x + B_3y + C_3z + D_3 = 0,\end{aligned} \tag{1.7}$$

则这三个平面恰交于一点的充分必要条件是

$$\begin{vmatrix} A_1 & B_1 & C_1 \\ A_2 & B_2 & C_2 \\ A_3 & B_3 & C_3 \end{vmatrix} \neq 0. \tag{1.8}$$

证明　上述三个平面恰交于一点的充分必要条件是方程组(1.7)有唯一解, 从而它的系数行列式不等于零. □

1.4　有轴平面束

几何空间中经过同一条直线的所有平面组成的集合称为**有轴平面束**, 那条直线称为**平面束的轴**.

在仿射坐标系中，设相交于直线 l 的两个平面 π_1 和 π_2 的方程分别为

$$A_1 x + B_1 y + C_1 z + D_1 = 0, \quad A_2 x + B_2 y + C_2 z + D_2 = 0.$$

经过直线 l 的平面的方程是什么样子的呢？

设平面 π 是经过直线 l 的任意一个平面. 在 π 上取一个点 $P_0(x_0, y_0, z_0)^{\mathrm{T}}$，$P_0$ 不在直线 l 上，则 $P_0 \bar{\in} \pi_1$ 或 $P_0 \bar{\in} \pi_2$，从而 $A_1 x_0 + B_1 y_0 + C_1 z_0 + D_1 \neq 0$ 或 $A_2 x_0 + B_2 y_0 + C_2 z_0 + D_2 \neq 0$. 记

$$\lambda = A_2 x_0 + B_2 y_0 + C_2 z_0 + D_2, \quad \mu = -(A_1 x_0 + B_1 y_0 + C_1 z_0 + D_1),$$

则 λ, μ 不全为零. 易证方程

$$\lambda(A_1 x + B_1 y + C_1 z + D_1) + \mu(A_2 x + B_2 y + C_2 z + D_2) = 0 \qquad (1.9)$$

是三元一次方程，从而它表示一个平面. 把 P_0 的坐标代入方程 (1.9) 的左端得 $\lambda(-\mu) + \mu\lambda = 0$，因此点 P_0 在方程 (1.9) 表示的平面上. 直线 l 上任一点的坐标适合 π_1 的方程和 π_2 的方程，从而适合方程 (1.9). 因此方程 (1.9) 表示的平面经过直线 l. 由于直线 l 和不在 l 上的一点 P_0 确定一个平面，因此方程 (1.9) 表示的平面就是平面 π. 这证明了以相交平面 π_1 和 π_2 的交线 l 为轴的有轴平面束中任一平面的方程形如 (1.9) 式，其中 λ, μ 不全为零.

反之，设有一个方程形如 (1.9) 式，其中 λ, μ 不全为零，则方程 (1.9) 表示一个平面 π_3. 直线 l 上任一点的坐标适合 π_1 的方程和 π_2 的方程，从而适合方程 (1.9). 因此平面 π_3 经过直线 l，从而 π_3 属于以 l 为轴的有轴平面束.

综上所述，我们证明了

定理 1.4 在仿射坐标系中，设相交于直线 l 的两个平面 π_1 和 π_2 的方程分别为

$$A_1 x + B_1 y + C_1 z + D_1 = 0, \quad A_2 x + B_2 y + C_2 z + D_2 = 0,$$

则一个图形属于以 l 为轴的有轴平面束当且仅当这个图形的方程形如

$$\lambda(A_1 x + B_1 y + C_1 z + D_1) + \mu(A_2 x + B_2 y + C_2 z + D_2) = 0,$$

其中 λ, μ 是不全为零的实数. $\qquad\qquad \square$

习　题　2.1

1. 在给定的仿射坐标系中，求下列平面的普通方程和参数方程：

(1) 经过点$(-1,2,0)^{\mathrm{T}}$，$(-2,-1,4)^{\mathrm{T}}$，$(3,1,-5)^{\mathrm{T}}$；

(2) 经过点$(1,0,-2)^{\mathrm{T}}$和$(-1,3,2)^{\mathrm{T}}$，平行于$\boldsymbol{v}(1,-2,4)^{\mathrm{T}}$；

(3) 经过点$(3,1,-2)^{\mathrm{T}}$和z轴；

(4) 经过点$(2,0,-1)^{\mathrm{T}}$和$(-1,3,4)^{\mathrm{T}}$，平行于y轴；

(5) 经过点$(-1,-5,4)^{\mathrm{T}}$，平行于平面$3x-2y+5=0$.

2. 在给定的仿射坐标系中，画出下列平面：

(1) $2x+3y+z-6=0$；　　(2) $4x+3z+2=0$；

(3) $3x-y+4z=0$；　　(4) $3y+2=0$.

3. 证明：经过不共线三点$(x_i,y_i,z_i)^{\mathrm{T}}(i=1,2,3)$的平面的方程为

$$\begin{vmatrix} x & x_1 & x_2 & x_3 \\ y & y_1 & y_2 & y_3 \\ z & z_1 & z_2 & z_3 \\ 1 & 1 & 1 & 1 \end{vmatrix} = 0.$$

4. 在给定的仿射坐标系中，设平面π的方程为

$$\frac{x}{a}+\frac{y}{b}+\frac{z}{c}=1,$$

其中$abc\neq 0$，说明a，b，c的几何意义.

5. 坐标满足方程

$$(ax+by+cz+d)^2-(\alpha x+\beta y+\gamma z+\delta)^2=0$$

的点的轨迹是什么？

6. 判断下列各对平面的相关位置：

(1) $2x+y-3z-1=0$与$\dfrac{x}{3}+\dfrac{y}{6}-\dfrac{z}{2}+2=0$；

(2) $x-2y+z-2=0$与$3x+y-2z-1=0$；

(3) $3x+9y-6z+2=0$与$2x+6y-4z+\dfrac{4}{3}=0$.

7. 在给定的仿射坐标系中，证明：通过点$(x_0,y_0,z_0)^{\mathrm{T}}$且与平面$Ax+By+Cz+D=0$平行的平面的方程为

$$A(x-x_0)+B(y-y_0)+C(z-z_0)=0.$$

8. 下述三个平面是否恰交于一点？

$$2x+3y-z+1=0,\quad x-2y+5z-3=0,$$
$$2x+y+z+5=0.$$

9. 证明：分别由方程

$$ax+by+cz+d=0,\quad \alpha x+\beta y+\gamma z+\delta=0,$$
$$\lambda(ax+by+cz)+\mu(\alpha x+\beta y+\gamma z)+k=0$$

给出的三个平面，当$k\neq\lambda d+\mu\delta$时，没有公共点.

10. 求经过点$M_0(1,-2,0)^{\mathrm{T}}$且经过两平面$2x-y+z-3=0$与$x+2y-z+1=0$的交线的平面方程.

11. 设平面π：$Ax+By+Cz+D=0$与连接两点$M_1(x_1,y_1,z_1)^{\mathrm{T}}$和$M_2(x_2,y_2,z_2)^{\mathrm{T}}$的线段相交于点$M$，且$\overrightarrow{M_1M}=k\,\overrightarrow{MM_2}$，证明：

$$k=-\frac{Ax_1+By_1+Cz_1+D}{Ax_2+By_2+Cz_2+D}.$$

12. 设有三个平行平面

$$\pi_i:A_ix+B_iy+C_iz+D_i=0,\quad i=1,2,3,$$

一直线l与π_1，π_2，π_3分别交于点P，Q，R，求点Q分有向线段$\overrightarrow{PR}$的比值.

§2 直角坐标系中平面的方程，点到平面的距离

2.1 直角坐标系中平面方程的系数的几何意义

确定一个平面的条件还可以是：一个点和一个与这平面垂直的非零向量. 与一个平面垂直的非零向量称为这个平面的**法向量**.

取一个直角标架$[O;\boldsymbol{e}_1,\boldsymbol{e}_2,\boldsymbol{e}_3]$. 我们来求经过点$M_0(x_0,y_0,z_0)^{\mathrm{T}}$且法向量为$\boldsymbol{n}(a,b,c)^{\mathrm{T}}$的平面$\pi$的方程(如图2.3).

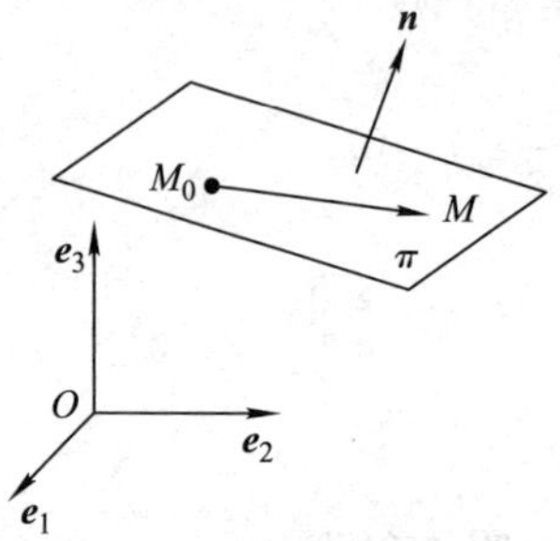

图　2.3

点 $M(x,y,z)^{\mathrm{T}}$ 在平面 π 上的充分必要条件是 $\overrightarrow{M_0M}\perp\boldsymbol{n}$，从而 $\overrightarrow{M_0M}\cdot\boldsymbol{n}=0$，于是得

$$a(x-x_0)+b(y-y_0)+c(z-z_0)=0,$$

即

$$ax+by+cz+h=0, \tag{2.1}$$

其中 $h=-(ax_0+by_0+cz_0)$. (2.1)式就是所求平面 π 的方程.

由此可见，在直角坐标系中，平面方程的一次项系数组成的列向量是这个平面的一个法向量 $\boldsymbol{n}$ 的坐标.

2.2　点到平面的距离

定理 2.1　在直角坐标系中，点 $P_1(x_1,y_1,z_1)^{\mathrm{T}}$ 到平面

$$\pi:\ Ax+By+Cz+D=0$$

的距离为

$$d=\frac{|Ax_1+By_1+Cz_1+D|}{\sqrt{A^2+B^2+C^2}}. \tag{2.2}$$

证明　作点 P_1 到平面 π 的垂线，设垂足为 $P_0(x_0,y_0,z_0)^{\mathrm{T}}$，则点 P_1 到平面 π 的距离为 $d=|\overrightarrow{P_0P_1}|$. 平面 π 的一个法向量为 $\boldsymbol{n}(A,B,C)^{\mathrm{T}}$. 因为 $\overrightarrow{P_0P_1}$ 与 $\boldsymbol{n}$ 共线，所以

$$\overrightarrow{P_0P_1}=\delta\boldsymbol{n}^0. \tag{2.3}$$

(2.3)式的两边用 $\boldsymbol{n}^0$ 作内积得

$$\begin{aligned}\delta&=\overrightarrow{P_0P_1}\cdot\boldsymbol{n}^0\\&=\frac{1}{\sqrt{A^2+B^2+C^2}}[A(x_1-x_0)+B(y_1-y_0)+C(z_1-z_0)]\\&=\frac{Ax_1+By_1+Cz_1+D}{\sqrt{A^2+B^2+C^2}},\end{aligned} \tag{2.4}$$

于是得

$$d = |\overrightarrow{P_0P_1}| = |\delta| = \frac{|Ax_1 + By_1 + Cz_1 + D|}{\sqrt{A^2 + B^2 + C^2}}.$$ □

(2.3)式中的 δ 称为点 P_1 到平面 π 的**离差**. (2.4)式给出了求离差的公式.

2.3　三元一次不等式的几何意义

取定一个直角坐标系，坐标适合方程

$$Ax + By + Cz + D = 0 \tag{2.5}$$

的点在此方程表示的平面 π 上，坐标适合不等式

$$Ax + By + Cz + D > 0 \tag{2.6}$$

的点 $P(x,y,z)^{\mathrm{T}}$ 不在平面 π 上. 设 P 到平面 π 引的垂线的垂足为 P_0，由(2.4)式和(2.3)式知，$\overrightarrow{P_0P}$ 与 $\boldsymbol{n}(A,B,C)^{\mathrm{T}}$ 同向. 因此，所有坐标适合不等式(2.6)的点都在平面 π 的同一侧($\boldsymbol{n}$ 所指的一侧). 同理，所有坐标适合不等式

$$Ax + By + Cz + D < 0 \tag{2.7}$$

的点在平面 π 的另一侧($-\boldsymbol{n}$ 所指的一侧).

由上述知，平面 π 把空间中的所有不在 π 上的点分成了两部分，第一部分点的坐标都适合不等式(2.6)，第二部分点的坐标都适合不等式(2.7). 换句话说，若 $M_1(x_1,y_1,z_1)^{\mathrm{T}}$ 和 $M_2(x_2,y_2,z_2)^{\mathrm{T}}$ 不在平面 π 上，则 M_1 与 M_2 位于平面 π 同侧的充分必要条件是

$$F_1 = Ax_1 + By_1 + Cz_1 + D \quad 与 \quad F_2 = Ax_2 + By_2 + Cz_2 + D$$

同号. 这个结论在仿射坐标系中也成立(见习题 2.2 的第 16 题).

2.4　两个平面的夹角

两个相交平面的夹角是指两个平面交成四个二面角中任一个. 易知其中两个等于两个平面的法向量 $\boldsymbol{n}_1$，$\boldsymbol{n}_2$ 的夹角 $\langle \boldsymbol{n}_1, \boldsymbol{n}_2 \rangle$，另外两个等于 $\langle \boldsymbol{n}_1, \boldsymbol{n}_2 \rangle$ 的补角. 两个平行(或重合)平面的夹角规定为它们的法向量 $\boldsymbol{n}_1$，$\boldsymbol{n}_2$ 的夹角或其补角，从而等于 0 或 π.

设在直角坐标系中，平面 π_i 的方程是

$$A_ix + B_iy + C_iz + D_i = 0, \quad i = 1,2,$$

则 π_1 与 π_2 的一个夹角 θ 满足

$$\cos\theta = \frac{\boldsymbol{n}_1 \cdot \boldsymbol{n}_2}{|\boldsymbol{n}_1||\boldsymbol{n}_2|} = \frac{A_1A_2 + B_1B_2 + C_1C_2}{\sqrt{A_1^2 + B_1^2 + C_1^2} \cdot \sqrt{A_2^2 + B_2^2 + C_2^2}},$$

从而得到两个平面 π_1 和 π_2 垂直的充分必要条件是

$$A_1A_2 + B_1B_2 + C_1C_2 = 0. \tag{2.8}$$

例 2.1 设在直角坐标系中，平面 π_1 和 π_2 的方程分别是

$$2x - y + 2z - 3 = 0 \quad 和 \quad 3x + 2y - 6z - 1 = 0,$$

求由 π_1 和 π_2 构成的二面角的角平分面方程，已知在此二面角内有点 $P_0(1,2,-3)^{\mathrm{T}}$.

解 点 $M(x,y,z)^{\mathrm{T}}$ 在所求的角平分面上的充分必要条件是，M 到 π_1 的距离 d_1 等于 M 到 π_2 的距离 d_2，并且 M 与 P_0 或者都在 π_i 的同侧($i=1,2$)，或者都在 π_i 的异侧($i=1,2$)，或者 M 在 π_1 与 π_2 的交线上. 因为 P_0 的坐标适合

$$2\times 1 - 2 + 2\times(-3) - 3 = -9 < 0,$$
$$3\times 1 + 2\times 2 - 6\times(-3) - 1 = 24 > 0,$$

所以 M 的坐标适合

$$\frac{|2x - y + 2z - 3|}{\sqrt{2^2 + (-1)^2 + 2^2}} = \frac{|3x + 2y - 6z - 1|}{\sqrt{3^2 + 2^2 + (-6)^2}},$$

并且适合

$$\begin{cases} 2x - y + 2z - 3 \leqslant 0, \\ 3x + 2y - 6z - 1 \geqslant 0 \end{cases}$$

或

$$\begin{cases} 2x - y + 2z - 3 \geqslant 0, \\ 3x + 2y - 6z - 1 \leqslant 0. \end{cases}$$

整理得 $23x - y - 4z - 24 = 0$. 这就是所求的二面角的角平分面方程.

习 题 2.2

1. 在直角坐标系中，求下列平面的方程：

(1) 经过点 $P(-1,2,0)^{\mathrm{T}}$，一个法向量为 $\boldsymbol{n}(3,1,-2)^{\mathrm{T}}$；

(2) 经过点 $M_1(3,-1,4)^{\mathrm{T}}$，$M_2(1,0,-3)^{\mathrm{T}}$，垂直于平面

$$2x + 5y + z + 1 = 0.$$

2. 证明：在右手直角坐标系中，通过点$(x_0, y_0, z_0)^{\mathrm{T}}$且与相交平面

$$A_1x + B_1y + C_1z + D_1 = 0 \quad 和 \quad A_2x + B_2y + C_2z + D_2 = 0$$

都垂直的平面的方程为

$$\begin{vmatrix} x - x_0 & A_1 & A_2 \\ y - y_0 & B_1 & B_2 \\ z - z_0 & C_1 & C_2 \end{vmatrix} = 0.$$

3. 设在右手直角坐标系中，平面 π 的方程为

$$Ax + By + Cz + D = 0,$$

其中所有系数都不为零，此平面与三根坐标轴分别交于点 M_1，M_2，M_3，求$\triangle M_1M_2M_3$ 的面积和四面体 $OM_1M_2M_3$ 的体积.

4. 在直角坐标系中，求点到平面的距离：

(1) 点$(0,2,1)^{\mathrm{T}}$，平面 $2x-3y+5z-1=0$；

(2) 点$(-1,2,4)^{\mathrm{T}}$，平面 $x-y+1=0$.

5. 在直角坐标系中，求平面

$$Ax + By + Cz + D = 0 \quad 与 \quad Ax + By + Cz + D_1 = 0$$

之间的距离.

6. 设在直角坐标系中，平面 π 的方程为 $Ax+By+D=0$，求 z 轴到平面 π 的距离.

7. 证明：在直角坐标系中，如果一个平面与三根坐标轴均相交，则三个截距倒数的平方和等于原点到此平面的距离的倒数的平方.

8. 在直角坐标系中，求与平面

$$Ax + By + Cz + D = 0$$

平行且与它的距离为 d 的平面的方程.

9. 在直角坐标系中，设平面

$$\pi_1: Ax + By + Cz + D_1 = 0 \quad 与 \quad \pi_2: Ax + By + Cz + D_2 = 0$$

平行，求与 π_1，π_2 等距离的点的轨迹.

10. 在直角坐标系中，求平面 $z=ax+by+c$ 与 Oxy 平面的夹角.

11. 给定直角坐标系，在有轴平面束

$$\lambda(A_1x+B_1y+C_1z+D_1)+\mu(A_2x+B_2y+C_2z+D_2)=0$$

中求出与平面 $Ax+By+Cz+D=0$ 垂直的平面的方程.

12. 设在直角坐标系中，平面 π_i 的方程为

$$A_ix+B_iy+C_iz+D_i=0,\quad i=1,2,$$

且 π_1 与 π_2 相交，求 π_1 与 π_2 交成的二面角的角平分面的方程.

*13. 求到两个给定平面的距离为定比的点的轨迹.

14. 证明：几何空间中满足条件 $|Ax+By+Cz+D|<d^2$ 的点分布在两个平行平面

$$Ax+By+Cz+D+d^2=0\quad 与\quad Ax+By+Cz+D-d^2=0$$

之间.

*15. 证明：几何空间中满足条件 $|x|+|y|+|z|<a\ (a>0)$ 的点位于中心在原点，顶点在坐标轴上，且顶点与中心的距离为 a 的八面体的内部.

*16. 在仿射坐标系中，设点 $M_1(x_1,y_1,z_1)^{\mathrm{T}}$，$M_2(x_2,y_2,z_2)^{\mathrm{T}}$ 都不在平面 π：$Ax+By+Cz+D=0$ 上，且 $M_1\neq M_2$，证明：M_1 与 M_2 在平面 π 的同侧的充分必要条件是

$$F_1=Ax_1+By_1+Cz_1+D\quad 与\quad F_2=Ax_2+By_2+Cz_2+D$$

同号.

§3　直线的方程，直线、平面间的相关位置

3.1　直线的方程

一个点和一个非零向量可以决定一条直线. 取一个仿射标架 $[O;\boldsymbol{d}_1,\boldsymbol{d}_2,\boldsymbol{d}_3]$，已知点 $M_0(x_0,y_0,z_0)^{\mathrm{T}}$，非零向量 $\boldsymbol{v}(X,Y,Z)^{\mathrm{T}}$，如图 2.4 所示. 现在来求经过点 M_0 且方向向量为 $\boldsymbol{v}$ 的直线 l 的方程.

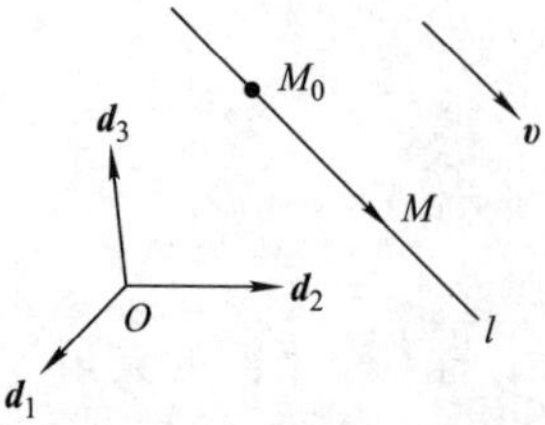

图　2.4

点 $M(x,y,z)^{\mathrm{T}}$ 在直线 l 上的充分必要条件是 $\overrightarrow{M_0M}$ 与 $\boldsymbol{v}$ 共线，即 $\overrightarrow{M_0M}=t\boldsymbol{v}$，其中

t 是实数. 设 M_0，M 的定位向量分别用 $\boldsymbol{r}_0$，$\boldsymbol{r}$ 表示，则由上式得

$$\boldsymbol{r} = \boldsymbol{r}_0 + t\boldsymbol{v}. \tag{3.1}$$

(3.1)式称为直线的**向量式参数方程**，其中 t 称为**参数**，它可以取任意实数. 参数 t 的几何意义是：点 M 在直线 l 上的仿射标架 $[M_0;\boldsymbol{v}]$ 中的坐标.

将(3.1)式用坐标写出，得

$$\begin{cases} x = x_0 + tX, \\ y = y_0 + tY, \\ z = z_0 + tZ. \end{cases} \tag{3.2}$$

(3.2)式称为直线的**参数方程**，其中参数 t 可取任意实数.

下面消去参数 t. 因为 $\boldsymbol{v} \neq \boldsymbol{0}$，不妨设 $X \neq 0$，则得

$$t = \frac{x - x_0}{X}.$$

如果 $Y \neq 0$，则得

$$\frac{x - x_0}{X} = \frac{y - y_0}{Y}; \tag{3.3}$$

如果 $Y = 0$，则得 $y - y_0 = 0$. 对于非零实数 a，由于 $0c = 0$，$\forall c \in \mathbf{R}$，因此 $0c \neq a$，$\forall c \in \mathbf{R}$，从而 $\dfrac{a}{0}$ 不存在；而 $\dfrac{0}{0}$ 可以等于任意实数 c. 于是，如果规定分母为零时就表示分子也为零，则当 $Y = 0$ 时，(3.3)式仍然成立，并且此时(3.3)式左端的 x 可以取任意实数.

同理可得

$$\frac{x - x_0}{X} = \frac{z - z_0}{Z}, \tag{3.4}$$

因而有

$$\frac{x - x_0}{X} = \frac{y - y_0}{Y} = \frac{z - z_0}{Z}. \tag{3.5}$$

(3.5)式称为直线 l 的**标准方程**(或**点向式方程**)，它实际上是两个方程(3.3)和(3.4)的联立方程组. 标准方程中的 $(X,Y,Z)^{\mathrm{T}}$ 称为直线 l 的方向系数，它是 l 的方向向量 $\boldsymbol{v}$ 的坐标. 由于对任意非零实数 k，

$\boldsymbol{kv}$ 也是 l 的方向向量，所以$(kX,kY,kZ)^{\mathrm{T}}$也是 l 的方向系数.

如果已知直线 l 上两点 $M_1(x_1,y_1,z_1)^{\mathrm{T}}$，$M_2(x_2,y_2,z_2)^{\mathrm{T}}$，则 $\overrightarrow{M_1M_2}$ 为 l 的一个方向向量，从而得 l 的方程为

$$\frac{x-x_1}{x_2-x_1}=\frac{y-y_1}{y_2-y_1}=\frac{z-z_1}{z_2-z_1}. \tag{3.6}$$

(3.6)式称为直线 l 的**两点式方程**.

任意一条直线可以看成某两个相交平面的交线. 设直线 l 是相交平面 $\boldsymbol{\pi}_1$ 和 $\boldsymbol{\pi}_2$ 的交线，$\boldsymbol{\pi}_i$ 的方程为

$$A_ix+B_iy+C_iz+D_i=0,\quad i=1,2,$$

它们的一次项系数不成比例，则

$$\begin{cases}A_1x+B_1y+C_1z+D_1=0,\\A_2x+B_2y+C_2z+D_2=0\end{cases} \tag{3.7}$$

是直线 l 的方程，称为 l 的**普通方程**.

由直线 l 的标准方程(3.5)可写出它的普通方程. 若 $X\neq0$，则(3.5)式可写成

$$\begin{cases}\dfrac{x-x_0}{X}=\dfrac{y-y_0}{Y},\\[2ex]\dfrac{x-x_0}{X}=\dfrac{z-z_0}{Z}.\end{cases} \tag{3.8}$$

(3.8)式就是 l 的普通方程，其中第一个方程表示平行于或经过 z 轴的平面，第二个方程表示平行于或经过 y 轴的平面. 对于 $X=0$，而 $Y\neq0$（或 $Z\neq0$）的情况，可类似讨论.

由直线 l 的普通方程(3.7)可写出 l 的标准方程. 先找直线 l 上的一个点 M_0. 如果

$$\begin{vmatrix}A_1 & B_1\\A_2 & B_2\end{vmatrix}\neq0,$$

则令 $z=0$. 这时去解 x，y 的一次方程组，可求得唯一的一个解 $x=x_0$，$y=y_0$. 于是 $M_0(x_0,y_0,0)^{\mathrm{T}}$ 在 l 上. 再找 l 的一个方向向量 $\boldsymbol{v}(X,Y,Z)^{\mathrm{T}}$. 因为 $\boldsymbol{v}$ 平行于 $\boldsymbol{\pi}_i(i=1,2)$，所以有

$$\begin{cases}A_1X+B_1Y+C_1Z=0,\\A_2X+B_2Y+C_2Z=0.\end{cases}$$

令

$$X=\begin{vmatrix}B_1&C_1\\B_2&C_2\end{vmatrix},\quad Y=-\begin{vmatrix}A_1&C_1\\A_2&C_2\end{vmatrix},\quad Z=\begin{vmatrix}A_1&B_1\\A_2&B_2\end{vmatrix},$$

则

$$A_iX+B_iY+C_iZ=\begin{vmatrix}A_i&B_i&C_i\\A_1&B_1&C_1\\A_2&B_2&C_2\end{vmatrix}=0,\quad i=1,2.$$

所以坐标为

$$\left(\begin{vmatrix}B_1&C_1\\B_2&C_2\end{vmatrix},-\begin{vmatrix}A_1&C_1\\A_2&C_2\end{vmatrix},\begin{vmatrix}A_1&B_1\\A_2&B_2\end{vmatrix}\right)^{\mathrm{T}} \tag{3.9}$$

的向量 $\boldsymbol{v}$ 与 $\pi_i(i=1,2)$ 平行．由于 $\boldsymbol{\pi}_1$ 与 $\boldsymbol{\pi}_2$ 方程中的一次项系数不成比例，所以(3.9)中的三个行列式不全为零(根据第一章的命题2.3)．这说明 $\boldsymbol{v}\neq\boldsymbol{0}$，于是坐标为(3.9)的向量 $\boldsymbol{v}$ 就是 l 的一个方向向量．有了 l 上的一个点 M_0 和它的一个方向向量 $\boldsymbol{v}$，就可以立即写出它的标准方程.

由于直角坐标系是特殊的仿射坐标系，所以上述一切结论在直角坐标系中都成立．利用右手直角坐标系的特殊性，由直线的普通方程写出它的标准方程时，求 l 的方向向量 $\boldsymbol{v}$ 可以更加直观：因为 $\boldsymbol{v}\perp\boldsymbol{n}_i$，其中 $\boldsymbol{n}_i$ 是 $\pi_i(i=1,2)$ 的法向量，所以可以取 $\boldsymbol{v}=\boldsymbol{n}_1\times\boldsymbol{n}_2$．由于 $\boldsymbol{n}_i$ 的坐标是 $(A_i,B_i,C_i)^{\mathrm{T}}$，所以 $\boldsymbol{v}=\boldsymbol{n}_1\times\boldsymbol{n}_2$ 的坐标就是(3.9).

3.2 两条直线的相关位置

在仿射坐标系中，设直线 l_i 经过点 $M_i(x_i,y_i,z_i)^{\mathrm{T}}$，方向向量为 $\boldsymbol{v}_i(X_i,Y_i,Z_i)^{\mathrm{T}}$，$i=1,2$.

l_1 与 l_2 平行的充分必要条件是 $\boldsymbol{v}_1$ 与 $\boldsymbol{v}_2$ 共线，但 $\overrightarrow{M_1M_2}$ 与 $\boldsymbol{v}_1$ 不共线，即存在实数 λ，使得 $\boldsymbol{v}_2=\lambda\boldsymbol{v}_1$，但对一切实数 μ，都有

$$\overrightarrow{M_1M_2}\neq\mu\boldsymbol{v}_1.$$

l_1 与 l_2 重合的充分必要条件是 $\boldsymbol{v}_1$，$\boldsymbol{v}_2$，$\overrightarrow{M_1M_2}$ 共线，即存在实数 λ，μ，使得

$$\boldsymbol{v}_2 = \lambda\boldsymbol{v}_1, \quad \overrightarrow{M_1M_2} = \mu\boldsymbol{v}_1.$$

l_1 与 l_2 相交充分必要条件是 $\overrightarrow{M_1M_2}$，$\boldsymbol{v}_1$，$\boldsymbol{v}_2$ 共面，且 $\boldsymbol{v}_1$ 与 $\boldsymbol{v}_2$ 不共线，即

$$\boldsymbol{\Delta} := \begin{vmatrix} x_2 - x_1 & X_1 & X_2 \\ y_2 - y_1 & Y_1 & Y_2 \\ z_2 - z_1 & Z_1 & Z_2 \end{vmatrix} = 0, \tag{3.10}$$

且对一切实数 λ，都有 $\boldsymbol{v}_2 \neq \lambda\boldsymbol{v}_1$.

l_1 与 l_2 异面的充分必要条件是 $\overrightarrow{M_1M_2}$，$\boldsymbol{v}_1$，$\boldsymbol{v}_2$ 不共面，即 $\boldsymbol{\Delta} \neq 0$.

3.3 直线和平面的相关位置

在仿射坐标系中，设直线 l 经过点 $M_0(x_0,y_0,z_0)^{\mathrm{T}}$，一个方向向量为 $\boldsymbol{v}(X,Y,Z)^{\mathrm{T}}$，平面 π 的方程为 $Ax+By+Cz+D=0$.

l 与 π 平行的充分必要条件是 $\boldsymbol{v}$ 与 π 平行，且 M_0 不在 π 上，即

$$AX + BY + CZ = 0, \quad 且 \quad Ax_0 + By_0 + Cz_0 + D \neq 0.$$

l 在平面 π 上的充分必要条件是 $\boldsymbol{v}$ 与 π 平行，且 M_0 在 π 上，即

$$AX + BY + CZ = 0, \quad 且 \quad Ax_0 + By_0 + Cz_0 + D = 0.$$

l 与 π 相交的充分必要条件是 $\boldsymbol{v}$ 与 π 不平行，即

$$AX + BY + CZ \neq 0.$$

此时，将 l 的参数方程

$$\begin{cases} x = x_0 + tX, \\ y = y_0 + tY, \\ z = z_0 + tZ \end{cases}$$

代入 π 的方程中，得

$$A(x_0 + tX) + B(y_0 + tY) + C(z_0 + tZ) + D = 0.$$

解得

$$t = -\frac{Ax_0 + By_0 + Cz_0 + D}{AX + BY + CZ}. \tag{3.11}$$

再代回到 l 的参数方程中，可求出 l 与 π 的交点的坐标.

3.4 例

例 3.1 设在直角坐标系中，直线 l 的点向式方程为

$$\frac{x+1}{-2}=\frac{y-1}{1}=\frac{z+2}{-3},$$

求经过 l 且平行于 z 轴的平面 π 的方程以及 l 在 Oxy 平面上的投影的方程，并且画图.

解 因为 l 的普通方程是

$$\begin{cases}\dfrac{x+1}{-2}=\dfrac{y-1}{1},\\[2mm]\dfrac{x+1}{-2}=\dfrac{z+2}{-3},\end{cases}$$

其中第一个方程表示的平面就是经过 l 且平行于 z 轴的平面，因此所求平面 π 的方程为

$$\frac{x+1}{-2}=\frac{y-1}{1},\quad 即\quad x+2y-1=0.$$

l 在 Oxy 平面上的投影 l_1 是平面 π 与 Oxy 平面的交线，所以 l_1 的方程是

$$\begin{cases}x+2y-1=0,\\ z=0.\end{cases}$$

为了画平面 π，先求出它与 x 轴的交点 $(1,0,0)^{\mathrm{T}}$ 及与 y 轴的交点 $\left(0,\dfrac{1}{2},0\right)^{\mathrm{T}}$. 为了画直线 l，先求出 l 与 Oxy 平面的交点 $\left(\dfrac{1}{3},\dfrac{1}{3},0\right)^{\mathrm{T}}$ 及与 Ozx 平面的交点 $(1,0,1)^{\mathrm{T}}$. 画出的图形如图 2.5 所示.

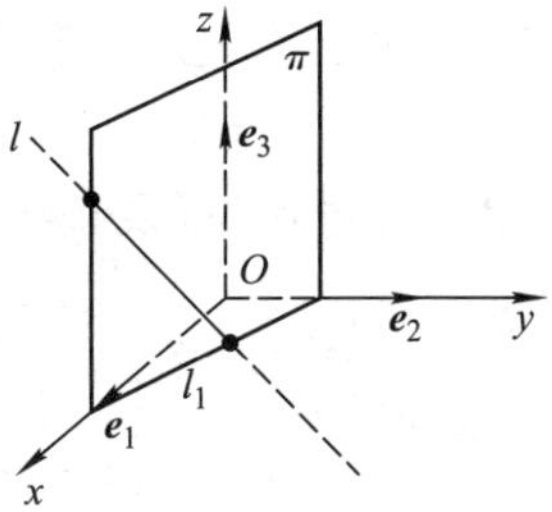

图 2.5

例 3.2 在仿射坐标系中，求经过点 $M_0(0,0,-2)^{\mathrm{T}}$，与平面

$$\pi_1:\ 3x-y+2z-1=0$$

平行，且与直线

$$l_1: \frac{x-1}{4} = \frac{y-3}{-2} = \frac{z}{1}$$

相交的直线 l 的方程.

解法一 先求 l 的一个方向向量 $\boldsymbol{v}(X,Y,Z)^{\mathrm{T}}$. 因为 l 经过点 M_0，且 l 与 l_1 相交，所以有

$$\begin{vmatrix} 1-0 & 4 & X \\ 3-0 & -2 & Y \\ 0-(-2) & 1 & Z \end{vmatrix} = 0,$$

即

$$X + Y - 2Z = 0.$$

又因为 l 与 π_1 平行，所以有

$$3X - Y + 2Z = 0.$$

联立上述两个方程解得

$$X = 0, \quad Y = 2Z.$$

令 $Z=1$，得 $Y=2$，所以 l 的方程为

$$\frac{x}{0} = \frac{y}{2} = \frac{z+2}{1}.$$

解法二 l 在经过点 M_0 且与平面 π_1 平行的平面 π_2 上，设 π_2 的方程为

$$3x - y + 2z + D = 0.$$

将 M_0 的坐标代入，求得 $D=4$，所以 π_2 的方程为

$$3x - y + 2z + 4 = 0.$$

l 又在经过点 M_0 及直线 l_1 的平面 π_3 上，π_3 的方程为

$$\begin{vmatrix} x-0 & 4 & 1-0 \\ y-0 & -2 & 3-0 \\ z-(-2) & 1 & 0-(-2) \end{vmatrix} = 0,$$

即

$$x + y - 2z - 4 = 0.$$

因为 l 是 π_2 与 π_3 的交线，所以 l 的方程为

$$\begin{cases}3x-y-2z+4=0,\\ x+y-2z-4=0.\end{cases}$$

解法三 设 l 与 l_1 的交点为 $M_2(x_2,y_2,z_2)^{\mathrm{T}}$. 因为 M_2 在 l_1 上，又 $\overrightarrow{M_0M_2}$ 与 π_1 平行，所以有

$$\begin{cases}\dfrac{x_2-1}{4}=\dfrac{y_2-3}{-2}=\dfrac{z_2}{1},\\ 3(x_2-0)-(y_2-0)+2(z_2+2)=0.\end{cases}$$

解之，得 M_2 的坐标为 $\left(0,\dfrac{7}{2},-\dfrac{1}{4}\right)^{\mathrm{T}}$，因此 l 的方程为

$$\frac{x}{0}=\frac{y}{\frac{7}{2}}=\frac{z+2}{-\frac{1}{4}+2},$$

即

$$\frac{x}{0}=\frac{y}{2}=\frac{z+2}{1}.$$

习 题 2.3

1. 在给定仿射坐标系中，求下列直线的方程：

(1) 经过点 $(-2,3,5)^{\mathrm{T}}$，方向系数为 $(-1,3,4)^{\mathrm{T}}$；

(2) 经过点 $(0,3,1)^{\mathrm{T}}$ 和 $(-1,2,7)^{\mathrm{T}}$.

2. 在给定的直角坐标系中，求下列直线的方程：

(1) 经过点 $(-1,2,9)^{\mathrm{T}}$，垂直于平面 $3x+2y-z-5=0$；

(2) 经过点 $(2,4,-1)^{\mathrm{T}}$，与三根坐标轴夹角相等.

3. 将下列直线的普通方程化成标准方程：

(1) $\begin{cases}3x-y+2=0,\\ 4y+3z+1=0;\end{cases}$ (2) $\begin{cases}y-1=0,\\ z+2=0.\end{cases}$

4. 在给定的直角坐标系中，求下列直线在 Oxy 平面上的投影，并画图：

(1) $\dfrac{x+1}{0}=\dfrac{y-2}{-1}=\dfrac{z-3}{2}$； (2) $\begin{cases}2x+3y+1=0,\\ 4x+3y+z-1=0.\end{cases}$

5. 判断下列各对直线的位置：

(1) $\dfrac{x+1}{3}=\dfrac{y-1}{3}=\dfrac{z-2}{1}$ 和 $\dfrac{x}{-1}=\dfrac{y-6}{2}=\dfrac{z+5}{3}$；

(2) $\begin{cases}x+y+z=0,\\y+z+1=0\end{cases}$ 和 $\begin{cases}x+z+1=0,\\x+y+1=0.\end{cases}$

6. 求直线与平面的交点：

(1) $\dfrac{x-1}{2}=\dfrac{y+1}{3}=\dfrac{z+2}{-1}$ 与 $3x+2y+z=0$；

(2) $\begin{cases}2x+3y+z-1=0,\\x+2y-z+2=0\end{cases}$ 与 Ozx 平面.

7. 求直线

$$l:\begin{cases}A_1x+B_1y+C_1z+D_1=0,\\A_2x+B_2y+C_2z+D_2=0\end{cases}$$

与 z 轴相交的条件.

8. 在给定的仿射坐标系中，求下列平面的方程：

(1) 经过直线 l_1，且平行于直线 l_2，其中 l_1，l_2 的方程分别是

$$\frac{x-1}{2}=\frac{y}{1}=\frac{z}{-1},\quad \frac{x}{2}=\frac{y}{1}=\frac{z+1}{-2};$$

(2) 经过直线

$$l_1:\begin{cases}2x-y-2z+1=0,\\x+y+4z-2=0,\end{cases}$$

且在 y 轴和 z 轴上有相同的非零截距；

(3) 经过两平面

$$\pi_1: 4x-y+3z-1=0 \quad 和 \quad \pi_2: x+5y-z+2=0$$

的交线，且经过点 $(1,1,1)^{\mathrm{T}}$.

9. 在给定的直角坐标系中，求下列平面方程：

(1) 与平面 π_1: $6x-2y+3z+15=0$ 平行，且这两个平面与点 $(0,-2,-1)^{\mathrm{T}}$ 等距；

(2) 经过 z 轴，且与平面 $2x+y-\sqrt{5}z-7=0$ 交成 $60°$ 角；

(3) 经过点 $(2,0,-3)^{\mathrm{T}}$，且垂直于两平面

$$\pi_1: x-2y+4z-7=0 \quad 和 \quad \pi_2: 3x+5y-2z+1=0.$$

10. 在给定的仿射坐标系中，求下列直线的方程：

(1) 经过点 $(1,0,-1)^{\mathrm{T}}$，且平行于直线

$$l_1:\begin{cases}x+y+z=0,\\x-y=0;\end{cases}$$

(2) 经过点 $(11,9,0)^{\mathrm{T}}$，且与直线 l_1 和 l_2 均相交，其中 l_1，l_2 的方程分别是

$$\frac{x-1}{2}=\frac{y+3}{4}=\frac{z-5}{3},\quad \frac{x}{5}=\frac{y-2}{-1}=\frac{z+1}{2};$$

(3) 平行于向量 $(8,7,1)^{\mathrm{T}}$，且与直线 l_1 和 l_2 均相交，其中 l_1，l_2 的方程分别是

$$\frac{x+13}{2}=\frac{y-5}{3}=\frac{z}{1},\quad \frac{x-10}{5}=\frac{y+7}{4}=\frac{z}{1}.$$

11. 在给定的直角坐标系中，求下列直线的方程：

(1) 经过点 $(2,-1,3)^{\mathrm{T}}$，与直线

$$l_1:\frac{x-1}{-1}=\frac{y}{0}=\frac{z-2}{2}$$

相交且垂直（简称正交）；

(2) 经过点 $(4,2,-3)^{\mathrm{T}}$，平行于平面 $x+y+z-10=0$，且与直线

$$l_1:\begin{cases}x+2y-z-5=0,\\z-10=0\end{cases}$$

垂直；

(3) 从点 $(2,-3,-1)^{\mathrm{T}}$ 引向直线

$$l_1:\frac{x-1}{-2}=\frac{y+1}{-1}=\frac{z}{1}$$

的垂线；

(4) 经过点 M_0，且与直线 $\boldsymbol{r}=\boldsymbol{r}_1+t\boldsymbol{v}$ 正交.

12. 在 $\triangle ABC$ 中，设 P，Q，R 分别是直线 AB，BC，CA 上的点，且

$$\overrightarrow{AP}=\lambda\,\overrightarrow{PB},\quad \overrightarrow{BQ}=\mu\,\overrightarrow{QC},\quad \overrightarrow{CR}=\nu\,\overrightarrow{RA},$$

证明：AQ，BR，CP 共点的充分必要条件是 $\lambda\mu\nu=1$（注：若 AQ，

BR，CP 彼此平行，则也认为它们有一个公共点. 这在第七章 §1 中将详细讲).

13. 用坐标法证明切瓦定理：若三角形的三边依次被分割成

$$\lambda:\mu,\quad \nu:\lambda,\quad \mu:\nu,$$

其中 λ，μ，ν 均为正实数，则此三角形的顶点与对边分点的连线交于一点.

14. 求出直线

$$l:\begin{cases}A_1x+B_1y+C_1z+D_1=0,\\A_2x+B_2y+C_2z+D_2=0\end{cases}$$

和平面

$$\pi:Ax+By+Cz+D=0$$

平行或 l 在 π 上的条件.

*15. 证明：如果直线

$$l_1:\begin{cases}A_1x+B_1y+C_1z+D_1=0,\\A_2x+B_2y+C_2z+D_2=0\end{cases}$$

与直线

$$l_2:\begin{cases}A_3x+B_3y+C_3z+D_3=0,\\A_4x+B_4y+C_4z+D_4=0\end{cases}$$

相交，那么

$$\begin{vmatrix}A_1&B_1&C_1&D_1\\A_2&B_2&C_2&D_2\\A_3&B_3&C_3&D_3\\A_4&B_4&C_4&D_4\end{vmatrix}=0.$$

16. 证明：任何与异面直线

$$l_1:\begin{cases}A_1x+B_1y+C_1z+D_1=0,\\A_2x+B_2y+C_2z+D_2=0\end{cases}$$

和

$$l_2:\begin{cases}A_3x+B_3y+C_3z+D_3=0,\\A_4x+B_4y+C_4z+D_4=0\end{cases}$$

都相交的直线 l 的方程为

$$\begin{cases}\lambda(A_1x+B_1y+C_1z+D_1)+\mu(A_2x+B_2y+C_2z+D_2)=0,\\ \lambda'(A_3x+B_3y+C_3z+D_3)+\mu'(A_4x+B_4y+C_4z+D_4)=0,\end{cases}$$

其中 λ，μ 是不全为零的实数，λ'，μ' 也是不全为零的实数.

17. 证明：到三角形的三个顶点等距离的点的几何轨迹是一条直线.

*18. 在直角坐标系中，给定点 $A(1,0,3)^{\mathrm{T}}$ 和 $B(0,2,5)^{\mathrm{T}}$ 以及直线

$$l: \frac{x-1}{2}=\frac{y+1}{1}=\frac{z}{3},$$

设 A'，B' 分别为 A，B 在 l 上的垂足，求 $|A'B'|$ 以及 A',B' 的坐标.

*19. 在仿射坐标系中，求出经过点 $M_0(x_0,y_0,z_0)^{\mathrm{T}}$，且与平面

$$\pi_i: A_ix+B_iy+C_iz+D_i=0,\quad i=1,2$$

都平行的直线的方程.

§4 点、直线和平面之间的度量关系

本节均在右手直角坐标系中讨论.

4.1 点到直线的距离

设直线 l 经过点 M_0，方向向量为 $\boldsymbol{v}$. 由图 2.6 可看出，点 M 到直线 l 的距离 d 是以 $\overrightarrow{M_0M}$，$\boldsymbol{v}$ 为邻边的平行四边形的底边 $\boldsymbol{v}$ 上的高，因此有

$$d=\frac{|\overrightarrow{M_0M}\times\boldsymbol{v}|}{|\boldsymbol{v}|}. \qquad (4.1)$$

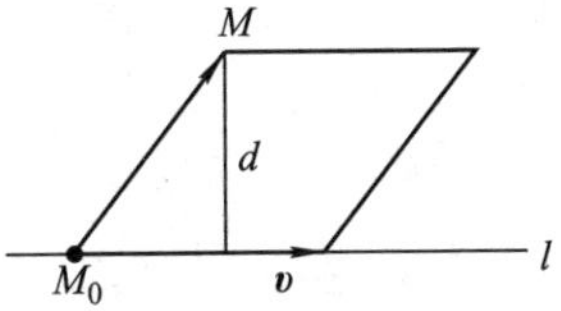

图 2.6

4.2 两条直线的距离

定义 4.1 两条直线上的点之间的最短距离称为**这两条直线的距离**.

如果 $l_1/\!/l_2$，则 l_1 上的一个点到 l_2 的距离就是 l_1 与 l_2 的距离；

如果 l_1 与 l_2 相交或重合，则 l_1 与 l_2 的距离为零.

下设 l_1 与 l_2 异面，l_i 经过点 M_i，方向向量为 $\boldsymbol{v}_i(i=1,2)$，且 $\boldsymbol{v}_1$ 与 $\boldsymbol{v}_2$ 不共线，$M_1 \neq M_2$.

定义 4.2　分别与两条异面直线 l_1，l_2 垂直相交(即正交)的直线 l 称为 l_1 与 l_2 的**公垂线**，两垂足的连线段称为**公垂线段**.

命题 4.1　两条异面直线 l_1 与 l_2 的公垂线存在且唯一.

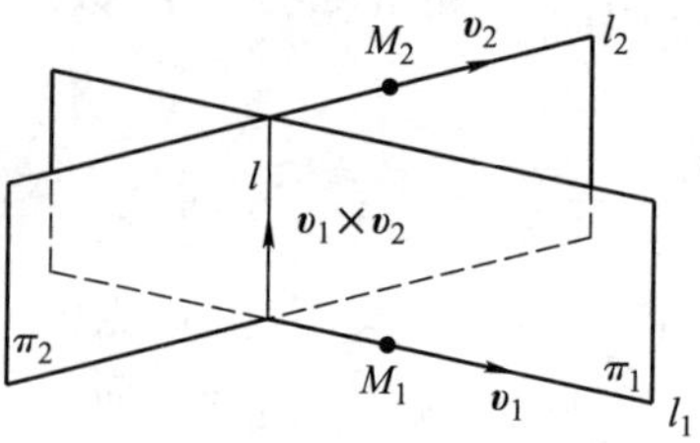

图　2.7

证明　存在性　因为 $\boldsymbol{v}_1$ 与 $\boldsymbol{v}_2$ 不共线，所以 $\boldsymbol{v}_1$ 与 $\boldsymbol{v}_1\times\boldsymbol{v}_2$ 不共线. 于是 M_1，$\boldsymbol{v}_1$，$\boldsymbol{v}_1\times\boldsymbol{v}_2$ 决定一个平面 $\boldsymbol{\pi}_1$. 同理，M_2，$\boldsymbol{v}_2$，$\boldsymbol{v}_1\times\boldsymbol{v}_2$ 决定一个平面 $\boldsymbol{\pi}_2$. 因为 $\boldsymbol{v}_1$ 与 $\boldsymbol{v}_2$ 不共线，根据习题 1.5 第 11 题，$\boldsymbol{v}_1\times(\boldsymbol{v}_1\times\boldsymbol{v}_2)$ 与 $\boldsymbol{v}_2\times(\boldsymbol{v}_1\times\boldsymbol{v}_2)$不共线，而它们分别是 $\boldsymbol{\pi}_1$ 和 $\boldsymbol{\pi}_2$ 的法向量，于是 $\boldsymbol{\pi}_1$ 与 $\boldsymbol{\pi}_2$ 必相交，设交线为 l (如图 2.7). l 的方向向量为

$$[\boldsymbol{v}_1\times(\boldsymbol{v}_1\times\boldsymbol{v}_2)]\times[\boldsymbol{v}_2\times(\boldsymbol{v}_1\times\boldsymbol{v}_2)].$$

根据习题 1.5 第 10 题，这个向量等于 $|\boldsymbol{v}_1\times\boldsymbol{v}_2|^2(\boldsymbol{v}_1\times\boldsymbol{v}_2)$，因此 $\boldsymbol{v}_1\times\boldsymbol{v}_2$ 就是 l 的一个方向向量. 由于

$$\boldsymbol{v}_1\times\boldsymbol{v}_2 \perp \boldsymbol{v}_i,\quad i=1,2,$$

所以

$$l\perp l_i,\quad i=1,2.$$

因为 l 与 l_i 都在 $\boldsymbol{\pi}_i$ 内，且 $\boldsymbol{v}_1\times\boldsymbol{v}_2$ 与 $\boldsymbol{v}_i$ 不共线，所以 l 与 l_i $(i=1,2)$ 相交. 这表明 $\boldsymbol{\pi}_1$ 与 $\boldsymbol{\pi}_2$ 的交线 l 就是 l_1 与 l_2 的公垂线.

唯一性　假如 l' 也是 l_1 与 l_2 的公垂线，则 l' 的方向向量垂直于 $\boldsymbol{v}_i$ $(i=1,2)$，从而 $\boldsymbol{v}_1\times\boldsymbol{v}_2$ 就是 l' 的一个方向向量. 因为 l' 在由 l_i 和 $\boldsymbol{v}_1\times\boldsymbol{v}_2$ 决定的平面 $\boldsymbol{\pi}_i$ $(i=1,2)$内，所以 l' 是 $\boldsymbol{\pi}_1$ 与 $\boldsymbol{\pi}_2$ 的交线. 于是 l' 与 l 重合. □

命题 4.2　两条异面直线 l_1 与 l_2 的公垂线段的长就是 l_1 与 l_2 的距离.

证明　如图 2.8 所示，设 P_1P_2 是 l_1 与 l_2 的公垂线段. 在 l_i 上任

取一点 $Q_i(i=1,2)$. 作出由 M_1，$\boldsymbol{v}_1$，$\boldsymbol{v}_2$ 决定的平面 $\boldsymbol{\pi}$，于是公垂线 $P_1P_2\perp\pi$. 由 Q_2 作 $\boldsymbol{\pi}$ 的垂线，设垂足为 N. 因为 $l_2 /\!/ \boldsymbol{\pi}$，所以 $|P_1P_2|=|Q_2N|$. 于是

$$|Q_2Q_1|\geqslant|Q_2N|=|P_1P_2|.$$

所以 $|P_1P_2|$ 是 l_1 与 l_2 上的点之间的最短距离，即 l_1 与 l_2 的距离.

□

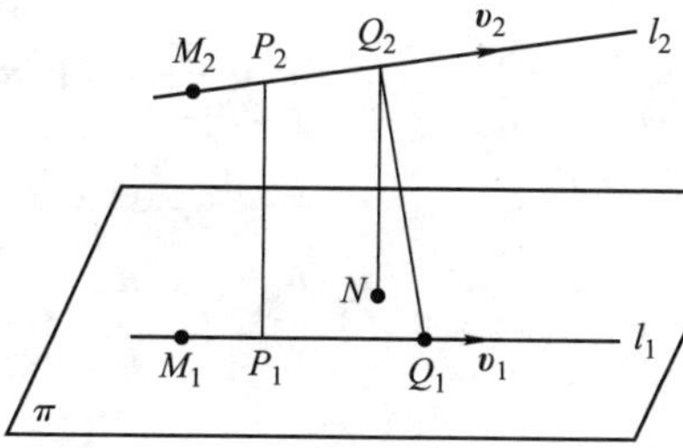

图 2.8

命题 4.3 设两条异面直线 l_1，l_2 分别经过点 M_1，M_2，方向向量分别为 $\boldsymbol{v}_1$，$\boldsymbol{v}_2$，则 l_1 与 l_2 的距离为

$$d=\frac{|\overrightarrow{M_1M_2}\cdot\boldsymbol{v}_1\times\boldsymbol{v}_2|}{|\boldsymbol{v}_1\times\boldsymbol{v}_2|}. \tag{4.2}$$

证明 设 l_1 与 l_2 的公垂线段为 P_1P_2. 因为公垂线的方向向量为 $\boldsymbol{v}_1\times\boldsymbol{v}_2$，所以 $\overrightarrow{P_1P_2}$ 与 $\boldsymbol{v}_1\times\boldsymbol{v}_2$ 共线. 记 $\boldsymbol{e}=(\boldsymbol{v}_1\times\boldsymbol{v}_2)^0$，则

$$d=|\overrightarrow{P_1P_2}|=|\overrightarrow{P_1P_2}\cdot\boldsymbol{e}|=|(\overrightarrow{P_1M_1}+\overrightarrow{M_1M_2}+\overrightarrow{M_2P_2})\cdot\boldsymbol{e}|$$

$$=|\overrightarrow{M_1M_2}\cdot\boldsymbol{e}|=\left|\overrightarrow{M_1M_2}\cdot\frac{\boldsymbol{v}_1\times\boldsymbol{v}_2}{|\boldsymbol{v}_1\times\boldsymbol{v}_2|}\right|=\frac{|\overrightarrow{M_1M_2}\cdot\boldsymbol{v}_1\times\boldsymbol{v}_2|}{|\boldsymbol{v}_1\times\boldsymbol{v}_2|}.$$ □

公式(4.2)的几何意义是：两条异面直线 l_1 与 l_2 的距离 d 等于以 $\overrightarrow{M_1M_2}$，$\boldsymbol{v}_1$，$\boldsymbol{v}_2$ 为棱的平行六面体的体积除以以 $\boldsymbol{v}_1$，$\boldsymbol{v}_2$ 为邻边的平行四边形的面积.

4.3 两条直线所成的角，直线和平面所成的角

定义 4.3 两条直线所成的角规定为它们的方向向量夹角中不大

于 $\frac{\pi}{2}$ 的那个角.

定义 4.4　直线 l 与平面 π（l 不垂直于 π）所成的角规定为 l 与它在 π 上的射影所成的角 θ. 当 $l\perp\pi$ 时，l 与 π 所成的角规定为 $\frac{\pi}{2}$.

设平面 π 的一个法向量为 $\boldsymbol{n}$，l 的一个方向向量为 $\boldsymbol{v}$，则从图 2.9 可看出

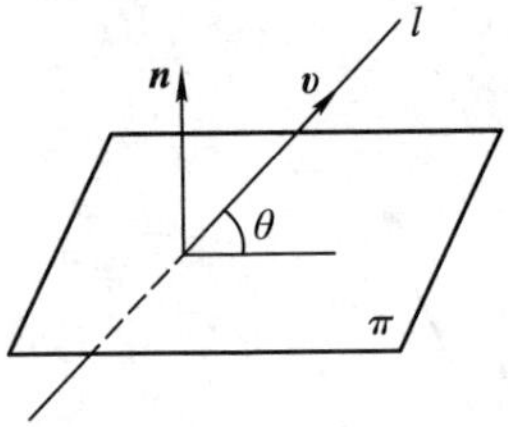

图　2.9

$$\theta=\frac{\pi}{2}-\langle\boldsymbol{v},\boldsymbol{n}\rangle$$

或

$$\theta=\langle\boldsymbol{v},\boldsymbol{n}\rangle-\frac{\pi}{2}.$$

因此

$$\sin\theta=|\cos\langle\boldsymbol{v},\boldsymbol{n}\rangle|.$$

习　题　2.4

1. 求下列点到直线的距离：

（1）点 $(-1,-3,5)^{\mathrm{T}}$ 到直线 $\frac{x-1}{2}=\frac{y-1}{3}=\frac{z+1}{-3}$；

（2）点 $(1,0,2)^{\mathrm{T}}$ 到直线 $\begin{cases}2x-y-2z+1=0,\\ x+y+4z-2=0.\end{cases}$

2. 求下列各对直线的距离：

（1）$\frac{x+1}{-1}=\frac{y-1}{3}=\frac{z+5}{2}$ 与 $\frac{x}{3}=\frac{y-6}{-9}=\frac{z+5}{-6}$；

（2）$\frac{x}{2}=\frac{y+2}{-2}=\frac{z-1}{-1}$ 与 $\frac{x-1}{4}=\frac{y-3}{2}=\frac{z+1}{-1}$；

（3）$\begin{cases}x+y-z+1=0,\\ x+y=0\end{cases}$ 与 $\begin{cases}x-2y+3z-6=0,\\ 2x-y+3z-6=0.\end{cases}$

3. 求下列各对直线的公垂线的方程：

（1）$x-1=\frac{y}{-3}=\frac{z}{3}$ 与 $\frac{x}{2}=\frac{y}{1}=\frac{z}{-2}$；

(2) $\begin{cases} x+y-1=0, \\ z=0 \end{cases}$ 与 $\begin{cases} x-z-1=0, \\ 2y+z-2=0. \end{cases}$

4. 求下列各对直线所成的角：

(1) $\dfrac{x+1}{-1}=\dfrac{y-3}{1}=\dfrac{z+4}{2}$ 与 $\dfrac{x-1}{-2}=\dfrac{y}{4}=\dfrac{z-1}{-3}$；

(2) $\begin{cases} x+y+z-1=0, \\ x+y+2z+1=0 \end{cases}$ 与 $\begin{cases} 3x+y+1=0, \\ y+3z+2=0. \end{cases}$

5. 求下列直线与平面所成的角.

(1) 直线 $\dfrac{x-1}{2}=\dfrac{y}{1}=\dfrac{z+1}{-1}$ 与平面 $x-2y+4z-1=0$；

(2) 直线 $\begin{cases} x-y-z+2=0, \\ 2x-3y+3=0 \end{cases}$ 与平面 $2x-z+1=0$.

6. 求平面 $Ax+By+Cz+D=0$ 与坐标轴所成的角. 在怎样的条件下，此平面与三根坐标轴成等角？

7. 设异面直线 l_1，l_2 的方程分别为

$$\frac{x-x_1}{X_1}=\frac{y-y_1}{Y_1}=\frac{z-z_1}{Z_1},\quad \frac{x-x_2}{X_2}=\frac{y-y_2}{Y_2}=\frac{z-z_2}{Z_2},$$

求与 l_1，l_2 等距离的平面的方程.

8. 已知两条异面直线 l_1 和 l_2，证明：连接 l_1 上任一点和 l_2 上任一点的线段的中点轨迹是公垂线段的垂直平分面.

9. 在给定的直角坐标系中，点 P 不在坐标平面上，从点 P 到 Ozx 平面，Oxy 平面分别作垂线，垂足为 M 和 N. 设直线 OP 与平面 OMN，Oxy，Oyz，Ozx 所成的角分别为 θ，α，β，γ，证明：

$$\csc^2\theta=\csc^2\alpha+\csc^2\beta+\csc^2\gamma.$$

第三章　常见曲面

本章将介绍一些常见曲面，一方面了解如何利用曲面的几何特性建立它的方程，另一方面熟悉如何利用方程研究曲面的几何性质. 本章的讨论均在右手直角坐标系中进行.

§1　球面和旋转面

1.1　球面的普通方程

我们来求球心为 $M_0(x_0,y_0,z_0)^{\mathrm{T}}$，半径为 R 的**球面**的方程. 点 $M(x,y,z)^{\mathrm{T}}$ 在这个球面上的充分必要条件是 $|\overrightarrow{M_0M}|=R$，即

$$(x-x_0)^2+(y-y_0)^2+(z-z_0)^2=R^2, \tag{1.1}$$

展开得

$$x^2+y^2+z^2+2b_1x+2b_2y+2b_3z+c=0, \tag{1.2}$$

其中 $b_1=-x_0$，$b_2=-y_0$，$b_3=-z_0$，$c=x_0^2+y_0^2+z_0^2-R^2$.

(1.1)式或(1.2)式就是所求球面的方程，它是一个三元二次方程，没有交叉项(指 xy，xz，yz 项)，平方项的系数相同. 反之，任一形如(1.2)式的方程经过配方后可写成

$$(x+b_1)^2+(y+b_2)^2+(z+b_3)^2+c-b_1^2-b_2^2-b_3^2=0.$$

当 $b_1^2+b_2^2+b_3^2>c$ 时，它表示一个球心在 $(-b_1,-b_2,-b_3)^{\mathrm{T}}$，半径为 $\sqrt{b_1^2+b_2^2+b_3^2-c}$ 的球面；当 $b_1^2+b_2^2+b_3^2=c$ 时，它表示一个点 $(-b_1,-b_2,-b_3)^{\mathrm{T}}$；当 $b_1^2+b_2^2+b_3^2<c$ 时，它没有轨迹(或者说它表示一个虚球面).

1.2　球面的参数方程，点的球面坐标

如果球心在原点，半径为 R，在球面上任取一点 $M(x,y,z)^{\mathrm{T}}$，从

M 作 Oxy 平面的垂线，垂足为 N，连接 OM，ON，设 x 轴的正半轴到 $\overrightarrow{ON}$ 的角度为 φ，$\overrightarrow{ON}$ 到 $\overrightarrow{OM}$ 的角度为 θ（M 在 Oxy 平面上方时，θ 为正的，反之为负的），如图 3.1 所示，则有

$$\begin{cases} x = R\cos\theta\cos\varphi, \\ y = R\cos\theta\sin\varphi, \quad -\dfrac{\pi}{2} \leqslant \theta \leqslant \dfrac{\pi}{2}, -\pi < \varphi \leqslant \pi. \\ z = R\sin\theta, \end{cases} \tag{1.3}$$

(1.3)式称为球心在原点，半径为 R 的球面的**参数方程**，它有两个参数 θ，φ，其中 θ 称为**纬度**，φ 称为**经度**. 球面上的每一个点(除去它与 z 轴的交点)对应唯一的实数对(θ,φ)，因此$(\theta,\varphi)^{\mathrm{T}}$ 称为球面上点的**曲纹坐标**.

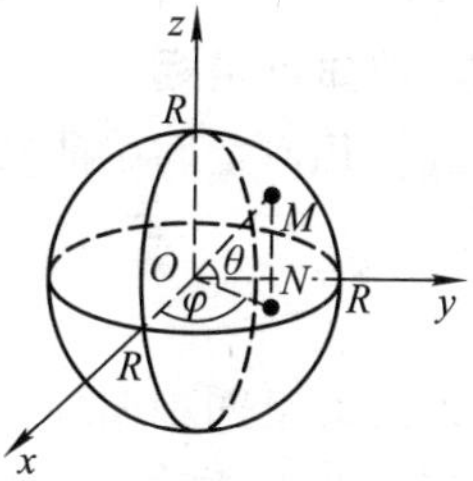

图 3.1

因为几何空间中任一点 $M(x,y,z)^{\mathrm{T}}$ 必在以原点为球心，以 $R=|\overrightarrow{OM}|$ 为半径的球面上，而球面上的点(除去它与 z 轴的交点外)又由它的曲纹坐标$(\theta,\varphi)^{\mathrm{T}}$ 唯一确定，因此，除去 z 轴外，几何空间中的点 M 由有序三元实数组(R,θ,φ)唯一确定. 我们把$(R,\theta,\varphi)^{\mathrm{T}}$ 称为几何空间中点 M 的**球面坐标**(或**空间极坐标**)，其中

$$R \geqslant 0, \quad -\frac{\pi}{2} \leqslant \theta \leqslant \frac{\pi}{2}, \quad -\pi < \varphi \leqslant \pi.$$

点 M 的球面坐标$(R,\theta,\varphi)^{\mathrm{T}}$ 与 M 的直角坐标$(x,y,z)^{\mathrm{T}}$ 的关系为

$$\begin{cases} x = R\cos\theta\cos\varphi, & R \geqslant 0, \\ y = R\cos\theta\sin\varphi, & -\dfrac{\pi}{2} \leqslant \theta \leqslant \dfrac{\pi}{2}, \\ z = R\sin\theta, & -\pi < \varphi \leqslant \pi. \end{cases} \tag{1.4}$$

1.3 曲面和曲线的普通方程、参数方程

从球面的方程(1.2)和球面的参数方程(1.3)看到，一般来说，曲面的普通方程是一个三元方程 $F(x,y,z)=0$，曲面的参数方程是含两个参数的方程：

$$\begin{cases} x = x(u,v), \\ y = y(u,v), \quad a \leqslant u \leqslant b,\ c \leqslant v \leqslant d. \\ z = z(u,v), \end{cases} \tag{1.5}$$

其中，对于(u,v)的每一对值，由方程(1.5)确定的点$(x,y,z)^{\mathrm{T}}$在此曲面上；而此曲面上任一点的坐标都可由(u,v)的某一对值通过方程(1.5)表示. 于是，通过曲面的参数方程(1.5)，曲面上的点(可能要除去个别点)便可以由数对(u,v)来确定，因此$(u,v)^{\mathrm{T}}$称为曲面上点的**曲纹坐标**.

几何空间中曲线的普通方程是两个三元方程的联立：

$$\begin{cases} F(x,y,z) = 0, \\ G(x,y,z) = 0, \end{cases}$$

即几何空间中曲线可以看成两个曲面的交线. 曲线的参数方程是含有一个参数的方程：

$$\begin{cases} x = x(t), \\ y = y(t), \quad a \leqslant t \leqslant b. \\ z = z(t), \end{cases} \tag{1.6}$$

其中，对于 t ($a \leqslant t \leqslant b$) 的每一个值，由方程(1.6)确定的点$(x,y,z)^{\mathrm{T}}$在此曲线上；而此曲线上任一点的坐标都可由 t 的某个值通过方程(1.6)表示.

例如，球面 $x^2+y^2+z^2=R^2$ 与 Oxy 平面相交所得的圆的普通方程为

$$\begin{cases} x^2+y^2+z^2 = R^2, \\ z = 0, \end{cases}$$

而这个圆的参数方程是

$$\begin{cases} x = R\cos\varphi, \\ y = R\sin\varphi \qquad -\pi < \varphi \leqslant \pi. \\ z = 0, \end{cases}$$

1.4 旋转面

球面可以看成一个半圆绕它的直径旋转一周所形成的曲面. 现

在来研究更一般的情形.

定义 1.1 一条曲线 Γ 绕一条直线 l 旋转所得的曲面称为**旋转面**, 其中 l 称为**轴**, Γ 称为**母线**.

如图 3.2 所示, 母线 Γ 上每个点 M_0 绕 l 旋转得到一个圆, 称为**纬圆**. 纬圆与轴垂直. 过 l 的半平面与旋转面的交线称为**经线**(或**子午线**). 经线可以作为母线, 但母线不一定是经线.

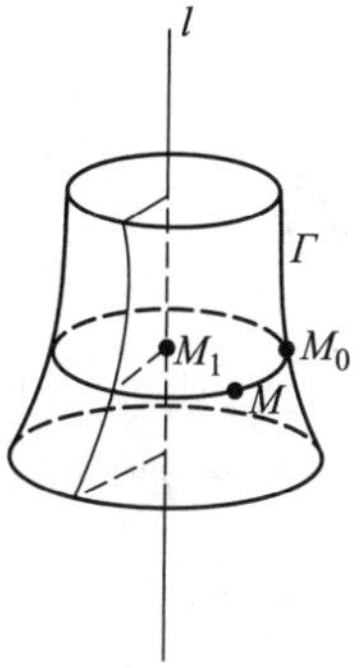

图 3.2

已知轴 l 经过点 $M_1(x_1,y_1,z_1)^{\mathrm{T}}$, 方向向量为 $\boldsymbol{v}(l,m,n)^{\mathrm{T}}$, 母线 Γ 的方程为

$$\begin{cases}F(x,y,z)=0,\\ G(x,y,z)=0.\end{cases}$$

我们来求旋转面的方程.

点 $M(x,y,z)^{\mathrm{T}}$ 在旋转面上的充分必要条件是 M 在经过母线 Γ 上某一点 $M_0(x_0,y_0,z_0)^{\mathrm{T}}$ 的纬圆上(如图 3.2), 即有母线 Γ 上的一点 M_0, 使得 M 和 M_0 到轴 l 的距离相等(或到轴上一点 M_1 的距离相等), 并且 $\overrightarrow{M_0M}\perp l$. 因此有

$$\begin{cases}F(x_0,y_0,z_0)=0,\\ G(x_0,y_0,z_0)=0,\\ |\overrightarrow{MM_1}\times\boldsymbol{v}|=|\overrightarrow{M_0M_1}\times\boldsymbol{v}|,\\ l(x-x_0)+m(y-y_0)+n(z-z_0)=0.\end{cases}$$

从这个方程组中消去参数 x_0, y_0, z_0, 就得到 x, y, z 的方程, 它就是所求旋转面的方程.

现在设旋转面的轴为 z 轴, 母线 Γ 在 Oyz 平面上, 其方程为

$$\begin{cases}f(y,z)=0,\\ x=0,\end{cases}$$

则点 $M(x,y,z)^{\mathrm{T}}$ 在旋转面上的充分必要条件是

$$\begin{cases} f(y_0, z_0) = 0, \\ x_0 = 0, \\ x^2 + y^2 = x_0^2 + y_0^2, \\ 1 \cdot (z - z_0) = 0. \end{cases}$$

消去参数 x_0，y_0，z_0，得

$$f(\pm\sqrt{x^2 + y^2}, z) = 0. \tag{1.7}$$

(1.7)式就是所求旋转面的方程. 由此看出，为了得到由 Oyz 平面上的曲线 Γ 绕 z 轴旋转所得旋转面的方程，只要将母线 Γ 在 Oyz 平面上的方程中 y 改成 $\pm\sqrt{x^2+y^2}$，z 不动. 坐标平面上的曲线绕坐标轴旋转所得旋转面的方程都有类似的规律.

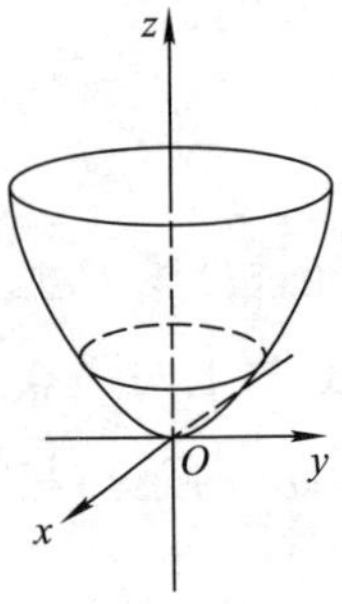

图 3.3

例 1.1 母线

$$\Gamma: \begin{cases} y^2 = 2pz, \\ x = 0, \end{cases} \quad p > 0$$

绕 z 轴旋转所得旋转面的方程为

$$x^2 + y^2 = 2pz.$$

这个曲面称为**旋转抛物面**(如图 3.3).

例 1.2 母线

$$\Gamma: \begin{cases} \dfrac{x^2}{a^2} - \dfrac{y^2}{b^2} = 1, \\ z = 0 \end{cases}$$

绕 x 轴旋转所得旋转面的方程为

$$\frac{x^2}{a^2} - \frac{y^2 + z^2}{b^2} = 1.$$

这个曲面称为**旋转双叶双曲面**(如图 3.4). Γ 绕 y 轴旋转所得旋转面的方程为

$$\frac{x^2 + z^2}{a} - \frac{y^2}{b^2} = 1.$$

这个曲面称为**旋转单叶双曲面**(如图 3.5).

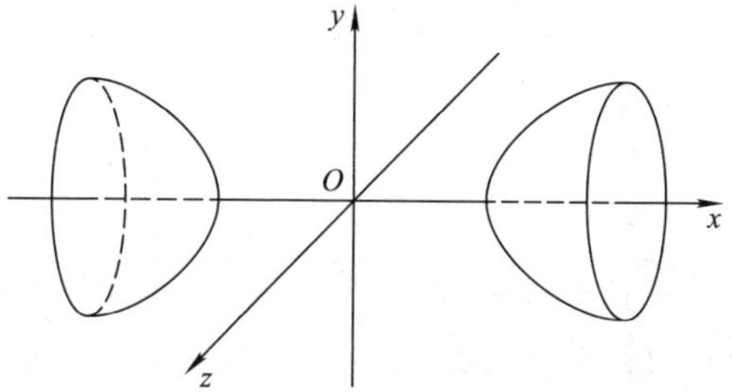

图　3.4

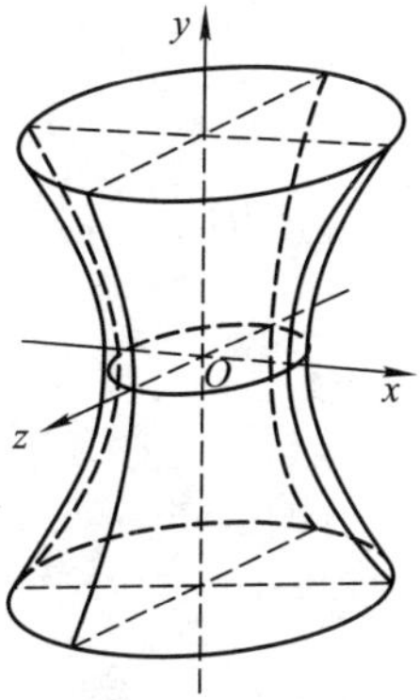

图　3.5

例 1.3　圆

$$\begin{cases}(x-a)^2+z^2=r^2,\\ y=0,\end{cases}\quad 0<r<a$$

绕 z 轴旋转所得旋转面的方程为

$$(\pm\sqrt{x^2+y^2}-a)^2+z^2=r^2,$$

即

$$(x^2+y^2+z^2+a^2-r^2)^2=4a^2(x^2+y^2).$$

这个曲面称为**环面**(如图 3.6).

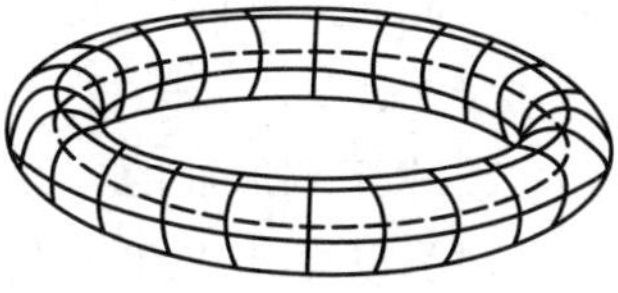

图　3.6

例 1.4　设 l_1 和 l_2 是两条异面直线，它们不垂直，求 l_2 绕 l_1 旋转所得旋转面的方程.

解　设 l_1 和 l_2 的距离为 a. 以 l_1 为 z 轴，l_1 和 l_2 的公垂线为 x 轴，且让 l_2 与 x 轴的交点坐标为 $(a,0,0)^{\mathrm{T}}$，建立一个右手直角坐标系. 设 l_2 的方向向量为 $\boldsymbol{v}(l,m,n)^{\mathrm{T}}$. 因为 l_2 与 x 轴垂直，所以 $\boldsymbol{v}\cdot\boldsymbol{e}_1=0$，得 $l=0$. 因为 l_2 与 l_1 异面，所以 $\boldsymbol{v}$ 与 $\boldsymbol{e}_3$ 不共线. 于是 $m\neq0$. 因此可设 $\boldsymbol{v}$ 的坐标为 $(0,1,b)^{\mathrm{T}}$. 因为 l_1 与 l_2 不垂直，所以 $\boldsymbol{v}\cdot\boldsymbol{e}_3\neq0$. 于是 $b\neq0$. 因此 l_2 的参数方程为

$$\begin{cases} x = a, \\ y = t, \quad -\infty < t < +\infty. \\ z = bt, \end{cases}$$

点 $M(x,y,z)^{\mathrm{T}}$ 在旋转面上的充分必要条件是

$$\begin{cases} x_0 = a, \\ y_0 = t, \\ z_0 = bt, \\ x^2 + y^2 = x_0^2 + y_0^2, \\ 1 \cdot (z - z_0) = 0. \end{cases}$$

消去参数 x_0，y_0，z_0，t，得

$$x^2 + y^2 = a^2 + \frac{z^2}{b^2},$$

即

$$\frac{x^2}{a^2} + \frac{y^2}{a^2} - \frac{z^2}{a^2b^2} = 1.$$

这是一个旋转单叶双曲面.

习 题 3.1

1. 求下列球面的球心和半径：

(1) $x^2 + y^2 + z^2 - 12x + 4y - 6z = 0$;

(2) $x^2 + y^2 + z^2 - 2x + 4y - 6z - 22 = 0$.

2. 求下列球面的方程：

(1) 以点 $A(1,0,3)^{\mathrm{T}}$，$B(2,-1,4)^{\mathrm{T}}$ 的连线段为直径；

(2) 经过点 $(1,-1,1)^{\mathrm{T}}$，$(1,2,-1)^{\mathrm{T}}$，$(2,3,0)^{\mathrm{T}}$ 和坐标原点；

(3) 经过点 $(1,2,5)^{\mathrm{T}}$，与三个坐标平面相切；

(4) 经过点 $(2,-4,3)^{\mathrm{T}}$，且包含圆

$$\begin{cases} x^2 + y^2 = 5, \\ z = 0. \end{cases}$$

3. 经过球面上一点与此点所作半径相垂直的平面叫做切面. 给定球面

$$x^2+y^2+z^2+2x-4y+4z-20=0,$$

求经过该球面上一点$(2,4,2)^{\mathrm{T}}$的切面的方程.

4. 设平面 $Ax+By+Cz+D=0$ $(A>0;\ B,C,D<0)$ 与三个坐标平面组成一个四面体，求内切于这个四面体的球面的方程.

5. 求下列圆的圆心和半径:

(1) $\begin{cases} x^2+y^2+z^2-12x+4y-6z=0, \\ 2x+y+z+1=0; \end{cases}$

(2) $\begin{cases} x^2+y^2+z^2=R^2, \\ Ax+By+Cz+D=0. \end{cases}$

6. 求经过三点$(3,0,0)^{\mathrm{T}}$，$(0,2,0)^{\mathrm{T}}$，$(0,0,1)^{\mathrm{T}}$的圆的方程.

7. 证明曲线

$$\begin{cases} x=3\sin t, \\ y=4\sin t, \\ z=5\cos t \end{cases}$$

是一个圆，并求该圆的圆心及半径.

*8. 证明曲线

$$\begin{cases} x=\dfrac{t}{1+t^2+t^4}, \\ y=\dfrac{t^2}{1+t^2+t^4}, \quad -\infty<t<+\infty \\ z=\dfrac{t^3}{1+t^2+t^4}, \end{cases}$$

表示一条球面曲线，并且求它所在的球面.

9. 求下列旋转所得旋转面的方程:

(1) $\dfrac{x-1}{1}=\dfrac{y+1}{-1}=\dfrac{z-1}{2}$ 绕 $\dfrac{x}{1}=\dfrac{y}{-1}=\dfrac{z-1}{2}$ 旋转;

(2) $\dfrac{x}{2}=\dfrac{y}{1}=\dfrac{z-1}{-1}$ 绕 $\dfrac{x}{1}=\dfrac{y}{-1}=\dfrac{z-1}{2}$ 旋转;

(3) $x-1=\dfrac{y}{-3}=\dfrac{z}{3}$ 绕 z 轴旋转;

(4) $x-1=\frac{y}{-3}=\frac{z}{3}$ 绕 $\frac{x}{2}=\frac{y}{1}=\frac{z}{-2}$ 旋转；

(5) $\begin{cases} z=ax+b, \\ z=cy+d \end{cases}$ $(a,b,c,d\neq 0)$ 绕 z 轴旋转；

(6) $\begin{cases} 4x^2+9y^2=36, \\ z=0 \end{cases}$ 绕 x 轴旋转；

(7) $\begin{cases} (x-2)^2+y^2=1, \\ z=0 \end{cases}$ 绕 y 轴旋转；

(8) $\begin{cases} xy=a^2, \\ z=0 \end{cases}$ 绕这曲线的渐近线旋转；

(9) $\begin{cases} y=x^3, \\ z=0 \end{cases}$ 绕 y 轴旋转；

(10) $\begin{cases} x^2+y^2=1, \\ z=x^2 \end{cases}$ 绕 z 轴旋转.

*10. 证明 $z=\frac{1}{x^2+y^2}$ 表示一个旋转面，并且求它的母线和轴.

11. 适当选取右手直角坐标系，求下列轨迹的方程：

(1) 到两定点距离之比等于常数的点的轨迹；

(2) 到两定点距离之和等于常数的点的轨迹；

(3) 到定平面和定点等距离的点的轨迹.

§2 柱面和锥面

2.1 柱面方程的建立

定义 2.1 一条直线 l 沿着一条空间曲线 C 平行移动时所形成的曲面称为**柱面**，其中 l 称为**母线**，C 称为**准线**.

按定义，平面也是柱面.

对于一个柱面，它的准线和母线都不唯一，但母线方向唯一(除去平面外). 与每一条母线都相交的曲线均可作为准线.

设一个柱面的母线方向为 $\boldsymbol{v}(l,m,n)^{\mathrm{T}}$，准线 C 的方程为

$$\begin{cases} F(x,y,z)=0, \\ G(x,y,z)=0. \end{cases}$$

我们来求这个柱面的方程.

点 $M(x,y,z)^{\mathrm{T}}$ 在此柱面上的充分必要条件是 M 在某一条母线上，即有准线 C 上一点 $M_0(x_0,y_0,z_0)^{\mathrm{T}}$，使得 M 在经过 M_0，且方向向量为 $\boldsymbol{v}$ 的直线上(如图 3.7). 因此有

$$\begin{cases} F(x_0,y_0,z_0)=0, \\ G(x_0,y_0,z_0)=0, \\ x = x_0 + lu, \\ y = y_0 + mu, \\ z = z_0 + nu. \end{cases}$$

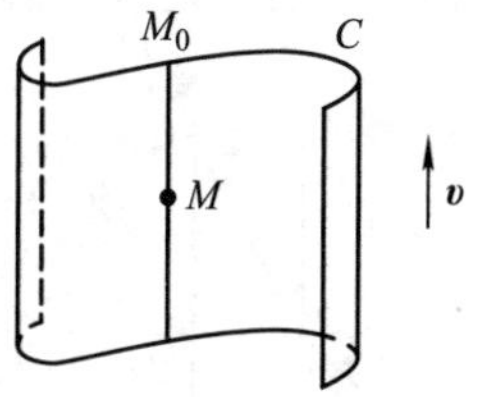

图 3.7

消去 x_0，y_0，z_0，得

$$\begin{cases} F(x-lu,y-mu,z-nu)=0, \\ G(x-lu,y-mu,z-nu)=0. \end{cases}$$

再消去参数 u，得到 x，y，z 的一个方程，它就是所求柱面的方程.

如果给的是准线 C 的参数方程

$$\begin{cases} x = f(t), \\ y = g(t), \quad a \leqslant t \leqslant b, \\ z = h(t), \end{cases} \tag{2.1}$$

则同理可得柱面的参数方程为

$$\begin{cases} x = f(t) + lu, \\ y = g(t) + mu, \\ z = h(t) + nu, \end{cases} \quad \begin{array}{l} a \leqslant t \leqslant b, \\ -\infty < u < +\infty. \end{array} \tag{2.2}$$

2.2 圆柱面，点的柱面坐标

现在来看**圆柱面**的方程. 圆柱面有一条对称轴 l，圆柱面上每一个点到轴 l 的距离都相等，这个距离称为圆柱面的**半径**. 圆柱面的准线可取成一个圆 C，它的母线方向与准线圆垂直. 如果知道准线圆的方程和母线方向，则可用 2.1 小节中所述方法求出圆柱面的方程.

如果知道圆柱面的半径为 r，母线方向为 $\boldsymbol{v}(l,m,n)^{\mathrm{T}}$，以及圆柱面的对称轴 l_0 经过点 $M_0(x_0,y_0,z_0)^{\mathrm{T}}$，则点 $M(x,y,z)^{\mathrm{T}}$ 在此圆柱面上的充分必要条件是 M 到轴 l_0 的距离等于 r，即

$$\frac{|\overrightarrow{MM_0}\times\boldsymbol{v}|}{|\boldsymbol{v}|}=r.$$

由此出发可求得圆柱面的方程. 特别地，若圆柱面的半径为 r，对称轴为 z 轴，则这个圆柱面的方程为

$$x^2+y^2=r^2. \tag{2.3}$$

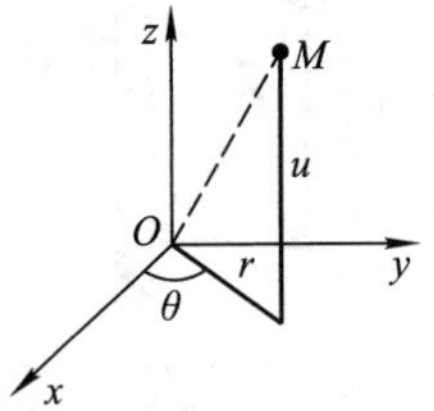

图 3.8

几何空间中任意一点 $M(x,y,z)^{\mathrm{T}}$ 必在以 $r=\sqrt{x^2+y^2}$ 为半径，z 轴为对称轴的圆柱面上. 如图 3.8 所示，显然这个圆柱面的参数方程为

$$\begin{cases}x=r\cos\theta, \\ y=r\sin\theta, \\ z=u,\end{cases}\quad \begin{array}{l}0\leqslant\theta<2\pi, \\ -\infty<u<+\infty.\end{array}$$

因此，圆柱面上的点 M 被数对 (θ,u) 所确定，从而几何空间中任一点 M 被有序三元实数组 (r,θ,u) 所确定. $(r,\theta,u)^{\mathrm{T}}$ 称为点 M 的**柱面坐标**. 点 M 的柱面坐标与它的直角坐标的关系是

$$\begin{cases}x=r\cos\theta, & r\geqslant0, \\ y=r\sin\theta, & 0\leqslant\theta<2\pi, \\ z=u, & -\infty<u<+\infty.\end{cases} \tag{2.4}$$

2.3 柱面方程的特点

从(2.3)式看到，母线平行于 z 轴的圆柱面的方程中不含 z（即 z 的系数为零）. 这个结论对于一般的柱面也成立，即我们有

定理 2.1 若一个柱面的母线平行于 z 轴(x 轴或 y 轴)，则它的方程中不含 z（x 或 y）；反之，一个三元方程如果不含 z（x 或 y），则它一定表示一个母线平行于 z 轴(x 轴或 y 轴)的柱面.

证明 设一个柱面的母线平行于 z 轴，则这个柱面的每条母线必与 Oxy 平面相交，从而这个柱面与 Oxy 平面的交线 C 可以作为准线. 设 C 的方程是

$$\begin{cases} f(x,y)=0, \\ z=0. \end{cases}$$

点 M 在此柱面上的充分必要条件是，存在准线 C 上一点 $M_0(x_0,y_0,z_0)^{\mathrm{T}}$，使得 M 在经过 M_0 且方向向量为 $\boldsymbol{v}(0,0,1)^{\mathrm{T}}$ 的直线上(如图 3.9). 因此有

$$\begin{cases} f(x_0,y_0)=0, \\ z_0=0, \\ x=x_0, \\ y=y_0, \\ z=z_0+u. \end{cases}$$

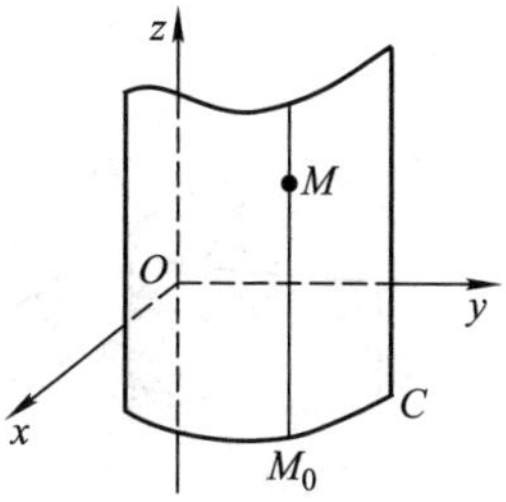

图 3.9

消去 x_0，y_0，z_0，得

$$\begin{cases} f(x,y)=0, \\ z=u. \end{cases}$$

由于参数 u 可以取任意实数值，于是得到这个柱面的方程为

$$f(x,y)=0.$$

反之，任给一个不含 z 的三元方程 $g(x,y)=0$，我们考虑以曲线

$$C':\begin{cases} g(x,y)=0, \\ z=0 \end{cases}$$

为准线，z 轴方向为母线方向的柱面. 由上述讨论知，这个柱面的方程为 $g(x,y)=0$. 因此，方程 $g(x,y)=0$ 表示一个母线平行于 z 轴的柱面.

母线平行于 x 轴和 y 轴的情形可类似讨论. □

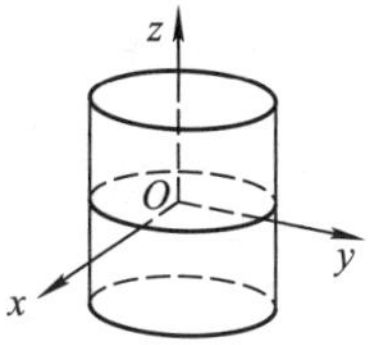

图 3.10

例如，方程 $\dfrac{x^2}{a^2}+\dfrac{y^2}{b^2}-1=0$ 表示母线平行于 z 轴的柱面，它与 Oxy 平面的交线为

$$\begin{cases} \dfrac{x^2}{a^2}+\dfrac{y^2}{b^2}=1, \\ z=0. \end{cases}$$

这条交线是椭圆，因而这个柱面称为**椭圆柱面**(如图 3.10).

类似地，方程

$$\frac{x^2}{a^2}-\frac{y^2}{b^2}+1=0,$$

$$x^2+2py=0\ (p>0)$$

分别表示母线平行于 z 轴的**双曲柱面**(如图 3.11)、**抛物柱面**(如图 3.12).

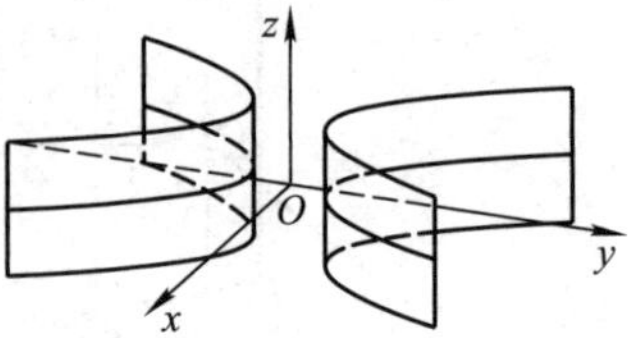

图　3.11

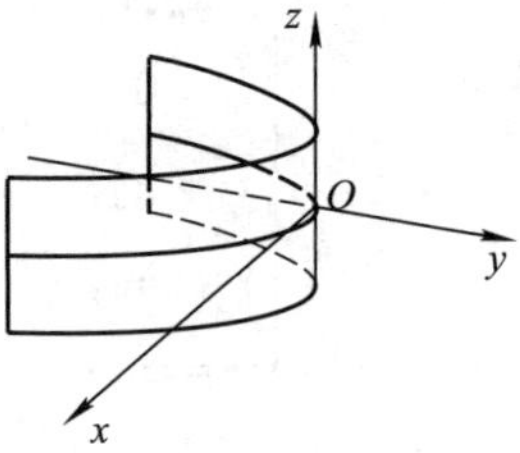

图　3.12

2.4　锥面方程的建立

定义 2.2　在空间中，由曲线 C 上的点与不在 C 上的一个定点 M_0 的连线组成的曲面称为**锥面**，其中 M_0 称为**顶点**，C 称为**准线**，C 上的点与 M_0 的连线称为**母线**(如图 3.13).

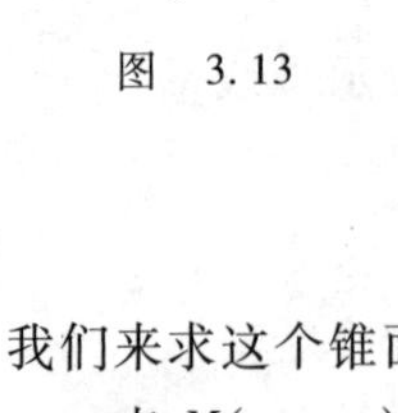

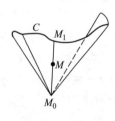

图　3.13

一个锥面的准线不唯一，锥面上与每一条母线都相交的曲线均可作为准线.

设一个锥面的顶点为 $M_0(x_0,y_0,z_0)^{\mathrm{T}}$，准线 C 的方程为

$$\begin{cases}F(x,y,z)=0,\\G(x,y,z)=0.\end{cases}$$

我们来求这个锥面的方程.

点 $M(x,y,z)^{\mathrm{T}}(M\neq M_0)$ 在此锥面上的充分必要条件是 M 在一条母线上，即准线上存在一点 $M_1(x_1,y_1,z_1)^{\mathrm{T}}$，使得 M_1 在直线 M_0M 上(如图 3.13). 因此有

$$\begin{cases}F(x_1,y_1,z_1)=0,\\G(x_1,y_1,z_1)=0,\\x_1=x_0+(x-x_0)u,\\y_1=y_0+(y-y_0)u,\\z_1=z_0+(z-z_0)u.\end{cases}$$

消去 x_1，y_1，z_1，得

$$\begin{cases}F(x_0+(x-x_0)u,y_0+(y-y_0)u,z_0+(z-z_0)u)=0,\\G(x_0+(x-x_0)u,y_0+(y-y_0)u,z_0+(z-z_0)u)=0.\end{cases}$$

再消去 u，得到 x，y，z 的一个方程，它就是所求锥面(除去顶点)的方程.

2.5 圆锥面

对于**圆锥面**，它有一根对称轴 l，它的每一条母线与轴 l 所成的角都相等，这个角称为圆锥面的**半顶角**. 与轴 l 垂直的平面截圆锥面所得交线为圆. 如果已知准线圆方程和顶点 M_0 的坐标，则用2.4小节所述方法可求得圆锥面的方程. 如果已知顶点的坐标和轴 l 的方向向量 $\boldsymbol{v}$ 以及半顶角 α，则点 $M(x,y,z)^{\mathrm{T}}$ 在圆锥面上的充分必要条件是

$$\langle\overrightarrow{M_0M},\boldsymbol{v}\rangle=\alpha\text{ 或 }\pi-\alpha.$$

因此有

$$|\cos\langle\overrightarrow{M_0M},\boldsymbol{v}\rangle|=\cos\alpha. \tag{2.5}$$

由(2.5)式可求得圆锥面的方程.

例 2.1 求以三根坐标轴为母线的圆锥面的方程.

解 显然，这个圆锥面的顶点为原点 O. 设轴 l 的一个方向向量为 $\boldsymbol{v}$. 因为三根坐标轴为母线，所以由(2.5)式得

$$|\cos\langle\boldsymbol{e}_1,\boldsymbol{v}\rangle|=|\cos\langle\boldsymbol{e}_2,\boldsymbol{v}\rangle|=|\cos\langle\boldsymbol{e}_3,\boldsymbol{v}\rangle|.$$

因此，轴 l 的一个方向向量 $\boldsymbol{v}$ 的坐标为 $(1,1,1)^{\mathrm{T}}$ 或 $(1,1,-1)^{\mathrm{T}}$ 或 $(1,-1,1)^{\mathrm{T}}$ 或 $(1,-1,-1)^{\mathrm{T}}$. 考虑 $\boldsymbol{v}$ 的坐标为 $(1,1,1)^{\mathrm{T}}$，其余三种情形可类似讨论.

因为点 $M(x,y,z)^{\mathrm{T}}$ 在这个圆锥面上的充分必要条件是

$$|\cos\langle \overrightarrow{OM}, \boldsymbol{v}\rangle| = |\cos\langle \boldsymbol{e}_1, \boldsymbol{v}\rangle|,$$

即

$$\frac{|\overrightarrow{OM}\cdot\boldsymbol{v}|}{|\overrightarrow{OM}||\boldsymbol{v}|} = \frac{|\boldsymbol{e}_1\cdot\boldsymbol{v}|}{|\boldsymbol{v}|},$$

于是得

$$xy + yz + xz = 0. \tag{2.6}$$

这就是所求的一个圆锥面的方程.

2.6 锥面方程的特点

方程(2.6)的特点是"每一项都是二次的"，称之为二次齐次方程. 如果令 $F(x,y,z)=xy+yz+xz$，则有

$$F(tx,ty,tz) = t^2(xy+yz+xz) = t^2F(x,y,z). \tag{2.7}$$

关系式(2.7)可反映方程(2.6)是二次齐次方程的这一特点. 一般地，有

定义 2.3 $F(x,y,z)$称为 x，y，z 的 n 次**齐次函数**(n 是整数)，如果

$$F(tx,ty,tz) = t^nF(x,y,z)$$

对于定义域中的一切 x，y，z 以及任意非零实数 t 都成立. 此时，方程 $F(x,y,z)=0$ 称为 x，y，z 的 n 次**齐次方程**.

定理 2.2 x，y，z 的齐次方程表示的曲面(添上原点)一定是以原点为顶点的锥面.

证明 设 $F(x,y,z)=0$ 是 n 次齐次方程，它表示的曲面添上原点后记作 S. 在 S 上任取一点 $M_0(x_0,y_0,z_0)^{\mathrm{T}}$，$M_0$ 不是原点. 于是直线 OM_0 上任一点 $M_1\neq O$ 的坐标$(x_1,y_1,z_1)^{\mathrm{T}}$ 适合

$$\begin{cases} x_1 = x_0t, \\ y_1 = y_0t, \quad t\neq 0, \\ z_1 = z_0t, \end{cases} \tag{2.8}$$

从而有

$$F(x_1,y_1,z_1) = F(x_0t,y_0t,z_0t) = t^nF(x_0,y_0,z_0) = 0.$$

因此 M_1 在 S 上. 于是整条直线 OM_0 都在 S 上，所以 S 是由经过原

点的一些直线组成的. 这说明 S 是锥面. □

定理 2.3 在以锥面的顶点为原点的直角坐标系中，锥面的方程是 x，y，z 的齐次方程.

证明从略.

习 题 3.2

1. 求半径为 2，对称轴为 $x=\frac{y}{2}=\frac{z}{3}$ 的圆柱面的方程.

2. 设圆柱面的对称轴为

$$\begin{cases} x=t, \\ y=1+2t, \\ z=-3-2t, \end{cases}$$

且已知点 $M_1(1,-2,1)^{\mathrm{T}}$ 在这个圆柱面上，求这个圆柱面的方程.

3. 已知圆柱面的三条母线为

$$x=y=z,\quad x+1=y=z-1,\quad x-1=y+1=z,$$

求这个圆柱面的方程.

4. 求柱面的方程：

(1) 准线为

$$\begin{cases} y^2=2z, \\ x=0, \end{cases}$$

母线平行于 x 轴；

(2) 准线为

$$\begin{cases} xy=4, \\ z=0, \end{cases}$$

母线的方向向量为 $(1,-1,1)^{\mathrm{T}}$；

(3) 准线为

$$\begin{cases} x^2+y^2+z^2=1, \\ 2x^2+2y^2+z^2=2, \end{cases}$$

母线的方向向量为 $(-1,0,1)^{\mathrm{T}}$；

（4）准线为

$$\begin{cases} x = y^2 + z^2, \\ x = 2z, \end{cases}$$

母线垂直于准线所在的平面.

5. 求准线为

$$\begin{cases} \dfrac{x^2}{4} + y^2 = 1, \\ z = 0 \end{cases}$$

的圆柱面的方程. 这样的圆柱面有几个?

6. 求顶点为$(1,2,3)^{\mathrm{T}}$，轴与平面 $2x+2y-z+1=0$ 垂直，且母线与轴所成的角为 $\dfrac{\pi}{6}$ 的圆锥面的方程.

7. 求顶点为 $M_0(1,2,4)^{\mathrm{T}}$，轴与平面 $2x+2y+z=0$ 垂直，且经过点 $M_1(3,2,1)^{\mathrm{T}}$ 的圆锥面的方程.

8. 给定球面 $x^2+y^2+z^2+2x-4y+4z-20=0$，求以$(2,6,10)^{\mathrm{T}}$为顶点的切锥面的方程.

9. 求锥面的方程:

（1）顶点为$(4,0,-3)^{\mathrm{T}}$，准线为

$$\begin{cases} \dfrac{x^2}{25} + \dfrac{y^2}{9} = 1, \\ z = 0; \end{cases}$$

（2）顶点为原点，准线为

$$\begin{cases} x^2 - \dfrac{y^2}{4} = 1, \\ y = -5; \end{cases}$$

（3）顶点为原点，准线为

$$\begin{cases} x^2 + y^2 = 3, \\ x^2 + y^2 + 2z - 5 = 0; \end{cases}$$

（4）顶点为$(0,0,2R)^{\mathrm{T}}$，准线为

$$\begin{cases} x^2 + y^2 + z^2 = 2Rz, \\ ax + by + cz + d = 0. \end{cases}$$

10. 已知锥面 S 的顶点为$(2,5,4)^{\mathrm{T}}$，S 与 Oyz 平面的交线为一圆，这个圆的圆心为$(0,1,1)^{\mathrm{T}}$，半径为 2，求这个锥面的方程.

*11. 已知球面 $x^2+y^2+z^2=1$ 的外切柱面的母线垂直于平面 $x+y-2z-5=0$，求这个柱面的方程.

*12. 证明：球面的外切柱面是圆柱面.

*13. 过 x 轴和 y 轴分别作动平面，交角 α 是常数，求交线的轨迹方程，并且证明它是一个锥面.

§3 二 次 曲 面

在前面两节中，我们对几何特征很明显的球面、旋转面、柱面、锥面建立了它们的方程. 本节则对于比较简单的二次方程，从方程出发去研究图形的性质.

我们已经知道，二次方程

$$\frac{x^2}{a^2}+\frac{y^2}{b^2}-1=0,\quad \frac{x^2}{a^2}-\frac{y^2}{b^2}+1=0,\quad x^2+2py=0$$

分别表示椭圆柱面、双曲柱面和抛物柱面，而二次方程

$$\frac{x^2}{a^2}+\frac{y^2}{b^2}-\frac{z^2}{c^2}=0$$

则表示二次锥面. 现在再研究几个二次方程表示的图形.

3.1 椭球面

方程

$$\frac{x^2}{a^2}+\frac{y^2}{b^2}+\frac{z^2}{c^2}=1,\quad a,b,c>0 \tag{3.1}$$

表示的曲面称为**椭球面**. 它有下述性质：

(1) 对称性. 因为方程(3.1)中用 $-x$ 代 x，方程不变，于是若点 $P(x,y,z)^{\mathrm{T}}$ 在椭球面(3.1)上，则点 P 关于 Oyz 平面的对称点$(-x,y,z)^{\mathrm{T}}$ 也在此椭球面上，所以此椭球面关于 Oyz 平面对称. 同理，由于方程(3.1)中用 $-y$ 代 y ($-z$ 代 z)方程不变，所以此椭球面关于 Ozx 平

面(Oxy 平面)对称. 因为方程(3.1)中同时用 $-x$ 代 x，用 $-y$ 代 y，方程不变，所以图形关于 z 轴对称. 由类似的理由知，图形关于 y 轴，x 轴也对称. 因为方程(3.1)中同时用 $-x$ 代 x，$-y$ 代 y，$-z$ 代 z，方程不变，所以图形关于原点对称. 总而言之，三个坐标面都是椭球面(3.1)的对称平面，三根坐标轴都是它的对称轴，原点是它的对称中心.

(2) 范围. 由方程(3.1)立即看出

$$|x| \leqslant a, \quad |y| \leqslant b, \quad |z| \leqslant c.$$

(3) 形状. 曲面(3.1)与 Oxy 平面的交线为

$$\begin{cases} \dfrac{x^2}{a^2} + \dfrac{y^2}{b^2} = 1, \\ z = 0. \end{cases}$$

这是在 Oxy 平面上的一个椭圆. 同理可知，曲面(3.1)与 Oyz 平面(Oxz 平面)的交线也是椭圆. 椭球面的图形如图 3.14 所示.

用平行于 Oxy 平面的平面 $z=h$ 截曲面(3.1)得到的交线(称为**截口**)为

$$\begin{cases} \dfrac{x^2}{a^2} + \dfrac{y^2}{b^2} = 1 - \dfrac{h^2}{c^2}, \\ z = h. \end{cases}$$

当 $|h|<c$ 时，截口是椭圆；当 $|h|=c$ 时，截口是一个点；当 $|h|>c$ 时，无轨迹.

(4) 等高线. 把平行于 Oxy 平面的截口投影到 Oxy 平面上得到的投影线称为**等高线**(如图 3.15).

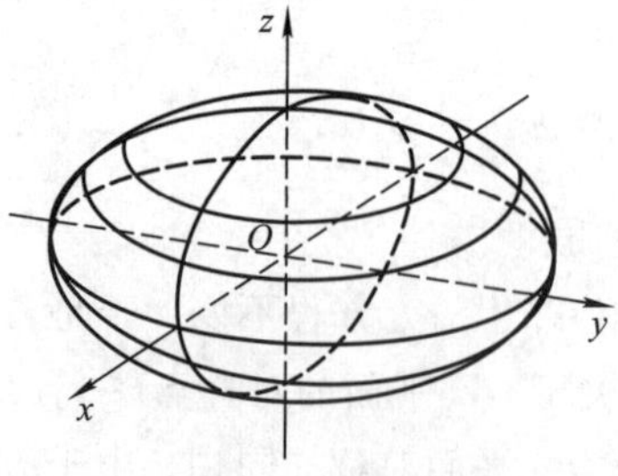

图 3.14

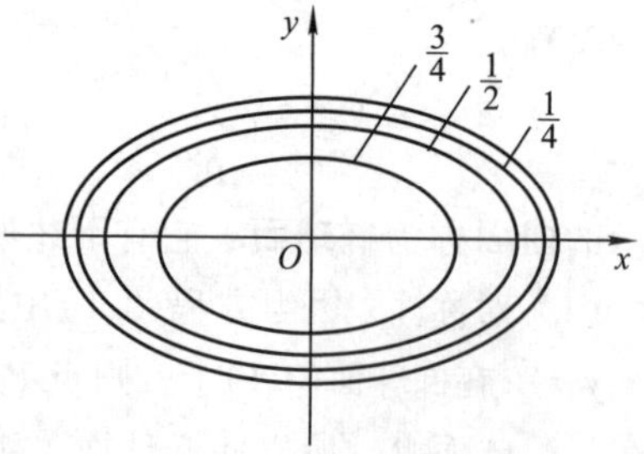

图 3.15

3.2 单叶双曲面和双叶双曲面

方程

$$\frac{x^2}{a^2}+\frac{y^2}{b^2}-\frac{z^2}{c^2}=1,\quad a,b,c>0 \tag{3.2}$$

表示的曲面称为**单叶双曲面**. 它有下述性质:

(1) 对称性. 三个坐标面都是此图形的对称平面, 三根坐标轴都是它的对称轴, 原点是它的对称中心.

(2) 范围. 由方程(3.2)得

$$\frac{x^2}{a^2}+\frac{y^2}{b^2}=1+\frac{z^2}{c^2}\geqslant 1,$$

所以此曲面的点全在柱面

$$\frac{x^2}{a^2}+\frac{y^2}{b^2}=1$$

的外部或柱面上.

(3) 形状. 此曲面与 Oxy 平面的交线为

$$\begin{cases}\dfrac{x^2}{a^2}+\dfrac{y^2}{b^2}=1,\\ z=0.\end{cases}$$

这是一个椭圆, 称为此曲面的**腰椭圆**.

此曲面与 Oxz 平面, Oyz 平面的交线分别为

$$\begin{cases}\dfrac{x^2}{a^2}-\dfrac{z^2}{c^2}=1,\\ y=0,\end{cases}\quad \begin{cases}\dfrac{y^2}{b^2}-\dfrac{z^2}{c^2}=1,\\ x=0,\end{cases}$$

它们都是双曲线.

此曲面的平行于 Oxy 平面的截口为

$$\begin{cases}\dfrac{x^2}{a^2}+\dfrac{y^2}{b^2}=1+\dfrac{h^2}{c^2},\\ z=h.\end{cases}$$

这是一个椭圆, 并且当 $|h|$ 增大时, 截口椭圆的长、短半轴

$$a' = a\sqrt{1+\frac{h^2}{c^2}},$$

$$b' = b\sqrt{1+\frac{h^2}{c^2}}$$

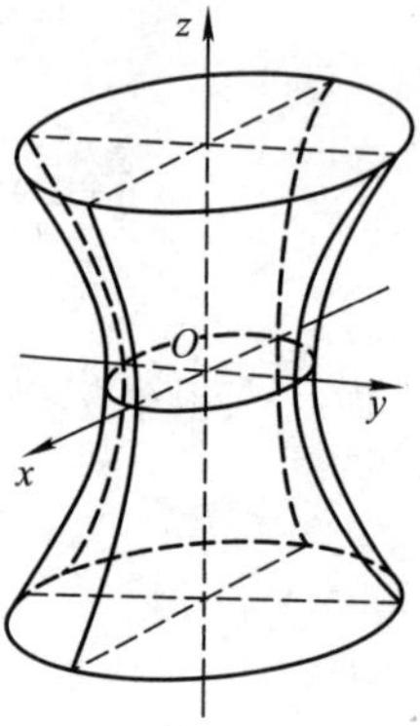

图　3.16

均增大. 单叶双曲面的图形如图 3.16 所示.

(4) 渐近锥面. 锥面

$$\frac{x^2}{a^2}+\frac{y^2}{b^2}-\frac{z^2}{c^2}=0 \tag{3.3}$$

称为单叶双曲面(3.2)的**渐近锥面**.

用平面 $z=h$ 截此锥面, 截口为椭圆

$$\begin{cases}\dfrac{x^2}{a^2}+\dfrac{y^2}{b^2}=\dfrac{h^2}{c^2},\\ z=h.\end{cases}$$

这个椭圆的长、短半轴分别为

$$a''=a\frac{|h|}{c},\quad b''=b\frac{|h|}{c}.$$

因为

$$a'-a''=a\sqrt{1+\frac{h^2}{c^2}}-a\frac{|h|}{c}=\frac{a}{\sqrt{1+\dfrac{h^2}{c^2}}+\dfrac{|h|}{c}},$$

所以 $\lim\limits_{|h|\to\infty}(a'-a'')=0$. 同理, $\lim\limits_{|h|\to\infty}(b'-b'')=0$. 这说明, 当 $|h|$ 无限增大时, 单叶双曲面的截口椭圆与它的渐近锥面的截口椭圆任意接近, 即单叶双曲面与它的渐近锥面无限地任意接近.

方程

$$\frac{x^2}{a^2}+\frac{y^2}{b^2}-\frac{z^2}{c^2}=-1,\quad a,b,c>0 \tag{3.4}$$

表示的图形称为**双叶双曲面**. 它有下述性质:

(1) 对称性. 关于坐标面、坐标轴、原点均对称.

(2) 范围. 由方程(3.4)得 $|z|\geqslant c$.

(3) 形状. 此曲面与 Oxy 平面无交点, 与 Ozx 平面, Oyz 平面的

交线分别为

$$\begin{cases}\dfrac{z^2}{c^2}-\dfrac{x^2}{a^2}=1,\\ y=0,\end{cases}\quad \begin{cases}\dfrac{z^2}{c^2}-\dfrac{y^2}{b^2}=1,\\ x=0,\end{cases}$$

它们都是双曲线. 用平面 $z=h$ ($|h|\geqslant c$)去截此曲面得到的截口为

$$\begin{cases}\dfrac{x^2}{a^2}+\dfrac{y^2}{b^2}=\dfrac{h^2}{c^2}-1,\\ z=h.\end{cases}$$

这是一个椭圆或一个点. 双叶双曲面的图形如图 3.17 所示.

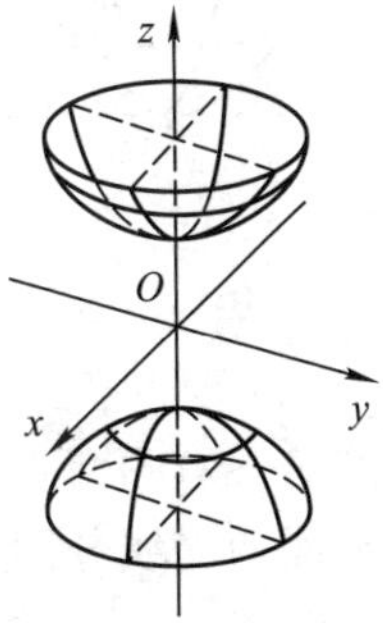

图 3.17

(4) 渐近锥面. 锥面

$$\frac{x^2}{a^2}+\frac{y^2}{b^2}-\frac{z^2}{c^2}=0$$

也是双叶双曲面(3.4)的渐近锥面.

3.3 椭圆抛物面和双曲抛物面

方程

$$\frac{x^2}{p}+\frac{y^2}{q}=2z,\quad p,q>0 \tag{3.5}$$

表示的曲面称为**椭圆抛物面**. 它有下述性质:

(1) Ozx 平面, Oyz 平面是它的对称平面; z 轴是它的对称轴.

(2) 范围. 由方程(3.5)得 $z\geqslant 0$.

(3) 形状. 它与 Ozx 平面, Oyz 平面的交线分别为

$$\begin{cases}x^2=2pz,\\ y=0,\end{cases}\quad \begin{cases}y^2=2qz,\\ x=0,\end{cases}$$

它们都是抛物线. 用平面 $z=h$ ($h\geqslant 0$)去截此曲面得到的截口为

$$\begin{cases}\dfrac{x^2}{p}+\dfrac{y^2}{q}=2h,\\ z=h.\end{cases}$$

它是一个椭圆或一个点. 椭圆抛物面的图形如图 3.18 所示.

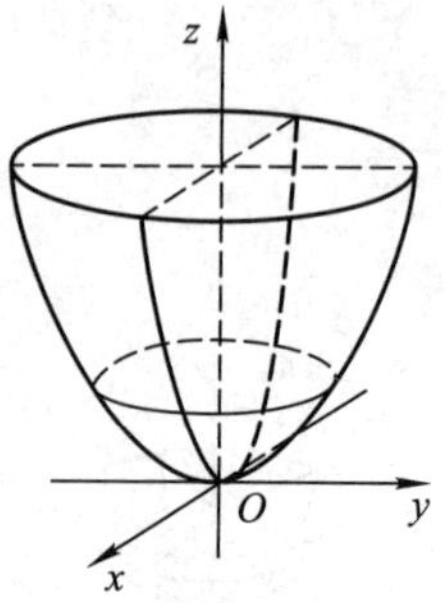

图　3.18

方程

$$\frac{x^2}{p}-\frac{y^2}{q}=2z,\quad p,q>0 \tag{3.6}$$

表示的曲面称为**双曲抛物面**(或**马鞍面**).

Ozx 平面和 Oyz 平面都是双曲抛物面(3.6)的对称平面，z 轴是它的对称轴.

双曲抛物面(3.6)与 Oxy 平面的交线为

$$\begin{cases}\dfrac{x^2}{p}-\dfrac{y^2}{q}=0,\\ z=0.\end{cases}$$

这是一对相交直线(经过原点). 双曲抛物面(3.6)与 Ozx 平面，Oyz 平面的交线分别为

$$\begin{cases}x^2=2pz,\\ y=0,\end{cases}\quad \begin{cases}y^2=-2qz,\\ x=0.\end{cases}$$

它们都是抛物线. 用平面 $z=h\ (h\neq 0)$ 去截此曲面，得到的截口为

$$\begin{cases}\dfrac{x^2}{p}-\dfrac{y^2}{q}=2h,\\ z=h.\end{cases}$$

这是双曲线，当 $h>0$ 时，实轴平行于 x 轴；当 $h<0$ 时，实轴平行于 y 轴(如图 3.19).

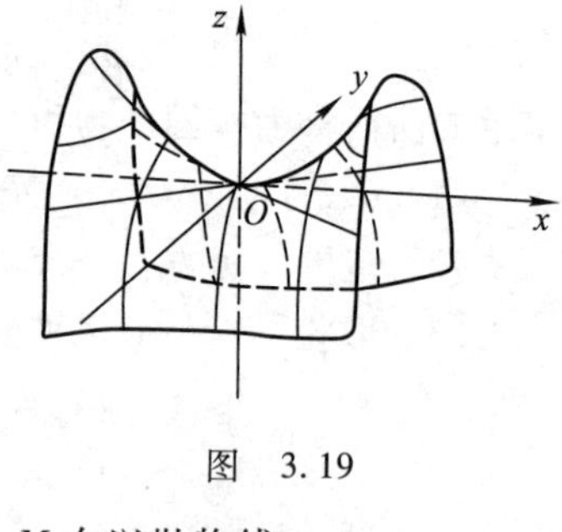

图　3.19

当平行移动抛物线 $\begin{cases}y^2=-2qz,\\ x=0,\end{cases}$ 使它的顶点沿抛物线 $\begin{cases}x^2=2pz,\\ y=0\end{cases}$ 移动时，便得到马鞍面(3.6). 这是因为，点 $M(x,y,z)^{\mathrm T}$ 在此轨迹上的充分必要条件是，M 在以抛物线

$$\begin{cases}x^2=2pz,\\ y=0\end{cases}$$

上的一个点 $M_0(x_0,y_0,z_0)^{\mathrm T}$ 为顶点且轴平行于 z 轴，形状、开口与

$$\begin{cases} y^2 = -2qz, \\ x = 0 \end{cases}$$

一样的抛物线上，即有

$$\begin{cases} x_0^2 = 2pz_0, \\ y_0 = 0, \\ y^2 = -2q(z - z_0), \\ x = x_0. \end{cases}$$

消去 x_0，y_0，z_0，得到

$$y^2 = -2q\left(z - \frac{x^2}{2p}\right),$$

即
$$\frac{x^2}{p} - \frac{y^2}{q} = 2z.$$

3.4 二次曲面的种类

到目前为止，我们学过的二次曲面有以下 17 种：

一、椭球面

（1）椭球面：$$\frac{x^2}{a^2} + \frac{y^2}{b^2} + \frac{z^2}{c^2} = 1;$$

（2）虚椭球面：$$\frac{x^2}{a^2} + \frac{y^2}{b^2} + \frac{z^2}{c^2} = -1;$$

（3）点：$$\frac{x^2}{a^2} + \frac{y^2}{b^2} + \frac{z^2}{c^2} = 0.$$

二、双曲面

（4）单叶双曲面：$$\frac{x^2}{a^2} + \frac{y^2}{b^2} - \frac{z^2}{c^2} = 1;$$

（5）双叶双曲面：$$\frac{x^2}{a^2} + \frac{y^2}{b^2} - \frac{z^2}{c^2} = -1.$$

三、抛物面

（6）椭圆抛物面：$$\frac{x^2}{p} + \frac{y^2}{q} = 2z;$$

(7) 双曲抛物面：$\frac{x^2}{p}-\frac{y^2}{q}=2z.$

四、二次锥面

(8) 二次锥面：$\frac{x^2}{a^2}+\frac{y^2}{b^2}-\frac{z^2}{c^2}=0.$

五、二次柱面

(9) 椭圆柱面：$\frac{x^2}{a^2}+\frac{y^2}{b^2}=1$；

(10) 虚椭圆柱面：$\frac{x^2}{a^2}+\frac{y^2}{b^2}=-1$；

(11) 直线：$\frac{x^2}{a^2}+\frac{y^2}{b^2}=0$；

(12) 双曲柱面：$\frac{x^2}{a^2}-\frac{y^2}{b^2}=1$；

(13) 一对相交平面：$\frac{x^2}{a^2}-\frac{y^2}{b^2}=0$；

(14) 抛物柱面：$x^2=2py$；

(15) 一对平行平面：$x^2=a^2$；

(16) 一对虚平行平面：$x^2=-a^2$；

(17) 一对重合平面：$x^2=0.$

我们可以证明二次曲面只有这 17 种，证明可参看《高等代数》(丘维声著，科学出版社，2013 年)第 506 ~ 509 页.

习 题 3.3

1. 已知椭球面的对称轴与坐标轴重合，且经过椭圆

$$\begin{cases}\frac{x^2}{9}+\frac{y^2}{16}=1,\\ z=0,\end{cases}$$

以及点 $M(1,2,\sqrt{23})^{\mathrm{T}}$，求这个椭球面的方程.

2. 已知椭圆抛物面的顶点为原点，对称平面为 Ozx 平面和 Oyz

平面，且经过点 $(1,2,5)^{\mathrm{T}}$ 和 $\left(\frac{1}{3},-1,1\right)^{\mathrm{T}}$，求这个椭圆抛物面的方程.

3. 已知马鞍面的鞍点为原点，对称平面为 Ozx 平面和 Oyz 平面，且经过点 $(1,2,0)^{\mathrm{T}}$ 和 $\left(\frac{1}{3},-1,-1\right)^{\mathrm{T}}$，求这个马鞍面的方程.

4. 求经过两条抛物线

$$\begin{cases} x^2-6y=0, \\ z=0 \end{cases} \quad 和 \quad \begin{cases} z^2+4y=0, \\ x=0 \end{cases}$$

的二次曲面的方程.

5. 给定方程

$$\frac{x^2}{a^2-k}+\frac{y^2}{b^2-k}+\frac{z^2}{c^2-k}=1,\quad a>b>c>0,$$

问：当 k 取异于 a^2，b^2，c^2 的各种实数值时，它表示怎样的曲面？

6. 适当选取坐标系，求下列轨迹的方程：

(1) 到两定点距离之差等于常数的点的轨迹；

(2) 到一定点和一定平面(定点不在定平面上)距离之比等于常数的点的轨迹；

(3) 设有一个固定平面和垂直于它的一条定直线，求到定平面与到定直线的距离相等的点的轨迹；

(4) 求与两给定直线等距离的点的轨迹，已知两直线的距离为 a，夹角为 α.

7. 设一个定点与一条二次曲线不在同一平面上，证明：以定点为顶点，这条二次曲线为准线的锥面是二次曲面.

*8. 由椭球面

$$\frac{x^2}{a^2}+\frac{y^2}{b^2}+\frac{z^2}{c^2}=1$$

的中心 O 任意引三条相互垂直的射线，与椭球面分别交于 P_1，P_2，P_3，设 $|\overrightarrow{OP_i}|=r_i\ (i=1,2,3)$，证明：

$$\frac{1}{r_1^2}+\frac{1}{r_2^2}+\frac{1}{r_3^2}=\frac{1}{a^2}+\frac{1}{b^2}+\frac{1}{c^2}.$$

*9. 证明用经过坐标轴的平面和椭球面

$$\frac{x^2}{a^2}+\frac{y^2}{b^2}+\frac{z^2}{c^2}=1,\quad a>b>c>0$$

相截时，有且仅有两条截口曲线是圆，并说明这两张截面的位置.

§4　直　纹　面

我们看到，柱面和锥面都是由直线组成的. 这样的曲面称为直纹面. 确切地说:

定义 4.1　一曲面 S 称为**直纹面**，如果存在一族直线，使得这一族中的每一条直线全在 S 上，并且 S 上的每个点都在这一族的某一条直线上. 这样一族直线称为 S 的**一族直母线**.

二次曲面中哪些是直纹面？二次柱面(9 种)和二次锥面(1 种)都是直纹面. 椭球面(3 种)不是直纹面，因为它有界. 双叶双曲面不是直纹面，因为当它由方程(3.4)给出时，平行于 Oxy 平面的直线不可能全在 S 上，与 Oxy 平面相交的直线也不会全在 S 上. 类似地可知，椭圆抛物面不是直纹面. 剩下 2 种二次曲面：单叶双曲面和双曲抛物面，我们现在来说明它们都是直纹面.

定理 4.1　单叶双曲面和双曲抛物面都是直纹面.

证明　设单叶双曲面 S 的方程是

$$\frac{x^2}{a^2}+\frac{y^2}{b^2}-\frac{z^2}{c^2}=1. \tag{4.1}$$

点 $M_0(x_0,y_0,z_0)^{\mathrm{T}}$ 在单叶双曲面 S 上的充分必要条件是

$$\frac{x_0^2}{a^2}+\frac{y_0^2}{b^2}-\frac{z_0^2}{c^2}=1.$$

移项并且分解因式，得

$$\left(\frac{x_0}{a}+\frac{z_0}{c}\right)\left(\frac{x_0}{a}-\frac{z_0}{c}\right)=\left(1+\frac{y_0}{b}\right)\left(1-\frac{y_0}{b}\right), \tag{4.2}$$

即

$$\begin{vmatrix} \frac{x_0}{a}+\frac{z_0}{c} & 1+\frac{y_0}{b} \\ 1-\frac{y_0}{b} & \frac{x_0}{a}-\frac{z_0}{c} \end{vmatrix}=0 \tag{4.3}$$

或

$$\begin{vmatrix} \frac{x_0}{a}+\frac{z_0}{c} & 1-\frac{y_0}{b} \\ 1+\frac{y_0}{b} & \frac{x_0}{a}-\frac{z_0}{c} \end{vmatrix}=0. \tag{4.4}$$

因为 $1+\frac{y_0}{b}$ 与 $1-\frac{y_0}{b}$ 不全为零，所以方程组

$$\begin{cases} \left(\frac{x_0}{a}+\frac{z_0}{c}\right)X+\left(1+\frac{y_0}{b}\right)Y=0, \\ \left(1-\frac{y_0}{b}\right)X+\left(\frac{x_0}{a}-\frac{z_0}{c}\right)Y=0 \end{cases} \tag{4.5}$$

是 X，Y 的一次齐次方程组. 由(4.3)式知，方程组(4.5)有非零解，即存在不全为零的实数 μ_0，ν_0，使得

$$\begin{cases} \mu_0\left(\frac{x_0}{a}+\frac{z_0}{c}\right)+\nu_0\left(1+\frac{y_0}{b}\right)=0, \\ \mu_0\left(1-\frac{y_0}{b}\right)+\nu_0\left(\frac{x_0}{a}-\frac{z_0}{c}\right)=0. \end{cases}$$

这表明点 M_0 在直线

$$\begin{cases} \mu_0\left(\frac{x}{a}+\frac{z}{c}\right)+\nu_0\left(1+\frac{y}{b}\right)=0, \\ \mu_0\left(1-\frac{y}{b}\right)+\nu_0\left(\frac{x}{a}-\frac{z}{c}\right)=0 \end{cases} \tag{4.6}$$

上. 现在考虑一族直线：

$$\begin{cases} \mu\left(\frac{x}{a}+\frac{z}{c}\right)+\nu\left(1+\frac{y}{b}\right)=0, \\ \mu\left(1-\frac{y}{b}\right)+\nu\left(\frac{x}{a}-\frac{z}{c}\right)=0, \end{cases} \tag{4.7}$$

其中 μ，ν 取所有不全为零的实数．若 (μ_1,ν_1) 与 (μ_2,ν_2) 成比例，则它们确定直线族(4.7)中的同一条直线；若它们不成比例，则它们确定不同的直线．所以直线族(4.7)实际上只依赖于一个参数：μ 与 ν 的比值．上面证明了：单叶双曲面 S 上的任一点 M_0 在直线族(4.7)的某一条直线(4.6)上．现在从直线族(4.7)中任取一条直线 l_1，它对应于 (μ_1,ν_1)，且在 l_1 上任取一点 $M_1(x_1,y_1,z_1)^{\mathrm{T}}$，则有

$$\begin{cases}\mu_1\left(\dfrac{x_1}{a}+\dfrac{z_1}{c}\right)+\nu_1\left(1+\dfrac{y_1}{b}\right)=0,\\[2ex] \mu_1\left(1-\dfrac{y_1}{b}\right)+\nu_1\left(\dfrac{x_1}{a}-\dfrac{z_1}{c}\right)=0.\end{cases}\tag{4.8}$$

因为 μ_1，ν_1 不全为零，所以(4.8)式说明二元一次齐次方程组

$$\begin{cases}\left(\dfrac{x_1}{a}+\dfrac{z_1}{c}\right)X+\left(1+\dfrac{y_1}{b}\right)Y=0,\\[2ex] \left(1-\dfrac{y_1}{b}\right)X+\left(\dfrac{x_1}{a}-\dfrac{z_1}{c}\right)Y=0\end{cases}\tag{4.9}$$

有非零解，从而方程组(4.9)的系数行列式等于零．于是，由本证明的开始部分知，$M_1(x_1,y_1,z_1)^{\mathrm{T}}$ 在单叶双曲面 S 上．所以，S 是直纹面，且直线族(4.7)是它的一族直母线．

类似地，用(4.4)式可得 S 的另一族直母线：

$$\begin{cases}\mu\left(\dfrac{x}{a}+\dfrac{z}{c}\right)+\nu\left(1-\dfrac{y}{b}\right)=0,\\[2ex] \mu\left(1+\dfrac{y}{b}\right)+\nu\left(\dfrac{x}{a}-\dfrac{z}{c}\right)=0,\end{cases}\tag{4.10}$$

其中 μ，ν 取所有不全为零的实数(如图 3.20)．

类似的方法可以证明双曲抛物面也是直纹面．若它的方程是

$$\frac{x^2}{p}-\frac{y^2}{q}=2z,\tag{4.11}$$

则它有两族直母线：

$$\begin{cases}\left(\dfrac{x}{\sqrt{p}}+\dfrac{y}{\sqrt{q}}\right)+2\lambda=0,\\[2ex] z+\lambda\left(\dfrac{x}{\sqrt{p}}-\dfrac{y}{\sqrt{q}}\right)=0\end{cases}\tag{4.12}$$

和

$$
\begin{cases}
\lambda\left(\dfrac{x}{\sqrt{p}}+\dfrac{y}{\sqrt{q}}\right)+z=0, \\
2\lambda+\left(\dfrac{x}{\sqrt{p}}-\dfrac{y}{\sqrt{q}}\right)=0,
\end{cases}
\tag{4.13}
$$

其中 λ 取所有实数(如图 3.21). □

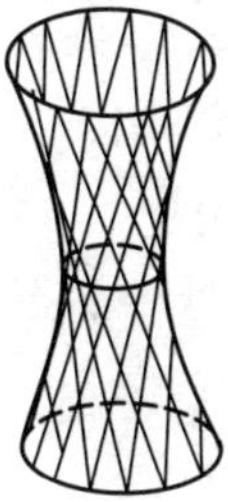

图 3.20

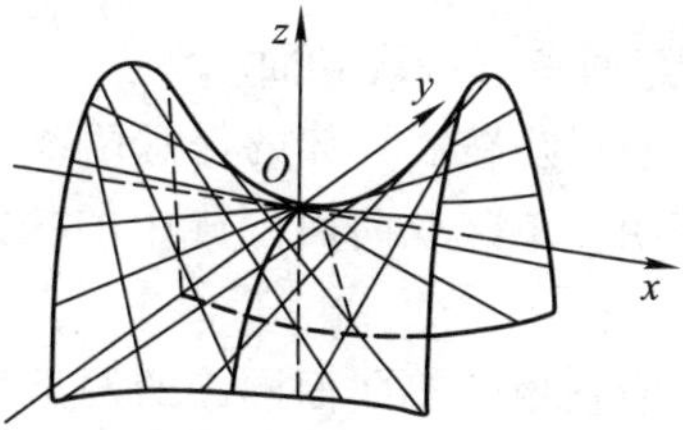

图 3.21

习 题 3.4

1. 求单叶双曲面 $\dfrac{x^2}{4}+\dfrac{y^2}{9}-\dfrac{z^2}{16}=1$ 的经过点$(2,3,-4)^{\mathrm{T}}$ 的直母线.

2. 求直线族

$$\frac{x-\lambda^2}{1}=\frac{y}{-1}=\frac{z-\lambda}{0}$$

所形成的曲面.

3. 求与下列三条直线同时共面的直线所构成的曲面:

$$l_1:\begin{cases}x=1,\\ y=z;\end{cases}\quad l_2:\begin{cases}x=-1,\\ y=-z;\end{cases}\quad l_3:\frac{x-2}{-3}=\frac{y+1}{4}=\frac{z+2}{5}.$$

4. 求所有与直线

$$l_1:\frac{x-6}{3}=\frac{y}{2}=\frac{z-1}{2}\quad 和\quad l_2:\frac{x}{3}=\frac{y-8}{2}=\frac{z+4}{-2}$$

都共面，且与平面

$$\pi:2x+3y-5=0$$

平行的直线所构成的曲面的方程.

5. 设有直线 l_1 和 l_2，它们的方程分别是

$$\begin{cases} x = \dfrac{3}{2} + 3t, \\ y = -1 + 2t, \\ z = -t, \end{cases} \qquad \begin{cases} x = 3t, \\ y = 2t, \\ z = 0, \end{cases}$$

求所有由 l_1，l_2 上有相同参数值 t 的点的连线所构成的曲面的方程.

6. 证明：马鞍面同族的所有直母线都平行于同一个平面，并且同族的任意两条直母线异面.

7. 证明：马鞍面异族的任意两条直母线必相交.

*8. 证明：单叶双曲面同族中的任意三条直母线都不平行于同一个平面.

*9. 证明：单叶双曲面同族的两条直母线异面.

*10. 证明：单叶双曲面异族的两条直母线共面.

11. 求马鞍面的正交直母线的交点轨迹.

*12. 给定单叶双曲面

$$S: \frac{x^2}{a^2} + \frac{y^2}{b^2} - \frac{z^2}{c^2} = 1, \quad a,b,c > 0,$$

求经过 S 上一点 $M_0(x_0, y_0, z_0)^{\mathrm{T}}$，沿方向 $(X,Y,Z)^{\mathrm{T}}$ 的直线是 S 的直母线的条件. 由此证明：经过 S 上每一点恰有两条直母线.

*13. 证明：单叶双曲面的每条直母线都与腰椭圆相交.

*14. 设 l_1，l_2 是异面直线，它们都与 Oxy 平面相交，证明：与 l_1，l_2 都共面，并且与 Oxy 平面平行的直线所构成的曲面是马鞍面.

*15. 设三条直线 l_1，l_2，l_3 两两异面，并且平行于同一平面，证明：与 l_1，l_2，l_3 都相交的直线所构成的曲面是马鞍面.

§5 曲面的交线，曲面所围成的区域

5.1 画空间图形常用的三种方法

在纸上画空间图形时，常用的有以下三种方法：

(1) 斜二测法(即斜二等轴测投影法). 让 z 轴垂直向上，y 轴水平向右，x 轴与 y 轴，z 轴分别成 135° 角. 规定 y 轴与 z 轴的单位长度相等，而 x 轴的单位长度为 y 轴的单位长度的一半(如图 3.22).

(2) 正等测法(即正等轴测投影法). 让 z 轴垂直向上，x 轴，y 轴，z 轴两两成 120° 角. 规定三根轴的单位长度相等(如图 3.23).

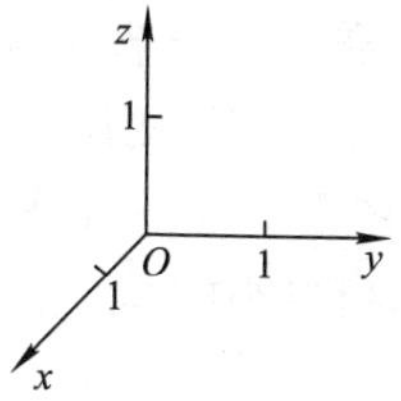

图　3.22

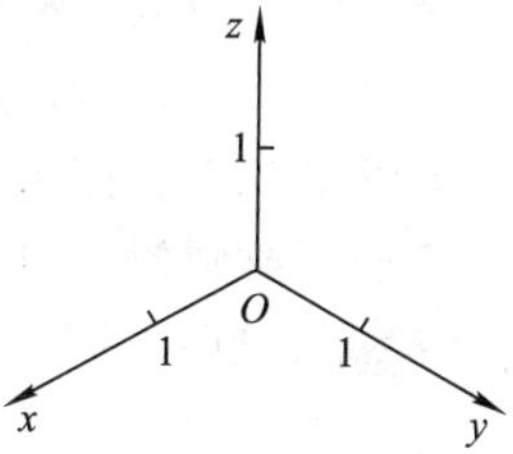

图　3.23

(3) 正二测法(即正二等轴测投影法). 让 z 轴垂直向上，x 轴与 z 轴的夹角为 $90°+\alpha$，其中 α 是锐角，且 $\tan\alpha\approx\frac{7}{8}$；$y$ 轴与 z 轴的夹角为 $90°+\beta$，其中 β 是锐角，且 $\tan\beta\approx\frac{1}{8}$. 规定 z 轴和 y 轴的单位长度相等，而 x 轴的单位长度为 y 轴的单位长度的一半(如图 3.24). 有时也让 x 轴与 z 轴夹角为 $90°+\beta$，其中 $\tan\beta\approx\frac{1}{8}$；$y$ 轴的负向与 z 轴的夹角为 $90°+\alpha$，其中 $\tan\alpha\approx\frac{7}{8}$. 此时 x 轴与 z 轴的单位长度相等，y 轴的单位长度为 z 轴的单位长度的一半(如图 3.25).

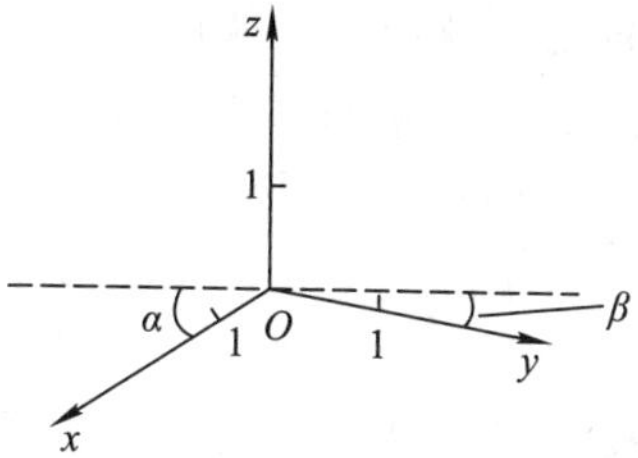

图　3.24

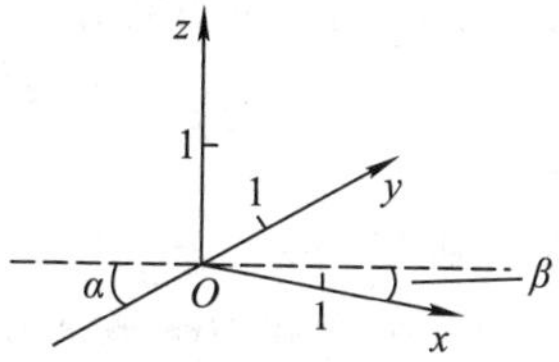

图　3.25

一般来说，采用正二测法画出的图形较逼真. 我们现在用正二测法画空间中的一个圆，它的方程是

$$\begin{cases} x^2+z^2=1, \\ y=2. \end{cases}$$

先过点 $M(0,2,0)^{\mathrm{T}}$ 分别作 z 轴和 x 轴的平行线，并截取 $ME=ME'=1$ (z 轴的单位长度)，截取 $MF=MF'=1$ (x 轴的单位长度). 过 E, E', F, F' 分别作 x 轴和 z 轴的平行线，相交成一个平行四边形 $ABCD$. 再作它的内切椭圆，使切点为 E, E', F, F'，则所画的这个内切椭圆就是我们所要画的空间中的圆，如图 3.26 所示(注：在画出直线 EE', FF' 后，也可用描点法画出我们所要画的圆).

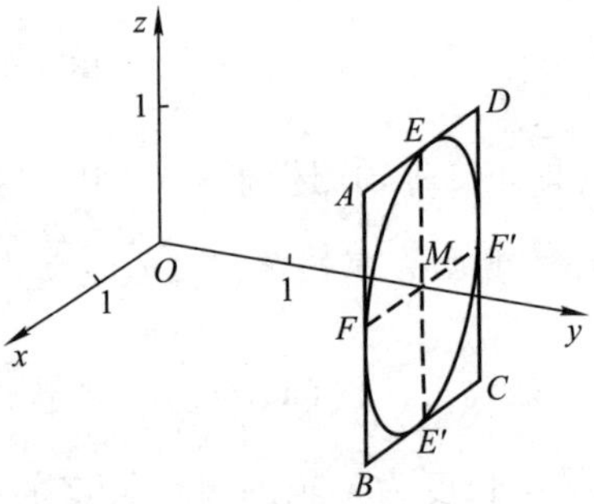

图　3.26

画空间中的椭圆的方法与上述类似. 画空间中的双曲线或抛物线时，先画出它们所在的平面(若它平行于坐标面，则类似于上述画直线 EE' 和 FF')，然后在这个平面内用描点法画出双曲线或抛物线. 我们已经会画空间中的椭圆、双曲线、抛物线，从而也就容易画出 §3 中用标准方程给出的二次曲面了. 例如，画单叶双曲面

$$\frac{x^2}{a^2}+\frac{y^2}{b^2}-\frac{z^2}{c^2}=1,$$

只要先画出用 $z=\pm c$ 截曲面所得的截口椭圆以及腰椭圆，再画出曲面与 Ozx 平面和 Oyz 平面相交所得的双曲线，最后画出必要的轮廓线就可以了(如图 3.16).

5.2 曲线在坐标平面上的投影，曲面的交线的画法

空间中任一点 M 以及它在三个坐标平面上的投影点 M_1，M_2，M_3 这四个点中，只要知道了其中两个点，就可以画出另外两个点．譬如，若知道了 M_2，M_3 两个点，则只要分别过 M_2，M_3 画出投影线(平行于相应坐标轴的直线)，它们的交点就是点 M，再过 M 画投影线(平行于 z 轴)，它与 Oxy 平面的交点就是点 M_1(如图 3.27)．

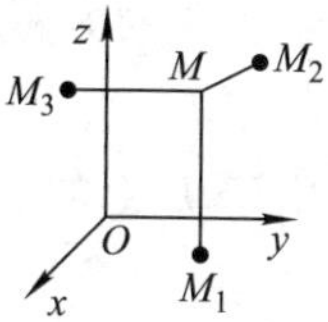

图 3.27

根据上述道理，为了画出两个曲面的交线 Γ，就只要先画出 Γ 上每个点在某两个坐标面上的投影．

曲线 Γ 上的所有点在 Oxy 平面上的投影组成的曲线称为 Γ 在 Oxy 平面上的投影．显然，曲线 Γ 在 Oxy 平面上的投影就是以 Γ 为准线、母线平行于 z 轴的柱面与 Oxy 平面的交线．这个柱面称为 Γ 沿 z 轴的**投影柱面**．类似地，可考虑 Γ 在 Ozx 平面和 Oyz 平面上的投影．

例 5.1 求曲线

$$\Gamma:\begin{cases}x^2+y^2+z^2=4, & (5.1)\\ x^2+y^2-2x=0 & (5.2)\end{cases}$$

在各坐标平面上的投影的方程，并且画出曲线 Γ 及其在各坐标面上的投影(曲线 Γ 称为维维安尼曲线)．

解 Γ 沿 z 轴的投影柱面的方程应当不含 z，且 Γ 上的点应适合这个方程，显然方程(5.2)就符合要求．但是要注意，一般说来，投影柱面可能只是柱面(5.2)的一部分，这要根据曲线 Γ 上的点的坐标有哪些限制来决定．对于本题来说，由方程(5.1)知，Γ 上的点应满足

$$|x|\leqslant 2,\quad |y|\leqslant 2,\quad |z|\leqslant 2.$$

显然满足方程(5.2)的点均满足这些要求，因此整个柱面(5.2)都是 Γ 沿 z 轴的投影柱面，从而 Γ 在 Oxy 平面上的投影的方程是

$$\begin{cases} x^2 + y^2 - 2x = 0, \\ z = 0. \end{cases} \tag{5.3}$$

为了求 Γ 沿 y 轴的投影柱面，应当从 Γ 的方程中设法得到一个不含 y 的方程. 用方程(5.1)减去方程(5.2)即得

$$z^2 + 2x = 4. \tag{5.4}$$

由于 Γ 上的点应满足 $|z| \leqslant 2$，所以 Γ 沿 y 轴的投影柱面只是柱面(5.4)中满足 $|z| \leqslant 2$ 的那一部分. 于是，Γ 在 Ozx 平面上的投影的方程是

$$\begin{cases} z^2 + 2x = 4, \\ y = 0, \end{cases} \tag{5.5}$$

其中 $|z| \leqslant 2$.

类似地，可求得 Γ 在 Oyz 平面上的投影的方程为

$$\begin{cases} 4y^2 + (z^2 - 2)^2 = 4, \\ x = 0. \end{cases} \tag{5.6}$$

Γ 在 Oxy 平面上的投影是一个圆，在 Ozx 平面上的投影是抛物线的一段，这两个投影比较好画，因此先画出 Γ 的这两个投影，然后就可画出曲线 Γ 以及它在 Oyz 平面上的投影. 由于曲线 Γ 关于 Oxy 平面对称，所以我们只画出 Oxy 平面上方的那一部分，如图 3.28 所示.

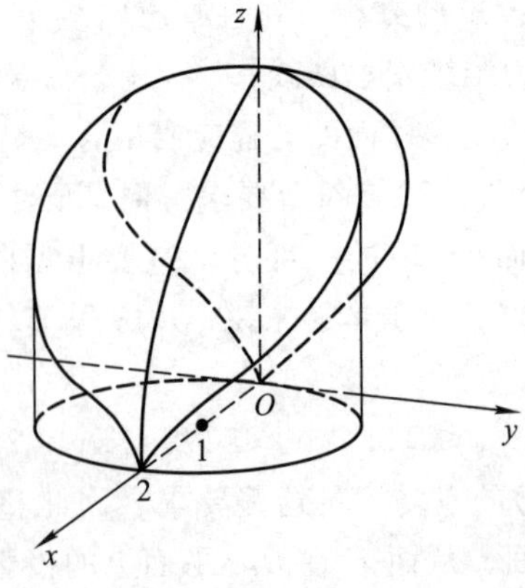

图　3.28

例 5.2 求曲线

$$\Gamma:\begin{cases}x^2+y^2-z^2=0, & (5.7)\\ 2x-z^2+3=0 & (5.8)\end{cases}$$

在 Oxy 平面和 Ozx 平面上的投影的方程，并且画出这两个投影和曲线 Γ（在 Oxy 平面上方的部分）.

解 先看 Γ 上的点的坐标有哪些限制. 从方程(5.7)得

$$|x|\leqslant|z|,\quad |y|\leqslant|z|,$$

再代入方程(5.8)中得

$$\begin{aligned}0&=2x-z^2+3\\ &\leqslant 2x-x^2+3\\ &=-(x-1)^2+4,\end{aligned}$$

于是得

$$-1\leqslant x\leqslant 3.$$

Γ 在 Oxy 平面上的投影的方程为

$$\begin{cases}(x-1)^2+y^2=4,\\ z=0;\end{cases}\tag{5.9}$$

在 Ozx 平面上的投影的方程为

$$\begin{cases}2x-z^2+3=0,\\ y=0,\end{cases}\tag{5.10}$$

其中 $-1\leqslant x\leqslant 3$. 画出的图形如图 3.29 所示.

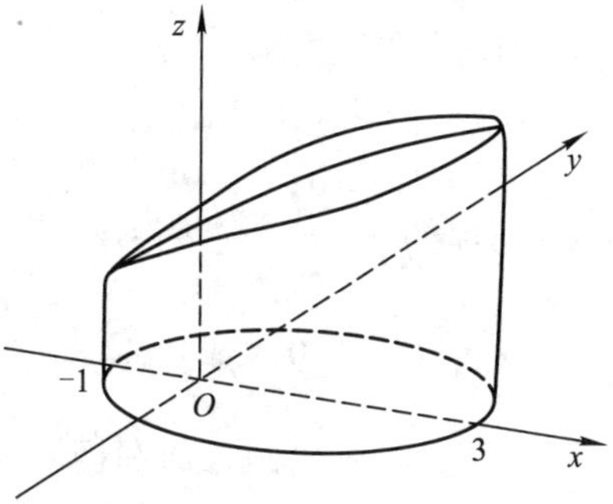

图 3.29

5.3　曲面所围成的区域的画法

几个曲面或平面所围成的空间的区域可用几个不等式联立起来表示. 如何画出这个区域呢? 关键是要画出相应曲面的交线, 随之, 所求区域就表示出来了.

例 5.3　用不等式组表示出下列曲面或平面所围成的区域, 并画图:

$$x^2+y^2=2z,$$
$$x^2+y^2=4x,$$
$$z=0.$$

解　$x^2+y^2=2z$ 是椭圆抛物面, $x^2+y^2=4x$ 是圆柱面, $z=0$ 是 Oxy 平面, 因此它们所围成的区域应当在 Oxy 平面上及其上方, 在椭圆抛物面上及其外部, 在圆柱面上及其内部. 于是这个区域可表示成

$$\begin{cases} z\geqslant 0, \\ x^2+y^2\geqslant 2z, \\ x^2+y^2\leqslant 4x. \end{cases} \tag{5.11}$$

为了画出这个区域, 关键是要画出椭圆抛物面与圆柱面的交线

$$\Gamma:\begin{cases} x^2+y^2=2z, \\ x^2+y^2=4x. \end{cases} \tag{5.12}$$

Γ 在 Oxy 平面上的投影的方程为

$$\begin{cases} x^2+y^2=4x, \\ z=0; \end{cases} \tag{5.13}$$

在 Ozx 平面上的投影的方程为

$$\begin{cases} z=2x, \\ y=0, \end{cases}\quad 0\leqslant x\leqslant 4. \tag{5.14}$$

由 Γ 的两个投影可画出 Γ, 再画出圆柱面和椭圆抛物面, 则所求的区域就画出来了(如图 3.30).

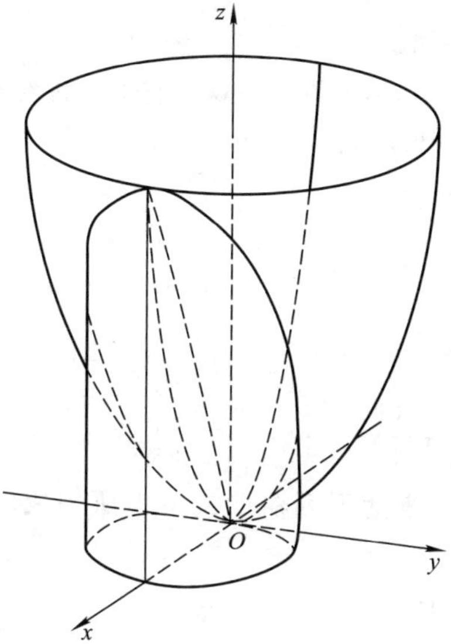

图 3.30

习 题 3.5

1. 画出下列曲面：

(1) $x^2 - y = 0$;　　(2) $4x^2 + 4y^2 - z^2 = 0$;

(3) $\frac{x^2}{4} + y^2 + z^2 = 1$;　　(4) $\frac{x^2}{4} + y^2 - z^2 = 1$;

(5) $\frac{x^2}{4} + y^2 - z^2 = -1$;　　(6) $\frac{x^2}{4} + \frac{y^2}{2} = 2z$;

(7) $\frac{x^2}{4} - \frac{y^2}{2} = 2z$.

2. 求下列曲线在 Oxy 平面和 Oyz 平面上的投影的方程，并且画出这两个投影和曲线本身：

(1) $\begin{cases} x^2 + y^2 = 4, \\ y^2 + z^2 = 1; \end{cases}$　　(2) $\begin{cases} x^2 + y^2 = 4, \\ z = 2y; \end{cases}$

(3) $\begin{cases} x^2+y^2+z^2=5, \\ x^2+y^2=4z. \end{cases}$

3. 求下列曲线在 Oxy 平面和 Ozx 平面上的投影的方程，并且画出这两个投影和曲线本身：

(1) $\begin{cases} x^2+y^2-z^2=0, \\ 2x-z^2+1=0; \end{cases}$　　(2) $\begin{cases} \dfrac{x^2}{16}+\dfrac{y^2}{12}-\dfrac{z^2}{4}=1, \\ x-z=0; \end{cases}$

(3) $\begin{cases} z=4-x^2-\dfrac{1}{4}y^2, \\ z=3x^2+\dfrac{1}{4}y^2. \end{cases}$

4. 用不等式组表达下列曲面或平面所围成的空间区域，并且画图：

(1) $x^2+y^2=16$，$z=x+4$，$z=0$；

(2) $x^2+y^2=4$，$y^2+z^2=1$；

(3) $x^2+y^2+z^2=5$，$x^2+y^2=4z$.

5. 画出下列不等式组表示的区域：

(1) $x^2+y^2\leqslant 1$，$y^2+z^2\leqslant 1$，$x\geqslant 0$，$y\geqslant 0$，$z\geqslant 0$；

(2) $x^2+y^2\geqslant 4z$，$x+y\leqslant 1$，$x\geqslant 0$，$y\geqslant 0$，$z\geqslant 0$.

第四章　坐标变换

前两章我们在选定的一个坐标系中研究平面、直线和曲面. 但是，在许多情形中，往往在事先给定的坐标系中一个图形的方程比较复杂，这时我们需要选择另一个合适的坐标系，使这个图形的方程变得比较简单. 为此，就需要研究同一个点在两个坐标系中的坐标之间的关系. 这样的关系式称为**坐标变换公式**. 本章就是研究坐标变换公式及其应用.

§1　平面的仿射坐标变换

1.1　点的仿射坐标变换公式

平面上给了两个仿射坐标系：$[O;\boldsymbol{d}_1,\boldsymbol{d}_2]$和$[O';\boldsymbol{d}_1',\boldsymbol{d}_2']$. 为方便起见，前一个称为旧坐标系，简记作Ⅰ；后一个称为新坐标系，简记作Ⅱ. 点 M(或向量 $\boldsymbol{a}$)在Ⅰ中的坐标称为它的Ⅰ坐标(或旧坐标)，在Ⅱ中的坐标称为它的Ⅱ坐标(或新坐标). 为了研究同一个点 M 的Ⅰ坐标与Ⅱ坐标的关系，首先要明确Ⅰ与Ⅱ的相对位置.

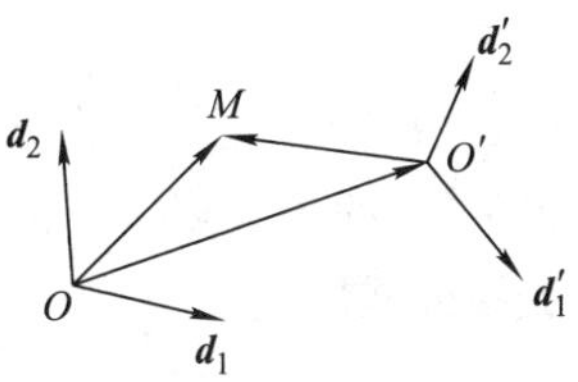

图　4.1

设Ⅱ的原点 O' 的Ⅰ坐标是$(x_0,y_0)^{\mathrm{T}}$，Ⅱ的基向量 $\boldsymbol{d}'_1,\boldsymbol{d}'_2$ 的Ⅰ坐标分别是$(a_{11},a_{21})^{\mathrm{T}}$，$(a_{12},a_{22})^{\mathrm{T}}$. 现在我们来求点 M 的Ⅰ坐标$(x,y)^{\mathrm{T}}$与它的Ⅱ坐标$(x',y')^{\mathrm{T}}$之间的关系. 如图 4.1 所示，因为

$$\overrightarrow{OM}=\overrightarrow{OO'}+\overrightarrow{O'M}=(x_0\boldsymbol{d}_1+y_0\boldsymbol{d}_2)+(x'\boldsymbol{d}_1'+y'\boldsymbol{d}_2')$$

$$= (x_0\boldsymbol{d}_1 + y_0\boldsymbol{d}_2) + x'(a_{11}\boldsymbol{d}_1 + a_{21}\boldsymbol{d}_2) + y'(a_{12}\boldsymbol{d}_1 + a_{22}\boldsymbol{d}_2)$$

$$= (a_{11}x' + a_{12}y' + x_0)\boldsymbol{d}_1 + (a_{21}x' + a_{22}y' + y_0)\boldsymbol{d}_2,$$

所以

$$\begin{cases} x = a_{11}x' + a_{12}y' + x_0, \\ y = a_{21}x' + a_{22}y' + y_0. \end{cases} \tag{1.1}$$

公式(1.1)称为平面上坐标系Ⅰ到Ⅱ的**点的仿射坐标变换公式**. 它把任意一点 M 的Ⅰ坐标 x, y 表示成它的Ⅱ坐标 x', y' 的一次多项式.

定理 1.1　平面上点的仿射坐标变换公式(1.1)中的系数行列式不等于零，即

$$\begin{vmatrix} a_{11} & a_{12} \\ a_{21} & a_{22} \end{vmatrix} \neq 0.$$

证明　假如(1.1)中系数行列式等于零，则由第一章的命题 2.1 知，$\boldsymbol{d}_1'$ 与 $\boldsymbol{d}_2'$ 共线，矛盾. 所以结论成立. □

由于公式(1.1)中系数行列式(记作 D)不等于零，因此公式(1.1)看成 x', y' 的方程组可以求得唯一解：

$$\begin{cases} x' = \dfrac{1}{D}\begin{vmatrix} x - x_0 & a_{12} \\ y - y_0 & a_{22} \end{vmatrix} = \dfrac{1}{D}(a_{22}x - a_{12}y - a_{22}x_0 + a_{12}y_0), \\ y' = \dfrac{1}{D}\begin{vmatrix} a_{11} & x - x_0 \\ a_{21} & y - y_0 \end{vmatrix} = \dfrac{1}{D}(-a_{21}x + a_{11}y + a_{21}x_0 - a_{11}y_0). \end{cases} \tag{1.2}$$

公式(1.2)是把平面上任意一点 M 的Ⅱ坐标 x', y' 表示成它的Ⅰ坐标 x, y 的一次多项式，称它是平面上坐标系Ⅱ到Ⅰ的**点的仿射坐标变换公式**.

1.2　向量的仿射坐标变换公式

现在我们来看平面上的向量 $\boldsymbol{m}$ 的Ⅰ坐标$(u,v)^{\mathrm{T}}$ 与它的Ⅱ坐标$(u',v')^{\mathrm{T}}$之间的关系. 设 $\boldsymbol{m} = \overrightarrow{M_1M_2}$，其中 M_i 的Ⅰ坐标为$(x_i,y_i)^{\mathrm{T}}$，Ⅱ坐标为$(x_i',y_i')^{\mathrm{T}}(i=1,2)$，则有

$$u = x_2 - x_1 = (a_{11}x_2' + a_{12}y_2' + x_0) - (a_{11}x_1' + a_{12}y_1' + x_0)$$

$$= a_{11}(x_2' - x_1') + a_{12}(y_2' - y_1') = a_{11}u' + a_{12}v',$$

$$v = y_2 - y_1 = (a_{21}x_2' + a_{22}y_2' + y_0) - (a_{21}x_1' + a_{22}y_1' + y_0)$$

$$= a_{21}u' + a_{22}v',$$

即

$$\begin{cases} u = a_{11}u' + a_{12}v', \\ v = a_{21}u' + a_{22}v'. \end{cases} \tag{1.3}$$

公式(1.3)称为平面上坐标系Ⅰ到Ⅱ的**向量的仿射坐标变换公式**. 它把任意一向量 $\boldsymbol{m}$ 的Ⅰ坐标 u, v 表示成它的Ⅱ坐标 u', v' 的一次齐次多项式(即没有常数项), 这是与点的坐标变换公式不同的地方. 平面上的点和向量是有本质区别的两种对象, 如果只从一个坐标系来看, 则点和向量的坐标都是有序实数对, 看不出点和向量的区别. 但是, 如果取两个仿射坐标系(它们的原点不重合), 通过坐标变换, 则点和向量的区别就明显了: 点的坐标变换公式(1.1)中有常数项, 而向量的坐标变换公式(1.3)中没有常数项.

由于公式(1.3)中的系数行列式不为零, 因此可反解出

$$\begin{cases} u' = \dfrac{1}{D}(a_{22}u - a_{12}v), \\ v' = \dfrac{1}{D}(-a_{21}u + a_{11}v). \end{cases} \tag{1.4}$$

这是平面上坐标系Ⅱ到Ⅰ的**向量的仿射坐标变换公式**. 由公式(1.4)看出, Ⅰ的基向量 $\boldsymbol{d}_1$, $\boldsymbol{d}_2$ 的Ⅱ坐标分别是

$$\left(\frac{a_{22}}{D}, -\frac{a_{21}}{D}\right)^{\mathrm{T}}, \quad \left(-\frac{a_{12}}{D}, \frac{a_{11}}{D}\right)^{\mathrm{T}}.$$

习 题 4.1

1. 对平行四边形 $ABCD$ 取仿射坐标系Ⅰ为$[A;\overrightarrow{AB},\overrightarrow{AD}]$, Ⅱ为$[C;\overrightarrow{AC},\overrightarrow{BD}]$, 求坐标系Ⅰ到Ⅱ的点的仿射坐标变换公式和向量的仿射坐标变换公式, 并且求 A, D, $\overrightarrow{AB}$, $\overrightarrow{AD}$, $\overrightarrow{DB}$ 的Ⅰ坐标和Ⅱ坐标.

2. 设 $ABCDEF$ 为正六边形, 取仿射坐标系Ⅰ为$[A;\overrightarrow{AB},\overrightarrow{AF}]$, Ⅱ为$[D;\overrightarrow{DB},\overrightarrow{DF}]$, 求: 坐标系Ⅰ到Ⅱ的点的仿射坐标变换公式和向量

的仿射坐标变换公式；各顶点的Ⅰ坐标和Ⅱ坐标；$\overrightarrow{CF}$，$\overrightarrow{BE}$ 的Ⅰ坐标和Ⅱ坐标.

3. 设仿射坐标系Ⅰ到Ⅱ的点的坐标变换公式为

$$\begin{cases} x = -y' + 3, \\ y = x' - 2. \end{cases}$$

(1) 求：Ⅱ的原点 O' 的Ⅰ坐标，Ⅱ的基向量 $\boldsymbol{d}_1'$，$\boldsymbol{d}_2'$ 的Ⅰ坐标；Ⅰ的原点 O 的Ⅱ坐标，基向量 $\boldsymbol{d}_1$，$\boldsymbol{d}_2$ 的Ⅱ坐标.

(2) 求直线 l_1：$2x-y+1=0$ 在坐标系Ⅱ中的方程.

(3) 求直线 l_2：$3x'+2y'-5=0$ 在坐标系Ⅰ中的方程.

§2　矩阵及其运算

2.1　矩阵的概念以及矩阵的运算

为了使坐标变换公式易于记忆并且简化计算和证明，我们把向量的坐标变换公式(1.3)中的系数按原来顺序排成一张 2 行 2 列的表：

$$\begin{pmatrix} a_{11} & a_{12} \\ a_{21} & a_{22} \end{pmatrix},$$

称它为一个 2×2 矩阵. 一般地，有

定义 2.1　$s\cdot n$ 个实数 a_{ij} $(i=1,2,\cdots,s;\ j=1,\cdots,n)$ 排成的 s 行 n 列的一张表

$$\begin{pmatrix} a_{11} & a_{12} & \cdots & a_{1n} \\ a_{21} & a_{22} & \cdots & a_{2n} \\ \vdots & \vdots & & \vdots \\ a_{s1} & a_{s2} & \cdots & a_{sn} \end{pmatrix} \tag{2.1}$$

称为一个 $s\times n$ **矩阵**，其中实数 a_{ij} 称为矩阵的**元素**.

矩阵通常用大写黑体英文字母 $\boldsymbol{A}$，$\boldsymbol{B}$，$\boldsymbol{C}$，… 表示. 譬如，矩阵(2.1)可记成 $\boldsymbol{A}$ 或 $\boldsymbol{A}_{s\times n}$，也可简记为$(a_{ij})$或$(a_{ij})_{s\times n}$. $\boldsymbol{A}$ 的位于第 i

行第 j 列交叉处的元素称为 $\boldsymbol{A}$ 的 (i,j) 元，记为 $\boldsymbol{A}(i;j)$.

$n\times n$ 矩阵也称为 n **阶矩阵**或 n **阶方阵**.

元素全为零的 $s\times n$ 矩阵称为 $s\times n$ **零矩阵**，记作 $\mathbf{0}_{s\times n}$ 或 $\mathbf{0}$.

定义 2.2 两个矩阵 $\boldsymbol{A}$ 和 $\boldsymbol{B}$，如果它们的行数相同，列数也相同，并且对应元素都相等，则称它们是**相等的矩阵**，记作 $\boldsymbol{A}=\boldsymbol{B}$.

矩阵不是一个数，而是由一些数组成的一张表，但是基于许多实际问题的背景，使我们可以给矩阵规定几种运算.

一、矩阵的加法和数量乘法

定义 2.3 若 $\boldsymbol{A}=(a_{ij})$，$\boldsymbol{B}=(b_{ij})$ 都是 $s\times n$ 矩阵，则

$$\boldsymbol{A}+\boldsymbol{B}:=\begin{pmatrix} a_{11}+b_{11} & a_{12}+b_{12} & \cdots & a_{1n}+b_{1n} \\ a_{21}+b_{21} & a_{22}+b_{22} & \cdots & a_{2n}+b_{2n} \\ \vdots & \vdots & & \vdots \\ a_{s1}+b_{s1} & a_{s2}+b_{s2} & \cdots & a_{sn}+b_{sn} \end{pmatrix}.$$

这种运算称为矩阵的**加法**.

定义 2.4 若 $\boldsymbol{A}=(a_{ij})_{s\times n}$，$k$ 是实数，则

$$k\boldsymbol{A}:=\begin{pmatrix} ka_{11} & \cdots & ka_{1n} \\ \vdots & & \vdots \\ ka_{s1} & \cdots & ka_{sn} \end{pmatrix}.$$

这种运算称为矩阵的**数量乘法**.

矩阵 $(-a_{ij})$ 称为矩阵 $\boldsymbol{A}=(a_{ij})$ 的**负矩阵**，记作 $-\boldsymbol{A}$.

若 $\boldsymbol{A}$，$\boldsymbol{B}$ 都是 $s\times n$ 矩阵，则

$$\boldsymbol{A}-\boldsymbol{B}:=\boldsymbol{A}+(-\boldsymbol{B}).$$

这种运算称为矩阵的**减法**.

容易用定义直接验证，矩阵的加法和数量乘法满足下述规律：对于任意 $s\times n$ 矩阵 $\boldsymbol{A}$，$\boldsymbol{B}$，$\boldsymbol{C}$，任意实数 k，l，有

(1) $\boldsymbol{A}+\boldsymbol{B}=\boldsymbol{B}+\boldsymbol{A}$；　　(2) $(\boldsymbol{A}+\boldsymbol{B})+\boldsymbol{C}=\boldsymbol{A}+(\boldsymbol{B}+\boldsymbol{C})$；

(3) $\boldsymbol{A}+\mathbf{0}=\boldsymbol{A}$；　　(4) $\boldsymbol{A}+(-\boldsymbol{A})=\mathbf{0}$；

(5) $1\cdot\boldsymbol{A}=\boldsymbol{A}$；　　(6) $k(l\boldsymbol{A})=(kl)\boldsymbol{A}$；

(7) $(k+l)\boldsymbol{A}=k\boldsymbol{A}+l\boldsymbol{A}$；　　(8) $k(\boldsymbol{A}+\boldsymbol{B})=k\boldsymbol{A}+k\boldsymbol{B}$.

二、矩阵的乘法

为了能把向量的坐标变换公式(1.3)用矩阵的形式简洁地表示出来，我们规定矩阵的第三种运算如下：

$$\begin{pmatrix} a_{11} & a_{12} \\ a_{21} & a_{21} \end{pmatrix}\begin{pmatrix} u' \\ v' \end{pmatrix} := \begin{pmatrix} a_{11}u' + a_{12}v' \\ a_{21}u' + a_{22}v' \end{pmatrix}.$$

这种运算称为矩阵的**乘法**，它是把左矩阵的第 i 行与右矩阵的第 j 列的对应元素的乘积之和作为乘积矩阵的(i,j)元，其中 $i=1,2$；$j=1$. 由此看出，只有左矩阵的列数与右矩阵的行数相同的两个矩阵才能做乘法运算，并且乘积矩阵的行数等于左矩阵的行数，乘积矩阵的列数等于右矩阵的列数. 一般地，有

定义 2.5 设 $\boldsymbol{A}=(a_{ij})$是 $s\times n$ 矩阵，$\boldsymbol{B}=(b_{ij})$是 $n\times r$ 矩阵，则规定 $\boldsymbol{A}$ 乘以 $\boldsymbol{B}$ 得到一个 $s\times r$ 矩阵，记作 $\boldsymbol{AB}$，$\boldsymbol{AB}$ 的(i,j)元是 $\boldsymbol{A}$ 的第 i 行与 $\boldsymbol{B}$ 的第 j 列的对应元素乘积之和，即

$$\boldsymbol{AB}\text{ 的}(i,j)\text{ 元} := \sum_{k=1}^{n} a_{ik}b_{kj}, \tag{2.2}$$

其中 $i=1,2,\cdots,s$；$j=1,2,\cdots,r$.

例如，有

$$\begin{pmatrix} 1 & 3 \\ 0 & 6 \\ 7 & 0 \end{pmatrix}\begin{pmatrix} 2 & 4 \\ 0 & 5 \end{pmatrix} = \begin{pmatrix} 1\times 2+3\times 0 & 1\times 4+3\times 5 \\ 0\times 2+6\times 0 & 0\times 4+6\times 5 \\ 7\times 2+0\times 0 & 7\times 4+0\times 5 \end{pmatrix}$$
$$= \begin{pmatrix} 2 & 19 \\ 0 & 30 \\ 14 & 28 \end{pmatrix}.$$

利用矩阵的乘法和两个矩阵相等的定义，我们可以把向量的坐标变换公式(1.3)写成如下形式：

$$\begin{pmatrix} u \\ v \end{pmatrix} = \begin{pmatrix} a_{11} & a_{12} \\ a_{21} & a_{22} \end{pmatrix}\begin{pmatrix} u' \\ v' \end{pmatrix}. \tag{2.3}$$

再利用矩阵的加法，还可以把点的坐标变换公式(1.1)写成

$$\begin{pmatrix} x \\ y \end{pmatrix} = \begin{pmatrix} a_{11} & a_{12} \\ a_{21} & a_{22} \end{pmatrix} \begin{pmatrix} x' \\ y' \end{pmatrix} + \begin{pmatrix} x_0 \\ y_0 \end{pmatrix}, \tag{2.4}$$

其中矩阵

$$\boldsymbol{A} = \begin{pmatrix} a_{11} & a_{12} \\ a_{21} & a_{22} \end{pmatrix}$$

称为坐标系Ⅰ到Ⅱ的**过渡矩阵**，它的第1列是Ⅱ的第一个基向量 $\boldsymbol{d}_1'$ 的Ⅰ坐标，第2列是第二个基向量 $\boldsymbol{d}_2'$ 的Ⅰ坐标.

只有1列的矩阵称为列向量(简称列). 常常用黑体希腊字母 $\boldsymbol{\alpha}$, $\boldsymbol{\beta}$, $\boldsymbol{\gamma}$, … 表示列向量.

如果令

$$\boldsymbol{\gamma} = \begin{pmatrix} u \\ v \end{pmatrix}, \quad \boldsymbol{\gamma}' = \begin{pmatrix} u' \\ v' \end{pmatrix}, \quad \boldsymbol{\alpha} = \begin{pmatrix} x \\ y \end{pmatrix},$$

$$\boldsymbol{\alpha}' = \begin{pmatrix} x' \\ y' \end{pmatrix}, \quad \boldsymbol{\alpha}_0 = \begin{pmatrix} x_0 \\ y_0 \end{pmatrix},$$

则公式(2.3), (2.4)可分别写成如下简洁的形式：

$$\boldsymbol{\gamma} = \boldsymbol{A}\boldsymbol{\gamma}', \tag*{(2.3)$'$}$$

$$\boldsymbol{\alpha} = \boldsymbol{A}\boldsymbol{\alpha}' + \boldsymbol{\alpha}_0. \tag*{(2.4)$'$}$$

矩阵的乘法适合下列规律：对于任意矩阵 $\boldsymbol{A}$, $\boldsymbol{B}$, $\boldsymbol{C}$（要求它们能做下述运算），任意实数 k，有

(1) $(\boldsymbol{AB})\boldsymbol{C} = \boldsymbol{A}(\boldsymbol{BC})$（乘法的结合律）；

(2) $\boldsymbol{A}(\boldsymbol{B}+\boldsymbol{C}) = \boldsymbol{AB} + \boldsymbol{AC}$（左分配律）；

(3) $(\boldsymbol{B}+\boldsymbol{C})\boldsymbol{A} = \boldsymbol{BA} + \boldsymbol{CA}$（右分配律）；

(4) $k(\boldsymbol{AB}) = (k\boldsymbol{A})\boldsymbol{B} = \boldsymbol{A}(k\boldsymbol{B})$（乘法与数乘关系）.

但是要特别注意，矩阵的乘法不适合交换律. 例如，设

$$\boldsymbol{A} = \begin{pmatrix} 1 & 1 \\ 0 & 0 \end{pmatrix}, \quad \boldsymbol{B} = \begin{pmatrix} 1 & 1 \\ -1 & -1 \end{pmatrix},$$

则

$$\boldsymbol{AB} = \begin{pmatrix} 1 & 1 \\ 0 & 0 \end{pmatrix} \begin{pmatrix} 1 & 1 \\ -1 & -1 \end{pmatrix} = \begin{pmatrix} 0 & 0 \\ 0 & 0 \end{pmatrix},$$

$$BA=\begin{pmatrix}1&1\\-1&-1\end{pmatrix}\begin{pmatrix}1&1\\0&0\end{pmatrix}=\begin{pmatrix}1&1\\-1&-1\end{pmatrix}.$$

上述例子还说明，$\boldsymbol{A}\neq\boldsymbol{0}$，$\boldsymbol{B}\neq\boldsymbol{0}$，但是有可能 $\boldsymbol{AB}=\boldsymbol{0}$. 因此，从 $\boldsymbol{AB}=\boldsymbol{0}$，$\boldsymbol{A}\neq\boldsymbol{0}$ 推不出 $\boldsymbol{B}=\boldsymbol{0}$，进而从 $\boldsymbol{AB}=\boldsymbol{AC}$，$\boldsymbol{A}\neq\boldsymbol{0}$ 推不出 $\boldsymbol{B}=\boldsymbol{C}$.

主对角线(从左上角到右下角)上的元素(称为**主对角元**)全为 1，并且其余元素全为零的 n 阶矩阵

$$\begin{pmatrix}1&0&\cdots&0\\0&1&\cdots&0\\\vdots&\vdots&\ddots&\vdots\\0&0&\cdots&1\end{pmatrix}$$

称为 n **阶单位矩阵**，记作 $\boldsymbol{I}_n$ 或 $\boldsymbol{I}$. 容易看出，有

$$\boldsymbol{A}_{s\times n}\boldsymbol{I}_n=\boldsymbol{A}_{s\times n},\quad \boldsymbol{I}_s\boldsymbol{A}_{s\times n}=\boldsymbol{A}_{s\times n}.$$

特别地，对于任意 n 阶方阵 $\boldsymbol{A}$，有

$$\boldsymbol{IA}=\boldsymbol{AI}=\boldsymbol{A}.$$

三、矩阵的转置

定义 2.6　把一个矩阵 $\boldsymbol{A}_{s\times n}$ 的行、列互换得到的矩阵称为 $\boldsymbol{A}$ 的**转置**，记作 $\boldsymbol{A}^{\mathrm{T}}$(或 $\boldsymbol{A}'$).

例如，设

$$\boldsymbol{A}=\begin{pmatrix}2&1&5\\3&0&4\end{pmatrix},$$

则

$$\boldsymbol{A}^{\mathrm{T}}=\begin{pmatrix}2&3\\1&0\\5&4\end{pmatrix}.$$

显然，若 $\boldsymbol{A}$ 是 $s\times n$ 矩阵，则 $\boldsymbol{A}^{\mathrm{T}}$ 是 $n\times s$ 矩阵，并且有

$$\boldsymbol{A}^{\mathrm{T}}\text{ 的}(i,j)\text{元}=\boldsymbol{A}\text{ 的}(j,i)\text{元}.$$

矩阵的转置满足下列规律：

(1) $(\boldsymbol{A}^{\mathrm{T}})^{\mathrm{T}}=\boldsymbol{A}$;　　(2) $(\boldsymbol{A}+\boldsymbol{B})^{\mathrm{T}}=\boldsymbol{A}^{\mathrm{T}}+\boldsymbol{B}^{\mathrm{T}}$;

(3) $(k\boldsymbol{A})^{\mathrm{T}}=k\boldsymbol{A}^{\mathrm{T}}$;　　(4) $(\boldsymbol{AB})^{\mathrm{T}}=\boldsymbol{B}^{\mathrm{T}}\boldsymbol{A}^{\mathrm{T}}$.

特别要注意规律(4). 举一个例子，设

$$A=\begin{pmatrix}1&0\\2&3\\4&5\end{pmatrix},\quad B=\begin{pmatrix}2&1\\4&3\end{pmatrix},$$

则

$$AB=\begin{pmatrix}1&0\\2&3\\4&5\end{pmatrix}\begin{pmatrix}2&1\\4&3\end{pmatrix}=\begin{pmatrix}2&1\\16&11\\28&19\end{pmatrix},$$

$$(AB)^{\mathrm{T}}=\begin{pmatrix}2&16&28\\1&11&19\end{pmatrix},$$

$$B^{\mathrm{T}}A^{\mathrm{T}}=\begin{pmatrix}2&4\\1&3\end{pmatrix}\begin{pmatrix}1&2&4\\0&3&5\end{pmatrix}=\begin{pmatrix}2&16&28\\1&11&19\end{pmatrix}.$$

定义 2.7 如果 n 阶方阵 A 满足 $A^{\mathrm{T}}=A$，则称 A 是**对称矩阵**.

显然，若 A 是对称矩阵，则

$$A\text{ 的}(i,j)\text{元}=A\text{ 的}(j,i)\text{元}.$$

例如，矩阵

$$\begin{pmatrix}a&b\\b&c\end{pmatrix},\quad\begin{pmatrix}a&b&c\\b&e&d\\c&d&f\end{pmatrix}$$

都是对称矩阵.

2.2 矩阵的分块

设矩阵

$$A=\begin{pmatrix}1&0&2\\0&1&3\\0&0&4\end{pmatrix},$$

若令

$$\beta=\begin{pmatrix}2\\3\end{pmatrix},$$

则可以把 A 写成如下形式：

$$\boldsymbol{A} = \begin{pmatrix} \boldsymbol{I}_2 & \boldsymbol{\beta} \\ \boldsymbol{0}_{1\times 2} & 4\boldsymbol{I}_1 \end{pmatrix}.$$

像这样把一个矩阵看成由若干个小矩阵组成，称为**矩阵的分块**. 它的好处是：使得矩阵的结构更明显清楚，并且使矩阵的运算可以通过这些小矩阵进行，从而可以简化关于矩阵的计算和证明. 例如，设

$$\boldsymbol{B} = \begin{pmatrix} 1 & 0 & 5 \\ 0 & 1 & 7 \end{pmatrix},$$

令

$$\boldsymbol{\delta} = \begin{pmatrix} 5 \\ 7 \end{pmatrix},$$

则

$$\boldsymbol{B} = (\boldsymbol{I}_2, \boldsymbol{\delta}).$$

直接用矩阵的乘法定义得

$$\boldsymbol{BA} = \begin{pmatrix} 1 & 0 & 22 \\ 0 & 1 & 31 \end{pmatrix}.$$

如果我们把小矩阵当作“数”看待采用矩阵乘法法则，得

$$\boldsymbol{BA} = (\boldsymbol{I}_2, \boldsymbol{\delta}) \begin{pmatrix} \boldsymbol{I}_2 & \boldsymbol{\beta} \\ \boldsymbol{0}_{1\times 2} & 4\boldsymbol{I}_1 \end{pmatrix} = (\boldsymbol{I}_2, \boldsymbol{\beta} + 4\boldsymbol{\delta}) = \begin{pmatrix} 1 & 0 & 22 \\ 0 & 1 & 31 \end{pmatrix},$$

这与前述结果一致. 因此，在计算 $\boldsymbol{BA}$ 时，我们确实可以先把矩阵 $\boldsymbol{A}$，$\boldsymbol{B}$ 分块，然后把小矩阵当作“数”看待采用矩阵乘法法则. 这称为矩阵的**分块乘法**. 当然，为了使矩阵的分块乘法能够进行，必须使左矩阵的列的分法与右矩阵的行的分法一致，即左矩阵的列组数应等于右矩阵的行组数，并且左矩阵的每个列组所含列数应等于右矩阵的相应行组所含行数.

若矩阵 $\boldsymbol{B}$ 的 m 列依次记为 $\boldsymbol{B}^{(1)}$，$\boldsymbol{B}^{(2)}$，…，$\boldsymbol{B}^{(m)}$，利用矩阵的分块乘法，则有

$$\begin{aligned} \boldsymbol{AB} &= (\boldsymbol{A})(\boldsymbol{B}^{(1)}, \boldsymbol{B}^{(2)}, \cdots, \boldsymbol{B}^{(m)}) \\ &= (\boldsymbol{AB}^{(1)}, \boldsymbol{AB}^{(2)}, \cdots, \boldsymbol{AB}^{(m)}). \end{aligned} \tag{2.5}$$

若矩阵 $\boldsymbol{A}$ 的 s 行依次记为 $\boldsymbol{A}_1$，$\boldsymbol{A}_2$，…，$\boldsymbol{A}_s$，则有

$$\boldsymbol{AB} = \begin{pmatrix} \boldsymbol{A}_1 \\ \boldsymbol{A}_2 \\ \vdots \\ \boldsymbol{A}_s \end{pmatrix} (\boldsymbol{B}) = \begin{pmatrix} \boldsymbol{A}_1\boldsymbol{B} \\ \boldsymbol{A}_2\boldsymbol{B} \\ \vdots \\ \boldsymbol{A}_s\boldsymbol{B} \end{pmatrix}. \tag{2.6}$$

类似地，可讨论矩阵的分块加法、分块数乘和分块转置. 譬如，若

$$\boldsymbol{A} = \begin{pmatrix} \boldsymbol{I}_2 & \boldsymbol{\beta} \\ \boldsymbol{0}_{1\times 2} & 4\boldsymbol{I}_1 \end{pmatrix},$$

则

$$\boldsymbol{A}^{\mathrm{T}} = \begin{pmatrix} \boldsymbol{I}_2 & \boldsymbol{0}_{2\times 1} \\ \boldsymbol{\beta}^{\mathrm{T}} & 4\boldsymbol{I}_1 \end{pmatrix}.$$

2.3 方阵的行列式

我们知道，对于一个 2 阶或 3 阶方阵 $\boldsymbol{A} = (a_{ij})$，它的元素按一定规律组成的一个表达式称为**方阵 A 的行列式**，记作 $|\boldsymbol{A}|$. 在"高等代数"课程里，我们将把行列式概念推广到 n 阶行列式，从而对于 n $(n>3)$ 阶方阵，也可以谈论它的行列式.

若 $|\boldsymbol{A}| \neq 0$，则称 $\boldsymbol{A}$ 为**非奇异的**；否则，称为**奇异的**.

由定理 1.1 知，仿射坐标系 Ⅰ 到 Ⅱ 的过渡矩阵 $\boldsymbol{A}$ 是非奇异的.

定理 2.1 若 $\boldsymbol{A}$ 和 $\boldsymbol{B}$ 都是 n 阶方阵，则

$$|\boldsymbol{AB}| = |\boldsymbol{A}||\boldsymbol{B}|.$$

证明 我们只证 $n=2$ 的情形，至于一般的 n，在"高等代数"课程中我们再证明. 设 $\boldsymbol{A} = (a_{ij})$，$\boldsymbol{B} = (b_{ij})$，则

$$|\boldsymbol{AB}| = \left| \begin{pmatrix} a_{11} & a_{12} \\ a_{21} & a_{22} \end{pmatrix} \begin{pmatrix} b_{11} & b_{12} \\ b_{21} & b_{22} \end{pmatrix} \right| = \begin{vmatrix} a_{11}b_{11} + a_{12}b_{21} & a_{11}b_{12} + a_{12}b_{22} \\ a_{21}b_{11} + a_{22}b_{21} & a_{21}b_{12} + a_{22}b_{22} \end{vmatrix}$$

$$= \begin{vmatrix} a_{11}b_{11} & a_{11}b_{12} \\ a_{21}b_{11} & a_{21}b_{12} \end{vmatrix} + \begin{vmatrix} a_{12}b_{21} & a_{11}b_{12} \\ a_{22}b_{21} & a_{21}b_{12} \end{vmatrix}$$

$$
+\begin{vmatrix} a_{11}b_{11} & a_{12}b_{22} \\ a_{21}b_{11} & a_{22}b_{22} \end{vmatrix}+\begin{vmatrix} a_{12}b_{21} & a_{12}b_{22} \\ a_{22}b_{21} & a_{22}b_{22} \end{vmatrix}
$$

$$
=0+b_{21}b_{12}\begin{vmatrix} a_{12} & a_{11} \\ a_{22} & a_{21} \end{vmatrix}+b_{11}b_{22}\begin{vmatrix} a_{11} & a_{12} \\ a_{21} & a_{22} \end{vmatrix}+0
$$

$$
=\begin{vmatrix} a_{11} & a_{12} \\ a_{21} & a_{22} \end{vmatrix}(b_{11}b_{22}-b_{21}b_{12})=\begin{vmatrix} a_{11} & a_{12} \\ a_{21} & a_{21} \end{vmatrix}\begin{vmatrix} b_{11} & b_{12} \\ b_{21} & b_{22} \end{vmatrix}
$$

$$
=|\boldsymbol{A}||\boldsymbol{B}|. \qquad \square
$$

2.4　可逆矩阵

(2.3)′式把向量 $\boldsymbol{m}$ 的Ⅰ坐标 $\boldsymbol{\gamma}$ 表示成它的Ⅱ坐标 $\boldsymbol{\gamma}'$ 的一次齐次多项式. 我们又知道，由于 $|\boldsymbol{A}|\neq 0$，因此可以通过解方程组把 $\boldsymbol{m}$ 的Ⅱ坐标 $\boldsymbol{\gamma}'$ 表示成它的Ⅰ坐标 $\boldsymbol{\gamma}$ 的一次齐次多项式. 如果我们引进可逆矩阵的概念，则这一反解过程可以简明地表示出来.

定义 2.8　若对于 n 阶方阵 $\boldsymbol{A}$，存在矩阵 $\boldsymbol{B}$，使得

$$
\boldsymbol{AB}=\boldsymbol{BA}=\boldsymbol{I}, \tag{2.7}
$$

则称 $\boldsymbol{A}$ 是**可逆矩阵**，称 $\boldsymbol{B}$ 是 $\boldsymbol{A}$ 的**逆矩阵**.

不难看出，满足(2.7)式的矩阵 $\boldsymbol{B}$ 必是 n 阶方阵，并且它是唯一的. 通常把 $\boldsymbol{A}$ 的逆矩阵记作 $\boldsymbol{A}^{-1}$.

由定义 2.8 立即看出，若 $\boldsymbol{A}$ 可逆，则 $\boldsymbol{A}^{-1}$ 也可逆，并且

$$
(\boldsymbol{A}^{-1})^{-1}=\boldsymbol{A}. \tag{2.8}
$$

定理 2.2　矩阵 $\boldsymbol{A}$ 可逆的充分必要条件是 $|\boldsymbol{A}|\neq 0$(即 $\boldsymbol{A}$ 非奇异).

证明　*必要性*　若矩阵 $\boldsymbol{A}$ 可逆，则有 $\boldsymbol{AA}^{-1}=\boldsymbol{I}$. 于是有 $|\boldsymbol{AA}^{-1}|=|\boldsymbol{I}|$，从而 $|\boldsymbol{A}||\boldsymbol{A}^{-1}|=1$(这里用到了 $|\boldsymbol{I}|=1$ 这一事实. 若 $n=2$ 或 3，读者可直接验证它；若 $n>3$，在“高等代数”课程中将证明它). 因此 $|\boldsymbol{A}|\neq 0$.

充分性　这里只证 $n=2$ 的情形，至于 $n>2$ 的情形，证明思想一样，但放在“高等代数”课程中证. 设 $\boldsymbol{A}=(a_{ij})$ 是 2 阶矩阵，且 $|\boldsymbol{A}|\neq 0$. 令

$$A^* = \begin{pmatrix} a_{22} & -a_{12} \\ -a_{21} & a_{11} \end{pmatrix}, \tag{2.9}$$

则

$$AA^* = \begin{pmatrix} a_{11} & a_{12} \\ a_{21} & a_{22} \end{pmatrix}\begin{pmatrix} a_{22} & -a_{12} \\ -a_{21} & a_{11} \end{pmatrix} = \begin{pmatrix} |A| & 0 \\ 0 & |A| \end{pmatrix} = |A|I.$$

同理有 $A^*A = |A|I$，从而有

$$A\left(\frac{1}{|A|}A^*\right) = \left(\frac{1}{|A|}A^*\right)A = I,$$

所以 A 可逆，并且

$$A^{-1} = \frac{1}{|A|}A^*. \tag{2.10}$$

□

用可逆矩阵的概念及定理 2.2，我们得知仿射坐标系 Ⅰ 到 Ⅱ 的过渡矩阵 A 是可逆矩阵，因此从(2.3)′式立即得到

$$\gamma' = A^{-1}\gamma.$$

由定理 2.2 还可得到

命题 2.1 若对于方阵 A，存在方阵 B，使得 $AB = I$，则 A 是可逆矩阵，并且 $A^{-1} = B$.

证明 因为 $AB = I$，所以 $|A||B| = 1$，从而 $|A| \neq 0$. 因此 A 可逆. 于是 A^{-1}存在. 在 $AB = I$ 的两边左乘 A^{-1}，得

$$A^{-1}(AB) = A^{-1}I,$$

即得 $B = A^{-1}$. □

利用命题 2.1 容易证明可逆矩阵的下述性质：

(1) 若 A，B 均是 n 阶可逆矩阵，则 AB 也可逆，并且

$$(AB)^{-1} = B^{-1}A^{-1};$$

(2) 若 A 可逆，则 A^{T} 也可逆，并且

$$(A^{\mathrm{T}})^{-1} = (A^{-1})^{\mathrm{T}};$$

(3) 若 A 可逆，则

$$|A^{-1}| = |A|^{-1}.$$

2.5 正交矩阵

定义 2.9 若一个 n 阶方阵 $\boldsymbol{A}$ 满足

$$\boldsymbol{A}\boldsymbol{A}^{\mathrm{T}} = \boldsymbol{I},$$

则称 $\boldsymbol{A}$ 是**正交矩阵**.

例如，$\boldsymbol{I}$ 是正交矩阵；又如，

$$\begin{pmatrix} \cos\theta & \sin\theta \\ -\sin\theta & \cos\theta \end{pmatrix}, \quad \begin{pmatrix} \frac{1}{2} & \frac{\sqrt{3}}{2} & 0 \\ -\frac{\sqrt{3}}{2} & \frac{1}{2} & 0 \\ 0 & 0 & 1 \end{pmatrix}$$

都是正交矩阵.

由命题 2.1 立即得到

命题 2.2 n 阶方阵 $\boldsymbol{A}$ 为正交矩阵的充分必要条件是

$$\boldsymbol{A}^{-1} = \boldsymbol{A}^{\mathrm{T}},$$

从而 n 阶方阵 $\boldsymbol{A}$ 为正交矩阵的充分必要条件是

$$\boldsymbol{A}^{\mathrm{T}}\boldsymbol{A} = \boldsymbol{I}. \qquad \square$$

容易证明正交矩阵有下述性质：

(1) 若 $\boldsymbol{A}$，$\boldsymbol{B}$ 都是 n 阶正交矩阵，则 $\boldsymbol{AB}$ 也是正交矩阵；

(2) 若 $\boldsymbol{A}$ 是正交矩阵，则 $\boldsymbol{A}^{\mathrm{T}}$(即 $\boldsymbol{A}^{-1}$)也是正交矩阵；

(3) 若 $\boldsymbol{A}$ 是正交矩阵，则 $|\boldsymbol{A}| = 1$ 或 -1(在证明这条性质时，要用到 $|\boldsymbol{A}^{\mathrm{T}}| = |\boldsymbol{A}|$ 这一事实).

命题 2.3 方阵 $\boldsymbol{A}$ 为正交矩阵的充分必要条件是，$\boldsymbol{A}$ 的每一行元素的平方和等于 1，每两行对应元素的乘积之和等于零，即

$$\sum_{k=1}^{n} a_{ik}^2 = 1, \quad i = 1,2,\cdots,n, \tag{2.11}$$

$$\sum_{k=1}^{n} a_{ik}a_{jk} = 0, \quad i \neq j. \tag{2.12}$$

证明 对于任一 n 阶方阵 $\boldsymbol{A} = (a_{ij})$，都有

$$(\boldsymbol{A}\boldsymbol{A}^{\mathrm{T}}) \text{ 的}(i,j)\text{元} = \sum_{k=1}^{n} [\boldsymbol{A} \text{ 的}(i,k)\text{元}] \cdot [\boldsymbol{A}^{\mathrm{T}} \text{ 的}(k,j)\text{元}]$$

$$= \sum_{k=1}^{n} a_{ik} a_{jk}.$$

类似地，有

$$(\boldsymbol{A}^{\mathrm{T}}\boldsymbol{A}) \text{ 的}(i,j)\text{元} = \sum_{k=1}^{n} a_{ki} a_{kj}.$$

现在设 $\boldsymbol{A}$ 是正交矩阵，则 $\boldsymbol{A}\boldsymbol{A}^{\mathrm{T}} = \boldsymbol{I}$. 于是得

$$\begin{aligned} &(\boldsymbol{A}\boldsymbol{A}^{\mathrm{T}}) \text{ 的}(i,i)\text{元} = 1, \quad i = 1,2,\cdots,n, \\ &(\boldsymbol{A}\boldsymbol{A}^{\mathrm{T}}) \text{ 的}(i,j)\text{元} = 0, \quad i \neq j, \end{aligned} \tag{2.13}$$

从而得(2.11)和(2.12)式.

反之，若对于方阵 $\boldsymbol{A}$，(2.11)式和(2.12)式成立，则得(2.13)式，从而 $\boldsymbol{A}\boldsymbol{A}^{\mathrm{T}} = \boldsymbol{I}$，即 $\boldsymbol{A}$ 为正交矩阵. □

类似地，可证明

命题 2.4 方阵 $\boldsymbol{A}$ 为正交矩阵的充分必要条件是，$\boldsymbol{A}$ 的每一列元素的平方和等于 1，每两列对应元素的乘积之和等于零. □

习 题 4.2

1. 设矩阵

$$\boldsymbol{A} = \begin{pmatrix} 3 & -2 & 7 \\ 1 & 0 & 4 \end{pmatrix}, \quad \boldsymbol{B} = \begin{pmatrix} -2 & 0 & 1 \\ 5 & -1 & 7 \end{pmatrix},$$

求 $\boldsymbol{A}+\boldsymbol{B}$，$\boldsymbol{A}-\boldsymbol{B}$，$5\boldsymbol{A}^{\mathrm{T}}+3\boldsymbol{B}^{\mathrm{T}}$.

2. 计算：

(1) $\begin{pmatrix} 5 & 3 \\ 2 & 7 \end{pmatrix}\begin{pmatrix} 0 & 1 \\ 1 & 0 \end{pmatrix}$； (2) $\begin{pmatrix} 0 & 1 \\ 1 & 0 \end{pmatrix}\begin{pmatrix} 5 & 3 \\ 2 & 7 \end{pmatrix}$；

(3) $\begin{pmatrix} 0 & 2 \\ 0 & 3 \end{pmatrix}\begin{pmatrix} 1 & 1 \\ 0 & 0 \end{pmatrix}$； (4) $\begin{pmatrix} 1 & 1 \\ 0 & 0 \end{pmatrix}\begin{pmatrix} 0 & 2 \\ 0 & 3 \end{pmatrix}$；

(5) $\begin{pmatrix} 7 & -1 \\ -2 & 5 \\ 3 & -4 \end{pmatrix}\begin{pmatrix} 1 & 4 \\ -5 & 2 \end{pmatrix}$； (6) $(-1,3,2)\begin{pmatrix} 4 \\ 0 \\ 7 \end{pmatrix}$；

(7) $\begin{pmatrix}4\\0\\7\end{pmatrix}(-1,3,2)$；　(8) $(x_1,x_2,x_3)\begin{pmatrix}a_{11}&a_{12}&a_{13}\\a_{12}&a_{22}&a_{23}\\a_{13}&a_{23}&a_{33}\end{pmatrix}\begin{pmatrix}x_1\\x_2\\x_3\end{pmatrix}$.

3. 判断下列矩阵是否可逆. 若可逆，求它的逆矩阵.

(1) $\begin{pmatrix}3&2\\-4&6\end{pmatrix}$；　(2) $\begin{pmatrix}2&3\\4&6\end{pmatrix}$；

(3) $\begin{pmatrix}a&b\\c&d\end{pmatrix}$，其中 $ad-bc\neq 0$.

4. 证明可逆矩阵的性质(1)，(2)，(3).

5. 判断下列矩阵是否是正交矩阵：

$$\begin{pmatrix}\frac{\sqrt{2}}{2}&-\frac{\sqrt{2}}{2}\\\frac{\sqrt{2}}{2}&\frac{\sqrt{2}}{2}\end{pmatrix},\quad\begin{pmatrix}\frac{\sqrt{2}}{2}&\frac{\sqrt{2}}{6}&\frac{2}{3}\\0&-\frac{2\sqrt{2}}{3}&\frac{1}{3}\\-\frac{\sqrt{2}}{2}&\frac{\sqrt{2}}{6}&\frac{2}{3}\end{pmatrix}.$$

6. 证明正交矩阵的性质(1)，(2)，(3).

§3 平面直角坐标变换

设 Ⅰ$[O;\boldsymbol{e}_1,\boldsymbol{e}_2]$，Ⅱ$[O';\boldsymbol{e}_1',\boldsymbol{e}_2']$都是直角坐标系，本章 §1 和 §2 中关于仿射坐标变换的一般结论和方法对于直角坐标变换都成立. 本节来进一步研究直角坐标变换的特殊性.

3.1 直角坐标变换公式

设 O' 的 Ⅰ 坐标为$(x_0,y_0)^{\mathrm{T}}$，$\boldsymbol{e}_1'$，$\boldsymbol{e}_2'$ 的 Ⅰ 坐标分别为$(a_{11},a_{21})^{\mathrm{T}}$，$(a_{12},a_{22})^{\mathrm{T}}$，则坐标系 Ⅰ 到 Ⅱ 的过渡矩阵是

$$\boldsymbol{A}=\begin{pmatrix}a_{11}&a_{12}\\a_{21}&a_{22}\end{pmatrix}.$$

定理 3.1 设 Ⅰ 和 Ⅱ 都是直角坐标系，则 Ⅰ 到 Ⅱ 的过渡矩阵 $\boldsymbol{A}$ 是正交矩阵，并且坐标系 Ⅱ 到 Ⅰ 的过渡矩阵是 $\boldsymbol{A}^{\mathrm{T}}$.

证明 因为 $|\boldsymbol{e}_1'|=1$，$|\boldsymbol{e}_2'|=1$，$\boldsymbol{e}_1'\perp\boldsymbol{e}_2'$，并且 Ⅰ 是直角坐标系，所以有

$$a_{11}^2+a_{21}^2=1,\quad a_{12}^2+a_{22}^2=1,\quad a_{11}a_{12}+a_{21}a_{22}=0. \tag{3.1}$$

由命题 2.4 知，$\boldsymbol{A}$ 是正交矩阵.

Ⅱ 到 Ⅰ 的过渡矩阵为 $\boldsymbol{A}^{-1}$. 由于 $\boldsymbol{A}$ 是正交矩阵，所以

$$\boldsymbol{A}^{-1}=\boldsymbol{A}^{\mathrm{T}}.$$ □

Ⅰ 到 Ⅱ 的点的直角坐标变换公式为

$$\begin{pmatrix}x\\y\end{pmatrix}=\begin{pmatrix}a_{11}&a_{12}\\a_{21}&a_{22}\end{pmatrix}\begin{pmatrix}x'\\y'\end{pmatrix}+\begin{pmatrix}x_0\\y_0\end{pmatrix}. \tag{3.2}$$

于是，Ⅱ 到 Ⅰ 的点的直角坐标变换公式为

$$\begin{pmatrix}x'\\y'\end{pmatrix}=\begin{pmatrix}a_{11}&a_{12}\\a_{21}&a_{22}\end{pmatrix}^{-1}\begin{pmatrix}x-x_0\\y-y_0\end{pmatrix}=\begin{pmatrix}a_{11}&a_{21}\\a_{12}&a_{22}\end{pmatrix}\begin{pmatrix}x-x_0\\y-y_0\end{pmatrix}. \tag{3.3}$$

Ⅰ 到 Ⅱ 的向量的直角坐标变换公式为

$$\begin{pmatrix}u\\v\end{pmatrix}=\begin{pmatrix}a_{11}&a_{12}\\a_{21}&a_{22}\end{pmatrix}\begin{pmatrix}u'\\v'\end{pmatrix}, \tag{3.4}$$

Ⅱ 到 Ⅰ 的向量的直角坐标变换公式为

$$\begin{pmatrix}u'\\v'\end{pmatrix}=\begin{pmatrix}a_{11}&a_{21}\\a_{12}&a_{22}\end{pmatrix}\begin{pmatrix}u\\v\end{pmatrix}. \tag{3.5}$$

3.2 直角坐标变换中的过渡矩阵

直角坐标系 Ⅰ 到 Ⅱ 的过渡矩阵 $\boldsymbol{A}$ 虽然有四个数，但是由于它是正交矩阵，满足(3.1)中的三个方程，因此只有一个数是自由的. 下面来详细讨论这点.

平面上的仿射坐标系$[O;\boldsymbol{d}_1,\boldsymbol{d}_2]$称为右手坐标系（简称右手系），如果从 $\boldsymbol{d}_1$ 逆时针旋转小于 180° 的角便与 $\boldsymbol{d}_2$ 重合；反之，称为左手坐标系（简称左手系）. 对于直角坐标系$[O;\boldsymbol{e}_1,\boldsymbol{e}_2]$来说，若 $\boldsymbol{e}_1$ 旋转 90° 与 $\boldsymbol{e}_2$ 重合，则为右手系；若 $\boldsymbol{e}_1$ 旋转 −90° 与 $\boldsymbol{e}_2$ 重合，则为左

手系.

设Ⅰ$[O;\boldsymbol{e}_1,\boldsymbol{e}_2]$，Ⅱ$[O';\boldsymbol{e}_1',\boldsymbol{e}_2']$都是右手直角坐标系，且

$$O'(x_0,y_0)^{\mathrm{T}},\quad \boldsymbol{e}_1'(a_{11},a_{21})^{\mathrm{T}},\quad \boldsymbol{e}_2'(a_{12},a_{22})^{\mathrm{T}},$$

则有

$$a_{11}=\boldsymbol{e}_1'\cdot\boldsymbol{e}_1=\cos\langle\boldsymbol{e}_1',\boldsymbol{e}_1\rangle,\quad a_{21}=\boldsymbol{e}_1'\cdot\boldsymbol{e}_2=\cos\langle\boldsymbol{e}_1',\boldsymbol{e}_2\rangle,$$

$$a_{12}=\boldsymbol{e}_2'\cdot\boldsymbol{e}_1=\cos\langle\boldsymbol{e}_2',\boldsymbol{e}_1\rangle,\quad a_{22}=\boldsymbol{e}_2'\cdot\boldsymbol{e}_2=\cos\langle\boldsymbol{e}_2',\boldsymbol{e}_2\rangle.$$

设 $\boldsymbol{e}_1$ 逆时针旋转 θ 角便与 $\boldsymbol{e}_1'$ 重合(如图 4.2)，分别讨论

$$0\leqslant\theta<\frac{\pi}{2},\quad \frac{\pi}{2}\leqslant\theta<\pi,\quad \pi\leqslant\theta<\frac{3\pi}{2},\quad \frac{3\pi}{2}\leqslant\theta<2\pi$$

这四种情况，可得

$$a_{11}=\cos\langle\boldsymbol{e}_1',\boldsymbol{e}_1\rangle=\cos\theta,$$

$$a_{21}=\cos\langle\boldsymbol{e}_1',\boldsymbol{e}_2\rangle=\sin\theta,$$

$$a_{12}=\cos\langle\boldsymbol{e}_2',\boldsymbol{e}_1\rangle=-\sin\theta,$$

$$a_{22}=\cos\langle\boldsymbol{e}_2',\boldsymbol{e}_2\rangle=\cos\theta,$$

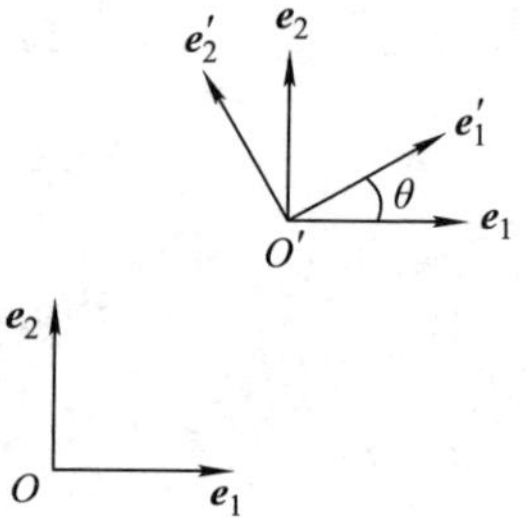

图　4.2

从而Ⅰ到Ⅱ的过渡矩阵为

$$A=\begin{pmatrix}\cos\theta & -\sin\theta\\ \sin\theta & \cos\theta\end{pmatrix}.$$

容易算出，$|\boldsymbol{A}|=1$.

*读者可通过类似上述的讨论得到：设 θ 仍表示 $\boldsymbol{e}_1$ 到 $\boldsymbol{e}_1'$ 的转角，若Ⅰ是右手直角坐标系，Ⅱ是左手直角坐标系，则Ⅰ到Ⅱ的过渡矩阵为

$$\begin{pmatrix}\cos\theta & \sin\theta\\ \sin\theta & -\cos\theta\end{pmatrix}.$$

若Ⅰ是左手直角坐标系，Ⅱ是右手直角坐标系，则Ⅰ到Ⅱ的过渡矩阵是

$$\begin{pmatrix}\cos\theta & -\sin\theta\\ -\sin\theta & -\cos\theta\end{pmatrix}.$$

若Ⅰ和Ⅱ都是左手直角坐标系，则Ⅰ到Ⅱ的过渡矩阵是

$$\begin{pmatrix}\cos\theta & \sin\theta\\ -\sin\theta & \cos\theta\end{pmatrix}.$$

定义 3.1 平面(或空间)的两个坐标系，如果它们都是右手系，或者它们都是左手系，则称它们是**同定向的**；如果一个是左手系，另一个是右手系，则称它们是**反定向的**.

从上面的讨论可以得到

命题 3.1 设 Ⅰ 和 Ⅱ 都是平面的直角坐标系，Ⅰ 到 Ⅱ 的过渡矩阵是 $\boldsymbol{A}$，则 Ⅰ 和 Ⅱ 同定向的充分必要条件是 $|\boldsymbol{A}|=1$，从而它们反定向的充分必要条件是 $|\boldsymbol{A}|=-1$. □

如无特别声明，今后所取的直角坐标系都是右手系.

3.3 移轴公式和转轴公式

设 Ⅰ$[O;\boldsymbol{e}_1,\boldsymbol{e}_2]$ 和 Ⅱ$[O';\boldsymbol{e}_1',\boldsymbol{e}_2']$ 都是右手直角坐标系，$O'(x_0,y_0)^{\mathrm{T}}$，$\boldsymbol{e}_1$ 到 $\boldsymbol{e}_1'$ 的转角为 θ，则 Ⅰ 到 Ⅱ 的点的坐标变换公式为

$$\begin{pmatrix}x\\y\end{pmatrix}=\begin{pmatrix}\cos\theta & -\sin\theta\\ \sin\theta & \cos\theta\end{pmatrix}\begin{pmatrix}x'\\y'\end{pmatrix}+\begin{pmatrix}x_0\\y_0\end{pmatrix}. \tag{3.6}$$

若 $\theta=0$，则(3.6)式成为

$$\begin{pmatrix}x\\y\end{pmatrix}=\begin{pmatrix}1 & 0\\ 0 & 1\end{pmatrix}\begin{pmatrix}x'\\y'\end{pmatrix}+\begin{pmatrix}x_0\\y_0\end{pmatrix},$$

即

$$\begin{cases}x=x'+x_0,\\ y=y'+y_0.\end{cases} \tag{3.7}$$

(3.7)式就是**移轴公式**.

若 O' 与 O 重合，则(3.6)式成为

$$\begin{pmatrix}x\\y\end{pmatrix}=\begin{pmatrix}\cos\theta & -\sin\theta\\ \sin\theta & \cos\theta\end{pmatrix}\begin{pmatrix}x'\\y'\end{pmatrix}. \tag{3.8}$$

(3.8)式称为**转轴公式**.

(3.6)式，(3.7)式和(3.8)式说明，平面上任一右手直角坐标变换可以经过移轴和转轴得到，即对于右手直角坐标系 Ⅰ$[O;\boldsymbol{e}_1,\boldsymbol{e}_2]$ 和 Ⅱ$[O';\boldsymbol{e}_1',\boldsymbol{e}_2']$，有

$$[O;\boldsymbol{e}_1,\boldsymbol{e}_2]\xrightarrow{\text{移轴}}[O';\boldsymbol{e}_1,\boldsymbol{e}_2]\xrightarrow{\text{转轴}}[O';\boldsymbol{e}_1',\boldsymbol{e}_2']$$

或　　$[O;\boldsymbol{e}_1,\boldsymbol{e}_2]\xrightarrow{\text{转轴}}[O;\boldsymbol{e}_1',\boldsymbol{e}_2']\xrightarrow{\text{移轴}}[O';\boldsymbol{e}_1',\boldsymbol{e}_2']$.

上述结论对于任意两个同定向的直角坐标系仍成立，但对于反定向的两个直角坐标系不成立.

3.4　例

例 3.1　在平面上，设新坐标系的 x' 轴，y' 轴在旧坐标系中的方程分别为

$$3x-4y+1=0,\quad 4x+3y-7=0,$$

且新、旧坐标系都是右手直角坐标系，求：旧坐标系到新坐标系的点的坐标变换公式；直线 l_1：$2x-y+3=0$ 在新坐标系中的方程；直线 l_2：$x'+2y'-1=0$ 在旧坐标系中的方程.

解　设旧坐标系为Ⅰ$[O;\boldsymbol{e}_1,\boldsymbol{e}_2]$，新坐标系为Ⅱ$[O';\boldsymbol{e}_1',\boldsymbol{e}_2']$. 解方程组

$$\begin{cases}3x-4y+1=0,\\4x+3y-7=0,\end{cases}$$

得 $x=1$，$y=1$. 因此 O' 的Ⅰ坐标是 $(1,1)^{\mathrm{T}}$.

因为 x' 轴的标准方程为

$$\frac{x+\dfrac{1}{3}}{4}=\frac{y}{3},$$

所以 x' 轴的方向系数为 $(4,3)^{\mathrm{T}}$，于是 $\boldsymbol{e}_1'$ 的Ⅰ坐标为 $\left(\dfrac{4}{5},\dfrac{3}{5}\right)^{\mathrm{T}}$ 或者 $\left(-\dfrac{4}{5},-\dfrac{3}{5}\right)^{\mathrm{T}}$. 下面取 $\boldsymbol{e}_1'$ 的Ⅰ坐标为 $\left(\dfrac{4}{5},\dfrac{3}{5}\right)^{\mathrm{T}}$，则由(3.6)式得Ⅰ到Ⅱ的点的坐标变换公式为

$$\begin{pmatrix}x\\y\end{pmatrix}=\begin{pmatrix}\dfrac{4}{5}&-\dfrac{3}{5}\\\dfrac{3}{5}&\dfrac{4}{5}\end{pmatrix}\begin{pmatrix}x'\\y'\end{pmatrix}+\begin{pmatrix}1\\1\end{pmatrix}.\tag{3.9}$$

直线 l_1：$2x-y+3=0$ 在新坐标系Ⅱ中的方程为

$$2\left(\frac{4}{5}x'-\frac{3}{5}y'+1\right)-\left(\frac{3}{5}x'+\frac{4}{5}y'+1\right)+3=0,$$

即

$$x'-2y'+4=0.$$

Ⅱ到Ⅰ的点的坐标变换公式为

$$\begin{pmatrix}x'\\y'\end{pmatrix}=\begin{pmatrix}\frac{4}{5}&\frac{3}{5}\\-\frac{3}{5}&\frac{4}{5}\end{pmatrix}\begin{pmatrix}x-1\\y-1\end{pmatrix}. \tag{3.10}$$

直线 l_2：$x'+2y'-1=0$ 在旧坐标系Ⅰ中的方程为

$$\left[\frac{4}{5}(x-1)+\frac{3}{5}(y-1)\right]+2\left[-\frac{3}{5}(x-1)+\frac{4}{5}(y-1)\right]-1=0,$$

即

$$2x-11y+14=0.$$

例 3.2 在平面右手直角坐标系中，求分式线性函数

$$y=\frac{ax+b}{cx+d},\quad ad\neq bc,\ c\neq 0$$

的图形.

解 先将所给函数适当变形，从而看出应怎样作坐标变换才能使此图形的方程简单，从而看出具体是什么图形. 我们有

$$y=\frac{ax+b}{cx+d}=\frac{\frac{a}{c}x+\frac{b}{c}}{x+\frac{d}{c}}=\frac{\frac{a}{c}\left(x+\frac{d}{c}-\frac{d}{c}\right)+\frac{b}{c}}{x+\frac{d}{c}}=\frac{a}{c}+\frac{\frac{bc-ad}{c^2}}{x+\frac{d}{c}},$$

于是得

$$\left(y-\frac{a}{c}\right)\left(x+\frac{d}{c}\right)=\frac{bc-ad}{c^2},$$

从而看出只要作移轴

$$\begin{cases}x'=x+\dfrac{d}{c},\\[2mm] y'=y-\dfrac{a}{c},\end{cases}$$

即

$$\begin{cases} x = x' - \dfrac{d}{c}, \\ y = y' + \dfrac{a}{c}, \end{cases}$$

则该图形在新坐标系(其原点 O'的旧坐标为$(-d/c,\ a/c)^{\mathrm{T}}$)中的方程为

$$x'y' = \frac{bc - ad}{c^2}.$$

这是以新坐标系的 x' 轴，y' 轴为渐近线的等轴双曲线(如图 4.3)．x' 轴，y' 轴在旧坐标系中的方程分别为

$$y - \frac{a}{c} = 0, \quad x + \frac{d}{c} = 0.$$

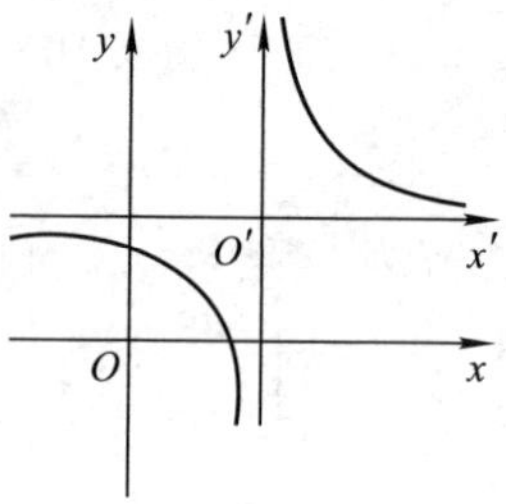

图 4.3

习 题 4.3

1. 在直角坐标系 Oxy 中，以直线 l：$4x-3y+12=0$ 为新坐标系的 x' 轴，取经过点 $A(1,-3)^{\mathrm{T}}$ 且垂直于 l 的直线为 y' 轴，写出点的坐标变换公式，并且求直线 l_1：$3x-2y+5=0$ 在新坐标系中的方程.

2. 设 x' 轴和 y' 轴在旧直角坐标系中的方程分别为

$$12x - 5y - 2 = 0 \quad 和 \quad 5x + 12y - 29 = 0,$$

写出点的坐标变换公式，并且求点 $A(-2,0)^{\mathrm{T}}$ 的新坐标. 又设某椭圆的长轴、短轴分别在 x' 轴，y' 轴上，其长、短半轴分别为 3，2，求这个椭圆在旧坐标系中的方程.

3. 如果坐标系 Ⅰ$[O;\boldsymbol{e}_1,\boldsymbol{e}_2]$和 Ⅱ$[O';\boldsymbol{e}_1',\boldsymbol{e}_2']$都是右手直角坐标系，且Ⅱ的原点 O' 的 Ⅰ 坐标是$(1,2)^{\mathrm{T}}$，$\boldsymbol{e}_1$ 到 $\boldsymbol{e}_1'$ 的转角是 $\dfrac{\pi}{3}$，求 Ⅰ 的原点 O 的Ⅱ坐标以及直线 l：$x-y=1$ 在Ⅱ中的方程.

4. 作直角坐标变换，已知点$A(6,-5)^{\mathrm{T}}$,$B(1,-4)^{\mathrm{T}}$ 的新坐标分别为$(1,-3)^{\mathrm{T}}$，$(0,2)^{\mathrm{T}}$，求点的坐标变换公式.

5. 在直角坐标系 Oxy 中，已知三点 $A(2,1)^{\mathrm{T}}$，$B(-1,2)^{\mathrm{T}}$，

$C(1,-3)^{\mathrm{T}}$，如果将坐标原点移到点 B，并且坐标轴旋转角度 $\alpha = \arctan\dfrac{3}{4}$，求点的坐标变换公式，并且求 A，B，C 在新坐标系中的坐标.

6. 设新、旧坐标系都是右手直角坐标系，坐标变换公式为

(1) $\begin{cases} x = \dfrac{\sqrt{2}}{2}x' + \dfrac{\sqrt{2}}{2}y' + 5, \\ y = -\dfrac{\sqrt{2}}{2}x' + \dfrac{\sqrt{2}}{2}y' - 3; \end{cases}$　　(2) $\begin{cases} x' = -y + 3, \\ y' = x - 2, \end{cases}$

其中 $(x,y)^{\mathrm{T}}$ 与 $(x',y')^{\mathrm{T}}$ 分别表示同一个点的旧坐标与新坐标，求新坐标系的原点的旧坐标，并且求坐标轴旋转的角 θ.

7. 已知一曲线在给定的右手直角坐标系中的方程为

$$y = 4x^2 - 8x + 5,$$

试作一直角坐标变换，使这条曲线的新方程中不含有 x 的一次项以及常数项，并且作图.

8. 求分式线性函数

$$y = \frac{2x+3}{x+4}$$

的图形，并且画图.

9. 在右手直角坐标系 Oxy 中，设一抛物线的对称轴是 $x-y-2=0$，顶点是 $(4,2)^{\mathrm{T}}$，焦点是 $(2,0)^{\mathrm{T}}$，求它的方程.

10. 已知一抛物线的准线 l 的方程为 $x-y+2=0$，焦点为 $F(2,0)^{\mathrm{T}}$，求这抛物线的方程，其中 Oxy 是右手直角坐标系.

11. 在右手直角坐标系 Oxy 中，已知一个椭圆的长轴和短轴分别在直线 l_1：$x+y=0$ 和 l_2：$x-y+1=0$ 上，并且这椭圆的半轴长为 $a=2$，$b=1$，求这个椭圆的方程.

12. 在右手直角坐标系 Oxy 中，求经过两点 $A(-2,-1)^{\mathrm{T}}$ 和 $B(0,-2)^{\mathrm{T}}$，并且长轴和短轴分别在直线 l_1：$x-y+1=0$ 和 l_2：$x+y+1=0$ 上的椭圆的方程.

*13. 在右手直角坐标系 I 中，设两直线

$$l_i: A_i x + B_i y + C_i = 0, \quad i = 1,2$$

互相垂直，取 l_1，l_2 分别为右手直角坐标系Ⅱ的 y' 轴，x' 轴，试求Ⅱ到Ⅰ的点的坐标变换公式.

§4　几何空间的坐标变换

4.1　仿射坐标变换

定理 4.1　设Ⅰ$[O;\boldsymbol{d}_1,\boldsymbol{d}_2,\boldsymbol{d}_3]$和Ⅱ$[O';\boldsymbol{d}'_1,\boldsymbol{d}'_2,\boldsymbol{d}'_3]$都是空间的仿射坐标系，$O'$ 的Ⅰ坐标是$(x_0,y_0,z_0)^{\mathrm{T}}$，$\boldsymbol{d}'_j$ 的Ⅰ坐标是$(a_{1j},a_{2j},a_{3j})^{\mathrm{T}}$ $(j=1,2,3)$，则Ⅰ到Ⅱ的点的仿射坐标变换公式为

$$\begin{pmatrix} x \\ y \\ z \end{pmatrix} = \begin{pmatrix} a_{11} & a_{12} & a_{13} \\ a_{21} & a_{22} & a_{23} \\ a_{31} & a_{32} & a_{33} \end{pmatrix} \begin{pmatrix} x' \\ y' \\ z' \end{pmatrix} + \begin{pmatrix} x_0 \\ y_0 \\ z_0 \end{pmatrix}, \tag{4.1}$$

Ⅰ到Ⅱ的向量的仿射坐标变换公式为

$$\begin{pmatrix} u_1 \\ u_2 \\ u_3 \end{pmatrix} = \begin{pmatrix} a_{11} & a_{12} & a_{13} \\ a_{21} & a_{22} & a_{23} \\ a_{31} & a_{32} & a_{33} \end{pmatrix} \begin{pmatrix} u'_1 \\ u'_2 \\ u'_3 \end{pmatrix}, \tag{4.2}$$

其中

$$\boldsymbol{A} = \begin{pmatrix} a_{11} & a_{12} & a_{13} \\ a_{21} & a_{22} & a_{23} \\ a_{31} & a_{32} & a_{33} \end{pmatrix}$$

称为Ⅰ到Ⅱ的过渡矩阵，它的第 j 列是 $\boldsymbol{d}'_j$ $(j=1,2,3)$ 的Ⅰ坐标.

证明　设点 M 的Ⅰ坐标为$(x,y,z)^{\mathrm{T}}$，Ⅱ坐标为$(x',y',z')^{\mathrm{T}}$，则(如图 4.4)

$$\begin{aligned} \overrightarrow{OM} &= \overrightarrow{OO'} + \overrightarrow{O'M} \\ &= (x_0\boldsymbol{d}_1 + y_0\boldsymbol{d}_2 + z_0\boldsymbol{d}_3) + (x'\boldsymbol{d}'_1 + y'\boldsymbol{d}'_2 + z'\boldsymbol{d}'_3) \\ &= x_0\boldsymbol{d}_1 + y_0\boldsymbol{d}_2 + z_0\boldsymbol{d}_3 + x'(a_{11}\boldsymbol{d}_1 + a_{21}\boldsymbol{d}_2 + a_{31}\boldsymbol{d}_3) \\ &\quad + y'(a_{12}\boldsymbol{d}_1 + a_{22}\boldsymbol{d}_2 + a_{32}\boldsymbol{d}_3) + z'(a_{13}\boldsymbol{d}_1 + a_{23}\boldsymbol{d}_2 + a_{33}\boldsymbol{d}_3) \end{aligned}$$

$$= (x_0 + a_{11}x' + a_{12}y' + a_{13}z')\boldsymbol{d}_1 + (y_0 + a_{21}x' + a_{22}y' + a_{23}z')\boldsymbol{d}_2$$
$$+ (z_0 + a_{31}x' + a_{32}y' + a_{33}z')\boldsymbol{d}_3,$$

从而得

$$\begin{cases} x = a_{11}x' + a_{12}y' + a_{13}z' + x_0, \\ y = a_{21}x' + a_{22}y' + a_{23}z' + y_0, \\ z = a_{31}x' + a_{32}y' + a_{33}z' + z_0, \end{cases}$$

此即(4.1)式.

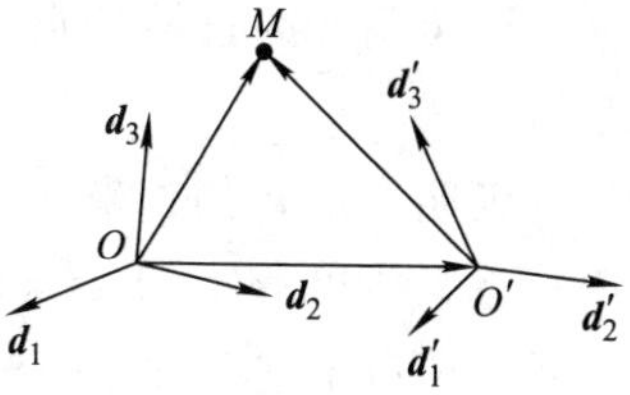

图　4.4

设 $\boldsymbol{m}$ 的 Ⅰ 坐标为$(u_1,u_2,u_3)^{\mathrm{T}}$，Ⅱ 坐标为$(u_1',u_2',u_3')^{\mathrm{T}}$，由(4.1)式易得(4.2)式. □

定理 4.2　仿射坐标系 Ⅰ$[O;\boldsymbol{d}_1,\boldsymbol{d}_2,\boldsymbol{d}_3]$到 Ⅱ$[O';\boldsymbol{d}_1',\boldsymbol{d}_2',\boldsymbol{d}_3']$的过渡矩阵 $\boldsymbol{A}$ 是非奇异的，并且 Ⅰ 与 Ⅱ 同定向的充分必要条件是

$$|\boldsymbol{A}| > 0.$$

证明　因为 Ⅰ 到 Ⅱ 的过渡矩阵 $\boldsymbol{A}$ 的第 j 列是 $\boldsymbol{d}_j'$ 的 Ⅰ 坐标，而 $\boldsymbol{d}_1'$，$\boldsymbol{d}_2'$，$\boldsymbol{d}_3'$ 不共面，所以 $|\boldsymbol{A}| \neq 0$，即 $\boldsymbol{A}$ 非奇异.

由第一章的公式(5.2)得

$$\frac{\boldsymbol{d}_1' \times \boldsymbol{d}_2' \cdot \boldsymbol{d}_3'}{\boldsymbol{d}_1 \times \boldsymbol{d}_2 \cdot \boldsymbol{d}_3} = |\boldsymbol{A}|,$$

因此 Ⅰ 与 Ⅱ 同定向的充分必要条件是 $|\boldsymbol{A}| > 0$. □

推论 4.1　平面上的两个仿射坐标系 Ⅰ$[O;\boldsymbol{d}_1,\boldsymbol{d}_2]$和 Ⅱ$[O';\boldsymbol{d}_1',\boldsymbol{d}_2']$同定向的充分必要条件是 Ⅰ 到 Ⅱ 的过渡矩阵 $\boldsymbol{A}$ 的行列式 $|\boldsymbol{A}| > 0$.

证明　令 $\boldsymbol{d}_3 = \boldsymbol{d}_1 \times \boldsymbol{d}_2$，考虑空间的两个仿射坐标系 $\mathrm{I}_1[O;\boldsymbol{d}_1,\boldsymbol{d}_2,\boldsymbol{d}_3]$ 和 $\mathrm{II}_1[O';\boldsymbol{d}_1',\boldsymbol{d}_2',\boldsymbol{d}_3']$，利用定理 4.2 易证得推论 4.1，详细推导请读者自己练习. □

由(4.1)式可以得到 Ⅱ 到 Ⅰ 的点的坐标变换公式为

$$\begin{pmatrix} x' \\ y' \\ z' \end{pmatrix} = \begin{pmatrix} a_{11} & a_{12} & a_{13} \\ a_{21} & a_{22} & a_{23} \\ a_{31} & a_{32} & a_{33} \end{pmatrix}^{-1} \begin{pmatrix} x - x_0 \\ y - y_0 \\ z - z_0 \end{pmatrix}. \tag{4.3}$$

4.2　直角坐标变换

定理 4.1 和定理 4.2 在直角坐标系中当然也成立. 现在进一步

研究直角坐标变换的特殊性.

定理 4.3 设 Ⅰ $[O;\boldsymbol{e}_1,\boldsymbol{e}_2,\boldsymbol{e}_3]$ 和 Ⅱ $[O';\boldsymbol{e}_1',\boldsymbol{e}_2',\boldsymbol{e}_3']$ 都是直角坐标系，则 Ⅰ 到 Ⅱ 的过渡矩阵 $\boldsymbol{A}$ 是正交矩阵，从而 Ⅱ 到 Ⅰ 的过渡矩阵是 $\boldsymbol{A}^{\mathrm{T}}$.

证明 设 $\boldsymbol{e}_j'$ 的 Ⅰ 坐标是 $(a_{1j},a_{2j},a_{3j})^{\mathrm{T}}(j=1,2,3)$. 因为 Ⅱ 是直角坐标系，所以 $|\boldsymbol{e}_j'|=1\ (j=1,2,3)$; $\boldsymbol{e}_j'\perp\boldsymbol{e}_i'(i\neq j)$. 又因为 Ⅰ 是直角坐标系，所以上述条件用坐标写出就是

$$a_{1j}^2+a_{2j}^2+a_{3j}^2=1,\quad j=1,2,3,$$

$$a_{1i}a_{1j}+a_{2i}a_{2j}+a_{3i}a_{3j}=0,\quad i\neq j.$$

这些条件说明 Ⅰ 到 Ⅱ 的过渡矩阵

$$\boldsymbol{A}=\begin{pmatrix} a_{11} & a_{12} & a_{13} \\ a_{21} & a_{22} & a_{23} \\ a_{31} & a_{32} & a_{33} \end{pmatrix}$$

是正交矩阵，从而 Ⅱ 到 Ⅰ 的过渡矩阵是 $\boldsymbol{A}^{-1}=\boldsymbol{A}^{\mathrm{T}}$. □

由于正交矩阵的行列式等于 +1 或 −1，因此空间的两个直角坐标系同定向的充分必要条件是它们的过渡矩阵的行列式等于 +1.

4.3 例

例 4.1 证明在右手直角坐标系 $[O;\boldsymbol{e}_1,\boldsymbol{e}_2,\boldsymbol{e}_3]$ 中，方程

$$f(2x+y-3z,x-2y)=0$$

表示的图形是柱面，并且求出它的母线方向和一条准线的方程.

证明 如果能选择一个合适的直角坐标系，使得这个图形的方程中不含某一个坐标，则此图形就是柱面. 观察原方程的特点，知道如果令

$$x'=k(2x+y-3z),\quad y'=l(x-2y),$$

则方程变成 $f\left(\dfrac{x'}{k},\dfrac{y'}{l}\right)=0$. 我们要求 Ⅱ $[O;\boldsymbol{e}_1',\boldsymbol{e}_2',\boldsymbol{e}_3']$ 也是右手直角坐标系，由 Ⅱ 到 Ⅰ 的直角坐标变换公式知，此时 $\boldsymbol{e}_1'$, $\boldsymbol{e}_2'$ 的 Ⅰ 坐标分别是 $(2k,k,-3k)^{\mathrm{T}}$, $(l,-2l,0)^{\mathrm{T}}$. 由于 $|\boldsymbol{e}_1'|=|\boldsymbol{e}_2'|=1$，所以应当取

$$k=\frac{1}{\sqrt{2^2+1^2+(-3)^2}}=\frac{1}{\sqrt{14}},\quad l=\frac{l}{\sqrt{1^2+(-2)^2}}=\frac{1}{\sqrt{5}}.$$

由于 $\boldsymbol{e}_1'\cdot\boldsymbol{e}_2'=\frac{2}{\sqrt{14}}\times\frac{1}{\sqrt{5}}+\frac{1}{\sqrt{14}}\times\left(-\frac{2}{\sqrt{5}}\right)+\frac{-3}{\sqrt{14}}\times 0=0$，所以 $\boldsymbol{e}_1'\perp\boldsymbol{e}_2'$. 再令 $\boldsymbol{e}_3'=\boldsymbol{e}_1'\times\boldsymbol{e}_2'$，即得Ⅱ$[O;\boldsymbol{e}_1',\boldsymbol{e}_2',\boldsymbol{e}_3']$为右手直角坐标系. 容易计算出 $\boldsymbol{e}_3'$ 的Ⅰ坐标为$\left(-\frac{6}{\sqrt{70}},-\frac{3}{\sqrt{70}},-\frac{5}{\sqrt{70}}\right)^{\mathrm{T}}$. 于是Ⅱ到Ⅰ的点的坐标变换公式为

$$\begin{cases}x'=\dfrac{1}{\sqrt{14}}(2x+y-3z),\\ y'=\dfrac{1}{\sqrt{5}}(x-2y),\\ z'=-\dfrac{1}{\sqrt{70}}(6x+3y+5z).\end{cases}$$

图形在Ⅱ中的方程为

$$f(\sqrt{14}x',\sqrt{5}y')=0,$$

因此它表示的图形为柱面. 该柱面的母线方向 $\boldsymbol{v}$ 与 $\boldsymbol{e}_3'$ 共线，所以可取 $\boldsymbol{v}$ 为$(6,3,5)^{\mathrm{T}}$；它的准线在Ⅱ中的方程为

$$\begin{cases}f(\sqrt{14}x',\sqrt{5}y')=0,\\ z'=0,\end{cases}$$

从而准线在Ⅰ中的方程为

$$\begin{cases}f(2x+y-3z,x-2y)=0,\\ 6x+3y+5z=0.\end{cases}$$ □

4.4 代数曲面(线)及其次数

空间(或平面)的任一点 M 对于不同坐标系的坐标是不同的，因而作为点的轨迹的图形在不同坐标系中的方程也就不同，但是有

定理 4.4 若图形 S 在仿射坐标系Ⅰ中的方程 $F(x,y,z)=0$ 的左端是 x，y，z 的 n 次多项式，则 S 在任意一个仿射坐标系Ⅱ中的方程 $G(x',y',z')=0$ 的左端是 x'，y'，z' 的 n 次多项式.

证明　因为Ⅰ到Ⅱ的点的坐标变换公式中 x，y，z 均表示成 x'，y'，z' 的一次多项式，所以若 $F(x,y,z)$ 是多项式，则用Ⅰ到Ⅱ的坐标变换公式代入 $F(x,y,z)$ 中得到的 $G(x',y',z')$ 必是 x'，y'，z' 的多项式，并且 $G(x',y',z')$ 的次数 m 不超过 $F(x,y,z)$ 的次数 n. 同理，因为用Ⅱ到Ⅰ的点的坐标变换公式代入 $G(x',y',z')$ 中即得 $F(x,y,z)$，所以 $n \leqslant m$. 于是 $m=n$. □

定理 4.4 说明，一个图形的方程的左端是否为多项式以及这多项式的次数与坐标系的选择无关，它们都是图形本身的性质.

若图形 S 的方程的左端是多项式，则称 S 为**代数曲面**，并且把这个多项式的次数称为这个**代数曲面的次数**.

平面上的图形有类似的性质. 若平面上图形 S 的方程 $F(x,y)=0$ 的左端是多项式，则称 S 是**代数曲线**，并且把这个多项式的次数称为这条**代数曲线的次数**. 譬如，椭圆、双曲线、抛物线的标准方程是二次的，由此可知，它们不论在哪一个仿射坐标系中的方程也都是二次的，所以它们都称为二次曲线.

习　题　4.4

1. 设 $OABC$ 为四面体，L，M，N 依次是 $\triangle ABC$ 的三边 AB，BC，CA 的中点. 取仿射坐标系

$$\text{Ⅰ}[O;\overrightarrow{OA},\overrightarrow{OB},\overrightarrow{OC}],\quad \text{Ⅱ}[O;\overrightarrow{OL},\overrightarrow{OM},\overrightarrow{ON}].$$

(1) 求Ⅰ到Ⅱ的点的坐标变换公式和向量的坐标变换公式，再求Ⅱ到Ⅰ的点(向量)的坐标变换公式；

(2) 求 A，B，C，$\overrightarrow{AB}$，$\overrightarrow{AC}$ 的Ⅱ坐标.

2. 设Ⅰ$[O;\boldsymbol{e}_1,\boldsymbol{e}_2,\boldsymbol{e}_3]$和Ⅱ$[O';\boldsymbol{e}_1';\boldsymbol{e}_2',\boldsymbol{e}_3']$都是右手直角坐标系，已知 O' 的Ⅰ坐标是$(2,1,2)^{\mathrm{T}}$，$\boldsymbol{e}_1'$ 与 $\overrightarrow{O'O}$ 同向，y' 轴与 y 轴交于点 $A(0,9,0)^{\mathrm{T}}$，$\boldsymbol{e}_2'$ 与 $\overrightarrow{O'A}$ 同向，求Ⅰ到Ⅱ的点的坐标变换公式.

3. 在右手直角坐标系Ⅰ$[O;\boldsymbol{e}_1,\boldsymbol{e}_2,\boldsymbol{e}_3]$中，已给三个互相垂直的平面

$$\pi_1:\ x+y+z-1=0,$$

$$\pi_2: x - z + 1 = 0,$$

$$\pi_3: x - 2y + z + 2 = 0.$$

确定新的坐标系 Ⅱ $[O'; \boldsymbol{e}'_1, \boldsymbol{e}'_2, \boldsymbol{e}'_3]$，使得 π_1，π_2，π_3 分别为 $O'y'z'$，$O'z'x'$，$O'x'y'$ 坐标平面，且 O 在新坐标系的第一卦限内，求 Ⅰ 到 Ⅱ 的点的坐标变换公式.

4. 设在右手直角坐标系 $Oxyz$ 中，曲面 S 的方程为

(1) $(2x+y+z)^2-(x-y-z)^2=y-z$;

(2) $9x^2-25y^2+9z^2-24xz+80x-60z=0$.

试判断 S 是什么曲面.

5. 画出下列曲面的简图，这些曲面在右手直角坐标系 $Oxyz$ 中的方程分别为

(1) $\dfrac{x^2}{4}+\dfrac{y^2}{9}+z=1$;　　(2) $x^2+2xy+y^2+z^2=1$;

(3) $z=xy$;　　(4) $z=xy-x-y-2$.

6. 设 Ⅰ $[O;\boldsymbol{e}_1,\boldsymbol{e}_2]$ 和 Ⅱ $[O;\boldsymbol{e}'_1,\boldsymbol{e}'_2]$ 都是夹角为 ω 的同定向的斜角坐标系(即 $|\boldsymbol{e}_i|=|\boldsymbol{e}'_i|=1\,(i=1,2)$；$\langle\boldsymbol{e}_1,\boldsymbol{e}_2\rangle=\langle\boldsymbol{e}'_1,\boldsymbol{e}'_2\rangle=\omega$)，且 $\boldsymbol{e}_1$ 到 $\boldsymbol{e}'_1$ 的转角为 $\dfrac{\pi}{2}$，求 Ⅰ 到 Ⅱ 的点的坐标变换公式.

*7. 设将右手直角坐标系 Ⅰ $[O;\boldsymbol{e}_1,\boldsymbol{e}_2,\boldsymbol{e}_3]$ 绕方向 $\boldsymbol{v}(1,1,1)^{\mathrm{T}}$ 右旋 $\dfrac{\pi}{3}$，原点不动，得坐标系 Ⅱ $[O;\boldsymbol{e}'_1,\boldsymbol{e}'_2,\boldsymbol{e}'_3]$，求 Ⅰ 到 Ⅱ 的点的坐标变换公式.

8. 在直角坐标系中，若 Oxy 平面上的曲线

$$a_{11}x^2+2a_{12}xy+a_{22}y^2+2a_1x+2a_2y+a_0=0$$

是椭圆(双曲线、抛物线)，问：二次曲面

$$z=a_{11}x^2+2a_{12}xy+a_{22}y^2+2a_1x+2a_2y+a_0$$

是什么曲面?

9. 如果

$$\begin{vmatrix} a_1 & b_1 & c_1 \\ a_2 & b_2 & c_2 \\ a_3 & b_3 & c_3 \end{vmatrix} \neq 0,$$

则曲面

$$(a_1x+b_1y+c_1z)^2+(a_2x+b_2y+c_2z)^2+(a_3x+b_3y+c_3z)^2=1$$

是什么曲面?

*10. 证明：在直角坐标系 $Oxyz$ 中，顶点在原点的二次锥面

$$a_{11}x^2+a_{22}y^2+a_{33}z^2+2a_{12}xy+2a_{23}yz+2a_{13}xz=0$$

有三条互相垂直的直母线的充分必要条件是

$$a_{11}+a_{22}+a_{33}=0.$$

*11. 设 l_1 和 l_2 是两条不垂直的异面直线，分别经过 l_1 和 l_2 作两个互相垂直的平面，证明：交线的轨迹是单叶双曲面.

*12. 设Ⅰ$[O;\boldsymbol{e}_1,\boldsymbol{e}_2,\boldsymbol{e}_3]$和Ⅱ$[O;\ \boldsymbol{e}_1',\boldsymbol{e}_2',\boldsymbol{e}_3']$是有相同原点的右手直角坐标系，则Ⅰ到Ⅱ的坐标变换可以分三个阶段来完成：

$$(1)\begin{cases}x=x''\cos\psi-y''\sin\psi,\\y=x''\sin\psi+y''\cos\psi,\\z=z'';\end{cases}$$

$$(2)\begin{cases}x''=x''',\\y''=y'''\cos\theta-z'''\sin\theta,\\z''=y'''\sin\theta+z'''\cos\theta;\end{cases}$$

$$(3)\begin{cases}x'''=x'\cos\varphi-y'\sin\varphi,\\y'''=x'\sin\varphi+y'\cos\varphi,\\z'''=z',\end{cases}$$

其中角 ψ，θ，φ 称为**欧拉角**，它们完全确定了Ⅰ到Ⅱ的坐标变换. 试指出这三个阶段的坐标变换是怎么作的，角 ψ，θ，φ 各是哪个角；试写出用 ψ，θ，φ 表示的Ⅰ到Ⅱ的点的坐标变换公式.

第五章　二次曲线方程的化简及其类型和性质

平面上的二次曲线除了椭圆(包括圆)、双曲线、抛物线外，还有没有别的？如何从所给的二次方程判别它代表什么二次曲线？它的形状和位置如何？二次曲线有哪些几何性质？这些就是本章所要研究的问题．本章所取的坐标系都是右手直角坐标系．

平面上二次曲线的一般方程是

$$a_{11}x^2+2a_{12}xy+a_{22}y^2+2a_1x+2a_2y+a_0=0, \tag{0.1}$$

其中 a_{11}，a_{12}，a_{22}不全为零．

方程(0.1)的左端是 x,y 的二次多项式，记作 $F(x,y)$．把 $F(x,y)$ 的二次项部分

$$a_{11}x^2+2a_{12}xy+a_{22}y^2 \tag{0.2}$$

记作 $\varphi(x,y)$．利用矩阵的乘法可以把 $\varphi(x,y)$写成下述形式：

$$\varphi(x,y)=(x,y)\begin{pmatrix} a_{11} & a_{12} \\ a_{12} & a_{22} \end{pmatrix}\begin{pmatrix} x \\ y \end{pmatrix}. \tag{0.3}$$

由 $\varphi(x,y)$中 x^2，y^2 项的系数作为主对角元，xy 项的系数的一半作为(1,2)元组成的对称矩阵

$$\boldsymbol{A}=\begin{pmatrix} a_{11} & a_{12} \\ a_{12} & a_{22} \end{pmatrix} \tag{0.4}$$

称为 $\varphi(x,y)$的矩阵．

利用矩阵的乘法，还可以把 $F(x,y)$写成如下形式：

$$F(x,y)=(x,y,1)\begin{pmatrix} a_{11} & a_{12} & a_1 \\ a_{12} & a_{22} & a_2 \\ a_1 & a_2 & a_0 \end{pmatrix}\begin{pmatrix} x \\ y \\ 1 \end{pmatrix}, \tag{0.5}$$

其中矩阵

$$\boldsymbol{P}=\begin{pmatrix} a_{11} & a_{12} & a_1 \\ a_{12} & a_{22} & a_2 \\ a_1 & a_2 & a_0 \end{pmatrix} \tag{0.6}$$

称为二次方程(0.1)的矩阵，它是对称矩阵. 令 $\boldsymbol{\delta}^{\mathrm{T}}=(a_1,a_2)$，则 $\boldsymbol{P}$ 可以分块写成

$$\boldsymbol{P}=\begin{pmatrix} \boldsymbol{A} & \boldsymbol{\delta} \\ \boldsymbol{\delta}^{\mathrm{T}} & a_0 \end{pmatrix}. \tag{0.7}$$

再令 $\boldsymbol{\alpha}^{\mathrm{T}}=(x,y)$，则 $F(x,y)$ 可以表示成

$$F(x,y)=(\boldsymbol{\alpha}^{\mathrm{T}},1)\begin{pmatrix} \boldsymbol{A} & \boldsymbol{\delta} \\ \boldsymbol{\delta}^{\mathrm{T}} & a_0 \end{pmatrix}\begin{pmatrix} \boldsymbol{\alpha} \\ 1 \end{pmatrix}. \tag{0.8}$$

于是方程(0.1)可以写成

$$(\boldsymbol{\alpha}^{\mathrm{T}},1)\begin{pmatrix} \boldsymbol{A} & \boldsymbol{\delta} \\ \boldsymbol{\delta}^{\mathrm{T}} & a_0 \end{pmatrix}\begin{pmatrix} \boldsymbol{\alpha} \\ 1 \end{pmatrix}=0. \tag{0.9}$$

§1　二次曲线方程的化简及其类型

为了判别在右手直角坐标系 Ⅰ$[O;\boldsymbol{e}_1,\boldsymbol{e}_2]$中的二次方程(0.1)当系数取各种值时，它能表示哪几种曲线，容易想到的办法是：作右手直角坐标变换，使得二次曲线(0.1)在新坐标系中的方程比较简单，易于辨认出它表示什么曲线. 由于任一右手直角坐标变换都可由移轴和转轴得到，所以我们首先来研究在转轴下二次方程(0.1)的系数变化规律.

1.1　作转轴消去交叉项

设Ⅱ$[O;\boldsymbol{e}_1',\boldsymbol{e}_2']$是由Ⅰ经过转轴得到的，转角为 θ，则Ⅰ到Ⅱ的点的坐标变换公式为

$$\begin{pmatrix} x \\ y \end{pmatrix}=\begin{pmatrix} \cos\theta & -\sin\theta \\ \sin\theta & \cos\theta \end{pmatrix}\begin{pmatrix} x' \\ y' \end{pmatrix}. \tag{1.1}$$

令

$$T=\begin{pmatrix}\cos\theta & -\sin\theta\\ \sin\theta & \cos\theta\end{pmatrix},\quad \alpha=\begin{pmatrix}x\\ y\end{pmatrix},\quad \alpha'=\begin{pmatrix}x'\\ y'\end{pmatrix},$$

则转轴公式(1.1)可以写成

$$\alpha = T\alpha'.$$

由(1.1)式可以得到

$$\begin{pmatrix}x\\ y\\ 1\end{pmatrix}=\begin{pmatrix}\cos\theta & -\sin\theta & 0\\ \sin\theta & \cos\theta & 0\\ 0 & 0 & 1\end{pmatrix}\begin{pmatrix}x'\\ y'\\ 1\end{pmatrix},$$

即

$$\begin{pmatrix}\alpha\\ 1\end{pmatrix}=\begin{pmatrix}T & \mathbf{0}\\ \mathbf{0} & 1\end{pmatrix}\begin{pmatrix}\alpha'\\ 1\end{pmatrix}. \tag{1.2}$$

将(1.2)式代入方程(0.9)中，得到二次曲线(0.1)的新方程为

$$(\alpha'^{\mathrm{T}},1)\begin{pmatrix}T^{\mathrm{T}} & \mathbf{0}\\ \mathbf{0} & 1\end{pmatrix}\begin{pmatrix}A & \delta\\ \delta^{\mathrm{T}} & a_0\end{pmatrix}\begin{pmatrix}T & \mathbf{0}\\ \mathbf{0} & 1\end{pmatrix}\begin{pmatrix}\alpha'\\ 1\end{pmatrix}=0, \tag{1.3}$$

即

$$(\alpha'^{\mathrm{T}},1)\begin{pmatrix}T^{\mathrm{T}}AT & T^{\mathrm{T}}\delta\\ \delta^{\mathrm{T}}T & a_0\end{pmatrix}\begin{pmatrix}\alpha'\\ 1\end{pmatrix}=0. \tag{1.3$'$}$$

由于$(T^{\mathrm{T}}AT)^{\mathrm{T}}=T^{\mathrm{T}}A^{\mathrm{T}}T=T^{\mathrm{T}}AT$，所以$T^{\mathrm{T}}AT$仍为对称矩阵. 于是新方程的二次项部分$\varphi'(x',y')$的矩阵为$T^{\mathrm{T}}AT$，一次项系数的一半组成的列是$T^{\mathrm{T}}\delta$，常数项是$a_0$. 这说明，经过转轴，新方程的二次项系数只与原方程的二次项系数及转角θ有关，新方程的一次项系数只与原方程的一次项系数及转角θ有关，常数项不变.

转轴后二次曲线S的新方程的二次项部分的矩阵为$T^{\mathrm{T}}AT$. 新方程中不出现交叉项(即$x'y'$项)当且仅当

$$T^{\mathrm{T}}AT=\begin{pmatrix}a'_{11} & 0\\ 0 & a'_{22}\end{pmatrix}. \tag{1.4}$$

设T的列向量组为η_1，η_2. 由于$T^{-1}=T^{\mathrm{T}}$，因此(1.4)式两边左乘T，得

$$A(\eta_1,\eta_2)=(\eta_1,\eta_2)\begin{pmatrix}a'_{11} & 0\\ 0 & a'_{22}\end{pmatrix}, \tag{1.5}$$

从而

$$(\boldsymbol{A\eta}_1, \boldsymbol{A\eta}_2) = (a'_{11}\boldsymbol{\eta}_1, a'_{22}\boldsymbol{\eta}_2).$$

于是

$$\boldsymbol{A\eta}_1 = a'_{11}\boldsymbol{\eta}_1, \quad \boldsymbol{A\eta}_2 = a'_{22}\boldsymbol{\eta}_2. \tag{1.6}$$

从(1.6)式受到启发，我们引出下述概念：

定义 1.1　设 $\boldsymbol{A}$ 是实数域上的 n 阶方阵，如果存在实数 λ_0 和 $\mathbf{R}^n$ ($\mathbf{R}^n$ 是所有有序 n 元实数组组成的集合，它的元素称为 n 维向量)中的非零向量 $\boldsymbol{\gamma}$，使得

$$\boldsymbol{A\gamma} = \lambda_0\boldsymbol{\gamma}, \tag{1.7}$$

那么称 λ_0 是 $\boldsymbol{A}$ 的一个**特征值**，称 $\boldsymbol{\gamma}$ 是 $\boldsymbol{A}$ 的属于特征值 λ_0 的一个**特征向量**.

从上述讨论得出，转轴后的新方程中不出现交叉项当且仅当 $\boldsymbol{A}$ 有两个特征值 a'_{11} 和 a'_{22}(它们可以相等)，并且 $\boldsymbol{A}$ 有两个正交的特征向量 $\boldsymbol{\eta}_1$，$\boldsymbol{\eta}_2$（注：$\boldsymbol{\eta}_1$ 与 $\boldsymbol{\eta}_2$ 正交是指定它们的对应分量的乘积之和等于零).

$\boldsymbol{A}$ 是二次曲线 S 的原方程(0.1)中二次项部分的矩阵，它是实数域上的 2 阶对称矩阵(简称 2 阶实对称矩阵). A 有没有两个特征值? $\boldsymbol{A}$ 有没有两个正交的特征向量? 下面我们来探索这两个问题. 我们有

λ_0 是 $\boldsymbol{A}$ 的一个特征值，$\boldsymbol{\gamma}$ 是 $\boldsymbol{A}$ 的属于 λ_0 的一个特征向量

$\Longleftrightarrow \boldsymbol{A\gamma} = \lambda_0\boldsymbol{\gamma}, \lambda_0 \in \mathbf{R}, \boldsymbol{\gamma} \in \mathbf{R}^2$ 且 $\boldsymbol{\gamma} \neq \mathbf{0}$

$\Longleftrightarrow (\lambda_0\boldsymbol{I} - \boldsymbol{A})\boldsymbol{\gamma} = \mathbf{0}, \lambda_0 \in \mathbf{R}, \boldsymbol{\gamma} \in \mathbf{R}^2$ 且 $\boldsymbol{\gamma} \neq \mathbf{0}$

$\Longleftrightarrow$ 二元齐次线性方程组 $(\lambda_0\boldsymbol{I} - \boldsymbol{A})\boldsymbol{X} = \mathbf{0}$ 有非零解 $\boldsymbol{\gamma}, \lambda_0 \in \mathbf{R}$

$\Longleftrightarrow |\lambda_0\boldsymbol{I} - \boldsymbol{A}| = 0, \lambda_0 \in \mathbf{R}, \boldsymbol{\gamma}$ 是 $(\lambda_0\boldsymbol{I} - \boldsymbol{A})\boldsymbol{X} = \mathbf{0}$ 的一个非零解

$\Longleftrightarrow \begin{vmatrix} \lambda_0 - a_{11} & -a_{12} \\ -a_{12} & \lambda_0 - a_{22} \end{vmatrix} = 0, \lambda_0 \in \mathbf{R}, \boldsymbol{\gamma}$ 是 $(\lambda_0\boldsymbol{I} - \boldsymbol{A})\boldsymbol{X} = \mathbf{0}$ 的一个非零解

$\Longleftrightarrow \lambda_0^2 - (a_{11} + a_{22})\lambda_0 + a_{11}a_{22} - a_{12}^2 = 0, \lambda_0 \in \mathbf{R}, \boldsymbol{\gamma}$ 是 $(\lambda_0\boldsymbol{I} - \boldsymbol{A})\boldsymbol{X} = \mathbf{0}$ 的一个非零解

$\Longleftrightarrow \lambda_0$ 是多项式 $\lambda^2-(a_{11}+a_{22})\lambda+|\boldsymbol{A}|$ 的一个实根，$\boldsymbol{\gamma}$ 是 $(\lambda_0\boldsymbol{I}-\boldsymbol{A})\boldsymbol{X}=\boldsymbol{0}$ 的一个非零解.

把多项式 $\lambda^2-(a_{11}+a_{22})\lambda+|\boldsymbol{A}|$ 称为 $\boldsymbol{A}$ 的**特征多项式**. 这个二次多项式的判别式 Δ 为

$$\begin{aligned}\Delta&=(a_{11}+a_{22})^2-4|\boldsymbol{A}|=a_{11}^2+2a_{11}a_{22}+a_{22}^2-4(a_{11}a_{22}-a_{12}^2)\\&=(a_{11}-a_{22})^2+4a_{12}^2\geqslant 0,\end{aligned}$$

等号成立当且仅当 $a_{11}=a_{22}$ 且 $a_{12}=0$. 于是，当 $a_{11}\neq a_{22}$ 或 $a_{12}\neq 0$ 时，$\boldsymbol{A}$ 必有两个不等的特征值 λ_1，λ_2. 取分别属于 λ_1，λ_2 的两个特征向量 $\boldsymbol{\gamma}_1$，$\boldsymbol{\gamma}_2$，则 $\boldsymbol{A\gamma}_1=\lambda_1\boldsymbol{\gamma}_1$，$\boldsymbol{A\gamma}_2=\lambda_2\boldsymbol{\gamma}_2$，从而有

$$\boldsymbol{\gamma}_1^{\mathrm{T}}\boldsymbol{A\gamma}_2=\boldsymbol{\gamma}_1^{\mathrm{T}}(\lambda_2\boldsymbol{\gamma}_2)=\lambda_2\boldsymbol{\gamma}_1^{\mathrm{T}}\boldsymbol{\gamma}_2,$$

$$\boldsymbol{\gamma}_2^{\mathrm{T}}\boldsymbol{A\gamma}_1=\boldsymbol{\gamma}_2^{\mathrm{T}}(\lambda_1\boldsymbol{\gamma}_1)=\lambda_1\boldsymbol{\gamma}_2^{\mathrm{T}}\boldsymbol{\gamma}_1=\lambda_1(\boldsymbol{\gamma}_2^{\mathrm{T}}\boldsymbol{\gamma}_1)^{\mathrm{T}}=\lambda_1\boldsymbol{\gamma}_1^{\mathrm{T}}\boldsymbol{\gamma}_2.$$

由于 $\boldsymbol{\gamma}_1^{\mathrm{T}}\boldsymbol{A\gamma}_2=(\boldsymbol{\gamma}_1^{\mathrm{T}}\boldsymbol{A\gamma}_2)^{\mathrm{T}}=\boldsymbol{\gamma}_2^{\mathrm{T}}\boldsymbol{A}^{\mathrm{T}}\boldsymbol{\gamma}_1=\boldsymbol{\gamma}_2^{\mathrm{T}}\boldsymbol{A\gamma}_1$，因此 $\lambda_2\boldsymbol{\gamma}_1^{\mathrm{T}}\boldsymbol{\gamma}_2=\lambda_1\boldsymbol{\gamma}_1^{\mathrm{T}}\boldsymbol{\gamma}_2$，从而 $(\lambda_2-\lambda_1)\boldsymbol{\gamma}_1^{\mathrm{T}}\boldsymbol{\gamma}_2=0$. 由于 $\lambda_2\neq\lambda_1$，因此 $\boldsymbol{\gamma}_1^{\mathrm{T}}\boldsymbol{\gamma}_2=0$. 于是 $\boldsymbol{\gamma}_1$ 与 $\boldsymbol{\gamma}_2$ 正交.

综上所述，我们证明了下面的定理：

定理 1.1 设 $\boldsymbol{A}=(a_{ij})$ 是 2 阶实对称矩阵，则 $\boldsymbol{A}$ 有两个不等或相等的特征值，它们是 $\boldsymbol{A}$ 的特征多项式 $\lambda^2-(a_{11}+a_{22})\lambda+|\boldsymbol{A}|$ 的实根，并且

(1) $\boldsymbol{A}$ 有两个相等的特征值当且仅当 $a_{11}=a_{22}$ 且 $a_{12}=0$；

(2) 当 $a_{11}\neq a_{22}$ 或 $a_{12}\neq 0$ 时，$\boldsymbol{A}$ 有两个不等的特征值 λ_1，λ_2，$\boldsymbol{A}$ 的属于 λ_1 的任一特征向量与属于 λ_2 的任一特征向量必正交，且 $\boldsymbol{A}$ 的属于 λ_i 的全部特征向量是齐次线性方程组 $(\lambda_i\boldsymbol{I}-\boldsymbol{A})\boldsymbol{X}=\boldsymbol{0}$ $(i=1,2)$ 的全部非零解. □

根据定理 1.1 知，对于二次曲线 S 的原方程中二次项部分的矩阵 $\boldsymbol{A}$，当 $a_{12}\neq 0$ 时，$\boldsymbol{A}$ 有两个不等的特征值 λ_1，λ_2；取 $\boldsymbol{A}$ 的属于 λ_i 的一个特征向量 $\boldsymbol{\gamma}_i$ $(i=1,2)$，则 $\boldsymbol{\gamma}_1$ 与 $\boldsymbol{\gamma}_2$ 正交. 令 $\boldsymbol{\eta}_i=\dfrac{1}{|\boldsymbol{\gamma}_i|}\boldsymbol{\gamma}_i$ $(i=1,2)$，则 $\boldsymbol{\eta}_1$，$\boldsymbol{\eta}_2$ 是单位向量，且 $\boldsymbol{\eta}_1$ 与 $\boldsymbol{\eta}_2$ 正交，从而 $\boldsymbol{T}=(\boldsymbol{\eta}_1,\boldsymbol{\eta}_2)$ 是 2 阶正交矩阵. 适当选取 $\boldsymbol{\gamma}_i$，可以使 $|\boldsymbol{T}|=1$. 作坐标变换

$$\begin{pmatrix} x \\ y \end{pmatrix} = \boldsymbol{T}\begin{pmatrix} x' \\ y' \end{pmatrix}, \tag{1.8}$$

则 $Ox'y'$ 是右手直角坐标系. 于是坐标变换(1.8)是转轴. 在 $Ox'y'$ 中，S 的方程的二次项部分的矩阵为

$$\boldsymbol{T}^{\mathrm{T}}\boldsymbol{A}\boldsymbol{T} = \begin{pmatrix} \lambda_1 & 0 \\ 0 & \lambda_2 \end{pmatrix},$$

从而 S 的新方程的二次项部分为

$$\lambda_1 x'^2 + \lambda_2 y'^2,$$

一次项部分为

$$\begin{aligned} 2(\boldsymbol{T}^{\mathrm{T}}\boldsymbol{\delta})^{\mathrm{T}}\begin{pmatrix} x' \\ y' \end{pmatrix} &= 2\boldsymbol{\delta}^{\mathrm{T}}\boldsymbol{T}\begin{pmatrix} x' \\ y' \end{pmatrix} = 2(\boldsymbol{\delta}^{\mathrm{T}}\boldsymbol{\eta}_1, \boldsymbol{\delta}^{\mathrm{T}}\boldsymbol{\eta}_2)\begin{pmatrix} x' \\ y' \end{pmatrix} \\ &= 2\boldsymbol{\delta}^{\mathrm{T}}\boldsymbol{\eta}_1 x' + 2\boldsymbol{\delta}^{\mathrm{T}}\boldsymbol{\eta}_2 y'. \end{aligned} \tag{1.9}$$

记 $a_1' = \boldsymbol{\delta}^{\mathrm{T}}\eta_1$，$a_2' = \boldsymbol{\delta}^{\mathrm{T}}\boldsymbol{\eta}_2$，则 S 在 $Ox'y'$ 中的方程为

$$\lambda_1 x'^2 + \lambda_2 y'^2 + 2a_1'x' + 2a_2'y' + a_0 = 0. \tag{1.10}$$

例 1.1　设在右手直角坐标系 Oxy 中，二次曲线 S 的方程为

$$5x^2 + 4xy + 2y^2 - 24x - 12y + 18 = 0,$$

作转轴消去交叉项，写出 S 在转轴后的新方程.

解　S 在 Oxy 中的方程的二次项部分的矩阵 $\boldsymbol{A}$ 为

$$\boldsymbol{A} = \begin{pmatrix} 5 & 2 \\ 2 & 2 \end{pmatrix}.$$

A 的特征多项式为 $\lambda^2 - 7\lambda + 6$，它的两个实根为 6，1，于是 A 的两个特征值为 $\lambda_1 = 6$，$\lambda_2 = 1$.

对于特征值 $\lambda_1 = 6$，求出 $(6\boldsymbol{I} - \boldsymbol{A})\boldsymbol{X} = \boldsymbol{0}$ 的一个非零解 $\boldsymbol{\gamma}_1 = (2,1)^{\mathrm{T}}$. 令

$$\boldsymbol{\eta}_1 = \frac{1}{|\boldsymbol{\gamma}_1|}\boldsymbol{\gamma}_1 = \left(\frac{2}{\sqrt{5}}, \frac{1}{\sqrt{5}}\right)^{\mathrm{T}}.$$

对于特征值 $\lambda_2 = 1$，求出 $(\boldsymbol{I} - \boldsymbol{A})\boldsymbol{X} = \boldsymbol{0}$ 的一个非零解 $\boldsymbol{\gamma}_2 = (-1,2)^{\mathrm{T}}$. 令

$$\boldsymbol{\eta}_2 = \frac{1}{|\boldsymbol{\gamma}_2|}\boldsymbol{\gamma}_2 = \left(-\frac{1}{\sqrt{5}}, \frac{2}{\sqrt{5}}\right)^{\mathrm{T}}.$$

于是

$$\boldsymbol{T}=\begin{pmatrix}\dfrac{2}{\sqrt{5}} & -\dfrac{1}{\sqrt{5}}\\ \dfrac{1}{\sqrt{5}} & \dfrac{2}{\sqrt{5}}\end{pmatrix}$$

为正交矩阵，且 $|\boldsymbol{T}|=1$. 作转轴

$$\begin{pmatrix}x\\ y\end{pmatrix}=\boldsymbol{T}\begin{pmatrix}x'\\ y'\end{pmatrix}.$$

S 在 $Ox'y'$ 中的方程的一次项系数的一半分别为

$$a_1'=\boldsymbol{\delta}^{\mathrm{T}}\boldsymbol{\eta}_1=(-12,-6)\begin{pmatrix}\dfrac{2}{\sqrt{5}}\\ \dfrac{1}{\sqrt{5}}\end{pmatrix}=-6\sqrt{5},$$

$$a_2'=\boldsymbol{\delta}^{\mathrm{T}}\boldsymbol{\eta}_2=(-12,-6)\begin{pmatrix}-\dfrac{1}{\sqrt{5}}\\ \dfrac{2}{\sqrt{5}}\end{pmatrix}=0,$$

于是 S 在 $Ox'y'$ 中的方程为

$$6x'^2+y'^2-12\sqrt{5}x'+18=0.$$

1.2　作移轴进一步化简方程

经过转轴消去交叉项后，就可以通过配方，再作移轴，把二次方程进一步化简. 记 $a_{11}'=\lambda_1$，$a_{22}'=\lambda_2$. 这时需要区分几种情况：

情形 1　a_{11}'与 a_{22}'同号.

由于椭圆的标准方程中平方项的系数是同号的，因此我们把消去交叉项后平方项系数同号的二次曲线称为**椭圆型曲线**. 此时把新方程(1.10)配方得

$$a_{11}'\left(x'+\frac{a_1'}{a_{11}'}\right)^2+a_{22}'\left(y'+\frac{a_2'}{a_{22}'}\right)^2+a_0'-\frac{a_1'^2}{a_{11}'}-\frac{a_2'^2}{a_{22}'}=0.$$

作移轴

$$\begin{cases} x^* = x' + \dfrac{a_1'}{a_{11}'}, \\ y^* = y' + \dfrac{a_2'}{a_{22}'}, \end{cases} \tag{1.11}$$

则二次方程(1.10)变成

$$a_{11}'x^{*2} + a_{22}'y^{*2} + c_1^* = 0, \tag{1.12}$$

其中

$$c_1^* = -\left(\frac{a_1'^2}{a_{11}'} + \frac{a_2'^2}{a_{22}'}\right) + a_0'.$$

(1) 若 c_1^* 与 a_{11}' 异号，则(1.12)式两边同除以 $-c_1^*$，得

$$\frac{x^{*2}}{a_1^2} + \frac{y^{*2}}{b_1^2} = 1, \tag{1.13}$$

其中 $a_1^2 = \dfrac{-c_1^*}{a_{11}'}$，$b_1^2 = \dfrac{-c_1^*}{a_{22}'}$. 显然，(1.13)式是椭圆的标准方程.

(2) 若 c_1^* 与 a_{11}'同号，则类似可得

$$\frac{x^{*2}}{a_2^2} + \frac{y^{*2}}{b_2^2} = -1, \tag{1.14}$$

其中 $a_2^2 = \dfrac{c_1^*}{a_{11}'}$，$b_2^2 = \dfrac{c_1^*}{a_{22}'}$. 显然，方程(1.14)无轨迹，有时也称方程(1.14)表示一个虚椭圆.

(3) 若 $c_1^* = 0$，则方程(1.12)可写成

$$\frac{x^{*2}}{a_3^2} + \frac{y^{*2}}{b_3^2} = 0, \tag{1.15}$$

其中 $a_3^2 = \dfrac{1}{|a_{11}'|}$，$b_3^2 = \dfrac{1}{|a_{22}'|}$. 显然，方程(1.15)表示一个点 O^*(移轴后的坐标系的原点).

情形 2 a_{11}' 与 a_{22}' 异号.

由于双曲线的标准方程中平方项的系数异号，因此我们把消去交叉项后平方项系数异号的二次曲线称为**双曲型曲线**. 此时类似于情形 1，方程(1.10)经配方，再作移轴(1.11)，可以变成方程(1.12).

(1) 若 $c_1^* \neq 0$，将方程(1.12)两边同除以 $-c_1^*$，得

$$\frac{x^{*2}}{a_4^2}-\frac{y^{*2}}{b_4^2}=1,\quad \text{当 } c_1^* \text{ 与 } a_{11}^* \text{ 异号} \tag{1.16}$$

或

$$-\frac{x^{*2}}{a_5^2}+\frac{y^{*2}}{b_5^2}=1,\quad \text{当 } c_1^* \text{ 与 } a_{11}^* \text{ 同号,} \tag{1.17}$$

其中

$$a_4^2=\frac{-c_1^*}{a'_{11}},\quad b_4^2=\frac{c_1^*}{a'_{22}};\quad a_5^2=\frac{c_1^*}{a'_{11}},\quad b_5^2=\frac{-c_1^*}{a'_{22}}.$$

显然，方程(1.16)和方程(1.17)均表示双曲线. 可将坐标轴再转 $\frac{\pi}{2}$，把方程(1.17)变成方程(1.16)的形式.

(2) 若 $c_1^*=0$，则方程(1.12)可化成

$$\frac{x^{*2}}{a_3^2}-\frac{x^{*2}}{a_3^2}=0. \tag{1.18}$$

把左端分解因式，可看出这个方程表示一对相交直线.

情形 3 a'_{11} 与 a'_{22} 中有一个为零(不可能全为零).

由于抛物线的标准方程中平方项系数有一个为零，所以把消去交叉项后平方项系数有一个为零的二次曲线称为**抛物型曲线**.

我们约定把 $\boldsymbol{A}$ 的特征值 0 记作 λ_1，另一个非零的特征值记作 λ_2，于是 $a'_{11}=0$，$a'_{22}\neq 0$. 这时方程(1.10)成为

$$a'_{22}y'^2+2a'_1x'+2a'_2y'+a'_0=0, \tag{1.19}$$

配方得

$$a'_{22}\left(y'+\frac{a'_2}{a'_{22}}\right)^2+2a'_1x'+a'_0-\frac{a_2'^2}{a'_{22}}=0. \tag{1.20}$$

(1) 若 $a'_1\neq 0$，作移轴

$$\begin{cases} x^*=x'+\dfrac{a'_{22}a'_0-a_2'^2}{2a'_1a'_{22}}, \\ y^*=y'+\dfrac{a'_2}{a'_{22}}, \end{cases} \tag{1.21}$$

则方程(1.20)成为

$$a'_{22}y^{*2}+2a'_1x^*=0. \tag{1.22}$$

显然，这是抛物线的方程.

(2) 若 $a'_1=0$，则方程(1.20)成为

$$a'_{22}\left(y'+\frac{a'_2}{a'_{22}}\right)^2+c_2^*=0,\quad 其中\quad c_2^*=a'_0-\frac{a_2'^2}{a'_{22}}.$$

作移轴

$$\begin{cases}x^*=x',\\ y^*=y'+\dfrac{a'_2}{a'_{22}},\end{cases} \tag{1.23}$$

得

$$a'_{22}y^{*2}+c_2^*=0. \tag{1.24}$$

① 若 c_2^* 与 a'_{22} 异号，则由方程(1.24)得

$$y^{*2}=\frac{-c_2^*}{a'_{22}}. \tag{1.25}$$

显然，这个方程表示一对平行直线.

② 若 c_2^* 与 a'_{22} 同号，则易看出方程(1.24)无轨迹，有时称它表示一对虚平行直线.

③ 若 $c_2^*=0$，则由方程(1.24)得

$$y^{*2}=0. \tag{1.26}$$

显然，这个方程表示一对重合直线(与 x^* 轴重合).

综上所述，经过直角坐标变换把二次曲线方程化简后，可以看出，二次曲线共有 9 种，其中椭圆型曲线有 3 种：椭圆(包括圆)，虚椭圆(包括虚圆)，一个点；双曲型曲线有 2 种：双曲线，一对相交直线；抛物型曲线有 4 种：抛物线，一对平行直线，一对虚平行直线，一对重合直线.

椭圆、双曲线、抛物线这 3 种曲线统称为**圆锥曲线**.

1.3 例

例 1.2 确定例 1.1 中的二次方程表示的二次曲线 S 的类型、形状和位置，并且画图.

解　例 1.1 中通过转轴把二次方程化简成

$$6x'^2+y'^2-12\sqrt{5}x'+18=0.$$

因为 a'_{11} 与 a'_{22} 同号，所以这是椭圆型曲线．配方得

$$6(x'-\sqrt{5})^2+y'^2-12=0.$$

作移轴

$$\begin{cases}x^*=x'-\sqrt{5},\\ y^*=y',\end{cases}$$

得

$$6x^{*2}+y^{*2}-12=0,$$

即

$$\frac{x^{*2}}{2}+\frac{y^{*2}}{12}=1.$$

这是椭圆，长轴在 y^* 轴上，长半轴长为 $2\sqrt{3}$，短半轴长为 $\sqrt{2}$.

由例 1.1 的转轴公式和上述移轴公式可得出总的坐标变换公式为

$$\begin{pmatrix}x\\ y\end{pmatrix}=\begin{pmatrix}\frac{2}{\sqrt{5}} & -\frac{1}{\sqrt{5}}\\ \frac{1}{\sqrt{5}} & \frac{2}{\sqrt{5}}\end{pmatrix}\begin{pmatrix}x^*+\sqrt{5}\\ y^*\end{pmatrix},$$

即

$$\begin{cases}x=\frac{2}{\sqrt{5}}x^*-\frac{1}{\sqrt{5}}y^*+2,\\ y=\frac{1}{\sqrt{5}}x^*+\frac{2}{\sqrt{5}}y^*+1.\end{cases}$$

因此，最后的坐标系 $O^*x^*y^*$ 的原点 O^* 在 Oxy 中的坐标为 $(2,1)^{\mathrm{T}}$．于是可确定出椭圆的位置，图形也就可以画出来了（如图 5.1）.

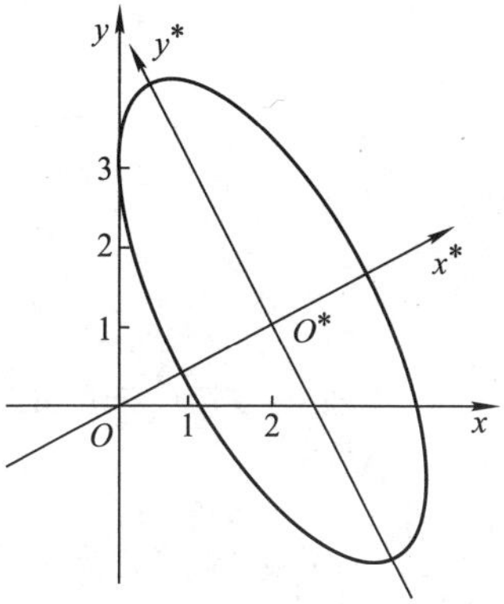

图　5.1

例 1.3　确定下述二次方程

$$4x^2 + 8xy + 4y^2 + 13x + 3y + 4 = 0 \tag{1.27}$$

表示的二次曲线 S 的类型、形状和位置，并且画图.

解 S 的方程(1.27)中二次项部分的矩阵 $\boldsymbol{A}$ 为

$$\boldsymbol{A} = \begin{pmatrix} 4 & 4 \\ 4 & 4 \end{pmatrix}.$$

$\boldsymbol{A}$ 的特征多项式为 $\lambda^2 - 8\lambda$，它的两个实根为 0，8，于是 $\boldsymbol{A}$ 的全部特征值是 $\lambda_1 = 0$，$\lambda_2 = 8$.

对于 $\lambda_1 = 0$，求出 $(0\boldsymbol{I} - \boldsymbol{A})\boldsymbol{X} = \boldsymbol{0}$ 的一个非零解 $\boldsymbol{\gamma}_1 = (1, -1)^{\mathrm{T}}$，单位化得 $\boldsymbol{\eta}_1 = \left(\frac{1}{\sqrt{2}}, -\frac{1}{\sqrt{2}}\right)^{\mathrm{T}}$. 对于 $\lambda_2 = 8$，求出 $(8\boldsymbol{I} - \boldsymbol{A})\boldsymbol{X} = \boldsymbol{0}$ 的一个非零解 $\boldsymbol{\gamma}_2 = (1,1)^{\mathrm{T}}$，单位化得 $\boldsymbol{\eta}_2 = \left(\frac{1}{\sqrt{2}}, \frac{1}{\sqrt{2}}\right)^{\mathrm{T}}$. 令

$$\boldsymbol{T} = \begin{pmatrix} \frac{1}{\sqrt{2}} & \frac{1}{\sqrt{2}} \\ -\frac{1}{\sqrt{2}} & \frac{1}{\sqrt{2}} \end{pmatrix},$$

则 $\boldsymbol{T}$ 是正交矩阵，且 $|\boldsymbol{T}| = 1$. 作转轴

$$\begin{pmatrix} x \\ y \end{pmatrix} = \boldsymbol{T}\begin{pmatrix} x' \\ y' \end{pmatrix},$$

则 S 在 $Ox'y'$ 中的方程的一次项系数的一半分别为

$$a_1' = \boldsymbol{\delta}^{\mathrm{T}}\boldsymbol{\eta}_1 = \left(\frac{13}{2}, \frac{3}{2}\right)\begin{pmatrix} \frac{1}{\sqrt{2}} \\ -\frac{1}{\sqrt{2}} \end{pmatrix} = \frac{5}{\sqrt{2}},$$

$$a_2' = \boldsymbol{\delta}^{\mathrm{T}}\boldsymbol{\eta}_2 = \left(\frac{13}{2}, \frac{3}{2}\right)\begin{pmatrix} \frac{1}{\sqrt{2}} \\ \frac{1}{\sqrt{2}} \end{pmatrix} = \frac{8}{\sqrt{2}}.$$

于是，S 在 $Ox'y'$ 中的方程为

$$8y'^2 + 5\sqrt{2}x' + 8\sqrt{2}y' + 4 = 0,$$

即

$$8\left(y'+\frac{\sqrt{2}}{2}\right)^2+5\sqrt{2}x'=0.$$

作移轴

$$\begin{cases}x^*=x',\\ y^*=y'+\dfrac{\sqrt{2}}{2},\end{cases}$$

则 S 在 $O^*x^*y^*$ 中的方程为

$$8y^{*2}+5\sqrt{2}x^*=0,$$

即

$$y^{*2}=-\frac{5\sqrt{2}}{8}x^*.$$

于是，S 是抛物型曲线，且为抛物线，焦参数 $p=\frac{5}{16}\sqrt{2}$，对称轴在 x^* 轴上，开口朝着 x^* 轴的负向.

总的坐标变换公式为

$$\begin{pmatrix}x\\y\end{pmatrix}=\begin{pmatrix}\dfrac{1}{\sqrt{2}} & \dfrac{1}{\sqrt{2}}\\ -\dfrac{1}{\sqrt{2}} & \dfrac{1}{\sqrt{2}}\end{pmatrix}\begin{pmatrix}x^*\\y^*\end{pmatrix}+\begin{pmatrix}-\dfrac{1}{2}\\ -\dfrac{1}{2}\end{pmatrix}.$$

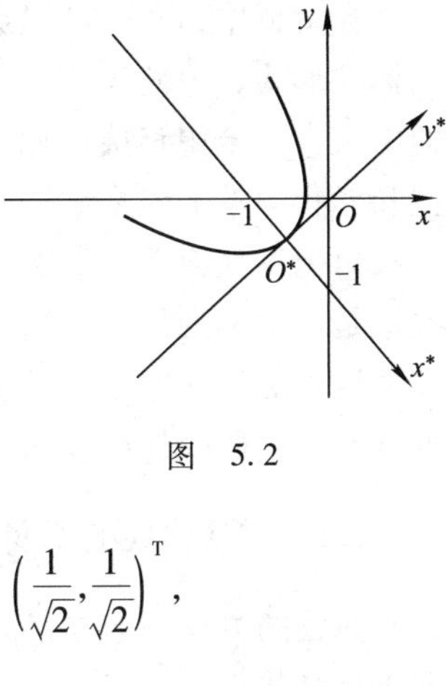

图 5.2

于是 O^* 在 Oxy 中的坐标为 $\left(-\frac{1}{2},-\frac{1}{2}\right)^{\mathrm{T}}$，$x^*$ 轴，y^* 轴的单位向量在 Oxy 中的坐标分别为

$$\boldsymbol{\eta}_1=\left(\frac{1}{\sqrt{2}},-\frac{1}{\sqrt{2}}\right)^{\mathrm{T}},\quad \boldsymbol{\eta}_2=\left(\frac{1}{\sqrt{2}},\frac{1}{\sqrt{2}}\right)^{\mathrm{T}},$$

这样就可画图了，如图 5.2 所示.

习 题 5.1

1. 通过直角坐标变换确定下列二次方程表示的曲线的类型、形

状和位置，并且画图：

(1) $11x^2+6xy+3y^2-12x-12y-12=0$;

(2) $5x^2+12xy-22x-12y-19=0$;

(3) $x^2-2xy+y^2-10x-6y+25=0$;

(4) $6x^2+12xy+y^2-36x-6y=0$;

(5) $4x^2-4xy+y^2-2x-14y+7=0$.

2. 给定方程

$$(A_1x+B_1y+C_1)^2+(A_2x+B_2y+C_2)^2=1,$$

其中

$$A_1B_2-A_2B_1\neq 0,\quad A_1A_2+B_1B_2=0,$$

试经过适当的坐标变换把上述方程化成标准形式，并且指出此方程表示什么曲线.

§2　二次曲线的不变量

在上节中，我们已经会通过转轴和移轴，把二次曲线方程化简成标准形式，由此确定曲线的类型、形状和位置. 但是，在不少问题中，常常希望直接从原二次方程的系数来判别它代表的曲线的类型和形状. 本节就来解决这个问题. 解决此问题的途径是：先讨论在直角坐标变换下，二次方程的系数(看成参变量)的哪些函数其函数值是保持不变的，然后我们就能确定原方程的系数与经过转轴和移轴得到的最简方程的系数之间的关系，从而就可用原方程的系数来直接判别曲线的类型和形状.

2.1　二次曲线的不变量和半不变量

曲线的方程一般是随着坐标系的改变而改变的，但是既然这些方程都是代表同一条曲线，它们就应该有某些共同性，也就是说它们的系数应该有某些共同的特性是不随坐标系的改变而变化的. 刻画这种共同性的量，我们称它为不变量. 确切地说：

定义 2.1　曲线方程系数的一个确定的函数，如果在任意一个直角坐标变换下它的函数值不变，那么就称这个函数是这条曲线的一个**正交不变量**(简称**不变量**).

不变量既然与直角坐标系的选择无关，于是它就反映了曲线本身的几何性质. 因此，找出曲线方程的不变量是解析几何研究中的一个重要课题.

由于平面上任一右手直角坐标变换可以经过转轴和移轴得到，因此我们来探索二次曲线 S 的方程系数的什么样的函数在转轴下其函数值不改变，在移轴下其函数值也不改变.

根据本章§1的(1.10)式，S 在(1.8)式的转轴后的方程为

$$\lambda_1 x'^2 + \lambda_2 y'^2 + 2a_1' x' + 2a_2' y' + a_0 = 0, \tag{2.1}$$

其中 λ_1，λ_2 是 S 的原方程的二次项部分的矩阵 $\boldsymbol{A}$ 的两个特征值，它们是 $\boldsymbol{A}$ 的特征多项式 $\lambda^2 - (a_{11} + a_{22})\lambda + |\boldsymbol{A}|$ 的两个实根. 于是根据韦达公式得

$$\lambda_1 + \lambda_2 = a_{11} + a_{22}, \quad \lambda_1\lambda_2 = |\boldsymbol{A}|. \tag{2.2}$$

从(2.1)式看出，$\lambda_1 + \lambda_2$ 是 S 在上述转轴后的方程的平方项系数之和. 而从 S 的原方程(0.1)看出，$a_{11} + a_{22}$ 是 S 的原方程的平方项系数之和. 由此我们猜测二次曲线 S 的方程的平方项系数之和在任一转轴下保持不变. 于是我们令

$$I_1 = a_{11} + a_{22}. \tag{2.3}$$

又从(2.1)式看出，$\lambda_1\lambda_2$ 是 S 在上述转轴后的方程的二次项部分的矩阵 $\begin{pmatrix} \lambda_1 & 0 \\ 0 & \lambda_2 \end{pmatrix}$ 的行列式. 而 $|\boldsymbol{A}|$ 是 S 的原方程的二次项部分的矩阵 $\boldsymbol{A}$ 的行列式. 从(2.2)式的第二个式子受到启发，我们猜测二次曲线 S 的方程的二次项部分的矩阵的行列式的值在任一转轴下保持不变. 于是我们令

$$I_2 = \begin{vmatrix} a_{11} & a_{12} \\ a_{12} & a_{22} \end{vmatrix}. \tag{2.4}$$

为了证明 I_1 在任一转轴下不改变它的函数值，我们注意到 $a_{11} + a_{22}$ 是 $\boldsymbol{A}$ 的主对角元之和，于是引出下述概念：

定义 2.2　n 阶方阵 $\boldsymbol{A}=(a_{ij})$ 的主对角线上所有元素的和称为 $\boldsymbol{A}$ 的**迹**，记作 $\mathrm{tr}(\boldsymbol{A})$，即

$$\mathrm{tr}(\boldsymbol{A}) = a_{11} + a_{22} + \cdots + a_{nn}. \tag{2.5}$$

由定义 2.2 知，对于二次曲线 S，$I_1=\mathrm{tr}(\boldsymbol{A})$.

设 $\boldsymbol{A}=(a_{ij})$，$\boldsymbol{B}=(b_{ij})$ 是 n 阶方阵. 容易证明，矩阵的迹具有下述性质：

性质 2.1　$\mathrm{tr}(\boldsymbol{A}+\boldsymbol{B})=\mathrm{tr}(\boldsymbol{A})+\mathrm{tr}(\boldsymbol{B})$，$\mathrm{tr}(k\boldsymbol{A})=k\mathrm{tr}(\boldsymbol{A})$.

证明　
$$\begin{aligned}\mathrm{tr}(\boldsymbol{A}+\boldsymbol{B}) &= \sum_{i=1}^{n}(\boldsymbol{A}+\boldsymbol{B})(i;i) = \sum_{i=1}^{n}(a_{ii}+b_{ii}) \\ &= \sum_{i=1}^{n}a_{ii} + \sum_{i=1}^{n}b_{ii} = \mathrm{tr}(\boldsymbol{A})+\mathrm{tr}(\boldsymbol{B});\end{aligned}$$

$$\mathrm{tr}(k\boldsymbol{A}) = \sum_{i=1}^{n}(ka_{ii}) = k\sum_{i=1}^{n}a_{ii} = k\mathrm{tr}(\boldsymbol{A}).$$
□

性质 2.2　$\mathrm{tr}(\boldsymbol{AB})=\mathrm{tr}(\boldsymbol{BA})$.

证明　由于

$$\mathrm{tr}(\boldsymbol{AB}) = \sum_{i=1}^{n}(\boldsymbol{AB})(i;i) = \sum_{i=1}^{n}\sum_{l=1}^{n}a_{il}b_{li},$$

$$\mathrm{tr}(\boldsymbol{BA}) = \sum_{l=1}^{n}(\boldsymbol{BA})(l;l) = \sum_{l=1}^{n}\sum_{i=1}^{n}b_{li}\cdot a_{il} = \sum_{i=1}^{n}\sum_{l=1}^{n}a_{il}b_{li}.$$

因此

$$\mathrm{tr}(\boldsymbol{AB})=\mathrm{tr}(\boldsymbol{BA}).$$
□

由于二次曲线的 I_1，I_2 只涉及二次项系数，因此仅凭 I_1 和 I_2 肯定无法判断 S 的类型和形状. 应当把一次项系数和常数项也考虑进来. 令

$$I_3 = \begin{vmatrix} a_{11} & a_{12} & a_1 \\ a_{12} & a_{22} & a_2 \\ a_1 & a_2 & a_0 \end{vmatrix} = \begin{vmatrix} \boldsymbol{A} & \boldsymbol{\delta} \\ \boldsymbol{\delta}^{\mathrm{T}} & a_0 \end{vmatrix}. \tag{2.6}$$

现在我们来证明下述定理：

定理 2.1　I_1，I_2，I_3 都是二次曲线的不变量.

证明　作任一转轴 $\boldsymbol{\alpha}=\boldsymbol{T}\boldsymbol{\alpha}'$，其中 $\boldsymbol{T}$ 是正交矩阵，并且 $|\boldsymbol{T}|=1$.

根据本章§1的(1.3)′式，二次曲线S在转轴后的方程为

$$(\boldsymbol{\alpha}'^{\mathrm{T}},1)\begin{pmatrix}\boldsymbol{T}^{\mathrm{T}}\boldsymbol{A}\boldsymbol{T} & \boldsymbol{T}^{\mathrm{T}}\boldsymbol{\delta}\\ \boldsymbol{\delta}^{\mathrm{T}}\boldsymbol{T} & a_0\end{pmatrix}\begin{pmatrix}\boldsymbol{\alpha}'\\ 1\end{pmatrix}=0. \tag{2.7}$$

对方程(2.7)计算：

$$I_1'=\mathrm{tr}(\boldsymbol{T}^{\mathrm{T}}\boldsymbol{A}\boldsymbol{T})=\mathrm{tr}((\boldsymbol{A}\boldsymbol{T})\boldsymbol{T}^{\mathrm{T}})=\mathrm{tr}(\boldsymbol{A}\boldsymbol{I})=\mathrm{tr}(\boldsymbol{A})=I_1,$$

$$I_2'=|\boldsymbol{T}^{\mathrm{T}}\boldsymbol{A}\boldsymbol{T}|=|\boldsymbol{T}^{\mathrm{T}}||\boldsymbol{A}||\boldsymbol{T}|=|\boldsymbol{A}|=I_2,$$

$$I_3'=\begin{vmatrix}\boldsymbol{T}^{\mathrm{T}}\boldsymbol{A}\boldsymbol{T} & \boldsymbol{T}^{\mathrm{T}}\boldsymbol{\delta}\\ \boldsymbol{\delta}^{\mathrm{T}}\boldsymbol{T} & a_0\end{vmatrix}=\left|\begin{pmatrix}\boldsymbol{T}^{\mathrm{T}} & \boldsymbol{0}\\ \boldsymbol{0} & 1\end{pmatrix}\begin{pmatrix}\boldsymbol{A} & \boldsymbol{\delta}\\ \boldsymbol{\delta}^{\mathrm{T}} & a_0\end{pmatrix}\begin{pmatrix}\boldsymbol{T} & \boldsymbol{0}\\ \boldsymbol{0} & 1\end{pmatrix}\right|$$

$$=|\boldsymbol{T}^{\mathrm{T}}|I_3|\boldsymbol{T}|=I_3.$$

因此，在任一转轴下，I_1，I_2，I_3的值都保持不变.

作任一移轴$\boldsymbol{\alpha}=\boldsymbol{\alpha}^*+\boldsymbol{\alpha}_0$，其中$\boldsymbol{\alpha}^*=(x^*,y^*)^{\mathrm{T}}$，$\boldsymbol{\alpha}_0=(x_0,y_0)^{\mathrm{T}}$，则二次曲线$S$在移轴后的方程为

$$a_{11}(x^*+x_0)^2+2a_{12}(x^*+x_0)(y^*+y_0)+a_{22}(y^*+y_0)^2$$
$$+2a_1(x^*+x_0)+2a_2(y^*+y_0)+a_0=0. \tag{2.8}$$

方程(2.8)中，二次项系数分别为a_{11}，$2a_{12}$，a_{22}，因此在移轴下I_1和I_2的值都保持不变.

方程(2.8)可以写成

$$(\boldsymbol{\alpha}^*+\boldsymbol{\alpha}_0)^{\mathrm{T}}\boldsymbol{A}(\boldsymbol{\alpha}^*+\boldsymbol{\alpha}_0)+2\boldsymbol{\delta}^{\mathrm{T}}(\boldsymbol{\alpha}^*+\boldsymbol{\alpha}_0)+a_0=0, \tag{2.9}$$

即

$$\boldsymbol{\alpha}^{*\mathrm{T}}\boldsymbol{A}\boldsymbol{\alpha}^*+\boldsymbol{\alpha}^{*\mathrm{T}}\boldsymbol{A}\boldsymbol{\alpha}_0+\boldsymbol{\alpha}_0^{\mathrm{T}}\boldsymbol{A}\boldsymbol{\alpha}^*+\boldsymbol{\alpha}_0^{\mathrm{T}}\boldsymbol{A}\boldsymbol{\alpha}_0+2\boldsymbol{\delta}^{\mathrm{T}}\boldsymbol{\alpha}^*+2\boldsymbol{\delta}^{\mathrm{T}}\boldsymbol{\alpha}_0+a_0=0, \tag{2.10}$$

即

$$\boldsymbol{\alpha}^{*\mathrm{T}}\boldsymbol{A}\boldsymbol{\alpha}^*+(\boldsymbol{a}^{*\mathrm{T}}\boldsymbol{A}\boldsymbol{\alpha}_0)^{\mathrm{T}}+\boldsymbol{\alpha}_0^{\mathrm{T}}\boldsymbol{A}\boldsymbol{\alpha}^*+\boldsymbol{\alpha}_0^{\mathrm{T}}\boldsymbol{A}\boldsymbol{\alpha}_0+2\boldsymbol{\delta}^{\mathrm{T}}\boldsymbol{\alpha}^*+2\boldsymbol{\delta}^{\mathrm{T}}\boldsymbol{\alpha}_0+a_0=0, \tag{2.11}$$

亦即

$$\boldsymbol{\alpha}^{*\mathrm{T}}\boldsymbol{A}\boldsymbol{\alpha}^*+2(\boldsymbol{\alpha}_0^{\mathrm{T}}\boldsymbol{A}+\boldsymbol{\delta}^{\mathrm{T}})\boldsymbol{\alpha}^*+\boldsymbol{\alpha}_0^{\mathrm{T}}\boldsymbol{A}\boldsymbol{\alpha}_0+2\boldsymbol{\delta}^{\mathrm{T}}\boldsymbol{\alpha}_0+a_0=0. \tag{2.12}$$

对方程(2.12)计算：

$$I_3^*=\begin{vmatrix}\boldsymbol{A} & \boldsymbol{A}\boldsymbol{\alpha}_0+\boldsymbol{\delta}\\ \boldsymbol{\alpha}_0^{\mathrm{T}}\boldsymbol{A}+\boldsymbol{\delta}^{\mathrm{T}} & \boldsymbol{\alpha}_0^{\mathrm{T}}\boldsymbol{A}\boldsymbol{\alpha}_0+2\boldsymbol{\delta}^{\mathrm{T}}\boldsymbol{\alpha}_0+a_0\end{vmatrix}$$

$$= \left| \begin{pmatrix} \boldsymbol{I} & \boldsymbol{0} \\ \boldsymbol{\alpha}_0^{\mathrm{T}} & 1 \end{pmatrix} \begin{pmatrix} \boldsymbol{A} & \boldsymbol{\delta} \\ \boldsymbol{\delta}^{\mathrm{T}} & a_0 \end{pmatrix} \begin{pmatrix} \boldsymbol{I} & \boldsymbol{\alpha}_0 \\ \boldsymbol{0} & 1 \end{pmatrix} \right|$$

$$= |\boldsymbol{I}| I_3 |\boldsymbol{I}| = I_3.$$

因此，在任一移轴下，I_3 的值不改变.

综上所述，I_1，I_2，I_3 都是二次曲线的不变量. □

I_3 是二次曲线 S 的方程的矩阵 $\boldsymbol{P}$ 的行列式(参看本章开头部分的(0.6)式). I_2 是 $\boldsymbol{P}$ 的一个 2 阶主子式 $\boldsymbol{P}\begin{pmatrix}1,2\\1,2\end{pmatrix}$. $\boldsymbol{P}$ 还有两个 2 阶主子式：

$$\boldsymbol{P}\begin{pmatrix}1,3\\1,3\end{pmatrix} = \begin{vmatrix} a_{11} & a_1 \\ a_1 & a_0 \end{vmatrix},\quad \boldsymbol{P}\begin{pmatrix}2,3\\2,3\end{pmatrix} = \begin{vmatrix} a_{22} & a_2 \\ a_2 & a_0 \end{vmatrix}.$$

我们把 $\boldsymbol{P}$ 的这两个 2 阶主子式的和记作 K_1. 对于 K_1 有下面的结论：

定理 2.2　设二次曲线在直角坐标系 Oxy 中的方程为(0.1)式，令

$$K_1 = \begin{vmatrix} a_{11} & a_1 \\ a_1 & a_0 \end{vmatrix} + \begin{vmatrix} a_{22} & a_2 \\ a_2 & a_0 \end{vmatrix},$$

则在转轴下 K_1 不变，并且对于 $I_2 = I_3 = 0$ 的二次曲线，K_1 在移轴下也不变. 称 K_1 是二次曲线的**半不变量**.

证明　作转轴 $\boldsymbol{\alpha} = \boldsymbol{T}\boldsymbol{\alpha}'$，则因为 $\boldsymbol{\delta}' = \boldsymbol{T}^{\mathrm{T}}\boldsymbol{\delta}$，所以有

$$\begin{aligned} K_1' &= \begin{vmatrix} a_{11}' & a_1' \\ a_1' & a_0' \end{vmatrix} + \begin{vmatrix} a_{22}' & a_2' \\ a_2' & a_0' \end{vmatrix} \\ &= (a_{11}' + a_{22}')a_0 - (a_1'^2 + a_2'^2) = I_1' a_0 - \boldsymbol{\delta}'^{\mathrm{T}}\boldsymbol{\delta}' \\ &= I_1 a_0 - (\boldsymbol{T}^{\mathrm{T}}\boldsymbol{\delta})^{\mathrm{T}}(\boldsymbol{T}^{\mathrm{T}}\boldsymbol{\delta}) = I_1 a_0 - \boldsymbol{\delta}^{\mathrm{T}}\boldsymbol{T}\boldsymbol{T}^{\mathrm{T}}\boldsymbol{\delta} \\ &= I_1 a_0 - \boldsymbol{\delta}^{\mathrm{T}}\boldsymbol{\delta} = I_1 a_0 - (a_1^2 + a_2^2) = K_1. \end{aligned}$$

对于 $I_2 = I_3 = 0$ 的二次曲线，由 $I_2 = 0$ 得 $a_{11}a_{22} = a_{12}^2$，即

$$a_{11} : a_{12} = a_{12} : a_{22},$$

此时 a_{11} 和 a_{22} 至少有一个不为零(否则会有 $a_{11} = a_{22} = a_{12} = 0$，矛盾). 不妨设 $a_{22} \neq 0$，记 $a_{11} : a_{12} = a_{12} : a_{22} = l$. 此时有

$$I_3=\begin{vmatrix} a_{11} & a_{12} & a_1 \\ a_{12} & a_{22} & a_2 \\ a_1 & a_2 & a_0 \end{vmatrix}=\begin{vmatrix} la_{12} & la_{22} & a_1 \\ a_{12} & a_{22} & a_2 \\ a_1 & a_2 & a_0 \end{vmatrix}=\begin{vmatrix} 0 & 0 & a_1-la_2 \\ a_{12} & a_{22} & a_2 \\ a_1 & a_2 & a_0 \end{vmatrix}$$

$$=(a_1-la_2)\begin{vmatrix} a_{12} & a_{22} \\ a_1 & a_2 \end{vmatrix}=(a_1-la_2)\begin{vmatrix} 0 & a_{22} \\ a_1-la_2 & a_2 \end{vmatrix}$$

$$=-a_{22}(a_1-la_2)^2.$$

因为 $I_3=0$，$a_{22}\neq 0$，所以 $a_1-la_2=0$. 于是得到

$$a_{11}:a_{12}=a_{12}:a_{22}=a_1:a_2=l \tag{2.13}$$

现在作移轴 $\boldsymbol{\alpha}=\boldsymbol{\alpha}^*+\boldsymbol{\alpha}_0$，由(2.8)式得

$$\begin{vmatrix} a_{11}^* & a_1^* \\ a_1^* & a_0^* \end{vmatrix}=\begin{vmatrix} a_{11} & a_{11}x_0+a_{12}y_0+a_1 \\ a_{11}x_0+a_{12}y_0+a_1 & F(x_0,y_0) \end{vmatrix}$$

$$=\begin{vmatrix} a_{11} & a_{12}y_0+a_1 \\ a_{11}x_0+a_{12}y_0+a_1 & a_{12}x_0y_0+a_{22}y_0^2+a_1x_0+2a_2y_0+a_0 \end{vmatrix}$$

$$=\begin{vmatrix} a_{11} & a_{12}y_0+a_1 \\ a_{12}y_0+a_1 & a_{22}y_0^2+2a_2y_0+a_0 \end{vmatrix}. \tag{2.14}$$

若 $l\neq 0$，(2.14)式等于

$$\begin{vmatrix} a_{11} & \frac{1}{l}a_{11}y_0+a_1 \\ \frac{1}{l}a_{11}y_0+a_1 & \frac{1}{l^2}a_{11}y_0^2+2\frac{1}{l}a_1y_0+a_0 \end{vmatrix}$$

$$=\begin{vmatrix} a_{11} & a_1 \\ \frac{1}{l}a_{11}y_0+a_1 & \frac{1}{l}a_1y_0+a_0 \end{vmatrix}=\begin{vmatrix} a_{11} & a_1 \\ a_1 & a_0 \end{vmatrix};$$

若 $l=0$，则由(2.13)式知 $a_{11}=a_{12}=a_1=0$，于是(2.14)式等于零. 总之，有

$$\begin{vmatrix} a_{11}^* & a_1^* \\ a_1^* & a_0^* \end{vmatrix}=\begin{vmatrix} a_{11} & a_1 \\ a_1 & a_0 \end{vmatrix}.$$

类似地，可证

$$\begin{vmatrix} a_{22}^* & a_2^* \\ a_2^* & a_0^* \end{vmatrix} = \begin{vmatrix} a_{22} & a_2 \\ a_2 & a_0 \end{vmatrix}.$$

因此 $K_1^* = K_1$. 这表明，对于 $I_2 = I_3 = 0$ 的二次曲线，K_1 在移轴下也是不变的. □

注意，对于任意二次曲线，K_1 在移轴下其函数值可能变化.

2.2　利用不变量确定二次曲线的类型和形状

设二次曲线的方程(0.1)经过直角坐标变换化成了最简形式.

(1) 椭圆型和双曲型曲线.

此时最简方程为

$$a'_{11}x^{*2} + a'_{22}y^{*2} + c_1^* = 0,$$

其中 $a'_{11} = \lambda_1$，$a'_{22} = \lambda_2$. 当 a'_{11} 与 a'_{22} 同(异)号时，曲线为椭圆型(双曲型). 由于 I_1 和 I_2 是不变量，所以有

$$\begin{cases} a'_{11} + a'_{22} = I_1, \\ a'_{11}a'_{22} = I_2. \end{cases} \tag{2.15}$$

于是 a'_{11} 与 a'_{22} 同号的充分必要条件是 $I_2 > 0$. 这表明，若 $I_2 > 0$，则曲线为椭圆型；若 $I_2 < 0$，则曲线为双曲型.

因为 I_3 也是不变量，所以有

$$I_3 = \begin{vmatrix} a'_{11} & 0 & 0 \\ 0 & a'_{22} & 0 \\ 0 & 0 & c_1^* \end{vmatrix} = a'_{11}a'_{22}c_1^* = I_2 c_1^*,$$

从而得

$$c_1^* = \frac{I_3}{I_2}. \tag{2.16}$$

这样，椭圆型或双曲型曲线的最简方程(1.12)可写成

$$\lambda_1 x^{*2} + \lambda_2 y^{*2} + \frac{I_3}{I_2} = 0. \tag{2.17}$$

由最简方程(2.17)可以确定二次曲线的形状，并且得出判别曲线所属的类的方法：当 $I_2 > 0$ 时，若 I_3 与 I_1 异号，则曲线(0.1)是椭圆；

若 I_3 和 I_1 同号，则曲线(0.1)是虚椭圆；若 $I_3=0$，则曲线(0.1)是一个点. 当 $I_2<0$ 时，若 $I_3\neq 0$，则曲线(0.1)是双曲线；若 $I_3=0$，则曲线(0.1)是一对相交直线.

(2) 抛物型曲线.

① 抛物线，其最简方程为

$$a'_{22}y^{*2}+2a'_1x^*=0,\quad a'_{22}\neq 0,\ a'_1\neq 0.$$

由于 I_1，I_2，I_3 是不变量，因此有

$$I_1=a'_{22},\quad I_2=\begin{vmatrix}0 & 0\\ 0 & a'_{22}\end{vmatrix}=0,$$

$$I_3=\begin{vmatrix}0 & 0 & a'_1\\ 0 & a'_{22} & 0\\ a'_1 & 0 & 0\end{vmatrix}=-a'_{22}a'^2_1=-I_1a'^2_1.$$

于是最简方程(1.22)可写成

$$I_1y^{*2}\pm 2\sqrt{-\frac{I_3}{I_1}}x^*=0. \tag{2.18}$$

② 其他情况(对应于§1的1.2小节中情形3的(2)).

此时最简方程为

$$a'_{22}y^{*2}+c_2^*=0,\quad a'_{22}\neq 0.$$

计算出

$$I_1=a'_{22},\quad I_2=0,\quad I_3=0.$$

由于 $I_2=I_3=0$，因此 K_1 在转轴和移轴下均不变，从而有

$$K_1=\begin{vmatrix}0 & 0\\ 0 & c_2^*\end{vmatrix}+\begin{vmatrix}a'_{22} & 0\\ 0 & c_2^*\end{vmatrix}=a'_{22}c_2^*=I_1c_2^*.$$

于是最简方程(1.24)可写成

$$I_1y^{*2}+\frac{K_1}{I_1}=0. \tag{2.19}$$

综上所述，当 $I_2=0$ 时，曲线(0.1)为抛物型. 此时，若 $I_3\neq 0$，则曲线(0.1)为抛物线，其形状由方程(2.18)可确定. 若 $I_3=0$，则又分三种情况：当 $K_1<0$ 时，曲线(0.1)为一对平行直线(从方程

(2.19)可以看出)；当 $K_1>0$ 时，为一对虚平行直线；当 $K_1=0$ 时，为一对重合直线.

从上面看到，利用二次曲线的不变量 I_1，I_2，I_3 和半不变量 K_1，就能完全确定曲线的类型和形状. 把上述结果列成一个表，如表 5.1 所示.

表　5.1

<table>
<tr><th>型别</th><th>类别</th><th>识别标志</th><th>化简后方程</th></tr>
<tr><td>椭圆型
$I_2>0$</td><td>（1）椭圆；
（2）虚椭圆；
（3）一个点</td><td>I_3 与 I_1 异号；
I_3 与 I_1 同号；
$I_3=0$</td><td rowspan="2">$\lambda_1 x^{*2}+\lambda_2 y^{*2}+\dfrac{I_3}{I_2}=0$，
其中 λ_1，λ_2 是多项式 $\lambda^2-I_1\lambda+I_2$ 的两个实根</td></tr>
<tr><td>双曲型
$I_2<0$</td><td>（4）双曲线；
（5）一对相交直线</td><td>$I_3\neq0$
$I_3=0$</td></tr>
<tr><td rowspan="2">抛物型
$I_2=0$</td><td>（6）抛物线</td><td>$I_3\neq0$</td><td>$I_1 y^{*2}\pm2\sqrt{\dfrac{-I_3}{I_1}}x^{*}=0$</td></tr>
<tr><td>（7）一对平行直线；
（8）一对虚平行直线；
（9）一对重合直线</td><td>$I_3=0$，$K_1<0$；
$I_3=0$，$K_1>0$；
$I_3=0$，$K_1=0$</td><td>$I_1 y^{*2}+\dfrac{K_1}{I_1}=0$</td></tr>
</table>

2.3　例

例 2.1　判断下列二次曲线的类型，并且确定其形状：

（1）$x^2-3xy+y^2+10x-10y+21=0$；

（2）$x^2+4xy+4y^2-20x+10y-50=0$.

解　（1）$I_1=1+1=2$，$I_2=\begin{vmatrix} 1 & -\dfrac{3}{2} \\ -\dfrac{3}{2} & 1 \end{vmatrix}=-\dfrac{5}{4}$，

$$I_3 = \begin{vmatrix} 1 & -\frac{3}{2} & 5 \\ -\frac{3}{2} & 1 & -5 \\ 5 & -5 & 21 \end{vmatrix} = -\frac{5}{4}.$$

因为 $I_2<0$，所以这是双曲型曲线. 又因为 $I_3\neq 0$，所以这是双曲线.

多项式 $\lambda^2-2\lambda-\frac{5}{4}$ 的两个实根是

$$\lambda_1=-\frac{1}{2}, \quad \lambda_2=\frac{5}{2}.$$

又有 $\frac{I_3}{I_2}=1$，于是方程可化简成

$$-\frac{1}{2}x^{*2}+\frac{5}{2}y^{*2}+1=0,$$

即

$$\frac{x^{*2}}{2}-\frac{y^{*2}}{\frac{2}{5}}=1.$$

于是这条双曲线的实半轴 $a=\sqrt{2}$，虚半轴 $b=\sqrt{\frac{2}{5}}=\frac{1}{5}\sqrt{10}$.

（2）$I_1=1+4=5$，$I_2=\begin{vmatrix} 1 & 2 \\ 2 & 4 \end{vmatrix}=0$，

$$I_3=\begin{vmatrix} 1 & 2 & -10 \\ 2 & 4 & 5 \\ -10 & 5 & -50 \end{vmatrix}=-625.$$

因为 $I_2=0$，所以这是抛物型曲线. 又因为 $I_3\neq 0$，所以这是抛物线.

由于 $\sqrt{-\frac{I_3}{I_1}}=\sqrt{\frac{625}{5}}=5\sqrt{5}$，于是方程可化简成

$$5y^{*2}\pm 10\sqrt{5}x^{*}=0,$$

即

$$y^{*2}\pm 2\sqrt{5}x^{*}=0.$$

因此这条抛物线的焦参数 $p=\sqrt{5}$.

例 2.2 按参数 λ 的值讨论下述曲线的类型：

$$\lambda x^2 - 2xy + \lambda y^2 - 2x + 2y + 5 = 0.$$

解 $I_1 = 2\lambda$,

$I_2 = \lambda^2 - 1 = (\lambda - 1)(\lambda + 1)$,

$I_3 = 5\lambda^2 - 2\lambda - 3 = 5\left(\lambda + \frac{3}{5}\right)(\lambda - 1)$,

$K_1 = 10\lambda - 2 = 2(5\lambda - 1)$.

(1) 当 $|\lambda| > 1$ 时，$I_2 > 0$，属于椭圆型.

① 当 $\lambda > 1$ 时，$I_1 > 0$，$I_3 > 0$，因此是虚椭圆；

② 当 $\lambda < -1$ 时，$I_1 < 0$，$I_3 > 0$，因此是椭圆.

(2) 当 $|\lambda| < 1$ 时，$I_2 < 0$，属于双曲型.

① 当 $-1 < \lambda < 1$，且 $\lambda \neq -\frac{3}{5}$ 时，$I_3 \neq 0$，因此是双曲线；

② 当 $\lambda = -\frac{3}{5}$ 时，$I_3 = 0$，因此是一对相交直线.

(3) 当 $|\lambda| = 1$ 时，$I_2 = 0$，属于抛物型.

① 当 $\lambda = 1$ 时，$I_3 = 0$，$K_1 = 8 > 0$，因此是一对虚平行直线；

② 当 $\lambda = -1$ 时，$I_3 \neq 0$，因此是抛物线.

上述讨论结果可用图 5.3 来形象表示.

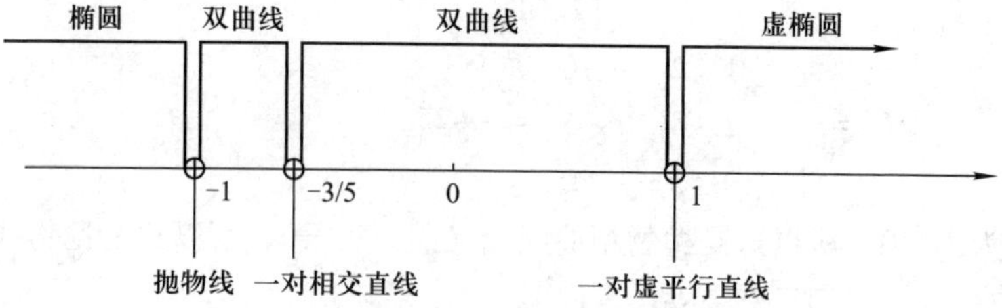

图 5.3

习 题 5.2

1. 判断下列二次曲线的类型，并且确定其形状：

(1) $6xy+8y^2-12x-26y+11=0$；

(2) $x^2+2xy+y^2-8x+4=0$；

(3) $5x^2+8xy+5y^2-18x-18y+9=0$；

(4) $5x^2-16xy+29y^2+10x-34y+10=0$；

(5) $x^2+xy-2y^2-11x-y+28=0$；

(6) $8x^2+8xy+2y^2-6x-3y-5=0$；

(7) $9x^2-8xy+24y^2-32x-16y+138=0$.

2. 当 λ 取向何值时，方程

$$\lambda x^2+4xy+y^2-4x-2y-3=0$$

表示一对直线？

3. 按参数 λ 的值讨论下列曲线的类型：

(1) $(1+\lambda^2)(x^2+y^2)-4\lambda xy+2\lambda(x+y)+2=0$；

(2) $x^2-4xy+4y^2+8y+3+2\lambda(-2xy-x-1)=0$.

4. 证明：二次方程(0.1)表示一个圆的充分必要条件是

$$I_1^2=4I_2,\quad I_1I_3<0.$$

5. 证明：二次方程(0.1)表示等轴双曲线或两条互相垂直的直线的充分必要条件是 $I_1=0$.

6. 设二次方程(0.1)表示一对平行直线，证明：这对平行直线的距离为

$$d=\sqrt{-\frac{4K_1}{I_1^2}}.$$

7. 证明：抛物线满足 $I_1I_3<0$.

§3 二次曲线的对称中心

上一节我们利用二次曲线的不变量和半不变量直接从原方程的系数确定了曲线的类型和形状，那么能否直接从原方程确定曲线的位置呢？譬如，对于椭圆，只要能从原方程的系数求出它的对称中心和两根对称轴(长轴和短轴)，则椭圆的位置就确定了. 因此，从本节开始，我们来讨论如何直接从原方程判别二次曲线有没有对称

中心和对称轴，如果有的话，如何求出它们. 我们还要讨论如何直接从原方程求出二次曲线的切线和法线，求出双曲线的渐近线等. 由于二次曲线的对称轴、切线、渐近线都是直线，因此我们就从讨论直线与二次曲线的相关位置入手.

3.1 直线与二次曲线的相关位置

设二次曲线 S 的方程为(0.1)，直线 l 经过点 $M_0(x_0,y_0)^{\mathrm{T}}$，方向向量为 $\boldsymbol{v}(\mu,\nu)^{\mathrm{T}}$，则 l 的参数方程为

$$\begin{cases} x = x_0 + \mu t, \\ y = y_0 + \nu t, \end{cases} \quad -\infty < t < +\infty. \tag{3.1}$$

为了讨论直线 l 与二次曲线 S 的相关位置，我们把(3.1)式代入(0.1)式，经整理得

$$\varphi(\mu,\nu)t^2 + 2[F_1(x_0,y_0)\mu + F_2(x_0,y_0)\nu]t + F(x_0,y_0) = 0, \tag{3.2}$$

其中 $F(x,y)$ 是(0.1)式左端的多项式，$\varphi(x,y)$ 是 $F(x,y)$ 的二次项部分，而

$$F_1(x,y) := a_{11}x + a_{12}y + a_1, \quad F_2(x,y) := a_{12}x + a_{22}y + a_2.$$

情形 1 $\varphi(\mu,\nu) \neq 0$. 这时(3.2)式是 t 的二次方程，它的判别式为

$$\Delta = 4[F_1(x_0,y_0)\mu + F_2(x_0 + y_0)\nu]^2 - 4\varphi(\mu,\nu)F(x_0,y_0).$$

① 若 $\Delta > 0$，则 l 与 S 有两个不同交点；

② 若 $\Delta = 0$，则 l 与 S 有两个重合交点；

③ 若 $\Delta < 0$，则 l 与 S 没有交点，但由于方程(3.2)有两个共轭虚根，因此称 l 与 S 有两个虚交点.

情形 2 $\varphi(\mu,\nu) = 0$.

① 若 $F_1(x_0,y_0)\mu + F_2(x_0,y_0)\nu \neq 0$，则方程(3.2)是 t 的一次方程，从而 l 与 S 有一个交点；

② 若 $F_1(x_0,y_0)\mu + F_2(x_0,y_0)\nu = 0$，且 $F(x_0,y_0) = 0$，则方程(3.2)成了恒等式，即任一实数 t 都是方程(3.2)的解，从而整条直

线 l 都在 S 上;

③ 若 $F_1(x_0,y_0)\mu+F_2(x_0,y_0)\nu=0$, 且 $F(x_0,y_0)\neq 0$, 则方程(3.2)无解, 从而 l 与 S 没有交点.

定义 3.1 设二次曲线 S 的方程为(0.1), 若非零向量 $\boldsymbol{v}$ 的坐标 $(\mu,\nu)^{\mathrm{T}}$ 满足 $\varphi(\mu,\nu)=0$, 则称 $\boldsymbol{v}$ 是 S 的**渐近方向**; 若满足 $\varphi(\mu,\nu)\neq 0$, 则称 $\boldsymbol{v}$ 是 S 的**非渐近方向**.

定理 3.1 椭圆型曲线(即 $I_2>0$)没有渐近方向; 双曲型曲线($I_2<0$)有两个渐近方向; 抛物型曲线($I_2=0$)只有一个渐近方向:

$$\mu:\nu=-a_{12}:a_{11}=-a_{22}:a_{12}.$$

证明 作直角坐标变换

$$\boldsymbol{\alpha}=\boldsymbol{T}\boldsymbol{\alpha}'+\boldsymbol{\alpha}_0,$$

把二次曲线 S 的方程(0.1)化成最简方程, 其中 $\boldsymbol{T}=(t_{ij})$ 是正交矩阵, $\boldsymbol{\alpha}_0$ 是新原点的旧坐标, 于是新方程的二次项部分为

$$\varphi'(x',y')=\boldsymbol{\alpha}'^{\mathrm{T}}(\boldsymbol{T}^{\mathrm{T}}\boldsymbol{A}\boldsymbol{T})\boldsymbol{\alpha}'.$$

设平面上任一向量 $\boldsymbol{v}$ 的旧坐标为 $\boldsymbol{\beta}=\begin{pmatrix}\mu\\ \nu\end{pmatrix}$, 新坐标为 $\boldsymbol{\beta}'=\begin{pmatrix}\mu'\\ \nu'\end{pmatrix}$, 则 $\boldsymbol{\beta}=\boldsymbol{T}\boldsymbol{\beta}'$, 从而有

$$\begin{aligned}\varphi'(\mu',\nu')&=\boldsymbol{\beta}'^{\mathrm{T}}(\boldsymbol{T}^{\mathrm{T}}\boldsymbol{A}\boldsymbol{T})\boldsymbol{\beta}'=(\boldsymbol{T}\boldsymbol{\beta}')^{\mathrm{T}}\boldsymbol{A}(\boldsymbol{T}\boldsymbol{\beta}')\\&=\boldsymbol{\beta}^{\mathrm{T}}\boldsymbol{A}\boldsymbol{\beta}=\varphi(\mu,\nu).\end{aligned}\tag{3.3}$$

设 S 为椭圆型或双曲型曲线, 则 S 的最简方程为

$$\lambda_1x'^2+\lambda_2y'^2+\frac{I_3}{I_2}=0.$$

此时

$$\varphi'(\mu',\nu')=\lambda_1\mu'^2+\lambda_2\nu'^2.$$

如果 S 为椭圆型曲线, 则 $I_2=\lambda_1\lambda_2>0$. 于是 $\varphi'(\mu',\nu')=0$ 当且仅当 $\mu'=\nu'=0$, 即 $\boldsymbol{\beta}'=\boldsymbol{0}$, 从而 $\boldsymbol{\beta}=\boldsymbol{T}\boldsymbol{\beta}'=\boldsymbol{0}$. 所以椭圆型曲线没有渐近方向.

如果 S 为双曲型曲线, 则 $I_2=\lambda_1\lambda_2<0$. 此时方程

$$\lambda_1\mu'^2+\lambda_2\nu'^2=0$$

的非零解为 $k_1(\sqrt{|\lambda_2|},\sqrt{|\lambda_1|})^{\mathrm{T}}$, $k_2(-\sqrt{|\lambda_2|},\sqrt{|\lambda_1|})^{\mathrm{T}}$, $k_1\neq 0$,

$k_2 \neq 0$. 因此 S 有两个渐近方向.

设 S 为抛物型曲线，则 S 的最简方程为

$$I_1 y'^2 \pm 2\sqrt{\frac{-I_3}{I_1}}x' = 0 \quad \text{或} \quad I_1 y'^2 + \frac{K_1}{I_1} = 0.$$

此时 $\varphi'(\mu',\nu') = I_1\nu'^2$，于是 $\varphi'(\mu',\nu') = 0$ 当且仅当 $\nu' = 0$. 所以 S 有且只有一个渐近方向 $\boldsymbol{v}$，它的新坐标是 $\begin{pmatrix}\mu' \\ 0\end{pmatrix}$，它的旧坐标是

$\boldsymbol{T}\begin{pmatrix}\mu' \\ 0\end{pmatrix} = \mu'\begin{pmatrix}t_{11} \\ t_{21}\end{pmatrix}$，其中 $\mu' \neq 0$. 由于

$$\boldsymbol{T}^{\mathrm{T}}\boldsymbol{A}\boldsymbol{T} = \begin{pmatrix}0 & 0 \\ 0 & I_1\end{pmatrix},$$

即

$$\begin{pmatrix}a_{11} & a_{12} \\ a_{12} & a_{22}\end{pmatrix}\begin{pmatrix}t_{11} & t_{12} \\ t_{21} & t_{22}\end{pmatrix} = \begin{pmatrix}t_{11} & t_{12} \\ t_{21} & t_{22}\end{pmatrix}\begin{pmatrix}0 & 0 \\ 0 & I_1\end{pmatrix},$$

由此得出

$$\begin{pmatrix}t_{11} \\ t_{21}\end{pmatrix} = l_1\begin{pmatrix}-a_{12} \\ a_{11}\end{pmatrix} = l_2\begin{pmatrix}-a_{22} \\ a_{12}\end{pmatrix}.$$

因此 S 的唯一的渐近方向的旧坐标为 $(-a_{12},a_{11})^{\mathrm{T}}$ 或 $(-a_{22},a_{12})^{\mathrm{T}}$（注意，从上式知，以 $(-a_{12},a_{11})^{\mathrm{T}}$ 和 $(-a_{22},a_{12})^{\mathrm{T}}$ 为坐标的向量是共线的）. □

3.2　二次曲线的对称中心

读者已经知道，椭圆和双曲线都有一个对称中心，而抛物线没有对称中心. 其他几种二次曲线有没有对称中心？如果一条二次曲线有对称中心，如何直接从原方程求出它的对称中心？本小节就来讨论这些问题.

定义 3.2　点 O' 称为曲线 S 的**对称中心**（简称**中心**），如果 S 上任一点 M_1 关于 O' 的对称点 M_2 仍在 S 上.

定理 3.2　点 $O'(x_0,y_0)^{\mathrm{T}}$ 是二次曲线 S（它的方程是(0.1)）的对称中心的充分必要条件为 O' 的坐标 $(x_0,y_0)^{\mathrm{T}}$ 是方程组

$$\begin{cases} F_1(x,y)=0, \\ F_2(x,y)=0 \end{cases} \tag{3.4}$$

的解.

证明 *必要性* 设 $O'(x_0,y_0)^{\mathrm{T}}$ 是二次曲线 S 的对称中心，任取 S 的一个非渐近方向$(\mu,\nu)^{\mathrm{T}}$，则经过 $O'(x_0,y_0)^{\mathrm{T}}$ 且方向为$(\mu,\nu)^{\mathrm{T}}$ 的直线 l 与 S 有两个(不同的、重合的或虚的)交点 $M_1(x_1,y_1)^{\mathrm{T}}$ 和$M_2(x_2,y_2)^{\mathrm{T}}$. 由于 O' 是 S 的对称中心，所以 O' 是线段 M_1M_2 的中点. 于是

$$x_0=\frac{x_1+x_2}{2},\quad y_0=\frac{y_1+y_2}{2}. \tag{3.5}$$

设 M_i 对应的参数值为 t_i，则有

$$\begin{cases} x_i=x_0+\mu t_i, \\ y_i=y_0+\nu t_i, \end{cases} \quad i=1,2. \tag{3.6}$$

将(3.6)式代入(3.5)式，得

$$2x_0=2x_0+\mu(t_1+t_2),\quad 2y_0=2y_0+\nu(t_1+t_2),$$

于是得

$$\mu(t_1+t_2)=0,\quad \nu(t_1+t_2)=0.$$

由于 μ，ν 不全为零，因此 $t_1+t_2=0$.

因为 $M_i(i=1,2)$是 l 与 S 的交点，所以它对应的参数值 $t_i(i=1,2)$是 t 的二次方程(3.2)的根. 根据韦达定理，得

$$t_1+t_2=\frac{-2}{\varphi(\mu,\nu)}[F_1(x_0,y_0)\mu+F_2(x_0,y_0)\nu].$$

再由 $t_1+t_2=0$ 得

$$\mu F_1(x_0,y_0)+\nu F_2(x_0,y_0)=0. \tag{3.7}$$

(3.7)式对于 S 的任意非渐近方向$(\mu,\nu)^{\mathrm{T}}$ 都成立，取 S 的两个不共线的非渐近方向 $\boldsymbol{v}_1(\mu_1,\nu_1)^{\mathrm{T}}$ 和 $\boldsymbol{v}_2(\mu_2,\nu_2)^{\mathrm{T}}$，则得

$$\begin{cases} \mu_1F_1(x_0,y_0)+\nu_1F_2(x_0,y_0)=0, \\ \mu_2F_1(x_0,y_0)+\nu_2F_2(x_0,y_0)=0. \end{cases} \tag{3.8}$$

这说明$(F_1(x_0,y_0),F_2(x_0,y_0))^{\mathrm{T}}$ 是齐次线性方程组

$$\begin{cases} \mu_1x+\nu_1y=0, \\ \mu_2x+\nu_2y=0 \end{cases} \tag{3.9}$$

的解. 由于 $\boldsymbol{v}_1$ 与 $\boldsymbol{v}_2$ 不共线, 因此

$$\begin{vmatrix} \mu_1 & \mu_2 \\ \nu_1 & \nu_2 \end{vmatrix} \neq 0,$$

从而方程组(3.9)只有零解. 所以有

$$\begin{cases} F_1(x_0, y_0) = 0, \\ F_2(x_0, y_0) = 0. \end{cases}$$

充分性　若点 O' 的坐标 $(x_0, y_0)^{\mathrm{T}}$ 是方程组(3.4)的解, 则

$$F_1(x_0, y_0) = 0, \quad F_2(x_0, y_0) = 0.$$

作移轴, 使 O' 为新坐标系的原点, 于是移轴公式为

$$\begin{cases} x = x' + x_0, \\ y = y' + y_0. \end{cases}$$

代入 S 的原方程(0.1), 得到 S 的新方程为

$$a_{11}x'^2 + 2a_{12}x'y' + a_{22}y'^2 + F(x_0, y_0) = 0. \tag{3.10}$$

方程(3.10)中用 $-x'$ 代 x', 用 $-y'$ 代 y', 方程不变, 所以 O' 是 S 的对称中心. □

定理 3.3　当 $I_2 \neq 0$ 时, 二次曲线 S 有唯一的对称中心; 当 $I_2 = 0$, 且 $I_3 = 0$ 时, S 有无穷多个对称中心, 它们组成一条直线, 称之为 S 的**中心直线**, 其方程为 $F_1(x, y) = 0$ (或 $F_2(x, y) = 0$); 当 $I_2 = 0$, 但 $I_3 \neq 0$ 时, S 没有对称中心.

证明　方程组(3.4)就是

$$\begin{cases} a_{11}x + a_{12}y + a_1 = 0, \\ a_{12}x + a_{22}y + a_2 = 0. \end{cases} \tag{3.4$'$}$$

显然, 当 $I_2 \neq 0$ 时, 方程组(3.4)′有唯一解, 因此 S 有唯一的对称中心.

当 $I_2 = I_3 = 0$ 时, 根据定理 2.2 的证明过程, 知

$$a_{11} : a_{12} = a_{12} : a_{22} = a_1 : a_2 = l,$$

于是方程组(3.4)′可以写成

$$\begin{cases} l(a_{12}x + a_{22}y + a_2) = 0, \\ a_{12}x + a_{22}y + a_2 = 0. \end{cases}$$

显然这个方程组有无穷多个解，从而 S 有无穷多个对称中心，并且它们恰好组成一条直线

$$a_{12}x + a_{22}y + a_2 = 0.$$

当 $I_2 = 0$，但 $I_3 \neq 0$ 时，$a_{11} : a_{12} = a_{12} : a_{22} \neq a_1 : a_2$，因此方程组 (3.4)′ 无解，从而 S 没有对称中心. □

我们把具有唯一对称中心的二次曲线称为**中心型曲线**；把没有对称中心或者有无穷多个对称中心的二次曲线称为**非中心型曲线**，其中没有对称中心的称为**无心曲线**，有无穷多个对称中心的称为**线心曲线**. 于是，椭圆型和双曲型曲线都是中心型曲线；而抛物型曲线是非中心型的，其中抛物线是无心曲线，一对平行直线、一对虚平行直线、一对重合直线都是线心曲线.

习 题 5.3

1. 求直线

$$\begin{cases} x = 2 + 3t, \\ y = -1 + 2t \end{cases}$$

与下列二次曲线的交点：

(1) $2x^2 - 2xy + \frac{3}{2}y^2 - 2x = 0$；

(2) $x^2 - y^2 - x - y + 1 = 0$.

2. 下列二次曲线有没有渐近方向？若有，则求出它们.

(1) $x^2 - 3xy - 10y^2 + 6x - 8y = 0$；

(2) $x^2 + xy - 2y^2 - 11x - y + 28 = 0$；

(3) $x^2 + 2xy + y^2 - 8x + 4 = 0$；

(4) $8x^2 + 8xy + 2y^2 - 6x - 3y - 5 = 0$.

3. 求下列二次曲线的对称中心：

(1) $5x^2 + 8xy + 5y^2 - 18x - 18y + 11 = 0$；

(2) $2xy - 4x + 2y + 11 = 0$；

(3) $4x^2 + 4xy + y^2 - 10x - 5y + 6 = 0$；

(4) $x^2 - 2xy + y^2 - 3x + 2y - 11 = 0$.

4. 习题 5.2 第 1 题的第(4)小题中，二次曲线是一个点，求出这个点的坐标.

5. 讨论当 λ，μ 满足什么条件时，二次曲线

$$x^2+6xy+\lambda y^2+3x+\mu y-4=0$$

(1) 有唯一的中心；

(2) 没有中心；

(3) 有一条中心直线.

6. 若方程(0.1)表示一条中心型曲线，写出中心是原点的条件.

7. 设二次曲线 S 经过点 $(2,3)^{\mathrm{T}}$，$(4,2)^{\mathrm{T}}$，$(-1,-3)^{\mathrm{T}}$，且以点 $(0,1)^{\mathrm{T}}$ 为中心，求 S 的方程.

§4　二次曲线的直径和对称轴

我们已经知道，椭圆、双曲线和抛物线都有对称轴. 如何直接从它们的原方程求出它们的对称轴?

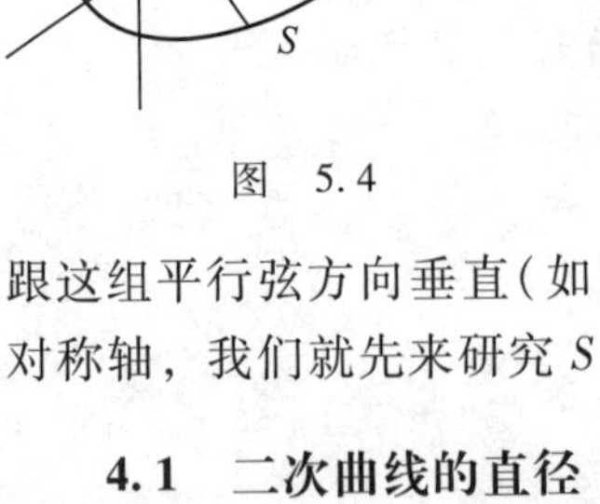

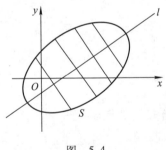

图　5.4

定义 4.1　直线 l 称为曲线 S 的**对称轴**，如果对于曲线 S 上的任一点 $M_1(x_1,y_1)^{\mathrm{T}}$，它关于直线 l 的对称点 $M_2(x_2,y_2)^{\mathrm{T}}$ 也在曲线 S 上.

我们把曲线 S 上的两个点的连线段称为 S 的一条弦. 从定义 4.1 知道，若直线 l 是圆锥曲线 S 的对称轴，则 l 经过 S 的某一组平行弦的中点，并且 l 跟这组平行弦方向垂直(如图 5.4). 因此，为了研究圆锥曲线 S 的对称轴，我们就先来研究 S 的一组平行弦中点所在的直线.

4.1　二次曲线的直径

定理 4.1　二次曲线 S 的沿非渐近方向 $(\mu,\nu)^{\mathrm{T}}$ 的平行弦的中点都在一条直线上，它的方程是

$$\mu F_1(x,y)+\nu F_2(x,y)=0. \tag{4.1}$$

证明　任取沿非渐近方向$(\mu,\nu)^{\mathrm{T}}$的一条弦M_1M_2，由定理3.2的证明知，弦M_1M_2的中点的坐标满足方程

$$\mu F_1(x,y)+\nu F_2(x,y)=0,$$

即

$$(a_{11}\mu+a_{12}\nu)x+(a_{12}\mu+a_{22}\nu)y+a_1\mu+a_2\nu=0. \tag{4.2}$$

方程(4.2)的一次项系数一定不全为零. 事实上，假如

$$\begin{cases}a_{11}\mu+a_{12}\nu=0,\\a_{12}\mu+a_{22}\nu=0,\end{cases}$$

则

$$\mu(a_{11}\mu+a_{12}\nu)+\nu(a_{12}\mu+a_{22}\nu)=0,$$

即

$$a_{11}\mu^2+2a_{12}\mu\nu+a_{22}\nu^2=0,$$

亦即

$$\varphi(\mu,\nu)=0.$$

这说明$(\mu,\nu)^{\mathrm{T}}$是S的渐近方向，矛盾. 因此方程(4.2)是x，y的一次方程，从而它表示一条直线. 于是，沿$(\mu,\nu)^{\mathrm{T}}$方向的平行弦的中点都在这条直线上. □

定义4.2　二次曲线S的沿非渐近方向$(\mu,\nu)^{\mathrm{T}}$的平行弦中点所在的直线称为S的**共轭于方向$(\mu,\nu)^{\mathrm{T}}$的直径**.

由定理4.1知，二次曲线S的共轭于方向$(\mu,\nu)^{\mathrm{T}}$的直径的方程是

$$\mu F_1(x,y)+\nu F_2(x,y)=0,$$

或者写成方程(4.2)的形式.

推论4.1　中心型曲线和线心曲线的直径一定经过中心. □

从(4.2)式看出，二次曲线S的共轭于非渐近方向$(\mu,\nu)^{\mathrm{T}}$的直径l的方向$(\mu^*,\nu^*)^{\mathrm{T}}$为

$$\begin{pmatrix}\mu^*\\\nu^*\end{pmatrix}=\begin{pmatrix}-a_{12}&-a_{22}\\a_{11}&a_{12}\end{pmatrix}\begin{pmatrix}\mu\\\nu\end{pmatrix}.$$

把上式右端的2阶方阵记作$\boldsymbol{B}$.

命题4.1　设二次曲线S的方程为(0.1)式，其二次项部分

$\varphi(x,y)$的矩阵为$\boldsymbol{A}$，S的共轭于非渐近方向$(\mu,\nu)^{\mathrm{T}}$的直径l的方向为$(\mu^*,\nu^*)^{\mathrm{T}}$，则

$$\varphi(\mu^*,\nu^*) = I_2\varphi(\mu,\nu).$$

证明　$\varphi(\mu^*,\nu^*)=(\mu^*,\nu^*)\boldsymbol{A}\begin{pmatrix}\mu^*\\ \nu^*\end{pmatrix}=(\mu,\nu)\boldsymbol{B}^{\mathrm{T}}\boldsymbol{A}\boldsymbol{B}\begin{pmatrix}\mu\\ \nu\end{pmatrix}$. 由于

$$\boldsymbol{B}^{\mathrm{T}}\boldsymbol{A}\boldsymbol{B} = \begin{pmatrix}-a_{12} & a_{11}\\ -a_{22} & a_{12}\end{pmatrix}\begin{pmatrix}a_{11} & a_{12}\\ a_{12} & a_{22}\end{pmatrix}\begin{pmatrix}-a_{12} & -a_{22}\\ a_{11} & a_{12}\end{pmatrix} = I_2\boldsymbol{A},$$

因此

$$\varphi(\mu^*,\nu^*)=I_2\varphi(\mu,\nu). \qquad \square$$

对于中心型曲线S，由于$I_2\neq 0$，因此由命题4.1得

$$\varphi(\mu^*,\nu^*) = 0 \Longleftrightarrow \varphi(\mu,\nu) = 0,$$

从而$(\mu^*,\nu^*)^{\mathrm{T}}$是$S$的非渐近方向当且仅当$(\mu,\nu)^{\mathrm{T}}$是非渐近方向. 于是中心型曲线$S$的共轭于非渐近方向$(\mu_1,\nu_1)^{\mathrm{T}}$的直径$l_1$的方向$(\mu_2,\nu_2)^{\mathrm{T}}$(即$(\mu_1^*,\nu_1^*)^{\mathrm{T}}$)必为非渐近方向. 因此存在共轭于方向$(\mu_2,\nu_2)^{\mathrm{T}}$的直径$l'$. 我们把$l$和$l'$称为$S$的一对**共轭直径**，如图5.5所示.

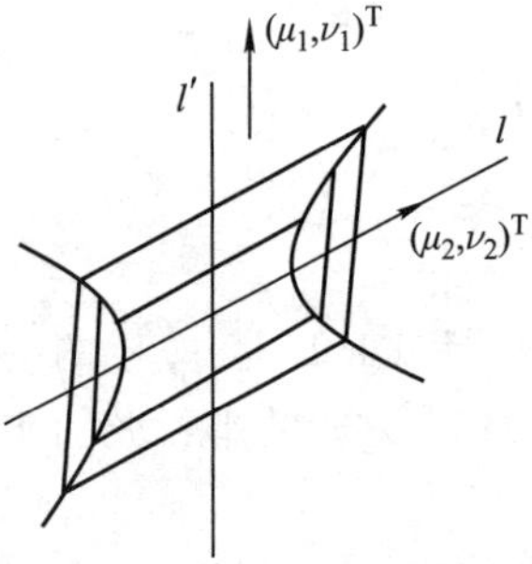

图　5.5

4.2　圆锥曲线的对称轴

设l是圆锥曲线S的对称轴，于是由本节开头一段知，l是S的一条直径，并且l与它所共轭的非渐近方向$(\mu,\nu)^{\mathrm{T}}$垂直. 因此，l的方程是

$$\mu F_1(x,y) + \nu F_2(x,y) = 0,$$

即

$$(a_{11}\mu + a_{12}\nu)x + (a_{12}\mu + a_{22}\nu)y + a_1\mu + a_2\nu = 0.$$

因为l与$(\mu,\nu)^{\mathrm{T}}$垂直，所以有

$$-\mu(a_{12}\mu + a_{22}\nu)+\nu(a_{11}\mu + a_{12}\nu) = 0,$$

即

$$(a_{11}\mu + a_{12}\nu):\mu = (a_{12}\mu + a_{22}\nu):\nu. \tag{4.3}$$

为了从(4.3)式解出$\mu:\nu$，我们以ξ表示(4.3)式中两个比的公共比值，于是得到方程组

$$\begin{cases}(a_{11}-\xi)\mu + a_{12}\nu = 0,\\ a_{12}\mu + (a_{22}-\xi)\nu = 0.\end{cases} \tag{4.4}$$

因为μ，ν不全为零，所以

$$\begin{vmatrix} a_{11}-\xi & a_{12} \\ a_{12} & a_{22}-\xi \end{vmatrix} = 0,$$

即

$$\xi^2-(a_{11}+a_{22})\xi + a_{11}a_{22} - a_{12}^2 = 0,$$

亦即

$$\xi^2 - I_1\xi + I_2 = 0.$$

这说明，(4.3)式中的公共比值ξ是二次曲线S的方程的二次项部分的矩阵$\boldsymbol{A}$的特征值. 把特征值ξ代入方程组(4.4)中，求出$\mu:\nu$，这称为属于ξ的**主方向**(即矩阵$\boldsymbol{A}$的属于特征值ξ的特征向量的方向). 若它是非渐近方向，则将它代到方程(4.1)即得S的对称轴的方程.

椭圆和双曲线的两条对称轴显然是一对共轭直径.

例 4.1 求下列二次曲线的对称轴:

(1) $x^2-3xy+y^2+10x-10y+21=0$;

(2) $x^2+4xy+4y^2-20x+10y-50=0$.

解 (1) $I_1=2$，$I_2=-\dfrac{5}{4}$，$I_3=-\dfrac{5}{4}$，因此这是双曲线. 多项式$\lambda^2-2\lambda-\dfrac{5}{4}$的根是$\lambda_1=-\dfrac{1}{2}$，$\lambda_2=\dfrac{5}{2}$. 将它们分别代替方程组(4.4)中的$\xi$，解得$\mu_1:\nu_1=1:1$，$\mu_2:\nu_2=-1:1$. 它们都是非渐近方向. 将它们代入方程(4.1)中，求得分别与方向1:1和−1:1共轭的对称轴方程为

$$\left(x-\frac{3}{2}y+5\right)+\left(-\frac{3}{2}x+y-5\right)=0,$$

$$-\left(x-\frac{3}{2}y+5\right)+\left(-\frac{3}{2}x+y-5\right)=0.$$

整理得

$$x+y=0 \quad 和 \quad x-y+4=0.$$

(2) $I_1=5$, $I_2=0$, $I_3=-625$, 因此这是抛物线. 多项式 $\lambda^2-5\lambda$ 的根是 $\lambda_1=0$, $\lambda_2=5$. 用 $\lambda_1=0$ 代替方程组(4.4)中的 ξ, 解得 $\mu_1:\nu_1=-a_{12}:a_{11}$. 这是渐近方向. 用 $\lambda_2=5$ 代替方程组(4.4)中的 ξ, 解得 $\mu_2:\nu_2=1:2$. 这是非渐近方向. 将它代到方程(4.1)中, 得到与此方向共轭的对称轴的方程为

$$1\cdot(x+2y-10)+2(2x+4y+5)=0,$$

即

$$x+2y=0.$$

*4.3 从原方程的系数确定圆锥曲线的位置

我们已经会直接从原方程的系数求椭圆、双曲线的对称中心和对称轴, 如果我们还能确定椭圆的对称轴哪根是长轴, 双曲线的对称轴哪根是实轴, 则椭圆、双曲线的位置就完全确定了.

定理 4.2 设二次曲线 S 的方程的二次项部分的矩阵为 $\boldsymbol{A}$, 对于椭圆, 若取 $\boldsymbol{A}$ 的绝对值较小的特征值为 λ_1, 则椭圆的长轴方向是属于 λ_1 的主方向; 对于双曲线, 若取 $\boldsymbol{A}$ 的与 I_3 同号的特征值为 λ_1, 则双曲线的实轴的方向是属于 λ_1 的主方向.

证明 设 S 在原直角坐标系 Ⅰ$[O;\boldsymbol{e}_1,\boldsymbol{e}_2]$ 中的方程是(0.1), 作转轴 Ⅰ$[O;\boldsymbol{e}_1;\boldsymbol{e}_2]\to$ Ⅱ$[O;\boldsymbol{e}_1',\boldsymbol{e}_2']$ 消去交叉项, 再作移轴 Ⅱ$[O;\boldsymbol{e}_1',\boldsymbol{e}_2']\to$ Ⅲ$[O';\boldsymbol{e}_1',\boldsymbol{e}_2']$ 使得 S 的新方程为

$$\lambda_1x^{*2}+\lambda_2y^{*2}+\frac{I_3}{I_2}=0.$$

对于椭圆 S, 若 λ_1 是 $\boldsymbol{A}$ 的绝对值较小的特征值, 则易看出椭圆的长轴在 x^* 轴上, 即长轴方向为方向 $\boldsymbol{e}_1'$. $\boldsymbol{e}_1'$ 的 Ⅰ 坐标$(b_{11},b_{21})^{\mathrm{T}}$ 是 $\boldsymbol{A}$ 的属于 λ_1 的一个单位特征向量. 于是 $b_{11}:b_{21}$ 是属于 λ_1 的主方向, 即长轴的方向 $\boldsymbol{e}_1'$ 就是属于 λ_1 的主方向.

对于双曲线 S，若取 λ_1 是 $\boldsymbol{A}$ 的与 I_3 同号的特征值，则易看出双曲线的实轴在 x^* 轴上，即实轴的方向是方向 $\boldsymbol{e}_1'$. 因此，双曲线的实轴方向是属于 λ_1 的主方向. □

例 4.2　对于下述二次曲线，直接从原方程系数确定它的类型、形状和位置，并且画图：

$$x^2-3xy+y^2+10x-10y+21=0.$$

解　在例 2.1(1)中已计算出

$$I_1=2,\quad I_2=-\frac{5}{4},\quad I_3=-\frac{5}{4},$$

所以这是双曲线. $\boldsymbol{A}$ 的两个特征值为

$$\lambda_1=-\frac{1}{2},\quad \lambda_2=\frac{5}{2}.$$

于是，它的标准方程是

$$\frac{x^{*2}}{2}-\frac{5}{2}y^{*2}=1,$$

实半轴 $a=\sqrt{2}$，虚半轴 $b=\frac{1}{5}\sqrt{10}$.

为了确定它的位置，先求它的对称中心. 解方程组

$$\begin{cases}x-\dfrac{3}{2}y+5=0,\\[2mm] -\dfrac{3}{2}x+y-5=0,\end{cases}$$

得 $x=-2$，$y=2$，因此对称中心 O'的坐标为$(-2,2)^{\mathrm{T}}$.

再求对称轴. 分别用 λ_1，λ_2 代入方程组(4.4)中的 ξ，解得

$$\mu_1:\nu_1=1:1,\quad \mu_2:\nu_2=-1:1.$$

由于双曲线的对称轴必经过中心，所以方向为$(1,1)^{\mathrm{T}}$的对称轴(即实轴) l_1 的方程是

$$\frac{x+2}{1}=\frac{y-2}{1},$$

即

$$x-y+4=0.$$

方向为$(-1,1)^{\mathrm{T}}$的对称轴l_2的方程是

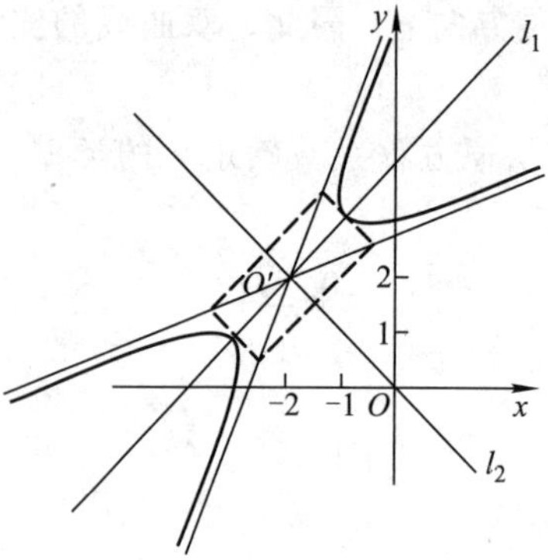

图 5.6

$$\frac{x+2}{-1}=\frac{x-2}{1},$$

即

$$x+y=0.$$

此双曲线的图形如图 5.6 所示.

对于抛物线，我们已经会从原方程的系数求出它的一根对称轴，如果还能求出它的顶点以及确定开口方向，则抛物线的位置也就完全确定了. 抛物线的顶点是抛物线本身与它的对称轴的交点. 至于抛物线的开口方向如何简单易行地确定，可以从下面例子中受到启发.

例 4.3 对于下述二次曲线，直接从原方程的系数确定它的类型、形状和位置，并且画图：

$$x^2+4xy+4y^2-20x+10y-50=0.$$

解 在例 2.1(2)中已计算出

$$I_1=5,\quad I_2=0,\quad I_3=-625.$$

这是抛物线. 它的标准方程为

$$y^{*2}=2\sqrt{5}x^*.$$

在例 4.1(2)中已求出它的对称轴的方程是

$$x+2y=0.$$

方程组

$$\begin{cases}x^2+4xy+4y^2-20x+10y-50=0,\\x+2y=0,\end{cases}$$

即

$$\begin{cases}(x+2y)^2-20x+10y-50=0,\\x+2y=0,\end{cases}$$

亦即

$$\begin{cases} -20x+10y-50=0, \\ x+2y=0. \end{cases}$$

解之得 $x=-2$，$y=1$. 所以顶点 O' 的坐标为 $(-2,1)^{\mathrm{T}}$.

考虑顶点右边的直线 $x=0$ 与抛物线有无交点. 为此，看方程组

$$\begin{cases} x^2+4xy+4y^2-20x+10y-50=0, \\ x=0, \end{cases}$$

即

$$\begin{cases} 4y^2+10y-50=0, \\ x=0. \end{cases}$$

由于第一个方程的判别式

$$\Delta=10^2-4\times4\times(-50)>0,$$

所以此方程有实根，从而 $x=0$ 与抛物线有交点. 因此抛物线的开口应当向右.

此抛物线的图形如图 5.7 所示.

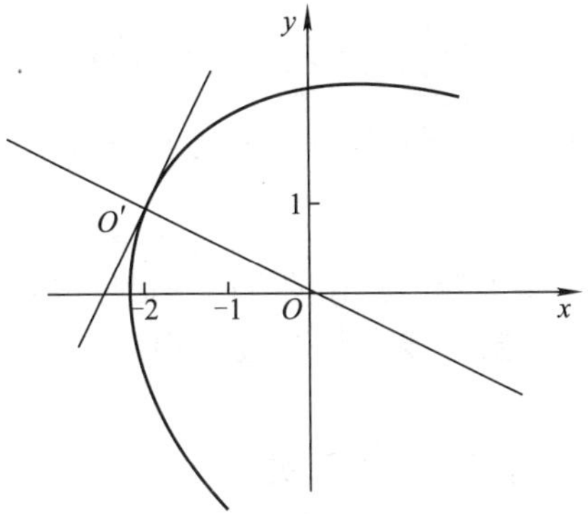

图 5.7

习 题 5.4

1. 求下列二次曲线的对称轴：

(1) $5x^2+8xy+5y^2-18x-18y+9=0$;

（2）$2xy-4x+2y-3=0$；

（3）$x^2-4xy+4y^2-5x+6=0$.

2. 若 $a_{11}x^2+2a_{12}xy+a_{22}y^2+a_0=0$ 表示椭圆或双曲线，证明：对称轴是

$$a_{12}(x^2-y^2)-(a_{11}-a_{22})xy=0.$$

3. 若方程(0.1)表示一条抛物线，证明：顶点是原点的充分必要条件为

$$a_{11}a_1^2+a_{22}a_2^2+2a_{12}a_1a_2=0,\quad a_0=0.$$

4. 求曲线 $4xy-5y^2+2x+6y+1=0$ 的经过点 $(-4,2)^{\mathrm{T}}$ 的直径和它的共轭直径.

5. 证明：圆的任意一对共轭直径彼此垂直.

6. 证明：椭圆的任意一对共轭半径(即共轭直径上由中心到椭圆上一点的距离)的长度的平方和是一常数.

7. 椭圆 $\frac{x^2}{9}+\frac{y^2}{4}=1$ 的一条弦在点 $(2,1)^{\mathrm{T}}$ 处被等分，求出这条弦的斜率.

8. 求双曲线 $\frac{x^2}{9}-\frac{y^2}{4}=1$ 的被点 $(5,1)^{\mathrm{T}}$ 平分的弦与曲线的两个交点.

9. 证明：抛物型曲线的直径的方向一定是它的渐近方向.

10. 证明：对于抛物线，沿渐近方向的每一条直线都是它的直径.

11. 证明：对于中心型曲线，过中心且沿非渐近方向的直线都是它的直径.

12. 直接由方程的系数确定下列二次曲线的类型、形状和位置，并且画图：

（1）$6xy+8y^2-12x-26y+11=0$；

（2）$x^2+2xy+y^2-8x+4=0$；

（3）$5x^2+8xy+5y^2-18x-18y+9=0$；

（4）$x^2-4xy+4y^2+8y+3=0$.

*13. 求经过点$(-2,-1)^{\mathrm{T}}$和$(0,-2)^{\mathrm{T}}$且以直线

$$x+y+1=0,\quad x-y+1=0$$

为对称轴的二次曲线的方程.

§5 二次曲线的切线，双曲线的渐近线

5.1 二次曲线的切线和法线

定义 5.1 如果直线 l 与二次曲线 S 有两个重合的交点或者 l 在 S 上，则称 l 是 S 的**切线**，称 l 与 S 的交点为**切点**.

首先来讨论怎样求经过二次曲线 S 上的一点 $M_0(x_0,y_0)^{\mathrm{T}}$ 的切线 l. 设切线 l 的方向是$(\mu,\nu)^{\mathrm{T}}$，则 l 的参数方程是

$$\begin{cases}x=x_0+\mu t,\\ y=y_0+\nu t,\end{cases}\quad -\infty<t<+\infty.$$

代入二次曲线 S 的方程(0.1)中，得

$$\varphi(\mu,\nu)t^2+2[\mu F_1(x_0,y_0)+\nu F_2(x_0,y_0)]t+F(x_0,y_0)=0. \tag{5.1}$$

既然 l 是 S 的切线，因此或者 l 与 S 有两个重合的交点，或者 l 在 S 上. 在前一情形，有 $\varphi(\mu,\nu)\neq 0$，且 t 的二次方程(5.1)的判别式 $\Delta=0$. 由于 $M_0(x_0,y_0)^{\mathrm{T}}$ 在 S 上，于是

$$\begin{aligned}\Delta&=4[\mu F_1(x_0,y_0)+\nu F_2(x_0,y_0)]^2-4\varphi(\mu,\nu)F(x_0,y_0)\\&=4[\mu F_1(x_0,y_0)+\nu F_2(x_0,y_0)]^2.\end{aligned}$$

因此

$$\mu F_1(x_0,y_0)+\nu F_2(x_0,y_0)=0. \tag{5.2}$$

在后一情形，有 $\varphi(\mu,\nu)=0$，且

$$\mu F_1(x_0,y_0)+\nu F_2(x_0,y_0)=0. \tag{5.3}$$

总之，如果经过二次曲线 S 上的点 $M_0(x_0,y_0)^{\mathrm{T}}$ 的直线 l 是 S 的切线，则 l 的方向$(\mu,\nu)^{\mathrm{T}}$应满足(5.2)式. 反之，如果这样的直线 l 的方向$(\mu,\nu)^{\mathrm{T}}$满足(5.2)式，则或者 l 在 S 上(当 $\varphi(\mu,\nu)=0$ 时)，或者 l 与

S 有两个重合的交点(当 $\varphi(\mu,\nu)\neq 0$ 时)，从而 l 是 S 的切线.

情形 1　$F_1(x_0,y_0)$ 与 $F_2(x_0,y_0)$ 不全为零. 这时由(5.2)式得

$$\mu:\nu=-F_2(x_0,y_0):F_1(x_0,y_0),$$

因此经过二次曲线 S 上的点 $M_0(x_0,y_0)^{\mathrm{T}}$ 的切线 l 的方程为

$$\frac{x-x_0}{-F_2(x_0,y_0)}=\frac{y-y_0}{F_1(x_0,y_0)},$$

即

$$(x-x_0)F_1(x_0,y_0)+(y-y_0)F_2(x_0,y_0)=0. \qquad (5.4)$$

情形 2　$F_1(x_0,y_0)=F_2(x_0,y_0)=0$. 此时任一方向 $(\mu,\nu)^{\mathrm{T}}$ 都满足(5.2)式，从而经过点 $M_0(x_0,y_0)^{\mathrm{T}}$ 的任意一条直线都是 S 的切线.

从上述讨论得到

定理 5.1　设二次曲线 S 的方程为(0.1)，$M_0(x_0,y_0)^{\mathrm{T}}$ 是 S 上的一个点，如果 $F_1(x_0,y_0)$ 与 $F_2(x_0,y_0)$ 不全为零，则存在 S 的唯一的一条切线经过 M_0，它的方程是

$$(x-x_0)F_1(x_0,y_0)+(y-y_0)F_2(x_0,y_0)=0;$$

如果 $F_1(x_0,y_0)=F_2(x_0,y_0)=0$，则经过 M_0 的每一条直线都是 S 的切线. □

定义 5.2　如果经过曲线 S 上的点 $M_0(x_0,y_0)^{\mathrm{T}}$ 的每一条直线都是 S 的切线，则称点 M_0 是曲线 S 的**奇(异)点**.

现在再来讨论怎样求过二次曲线外一点 $M_1(x_1,y_1)^{\mathrm{T}}$ 的切线 l(如果存在的话). 此时 l 不可能整条直线在 S 上，因此 l 必与 S 有两个重合的交点. 设 l 的方向为 $(\mu,\nu)^{\mathrm{T}}$，则它应满足 $\varphi(\mu,\nu)\neq 0$，并且

$$[\mu F_1(x_1,y_1)+\nu F_2(x_1,y_1)]^2-\varphi(\mu,\nu)F(x_1,y_1)=0. \qquad (5.5)$$

因为 l 的方程为

$$\frac{x-x_1}{\mu}=\frac{y-y_1}{\nu},$$

所以对于切线 l 上的任意一个点 $(x,y)^{\mathrm{T}}$，都有

$$\mu:\nu=(x-x_1):(y-y_1).$$

不妨就取 $\mu=x-x_1$，$\nu=y-y_1$，代入(5.5)式，得

$$\begin{aligned}&[(x-x_1)F_1(x_1,y_1)+(y-y_1)F_2(x_1,y_1)]^2\\&-\varphi(x-x_1,y-y_1)F(x_1,y_1)=0.\end{aligned}\tag{5.6}$$

(5.6)式的左端是$(x-x_1)$，$(y-y_1)$的二次齐次多项式或零多项式.

情形 1 (5.6)式的左端是$(x-x_1)$，$(y-y_1)$的二次齐次多项式，不是零多项式.

① (5.6)式的左端可以分解成$(x-x_1)$，$(y-y_1)$的两个实系数一次齐次多项式的乘积. 此时从(5.6)式得到一对相交或重合的直线l_1，l_2. 若l_i的方向$(\mu_i,\nu_i)^{\mathrm{T}}$满足$\varphi(\mu_i,\nu_i)\neq0$，则$l_i(i=1,2)$是经过点$M_1$的$S$的切线；若$l_i$的方向$(\mu_i,\nu_i)^{\mathrm{T}}$满足$\varphi(\mu_i,\nu_i)=0$ $(i=1,2)$，则经过点M_1的S的切线不存在.

② (5.6)式的左端不能分解成$(x-x_1)$，$(y-y_1)$的两个实系数一次齐次多项式. 由于直线l上任一点的坐标都是(5.6)式左端的多项式的零点，因此这种情形不可能发生.

情形 2 (5.6)式的左端是$(x-x_1)$，$(y-y_1)$的零多项式. 此时有

$$[F_1(x_1,y_1)]^2-a_{11}F(x_1,y_1)=0,$$
$$[F_2(x_1,y_1)]^2-a_{22}F(x_1,y_1)=0,$$
$$F_1(x_1,y_1)F_2(x_1,y_1)-a_{12}F(x_1,y_1)=0.$$

由于$F(x_1,y_1)\neq0$，因此可推出$a_{11}a_{22}-a_{12}^2=0$，即$I_2=0$，从而S是抛物型曲线. 若S是抛物线，且点M_1在抛物线外，则经过点M_1有S的两条切线；当点M_1在抛物线内时，不存在经过点M_1的S的切线. 若S是一对平行或虚平行直线，则不存在经过点M_1的S的切线. 若S是一对重合直线，则经过点M_1与S相交的每一条直线都是S的切线.

例 5.1 求二次曲线$x^2-xy+y^2-1=0$经过点$M_1(0,2)^{\mathrm{T}}$的切线的方程.

解 因为$F(0,2)=3\neq0$，所以$M_1(0,2)^{\mathrm{T}}$不在曲线上. 由于

$$F_1(0,2)=-1,\quad F_2(0,2)=2,$$
$$\varphi(x-0,y-2)=x^2-x(y-2)+(y-2)^2,$$

由(5.6)式得

$$[(-1)(x-0)+2(y-2)]^2-3[x^2-x(y-2)+(y-2)^2]=0,$$

即
$$2x^2+x(y-2)-(y-2)^2=0.$$

将上式左端分解因式，得

$$[2x-(y-2)][x+(y-2)]=0.$$

因为 $\varphi(1,2)\neq 0$，并且 $\varphi(-1,1)\neq 0$，于是得到经过 $M_1(0,2)^{\mathrm{T}}$ 的两条切线的方程分别为

$$2x-y+2=0 \quad 和 \quad x+y-2=0.$$

注意，在计算过程中不要把$(x-0)$，$(y-2)$的括号去掉.

定义 5.3　经过曲线上一点且垂直于过该点的切线的直线称为曲线在该点的**法线**.

设 $M_0(x_0,y_0)^{\mathrm{T}}$ 是二次曲线 S 上一点，当 $F_1(x_0,y_0)$ 与 $F_2(x_0,y_0)$ 不全为零时，经过 M_0 的切线方向是

$$-F_2(x_0,y_0):F_1(x_0,y_0),$$

从而过 M_0 的法线方向是

$$F_1(x_0,y_0):F_2(x_0,y_0),$$

因此过 M_0 的法线方程为

$$\frac{x-x_0}{F_1(x_0,y_0)}=\frac{y-y_0}{F_2(x_0,y_0)}.$$

5.2　双曲线的渐近线

定义 5.4　沿渐近方向且与双曲线 S 没有交点的直线 l 称为双曲线 S 的**渐近线**.

设$(\mu_i,\nu_i)^{\mathrm{T}}(i=1,2)$是双曲线 S 的渐近方向，l_i 是方向为$(\mu_i,\nu_i)^{\mathrm{T}}$ 的渐近线. 因为 l_i 与 S 无交点，所以 l_i 上任意一点 $M_0(x_0,y_0)^{\mathrm{T}}$ 满足方程

$$\mu_i F_1(x,y)+\nu_i F_2(x,y)=0, \tag{5.7}$$

从而这就是渐近线 l_i 的方程.

因为双曲线的中心 O_1 的坐标$(x_1,y_1)^{\mathrm{T}}$ 满足

$$F_1(x_1,y_1)=0,\quad F_2(x_1,y_1)=0,$$

所以中心必在渐近线上. 于是，双曲线的渐近线也就是经过中心且

方向为渐近方向的直线.

最后我们指出，本章§3，§4，§5的内容除了涉及对称轴和法线的内容外，其余均可在仿射坐标系中进行讨论，并且可得到同样的有关结论.

习　题　5.5

1. 求下列二次曲线在指定点处的切线和法线的方程：

(1) 在椭圆 $\dfrac{x^2}{a^2}+\dfrac{y^2}{b^2}=1$ 上的点 $M_0(x_0,y_0)^{\mathrm{T}}$ 处；

(2) 在双曲线 $\dfrac{x^2}{a^2}-\dfrac{y^2}{b^2}=1$ 上的点 $M_0(x_0,y_0)^{\mathrm{T}}$ 处；

(3) 在抛物线 $y^2=2px$ 上的点 $M_0(x_0,y_0)^{\mathrm{T}}$ 处.

2. 求下列二次曲线经过所给点的切线的方程：

(1) $3x^2+4xy+5y^2-7x-8y-3=0$，点 $M_0(2,1)^{\mathrm{T}}$；

(2) $5x^2+7xy+y^2-x+2y=0$，原点；

(3) $5x^2+6xy+5y^2=8$，点 $M_1(0,2\sqrt{2})^{\mathrm{T}}$；

(4) $2x^2-xy-y^2-x-2y-1=0$，点 $M_2(0,2)^{\mathrm{T}}$.

3. 求曲线 $4x^2-4xy+y^2-2x+1=0$ 经过点 $M_0(1,3)^{\mathrm{T}}$ 的切线和法线的方程.

4. 求下列二次曲线的切线方程，并且求出切点的坐标：

(1) $x^2+4xy+3y^2-5x-6y+3=0$ 的切线平行于 $x+4y=0$；

(2) $x^2+xy+y^2=3$ 的切线平行于 x 轴.

5. 证明：经过二次曲线与它的一条直径的交点的切线一定平行于此直径的共轭方向.

6. 已知方程 $(A_1x+B_1y+C_1)^2+2(A_2x+B_2y+C_2)=0$，其中

$$\begin{vmatrix} A_1 & B_1 \\ A_2 & B_2 \end{vmatrix}\neq 0,\quad A_1A_2+B_1B_2=0,$$

证明：

(1) 它表示抛物线；

(2) 直线 $A_1x+B_1y+C_1=0$ 是它的对称轴；

(3) 直线 $A_2x+B_2y+C_2=0$ 是它的经过顶点的切线.

7. 证明：抛物线 $y^2=2px$ 的切点为 $M(x_1,y_1)^{\mathrm{T}}$ 的切线与 x 轴的交点为 $N(-x_1,0)^{\mathrm{T}}$.

*8. 从椭圆 $\dfrac{x^2}{a^2}+\dfrac{y^2}{b^2}=1$ 的两个焦点 F_1 和 F_2 分别作椭圆的任意切线的垂线，垂足记为 T_1 和 T_2，证明：T_1 的轨迹和 T_2 的轨迹是以原点为中心的同一个圆.

*9. 证明：两条边都与椭圆相切的直角的顶点 $M_0(x_0,y_0)^{\mathrm{T}}$ 的轨迹是一个圆.

*10. 证明：两条边与抛物线相切的直角的顶点位于准线上，而连接切点的直线通过焦点.

*11. 已知 $\triangle ABC$，E 是边 AB 的中点，抛物线与边 CA，CB 分别在点 A，B 相切，证明：EC 与抛物线的对称轴平行.

12. 求下列双曲线的渐近线，并且求曲线在以渐近线为坐标轴的坐标系中的方程：

(1) $12x^2-7xy-12y^2-17x+31y-13=0$;

(2) $6x^2+5xy-6y^2-39x+26y-13=0$.

13. 证明：若方程(0.1)表示一条双曲线，则它的渐近线分别与方程 $a_{11}x^2+2a_{12}xy+a_{22}y^2=0$ 所代表的两条相交直线平行.

14. 证明：若 $a_{11}x^2+2a_{12}xy+a_{22}y^2+a_0=0$ 表示一条双曲线，则它的渐近线是 $a_{11}x^2+2a_{12}xy+a_{22}y^2=0$.

15. 证明：若方程

$$AB(x^2-y^2)-(A^2-B^2)xy=C$$

中，$C\neq 0$，A 与 B 不全为零，则它表示一条双曲线. 求出它的渐近线.

16. 证明：双曲线上的点到它的两条渐近线的距离的乘积等于常数.

*17. 给定方程

$$(A_1x+B_1y+C_1)^2-(A_2x+B_2y+C_2)^2=1,$$

其中 $A_1B_2-A_2B_1\neq 0$，证明它表示一条双曲线，并且求出它的渐近线.

第六章　正交变换和仿射变换

迄今为止，我们在研究图形的性质时，采用了坐标法和向量法，还采用了坐标变换法. 这些方法是解析几何中最基本的方法，也是最重要的方法. 此外，在研究图形的一些比较复杂的性质时，还可以采用一种新的方法. 譬如，试证：椭圆的任意一对共轭直径把椭圆分成四块面积相等的部分. 如果用坐标法或坐标变换法来证明都比较麻烦，有没有比较简单的办法来证明它呢？由于圆的任意一对共轭直径都彼此垂直，因此圆是具有上述性质的. 这促使我们设想，如果有一种变换能把椭圆变成圆，并且这种变换把椭圆的一对共轭直径变成圆的一对共轭直径，而且使变换后图形的面积与原图形的面积的比值是一个常数(对各种图形都一样)，那么就能证明椭圆也具有上述性质. 这种方法称为**点变换**法，它的要点是：

(1) 通过平面上的点变换 σ 把图形 S 变成图形 S'；

(2) S 与 S' 共同具有在这种点变换下不变的性质.

这一章就是要研究平面上以及空间中最常用的两种点变换：正交变换和仿射变换. 为此，要先介绍映射的概念.

§1　映　　射

1.1　映射的定义和例

映射的概念是从生活中自然而然地抽象出来的. 例如，听这门课程的同学走进教室都要找一把椅子坐下. 用 A 表示听这门课程的所有同学组成的集合，用 B 表示这个教室的所有椅子组成的集合. 同学找一把椅子坐下就是集合 A 到集合 B 的一个对应法则，使得对集合 A 中的每一个同学，有集合 B 中唯一确定的一把椅子与他(她)

对应. 由此受到启发，我们抽象出映射的概念.

定义 1.1　设 A 和 B 是两个非空集合，如果 A 到 B 有一个对应法则 f，使得对 A 中每一个元素 a，都有 B 中唯一确定的元素 b 与它对应，那么称 f 是集合 A 到集合 B 的一个**映射**，记作

$$f: A \to B,$$
$$a \mapsto b,$$

其中 b 称为 a 在 f 下的**像**，记作 $f(a)$；a 称为 b 在 f 下的一个**原像**. 映射 f 也可以记成

$$f(a) = b \quad 或 \quad b = f(a), \quad a \in A.$$

事先给了两个非空集合 A 和 B，才能谈论 A 到 B 的映射. 设 f 是集合 A 到集合 B 的一个映射，则把 A 叫作 f 的**定义域**，把 B 叫作 f 的**陪域**. 一个映射 $f: A \to B$ 由定义域、陪域和对应法则组成.

如果映射 f 与映射 g 的定义域相等，陪域也相等，并且对应法则相同，那么称 f 与 g **相等**，记作 $f = g$. 所谓的 f 与 g 的对应法则相同，是指对于定义域中的每一个元素 a，都有 $f(a) = g(a)$.

设 f 是集合 A 到集合 B 的一个映射，A 的所有元素在 f 下的像组成的集合称为 f 的**值域**或**像(集)**，记作 $f(A)$ 或 $\mathrm{Im}(f)$，即

$$f(A) := \{f(a) \mid a \in A\}. \tag{1.1}$$

从映射的定义和(1.1)式得 $f(A) \subseteq B$，即 f 的值域是 f 的陪域的一个子集.

定义 1.2　设 f 是集合 A 到集合 B 的一个映射，如果 f 的值域与 f 的陪域相等，即 $f(A) = B$，那么称 f 是**满射**.

从定义 1.2 立即得到

命题 1.1　映射 $f: A \to B$ 是满射当且仅当对于每一个 $b \in B$，存在 $a \in A$，使得 $f(a) = b$. □

定义 1.3　设 f 是集合 A 到集合 B 的一个映射，如果 A 中不同元素在 f 下的像不同，那么称 f 是**单射**.

从定义 1.3 立即得到

命题 1.2　映射 $f: A \to B$ 是单射的充分必要条件是从 $f(a_1) = f(a_2)$ $(a_1, a_2 \in A)$ 可推出 $a_1 = a_2$. □

定义 1.4 如果映射 $f: A \to B$ 既是满射，又是单射，那么称 f 是**双射**，或者称 f 是 A 到 B 的一个**一一对应**.

设映射 $f: A \to B$，对于 $b \in B$，b 在 f 下的所有原像组成的集合称为 b 在 f 下的**原像集**，记作 $f^{-1}(b)$.

我们经常把一个图形按照指定的一个方向移动，由此抽象出下述概念：

直观上说，把平面(或几何空间)中每一个点按照给定的一个方向移动相同的距离，称为一个平移.

确切地说，平面(或几何空间)作为点集时到自身的一个映射 σ，如果使得每一个点 P 到它的像点 P' 的指向是给定的一个方向，并且点 P 与 P' 的距离等于给定的长度，那么称这个映射 σ 是平面(或几何空间)的一个**平移**. 给定的方向和给定的长度可以用一个向量 $\boldsymbol{a}$ 表示，于是此平移称为沿向量 $\boldsymbol{a}$ 的平移，如图 6.1 所示.

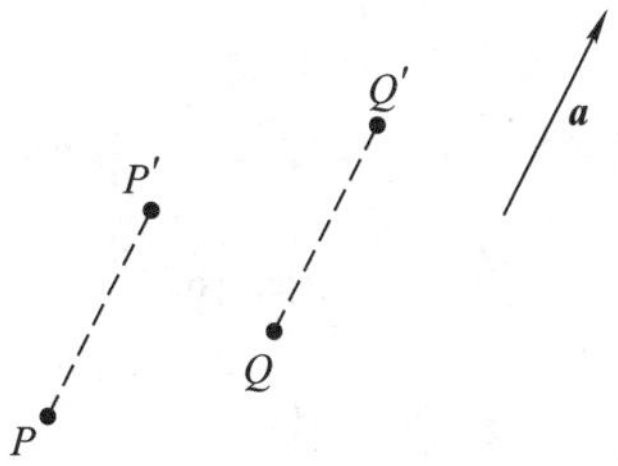

图　6.1

手表的表盘上，秒针绕表盘中心旋转. 由此引出下述概念：

直观上说，平面上每一个点绕一个定点 O 旋转一个角 α，就称这是平面绕点 O 的一个旋转.

确切地说，平面上取定一个点 O，给定一个角 α，平面(作为点集)到自身的一个映射 σ，如果使得每一个点 P 的像点 P' 满足

$$|OP'| = |OP|, \quad \angle P'OP = \alpha,$$

那么称 σ 是平面绕点 O 的一个**旋转**，其中点 O 称为**旋转中心**，α 称为**转角**(如图 6.2).

图形的对称性给人以美的享受，最常见的对称性是平面上关于一条直线的对称. 为了刻画这种对称性，我们引出下述概念：

直观上说，把平面沿着它的一条直线翻折称为平面关于这条直线的反射.

确切地说，平面(作为点集)到自身的一个映射 τ，如果使得不

在直线 l 上的每一个点 P 与它的像点 P' 的连线段 PP' 被直线 l 垂直平分，l 上的每一个点的像点是它自身，那么称映射 τ 是平面关于直线 l 的**反射**，也称为**轴反射**. 此时，称点 P 与点 P' 关于直线 l **对称**，其中一个点叫作另一个点关于直线 l 的**对称点**(如图 6.3).

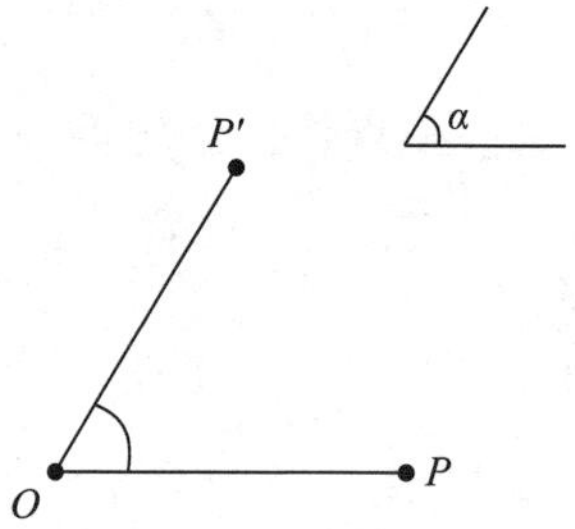

图　6.2

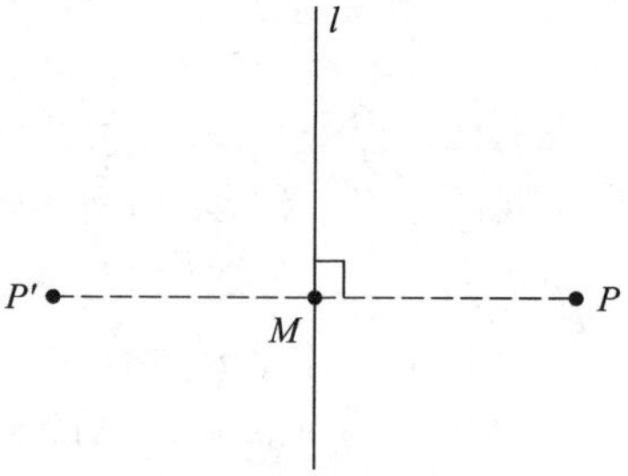

图　6.3

集合 A 到自身的一个映射称为 A 上的一个**变换**.

平面上的平移、旋转、轴反射都是平面上的(点)变换.

定义 1.5　如果集合 A 上的一个变换 f 把 A 中的每一个元素对应到它自身，即对 $\forall a\in A$，有 $f(a)=a$，那么称 f 是 A 上的**恒等变换**，记作 1_A.

1.2　映射的乘法，可逆映射

在许多问题中，我们需要相继作两次映射. 例如，在平面上，先作绕定点 O 转角为 $30°$ 的旋转 σ，接着作关于经过点 O 的一条直线 l 的反射 τ，如图 6.4 所示，则

$$P\overset{\sigma}{\longmapsto}P'\overset{\tau}{\longmapsto}P''.$$

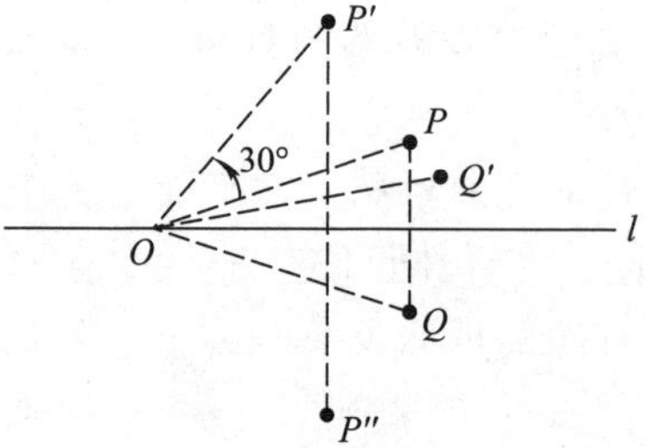

图　6.4

相继作这样两次映射的总效果是把点 P 映到点 P''. 由此引出下述概念：

定义 1.6　设映射 $f: A\rightarrow B$，映射 $g: B\rightarrow C$. 先作映射 f，接着作映射 g，得到一个 A 到 C 的映

射，称为映射 f 与 g 的**乘积**（或**合成**），记作 gf，即

$$(gf)(a):=g(f(a)),\quad \forall a\in A. \tag{1.2}$$

从映射乘法的定义容易得出下述命题：

命题 1.3　映射的乘法满足结合律，即设

$$f: A\to B,\quad g: B\to C,\quad h: C\to D, \tag{1.3}$$

则

$$h(gf)=(hg)f. \tag{1.4}$$

证明　由(1.3)式得，$h(gf)$ 与 $(hg)f$ 都是 A 到 D 的映射. 任给 $a\in A$，有

$$[h(gf)](a)=h[(gf)(a)]=h[g(f(a))],$$
$$[(hg)f](a)=(hg)(f(a))=h[g(f(a))],$$

从而 $[h(gf)](a)=[(hg)f](a)$. 因此 $h(gf)=(hg)f$. □

映射的乘法不满足交换律. 例如，在上面的例子中，$(\tau\sigma)(P)=P''$. 而 $P\overset{\tau}{\longmapsto}Q\overset{\sigma}{\longmapsto}Q'$（如图 6.4），于是 $(\sigma\tau)(P)=Q'$. Q' 与 P'' 不重合，因此 $\tau\sigma\neq\sigma\tau$.

命题 1.4　对于任意一个映射 $f: A\to B$，有

$$1_B f=f,\quad f1_A=f. \tag{1.5}$$

证明　任给 $a\in A$，有

$$(1_B f)(a)=1_B(f(a))=f(a),\quad (f1_A)(a)=f(1_A(a))=f(a),$$

因此

$$1_B f=f,\quad f1_A=f.$$ □

定义 1.7　设映射 $f: A\to B$，如果存在映射 $g: B\to A$，使得

$$gf=1_A,\quad 且\quad fg=1_B,$$

那么称 f 是**可逆映射**. 此时称 g 是 f 的一个**逆映射**.

如果 $f: A\to B$ 是可逆映射，那么 f 的逆映射是唯一的. 理由如下：设 $g: B\to A$ 和 $h: B\to A$ 都是 f 的逆映射，根据命题 1.3，定义 1.7 和命题 1.4，得

$$gfh=(gf)h=1_A h=h,$$
$$gfh=g(fh)=g1_B=g.$$

由此得出 $h=g$，即 f 的逆映射是唯一的.

设$f: A \to B$是可逆映射，我们把f的唯一的逆映射记作f^{-1}. 由定义1.7得

$$f^{-1}f = 1_A, \quad 且 \quad ff^{-1} = 1_B. \tag{1.6}$$

(1.6)式表明，$f^{-1}: B \to A$也是可逆映射，且$(f^{-1})^{-1} = f$.

从映射乘法的角度看，有一种特殊类型的映射——可逆映射. $f: A \to B$是可逆映射当且仅当存在映射$g: B \to A$，使得

$$gf = 1_A, \quad 且 \quad fg = 1_B.$$

从对应法则的角度看，有一种特殊类型的映射——双射. 映射$f: A \to B$是双射当且仅当陪域B中的每一个元素b都有唯一的一个原像a(f是满射保证了b有原像，f是单射保证了b的原像只有一个).

现在来探索：可逆映射和双射之间有什么联系？

首先探索：若映射$f: A \to B$与映射$g: B \to A$满足

$$gf = 1_A, \tag{1.7}$$

则从对应法则角度看，f和g分别是什么样的映射？

设$a_1, a_2 \in A$. 若$f(a_1) = f(a_2)$，则$g(f(a_1)) = g(f(a_2))$，即$(gf)(a_1) = (gf)a_2$. 根据(1.7)式，得$1_A(a_1) = 1_A(a_2)$. 于是$a_1 = a_2$. 因此f是单射.

任取$a \in A$，则$f(a) \in B$. 根据(1.7)式，得

$$g(f(a)) = (gf)(a) = 1_A(a) = a,$$

因此g是满射.

综上所述，我们证明了下述命题：

命题1.5 若映射$f: A \to B$和映射$g: B \to A$满足

$$gf = 1_A,$$

则f是单射，g是满射. □

命题1.5促使我们猜测有下述结论：

定理1.1 映射$f: A \to B$是可逆映射的充分必要条件为f是双射.

证明 必要性 设$f: A \to B$是可逆映射，则存在映射$g: B \to A$，使得

$$gf = 1_A, \quad 且 \quad fg = 1_B.$$

根据命题1.5，从上述第一式得出f是单射，从第二式得出f是满射，

从而 f 是双射.

充分性 设 $f: A\to B$ 是双射，则任给 $b\in B$，b 在 f 下有唯一的一个原像 a. 于是，存在把 b 对应到 a（a 满足 $f(a)=b$）的映射 $g: B\to A$，并且

$$(fg)(b)=f(g(b))=f(a)=b, \quad \forall b\in B.$$

因此

$$fg=1_B.$$

任取 $x\in A$，根据映射 g 的定义，得 $g(f(x))=x$，因此

$$(gf)(x)=g(f(x))=x,$$

从而

$$gf=1_A.$$

所以 f 是可逆映射，且 $f^{-1}=g$. □

在定理 1.1 的充分性的证明过程中，对于可逆映射 f，给出了它的逆映射 f^{-1} 的构造，即若 $f(a)=b$，则 $f^{-1}(b)=a$.

例 1.1 设 σ 是平面的一个点变换，它的公式是

$$\begin{cases} x'=2x+y+5, \\ y'=3x-y+7, \end{cases}$$

其中 $(x,y)^{\mathrm{T}}$ 和 $(x',y')^{\mathrm{T}}$ 分别表示点 P 和它的像点 P' 的坐标，求 σ 的逆变换 σ^{-1}.

解 若 σ 把点 $P(x,y)^{\mathrm{T}}$ 对应到点 $P'(x',y')^{\mathrm{T}}$，则 σ^{-1} 把点 $P'(x',y')^{\mathrm{T}}$ 对应到点 $P(x,y)^{\mathrm{T}}$. 因此，为了得到 σ^{-1} 的公式，只要从 σ 的公式中反解出 x，y：

$$\begin{cases} x=\dfrac{1}{5}x'+\dfrac{1}{5}y'-\dfrac{12}{5}, \\ y=\dfrac{3}{5}x'-\dfrac{2}{5}y'-\dfrac{1}{5}. \end{cases}$$

为了统一起见，对于每一个变换的公式，都把原像的坐标写成 $(x,y)^{\mathrm{T}}$，把像的坐标写成 $(x',y')^{\mathrm{T}}$，因此 σ^{-1} 的公式为

$$\begin{cases} x'=\dfrac{1}{5}x+\dfrac{1}{5}y-\dfrac{12}{5}, \\ y'=\dfrac{3}{5}x-\dfrac{2}{5}y-\dfrac{1}{5}. \end{cases}$$

习 题 6.1

1. 设 $\mathbf{R}$ 是全体实数组成的集合，判别下列对应法则是否为 $\mathbf{R}$ 到自身的映射，是否为单射，是否为满射：

(1) $x \longmapsto x^2$;　　(2) $x \longmapsto x^3$;

(3) $x \longmapsto 2x+1$;　　(4) $x \longmapsto x^2-x$;

(5) $x \longmapsto 2^x$;　　(6) $x \longmapsto \ln x$;

(7) $x \longmapsto \cos x$;　　(8) $x \longmapsto \tan x$.

2. 求平面关于 x 轴的反射的公式.

3. 求出平面关于直线 $y=x$ 的反射的公式.

4. 设平面上直线 l 的方程为 $Ax+By+C=0$，求平面关于直线 l 的反射的公式.

5. 设 l_1，l_2 是平面上两条平行直线，而 τ_1，τ_2 分别是平面关于直线 l_1，l_2 的反射，证明：$\tau_1\tau_2$ 是一个平移.

6. 设 σ 是平面的点变换，σ 的公式为

$$\begin{cases} x' = 2x+y-1, \\ y' = x-y+3, \end{cases}$$

问：点 $(1,0)^{\mathrm{T}}$，$(-1,1)^{\mathrm{T}}$ 分别变成什么点？直线 $x+y-2=0$ 变成什么图形？

7. 给了平面的两个点变换 σ_1 和 σ_2，它们的公式分别是

$$\begin{cases} x' = 2x+y+5, \\ y' = 3x-y+7, \end{cases} \quad \begin{cases} x' = 2x-3y+4, \\ y' = -x+2y-5, \end{cases}$$

求 $\sigma_1\sigma_2$ 和 $\sigma_2\sigma_1$ 的公式.

8. 求下列平面的点变换的逆变换：

(1) $\begin{cases} x' = \dfrac{1}{2}x - \dfrac{\sqrt{3}}{2}y - 2, \\ y' = \dfrac{\sqrt{3}}{2}x + \dfrac{1}{2}y - 1; \end{cases}$　　(2) $\begin{cases} x' = 2x+3y-7, \\ y' = 3x+5y-9. \end{cases}$

9. 在直角坐标系 $[O;\boldsymbol{e}_1,\boldsymbol{e}_2]$ 中，求出平面绕点 $M_0(x_0,y_0)^{\mathrm{T}}$ 旋转 θ 角的变换公式.

10. 设 $\sigma: S \to S'$, $\tau: S' \to S''$, 证明：若 σ 和 τ 都是单(满)射，则 $\tau\sigma$ 也是单(满)射.

§2 平面的正交变换

在§1中，我们介绍了平面上的三种点变换：平移、旋转、反射. 它们有一个共同的特点：保持任意两点的距离不变. 本节我们就来研究具有这个特点的平面点变换.

定义 2.1 平面上的一个点变换，如果保持任意两点的距离不变，则称它为**正交(点)变换**(或**保距变换**).

现在我们来讨论平面上的正交变换的性质.

从定义 2.1 立即得到下述性质 1 和性质 2：

性质 1 正交变换的乘积是正交变换. □

性质 2 恒等变换是正交变换. □

性质 3 正交变换把共线的三点映成共线的三点，并且保持它们的顺序不变；正交变换把不共线的三点映成不共线的三点.

证明 设 A, B, C 是共线的三点，且点 B 在线段 AC 上，又设 σ 是正交变换，它把 A, B, C 分别映成 A', B', C', 则

$$|A'B'| = |AB|, \quad |A'C'| = |AC|, \quad |B'C'| = |BC|.$$

由假设有 $|AB| + |BC| = |AC|$, 所以

$$|A'B'| + |B'C'| = |A'C'|.$$

这表明，A', B', C' 三点共线，并且 B' 在线段 $A'C'$ 上.

设 D, E, F 是不共线的三点，则

$$|DE| + |EF| > |DF|.$$

设正交变换 σ 把 D, E, F 分别映成 D', E', F', 则有

$$|D'E'| + |E'F'| > |D'F'|.$$

这表明 D', E', F' 不共线. □

性质 4 正交变换把直线映成直线，把线段映成线段，并且保持线段的分比不变.

证明 设 σ 是正交变换. 任取一条直线 l, 在 l 上取两点 A, B.

设 σ 把 A, B 分别映成 A', B'. 由性质 3 知, l 上任一点 C 的像 C' 在直线 $A'B'$ 上. 反之, 在直线 $A'B'$ 上任取一点 Q, 要证 Q 有原像, 并且其原像在 l 上. 不妨设 Q 在线段 $A'B'$ 上(其他情形可类似讨论), 于是 $|A'Q| < |A'B'| = |AB|$. 在线段 AB 上可找到一点 P, 使得 $|AP| = |A'Q|$. 设 P 在 σ 下的像为 P', 则 $|A'P'| = |AP| = |A'Q|$, 并且 P' 在线段 $A'B'$ 上. 于是得出 $P' = Q$. 这表明 P 是 Q 的一个原像. 这证明了 σ 把直线 l 映成直线 $A'B'$.

任取一条线段 AB. 设 A, B 在 σ 下的像分别是 A', B'. 在线段 AB 上任取一点 C, 则 C 在 σ 下的像 C' 在线段 $A'B'$ 上(根据性质 3). 反之, 在线段 $A'B'$ 任取一点 D', D' 有原像 D, 并且 D 在直线 AB 上. 仍根据性质 3 知, D 必在线段 AB 上. 这证明了 σ 把线段 AB 映成线段 $A'B'$.

设 C 是线段 AB 的一个内分点, 并且 $\dfrac{|AC|}{|CB|} = \lambda$, $\lambda > 0$, 又设 σ 把 A, B, C 分别映成 A', B', C', 则 C' 在线段 $A'B'$ 上, 并且

$$\frac{|A'C'|}{|C'B'|} = \frac{|AC|}{|CB|} = \lambda.$$

设 E 是线段 AB 的一个外分点, 类似可证得结论. □

性质 5　正交变换是可逆的, 并且它的逆变换也是正交变换.

证明　设 σ 是正交变换, A, B 是平面上不同的两个点, 它们在 σ 下的像分别是 A', B', 则 $|A'B'| = |AB| > 0$. 这证明了 σ 是单射.

现在来证明 σ 是满射. 在平面上任取一点 M, 要证明 M 有原像. 在平面上取三个不共线的点 A, B, C, 它们在 σ 下的像分别是 A', B', C'. 如果 M 在直线 $A'B'$(或 $A'C'$, $B'C'$)上, 则根据性质 4, M 有原像, 并且 M 的原像在直线 AB (或 AC, BC)上. 如果 M 不在直线 $A'B'$ 上, 也不在直线 $A'C'$ 和 $B'C'$ 上, 则经过 M 作一条直线 l' 与 $A'B'$, $A'C'$ 分别交于 P', Q'. 因为 P' 在直线 $A'B'$ 上, 所以 P' 有原像 P, 并且 P 在直线 AB 上. 同理, Q' 的原像 Q 在直线 AC 上. 因此 σ 把直线 PQ 映成直线 $P'Q'$. 由于 M 在直线 $P'Q'$ 上, 所以 M 有原像, 且 M 的原像在直线 PQ 上. 这证明了 σ 是满射.

由于 σ 是双射，所以 σ 可逆，从而 σ 有逆变换 σ^{-1}. 任取两点 P, Q, 设 P, Q 在 σ^{-1}下的像分别是 E, F, 则 E, F 在 σ 下的像分别是 P, Q. 由于 σ 是正交变换，因此 $|EF| = |PQ|$. 此式也表明 σ^{-1}是正交变换. □

性质 6 正交变换把平行直线映成平行直线.

证明 设 σ 是正交变换，直线 l_1 与 l_2 平行. 根据性质 4, σ 把直线 l_i 映成直线 l_i' $(i=1,2)$. 假如 l_1' 与 l_2' 交于点 M', 则 M' 的唯一的原像 M 既在 l_1 上，又在 l_2 上. 这与 l_1 与 l_2 平行矛盾. 所以 l_1' 与 l_2' 平行. □

我们把平面上所有点组成的集合记作 S, 把平面上所有向量组成的集合记作 $\overline{S}$.

性质 7 正交点变换 σ 诱导了集合 $\overline{S}$ 上的一个变换 $\overline{\sigma}$, 即设 A, B 在 σ 下的像分别是 A', B', 定义

$$\overline{\sigma}(\overrightarrow{AB}) = \overrightarrow{A'B'}, \tag{2.1}$$

则 $\overline{\sigma}$ 是集合 $\overline{S}$ 上的一个变换.

证明 由于平面上一个向量 $\boldsymbol{\alpha}$ 用有向线段表示时，表示方法不唯一，因此需要说明(2.1)式与有向线段的起点的选择无关. 设 $\overrightarrow{AB} = \overrightarrow{CD}$, 且 C, D 在 σ 下的像分别 C', D'. 根据(2.1)式，有 $\overline{\sigma}(\overrightarrow{CD}) = \overrightarrow{C'D'}$. 如果能证明 $\overrightarrow{A'B'} = \overrightarrow{C'D'}$, 那么 $\overline{\sigma}$ 就的确是 $\overline{S}$ 上的一个变换.

情形 1 A, B, C, D 不在一条直线上. 因为 $\overrightarrow{AB} = \overrightarrow{CD}$, 所以四边形 $ACDB$ 为一个平行四边形. 根据性质 6, 四边形 $A'C'D'B$ 也为一个平行四边形，从而 $\overrightarrow{A'B'} = \overrightarrow{C'D'}$.

情形 2 A, B, C, D 在同一条直线 l 上. 另取一条有向线段 $\overrightarrow{EF}$, 使得 E, F 不在 l 上，并且 $\overrightarrow{EF} = \overrightarrow{AB}$. 设 E, F 的像分别是 E', F'. 根据刚才证得的情形 1, 有 $\overrightarrow{A'B'} = \overrightarrow{E'F'} = \overrightarrow{C'D'}$. □

我们把正交点变换 σ 诱导的集合 $\overline{S}$ 上的变换 $\overline{\sigma}$ 称为**正交向量变换**. 今后在谈到正交(点)变换 σ 在向量上的作用时，指的就是 σ 诱导的向量变换 $\overline{\sigma}$ 在该向量上的作用.

性质 8 正交变换 σ 还具有以下性质:

(1) 保持向量的加法，即 $\overline{\sigma}(\boldsymbol{\alpha}+\boldsymbol{\beta}) = \overline{\sigma}(\boldsymbol{\alpha}) + \overline{\sigma}(\boldsymbol{\beta})$;

(2) 保持向量的数乘，即 $\bar{\sigma}(\lambda\boldsymbol{\alpha})=\lambda\bar{\sigma}(\boldsymbol{\alpha})$；

(3) 保持向量的长度不变；

(4) 保持向量的夹角不变；

(5) 保持向量的内积不变.

证明 (1) 设 $\overrightarrow{AB}=\boldsymbol{\alpha}$，$\overrightarrow{BC}=\boldsymbol{\beta}$，则 $\overrightarrow{AC}=\boldsymbol{\alpha}+\boldsymbol{\beta}$. 设 A，B，C 在 σ 下的像分别是 A'，B'，C'，则

$$\bar{\sigma}(\boldsymbol{\alpha})=\overrightarrow{A'B'},\quad \bar{\sigma}(\boldsymbol{\beta})=\overrightarrow{B'C'},\quad \bar{\sigma}(\boldsymbol{\alpha}+\boldsymbol{\beta})=\overrightarrow{A'C'}.$$

由于 $\overrightarrow{A'C'}=\overrightarrow{A'B'}+\overrightarrow{B'C'}$，所以

$$\bar{\sigma}(\boldsymbol{\alpha}+\boldsymbol{\beta})=\bar{\sigma}(\boldsymbol{\alpha})+\bar{\sigma}(\boldsymbol{\beta}).$$

(2) 设 $\overrightarrow{AB}=\boldsymbol{\alpha}$，则 $\lambda\boldsymbol{\alpha}=\lambda\overrightarrow{AB}=:\overrightarrow{AC}$. 设 A，B，C 在 σ 下的像分别是 A'，B'，C'，则

$$\bar{\sigma}(\boldsymbol{\alpha})=\overrightarrow{A'B'},\quad \bar{\sigma}(\lambda\boldsymbol{\alpha})=\bar{\sigma}(\overrightarrow{AC})=\overrightarrow{A'C'},\quad \lambda\bar{\sigma}(\boldsymbol{\alpha})=\lambda\overrightarrow{A'B'}.$$

因为 σ 保持线段的分比不变，所以

$$\frac{|\overrightarrow{A'C'}|}{|\overrightarrow{A'B'}|}=\frac{|\overrightarrow{AC}|}{|\overrightarrow{AB}|}=|\lambda|$$

又因为 σ 保持共线三点的顺序不变，所以由 $\overrightarrow{AC}=\lambda\overrightarrow{AB}$ 得 $\overrightarrow{A'C'}=\lambda\overrightarrow{A'B'}$，从而

$$\bar{\sigma}(\lambda\boldsymbol{\alpha})=\lambda\bar{\sigma}(\boldsymbol{\alpha}).$$

(3) 由于 σ 保持任意两点的距离不变，所以 σ 保持向量的长度不变.

(4) 设 $\overrightarrow{AB}=\boldsymbol{\alpha}$，$\overrightarrow{AC}=\boldsymbol{\beta}$，$A$，$B$，$C$ 在 σ 下的像分别是 A'，B'，C'，则 $\bar{\sigma}(\boldsymbol{\alpha})=\overrightarrow{A'B'}$，$\bar{\sigma}(\boldsymbol{\beta})=\overrightarrow{A'C'}$. 于是

$$\langle\boldsymbol{\alpha},\boldsymbol{\beta}\rangle=\angle BAC,\quad \langle\bar{\sigma}(\boldsymbol{\alpha}),\bar{\sigma}(\boldsymbol{\beta})\rangle=\angle B'A'C'.$$

因为

$$|A'B'|=|AB|,\quad |A'C'|=|AC|,\quad |B'C'|=|BC|,$$

所以 $\triangle ABC\cong\triangle A'B'C'$，从而 $\angle BAC=\angle B'A'C'$.

(5) 因为 σ 保持向量的长度不变，又保持向量的夹角不变，所以 σ 保持向量的内积不变. □

定理 2.1(正交变换第一基本定理) 平面上的正交变换 σ 把任意一个直角标架 Ⅰ$[O;\boldsymbol{e}_1;\boldsymbol{e}_2]$变成一个直角标架(记作Ⅱ)，并且使得

任意一点 P 的Ⅰ坐标等于它的像 P' 的Ⅱ坐标；反之，如果平面上的一个点变换 τ 使得任意一点 Q 在直角标架Ⅰ中的坐标等于 Q 的像 Q' 在直角标架Ⅱ中的坐标，则 τ 是正交变换.

证明 设正交变换 σ 把点 O 映成点 O'，把向量 $\boldsymbol{e}_i$ 映成向量 $\boldsymbol{e}_i'$ $(i=1,2)$. 因为 σ 保持向量的长度不变，且保持向量的夹角不变，所以 $\boldsymbol{e}_1'(i=1,2)$ 仍为单位向量，且 $\boldsymbol{e}_1'$ 与 $\boldsymbol{e}_2'$ 仍垂直，从而 $[O';\boldsymbol{e}_1',\boldsymbol{e}_2']$ 仍是一个直角标架，记作Ⅱ. 设点 P 的Ⅰ坐标是 $(x,y)^{\mathrm{T}}$，P 在 σ 下的像为 P'. 因为

$$\overrightarrow{O'P'}=\bar{\sigma}(\overrightarrow{OP})=\bar{\sigma}(x\boldsymbol{e}_1+y\boldsymbol{e}_2)=x\bar{\sigma}(\boldsymbol{e}_1)+y\bar{\sigma}(\boldsymbol{e}_2)=x\boldsymbol{e}_1'+y\boldsymbol{e}_2',$$

所以点 P' 的Ⅱ坐标是 $(x,y)^{\mathrm{T}}$.

反之，如果点 Q_i 的Ⅰ坐标 $(x_i,y_i)^{\mathrm{T}}$ 等于 Q_i 在 τ 下的像 $Q_i'(i=1,2)$ 的Ⅱ坐标，则在Ⅰ中计算 $|Q_1Q_2|$ 得

$$|Q_1Q_2|=\sqrt{(x_2-x_1)^2+(y_2-y_1)^2},$$

而在Ⅱ中计算 $|Q_1'Q_2'|$ 得

$$|Q_1'Q_2'|=\sqrt{(x_2-x_1)^2+(y_2-y_1)^2}.$$

所以 $|Q_1Q_2|=|Q_1'Q_2'|$. 这证明了 τ 是正交变换. □

推论 2.1 如果平面上的两个正交变换 σ 和 τ 把直角标架Ⅰ变成同一个直角标架Ⅱ，则 $\sigma=\tau$.

证明 任取一点 P，设 P 的Ⅰ坐标是 $(x,y)^{\mathrm{T}}$，根据定理 2.1，$\sigma(P)$ 与 $\tau(P)$ 的Ⅱ坐标都等于 $(x,y)^{\mathrm{T}}$，因此 $\sigma(P)=\tau(P)$，从而

$$\sigma=\tau.$$ □

推论 2.1 表明，平面上的正交变换被它在一个直角标架上的作用所确定.

定理 2.2(正交变换第二基本定理) 平面上的正交变换或者是平移，或者是旋转，或者是反射，或者是它们之间的乘积.

证明 任取一个正交变换 σ. 取一个直角标架Ⅰ$[O;\boldsymbol{e}_1,\boldsymbol{e}_2]$. 设 σ 把Ⅰ映成直角标架Ⅱ$[O';\boldsymbol{e}_1',\boldsymbol{e}_2']$.

作沿 $\overrightarrow{OO'}$ 的平移 τ_1，它把Ⅰ映成直角标架 $[O';\boldsymbol{e}_1,\boldsymbol{e}_2]$. 再作绕点 O' 的旋转 τ_2，使 $\boldsymbol{e}_1$ 的像为 $\boldsymbol{e}_1'$，此时 τ_2 把 $[O';\boldsymbol{e}_1,\boldsymbol{e}_2]$ 映成直角标

架$[O';\boldsymbol{e}_1',\boldsymbol{e}_2^*]$.

如果$\boldsymbol{e}_2^*=\boldsymbol{e}_2'$，则$\tau_2\tau_1$把Ⅰ映成Ⅱ，从而$\tau_2\tau_1=\sigma$.

如果$\boldsymbol{e}_2^*=-\boldsymbol{e}_2'$，则再作关于直线$l$（它经过点$O'$，方向为$\boldsymbol{e}_1'$）的反射$\tau_3$，此时$\tau_3$把$[O';\boldsymbol{e}_1',\boldsymbol{e}_2^*]$映成$[O';\boldsymbol{e}_1',\boldsymbol{e}_2']$. 因此$\tau_3\tau_2\tau_1$把Ⅰ映成Ⅱ，从而$\tau_3\tau_2\tau_1=\sigma$. □

平移、旋转以及它们的乘积称为**刚体运动**.

定理2.2表明，平面上的正交变换或者是刚体运动，或者是反射，或者是刚体运动与反射的乘积.

定理2.3　设平面上的正交(点)变换σ把直角标架Ⅰ$[O;\boldsymbol{e}_1,\boldsymbol{e}_2]$映成直角标架Ⅱ$[O';\boldsymbol{e}_1',\boldsymbol{e}_2']$，其中$O'$，$\boldsymbol{e}'_1$，$\boldsymbol{e}_2'$的Ⅰ坐标分别是

$$(a_1,a_2)^{\mathrm{T}},\quad (a_{11},a_{21})^{\mathrm{T}},\quad (a_{12},a_{22})^{\mathrm{T}},$$

则σ在直角标架Ⅰ中的公式是

$$\begin{pmatrix}x'\\y'\end{pmatrix}=\begin{pmatrix}a_{11}&a_{12}\\a_{21}&a_{22}\end{pmatrix}\begin{pmatrix}x\\y\end{pmatrix}+\begin{pmatrix}a_1\\a_2\end{pmatrix},\tag{2.2}$$

其中$(x,y)^{\mathrm{T}}$是任一点P的Ⅰ坐标，$(x',y')^{\mathrm{T}}$是P在σ下的像P'的Ⅰ坐标，并且矩阵

$$\boldsymbol{A}=\begin{pmatrix}a_{11}&a_{12}\\a_{21}&a_{22}\end{pmatrix}\tag{2.3}$$

是正交矩阵；反之，如果平面上的一个(点)变换τ在直角标架Ⅰ$[O;\boldsymbol{e}_1,\boldsymbol{e}_2]$中的公式是

$$\begin{pmatrix}x'\\y'\end{pmatrix}=\begin{pmatrix}b_{11}&b_{12}\\b_{21}&b_{22}\end{pmatrix}\begin{pmatrix}x\\y\end{pmatrix}+\begin{pmatrix}b_1\\b_2\end{pmatrix},\tag{2.4}$$

其中

$$\boldsymbol{B}=\begin{pmatrix}b_{11}&b_{12}\\b_{21}&b_{22}\end{pmatrix}\tag{2.5}$$

是正交矩阵，则τ是正交变换.

证明　根据定理2.1，点P在σ下的像P'的Ⅱ坐标等于P的Ⅰ坐标$(x,y)^{\mathrm{T}}$. 设P'的Ⅰ坐标为$(x',y')^{\mathrm{T}}$. 对点P'用坐标变换公式，得

$$\begin{pmatrix} x' \\ y' \end{pmatrix} = \begin{pmatrix} a_{11} & a_{12} \\ a_{21} & a_{22} \end{pmatrix} \begin{pmatrix} x \\ y \end{pmatrix} + \begin{pmatrix} a_1 \\ a_2 \end{pmatrix}, \tag{2.6}$$

其中矩阵

$$\boldsymbol{A} = \begin{pmatrix} a_{11} & a_{12} \\ a_{21} & a_{22} \end{pmatrix} \tag{2.7}$$

是直角标架Ⅰ到直角标架Ⅱ的过渡矩阵，因而$\boldsymbol{A}$是正交矩阵. 把公式(2.6)右端的$(x,y)^{\mathrm{T}}$看成点P的Ⅰ坐标，则(2.6)式是正交变换σ在直角标架Ⅰ中的公式.

反之，设平面的一个点变换τ在直角标架Ⅰ中的公式为(2.4)，其中系数矩阵$\boldsymbol{B}$是正交矩阵，又设$\tau(O)=O'$，$\bar{\tau}(\boldsymbol{e}_i)=\boldsymbol{e}_i'$ $(i=1,2)$. 从公式(2.4)以及向量的坐标与点的坐标的关系得到，O'，$\boldsymbol{e}_1'$，$\boldsymbol{e}_2'$的Ⅰ坐标分别为$(b_1,b_2)^{\mathrm{T}}$，$(b_{11},b_{21})^{\mathrm{T}}$，$(b_{12},b_{22})^{\mathrm{T}}$. 因为$\boldsymbol{B}$是正交矩阵，所以

$$|\boldsymbol{e}_1'| = \sqrt{b_{11}^2 + b_{21}^2} = 1, \quad |\boldsymbol{e}_2'| = \sqrt{b_{12}^2 + b_{22}^2} = 1,$$
$$\boldsymbol{e}_1' \cdot \boldsymbol{e}_2' = b_{11}b_{12} + b_{21}b_{22} = 0.$$

因此$[O';\boldsymbol{e}_1',\boldsymbol{e}_2']$也是一个直角标架，记作Ⅱ. 任取一点$P$，设$P$的Ⅰ坐标是$(x,y)^{\mathrm{T}}$，则$P$在$\tau$下的像$P'$的Ⅰ坐标$(x',y')^{\mathrm{T}}$满足(2.4)式. 注意，公式(2.4)也可以看成直角标架Ⅰ到Ⅱ的坐标变换公式. 由于(2.4)式左端的$(x',y')^{\mathrm{T}}$是P'的Ⅰ坐标，因此(2.4)式右端的$(x,y)^{\mathrm{T}}$是P'的Ⅱ坐标. 这证明了P'的Ⅱ坐标等于P的Ⅰ坐标. 根据定理2.1的后半部分，τ是正交变换. □

习 题 6.2

1. 判断下述平面上的点变换是否为正交变换，并且求它的不动点. 它在直角坐标系中的公式为

$$\begin{cases} x' = \dfrac{4}{5}x - \dfrac{3}{5}y + 1, \\ y' = \dfrac{3}{5}x + \dfrac{4}{5}y - 2. \end{cases}$$

2. 在平面上的点变换

$$\begin{cases} x' = \frac{1}{2}x - \frac{\sqrt{3}}{2}y + 3, \\ y' = \frac{\sqrt{3}}{2}x + \frac{1}{2}y - 1 \end{cases}$$

下，直线 $x + y - 2 = 0$ 变成什么直线？

3. 若把曲线 $2xy = a^2$ 绕原点旋转 $45°$，求新的曲线方程.

4. 给了正交变换 σ 在直角坐标系 I 中的公式为

$$\begin{cases} x' = \frac{\sqrt{2}}{2}x - \frac{\sqrt{2}}{2}y - 3, \\ y' = \frac{\sqrt{2}}{2}x + \frac{\sqrt{2}}{2}y + 2. \end{cases}$$

若作直角坐标变换

$$\begin{cases} x = \frac{1}{2}\tilde{x} - \frac{\sqrt{3}}{2}\tilde{y} - 2, \\ y = \frac{\sqrt{3}}{2}\tilde{x} + \frac{1}{2}\tilde{y} - 1, \end{cases}$$

求 σ 在新坐标系中的公式.

5. 证明：若平面上的正交变换 σ 有两个不动点 A，B，则直线 AB 上每个点都是 σ 的不动点.

6. 设 τ_1 和 τ_2 分别是平面关于直线 l_1 和 l_2 的反射，l_1 与 l_2 交于点 O，且夹角为 θ，证明：$\tau_2\tau_1$ 是绕点 O 的旋转，转角为 2θ.

7. 设平面上的点变换 σ 的公式是

$$\begin{cases} x' = x\cos\theta - y\sin\theta + a, \\ y' = x\sin\theta + y\cos\theta + b, \end{cases}$$

证明：当 $\theta \neq 2k\pi$ 时，σ 是绕一个定点的旋转.

8. 设正交变换 σ 把右手直角标架 I$[O;\boldsymbol{e}_1;\boldsymbol{e}_2]$ 映成 II$[O';\boldsymbol{e}_1',\boldsymbol{e}_2']$，$\boldsymbol{e}_1$ 到 $\boldsymbol{e}_1'$ 的转角为 θ，O' 的 I 坐标是 $(x_0, y_0)^{\mathrm{T}}$，证明：若 II 为右手系，则 σ 的公式为

$$\begin{cases} x' = x\cos\theta - y\sin\theta + x_0, \\ y' = x\sin\theta + y\cos\theta + y_0; \end{cases}$$

若Ⅱ为左手系，则 σ 的公式为

$$\begin{cases} x' = x\cos\theta + y\sin\theta + x_0, \\ y' = x\sin\theta - y\cos\theta + y_0. \end{cases}$$

9. 正交变换 σ 的公式中，若系数矩阵 $\boldsymbol{A}$ 的行列式 $|\boldsymbol{A}| = +1$，则称 σ 是**第一类正交变换**；若 $|\boldsymbol{A}| = -1$，则称 σ 是**第二类正交变换**. 证明：刚体运动是第一类正交变换，刚体运动和一个反射的乘积是第二类正交变换.

10. 判断下列变换是否为平面关于一直线的反射. 若是反射，则求出反射轴.

(1) $\begin{cases} x' = x\cos2\theta + y\sin2\theta, \\ y' = x\sin2\theta - y\cos2\theta; \end{cases}$　　(2) $\begin{cases} x' = \dfrac{\sqrt{2}}{2}(x+y), \\ y' = \dfrac{\sqrt{2}}{2}(x-y). \end{cases}$

§3 平面的仿射变换

3.1 仿射变换的定义和例

一张底片，洗出二寸照片一张，并且放大洗出六寸照片一张，这两张照片的图像自然是相似的.

直观上说，把一个图形放大或缩小得到的图形称为与原图形相似的图形.

相似的图形中，对应线段的比是一个非零常数. 由此引出下述概念：

定义 3.1 如果平面上的一个(点)变换 τ 使得对应线段的比为一个非零常数 k，那么称 τ 是一个**相似变换**(简称**相似**)，其中 k 称为**相似比**.

设 τ 是相似比为 k 的一个相似变换，线段 PQ 的像记作 $P'Q'$，则

$$\frac{P'Q'}{PQ}=k$$

(注：在相似和位似这一部分，我们把线段 PQ 的长度记成 PQ).

定义 3.2　如果有一个相似比为 k 的相似变换 τ，使得一个图形 E 的像是图形 E'，那么称 E 和 E' 是**相似图形**，其中 k 称为这两个图形的**相似比**.

定义 3.1 蕴涵了相似变换把线段映成线段，从而把直线映成直线，把射线映成射线.

设 τ 是相似比为 k 的一个相似变换，线段 PQ 和线段 MN 的像分别为 $P'Q'$ 和 $M'N'$，则

$$\frac{P'Q'}{PQ}=k=\frac{M'N'}{MN},$$

从而

$$\frac{MN}{PQ}=\frac{M'N'}{P'Q'}.$$

因此相似变换保持任意两条线段的比值不变.

银幕上的图像是幻灯片上的图像经过放大得到的. 从这种把图像放大的方法抽象出下述概念：

定义 3.3　平面上取定一个点 O，把平面上每一个点 P 对应到点 P'，使得 $\overrightarrow{OP'}=k\overrightarrow{OP}$，其中 k 是一个非零常数，点 O 对应到它自身，平面上的这个点变换称为**位似变换**(简称**位似**)，其中点 O 称为**位似中心**，k 称为**位似比**.

定义 3.4　如果有一个位似比为 k 的位似变换，使得图形 E 的像是图形 E'，那么称 E 和 E' 是**位似图形**，其中 k 称为这两个图形的**位似比**.

命题 3.1　位似比为 k 的位似把线段映成线段，且像线段与原线段的比等于 $|k|$.

证明　设 τ 是位似比为 k 的位似，点 O 为位似中心，点 P 的像为点 P'，点 Q 的像为点 Q'.

情形 1　$k>0$. 如图 6.5 所示，这时有

$$\frac{OP'}{OP} = k = \frac{OQ'}{OQ}.$$

又$\angle P'OQ' = \angle POQ$，因此$\triangle OP'Q' \backsim \triangle OPQ$，从而线段$PQ$的像是线段$P'Q'$，且

$$\frac{P'Q'}{PQ} = \frac{OP'}{OP} = k.$$

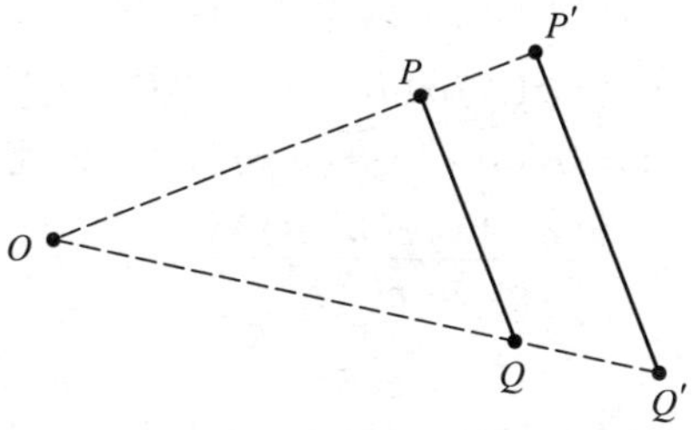

图 6.5

情形 2 $k<0$. 这时可类似证明线段PQ的像是线段$P'Q'$，且

$$\frac{P'Q'}{PQ} = \frac{OP'}{OP} = |k|. \qquad \square$$

从命题 3.1 立即得到

推论 3.1 位似比为k的位似是相似比为$|k|$的相似. $\square$

命题 3.2 位似是可逆变换；若τ是位似比为k，位似中心为O的位似，则τ^{-1}是位似比为k^{-1}，位似中心为O的位似.

证明 任取平面上一点P ($\neq O$). 设$\tau(P)=P'$，则

$$\frac{OP'}{OP} = |k|,$$

且点P'在射线OP或它的反向延长线上. 不妨设点P'在射线OP上. 令τ_1是位似比为k^{-1}，位似中心为O的位似，它把点P'对应到射线OP'上一点P^*. 由于射线OP'与射线OP重合，因此点P^*在射线OP上. 又由于

$$\frac{OP^*}{OP'} = |k|^{-1} = \frac{OP}{OP'},$$

因此 $OP^* = OP$，从而点 P^* 与点 P 重合. 于是 $\tau_1\tau(P) = \tau_1(P') = P$. 因此 $\tau_1\tau$ 是平面上的恒等变换. 同理，$\tau\tau_1$ 是平面上的恒等变换. 因此 τ 是可逆变换，且 $\tau^{-1} = \tau_1$. □

命题 3.3　相似可以分解成一个位似与一个正交(点)变换的乘积.

证明　设 σ 是相似比为 k 的相似. 令 τ 是以 O 为位似中心，位似比为 k^{-1}的位似. 任取平面上两点 A，B，则

$$|\sigma(A)\sigma(B)| = k|AB|.$$

由于$\triangle O\tau(\sigma(A))\tau(\sigma(B)) \backsim \triangle O\sigma(A)\sigma(B)$，因此

$$\frac{|\tau(\sigma(A))\tau(\sigma(B))|}{|\sigma(A)\sigma(B)|} = k^{-1},$$

从而

$$|(\tau\sigma)(A)(\tau\sigma)(B)| = k^{-1}|\sigma(A)\sigma(B)| = k^{-1}k|AB| = |AB|.$$

于是 $\tau\sigma$ 保持任意两点的距离不变. 因此 $\tau\sigma$ 是平面上的正交(点)变换，从而 $\sigma = \tau^{-1}(\tau\sigma)$. 根据命题 3.2，$\tau^{-1}$是以 O 为位似中心，位似比为$(k^{-1})^{-1} = k$ 的位似. 因此 σ 可分解成了一个位似与一个正交(点)变换的乘积. □

命题 3.4　相似是可逆变换.

证明　根据命题 3.3，相似 σ 可以分解成一个位似与一个正交(点)变换的乘积. 又由于位似和正交(点)变换都是可逆变换，从而它们都是双射，因此它们的乘积仍是双射. 于是相似是双射，从而相似是可逆变换. □

在平面上取定一个直角坐标系 Oxy，向着 y 轴作正压缩，压缩系数为 $\frac{1}{2}$，即每一个点 $P(a,b)^{\mathrm{T}}$ 映成点 $P'\left(\frac{1}{2}a,b\right)^{\mathrm{T}}$，则

$$\begin{aligned}
&\text{点 } P(a,b)^{\mathrm{T}} \text{ 在 } y=\sin x \text{ 的图像上} \\
\Longleftrightarrow\ & b = \sin a \\
\Longleftrightarrow\ & b = \sin 2\left(\frac{1}{2}a\right) \\
\Longleftrightarrow\ & \text{点 } P'\left(\frac{1}{2}a,b\right)^{\mathrm{T}} \text{ 在 } y = \sin 2x \text{ 的图像上.}
\end{aligned}$$

于是，在向着 y 轴作压缩系数为 $\frac{1}{2}$ 的正压缩下，$y=\sin x$ 图像映成 $y=\sin 2x$ 的图像.

从上述例子我们抽象出压缩的概念：

定义 3.5 平面上给定一条直线 l 和一个非零向量 $\boldsymbol{d}$，其中 $\boldsymbol{d}$ 不是 l 的方向向量. 如果平面上的一个变换 τ 把每一个点 P 对应到点 P'，使得

(1) $\overrightarrow{PP'}$ 与 $\boldsymbol{d}$ 共线；

(2) 点 P' 与点 P 在 l 的同侧；

(3) $|AP'|=k|AP|$，其中 A 是 PP' 与 l 的交点，k 是非零常数，

那么称变换 τ 是沿方向 $\boldsymbol{d}$ 或 $-\boldsymbol{d}$ 向着直线 l 的**压缩**，其中 l 称为**压缩轴**，$\boldsymbol{d}$ 称为**压缩方向**，k 称为**压缩系数**(如图 6.6). 当 $\boldsymbol{d}$ 与 l 垂直时，称 τ 是**正压缩**. 当 $k>1$ 时，也称 τ 是**拉伸**.

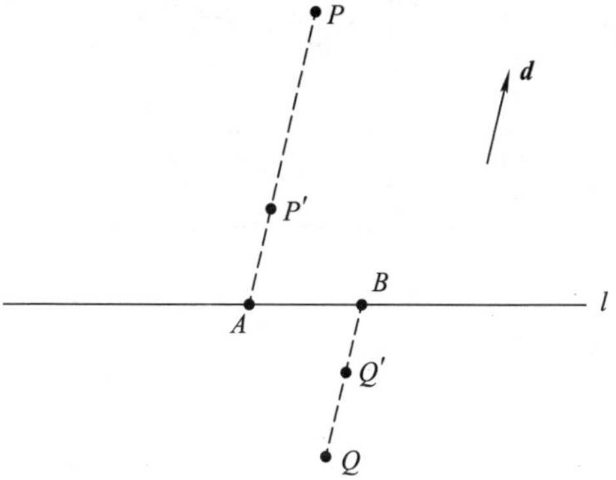

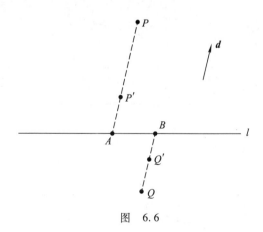

图 6.6

命题 3.5 在向着 y 轴且压缩系数为 k 的正压缩下，平面上曲线 $F(x,y)=0$ 的像是曲线 $F(k^{-1}x,y)=0$.

证明 在这个正压缩下，点 $P(a,b)^{\mathrm{T}}$ 的像是点 $P'(ka,b)^{\mathrm{T}}$，于是

$$\text{点 } P(a,b)^{\mathrm{T}} \text{ 在曲线 } F(x,y)=0 \text{ 上}$$
$$\Longleftrightarrow F(a,b)=0$$

$$\iff F(k^{-1}(ka),b)=0$$
$$\iff \text{点 } P'(ka,b)^{\mathrm{T}} \text{ 在曲线 } F(k^{-1}x,y)=0 \text{ 上}.$$

因此，在向着 y 轴的这个正压缩下，曲线 $F(x,y)=0$ 的像是曲线
$$F(k^{-1}x,y)=0.$$ □

推论 3.2　在向着 y 轴且压缩系数为 k 的正压缩下，函数 $y=f(x)$ 的图像的像是 $y=f(k^{-1}x)$ 的图像. □

命题 3.6　压缩把共线三点映成共线三点，把不共线三点映成不共线三点.

证明　设 τ 是平面上沿方向 $\boldsymbol{d}$ 向着直线 l 的压缩，压缩系数为 k，三点 P，Q，R 的像分别是 P'，Q'，R'，又设 PP'，QQ'，RR' 分别与 l 交于点 A，B，C. 在 l 上取定一个点 O，取 l 的一个方向向量为 $\boldsymbol{d}_1$，建立仿射标架 $[O;\boldsymbol{d}_1,\boldsymbol{d}]$，如图 6.7 所示. 设点 P，Q，R 的坐标分别为

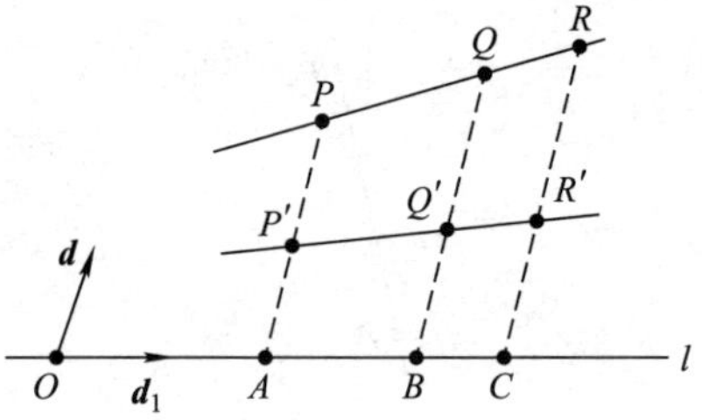

图　6.7

$$(x_1,y_1)^{\mathrm{T}},\quad (x_2,y_2)^{\mathrm{T}},\quad (x_3,y_3)^{\mathrm{T}},$$

则点 P'，Q'，R' 的坐标分别为

$$(x_1,ky_1)^{\mathrm{T}},\quad (x_2,ky_2)^{\mathrm{T}},\quad (x_3,ky_3)^{\mathrm{T}}.$$

由于

$$\begin{vmatrix} x_1 & x_2 & x_3 \\ ky_1 & ky_2 & ky_3 \\ 1 & 1 & 1 \end{vmatrix} = k\begin{vmatrix} x_1 & x_2 & x_3 \\ y_1 & y_2 & y_3 \\ 1 & 1 & 1 \end{vmatrix},$$

因此根据第一章 §2 的命题 2.2，得

三点 P, Q, R 共线 $\Longleftrightarrow$ 三点 P', Q', R' 共线. □

命题 3.7 压缩是可逆变换.

证明 设 σ_1 是沿 $\boldsymbol{d}$ 向着直线 l 的压缩，压缩系数为 k. 令 σ_2 是沿 $\boldsymbol{d}$ 向着直线 l 的压缩，压缩系数为 k^{-1}. 设点 P 在 σ_1 下的像是点 P'，如图 6.7 所示. 在 l 上取定一个点 O，取 l 的一个方向向量 $\boldsymbol{d}_1$，建立仿射标架$[O;\boldsymbol{d}_1,\boldsymbol{d}]$. 设点 P 的坐标为$(x,y)^{\mathrm{T}}$，则点 P' 的坐标为$(x,ky)^{\mathrm{T}}$. 设点 P' 在 σ_2 下的像是点 P^*，则点 P^* 的坐标为$(x,k^{-1}(ky))^{\mathrm{T}}=(x,y)^{\mathrm{T}}$. 因此点 P^* 与点 P 重合，从而$(\sigma_2\sigma_1)(P)=\sigma_2(P')=P$. 于是 $\sigma_2\sigma_1$ 是平面上的恒等变换. 同理，$\sigma_1\sigma_2$ 是平面上的恒等变换. 因此 σ_1 是可逆变换. □

一个平行六面体形状的弹性体，给它的上底面以水平向左的一束力 $\boldsymbol{F}$，给下底面以水平向右的一束力 $-\boldsymbol{F}$，这个弹性体会发生变形. 从这种例子我们抽象出下述概念:

定义 3.6 平面上给定一条直线 l 和 l 的一个方向向量 $\boldsymbol{v}$，如果平面上的一个变换 σ 把 l 上的每一点映成自身，把不在 l 上的点 P 映成点 P'，使得

(1) PP'与 l 平行;

(2) 对在 l 的一侧的点 P 有 $\overrightarrow{PP'}$与 $\boldsymbol{v}$ 同向，对在 l 的另一侧的点 Q 有 $\overrightarrow{QQ'}$与 $\boldsymbol{v}$ 反向;

(3) 从点 P 向直线 l 作垂线，垂足为 M，有 $|PP'|=k|PM|$，其中 k 是非零常数，

那么称变换 σ 为**错切**，其中 l 称为**错切轴**，k 称为**错切系数**(如图 6.8).

命题 3.8 错切把共线三点映成共线三点，把不共线三点映成不共线三点.

证明 设 σ 是错切轴为 l，错切系数为 k 的错切，$\boldsymbol{v}$ 是 l 的一个方向向量，$\boldsymbol{n}$ 是 l 的单位法向量. 在 l 上取定一点 O，建立仿射标架$[O;\boldsymbol{v},\boldsymbol{n}]$，如图 6.8 所示. 设点 P, Q, R 的坐标分别为$(x_1,y_1)^{\mathrm{T}}$, $(x_2,y_2)^{\mathrm{T}}$, $(x_3,y_3)^{\mathrm{T}}$，则它们的像点 P', Q', R' 的坐标分别为

$$(x_1+ky_1,y_1)^{\mathrm{T}},\quad (x_2+ky_2,y_2)^{\mathrm{T}},\quad (x_3+ky_3,y_3)^{\mathrm{T}}.$$

由于

$$\begin{vmatrix} x_1+ky_1 & x_2+ky_2 & x_3+ky_3 \\ y_1 & y_2 & y_3 \\ 1 & 1 & 1 \end{vmatrix} = \begin{vmatrix} x_1 & x_2 & x_3 \\ y_1 & y_2 & y_3 \\ 1 & 1 & 1 \end{vmatrix},$$

因此

三点 P, Q, R 共线 $\Longleftrightarrow$ 三点 P', Q', R' 共线. □

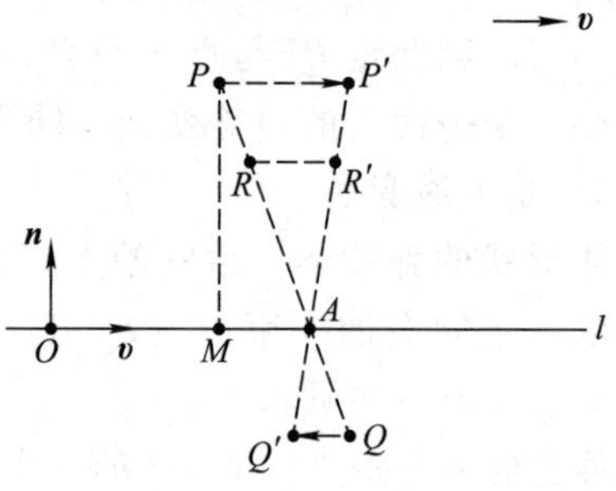

图　6.8

在错切的定义中，如果第(3)条要求用下述(3)′来代替:

(3)′ 经过点 P 和给定的一个与 l 不平行的单位向量 $\boldsymbol{e}$ 作直线与 l 交于点 M，有 $|PP'|=k|PM|$，其中 k 是非零常数，

那么当 $\boldsymbol{e}$ 与 l 不垂直时，称 σ 为**斜错切**. 命题 3.8 对于斜错切也成立.

命题 3.9　错切是可逆变换.

证明　设 σ 是错切系数为 k，错切轴为 l 的错切，$\boldsymbol{v}$ 是 l 的一个方向向量. 在 l 上取定一个点 O，取 l 的一个单位法向量 $\boldsymbol{n}$，建立仿射标架$[O;\boldsymbol{v},\boldsymbol{n}]$，如图 6.8 所示，则点 $P(x,y)^{\mathrm{T}}$ 的像点 P' 的坐标为 $(x+ky,y)^{\mathrm{T}}$. 令 τ 是错切系数为 k，错切轴为 l 的错切，并且对 l 的一侧的点 P，若 σ 使得 PP' 与 $\boldsymbol{v}$ 同向，则 τ 使得 PP' 与 $\boldsymbol{v}$ 反向；对 l 的另一侧的点 Q，若 σ 使得 $\overrightarrow{QQ'}$ 与 $\boldsymbol{v}$ 反向，则 τ 使得 $\overrightarrow{QQ'}$ 与 $\boldsymbol{v}$ 同向. 于是点 P' 在 τ 下的像点 P^* 的坐标为$((x+ky)+(-k)y,y)^{\mathrm{T}}=(x,y)^{\mathrm{T}}$. 因此点 P^* 与点 P 重合，从而$(\tau\sigma)(P)=\tau(P')=P$. 于是 $\tau\sigma$ 是平面上的恒等变换. 同理，$\sigma\tau$ 是平面上的恒等变换. 因此 σ 是可

逆变换. □

命题 3.9 的证明方法也适用于证明斜错切是可逆变换.

相似、位似、压缩和错切都把共线三点映成共线三点，并且它们都是可逆变换. 抓住它们的共同特征，我们抽象出下述概念：

定义 3.7 如果平面(作为点集)到自身的双射 σ 把共线三点映成共线三点，那么称 σ 是平面上的一个**仿射变换**.

相似、位似、压缩和错切都是平面上的仿射变换.

3.2 仿射变换的性质

现在我们来探索平面上的仿射变换 σ 的性质. 平面上任一点 A 在 σ 下的像记作 A'.

性质 1 仿射变换 σ 把不共线三点映成不共线三点.

证明 任取平面上不共线三点 A，B，C. 由于 σ 是单射，因此它们的像点 A'，B'，C' 两两不同. 在平面上任取一点 M. 由于经过点 M 与直线 AB 平行的直线只有一条，经过点 M 与直线 BC 平行的直线也只有一条，因此经过点 M 可以作一条直线与 AB，BC 分别交于点 P，Q，如图 6.9 所示. 由于三点 P，A，B 共线，因此它们的像点 P'，A'，B' 共线；由于三点 Q，B，C 共线，因此它们的像点 Q'，B'，C' 共线. 假如三点 A'，B'，C'共线，则点 P'，Q' 都在直线 $A'B'$上. 由于三点 M，P，Q 共线，因此它们的像点 M'，P'，Q' 共线，从而点 M' 也在直线 $A'B'$上. 于是平面上任一点的像都在直线 $A'B'$上. 这与 σ 是满射矛盾. 因此三点 A'，B'，C' 不共线. □

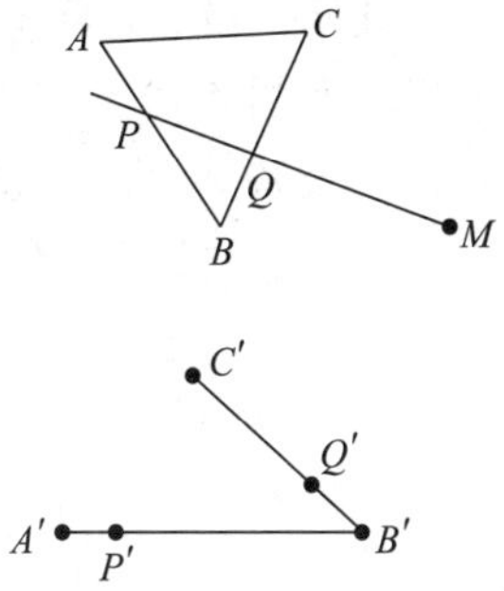

图 6.9

性质 2 仿射变换 σ 的逆变换 σ^{-1}也是仿射变换.

证明 在平面上任取共线三点 A'，B'，C'. 由于 σ 是双射，因此平面上存在唯一的点 A，使得 $\sigma(A)=A'$. 同理，存在唯一的点 B，使得 $\sigma(B)=B'$；存在唯一的点 C，使得 $\sigma(C)=C'$. 于是 $\sigma^{-1}(A')=$

A，$\sigma^{-1}(B')=B$，$\sigma^{-1}(C')=C$. 假如三点 A，B，C 不共线，则根据性质1，它们在 σ 下的像 A'，B'，C' 也不共线. 这与已知矛盾. 因此三点 A，B，C 共线，从而 σ^{-1}是仿射变换. □

性质3 仿射变换的乘积还是仿射变换.

证明 由仿射变换的定义立即得到. □

性质4 仿射变换 σ 把直线映成直线.

证明 在平面上任取一条直线 AB. 由于 σ 是单射，因此点 A，B 的像点 A'，B' 是不同的点. 设点 C 的像是点 C'. 由于 σ 是可逆变换，因此点 A'，B'，C' 在 σ 下分别有唯一的原像 A，B，C. 于是，根据仿射变换的定义和性质1，得

$$点\ C\ 在直线\ AB\ 上 \Longleftrightarrow 点\ C'\ 在直线\ A'B'\ 上.$$

因此直线 AB 在 σ 下的像是直线 $A'B'$. □.

性质5 仿射变换 σ 把平行直线映成平行直线.

证明 设 $AB /\!/ CD$，A'，B'，C'，D'分别是 A，B，C，D 在 σ 下的像. 假如 $A'B'$ 与 $C'D'$ 不平行，则由于它们在同一个平面上，因此它们有公共点 P'. 于是，点 P' 的原像 P 既在直线 AB 上，又在直线 CD 上. 这与已知矛盾. 因此 $A'B' /\!/ C'D'$. □

试问：仿射变换 σ 是否把线段映成线段？由于

$$点\ C\ 在线段\ AB\ 上 \Longleftrightarrow \overrightarrow{AC}=\lambda\overrightarrow{AB},\quad 0\leqslant\lambda\leqslant 1,$$

因此如果我们能够证明下述结论：

$$\overrightarrow{AC}=\lambda\overrightarrow{AB} \Longrightarrow \overrightarrow{A'C'}=\lambda\overrightarrow{A'B'}, \tag{3.1}$$

那么就能得到

$$点\ C\ 在线段\ AB\ 上 \Longrightarrow 点\ C'\ 在线段\ A'B'\ 上,$$

从而 σ 把线段映成线段，并且 σ 保持线段的分比不变.

证明(3.1)式的困难之处在于：我们还不知道 σ 把线段映成线段，因此无法利用有向线段和向量的知识. 克服困难的办法是：不考虑整条有向线段 $\overrightarrow{AB}$，而只考虑它的起点 A 和终点 B 组成的有序点偶(A,B). 如果两个有序点偶(A,B)与(C,D)满足 $\overrightarrow{AB}=\overrightarrow{CD}$，那么称$(A,B)$与$(C,D)$**相等**.

把平面上所有有序点偶组成的集合记作 S. 在 S 中规定加法运算

如下：

$$(A,B)+(B,C):=(A,C),$$
$$(A,B)+(D,E):=(A,F),$$

其中点 F 是点 E 在沿 $\overrightarrow{DB}$ 平移下的像，如图 6.10 所示.

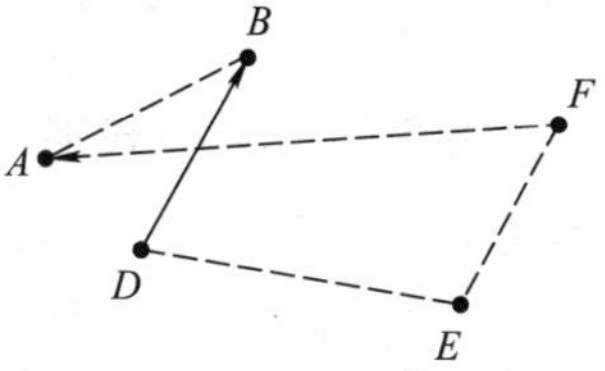

图 6.10

在 S 中规定数量乘法运算如下：

$$\lambda(A,B):=(A,C),$$

其中点 C 在直线 AB 上，且满足

$$\overrightarrow{AC}=\lambda\overrightarrow{AB}.$$

容易证明：S 的加法满足交换律、结合律，有零元(A,A)，每个元素(A,B)有负元(B,A)；S 的数量乘法满足向量的数量乘法的 4 条法则.

性质 6 仿射变换 σ 诱导了平面上所有有序点偶组成的集合 S 到自身的一个映射：

$$\sigma(A,B):=(A',B'), \tag{3.2}$$

其中 A'，B' 分别是 A，B 在 σ 下的像；并且它保持有序点偶的加法运算，即

$$\sigma((A,B)+(B,C))=\sigma(A,B)+\sigma(B,C), \tag{3.3}$$
$$\sigma((A,B)+(D,E))=\sigma(A,B)+\sigma(D,E). \tag{3.4}$$

证明 设$(A,B)=(C,D)$，则 $\overrightarrow{AB}=\overrightarrow{CD}$，从而四边形 $ACDB$ 是平行四边形. 根据性质 5，四边形 $A'C'D'B$ 是平行四边形. 因此 $\overrightarrow{A'B'}=\overrightarrow{C'D'}$，从而$(A',B')=(C',D')$. 所以(3.2)式的规定是合理的，即 σ 诱导了 S 到自身的一个映射.

根据 S 的加法定义，有

$$\begin{aligned}\sigma((A,B)+(B,C))&=\sigma(A,C)=(A',C')=(A',B')+(B',C')\\&=\sigma(A,B)+\sigma(B,C).\end{aligned}$$

现在来证(3.4)式成立：$(A,B)+(D,E)=(A,F)$，其中点 F 是点 E 在沿 $\overrightarrow{DB}$ 平移下的像. 于是 $\overrightarrow{EF}$ 平行于 $\overrightarrow{DB}$，从而四边形 $EFBD$ 是平行四边形. 根据性质 5，四边形 $E'F'B'D'$ 也是平行四边形. 于

是 $\overrightarrow{E'F'}$ 平行于 $\overrightarrow{D'B'}$. 因此

$$(A',B')+(D',E')=(A',F').$$

由此得出

$$\begin{aligned}\sigma((A,B)+(D,E))&=\sigma(A,F)=(A',F')=(A',B')+(D',E')\\&=\sigma(A,B)+\sigma(D,E).\end{aligned}$$ □

性质 7　(3.2)式定义的 S 到自身的一个映射 σ 保持有序点偶的数量乘法，即

$$\sigma(\lambda(A,B))=\lambda\sigma(A,B).\tag{3.5}$$

证明　设 $\lambda(A,B)=(A,C)$，其中点 C 在直线 AB 上，且满足 $\overrightarrow{AC}=\lambda\overrightarrow{AB}$，则

$$\sigma(\lambda(A,B))=\sigma(A,C)=(A',C').$$

又有

$$\lambda\sigma(A,B)=\lambda(A',B').$$

为了证明(3.5)式，只要证明 $(A',C')=\lambda(A',B')$.

由于三点 A，B，C 共线，因此三点 A'，B'，C' 共线，从而存在实数 λ'，使得 $\overrightarrow{A'C'}=\lambda'\overrightarrow{A'B'}$. 于是 $(A',C')=\lambda'(A',B')$. 显然 λ' 与 λ 有关. 试问：λ' 是否与有序点偶 (A,B) 有关？设 $\lambda(D,E)=(D,F)$，其中点 F 在直线 DE 上，且满足 $\overrightarrow{DF}=\lambda\overrightarrow{DE}$. 同理，存在实数 λ''，使得 $\overrightarrow{D'F'}=\lambda''\overrightarrow{D'E'}$. 于是 $(D',F')=\lambda''(D',E')$. λ'' 与 λ' 是否相等？

情形 1　设直线 AB 与 DE 相交，如图 6.11 所示. 经过点 A 作直线 $l/\!/DE$，在 l 上取点 G，H，使得 $|AG|=|DE|$，$|AH|=|DF|$. 于是四边形 $ADEG$ 和 $ADFH$ 都是平行四边形. 由于

$$\frac{|AC|}{|AB|}=|\lambda|=\frac{|DF|}{|DE|}=\frac{|AH|}{|AG|},\quad \angle CAH=\angle BAG,$$

因此 $\triangle ACH\backsim\triangle ABG$，从而 $\angle CHA=\angle BGA$. 于是 $CH/\!/BG$. 根据性质 5，四边形 $A'D'E'G'$ 和 $A'D'F'H'$ 都是平行四边形，从而 $|A'G'|=|D'E'|$，$|A'H'|=|D'F'|$，且 D'，E'，F' 的顺序与 A'，G'，H' 的顺序相同. 由于 $CH/\!/BG$，因此仍根据性质 5 得 $C'H'/\!/B'G'$. 于是 $\triangle A'C'H'\backsim\triangle A'B'G'$，从而

$$|\lambda'| = \frac{|A'C'|}{|A'B'|} = \frac{|A'H'|}{|A'G'|} = \frac{|D'F'|}{|D'E'|} = |\lambda''|.$$

由于 $B'G' /\!/ C'H'$，因此 A'，B'，C' 的顺序与 A'，G'，H' 的顺序相同，从而与 D'，E'，F' 的顺序相同. 所以 $\lambda' = \lambda''$.

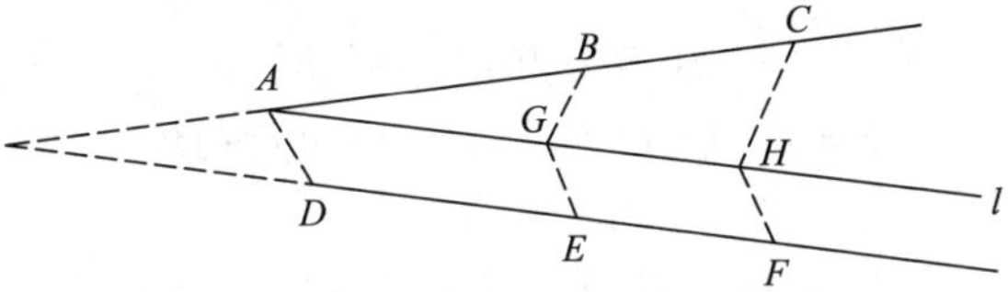

图 6.11

情形 2 直线 AB 与 DE 平行或重合，如图 6.12 所示. 作直线 MN 与 AB，DE 都相交；在 MN 上取点 K，使得 $\overrightarrow{MK} = \lambda\overrightarrow{MN}$. 设 $\overrightarrow{M'K'} = \tilde{\lambda}\,\overrightarrow{M'N'}$，由于 MN 与 AB 相交，因此根据情形 1 得 $\tilde{\lambda} = \lambda'$. 又由于 MM 与 DE 相交，因此根据情形 1 得 $\lambda'' = \tilde{\lambda}$，从而 $\lambda'' = \lambda'$.

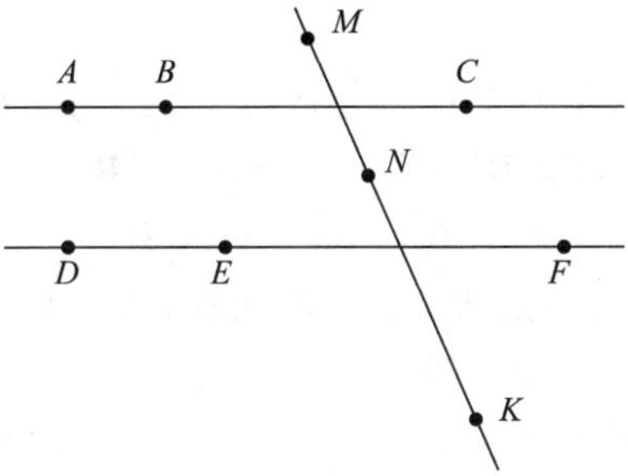

图 6.12

上述证明了 λ' 不依赖于有序点偶 (A,B)，只依赖于 λ，从而 λ' 是 λ 的函数. 设 $\lambda' = f(\lambda)$，$\lambda \in \mathbf{R}$. 从 $\lambda(A,B) = (A,C)$ 得出

$$f(\lambda)(A',B') = (A',C').$$

为了证明 $(A',C') = \lambda(A',B')$，只要证明 $f(\lambda) = \lambda$，$\forall \lambda \in \mathbf{R}$. 我们先来研究 $f(\lambda)$ 有哪些性质：

$$f(\lambda) = 0 \Longleftrightarrow \text{点 } A' \text{ 与 } C' \text{ 重合} \Longleftrightarrow \text{点 } A \text{ 与 } C \text{ 重合} \Longleftrightarrow \lambda = 0.$$

有序点偶的数量乘法满足 4 条运算法则，其中有

$$(x+y)(A,B)=x(A,B)+y(A,B),\quad \forall x,y\in\mathbf{R},$$
$$(xy)(A,B)=x[y(A,B)],\quad \forall x,y\in\mathbf{R}.$$

考虑它们在 σ 下的像，得

$$f(x+y)(A',B')=f(x)(A',B')+f(y)(A',B')$$
$$=[f(x)+f(y)](A',B'),$$
$$f(xy)(A',B')=f(x)[f(y)(A',B')]=[f(x)f(y)](A',B'),$$

因此

$$f(x+y)=f(x)+f(y),\quad \forall x,y\in\mathbf{R},$$
$$f(xy)=f(x)f(y),\quad \forall x,y\in\mathbf{R}.$$

于是问题归结为证明下述引理 3.1. 当引理 3.1 得到证明之后，便得出 $f(\lambda)=\lambda$，从而有

$$\lambda(A,B)=(A,C)\Longrightarrow\lambda(A',B')=(A',C').$$

因此 σ 保持有序点偶的数量乘法. □

引理 3.1　设 $f(x)$ 是实数集 $\mathbf{R}$ 到自身的一个映射，如果 $f(x)$ 满足

$$f(x+y)=f(x)+f(y),\quad \forall x,y\in\mathbf{R},$$
$$f(xy)=f(x)f(y),\quad \forall x,y\in\mathbf{R},$$

且 $f(x)$ 不是零函数，那么 $f(x)=x$，$\forall x\in\mathbf{R}$.

证明　由于 f 保持加法运算，因此有 $f(0+0)=f(0)+f(0)$，从而有 $f(0)=2f(0)$. 于是 $f(0)=0$. 因此

$$0=f(0)=f(x+(-x))=f(x)+f(-x),$$

于是

$$f(-x)=-f(x).$$

由于 f 不是零函数，因此存在 $a\neq 0$，使得 $f(a)\neq 0$. 由于 f 保持乘法运算，因此有

$$f(a)=f(1a)=f(1)f(a).$$

由此得出

$$f(1)=1.$$

当 $x\neq 0$ 时，有

$$1=f(1)=f(xx^{-1})=f(x)f(x^{-1}),$$

于是 $f(x)\neq 0$，且 $f(x^{-1})=[f(x)]^{-1}$.

我们有

$$f(2)=f(1+1)=f(1)+f(1)=1+1=2.$$

假设对于 $k\in\mathbf{N}^*$，有 $f(k)=k$，则

$$f(k+1)=f(k)+f(1)=k+1.$$

根据数学归纳法原理，对一切正整数 n，有 $f(n)=n$，从而

$$f(-n)=-f(n)=-n.$$

因此，对一切整数 m，有 $f(m)=m$.

任给 n，$m\in\mathbf{Z}$，且 $m\neq 0$，有

$$f\left(\frac{n}{m}\right)=f(n)f\left(\frac{1}{m}\right)=n[f(m)]^{-1}=\frac{n}{m}.$$

因此，对一切有理数 a，有 $f(a)=a$.

任给 x，$y\in\mathbf{R}$，若 $x>0$，则

$$f(x)=f(\sqrt{x}\sqrt{x})=f(\sqrt{x})f(\sqrt{x})=[f(\sqrt{x})]^2>0.$$

若 $x>y$，则 $x-y>0$，从而 $0<f(x-y)=f(x)-f(y)$. 于是

$$f(x)>f(y).$$

因此函数 $f(x)$ 保序.

任给一个无理数 α，可以证明 α 属于一串闭区间 $[a_n,b_n]$，其中 a_n，$b_n(n=1,2,\cdots)$ 都是有理数，满足

$$[a_1,b_1]\supseteq[a_2,b_2]\supseteq\cdots\supseteq[a_n,b_n]\supseteq\cdots,$$

$$\lim_{n\to+\infty}(b_n-a_n)=0,$$

从而根据闭区间套定理，存在唯一的实数 c 属于所有的闭区间 $[a_n,b_n](n=1,2,\cdots)$. 由于 α 属于所有的闭区间 $[a_n,b_n]$ $(n=1,2,\cdots)$，因此 $c=\alpha$. 由于

$$a_n<\alpha<b_n,\quad n=1,2,\cdots,$$

因此

$$f(a_n)<f(\alpha)<f(b_n),\quad n=1,2,\cdots,$$

从而

$$a_n<f(\alpha)<b_n,\quad n=1,2,\cdots.$$

于是

$$f(\alpha)=\alpha.$$

综上所述，对任一实数 x，有 $f(x)=x$. □

性质 8　σ 把线段映成线段.

证明　利用性质 7 和性质 2 可得到

$$\begin{aligned}
&\text{点 } C \text{ 在线段 } AB \text{ 上}\\
\Longleftrightarrow\ &\overrightarrow{AC}=\lambda\overrightarrow{AB},\quad 0\leqslant\lambda\leqslant 1\\
\Longleftrightarrow\ &(A,C)=\lambda(A,B),\quad 0\leqslant\lambda\leqslant 1\\
\Longleftrightarrow\ &(A',C')=\lambda(A',B'),\quad 0\leqslant\lambda\leqslant 1\\
\Longleftrightarrow\ &\overrightarrow{A'C'}=\lambda\overrightarrow{A'B'},\quad 0\leqslant\lambda\leqslant 1\\
\Longleftrightarrow\ &\text{点 } C' \text{ 在线段 } A'B' \text{ 上},
\end{aligned}$$

因此 σ 把线段 AB 映成线段 $A'B'$. □

性质 9　σ 诱导了平面上所有向量组成的集合到自身的一个映射:

$$\sigma(\overrightarrow{AB}):=\overrightarrow{A'B'}. \tag{3.6}$$

证明　由于 σ 把线段映成线段，因此可以规定 σ 把 $\overrightarrow{AB}$ 对应到 $\overrightarrow{A'B'}$. 设 $\overrightarrow{AB}=\overrightarrow{CD}$，则四边形 $ACDB$ 是平行四边形，从而四边形 $A'C'D'B'$ 是平行四边形. 因此 $\overrightarrow{A'B'}=\overrightarrow{C'D'}$，从而(3.6)式的规定是合理的. 于是 σ 是一个映射. □

性质 10　σ 作为向量的变换是线性变换，即

$$\begin{aligned}
&\sigma(\boldsymbol{a}+\boldsymbol{b})=\sigma(\boldsymbol{a})+\sigma(\boldsymbol{b}),\\
&\sigma(\lambda\boldsymbol{\alpha})=\lambda\sigma(\boldsymbol{a}).
\end{aligned}$$

证明　设 $\boldsymbol{a}=\overrightarrow{AB}$，$\boldsymbol{b}=\overrightarrow{BC}$，则 $\boldsymbol{a}+\boldsymbol{b}=\overrightarrow{AB}+\overrightarrow{BC}=\overrightarrow{AC}$. 于是

$$\begin{aligned}
\sigma(\boldsymbol{a}+\boldsymbol{b})&=\sigma(\overrightarrow{AC})=\overrightarrow{A'C'}=\overrightarrow{A'B'}+\overrightarrow{B'C'}\\
&=\sigma(\overrightarrow{AB})+\sigma(\overrightarrow{BC})=\sigma(\boldsymbol{a})+\sigma(\boldsymbol{b}).
\end{aligned}$$

设 $\lambda\boldsymbol{a}=\lambda\overrightarrow{AB}:=\overrightarrow{AC}$，则 $\lambda(A,B)=(A,C)$. 根据性质 7，得 $\lambda(A',B')=(A',C')$，于是 $\overrightarrow{A'C'}=\lambda\overrightarrow{A'B'}$. 由于

$$\begin{aligned}
&\overrightarrow{A'C'}=\sigma(\overrightarrow{AC})=\sigma(\lambda\boldsymbol{a}),\\
&\lambda\overrightarrow{A'B'}=\lambda\sigma(\overrightarrow{AB})=\lambda\sigma(\boldsymbol{a}),
\end{aligned}$$

因此

$$\sigma(\lambda \boldsymbol{a})=\lambda\sigma(\boldsymbol{a}). \qquad \square$$

性质 11　σ 保持线段的分比不变.

证明

$$\begin{aligned}&\text{点 } C \text{ 分线段 } AB \text{ 成定比 } \lambda\\ \Longleftrightarrow\ & \overrightarrow{AC}=\lambda\overrightarrow{CB}\\ \Longleftrightarrow\ & \sigma(\overrightarrow{AC})=\sigma(\lambda\overrightarrow{CB})=\lambda\sigma(\overrightarrow{CB})\\ \Longleftrightarrow\ & \overrightarrow{A'C'}=\lambda\overrightarrow{C'B'}\\ \Longleftrightarrow\ & \text{点 } C' \text{ 分线段 } A'B' \text{ 成定比 } \lambda.\end{aligned} \qquad \square$$

定理 3.1(仿射变换基本定理)　设 σ 是平面上的一个变换，Ⅰ$[O;\boldsymbol{d}_1,\boldsymbol{d}_2]$是仿射坐标系，$\sigma(O)=O'$，$\sigma(\boldsymbol{d}_i)=\boldsymbol{d}_i'\ (i=1,2)$，则 σ 是仿射变换当且仅当Ⅱ$[O';\boldsymbol{d}_1',\boldsymbol{d}_2']$也是仿射坐标系，且点 P 的Ⅰ坐标等于它的像点 P' 的Ⅱ坐标.

证明　*必要性*　设 σ 是仿射变换. 由于 σ 把不共线三点映成不共线三点，因此从 $\boldsymbol{d}_1$，$\boldsymbol{d}_2$ 不共线可以推出 $\boldsymbol{d}_1'$，$\boldsymbol{d}_2'$ 不共线，从而Ⅱ$[O';\boldsymbol{d}_1',\boldsymbol{d}_2']$是仿射坐标系. 设 P 的Ⅰ坐标为$(x,y)^{\mathrm{T}}$，则 $\overrightarrow{OP}=x\boldsymbol{d}_1+y\boldsymbol{d}_2$，从而

$$\overrightarrow{O'P'}=\sigma(\overrightarrow{OP})=\sigma(x\boldsymbol{d}_1+y\boldsymbol{d}_2)=x\boldsymbol{d}_1'+y\boldsymbol{d}_2'.$$

因此点 P' 的Ⅱ坐标为$(x,y)^{\mathrm{T}}$.

充分性　在平面上任取三点 P，Q，R，设它们的Ⅰ坐标分别为$(x_1,y_1)^{\mathrm{T}}$，$(x_2,y_2)^{\mathrm{T}}$，$(x_3,y_3)^{\mathrm{T}}$. 由已知条件得 P'，Q'，R' 的Ⅱ坐标分别为$(x_1,y_1)^{\mathrm{T}}$，$(x_2,y_2)^{\mathrm{T}}$，$(x_3,y_3)^{\mathrm{T}}$. 由于

$$\text{三点 } P, Q, R \text{ 共线} \Longleftrightarrow \begin{vmatrix} x_1 & x_2 & x_3\\ y_1 & y_2 & y_3\\ 1 & 1 & 1\end{vmatrix}=0 \Longleftrightarrow \text{三点 } P', Q', R' \text{ 共线},$$

因此 σ 把共线三点映成共线三点. 若 $P\neq Q$，则$(x_1,y_1)^{\mathrm{T}}\neq(x_2,y_2)^{\mathrm{T}}$，从而 $P'\neq Q'$. 因此 σ 是单射. 在平面上任取一点 P'，设 P' 的Ⅱ坐标为$(x,y)^{\mathrm{T}}$. 把以$(x,y)^{\mathrm{T}}$为Ⅰ坐标的点记作 P. 由已知条件知，$\sigma(P)$的Ⅱ坐标为$(x,y)^{\mathrm{T}}$，从而 $\sigma(P)=P'$. 因此 σ 是满射，从而 σ 是仿射变换. $\square$

推论 3.3　如果平面上的仿射变换 σ_1 和 σ_2 把仿射坐标系Ⅰ映成

同一个仿射坐标系Ⅱ，那么 $\sigma_1=\sigma_2$.

证明　任取平面上一点 P，设 P 的Ⅰ坐标为 $(x,y)^{\mathrm{T}}$，则 $\sigma_1(P)$，$\sigma_2(P)$ 的Ⅱ坐标都为 $(x,y)^{\mathrm{T}}$. 因此 $\sigma_1(P)=\sigma_2(P)$，从而 $\sigma_1=\sigma_2$. □

推论 3.4　平面上任给两组不共线三点 A_1，A_2，A_3 和 B_1，B_2，B_3，则存在唯一的仿射变换 σ 把 A_i 映成 $B_i(i=1,2,3)$.

证明　由于三点 A_1，A_2，A_3 不共线，因此Ⅰ$[A_1;\overrightarrow{A_1A_2},\overrightarrow{A_1A_3}]$是仿射坐标系. 同理，Ⅱ$[B_1;\overrightarrow{B_1B_2},\overrightarrow{B_1B_3}]$是仿射坐标系. 令

$$\sigma:P\longmapsto P',$$

其中 P' 的Ⅱ坐标等于 P 的Ⅰ坐标. 由于 A_i 的Ⅰ坐标等于 B_i 的Ⅱ坐标，因此 $\sigma(A_i)=B_i$ $(i=1,2,3)$，从而 σ 把Ⅰ映成Ⅱ. 又点 P 的Ⅰ坐标等于它的像点 P' 的Ⅱ坐标，因此根据定理 3.1，σ 是仿射变换. 根据推论 3.3，把Ⅰ映成Ⅱ的仿射变换是唯一的，从而把 A_i 映成 B_i $(i=1,2,3)$ 的仿射变换是唯一的. □

推论 3.5　对平面上任给的两个仿射坐标系Ⅰ和Ⅱ，存在唯一的仿射变换把Ⅰ映成Ⅱ. □

定理 3.2　设 σ 是平面上的一个变换，Ⅰ$[O;\boldsymbol{d}_1,\boldsymbol{d}_2]$是仿射坐标系，$\sigma(O)=O'$，$\sigma(\boldsymbol{d}_i)=\boldsymbol{d}_i'(i=1,2)$，$O'$，$\boldsymbol{d}_1'$，$\boldsymbol{d}_2'$ 的Ⅰ坐标分别为 $(x_0,y_0)^{\mathrm{T}}$，$(a_{11},a_{21})^{\mathrm{T}}$，$(a_{12},a_{22})^{\mathrm{T}}$，点 P 和像点 P' 的Ⅰ坐标分别为 $(x,y)^{\mathrm{T}}$，$(x',y')^{\mathrm{T}}$，则 σ 是仿射变换的充分必要条件是

$$\begin{pmatrix}x'\\y'\end{pmatrix}=\begin{pmatrix}a_{11}&a_{12}\\a_{21}&a_{22}\end{pmatrix}\begin{pmatrix}x\\y\end{pmatrix}+\begin{pmatrix}x_0\\y_0\end{pmatrix},\tag{3.7}$$

其中 (3.7)式右端的 2 阶方阵是可逆矩阵.

证明　*必要性*　由定理 3.1 知，Ⅱ$[O';\boldsymbol{d}_1',\boldsymbol{d}_2']$也是仿射坐标系，且点 P' 的Ⅱ坐标等于点 P 的Ⅰ坐标 $(x,y)^{\mathrm{T}}$. 作仿射坐标变换Ⅰ→Ⅱ，对点 P' 用坐标变换公式得

$$\begin{pmatrix}x'\\y'\end{pmatrix}=\begin{pmatrix}a_{11}&a_{12}\\a_{21}&a_{22}\end{pmatrix}\begin{pmatrix}x\\y\end{pmatrix}+\begin{pmatrix}x_0\\y_0\end{pmatrix},\tag{3.8}$$

其中(3.8)式右端的 2 阶方阵是可逆矩阵. (3.8)式也可看成 P' 的Ⅰ坐标与 P 的Ⅰ坐标的关系式，即仿射变换 σ 的公式.

充分性 由于(3.7)式右端的 2 阶方阵是可逆矩阵，因此它的行列式不等于零，从而根据第一章的命题 2.1 知 $\boldsymbol{d}_1'$，$\boldsymbol{d}_2'$ 不共线. 所以 Ⅱ$[O';\boldsymbol{d}_1',\boldsymbol{d}_2']$是仿射坐标系. 作仿射坐标变换 Ⅰ→Ⅱ，设点 P'的 Ⅱ 坐标为$(\tilde{x},\tilde{y})^{\mathrm{T}}$，则

$$\begin{pmatrix} x' \\ y' \end{pmatrix} = \begin{pmatrix} a_{11} & a_{12} \\ a_{21} & a_{22} \end{pmatrix}\begin{pmatrix} \tilde{x} \\ \tilde{y} \end{pmatrix} + \begin{pmatrix} x_0 \\ y_0 \end{pmatrix}. \tag{3.9}$$

比较(3.7)式和(3.9)式，得$(\tilde{x},\tilde{y})^{\mathrm{T}}=(x,y)^{\mathrm{T}}$，于是点 P' 的 Ⅱ 坐标为$(x,y)^{\mathrm{T}}$，它是点 P 的 Ⅰ 坐标. 因此，根据定理 3.1，σ 是仿射变换.

□

3.3 仿射变换的变积系数

正交变换保持点之间的距离不变，保持向量之间的夹角不变，从而保持图形的面积不变. 而一般的仿射变换会改变点之间的距离，会改变向量之间的夹角，从而也会改变图形的面积. 本小节来讨论仿射变换改变图形面积的规律.

设在平面上规定了一个定向，它用单位法向量 $\boldsymbol{e}$ 代表. 用$(\boldsymbol{a},\boldsymbol{b})$表示以 $\boldsymbol{a}$，$\boldsymbol{b}$ 为邻边，并且边界的环行方向为 $\boldsymbol{a}$ 到 $\boldsymbol{b}$ 的旋转方向的定向平行四边形的定向面积，由第一章 §4 的(4.2)式得

$$\boldsymbol{a}\times\boldsymbol{b}=(\boldsymbol{a},\boldsymbol{b})\boldsymbol{e}.$$

定理 3.3 设仿射变换 τ 在仿射标架 Ⅰ$[O;\boldsymbol{d}_1,\boldsymbol{d}_2]$中的公式为

$$\begin{pmatrix} x' \\ y' \end{pmatrix} = \begin{pmatrix} a_{11} & a_{12} \\ a_{21} & a_{22} \end{pmatrix}\begin{pmatrix} x \\ y \end{pmatrix} + \begin{pmatrix} a_1 \\ a_2 \end{pmatrix}, \tag{3.10}$$

对于任意不共线的向量 $\boldsymbol{a}$，$\boldsymbol{b}$，$\tau(\boldsymbol{a})=\boldsymbol{a}'$，$\tau(\boldsymbol{b})=\boldsymbol{b}'$，则有

$$\frac{(\boldsymbol{a}',\boldsymbol{b}')}{(\boldsymbol{a},\boldsymbol{b})}=\begin{vmatrix} a_{11} & a_{12} \\ a_{21} & a_{22} \end{vmatrix}. \tag{3.11}$$

证明 由于 τ 是仿射变换，因此它把仿射标架 Ⅰ 映成仿射标架 Ⅱ$[O';\boldsymbol{d}_1',\boldsymbol{d}_2']$. 由 τ 在 Ⅰ 中的公式(3.10)可计算出 $\boldsymbol{d}_1'$ 的 Ⅰ 坐标是$(a_{11},a_{21})^{\mathrm{T}}$，$\boldsymbol{d}_2'$ 的 Ⅰ 坐标是$(a_{12},a_{22})^{\mathrm{T}}$.

设 $\boldsymbol{a}$，$\boldsymbol{b}$ 的 Ⅰ 坐标分别为$(u_1,v_1)^{\mathrm{T}}$，$(u_2,v_2)^{\mathrm{T}}$，则 $\boldsymbol{a}'$，$\boldsymbol{b}'$的 Ⅱ 坐

标分别为$(u_1,v_1)^{\mathrm{T}}$，$(u_2,v_2)^{\mathrm{T}}$. 在坐标系Ⅰ中计算得

$$\begin{aligned}\boldsymbol{a}\times\boldsymbol{b}&=(u_1\boldsymbol{d}_1+v_1\boldsymbol{d}_2)\times(u_2\boldsymbol{d}_1+v_2\boldsymbol{d}_2)\\&=\begin{vmatrix}u_1&u_2\\v_1&v_2\end{vmatrix}(\boldsymbol{d}_1\times\boldsymbol{d}_2).\end{aligned}$$

因为$\boldsymbol{a}\times\boldsymbol{b}=(\boldsymbol{a},\boldsymbol{b})\boldsymbol{e}$，$\boldsymbol{d}_1\times\boldsymbol{d}_2=(\boldsymbol{d}_1,\boldsymbol{d}_2)\boldsymbol{e}$，所以

$$(\boldsymbol{a},\boldsymbol{b})=\begin{vmatrix}u_1&u_2\\v_1&v_2\end{vmatrix}(\boldsymbol{d}_1,\boldsymbol{d}_2).\tag{3.12}$$

公式(3.12)对于平面上任意向量$\boldsymbol{a}$，$\boldsymbol{b}$均成立，特别地对于$\boldsymbol{d}_1'$，$\boldsymbol{d}_2'$也成立，因此有

$$(\boldsymbol{d}_1',\boldsymbol{d}_2')=\begin{vmatrix}a_{11}&a_{12}\\a_{21}&a_{22}\end{vmatrix}(\boldsymbol{d}_1,\boldsymbol{d}_2).$$

同样的道理，在坐标系Ⅱ中计算得

$$(\boldsymbol{a}',\boldsymbol{b}')=\begin{vmatrix}u_1&u_2\\v_1&v_2\end{vmatrix}(\boldsymbol{d}_1',\boldsymbol{d}_2').$$

因此

$$\frac{(\boldsymbol{a}',\boldsymbol{b}')}{(\boldsymbol{a},\boldsymbol{b})}=\frac{(\boldsymbol{d}_1',\boldsymbol{d}_2')}{(\boldsymbol{d}_1,\boldsymbol{d}_2)}=\begin{vmatrix}a_{11}&a_{12}\\a_{21}&a_{22}\end{vmatrix}.$$ □

易知，如果仿射变换τ在仿射坐标系Ⅰ中的公式的系数矩阵为$\boldsymbol{A}$，那么τ在仿射坐标系Ⅱ中的公式的系数矩阵为$\boldsymbol{H}^{-1}\boldsymbol{A}\boldsymbol{H}$，其中$\boldsymbol{H}$是Ⅰ到Ⅱ的过渡矩阵. 因为

$$|\boldsymbol{H}^{-1}\boldsymbol{A}\boldsymbol{H}|=|\boldsymbol{H}^{-1}||\boldsymbol{A}||\boldsymbol{H}|=|\boldsymbol{H}|^{-1}|\boldsymbol{A}||\boldsymbol{H}|=|\boldsymbol{A}|,$$

所以仿射变换τ的公式中系数矩阵的行列式与仿射标架的选择无关.

定义 3.8 仿射变换τ的公式中系数矩阵的行列式称为τ的**行列式**，记作d_τ. 如果$d_\tau>0$，则称τ是**第一类的**；如果$d_\tau<0$，则称τ是**第二类的**.

定理3.3表明，仿射变换τ按照同一个比值d_τ来改变所有平行四边形的定向面积. 不仅如此，还有

推论 3.6 若平面上任一有面积的区域D经过仿射变换τ映成区域D'，则有

$$\frac{S_{D'}}{S_D}=|d_\tau|, \tag{3.13}$$

其中 $S_{D'}$，S_D 分别表示 D'，D 的面积.

证明 用两组平行线分割区域 D，由于仿射变换把平行线映成平行线，因此相应地有两组平行线分割 D'. 用 $S_1(S_1')$ 表示在 $D(D')$ 内的所有平行四边形面积的总和；用 $S_2(S_2')$ 表示至少与 $D(D')$ 有一个公共点的平行四边形面积的总和，则有

$$S_1'\leqslant S_{D'}\leqslant S_2', \tag{3.14}$$

由于 $S_1'=S_1|d_\tau|$，$S_2'=S_2|d_\tau|$，代入(3.14)式得

$$S_1|d_\tau|\leqslant S_{D'}\leqslant S_2|d_\tau|, \tag{3.15}$$

由于用两组平行线无限细分区域 D 时，有

$$\lim S_1=S_D,\quad \lim S_2=S_D,$$

所以对(3.15)式取极限得

$$S_D|d_\tau|\leqslant S_{D'}\leqslant S_D|d_\tau|,$$

即得

$$S_{D'}=S_D|d_\tau|.$$ □

推论 3.6 说明，仿射变换 τ 按同一个比值 $|d_\tau|$ 改变平面上所有(有面积的)图形的面积. 因此，把 $|d_\tau|$ 称为仿射变换 τ 的**变积系数**.

习 题 6.3

1. 求下述仿射变换的不动点：

$$\begin{cases} x'=4x-y-5, \\ y'=2x+3y+2. \end{cases}$$

2. 设在平面上一个仿射坐标系 $[O;\boldsymbol{d}_1,\boldsymbol{d}_2]$ 中，给了点 $A(-1,0)^{\mathrm{T}}$，$B(0,-1)^{\mathrm{T}}$，$C(-3,1)^{\mathrm{T}}$ 和 $A'(2,1)^{\mathrm{T}}$，$B'(-1,3)^{\mathrm{T}}$，$C'(-2,4)^{\mathrm{T}}$.

(1) 求把点 O，$E_1(1,0)^{\mathrm{T}}$，$E_2(0,1)^{\mathrm{T}}$，分别映成 A，B，C 的仿射变换公式；

(2) 求把点 O，E_1，E_2 分别映成 A'，B'，C' 的仿射变换公式；

(3) 求把点 A，B，C 分别映成 A'，B'，C' 的仿射变换公式.

3. 求把三条直线 $x=0$，$x-y=0$，$y=1$ 依次映成 $3x-2y-3=0$，

$x-1=0$，$4x-y-9=0$ 的仿射变换的公式.

4. 证明：仿射变换

$$\begin{cases} x' = x\cos\theta - \dfrac{a}{b}y\sin\theta, \\ y' = \dfrac{b}{a}x\sin\theta + y\cos\theta \end{cases}$$

把椭圆 $\dfrac{x^2}{a^2}+\dfrac{y^2}{b^2}=1$ 映成它自身，但是当 $\theta \neq 2k\pi$ 时，此椭圆上没有不动点.

5. 给了仿射变换

$$\tau: \begin{cases} x' = -2x + 3y - 1, \\ y' = 4x - y + 3, \end{cases}$$

如果作仿射坐标变换

$$\begin{cases} x = 2\tilde{x} - \tilde{y} + 4, \\ y = 3\tilde{x} + 2\tilde{y} + 5, \end{cases}$$

求 τ 在新坐标系中的公式.

6. 如果一条直线与它在仿射变换 τ 下的像重合，则称这条直线为 τ 的**不变直线**. 求下述仿射变换的不变直线：

$$\begin{cases} x' = 7x - y + 1, \\ y' = 4x + 2y + 4. \end{cases}$$

7. 设仿射变换 τ 在仿射坐标系 I 中的公式为

$$\begin{cases} x' = x + 2y, \\ y' = 4x + 3y. \end{cases}$$

(1) 求 τ 的不变直线；

(2) 以 τ 的两条不变直线为新坐标轴，求 τ 在新仿射坐标系中的公式.

8. 证明：如果一个仿射变换有两个不动点 M_1 和 M_2，则直线 M_1M_2 上的每个点在这个仿射变换下不变.

9. (1) 证明：相似保持角的大小不变；

(2) 写出相似在一个直角坐标系中的公式.

10. (1) 适当选取坐标系，求出位似比为 k 的位似公式；

(2) 证明：位似可以分解成某两个压缩的乘积.

11. 将仿射变换

$$\begin{cases} x' = 4x, \\ y' = 2y \end{cases}$$

分解成一个压缩和一个位似的乘积.

12. 设平面的一个仿射变换 τ 使直线 l 上的每一点都不变，而把 A，B 分别映到 A'，B'，证明：

(1) 直线 AB 与 $A'B'$ 或者同时平行于 l，或者相交于 l 上一点；

(2) 直线 AA' 与 BB' 彼此平行或重合.

13. 对于第 12 题中的 τ，如果有一个点 M 和它的像点 M' 的连线 $MM' /\!/ l$，证明：

(1) τ 为错切，l 为错切轴；

(2) 在适当选取的仿射坐标系中，错切的公式是

$$\begin{cases} x' = x + ky, \\ y' = y, \end{cases}$$

其中 k 为错切系数；

(3) 错切不改变图形的面积.

14. 证明：不是错切的保持一直线 l 上每个点都不变的仿射变换或者是一个压缩，或者是一个压缩与一个斜反射的乘积(注：平面上取定一条直线 l，一个非零向量 $\boldsymbol{v}$，它不是 l 的方向向量. 如果平面上的一个变换 σ 把 l 上的每个点对应到它自身，把不在 l 上的每个点 P 对应到点 P'，使得线段 PP' 被 l 平分，且 $\overrightarrow{P'P}$ 与 $\boldsymbol{v}$ 共线，那么称 σ 为关于直线 l 的一个**斜反射**).

15. 求保留两点 M_1，M_2 不变的平面仿射变换的公式.

16. 设在平面上给了两个三角形 ABC 和 DEF，问：有几个仿射变换把 $\triangle ABC$ 变成 $\triangle DEF$？

17. 证明：对平面上任给的两个直角标架 Ⅰ 和 Ⅱ，存在唯一的正交变换把 Ⅰ 变成 Ⅱ.

18. 设 $\triangle ABC$ 的 AB，BC 边长分别为 10 cm，6 cm，$\angle ABC = 30°$，

仿射变换

$$\tau:\begin{cases}x' = 2x + y + 1,\\ y' = x - 4y + 2\end{cases}$$

把 A，B，C 分别变成 A'，B'，C'，求 $\triangle A'B'C'$ 的面积.

§4 图形的度量性质和仿射性质

本章开头曾指出，研究图形的性质可以采用点变换法，即作一个点变换，把一个图形 C 映成另一个较简单的图形 C'. 所谓的一个点变换 σ 把图形 C 映成 C'，是指 σ 引起了 C（作为点的集合）到 C'（点的集合）的一个双射. 如果 σ 把图形 C 映成 C'，则 C 和 C' 就共同具有在 σ 下不变的那些性质. 为此，本节来讨论在正交变换下不变的几何性质和在仿射变换下不变的几何性质.

4.1 度量性质和仿射性质

定义 4.1 在任意正交变换下不变的几何性质(或几何量、几何概念)称为**度量性质**(或**正交不变量**、**度量概念**)；在任意仿射变换下不变的几何性质(或几何量、几何概念)称为**仿射性质**(或**仿射不变量**、**仿射概念**).

因为正交变换都是仿射变换，所以在仿射变换下不变的性质在正交变换下当然也不变. 这说明，仿射性质(仿射概念、仿射不变量)都是度量性质(度量概念、正交不变量). 但是反之，度量性质不一定是仿射性质. 下面列举出不是仿射性质(或仿射不变量、仿射概念)的度量性质(或正交不变量、度量概念).

度量性质有：(1) 垂直；(2) 轴对称.

正交不变量有：(1) 点之间的距离；(2) 向量的长度；(3) 两向量的夹角；(4) 图形的面积；(5) 二次曲线 S 的 I_1，I_2，I_3(因为 I_1，I_2，I_3 在直角坐标变换下不变，而正交点变换公式与直角坐标变换公式在形式上一样，所以 I_1，I_2，I_3 在正交点变换下不变).

度量概念有：(1) 距离(长度)；(2) 角度；(3) 面积；(4) 对

称轴.

现在来看哪些性质是仿射性质.

仿射性质有：(1) 共线；(2) 平行；(3) 相交；(4) 共线点的顺序；(5) 中心对称.

关于中心对称是仿射性质的理由：设仿射变换 τ 把图形 C 映成 C'，C 是中心对称图形，其对称中心为 O，O 在 τ 下的像是 O'，如图 6.13 所示. 在 C'上任取一点 P'，它的原像 P 在 C 上. 因为 C 中心对称，所以 P 关于点 O 的对称点 Q 在 C 上. 设 $Q \stackrel{\tau}{\longmapsto} Q'$，则 Q'在 C'上. 因为 O 是线段 PQ 的中点，所以 O' 是线段 $P'Q'$ 的中点，从而 Q'是 P' 关于 O' 的对称点. 这就证明了：C'上任一点 P'关于点 O' 的对称点 Q' 仍在 C'上. 因此，C'是中心对称图形，其对称中心为 O'.

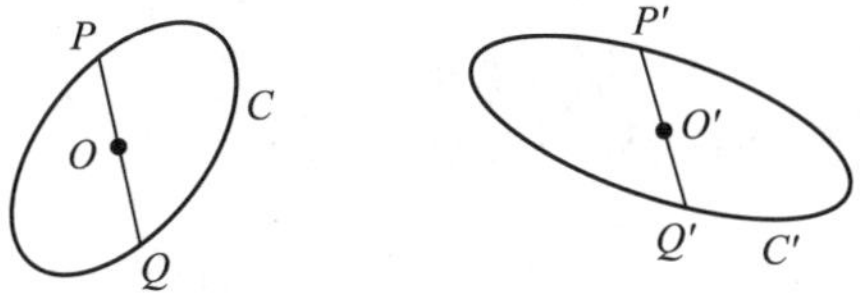

图 6.13

仿射不变量有：(1) 线段的分比；(2) 代数曲线的次数.

仿射概念有：(1) 直线；(2) 线段，线段的中点；(3) 对称中心；(4) 代数曲线；(5) 二次曲线的渐近方向、非渐近方向；(6) 二次曲线的直径；(7) 中心型二次曲线的共轭直径；(8) 二次曲线的切线.

* 关于二次曲线的渐近方向、直径、共轭直径和切线是仿射概念的理由：平面上取定一个仿射坐标系，设二次曲线 S 的方程的二次项部分为

$$\varphi(x,y) = (x,y)\begin{pmatrix} a_{11} & a_{12} \\ a_{12} & a_{22} \end{pmatrix}\begin{pmatrix} x \\ y \end{pmatrix}, \tag{4.1}$$

其中 $\varphi(x,y)$的矩阵简记作 $\boldsymbol{A}$.

设仿射变换 τ 的公式为

$$\begin{pmatrix} x' \\ y' \end{pmatrix} = \boldsymbol{B}\begin{pmatrix} x \\ y \end{pmatrix} + \begin{pmatrix} b_1 \\ b_2 \end{pmatrix}, \tag{4.2}$$

则 τ 诱导的向量变换的公式为

$$\begin{pmatrix} u' \\ v' \end{pmatrix} = \boldsymbol{B}\begin{pmatrix} u \\ v \end{pmatrix}. \tag{4.3}$$

设 τ 把二次曲线 S 映成 S'，从(4.2)式反解出 $(x,y)^{\mathrm{T}}$，再代入到(4.1)式中可求得 S' 的方程的二次项部分为

$$\varphi'(x',y') = (x',y')(\boldsymbol{B}^{-1})^{\mathrm{T}}\boldsymbol{A}\boldsymbol{B}^{-1}\begin{pmatrix} x' \\ y' \end{pmatrix}.$$

对于任一向量 $\boldsymbol{v}(u,v)^{\mathrm{T}}$，设 τ 把 $\boldsymbol{v}$ 映成 $\boldsymbol{v}'(u',v')^{\mathrm{T}}$，则有

$$\begin{aligned} \varphi'(u',v') &= (u',v')(\boldsymbol{B}^{-1})^{\mathrm{T}}\boldsymbol{A}\boldsymbol{B}^{-1}\begin{pmatrix} u' \\ v' \end{pmatrix} = \left[\boldsymbol{B}^{-1}\begin{pmatrix} u' \\ v' \end{pmatrix}\right]^{\mathrm{T}}\boldsymbol{A}\begin{pmatrix} u \\ v \end{pmatrix} \\ &= (u,v)\boldsymbol{A}\begin{pmatrix} u \\ v \end{pmatrix} = \varphi(u,v). \end{aligned} \tag{4.4}$$

(4.4)式说明，若 $\boldsymbol{v}(u,v)^{\mathrm{T}}$ 是 S 的渐近方向(非渐近方向)，则 $\boldsymbol{v}'(u',v')^{\mathrm{T}}$ 是 S' 的渐近方向(非渐近方向).

因为在仿射变换 τ 下，二次曲线 S 的弦变成 S' 的弦，S 的平行弦变成 S' 的平行弦，S 的弦的中点变成 S' 的相应弦的中点，所以如果 l 是 S 的直径，则 l 在 τ 下的像 l' 是 S' 的直径.

设 l_1，l_2 是 S 的一对共轭直径(此时假设 S 是中心型曲线)，l_i $(i=1,2)$ 的方向为 $\boldsymbol{v}_i(u_i,v_i)^{\mathrm{T}}$. 由于 l_2 共轭于 l_1 的方向 $(u_1,v_1)^{\mathrm{T}}$，所以根据第五章§4的(4.2)式，l_2 的方程为

$$(a_{11}u_1+a_{12}v_1)x+(a_{12}u_1+a_{22}v_1)y+a_1u_1+a_2v_1=0.$$

因此

$$u_2:v_2=-(a_{12}u_1+a_{22}v_1):(a_{11}u_1+a_{12}v_1),$$

即

$$a_{11}u_1u_2+a_{12}(u_1v_2+u_2v_1)+a_{22}v_1v_2=0.$$

设 τ 把 l_i 映成 l_i'，把 $\boldsymbol{v}_i$ 映成 $\boldsymbol{v}_i'(u_i',v_i')^{\mathrm{T}}(i=1,2)$，则有

$$0=a_{11}u_1u_2+a_{12}(u_1v_2+u_2v_1)+a_{22}v_1v_2$$

$$= (u_1, v_1)\begin{pmatrix} a_{11} & a_{12} \\ a_{12} & a_{22} \end{pmatrix}\begin{pmatrix} u_2 \\ v_2 \end{pmatrix} = (u_1', v_1')(\boldsymbol{B}^{-1})^{\mathrm{T}}\boldsymbol{A}\boldsymbol{B}^{-1}\begin{pmatrix} u_2' \\ v_2' \end{pmatrix}$$

$$= a_{12}' u_1' u_2' + a_{12}'(u_1' v_2' + u_2' v_1') + a_{22}' v_1' v_2', \tag{4.5}$$

其中

$$(\boldsymbol{B}^{-1})^{\mathrm{T}}\boldsymbol{A}\boldsymbol{B}^{-1} = \begin{pmatrix} a_{11}' & a_{12}' \\ a_{12}' & a_{22}' \end{pmatrix}.$$

因为$(\boldsymbol{B}^{-1})^{\mathrm{T}}\boldsymbol{A}\boldsymbol{B}^{-1}$是 S' 的方程的二次项部分 $\varphi'(x', y')$的矩阵，所以 a_{11}'，a_{12}'，a_{22}'是 S' 的方程的二次项系数. 由(4.5)式知，l_1' 与 l_2' 是 S' 的一对共轭直径.

因为渐近方向、非渐近方向是仿射概念，且相交是仿射性质，所以二次曲线的切线是仿射概念.

4.2 变换群与几何学

度量性质是在所有正交变换下不变的性质，因此需要讨论平面上的所有正交变换组成的集合 H. 从正交变换的性质知道，H 有下述性质：

(1) 对于任意 σ，$\tau \in H$，有 $\sigma\tau \in H$；

(2) 恒等变换在 H 里；

(3) 任给 $\sigma \in H$，则 σ 可逆，且 $\sigma^{-1} \in H$.

类似地，平面上所有仿射变换组成的集合也有这三条性质.

定义 4.2 集合 S 到自身的一些双射组成的集合 G，如果满足

(1) 对于任意 σ，$\tau \in G$，都有 $\sigma\tau \in G$；

(2) $1_S \in G$；

(3) 任给 $\sigma \in G$，有 $\sigma^{-1} \in G$，

则称 G 是集合 S 的一个**变换群**.

于是，平面上的所有正交变换组成的集合 H 是平面的一个变换群，称之为平面的**正交变换群**；平面上的所有仿射变换组成的集合 H_0 也是平面的一个变换群，称之为平面的**仿射变换群**.

集合 S 到自身的所有双射组成的集合显然是 S 的变换群，称它

为 S 的**全变换群**.

德国数学家克莱因(F. Klein)在 1872 年运用变换群的思想来区分各种几何学. 他提出：每一种几何都是研究图形在一定的变换群下不变的性质的. 这就是著名的**爱尔兰根纲领**(Erlange Program). 于是，研究图形在正交变换群下不变的性质(即度量性质)的几何学称为**欧几里得几何学**；研究图形在仿射变换群下不变的性质(即仿射性质)的几何学称为**仿射几何学**.

4.3 图形的正交等价和仿射等价

利用所给的变换群可以把平面上所有图形进行分类.

定义 4.3 称平面上的图形 C_1 与 C_2 **正交等价**，如果存在一个正交变换 σ 把 C_1 映成 C_2，记作 $C_1 \sim C_2$.

正交等价是平面上图形之间的一种关系，它具以下性质：

(1) 反身性，即任一图形 $C \sim C$（因为恒等变换把 $C \to C$）.

(2) 对称性，即若 $C_1 \sim C_2$，则 $C_2 \sim C_1$. 这是因为如果正交变换 τ 把 C_1 映成 C_2，则正交变换 τ^{-1} 把 C_2 映成 C_1.

(3) 传递性，即若 $C_1 \sim C_2$，$C_2 \sim C_3$，则 $C_1 \sim C_3$. 这是因为如果正交变换 τ_1 把 C_1 映成 C_2，正交变换 τ_2 把 C_2 映成 C_3，则正交变换 $\tau_2\tau_1$ 把 C_1 映成 C_3.

对于平面上每个图形 C，所有与 C 正交等价的图形组成的集合记作$[C]$，称$[C]$是平面上图形的一个**正交等价类**. 这样，平面上的所有图形被分成了若干个正交等价类，它们具有以下性质：

(1) 若 $C \sim D$，则$[C]=[D]$；

(2) 平面上每个图形属于且只属于一个正交等价类；

(3) 同一正交等价类里的任意两个图形必正交等价；

(4) 不同正交等价类里的两个图形不正交等价.

证明 (1) 任取 $C_1 \in [C]$，即 $C_1 \sim C$，又 $C \sim D$，所以 $C_1 \sim D$. 于是 $C_1 \in [D]$，即$[C] \subseteq [D]$. 同理$[D] \subseteq [C]$. 所以$[C]=[D]$.

(2) 在平面上任取一个图形 C_1. 因为 $C_1 \sim C_1$，所以 $C_1 \in [C_1]$. 假如 $C_1 \in [C_2]$，则 $C_1 \sim C_2$. 由(1)知$[C_1]=[C_2]$.

(3) 若 C_1, $C_2\in[C]$, 则 $C_1\sim C$, $C_2\sim C$, 从而 $C_1\sim C_2$.

(4) 设$[C]\neq[D]$, $C_1\in[C]$, $D_1\in[D]$. 假如 $C_1\sim D_1$, 则由 $C_1\sim C$, $D_1\sim D$, $C_1\sim D_1$ 可推出 $C\sim D$, 从而$[C]=[D]$, 与已知矛盾. 所以 $C_1\nsim D_1$. □

既然同一个正交等价类里的任意两个图形都是正交等价的, 因此同一个正交等价类里的图形的共同性质就是在任意正交变换下不变的性质, 即度量性质. 这样, 我们在研究图形 C 的度量性质时, 就可以在$[C]$里挑一个最简单的图形来研究. 这就是研究图形的正交分类的目的.

同样地, 平面的仿射变换群把平面上所有图形分成了一些**仿射等价类**(简称**仿射类**). 同一个仿射类里的任意两个图形是仿射等价的; 不同仿射类里的两个图形是不仿射等价的. 因此, 同一个仿射类里图形的共同性质就是仿射性质. 我们在研究图形 C 的仿射性质时, 就可以在 C 所属的仿射类里挑一个最简单的图形来研究.

例 4.1 证明: 平面上所有平行四边形恰好组成一个仿射类.

证明 在平面上任取两个平行四边形 $ABCD$ 和 $EFGH$, 如图 6.14 所示. 因为 A, B, D 不共线, E, F, H 也不共线, 所以存在唯一的仿射变换 τ 把 A, B, D 分别变成 E, F, H, 从而 τ 把仿射标架 Ⅰ$[A;\overrightarrow{AB},\overrightarrow{AD}]$变成仿射标架 Ⅱ$[E;\overrightarrow{EF},\overrightarrow{EH}]$. 因为点 C 的 Ⅰ 坐标是 $(1,1)^{\mathrm{T}}$, 所以 $\tau(C)$ 的 Ⅱ 坐标为$(1,1)^{\mathrm{T}}$. 由于点 G 的 Ⅱ 坐标为 $(1,1)^{\mathrm{T}}$, 因此 $\tau(C)=G$. 于是, τ 把平行四边形 $ABCD$ 映成平四边形 $EFGH$, 即 $\square EFGH\in[\square ABCD]$. 由于任一仿射变换把平行四边形

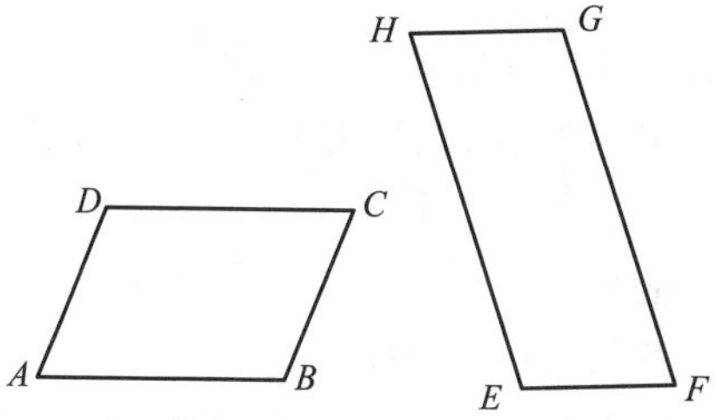

图 6.14

变成平行四边形，因此在[$\square ABCD$]里只有平行四边形. □

习　题　6.4

1. 证明：三角形的中线、重心都是仿射概念.

2. 证明：三角形的角平分线是度量概念.

3. 证明："一点是三角形内部的点"是仿射性质.

4. 证明：平面绕一个固定点转 $90°$，$180°$，$270°$ 的三个旋转 σ_1，σ_2，σ_3 和恒等变换 I 组成一个变换群.

5. 当 a，b 取任意不全为零的实数时，问所有下列仿射变换组成的集合是否成为一个变换群：

$$\begin{cases} x' = ax - by, \\ y' = bx + ay. \end{cases}$$

6. 证明：平面上所有保持面积不变的仿射变换构成一个变换群.

7. 证明：两个三角形正交等价的充分必要条件是它们全等.

8. 证明：两对相交直线正交等价的充分必要条件是它们的夹角相等.

9. 证明：任意两对相交直线必然仿射等价.

10. 证明：平面上所有三角形恰好组成一个仿射类.

11. 证明：平面上的梯形有无究多个仿射类，从而平面上的四边形有无穷多个仿射类.

§5　二次曲线的正交分类和仿射分类

平面上的二次曲线能分成多少个正交等价类？多少个仿射类？

在第五章 §1 中，我们已经知道平面上的二次曲线有 9 种，它们是：椭圆、虚椭圆、一个点、双曲线、一对相交直线、抛物线、一对平行直线、一对虚平行直线、一对重合直线.

现在取定一个直角坐标系[$O;\boldsymbol{e}_1,\boldsymbol{e}_2$].

任取一个椭圆，它总可以经过正交变换(平移和旋转的乘积)变成中心在原点、对称轴为坐标轴的椭圆

$$\frac{x^2}{a^2}+\frac{y^2}{b^2}=1. \tag{5.1}$$

再作仿射变换

$$\begin{cases} x'=\dfrac{1}{a}x, \\ y'=\dfrac{1}{b}y \end{cases}$$

可把椭圆(5.1)变成圆心在原点的单位圆 $x^2+y^2=1$. 因此，任一椭圆与圆心在原点的单位圆(记作 C_1)仿射等价.

类似地，任一虚椭圆与虚单位圆 $x^2+y^2=-1$(记作 C_2)仿射等价；任一点与原点 $x^2+y^2=0$(记作 C_3)仿射等价；任一双曲线与中心在原点的等轴双曲线 $x^2-y^2=1$(记作 C_4)仿射等价；任意一对相交直线与交点在原点的相交直线 $x^2-y^2=0$(记作 C_5)仿射等价.

任取一条抛物线，它可以经过正交变换(平移和旋转的乘积)变成顶点在原点、对称轴为 x 轴的抛物线 $y^2=2px$，再作仿射变换

$$\begin{cases} x'=2px, \\ y'=y \end{cases}$$

变成抛物线 $y^2=x$，因此任一抛物线与 $y^2=x$(记作 C_6)仿射等价.

任意一对平行直线总可以经过正交变换(平移和旋转的乘积)变成平行直线 $y^2=a^2$，再作仿射变换

$$\begin{cases} x'=x, \\ y'=\dfrac{1}{a}y \end{cases}$$

变成平行直线 $y^2=1$，因此任意一对平行直线与 $y^2=1$(记作 C_7)仿射等价. 类似地，任意一对虚平行直线与 $y^2=-1$(记作 C_8)仿射等价；任意一对重合直线与 x 轴，即 $y^2=0$(记作 C_9)仿射等价.

综上所述，二次曲线至多有 9 个仿射类，它们是

$$[C_i],\quad i=1,2,\cdots,9.$$

C_3 是一个点，由于仿射变换把一个点映成一个点，因此

$$[C_3]\neq[C_i],\quad i\neq 3.$$

C_9 是一对重合直线，由于仿射变换把直线映成直线，因此

$$[C_9] \neq [C_i], \quad i \neq 9.$$

C_7 是一对平行直线，由于仿射变换把平行直线映成平行直线，因此$[C_7] \neq [C_i]$，$i \neq 7$.

C_5 是一对相交直线，由于仿射变换把相交直线变成相交直线，因此$[C_5] \neq [C_i]$，$i \neq 5$.

C_6 是抛物线，它不是中心对称图形，而 C_1，C_4 均是中心对称图形，所以$[C_6] \neq [C_1],[C_4]$. 又显然$[C_6] \neq [C_2],[C_8]$.

C_1 是圆，C_4 是双曲线，因为圆没有渐近方向，双曲线有渐近方向，所以$[C_1] \neq [C_4]$. 又显然

$$[C_1] \neq [C_2],[C_8]; \quad [C_4] \neq [C_2],[C_8].$$

C_2 是椭圆型曲线，无渐近方向；而 C_8 是抛物型曲线，有渐近方向，所以$[C_2] \neq [C_8]$.

上述表明，平面上的二次曲线恰好分成了 9 个不同的仿射类.

从上面的讨论还可看出，任意给定两个正实数 a，b，且 $a \geqslant b$，则长半轴为 a，短半轴为 b 的椭圆与椭圆 $\frac{x^2}{a^2}+\frac{y^2}{b^2}=1$ 正交等价；等等. 因此，平面上所有二次曲线分成无穷多个正交等价类，在每一类里取一个代表，则这无穷多个代表是

$$\frac{x^2}{a^2}+\frac{y^2}{b^2}=1, \quad \frac{x^2}{a^2}+\frac{y^2}{b^2}=-1,$$

$$\frac{x^2}{a^2}+\frac{y^2}{b^2}=0, \quad \frac{x^2}{a^2}-\frac{y^2}{b^2}=1,$$

$$\frac{x^2}{a^2}-\frac{y^2}{b^2}=0, \quad y^2=2px,$$

$$y^2=a^2, \quad y^2=-a^2, \quad y^2=0,$$

其中 a，b，p 可以取任意正实数，且在椭圆型曲线中 $a \geqslant b$.

作为二次曲线仿射分类的应用，我们来证明：

定理 5.1 平面的任一仿射变换 τ 可分解成一个正交变换与两个沿互相垂直方向的压缩(拉伸)的乘积.

证明　考虑圆心在点 O 的单位圆 C. 设仿射变换 τ 把 C 映成中心为 O' 的椭圆 C'. 如图 6.15 所示，在 C'上取长轴 l_1' 和短轴 l_2'，它们是 C' 的一对共轭直径，于是它们的原像 l_1，l_2 应为圆 C 的共轭直径，从而 l_1 与 l_2 垂直. 设 l_i 与 C 交于 A_i，由于 C 是单位圆，所以 $|\overrightarrow{OA_i}|=1\ (i=1,2)$. 于是 Ⅰ$[O;\overrightarrow{OA_1},\overrightarrow{OA_2}]$是直角标架. 设 A_i 在 τ 下的像是 A_i'，则 A_i'是 l_i' $(i=1,2)$与 C' 的交点. 因此 $\overrightarrow{O'A_1'}\perp\overrightarrow{O'A_2'}$. τ 把Ⅰ映成Ⅱ$[O';\overrightarrow{O'A_1'},\overrightarrow{O'A_2'}]$. 令 $\boldsymbol{e}_1'=\frac{1}{a}\overrightarrow{O'A_1'}$，$\boldsymbol{e}_2'=\frac{1}{b}\overrightarrow{O'A_2'}$，其中 a，b 分别是 C' 的长、短半轴，于是Ⅲ$[O';\boldsymbol{e}_1',\boldsymbol{e}_2']$为直角标架. 因此存在正交变换 σ 把Ⅰ变成Ⅲ. 作沿方向 $\boldsymbol{e}_1'$ 或 $-\boldsymbol{e}_1'$ 向着直线 l_2' 的压缩(拉伸)τ_1，其压缩系数为 a，则 $\tau_1(\boldsymbol{e}_1')=a\boldsymbol{e}_1'=\overrightarrow{O'A_1'}$，$\tau_1(\boldsymbol{e}_2')=\boldsymbol{e}_2'$. 于是 τ_1 把Ⅲ映成$[O';\overrightarrow{O'A_1'},\boldsymbol{e}_2']$. 再作沿方向 $\boldsymbol{e}_2'$ 或 $-\boldsymbol{e}_2'$ 向着直线 l_1'的压缩(拉伸)τ_2，压缩系数为 b，则 τ_2 把$[O';\overrightarrow{O'A'}_1,\boldsymbol{e}_2']$映成Ⅱ. 因此，$\tau_2\tau_1\sigma$ 把Ⅰ映成Ⅱ，从而 $\tau=\tau_2\tau_1\sigma$. □

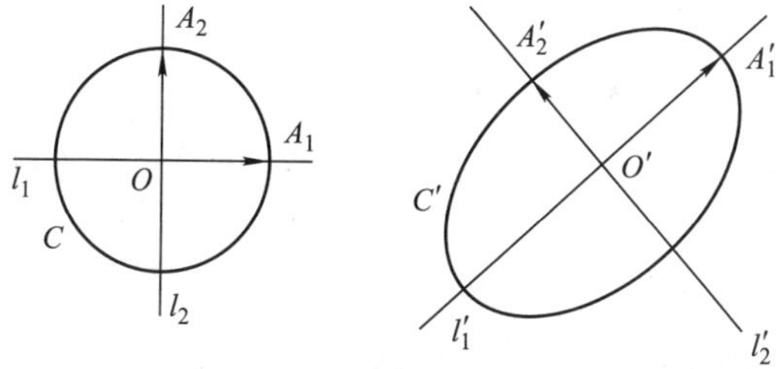

图　6.15

利用二次曲线的仿射分类，可以解决本章开始时提出的问题.

例 5.1　证明：椭圆的任意一对共轭直径把椭圆分成四块面积相等的部分.

证明　任给一个椭圆 C，任取它的一对共轭直径 l_1 和 l_2. 因为椭圆和圆心在原点的单位圆 C_1 在同一个仿射类，所以存在一个仿射变换 τ 把 C 映成 C_1. 由于共轭直径是仿射概念，因此 τ 把 l_1 和 l_2 映成 C_1 的一对共轭直径 l_1' 和 l_2'. 设 C 被 l_1 和 l_2 分成的四块是 $C^{(1)}$，$C^{(2)}$，

$C^{(3)}$，$C^{(4)}$，又设 C_1 被 l'_1和 l'_2分成的相应四块是 $C_1^{(1)}$，$C_1^{(2)}$，$C_1^{(3)}$，$C_1^{(4)}$，则显然 τ 把 $C^{(i)}$ 变成 $C_1^{(i)}\ (i=1,2,3,4)$. 因为圆 C_1 的共轭直径互相垂直，所以 $C_1^{(1)}$，$C_1^{(2)}$，$C_1^{(3)}$，$C_1^{(4)}$ 的面积相等. 由于 $C_1^{(i)}$ 与 $C^{(i)}\ (i=1,2,3,4)$ 的面积之比等于 τ 的变积系数，所以 $C^{(1)}$，$C^{(2)}$，$C^{(3)}$，$C^{(4)}$ 的面积也相等. □

习 题 6.5

1. 证明：长半轴为 a，短半轴为 b 的椭圆的面积是 πab.

2. 证明：以椭圆的一对共轭半径为边的平行四边形的面积是一个常数.

3. 证明：椭圆的过共轭直径与椭圆的交点的切线构成的平行四边形的面积是一个常数.

4. 证明：椭圆的任一外切平行四边形的两条对角线所在的直线是椭圆的一对共轭直径.

5. 证明：以椭圆

$$\frac{x^2}{a^2}+\frac{y^2}{b^2}=1$$

的任意一对共轭直径和椭圆的交点为顶点的平行四边形的面积都等于 $2ab$.

6. 证明：所有内接于椭圆的四边形中，面积最大的是以一对共轭直径和椭圆的交点为顶点的平行四边形.

7. 任给一个 $\triangle ABC$，设 D，E，F 分别是边 AB，BC，CA 的中点，证明：存在一个椭圆，它与 $\triangle ABC$ 的三边分别相切于 D，E，F. 求出这个椭圆的面积与 $\triangle ABC$ 的面积的比值.

8. 能否在椭圆里作一个内接三角形，使得过它的每个顶点的切线都与对边平行？如果椭圆的长、短半轴分别为 a 和 b，这个三角形的面积等于什么？

9. 证明：内切于一个平行四边形的二次曲线必是中心型二次曲线，且其中心就是平行四边形的对称中心.

10. 证明：双曲线的切线和它的渐近线确定的三角形的面积是一

个常数.

11. 证明：双曲线两条渐近线之间的切线线段被切点等分.

*12. 证明：相似变换把任意一个圆映成圆.

*13. 证明：如果平面的仿射变换 τ 将一个圆映成它自身，则 τ 是正交变换.

§6　几何空间的正交变换和仿射变换

定义 6.1　几何空间的一个点变换，如果保持任意两点的距离不变，那么称它为**正交(点)变换**(或**保距变换**).

例 6.1　平移是正交变换.

例 6.2　几何空间中所有点绕一条定直线 l 的**旋转**是正交变换.

例 6.3　取定一个平面 π，设映射 σ 把空间中每一个点对应到它关于平面 π 的对称点，则 σ 称为关于平面 π 的**镜面反射**(简称**反射**). 容易看出镜面反射保持任意两点的距离不变，因此镜面反射是正交变换.

现在我们来讨论几何空间的正交变换的性质.

从定义立即得到下述性质 1 和性质 2：

性质 1　正交变换的乘积是正交变换. □

性质 2　恒等变换是正交变换. □

性质 3　正交变换是单射.

证明　任取两点 P，Q，设它们在正交变换 σ 下的像分别为 P'，Q'，则 $|P'Q'|=|PQ|\neq 0$. 所以 σ 是单射. □

性质 4　正交变换把共线三点映成共线三点，并且保持共线点的顺序；把不共线三点映成不共线三点. □

性质 5　正交变换把直线映成直线；把线段映成线段，并且保持线段的分比不变. □

性质 4 和性质 5 的证明与平面的正交变换的相应性质的证明一样.

性质 6　正交变换把平面映成平面.

证明　设 σ 是正交变换. 任取一个平面 π，在 π 上取不共线的三点 A，B，C，设它们在 σ 下的像分别为 A'，B'，C'，则 A'，B'，C' 仍不共线，从而它们决定一个平面 π'. 在 π 上任取一点 M，设它在 σ 下的像为 M'. 如果 M 在 AB 或 AC 上，则 M' 在 $A'B'$ 或 $A'C'$ 上，从而 M' 在 π' 上. 如果 M 不在 AB 和 AC 上，经过 M 作直线 l 与 AB 交于 $P\,(\neq A)$，与 AC 交于 $Q\,(\neq A)$. 设 P，Q 在 σ 下的像分别为 P'，Q'，则 P' 在 $A'B'$ 上，Q' 在 $A'C'$ 上. 于是直线 $P'Q'$ 在 π' 上. 由于 M' 在直线 $P'Q'$ 上，所以 M' 在 π' 上. 反之，在 π' 上任取一点 D'. 如果 D' 在 $A'B'$ 或 $A'C'$ 上，则 D' 有原像 D，并且 D 在 AB 或 AC 上. 如果 D' 不在 $A'B'$ 或 $A'C'$ 上，经过 D' 作直线 l_1' 与 $A'B'$ 交于 E'，与 $A'C'$ 交于 F'. 由于 E' 有原像 E，且 E 在直线 AB 上，F' 有原像 F，且 F 在直线 AC 上，所以 σ 把直线 EF 映成直线 $E'F'$，从而 D' 有原像 D，且 D 在直线 EF 上. 于是 D 在 π 上. 这证明了 σ 把平面 π 映成平面 π'. □

性质 7　正交变换把平行平面映成平行平面.

证明　从正交变换是单射立即得到. □

性质 8　正交变换把平行直线映成平行直线.

证明　设直线 $l_1 /\!/ l_2$，正交变换 σ 把直线 l_i 映成 $l_i'\,(i=1,2)$. 因为 l_1 与 l_2 共面，所以 l_1' 与 l_2' 共面(根据性质 6). 又由于 σ 是单射，所以 l_1' 与 l_2' 不能相交，从而 $l_1' /\!/ l_2'$. □

把几何空间中所有向量构成的集合记作 $\overline{S}$.

性质 9　正交点变换 σ 诱导了集合 $\overline{S}$ 上的一个变换 $\overline{\sigma}$，即

$$\overline{\sigma}(\overrightarrow{AB}) = \overrightarrow{A'B'},$$

其中 A'，B' 是 A，B 在 σ 下的像.

证明　与平面正交变换的性质 7 的证明类似. □

我们把正交点变换 σ 诱导的集合 $\overline{S}$ 的上述变换 $\overline{\sigma}$ 称为几何空间的正交向量变换. 今后在谈到正交(点)变换 σ 在向量上的作用时，指的就是 σ 诱导的向量变换 $\overline{\sigma}$ 的作用.

性质 10　正交变换保持向量的加法，保持向量的数量乘法，保持向量的长度不变，保持向量的夹角不变，保持向量的内积不变.

证明 与平面正交变换的性质 8 的证明一样. □

定理 6.1 正交变换 σ 把任意一个直角标架 Ⅰ$[O;\boldsymbol{e}_1,\boldsymbol{e}_2,\boldsymbol{e}_3]$映成一个直角标架(记作Ⅱ), 并且使得任一点 P 的 Ⅰ 坐标等于它的像 P' 的Ⅱ坐标; 反之, 如果空间的一个点变换 τ 使得任一点 Q 在直角标架Ⅰ中的坐标等于 Q 的像 Q' 在直角标架Ⅱ中的坐标, 则 τ 是正交变换.

证明 与平面正交变换中的第一基本定理的证明类似. □

推论 6.1 如果几何空间的两个正交变换 σ 和 τ 把直角标架Ⅰ映成同一个直角标架Ⅱ, 则 $\sigma=\tau$. □

性质 11 正交变换一定是满射, 从而正交变换是可逆的, 并且它的逆变换也是正交变换.

证明 设 σ 是正交变换. 任取一个直角标架Ⅰ, 则 σ 把Ⅰ映成直角标架 Ⅱ. 在几何空间中任取一点 Q, 设 Q 的Ⅱ坐标是$(x,y,z)^{\mathrm{T}}$. 取一点 P, 使它的Ⅰ坐标为$(x,y,z)^{\mathrm{T}}$, 则 P 在 σ 下的像 P' 的Ⅱ坐标等于$(x,y,z)^{\mathrm{T}}$, 从而 $P'=Q$. 这证明了 P 是 Q 的原像. 所以 σ 是满射, 从而 σ 可逆. 由定义立即得到 σ^{-1}也是正交变换. □

性质 12 正交变换把相交平面映成相交平面. □

定理 6.2 空间的正交(点)变换 σ 在一个直角坐标系中的公式为

$$\begin{pmatrix} x' \\ y' \\ z' \end{pmatrix}=\begin{pmatrix} a_{11} & a_{12} & a_{13} \\ a_{21} & a_{22} & a_{23} \\ a_{31} & a_{32} & a_{33} \end{pmatrix}\begin{pmatrix} x \\ y \\ z \end{pmatrix}+\begin{pmatrix} a_1 \\ a_2 \\ a_3 \end{pmatrix}, \tag{6.1}$$

其中系数矩阵 $\boldsymbol{A}=(a_{ij})$是正交矩阵. 反之, 如果几何空间的一个点变换 σ 在一个直角坐标系中的公式为(6.1), 且其系数矩阵 $\boldsymbol{A}=(a_{ij})$是正交矩阵, 则 σ 是正交(点)变换.

证明 与平面正交(点)变换中的定理 2.3 的证明类似. □

设 σ 是绕一条定直线 l 的转角为 θ 的旋转. 以 l 为 z 轴建立直角标架Ⅰ$[O;\boldsymbol{e}_1,\boldsymbol{e}_2,\boldsymbol{e}_3]$. σ 把Ⅰ映成直角标架Ⅱ$[O;\boldsymbol{e}_1',\boldsymbol{e}_2',\boldsymbol{e}_3']$. 容易看出

$$\boldsymbol{e}_1'=\boldsymbol{e}_1\cos\theta+\boldsymbol{e}_2\sin\theta,\quad \boldsymbol{e}_2'=-\boldsymbol{e}_1\sin\theta+\boldsymbol{e}_2\cos\theta,\quad \boldsymbol{e}_3'=\boldsymbol{e}_3,$$

因此Ⅰ到Ⅱ的坐标变换公式为

$$\begin{pmatrix} x \\ y \\ z \end{pmatrix} = \begin{pmatrix} \cos\theta & -\sin\theta & 0 \\ \sin\theta & \cos\theta & 0 \\ 0 & 0 & 1 \end{pmatrix} \begin{pmatrix} \tilde{x} \\ \tilde{y} \\ \tilde{z} \end{pmatrix}.$$

在几何空间中任取一点 P，设 P 的Ⅰ坐标是 $(x,y,z)^{\mathrm{T}}$，P 在 σ 下的像 P' 的Ⅰ坐标为 $(x',y',z')^{\mathrm{T}}$. 由于 P' 的Ⅱ坐标等于 P 的Ⅰ坐标 $(x,y,z)^{\mathrm{T}}$，因此对于 P' 用上述坐标变换公式得到

$$\begin{pmatrix} x' \\ y' \\ z' \end{pmatrix} = \begin{pmatrix} \cos\theta & -\sin\theta & 0 \\ \sin\theta & \cos\theta & 0 \\ 0 & 0 & 1 \end{pmatrix} \begin{pmatrix} x \\ y \\ z \end{pmatrix}. \tag{6.2}$$

把公式(6.2)右端的 $(x,y,z)^{\mathrm{T}}$ 解释成点 P 的Ⅰ坐标，则(6.2)式是旋转 σ 在直角坐标系Ⅰ中的公式.

设 τ 是关于平面 π 的镜面反射，以 π 为 Oxy 平面建立一个直角坐标系，则 τ 的公式为

$$\begin{pmatrix} x' \\ y' \\ z' \end{pmatrix} = \begin{pmatrix} 1 & 0 & 0 \\ 0 & 1 & 0 \\ 0 & 0 & -1 \end{pmatrix} \begin{pmatrix} x \\ y \\ z \end{pmatrix}. \tag{6.3}$$

定义 6.2　几何空间的正交变换 σ，若它在直角坐标系中的公式的系数矩阵 $\boldsymbol{A}$ 的行列式 $|\boldsymbol{A}| = +1$，则称 σ 是**第一类的**；若 $|\boldsymbol{A}| = -1$，则称 σ 是**第二类的**.

***命题 6.1**　若 σ 是第一类正交变换，且它保持原点 O 不动，则 σ 必定是绕经过原点的某一条定直线的旋转.

****证明**　因为 σ 保持原点不动，所以 σ 在直角标架Ⅰ中的公式为

$$\begin{pmatrix} x' \\ y' \\ z' \end{pmatrix} = \boldsymbol{A} \begin{pmatrix} x \\ y \\ z \end{pmatrix},$$

其中 $\boldsymbol{A}$ 是正交矩阵，且 $|\boldsymbol{A}| = +1$. 由于 $\boldsymbol{A}$ 是 3 阶方阵，因此 1 是 $\boldsymbol{A}$ 的特征值. 由于正交矩阵特征多项式的根的模等于 1，因此可以设 $\boldsymbol{A}$ 的特征多项式的另两个根为 $\cos\theta \pm \mathrm{i}\sin\theta$. 于是，存在一个正交矩阵 $\boldsymbol{T}$，使得

$$\boldsymbol{T}^{-1}\boldsymbol{A}\boldsymbol{T}=\begin{pmatrix}\cos\theta & -\sin\theta & 0\\ \sin\theta & \cos\theta & 0\\ 0 & 0 & 1\end{pmatrix}.$$

取另一个直角标架Ⅱ，使Ⅱ的原点仍为 O，且Ⅰ到Ⅱ的过渡矩阵为 $\boldsymbol{T}$，则Ⅰ到Ⅱ的点的坐标变换公式为

$$\begin{pmatrix}x\\ y\\ z\end{pmatrix}=\boldsymbol{T}\begin{pmatrix}\tilde{x}\\ \tilde{y}\\ \tilde{z}\end{pmatrix},$$

其中 $(\tilde{x},\tilde{y},\tilde{z})^{\mathrm{T}}$ 是点 $M(x,y,z)^{\mathrm{T}}$ 在Ⅱ中的坐标. 于是 σ 在Ⅱ中的公式为

$$\boldsymbol{T}\begin{pmatrix}\tilde{x}'\\ \tilde{y}'\\ \tilde{z}'\end{pmatrix}=\boldsymbol{A}\boldsymbol{T}\begin{pmatrix}\tilde{x}\\ \tilde{y}\\ \tilde{z}\end{pmatrix},$$

即

$$\begin{pmatrix}\tilde{x}'\\ \tilde{y}'\\ \tilde{z}'\end{pmatrix}=\boldsymbol{T}^{-1}\boldsymbol{A}\boldsymbol{T}\begin{pmatrix}\tilde{x}\\ \tilde{y}\\ \tilde{z}\end{pmatrix}=\begin{pmatrix}\cos\theta & -\sin\theta & 0\\ \sin\theta & \cos\theta & 0\\ 0 & 0 & 1\end{pmatrix}\begin{pmatrix}\tilde{x}\\ \tilde{y}\\ \tilde{z}\end{pmatrix}.$$

由此看出，σ 是绕Ⅱ的 $\tilde{z}$ 轴的旋转，转角为 θ. □

***命题 6.2** 若 σ 是第二类正交变换，且保持原点 O 不动，则 σ 或者为一个镜面反射，或者为一个镜面反射与一个绕定直线的旋转的乘积.

证明 与命题 6.1 的证明类似，只需注意：因为 $|\boldsymbol{A}|=-1$，所以 -1 是 $\boldsymbol{A}$ 的特征值. □

定理 6.3 几何空间的正交变换或者是平移，或者是绕一条定直线的旋转，或者是镜面反射，或者是它们之间的乘积. □

由正交变换的性质 1，性质 2 和性质 11 知，几何空间的所有正交变换组成一个变换群.

定义 6.3 几何空间的一个点变换 τ，如果它在一个仿射坐标系中的公式为

$$\begin{pmatrix} x' \\ y' \\ z' \end{pmatrix} = \boldsymbol{A}\begin{pmatrix} x \\ y \\ z \end{pmatrix} + \begin{pmatrix} a_1 \\ a_2 \\ a_3 \end{pmatrix}, \tag{6.4}$$

其中系数矩阵 $\boldsymbol{A}$ 为非奇异的，则称 τ 是**几何空间的仿射(点)变换**.

此定义与仿射坐标系的选择无关.

几何空间的仿射变换的性质有：

(1) 两个仿射变换的乘积仍是仿射变换.

(2) 恒等变换是仿射变换.

(3) 仿射变换是可逆的，且它的逆变换是仿射变换.

(4) 仿射变换把平面映成平面.

(5) 仿射变换把平行平面映成平行平面.

(6) 仿射变换把相交平面映成相交平面.

(7) 仿射变换把直线映成直线.

(8) 仿射变换把线段映成线段.

(9) 仿射变换保持线段的分比不变.

(10) 仿射变换把平行直线映成平行直线.

(11) 几何空间的仿射点变换 τ 引起了空间的一个仿射向量变换 $\bar{\tau}$，并且 $\bar{\tau}$ 保持向量的加法，保持向量的数量乘积.

(12) 仿射变换把任意一个仿射标架Ⅰ映成仿射标Ⅱ，且任一点 P 的Ⅰ坐标等于它的像 P' 的Ⅱ坐标；反之，若变换 τ 把仿射标架Ⅰ映成仿射标架Ⅱ，且任一点 P 的Ⅰ坐标等于它的像 P' 的Ⅱ坐标，则 τ 是仿射变换.

(13) 若两个仿射变换在同一个仿射标架上的作用相同，则它们相等.

定理 6.4　几何空间中任给两组不共面的四点 A_1，A_2，A_3，A_4 和 B_1，B_2，B_3，B_4，必然存在唯一的仿射变换把 A_i 变成 $B_i(i=1,2,3,4)$.

证明　利用仿射变换的性质(12)和(13)可得. □

定理 6.5　设几何空间的仿射变换 τ 在仿射标架Ⅰ中的公式为(6.4)，又设对于几何空间中任意三个不共面的向量 $\boldsymbol{a}$，$\boldsymbol{b}$，$\boldsymbol{c}$，它们

在 τ 下的像分别是 $\boldsymbol{a}'$，$\boldsymbol{b}'$，$\boldsymbol{c}'$，则有

$$\frac{\boldsymbol{a}'\times\boldsymbol{b}'\cdot\boldsymbol{c}'}{\boldsymbol{a}\times\boldsymbol{b}\cdot\boldsymbol{c}}=|\boldsymbol{A}|.$$

证明　设 τ 把仿射标架 Ⅰ$[O;\boldsymbol{d}_1,\boldsymbol{d}_2,\boldsymbol{d}_3]$映成Ⅱ$[O';\boldsymbol{d}_1',\boldsymbol{d}_2',\boldsymbol{d}_3']$，由 τ 的公式(6.4)得，$\boldsymbol{d}_i'$ 的 Ⅰ 坐标为$(a_{1i},a_{2i},a_{3i})^{\mathrm{T}}(i=1,2,3)$．因此

$$\boldsymbol{d}_1'\times\boldsymbol{d}_2'\cdot\boldsymbol{d}_3'=|\boldsymbol{A}|\boldsymbol{d}_1\times\boldsymbol{d}_2\cdot\boldsymbol{d}_3.$$

设向量 $\boldsymbol{a}$，$\boldsymbol{b}$，$\boldsymbol{c}$ 的 Ⅰ 坐标分别为$(x_1,y_1,z_1)^{\mathrm{T}}$，$(x_2,y_2,z_2)^{\mathrm{T}}$，$(x_3,y_3,z_3)^{\mathrm{T}}$，则 $\boldsymbol{a}'$，$\boldsymbol{b}'$，$\boldsymbol{c}'$ 的Ⅱ坐标也分别是这些．于是

$$\boldsymbol{a}'\times\boldsymbol{b}'\cdot\boldsymbol{c}'=\begin{vmatrix}x_1&x_2&x_3\\y_1&y_2&y_3\\z_1&z_2&z_3\end{vmatrix}\boldsymbol{d}_1'\times\boldsymbol{d}_2'\cdot\boldsymbol{d}_3',$$

$$\boldsymbol{a}\times\boldsymbol{b}\cdot\boldsymbol{c}=\begin{vmatrix}x_1&x_2&x_3\\y_1&y_2&y_3\\z_1&z_2&z_3\end{vmatrix}\boldsymbol{d}_1\times\boldsymbol{d}_2\cdot\boldsymbol{d}_3.$$

所以

$$\frac{\boldsymbol{a}'\times\boldsymbol{b}'\cdot\boldsymbol{c}'}{\boldsymbol{a}\times\boldsymbol{b}\cdot\boldsymbol{c}}=\frac{\boldsymbol{d}_1'\times\boldsymbol{d}_2'\cdot\boldsymbol{d}_3'}{\boldsymbol{d}_1\times\boldsymbol{d}_2\cdot\boldsymbol{d}_3}=|\boldsymbol{A}|.$$ □

易知仿射变换 τ 的公式中的系数矩阵的行列式与坐标系的选择无关，因此可以称 $|\boldsymbol{A}|$ 是 τ 的行列式，记作 d_τ．

定理 6.5 表明，几何空间的一个仿射变换 τ 按同一比值 d_τ 改变任意平行六面体的定向体积，从而它按同一比值 $|d_\tau|$改变几何空间中任意区域的体积．

由仿射变换的性质(1)，(2)，(3)知，几何空间中所有仿射变换组成一个变换群．

习　题　6.6

1. 证明下述几何空间的点变换是第一类正交变换，并且求转轴：

$$\begin{cases} x' = \dfrac{2}{3}x - \dfrac{2}{3}y + \dfrac{1}{3}z, \\ y' = \dfrac{\sqrt{2}}{2}x + \dfrac{\sqrt{2}}{2}y, \\ z' = -\dfrac{1}{3\sqrt{2}}x + \dfrac{1}{3\sqrt{2}}y + \dfrac{4}{3\sqrt{2}}z. \end{cases}$$

2. 在直角坐标系中，求出把点$(0,0,0)^{\mathrm{T}}$，$(0,1,0)^{\mathrm{T}}$，$(0,0,1)^{\mathrm{T}}$分别变成点$(0,0,0)^{\mathrm{T}}$，$(0,0,1)^{\mathrm{T}}$，$(1,0,0)^{\mathrm{T}}$的正交变换的公式.

3. 在直角坐标系中，求出使原点不动，并且把 x 轴映成直线 $\dfrac{x}{\lambda}=\dfrac{y}{\mu}=\dfrac{z}{v}$ 的正交变换的公式.

4. 设 σ 是几何空间的第一类正交变换，证明：对于几何空间的任意两个向量 $\boldsymbol{v}_1$，$\boldsymbol{v}_2$，有

(1) $\bar{\sigma}(\boldsymbol{v}_1)\cdot\bar{\sigma}(\boldsymbol{v}_2)=\boldsymbol{v}_1\cdot\boldsymbol{v}_2$；

(2) $\bar{\sigma}(\boldsymbol{v}_1)\times\bar{\sigma}(\boldsymbol{v}_2)=\bar{\sigma}(\boldsymbol{v}_1\times\boldsymbol{v}_2)$.

5. 建立把点$(0,0,0)^{\mathrm{T}}$，$(1,0,0)^{\mathrm{T}}$，$(0,1,0)^{\mathrm{T}}$，$(0,0,1)^{\mathrm{T}}$分别映成点$(x_1,y_1,z_1)^{\mathrm{T}}$，$(x_2,y_2,z_2)^{\mathrm{T}}$，$(x_3,y_3,z_3)^{\mathrm{T}}$，$(x_4,y_4,z_4)^{\mathrm{T}}$的仿射变换的公式.

6. 求出在仿射变换

$$\begin{cases} x' = 2x + y + z - 1, \\ y' = x + z - 1, \\ z' = -z - 2 \end{cases}$$

下，Ozx 平面所变成的平面.

7. 求保持 Oxy 平面上每一点都不动的一切仿射变换.

8. 证明：如果一个仿射变换有三个不共线的不动点，则这三点所确定的平面上的每一点都是不动点；如果这个仿射变换有四个不共面的不动点，则它是恒等变换.

9. 求几何空间的仿射变换，已知：

(1) 平面 $x+y+z=1$ 上每个点都是不动点，而点$(1,-1,2)^{\mathrm{T}}$变成点$(2,1,0)^{\mathrm{T}}$；

(2) 直线 $\frac{x-1}{2}=\frac{y}{1}=\frac{z+1}{-1}$ 上每个点都是不动点，而点$(0,0,0)^{\mathrm{T}}$和$(1,0,0)^{\mathrm{T}}$互变；

(3) 保持平面 $x+y-1=0$，$y+z=0$，$x+z+1=0$ 都不变，而点$(0,0,1)^{\mathrm{T}}$变成点$(1,1,1)^{\mathrm{T}}$.

10. 求椭球面

$$\frac{x^2}{a^2}+\frac{y^2}{b^2}+\frac{z^2}{c^2}=1$$

围成的区域的体积.

*11. 不用命题 6.1，证明保持原点不动的第一类正交变换 σ 至少有两个不动点.

12. 几何空间中给定一个平面 π 和一个非零向量 $\boldsymbol{d}$，其中 $\boldsymbol{d}$ 与 π 不平行. 如果空间的一个变换 τ 把平面 π 上每一个点映到自身，把不在 π 上的每一个点 P 映到点 P'，使得

(1) $\overrightarrow{PP'}$ 与 $\boldsymbol{d}$ 共线；

(2) 点 P' 与点 P 在平面 π 的同侧；

(3) $|AP'|=k|AP|$，其中 A 是 PP' 与 π 的交点，k 是非零常数，

那么称 τ 为沿方向 $\boldsymbol{d}$ 或 $-\boldsymbol{d}$ 向着平面 π 的**压缩**，其中 π 称为**压缩平面**，$\boldsymbol{d}$ 称为**压缩方向**，k 称为**压缩系数**. 当 $\boldsymbol{d}$ 与 π 垂直时，称 τ 为**正压缩**.

取几何空间的一个右手直角坐标系 $Oxyz$，证明：在向着 Oyz 平面且压缩系数为 k 的正压缩下，曲面 $F(x,y,z)=0$ 的像是曲面

$$F(k^{-1}x,y,z)=0.$$

13. 证明：在空间右手直角坐标系 $Oxyz$ 中，在向着 Oyz 平面且压缩系数为 k 的正压缩下，

(1) 单位球面 $x^2+y^2+z^2=1$ 的像是椭球面 $\frac{x^2}{k^2}+y^2+z^2=1$；

(2) 旋转单叶双曲面 $\frac{x^2+y^2}{b^2}-\frac{z^2}{c^2}=1$ 的像是单叶双曲面

$$\frac{x^2}{(kb)^2}+\frac{y^2}{b^2}-\frac{z^2}{c^2}=1;$$

(3) 旋转双叶双曲面 $\frac{z^2}{c^2}-\frac{x^2+y^2}{b^2}=1$ 的像是双叶双曲面

$$\frac{x^2}{(kb)^2}+\frac{y^2}{b^2}-\frac{z^2}{c^2}=-1;$$

(4) 旋转抛物面 $x^2+y^2=2pz$ 的像是椭圆抛物面

$$\frac{x^2}{k^2p}+\frac{y^2}{p}=2z.$$

14. 证明：在相继作下述三个压缩下，单位球面 $x^2+y^2+z^2=1$ 的像是椭球面 $\frac{x^2}{a^2}+\frac{y^2}{b^2}+\frac{z^2}{c^2}=1$：向着 Oyz 平面且压缩系数为 a 的正压缩，向着 Ozx 平面且压缩系数为 b 的正压缩，向着 Oxy 平面且压缩系数为 c 的正压缩.

第七章　射影平面和它的射影变换

迄今为止，我们介绍了解析几何的主要研究方法——坐标法、向量法、坐标变换法以及点变换(正交变换和仿射变换)法，并且利用这些方法研究了一些图形的度量性质和仿射性质. 所有这些都是在几何空间中进行的.

在上一章中，我们看到平面的仿射变换的重要特征是：双射并且把共线的三点映成共线的三点. 在实际生活中，我们还会遇到更一般的从一个平面到另一个平面的保持点的共线关系不变的映射. 譬如，航空摄影时，我们要把地面(假定是平的)上的景物摄到底片上，这可以看成地面 π_0 到底片 π_1 的一种保持点的共线关系不变的映射. 如果 π_0 和 π_1 平行，则上一章讲的平面的仿射变换的理论可以完全照搬到这种映射上. 但是，由于飞机在飞行时的颠簸，所以装在飞机上点 O 处的摄影机镜头一般来说不是正好垂直地对着大地，从而底片 π_1 与地面 π_0 不平行，这种情形如图 7.1 所示，即 π_0 和 π_1 是两个相交平面，O 是不在这两个平面上的点. 将平面 π_0 上的点 P 对应于平面 π_1 与直线 OP 的交点 P' 的法则称为平面 π_0 到 π_1 上以 O 为中心的**中心投影**. 显然，在中心投影下，点的共线关系仍然是保持的. 但是，π_0 上的点 M 如果使得 $OM /\!/ \pi_1$，则 M 在 π_1 上没有像；同样地，π_1 上的点 N 如果使得 $ON /\!/ \pi_0$，则 N 在 π_0 上没有原像. 为了弥补这些缺陷，使中心投影成为映射，并且为双射，就需要在平面 π_1 上添加一些新的点，使得 π_0 上 M 这样的点(它们形成一条直线，即经过 O 与 π_1 平行的平面和 π_0 的交线)都有像；而在

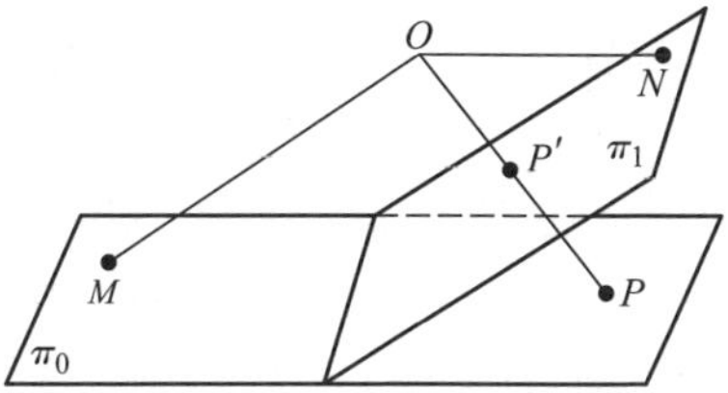

图　7.1

平面 π_0 上也添加一些新的点，使得 π_1 上 N 这样的点(它们也形成一条直线，即经过 O 与 π_0 平行的平面和 π_1 的交线)都有原像. 这样的添补就形成了**射影平面**的概念.

这一章就是研究射影平面，研究射影平面到自身(或到另一个射影平面)的具有保持点的共线关系不变的特性的双射(称之为**射影变换**或**射影映射**)，以及研究射影平面上的一次曲线和二次曲线，即一次曲线和二次曲线的射影理论的.

§1 射影平面，齐次坐标

1.1 中心为 O 的把与扩大的欧几里得平面

本章的开头我们讲到，为了使中心投影成为双射就应当在欧几里得平面(即几何空间中的平面)上添加一些新的点. 为了进行这项添补工作，我们再仔细考察一下中心投影的过程. 为此，我们先引进一些基本定义.

我们知道，基本的几何元素是点、直线和平面，一般的图形都是由这些基本元素按照一定的关系组成的. 它们之间最简单的关系是位置关系，譬如，一个点在一条直线上，一条直线经过一个点，一个平面经过一条直线等. 为了简单起见，我们将这种关系统一地用"**关联**"来表示. 譬如，点 P 在直线 l 上，就说点 P 与直线 l 关联；直线 l 经过点 P，就说直线 l 与点 P 关联. 显然"关联"关系是对称的，即若点 P 与直线 l 关联，则必然有直线 l 与点 P 关联.

我们现在不考虑距离、角度、面积以及平行等这些比较复杂的度量性质和仿射性质，而只考虑基本元素之间最简单的位置关系——关联. 用这样的观点来看一个平面 π，那就是只考虑与此平面关联的元素，即我们看到的就是：所有与平面 π 关联的点 P 和直线 l. 这样，平面 π 就被看成一些点和直线的集合，记作 $\pi=[P,l]$. 用同样的观点来看点 O，那么我们看到的就是：所有与点 O 关联的平面 λ 和直线 p. 今后我们将与一个点 O 关联的所有平面和直线构成的集合称为**中心为 O 的把**，仍用与点同样的符号 O 来表示这个把，并且记作 $O=[\lambda,p]$.

现在我们从这个观点来考察中心投影的过程，就发现把与平面之间存在着简单而且自然的对应关系. 设点 O 不在平面 π 上，则平面 π 上的每个点 P 决定把 O 的一条直线 OP；平面 π 上的每条直线 l 决定把 O 的一个平面，即点 O 与直线 l 所确定的平面，记作 Ol. 这样就得到从平面 π 到把 O 的一个对应关系，称为 π 在把 O 上的**射影**，记作

$$O[P,l]=[OP,Ol].$$

类似地，反过来从把 O 到平面 π 也有一个对应关系：把 O 的平面 λ 与平面 π 交于一条直线，这条直线用 $\pi\lambda$ 表示，把 O 的直线 p 与平面 π 交于一个点，这个点用 πp 表示，我们将这个对应关系称为把 O 在平面 π 上的**截影**，记作

$$\pi[\lambda,p]=[\pi\lambda,\pi p].$$

容易看出，经过射影和截影，关联关系是不改变的，这个事实具有基本的重要意义.

现在我们看出，中心投影可以分解成为射影和截影两个步骤：从平面 π_0 到平面 π_1 上以点 O 为中心的中心投影实际上就是 π_0 在把 O 上的射影与把 O 在 π_1 上的截影的复合(乘积). 在图 7.1 中，π_0 上的点 M 在中心投影下没有像，这是因为把 O 的直线 OM 在截影下没有像；π_1 上的点 N 在中心投影下没有原像，这是因为把 O 的直线 ON 在射影下没有原像. 为什么把 O 中有的直线在截影下没有像，有的直线在射影下没有原像，其原因就在于欧几里得平面的结构与把的结构是不同的. 弥补这一缺陷的方法应当是以把作为模型来将欧几里得平面加以扩充.

现在我们就以把 O 作为模型来扩充欧几里得平面，使得射影和截影能够成为它们之间的保持关联关系不变的双射. 取一个欧几里得平面 π_0，使点 O 不在 π_0 上. 容易看出，在从 π_0 到把 O 的射影下，把 O 中与 π_0 平行的平面 π_0' 以及 π_0' 上的每条直线都没有原像；而在从把 O 到 π_0 的截影下，把 O 中的平面 π_0' 以及 π_0' 上的每条直线

都没有像. 为了使射影和截影都成为双射，就应当在 π_0 上加进一条直线来和把 O 中的平面 π_0' 对应，应当在 π_0 上加进一些点来和把 O 中的平面 π_0' 上的直线对应，而且这样添加了新的元素(直线和点)以后，应该使射影和截影仍保持关联关系不变. 为此，采取如下的扩充方法：考虑到 π_0 上的每一条直线 l 在把 O 中的对应平面 Ol 与 π_0' 有唯一的交线 l'(如图 7.2)，因此规定在 π_0 的每一条直线 l 上加进唯一的一个点来与 l' 相对应. 这个点称为无穷远点. 由于 π_0 上平行的直线在把 O 中的对应平面与 π_0' 的交线都相同(如图 7.2)，而 π_0 上不平行的直线在把 O 中的对应平面与 π_0' 的交线都不同，因此规定：π_0 上平行的直线有相同的无穷远点，π_0 上不平行的直线则有不同的无穷远点. 最后，为了与把 O 中的平面 π_0' 对应，我们在 π_0 上还要加进一条直线作为 π_0 与 π_0' 的交线. 这条直线称为**无穷远直线**. 于是无穷远直线对应于把 O 中的平面 π_0'. 由于无穷远点所对应的把 O 中的直线都在 π_0' 上，因此规定无穷远点都在无穷远直线上.

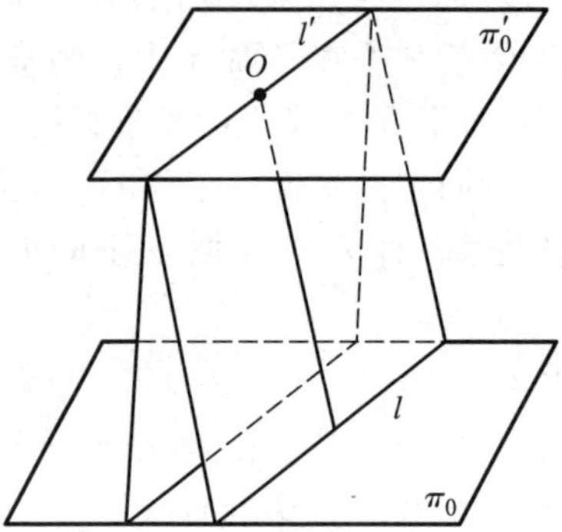

图　7.2

把上面的结果总结一下：对于欧几里得平面 π_0，在它的每一条直线上加进了一个无穷远点 P_∞，平行的直线有相同的无穷远点，不平行的直线有不同的无穷远点(这样一来，与每个无穷远点对应的是一个完全确定的方向)；所有的无穷远点组成一条无穷远直线 l_∞. 补充了这样一些无穷远点和一条无穷远直线的欧几里得平面就称为一个**扩大的欧几里得平面**(简称**扩大的欧氏平面**)，记作 $\overline{\pi}_0$.

显然，扩大的欧氏平面 $\overline{\pi}_0$ 与把 O 之间的射影和截影就都成了保持关联关系不变的双射了. 换句话说，在扩大的欧氏平面 $\overline{\pi}_0$ 与把 O 之间存在一个一一对应，并且这个一一对应保持关联关系不变. 说得更详细一点就是：扩大的欧氏平面 $\overline{\pi}_0$ 上的全体点构成的集合与把

O 的全体直线构成的集合存在一个一一对应，$\overline{\pi}_0$ 的所有直线构成的集合与把 O 的所有平面构成的集合也存在一个一一对应，并且如果 $\overline{\pi}_0$ 上的点 P 与直线 l 关联，则把 O 中跟 P 对应的直线便与跟 l 对应的平面关联. 因此，从我们只考虑基本几何元素之间的关联关系这一观点来看，扩大的欧氏平面的结构与把的结构在本质上是一样的. 由此我们抽象出射影平面的概念.

1.2 射影平面的定义和几何模型

定义 1.1 由两类分别称为“点”和“直线”的元素所构成的集合 S，如果在其中的“点”和“直线”之间规定了某种称为“关联”的关系，并且 S 中所有的“点”和所有“直线”可以分别与欧氏空间中一个把 O 的所有直线和所有平面建立一一对应关系，使得对应关系保持关联性，则称 S 为**射影平面**.

例 1.1 对于几何空间中把 O 本身，如果称其中的直线为“点”，称其中的平面为“直线”，那么它就是一个射影平面；并且任意一个把 W 也是一个射影平面，这是因为通过平移可以在把 W 与把 O 之间建立一一对应关系，并且这种对应保持关联性.

例 1.2 扩大的欧氏平面 $\overline{\pi}_0$ 是一个射影平面.

例 1.3 取定一个球面，球心为 O，将球面的每一对对径点(位于直径两端的一对点)看成一个“点”，将球面的每一个大圆(球面与过球心的平面的交线)看成一条“直线”. 如果一对对径点在一个大圆上，则认为该“点”在该“直线”上. 这样我们就得到一个射影平面. 这是因为：取把 O，把 O 中的每一条直线 l 与球面有两个交点，即为球面的一对对径点，由于将它们看成一个“点”，因此 l 对应于这个“点”；把 O 中的每个平面 π 与球面相交于一个大圆，因此 π 对应于一条“直线”. 它们都是一一对应，并且若 l 在 π 上，则 l 对应的“点”在 π 对应的“直线”上，即对应保持关联性(如图 7.3). 因此，给了一个球面，按照上述解释后就成为一个射

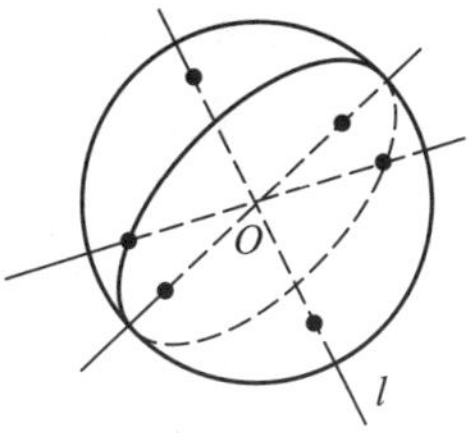

图 7.3

影平面.

任意两个射影平面，由于它们的“点”、“直线”分别有一一对应关系，且这种对应保持关联性，因此它们的有关“点”和“直线”的关联关系方面的性质是相同的．于是，我们在研究这方面的性质时，只要取一个射影平面作为代表来研究就可以了．今后我们常常取把 O 或者扩大的欧氏平面 $\overline{\pi}_0$ 作为代表，这是因为把 O 中“点”和“直线”的关联关系非常直观，并且由于把 O 在几何空间中，这样我们可以运用几何空间的有关知识来研究把 O 的性质；至于扩大的欧氏平面 $\overline{\pi}_0$，由于它是由欧氏平面扩充而得到的，所以可通过 $\overline{\pi}_0$ 来解决欧氏平面上的一些问题.

现在我们就利用把 O 来研究射影平面上点与直线的关联关系．从把 O 看，两条(不同的)直线唯一地决定一个经过它们的平面；反过来，两个(不同的)平面相交于唯一的一条直线．所以，在射影平面上有：

(1) 两个点必与唯一的一条直线关联；

(2) 两条直线必与唯一的一个点关联.

现在我们在扩大的欧氏平面 $\overline{\pi}_0$ 上检验一下上述事实.

欧氏平面上的一条直线(简称欧氏直线)加进一个无穷远点后就成为扩大的欧氏平面上的一条直线，这样的直线称为扩大的欧氏平面上的射影直线．如上所述，$\overline{\pi}_0$ 上的一条射影直线是由 π_0 的一条欧氏直线唯一确定的，从而在 $\overline{\pi}_0$ 的全体射影直线与 π_0 的全体直线之间存在一个一一对应关系．但是要注意，$\overline{\pi}_0$ 上除了射影直线外，还有一条无穷远直线.

现在来看 $\overline{\pi}_0$ 上两个点必与唯一的一条直线关联的意义：如果这两个点都是 π_0 上的通常点，则它们决定一条欧氏直线，从而就决定了一条射影直线；如果这两个点中的一个是通常点，另一个是无穷远点，那么它们也决定一条欧氏直线(就是经过这个通常点而与给定的无穷远点所对应的方向平行的直线)，因而它们也就决定了一条射影直线；如果这两个点都是无穷远点，则它们决定了唯一的一条无穷远直线.

再看 $\overline{\pi}_0$ 上两条直线必与唯一的一个点关联的意义：两条射影直线交于一个通常点(如果它们对应的两条欧氏直线不平行)或者交于一个无穷远点(如果它们对应的两条欧氏直线平行)；一条射影直线和无穷远直线交于一个无穷远点.

由此可见，平行的概念在射影平面上是没有意义的，因为射影平面上的任意两条直线都相交.

射影平面与欧氏平面还有一些不同之处. 例如，射影平面上的直线是封闭的，好像圆周似的. 从按照把的模型引进无穷远点的规定可以直观地看出这一点：考虑 $\overline{\pi}_0$ 上两个通常点在一条直线 l 上沿着相反的方向跑向无穷远，在把 O 中与这两个点对应的两条直线都将趋于把 O 中与 l 平行的那条唯一的直线，这说明 $\overline{\pi}_0$ 上两个点在一条直线上沿着相反的方向远离时将达到同一个无穷远点. 又如，在欧氏平面 π_0 上，一条直线将平面分成两部分，但是射影平面 $\overline{\pi}_0$ 上的一条直线则不能分割射影平面. 譬如，在 $\overline{\pi}_0$ 上把无穷远直线除掉，亦即除掉所有的无穷远点，我们得到的是一个欧氏平面 π_0，可见无穷远直线并没有把 $\overline{\pi}_0$ 分成两块. 由于从把的结构上看，射影平面上的无穷远直线与其他直线并无本质的不同，因此 $\overline{\pi}_0$ 上的任一条直线都不能把 $\overline{\pi}_0$ 分成两块.

几何空间是由所有点组成的集合，也可看成以定点 O 为起点的所有定位向量组成的集合. 把几何空间看成后者，则它是实数域 $\mathbf{R}$ 上的 3 维线性空间，经过点 O 的直线是它的 1 维子空间，经过点 O 的平面是它的 2 维子空间，于是，把 O 中的直线就是几何空间的 1 维子空间. 把 O 中的平面就是几何空间的 2 维子空间. 根据例 1.1，把 O 本身是一个射影平面. 由此受到启发，我们考虑下述几何模型：

设 V 是实数域 $\mathbf{R}$ 上的 3 维线性空间，把 V 的每一个 1 维子空间称为“点”，每一个 2 维子空间称为“直线”，并且规定若向量 $\boldsymbol{\alpha}$ 生成的 1 维子空间 $\langle\boldsymbol{\alpha}\rangle$ 包含于向量 $\boldsymbol{\beta}$，$\boldsymbol{\gamma}$ 生成的 2 维子空间 $\langle\boldsymbol{\beta},\boldsymbol{\gamma}\rangle$，则称“点”$\langle\boldsymbol{\alpha}\rangle$ 与“直线”$\langle\boldsymbol{\beta},\boldsymbol{\gamma}\rangle$ 关联，那么由这样的“点”和“直线”构成的集合，且规定了上述关联关系，是一个射影平面，记作 $\mathrm{PG}(2,\mathbf{R})$. 理由如下：由于 V 和几何空间都是实数域 $\mathbf{R}$ 上的 3 维线性空间，因此

它们同构，从而 V 的每一个 1 维子空间与几何空间中经过点 O 的直线，即把 O 中的直线有一个一一对应，V 的每一个 2 维子空间与几何空间中经过点 O 的平面，即把 O 中的平面也有一个一一对应，并且当 V 中 $\langle\boldsymbol{\alpha}\rangle\subseteq\langle\boldsymbol{\beta},\boldsymbol{\gamma}\rangle$，则 $\langle\boldsymbol{\alpha}\rangle$ 对应的把 O 中的直线与 $\langle\boldsymbol{\beta},\boldsymbol{\gamma}\rangle$ 对应的把 O 中的平面关联. 于是，根据定义 1.1，$\mathrm{PG}(2,\mathbf{R})$ 是一个射影平面，称它为**实射影平面**.

通常我们把射影平面中的直线简称为线.

我们来探索射影平面 $\mathrm{PG}(2,\mathbf{R})$ 的性质.

性质 1 任给两个不同的点有且只有一条线与它们关联.

证明 设 $\langle\boldsymbol{\alpha}\rangle$，$\langle\boldsymbol{\beta}\rangle$ 是 $\mathrm{PG}(2,\mathbf{R})$ 中不同的两点，则 $\boldsymbol{\alpha}$，$\boldsymbol{\beta}$ 线性无关，从而 $\langle\boldsymbol{\alpha},\boldsymbol{\beta}\rangle$ 是 V 的一个 2 维子空间，即 $\mathrm{PG}(2,\mathbf{R})$ 中的一条线. 由于 $\langle\boldsymbol{\alpha}\rangle\subseteq\langle\boldsymbol{\alpha},\boldsymbol{\beta}\rangle$，$\langle\boldsymbol{\beta}\rangle\subseteq\langle\boldsymbol{\alpha},\boldsymbol{\beta}\rangle$，因此 $\langle\boldsymbol{\alpha},\boldsymbol{\beta}\rangle$ 与 $\langle\boldsymbol{\alpha}\rangle$，$\langle\boldsymbol{\beta}\rangle$ 都关联.

假如 $\mathrm{PG}(2,\mathbf{R})$ 中还有一条线 $\langle\boldsymbol{\gamma},\boldsymbol{\delta}\rangle$ 与 $\langle\boldsymbol{\alpha}\rangle$，$\langle\boldsymbol{\beta}\rangle$ 都关联，则 $\langle\boldsymbol{\alpha}\rangle\subseteq\langle\boldsymbol{\gamma},\boldsymbol{\delta}\rangle$，$\langle\boldsymbol{\beta}\rangle\subseteq\langle\boldsymbol{\gamma},\boldsymbol{\delta}\rangle$. 于是 $\langle\boldsymbol{\alpha},\boldsymbol{\beta}\rangle\subseteq\langle\boldsymbol{\gamma},\boldsymbol{\delta}\rangle$. 由于它们的维数相同，因此 $\langle\boldsymbol{\alpha},\boldsymbol{\beta}\rangle=\langle\boldsymbol{\gamma},\boldsymbol{\delta}\rangle$. □

性质 2 任给两条不同的线有且只有一个点与它们关联.

证明 设 $\langle\boldsymbol{\alpha},\boldsymbol{\beta}\rangle$，$\langle\boldsymbol{\gamma},\boldsymbol{\delta}\rangle$ 是 $\mathrm{PG}(2,\mathbf{R})$ 中两条不同的线，则 $\boldsymbol{\gamma}$，$\boldsymbol{\delta}$ 中至少有一个不属于 $\langle\boldsymbol{\alpha},\boldsymbol{\beta}\rangle$. 不妨设 $\boldsymbol{\gamma}\in\langle\boldsymbol{\alpha},\boldsymbol{\beta}\rangle$，则 $\boldsymbol{\alpha}$，$\boldsymbol{\beta}$，$\boldsymbol{\gamma}$ 线性无关，从而 $\langle\boldsymbol{\alpha},\boldsymbol{\beta},\boldsymbol{\gamma}\rangle=V$. 由此推出 $\langle\boldsymbol{\alpha},\boldsymbol{\beta}\rangle+\langle\boldsymbol{\gamma},\boldsymbol{\delta}\rangle=V$，从而

$$\dim(\langle\boldsymbol{\alpha},\boldsymbol{\beta}\rangle\cap\langle\boldsymbol{\gamma},\boldsymbol{\delta}\rangle)=\dim\langle\boldsymbol{\alpha},\boldsymbol{\beta}\rangle+\dim\langle\boldsymbol{\gamma},\boldsymbol{\delta}\rangle-\dim V=1.$$

于是 $\langle\boldsymbol{\alpha},\boldsymbol{\beta}\rangle\cap\langle\boldsymbol{\gamma},\boldsymbol{\delta}\rangle=\langle\boldsymbol{\eta}\rangle$. 因此 $\langle\boldsymbol{\alpha},\boldsymbol{\beta}\rangle$，$\langle\boldsymbol{\gamma},\boldsymbol{\delta}\rangle$ 都与 $\langle\boldsymbol{\eta}\rangle$ 关联. 假如 $\mathrm{PG}(2,\mathbf{R})$ 中还有一个点 $\langle\boldsymbol{\xi}\rangle$ 与 $\langle\boldsymbol{\alpha},\boldsymbol{\beta}\rangle$，$\langle\boldsymbol{\gamma},\boldsymbol{\delta}\rangle$ 都关联，则 $\langle\boldsymbol{\xi}\rangle\subseteq\langle\boldsymbol{\alpha},\boldsymbol{\beta}\rangle\cap\langle\boldsymbol{\gamma},\boldsymbol{\delta}\rangle=\langle\boldsymbol{\eta}\rangle$，从而 $\langle\boldsymbol{\xi}\rangle=\langle\boldsymbol{\eta}\rangle$. □

性质 3 存在四个不同的点，其中任意三点都不与一条线关联.

证明 在 3 维线性空间 V 中取一个基 $\boldsymbol{\alpha}_1$，$\boldsymbol{\alpha}_2$，$\boldsymbol{\alpha}_3$，易证 $\boldsymbol{\alpha}_i(i=1,2,3)$ 与 $\boldsymbol{\alpha}_1+\boldsymbol{\alpha}_2+\boldsymbol{\alpha}_3$ 线性无关，因此

$$\langle\boldsymbol{\alpha}_1\rangle,\langle\boldsymbol{\alpha}_2\rangle,\langle\boldsymbol{\alpha}_3\rangle,\langle\boldsymbol{\alpha}_1+\boldsymbol{\alpha}_2+\boldsymbol{\alpha}_3\rangle$$

是 $\mathrm{PG}(2,\mathbf{R})$ 中四个不同的点.

假如 $\langle\boldsymbol{\alpha}_1\rangle$，$\langle\boldsymbol{\alpha}_2\rangle$，$\langle\boldsymbol{\alpha}_3\rangle$ 与一条线 $\langle\boldsymbol{\beta},\boldsymbol{\gamma}\rangle$ 关联，则 $\langle\boldsymbol{\alpha}_i\rangle\subseteq\langle\boldsymbol{\beta},\boldsymbol{\gamma}\rangle$，从而 $\boldsymbol{\alpha}_i(i=1,2,3)$ 可由 $\boldsymbol{\beta}$，$\boldsymbol{\gamma}$ 线性表出. 于是 $\boldsymbol{\alpha}_1$，$\boldsymbol{\alpha}_2$，$\boldsymbol{\alpha}_3$ 线性相关.

这与 $\boldsymbol{\alpha}_1$，$\boldsymbol{\alpha}_2$，$\boldsymbol{\alpha}_3$ 是一个基矛盾.

假如 $\langle\boldsymbol{\alpha}_1\rangle$，$\langle\boldsymbol{\alpha}_2\rangle$，$\langle\boldsymbol{\alpha}_1+\boldsymbol{\alpha}_2+\boldsymbol{\alpha}_3\rangle$ 与一条线 $\langle\boldsymbol{\beta},\boldsymbol{\gamma}\rangle$ 关联，与上同理，$\boldsymbol{\alpha}_1$，$\boldsymbol{\alpha}_2$，$\boldsymbol{\alpha}_1+\boldsymbol{\alpha}_2+\boldsymbol{\alpha}_3$ 线性相关，于是有不全为零的实数 k_1，k_2，k_3，使得

$$k_1\boldsymbol{\alpha}_1+k_2\boldsymbol{\alpha}_2+k_3(\boldsymbol{\alpha}_1+\boldsymbol{\alpha}_2+\boldsymbol{\alpha}_3)=\mathbf{0},$$

即

$$(k_1+k_3)\boldsymbol{\alpha}_1+(k_2+k_3)\boldsymbol{\alpha}_2+k_3\boldsymbol{\alpha}_3=\mathbf{0}.$$

由此得出

$$k_1+k_3=0,\quad k_2+k_3=0,\quad k_3=0,$$

从而 $k_1=k_2=k_3=0$，矛盾. 因此 $\langle\boldsymbol{\alpha}_1\rangle$，$\langle\boldsymbol{\alpha}_2\rangle$，$\langle\boldsymbol{\alpha}_1+\boldsymbol{\alpha}_2+\boldsymbol{\alpha}_3\rangle$ 不与一条线关联. 同理，$\langle\boldsymbol{\alpha}_1\rangle$，$\langle\boldsymbol{\alpha}_3\rangle$，$\langle\boldsymbol{\alpha}_1+\boldsymbol{\alpha}_2+\boldsymbol{\alpha}_3\rangle$ 不与一条线关联，$\langle\boldsymbol{\alpha}_2\rangle$，$\langle\boldsymbol{\alpha}_3\rangle$，$\langle\boldsymbol{\alpha}_1+\boldsymbol{\alpha}_2+\boldsymbol{\alpha}_3\rangle$ 不与一条线关联. □

从 PG(2,**R**) 的上述性质受到启发，我们抽象出下述概念：

定义 1.2 设 V 和 $\mathscr{B}$ 是两个不相交的集合(即 $V\cap\mathscr{B}=\varnothing$)，$I\subseteq V\times\mathscr{B}$，即 I 是 V 和 $\mathscr{B}$ 之间的二元关系，则三元组 $(V,\mathscr{B},I)$ 称为一个**关联结构**，其中 V 的元素称为**点**，$\mathscr{B}$ 的元素称为**区组**. 若 $(P,\mathscr{B})\in I$，则称点 P 与区组 $\mathscr{B}$ **关联**.

今后，若点 P 与区组 $\mathscr{B}$ 关联，则采用几何语言说成“点 P 在区组 $\mathscr{B}$ 上”或“区组 $\mathscr{B}$ 经过点 P”.

在本章中，把关联结构中的区组称为**线**.

定义 1.3 如果一个关联结构 $\mathscr{D}=(V,\mathscr{B},I)$ 满足

(1) 任给两个不同的点恰好在一条线上；

(2) 任给两条不同的线相交于唯一的一个点；

(3) 存在四个不同的点，其中任意三点都不在一条线上，

那么称 $\mathscr{D}$ 是一个**射影平面**.

由于 PG(2,**R**) 具有性质 1，性质 2 和性质 3，因此 PG(2,**R**) 按照定义 1.3 是一个射影平面. 特别地，几何空间中，对于所有经过点 O 的直线构成的集合和所有经过点 O 的平面构成的集合，若经过点 O 的直线 l 在经过点 O 的平面 π 上，则称 l 与 π 关联，那么这个关联结构按定义 1.3 是一个射影平面. 所以几何空间中把 O 按照定

义 1.3 是一个射影平面. 于是，若 S 按定义 1.1 是一个射影平面，则 S 按定义 1.3 也是一个射影平面. 令后我们就采用定义 1.3 作为射影平面的定义.

与 PG(2,$\mathbf{R}$)是射影平面的理由一样，任给域 F 上的一个 3 维线性空间 V，把 V 的 1 维子空间作为点，2 维子空间作为线，集合的包含关系作为关联关系，那么这个关联结构也是一个射影平面，记作 PG(2,F). 特别地，有射影平面 PG(2,$\mathbf{C}$)，其中 $\mathbf{C}$ 是复数域，称 PG(2,$\mathbf{C}$)为**复射影平面**. 当 F 是有限域 F_q 时，把 PG(2,F_q)记作 PG(2,q)，称它为**有限射影平面**.

取有限域 $F_2=\mathbf{Z}_2=\{\overline{0},\overline{1}\}$，其中 $\overline{0}$ 表示偶数集，$\overline{1}$ 表示奇数集. F_2 上的 3 维线性空间 V 就取作

$$F_2^3=\{(a_1,a_2,a_3)^{\mathrm{T}}\mid a_i\in F_2,\ i=1,2,3\},$$

$|F_2^3|=8$. F_2^3 的每个非零向量 $\boldsymbol{\alpha}$ 生成一个 1 维子空间 $\langle\boldsymbol{\alpha}\rangle=\{\boldsymbol{0},\boldsymbol{\alpha}\}$，因此 PG(2,2)有 7 个点. F_2^3 的 2 维子空间 $\langle\boldsymbol{\alpha},\boldsymbol{\beta}\rangle$ 的个数为

$$\frac{7\times 6}{3\times 2}=7,$$

于是 PG(2,2)有 7 条线. 由于 $\langle\boldsymbol{\alpha},\boldsymbol{\beta}\rangle=\{\boldsymbol{0},\boldsymbol{\alpha},\boldsymbol{\beta},\boldsymbol{\alpha}+\boldsymbol{\beta}\}$，因此每条线 $\langle\boldsymbol{\alpha},\boldsymbol{\beta}\rangle$ 上恰好有三个点：$\langle\boldsymbol{\alpha}\rangle$，$\langle\boldsymbol{\beta}\rangle$，$\langle\boldsymbol{\alpha}+\boldsymbol{\beta}\rangle$. 任取 $\boldsymbol{\alpha}\in F_2^3$，把它扩充成 F_2^3 的一个基 $\boldsymbol{\alpha}$，$\boldsymbol{\beta}$，$\boldsymbol{\gamma}$，则 $\langle\boldsymbol{\alpha},\boldsymbol{\beta}\rangle$，$\langle\boldsymbol{\alpha},\boldsymbol{\gamma}\rangle$，$\langle\boldsymbol{\alpha},\boldsymbol{\beta}+\boldsymbol{\gamma}\rangle$ 都是 2 维子空间. 由于 $\langle\boldsymbol{\alpha}\rangle\subseteq\langle\boldsymbol{\alpha},\boldsymbol{\beta}\rangle$，$\langle\boldsymbol{\alpha}\rangle\subseteq\langle\boldsymbol{\alpha},\boldsymbol{\gamma}\rangle$，$\langle\boldsymbol{\alpha}\rangle\subseteq\langle\boldsymbol{\alpha},\boldsymbol{\beta}+\boldsymbol{\gamma}\rangle$，因此点 $\langle\boldsymbol{\alpha}\rangle$ 在三条线 $\langle\boldsymbol{\alpha},\boldsymbol{\beta}\rangle$，$\langle\boldsymbol{\alpha},\boldsymbol{\gamma}\rangle$，$\langle\boldsymbol{\alpha},\boldsymbol{\beta}+\boldsymbol{\gamma}\rangle$ 上. 假如点 $\langle\boldsymbol{\alpha}\rangle$ 还在第四条线 $\langle\boldsymbol{\alpha},\boldsymbol{\delta}\rangle$ 上，由于 $\boldsymbol{\delta}=k_1\boldsymbol{\alpha}+k_2\boldsymbol{\beta}+k_3\boldsymbol{\gamma}$，因此

$$\langle\boldsymbol{\alpha},\boldsymbol{\delta}\rangle=\langle\boldsymbol{\alpha},k_1\boldsymbol{\alpha}+k_2\boldsymbol{\beta}+k_3\boldsymbol{\gamma}\rangle=\langle\boldsymbol{\alpha},k_2\boldsymbol{\beta}\rangle+\langle\boldsymbol{\alpha},k_3\boldsymbol{\gamma}\rangle,$$

从而 $\langle\boldsymbol{\alpha},\boldsymbol{\delta}\rangle=\langle\boldsymbol{\alpha},\boldsymbol{\beta}\rangle$ 或 $\langle\boldsymbol{\alpha},\boldsymbol{\gamma}\rangle$ 或 $\langle\boldsymbol{\alpha},\boldsymbol{\beta}+\boldsymbol{\gamma}\rangle$. 这证明了点 $\langle\boldsymbol{\alpha}\rangle$ 恰好在三条线上. 可以用图 7.4 形象地表现出 PG(2,2)上的 7 个点，7 条线，以及它们之间的关联关系.

从射影平面 PG(2,F)的构造受到启发，我们引出下述概念：

定义 1.4　设 F 是一个域，W 是域 F 上的 $n+1$ 维线性空间，W 的所有子空间构成的集合，以集合的包含关系为序，称为域 F 上的 n **维射影空间**，记作 PG(n,F). 若 F 是有限域 F_q，则记成 PG(n,q).

W 的 1 维子空间称为**点**，2 维子空间称为**线**，3 维子空间称为**平面**，n 维子空间称为超平面. 一般地，$i+1$ 维子空间称为 i **层**(i-flats).

有限域 F_q 上的 n 维射影空间 PG(n,q)的点连同 W 的 d 维子空间作为区组($d>1$)，并且用集合的包含关系作为关联关系，形成一个关联结构，记作 PG$_d(n,q)$. 特别地，PG$_2(2,q)$就是射影平面 PG$(2,q)$.

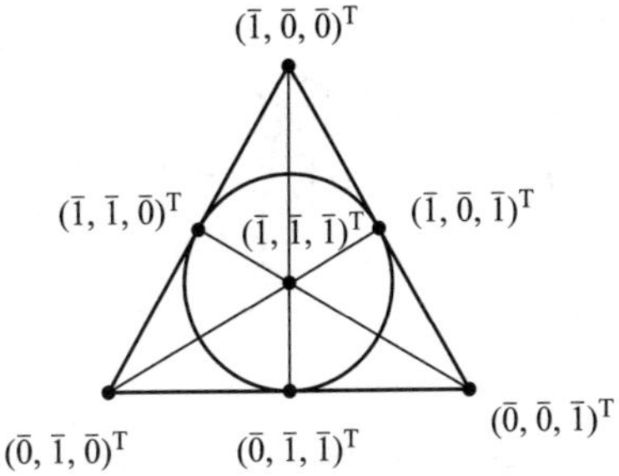

图 7.4

1.3 点的齐次坐标

解析几何的基本方法是坐标法，因此自然会想到在射影平面上建立某种坐标系，使得每个点都有坐标. 以前所讲的仿射坐标(或直角坐标)只能表示射影平面 $\overline{\pi}_0$ 上的通常点，不能表示无穷远点，因此需要把坐标的概念加以推广，使它既能表示通常点也能表示无穷远点.

取扩大的欧氏平面 $\overline{\pi}_0$ 作为射影平面的代表. 为了给 $\overline{\pi}_0$ 上的每个点建立坐标，考虑到 $\overline{\pi}_0$ 上的全体点与把 O 中的全体直线在射影和截影下有一一对应关系，而把 O 中的每条直线又由该直线的方向完全决定，因此自然想到下述方法：

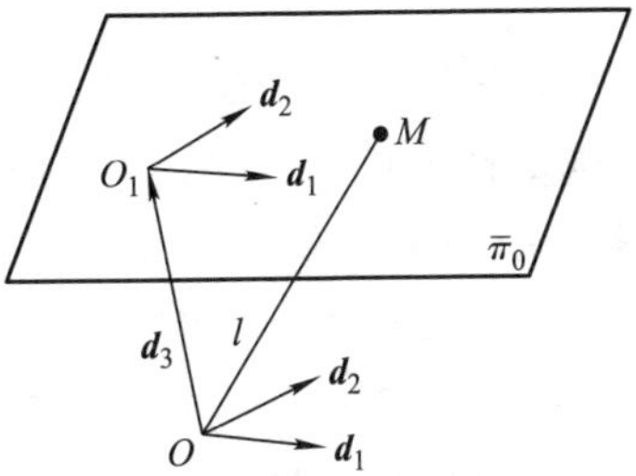

图 7.5

定义 1.5 对于扩大的欧氏平面 $\overline{\pi}_0$，在 π_0 上取一个仿射标架 $[O_1;\boldsymbol{d}_1,\boldsymbol{d}_2]$，在 π_0 外取一点 O（如图 7.5）. 令 $\boldsymbol{d}_3=\overrightarrow{OO_1}$. 对于 $\overline{\pi}_0$ 上任意一点 M，将 M 在把 O 中所对应的直线 l 的任一方向向量 $\boldsymbol{v}$ 在空间仿射标架$[O;\boldsymbol{d}_1,\boldsymbol{d}_2,\boldsymbol{d}_3]$下的坐标$(x_1,x_2,x_3)^{\mathrm{T}}$称为点 M 在$[O_1;\boldsymbol{d}_1,\boldsymbol{d}_2]$下的**齐次仿射坐标**(简称**齐次坐标**).

加上“齐次”两个字的原因是：对于任一非零实数 λ，以 $(\lambda x_1,\lambda x_2,\lambda x_3)^{\mathrm{T}}$ 与 $(x_1,x_2,x_3)^{\mathrm{T}}$ 为坐标的向量表示把 O 中同一条直线，从而它们表示 $\overline{\pi}_0$ 上的同一个点. 因此，若 $(x_1,x_2,x_3)^{\mathrm{T}}$ 是 $\overline{\pi}_0$ 上点 M 的齐次坐标，那么 $(\lambda x_1,\lambda x_2,\lambda x_3)^{\mathrm{T}}(\lambda\neq 0)$ 也是点 M 的齐次坐标. 这说明，$\overline{\pi}_0$ 上的每一个点 M 的齐次坐标不唯一，但是它们成比例.

如果 $(x_1,x_2,x_3)^{\mathrm{T}}$ 与 $(y_1,y_2,y_3)^{\mathrm{T}}$ 不成比例，则以它们为坐标的向量表示把 O 中不同的直线，从而它们表示 $\overline{\pi}_0$ 上不同的点. 因此，$\overline{\pi}_0$ 上不同点的齐次坐标不成比例.

显然，平面 π_0 在 $[O;\boldsymbol{d}_1,\boldsymbol{d}_2,\boldsymbol{d}_3]$ 中的方程是 $z=1$，于是向量 $\boldsymbol{v}(x_1,x_2,x_3)^{\mathrm{T}}$ 与 π_0 平行的充分必要条件是 $x_3=0$. 由于 $\overline{\pi}_0$ 上通常点 M 对应于把 O 中与 π_0 相交的直线，因此它的齐次坐标 $(x_1,x_2,x_3)^{\mathrm{T}}$ 中 $x_3\neq 0$. 由于无穷远点对应于把 O 中与 π_0 平行的直线，因此无穷远点的齐次坐标必形如 $(x_1,x_2,0)^{\mathrm{T}}$，其中 x_1，x_2 不全为零.

现在我们来说明齐次坐标与仿射坐标的关系. 设点 M 是平面 $\overline{\pi}_0$ 上的通常点，$(x,y)^{\mathrm{T}}$ 是它对于仿射标架 $[O_1;\boldsymbol{d}_1,\boldsymbol{d}_2]$ 的仿射坐标，则 $\overrightarrow{OM}$ 对于仿射标架 $[O;\boldsymbol{d}_1,\boldsymbol{d}_2,\boldsymbol{d}_3]$ 的坐标就是 $(x,y,1)^{\mathrm{T}}$. 于是，点 M 的齐次坐标 $(x_1,x_2,x_3)^{\mathrm{T}}$ 与 $(x,y,1)^{\mathrm{T}}$ 成比例：

$$(x_1,x_2,x_3)^{\mathrm{T}}=\lambda(x,y,1)^{\mathrm{T}},$$

其中 $\lambda\neq 0$，从而得

$$x=\frac{x_1}{x_3},\quad y=\frac{x_2}{x_3},$$

其中 $x_3\neq 0$. 因此，通常点的齐次坐标和仿射坐标可以互相确定. 现在考虑 $\overline{\pi}_0$ 上的无穷远点 P_∞. 设它的齐次坐标为 $(x_1,x_2,0)^{\mathrm{T}}$，这时在平面 π_0 上对于仿射标架 $[O_1;\boldsymbol{d}_1,\boldsymbol{d}_2]$ 具有坐标 $(x,y)^{\mathrm{T}}=(x_1,x_2)^{\mathrm{T}}$ 的向量显然平行于 P_∞ 所对应的把 O 中的直线（因为这条直线的方向向量为 $(x_1,x_2,0)^{\mathrm{T}}$）；反过来，平面 π_0 上的每一个方向 $(x,y)^{\mathrm{T}}$，在它的两个坐标 x，y 之后再添上一个 0，我们就可以得到这个方向上的无穷远点 P_∞ 的齐次坐标 $(x,y,0)^{\mathrm{T}}$. 因此，无穷远点 P_∞ 的齐次坐标

与它所对应的方向的仿射坐标(对于仿射标架$[O_1;\boldsymbol{d}_1,\boldsymbol{d}_2]$)可以互相确定. 综上所述，我们看到，$\overline{\pi}_0$ 上每个点的齐次坐标由仿射标架$[O_1;\boldsymbol{d}_1,\boldsymbol{d}_2]$完全决定，而与点 O 的选取无关.

有时我们把通常点 M 的仿射坐标$(x,y)^{\mathrm{T}}$ 称为它的**非齐次坐标**.

1.4 直线的齐次坐标方程

$\overline{\pi}_0$ 上每个点都有齐次坐标，从而 $\overline{\pi}_0$ 上每条直线就可以用关于齐次坐标 x_1，x_2，x_3 的方程来表示.

考虑 $\overline{\pi}_0$ 上的一条直线 AB，设 A，B 在$[O_1;\boldsymbol{d}_1,\boldsymbol{d}_2]$中的齐次坐标分别为$(a_1,a_2,a_3)^{\mathrm{T}}$，$(b_1,b_2,b_3)^{\mathrm{T}}$，又设 A，B 分别对应于把 O 中的直线 l_1，l_2，则在$[O;\boldsymbol{d}_1,\boldsymbol{d}_2,\boldsymbol{d}_3]$中坐标为$(a_1,a_2,a_3)^{\mathrm{T}}$，$(b_1,b_2,b_3)^{\mathrm{T}}$ 的向量 $\boldsymbol{v}_1$，$\boldsymbol{v}_2$ 分别为 l_1，l_2 的方向向量. 设 $\overline{\pi}_0$ 上任一点 M 的齐次坐标为$(x_1,x_2,x_3)^{\mathrm{T}}$，则 M 所对应的把 O 中的直线 l_0 的一个方向向量 $\boldsymbol{v}_0$ 的仿射坐标为$(x_1,x_2,x_3)^{\mathrm{T}}$.

点 $M(x_1,x_2,x_3)^{\mathrm{T}}$ 在直线 AB 上的充分必要条件是把 O 中的直线 l_0 在 l_1，l_2 决定的平面上，于是 $\boldsymbol{v}_0$，$\boldsymbol{v}_1$，$\boldsymbol{v}_2$ 共面，从而

$$\begin{cases} x_1 = \lambda a_1 + \mu b_1, \\ x_2 = \lambda a_2 + \mu b_2, \\ x_3 = \lambda a_3 + \mu b_3, \end{cases} \tag{1.1}$$

其中 λ，μ 是不全为零的实数，或者

$$\begin{vmatrix} x_1 & a_1 & b_1 \\ x_2 & a_2 & b_2 \\ x_3 & a_3 & b_3 \end{vmatrix} = 0,$$

即

$$\eta_1 x_1 + \eta_2 x_2 + \eta_3 x_3 = 0, \tag{1.2}$$

其中

$$\eta_1 = \begin{vmatrix} a_2 & b_2 \\ a_3 & b_3 \end{vmatrix}, \quad \eta_2 = -\begin{vmatrix} a_1 & b_1 \\ a_3 & b_3 \end{vmatrix}, \quad \eta_3 = \begin{vmatrix} a_1 & b_1 \\ a_2 & b_2 \end{vmatrix}.$$

由于 A，B 是不同的两点，因此$(a_1,a_2,a_3)^{\mathrm{T}}$ 与$(b_1,b_2,b_3)^{\mathrm{T}}$ 不成比

例，从而 η_1，η_2，η_3 不全为零. 这说明，直线 AB 的齐次坐标方程(1.2)是三元一次**齐次方程**. 反过来，任意一个三元一次齐次方程都表示射影平面上的一条直线. 这也是容易证明的.

(1.1)式称为直线 AB 的**齐次坐标参数方程**.

由于无穷远直线是由所有无穷远点组成的，而无穷远点的齐次坐标都形如$(x_1,x_2,0)^{\mathrm{T}}$，因此无穷远直线的方程为 $x_3=0$. 而射影直线的齐次方程中 x_1，x_2 的系数一定不全为零.

从上面的推导过程还看到：

(1) $\overline{\pi}_0$ 上三点 $A(a_1,a_2,a_3)^{\mathrm{T}}$，$B(b_1,b_2,b_3)^{\mathrm{T}}$，$C(c_1,c_2,c_3)^{\mathrm{T}}$ 共线的充分必要条件是

$$\begin{vmatrix} a_1 & b_1 & c_1 \\ a_2 & b_2 & c_2 \\ a_3 & b_3 & c_3 \end{vmatrix} = 0.$$

(2) 齐次方程 $\mu_1x_1+\mu_2x_2+\mu_3x_3=0$ 与 $\eta_1x_1+\eta_2x_2+\eta_3x_3=0$ 表示 $\overline{\pi}_0$ 上的同一条直线(对应于把 O 中的同一个平面)的充分必要条件是$(\mu_1,\mu_2,\mu_3)^{\mathrm{T}}$ 与$(\eta_1,\eta_2,\eta_3)^{\mathrm{T}}$ 成比例. 因此，我们可以把齐次方程的系数$(\eta_1,\eta_2,\eta_3)^{\mathrm{T}}$ 看成直线的坐标，叫做**直线的齐次坐标**. 显然，无穷远直线的齐次坐标为$(0,0,1)^{\mathrm{T}}$；射影直线的齐次坐标形如$(\eta_1,\eta_2,\eta_3)^{\mathrm{T}}$，其中 η_1，η_2 不全为零. 容易看出，同一条直线的齐次坐标不唯一，但它们成比例；不同直线的齐次坐标不成比例.

既然直线也有齐次坐标，因此从齐次坐标来看，射影平面上的点和直线的地位是对等的，点和直线对于关联关系而言也是对等的：点$(x_1,x_2,x_3)^{\mathrm{T}}$ 与直线$(\eta_1,\eta_2,\eta_3)^{\mathrm{T}}$ 关联的充分必要条件是

$$\eta_1x_1+\eta_2x_2+\eta_3x_3=0.$$

因此，对于固定的直线$(\eta_1,\eta_3,\eta_3)^{\mathrm{T}}$，方程(1.2)是此直线上的全体的点所适合的方程，称为**直线的点方程**.

由于直线$(\eta_1,\eta_2,\eta_3)^{\mathrm{T}}$ 与点$(x_1,x_2,x_3)^{\mathrm{T}}$ 关联的充分必要条件也是(1.2)，因此，对于固定的点$(x_1,x_2,x_3)^{\mathrm{T}}$，方程(1.2)是与点$(x_1,x_2,x_3)^{\mathrm{T}}$ 关联的全体直线所适合的方程，称为**点的线方程**.

从上面的讨论可以看到，在射影平面上，基本的几何元素是点和直线，基本的关系是关联关系．点和直线在射影平面上的地位是对称的．

习 题 7.1

1. 设扩大的欧氏平面 $\overline{\pi}_0$ 上两点 A，B 的齐次坐标分别是 $(3,-1,2)^{\mathrm{T}},(2,0,1)^{\mathrm{T}}$，求：

(1) 直线 AB 的齐次坐标方程；

(2) 直线 AB 上的无穷远点的齐次坐标．

2. 证明扩大的欧氏平面 $\overline{\pi}_0$ 上的下列三条直线共点，并且求该点的齐次坐标：

$$x_1+x_2=0,\quad 2x_1-x_2+3x_3=0,\quad 5x_1+2x_2+3x_3=0.$$

3. 在扩大的欧氏平面 $\overline{\pi}_0$ 上，给出了 π_0 的欧氏直线的仿射坐标方程，求由它确定的射影直线的齐次坐标方程，并且求出射影直线上面的无穷远点：

(1) $x+2y-1=0$；　　(2) $x=0$；

(3) $y=1$；　　(4) $3x-2y=0$．

4. 在 $\mathrm{PG}(2,\mathbf{R})$ 上，设直线 l_1，l_2，l_3，l_4 的方程依次是

$$x_1-x_3=0,\quad x_2+x_3=0,\quad 2x_1+x_2-x_3=0,\quad x_1+x_2+2x_3=0,$$

又设 l_1 与 l_2 的交点为 A，l_3 与 l_4 的交点为 B，求直线 AB 的方程．

5. 取一个球面，用经过球心的一个平面 π 截它，取其中一个半球面，把这个半球面上的每个点垂直投影到平面 π 上，得到一个圆盘．若投影点在圆盘内部，则把这个投影点看成一个“点”；若投影点在圆盘的边界圆上，则把圆的直径的两个端点看成一个“点”．半球面上的大半圆的投影点组成的半椭圆或直径看成“直线”．证明：这样的圆盘是一个实射影平面．

§2 射影平面上的对偶原理

从上一节我们已初步看到，射影平面上点和直线的地位是对称

的. 本节我们来进一步讨论这个问题.

设 φ(点,线)是关于射影平面上一些点和一些直线的关联关系的一个命题，那么把此命题中的点都改写成线，把线都改写成点，并且保持关联关系不变以及其他一切表述不变，则得到的命题 φ(线,点)称为原命题 φ(点,线)的**对偶命题**. 下面我们列举一些命题和它的对偶命题：

原命题	对偶命题
(1) 射影平面上三点共线的充分必要条件是它们的齐次坐标组成的 3 阶行列式等于零.	(1)′ 射影平面上三线共点的充分必要条件是它们的齐次坐标组成的 3 阶行列式等于零.
(2) 射影平面上，若三点 P_1，P_2，P_3 不共线，则三线 P_1P_2，P_2P_3，P_3P_1 不共点.	(2)′ 射影平面上，若三线 p_1，p_2，p_3 不共点，则三点 p_1p_2，p_2p_3，p_3p_1 不共线.
(3) 德沙格(Desargues)定理：射影平面上，如果两个三角形的对应顶点的连线共点，那么它们的对应边的交点共线.	(3)′ 德沙格定理的逆定理：射影平面上，如果两个三角形的对应边的交点共线，那么它们的对应顶点的连线共点.
(4) 直线(看成点列)的点方程是三元一次齐次方程.	(4)′ 点(看成线束)的线方程是三元一次齐次方程.

对射影平面上的每个命题 φ(点,线)与它的对偶命题 φ(线,点)，有下述重要的性质：

射影平面上的对偶原理　射影平面上，如果一个命题 φ(点,线)可以证明是一条定理，则它的对偶命题 φ(线,点)也可以证明是一条定理.

证明　在射影平面上取一坐标系，把命题 φ(点,线)的证明用齐次坐标写出来. 在这个证明中，把点的齐次坐标都看作线的齐次坐标，把线的齐次坐标都看作点的齐次坐标，所有的表示关联关系的方程没有任何改变，仍然成立，但最后的结论变成 φ(线,点)，于是就得到了命题 φ(线,点)的证明. □

根据射影平面上的对偶原理，我们只要证明了一个命题 φ(点,线)成立，那么它的对偶命题 φ(线,点)就必然成立. 譬如，我们已经证明过上述表中的命题(1)成立，于是我们肯定它的对偶命题(1)′也成立.

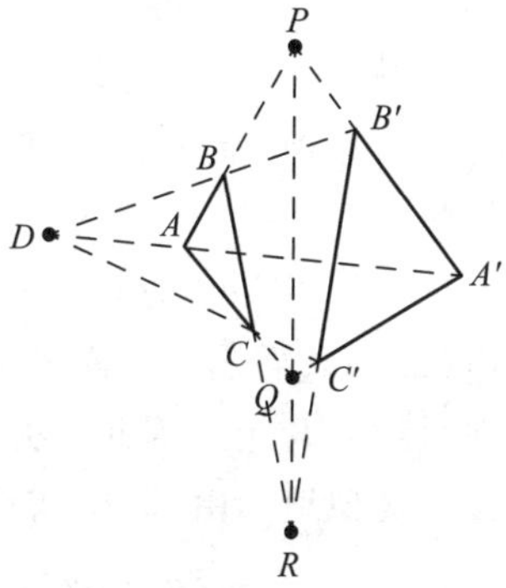

图 7.6

德沙格叙述了一个基本定理，现在称之为德沙格定理：设有点 D 和 $\triangle ABC$，如图 7.6 所示. 在以 D 为中心的中心投影下，$\triangle ABC$ 的像为 $\triangle A'B'C'$，则这两个三角形的对应边的交点共线. 下面我们来证明德沙格定理成立，从而它的逆定理(对偶命题)也必然成立.

德沙格定理 射影平面上，如果两个三角形的对应顶点的连线共点，那么它们的对应边的交点共线.

证明 设 $\triangle ABC$ 与 $\triangle A'B'C'$ 的对应顶点的连线 AA'，BB'，CC' 相交于一点 D.

情形 1 如果 A 与 A' 重合，则 AB 与 AB' 交于 A (A')，AC 与 AC' 交于 A (A'). 设 BC 与 $B'C'$ 交于 R，则显然 A，A，R 共线.

同理，如果 B 与 B' 重合，或者 C 与 C' 重合，则结论显然成立.

情形 2 任一组对应顶点不重合. 在射影平面上取定一个坐标系，设各点的齐次坐标分别为 $A(a_1,a_2,a_3)^{\mathrm{T}}$，$B(b_1,b_2,b_3)^{\mathrm{T}}$，$C(c_1,c_2,c_3)^{\mathrm{T}}$，$A'(a'_1,a'_2,a'_3)^{\mathrm{T}}$，$B'(b'_1,b'_2,b'_3)^{\mathrm{T}}$，$C'(c'_1,c'_2,c'_3)^{\mathrm{T}}$，$D(d_1,d_2,d_3)^{\mathrm{T}}$.

根据直线的齐次坐标参数方程可知，因为点 D 在直线 AA' 上，所以存在不全为零的实数 λ，λ'，使得

$$\begin{pmatrix} d_1 \\ d_2 \\ d_3 \end{pmatrix} = \lambda \begin{pmatrix} a_1 \\ a_2 \\ a_3 \end{pmatrix} + \lambda' \begin{pmatrix} a'_1 \\ a'_2 \\ a'_3 \end{pmatrix}.$$

同理，存在不全为零的实数 μ，μ' 和 ν，ν'，使得

$$d_i = \mu b_i + \mu' b'_i,\quad i = 1,2,3,$$
$$d_i = \nu c_i + \nu' c'_i,\quad i = 1,2,3.$$

于是得

$$\lambda a_i + \lambda' a'_i = \mu b_i + \mu' b'_i = \nu c_i + \nu' c'_i,\quad i = 1,2,3,\tag{2.1}$$

从而有

$$\lambda a_i - \mu b_i = -\lambda' a'_i + \mu' b'_i =: p_i,\quad i = 1,2,3.\tag{2.2}$$

由(2.2)式看出，齐次坐标为 $(p_1,p_2,p_3)^{\mathrm{T}}$ 的点 P 既在直线 AB 上，又在直线 $A'B'$ 上．因此 P 是 AB 和 $A'B'$ 的交点．

类似地，由(2.1)式可得

$$-\lambda a_i + \nu c_i = \lambda' a'_i - \nu' c'_i =: q_i,\quad i = 1,2,3;\tag{2.3}$$
$$\mu b_i - \nu c_i = -\mu' b'_i + \nu' c'_i =: r_i,\quad i = 1,2,3.\tag{2.4}$$

从(2.3)式和(2.4)式分别看出，齐次坐标为 $(q_1,q_2,q_3)^{\mathrm{T}}$ 的点 Q 是 AC 与 $A'C'$ 的交点，齐次坐标为 $(r_1,r_2,r_3)^{\mathrm{T}}$ 的点 R 是 BC 与 $B'C'$ 的交点．从(2.2)式，(2.3)式和(2.4)式可得

$$p_i + q_i + r_i = 0,\quad i = 1,2,3,$$

即

$$\begin{pmatrix} r_1 \\ r_2 \\ r_3 \end{pmatrix} = -\begin{pmatrix} p_1 \\ p_2 \\ p_3 \end{pmatrix} - \begin{pmatrix} q_1 \\ q_2 \\ q_3 \end{pmatrix},$$

所以 P，Q，R 三点共线．　□

习　题　7.2

1. 证明：射影平面上，若 P_1，P_2，P_3 三点不共线，则 P_1P_2，P_2P_3，P_3P_1 三线不共点．

2. 设命题 φ(点,线)为：在射影平面上，A，B，C 和 A'，B'，C' 分别是直线 l_1 和 l_2 上的三个点，并且均与 l_1 和 l_2 的交点 D 不重合．设 AB' 与 $A'B$ 交于点 P，BC' 与 $B'C$ 交于点 Q，CA' 与 $C'A$ 交于点 R，则 P，Q，R 三点共线．试写出这个命题的对偶命题 φ(线,点)．

3. 设射影平面上直线 l_i 的齐次坐标为 $(\eta_{i1},\eta_{i2},\eta_{i3})^{\mathrm{T}}(i=1,2,3)$，并且 $l_1 \neq l_2$，证明：l_1，l_2，l_3 共点的充分必要条件是，存在不全为零的实数 λ 和 μ，使得

$$\eta_{3j}=\lambda\eta_{1j}+\mu\eta_{2j},\quad j=1,2,3.$$

*4. 设 M 是欧氏平面 π_0 上的一点，l_1 和 l_2 是 π_0 上的两条直线，它们相交于一个不可到达的点 N（非常远或被物体阻隔），试用直尺作经过点 M 和 N 的直线（如图 7.7）.

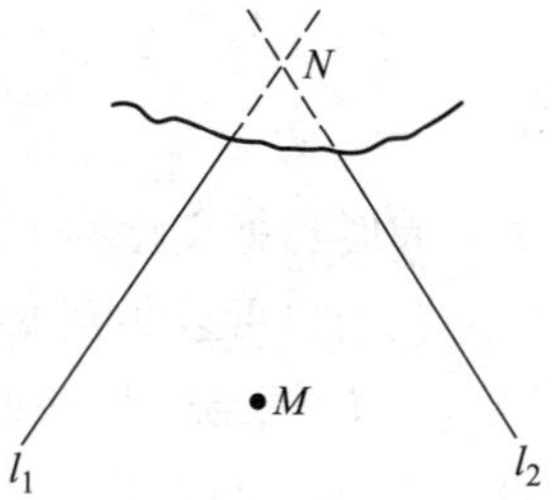

图　7.7

§3　交　　比

我们知道，在中心投影下线段的分比是会改变的．本节讨论射影平面上共线四点的**交比**，它经过中心投影后保持不变.

3.1　交比的定义和性质

设 A，B，C 是射影平面 $\overline{\pi}_0$ 上共线的三点，A，B 为通常点，$C \neq B$．首先，我们将线段的定比分点 C 推广到 C 可以为无穷远点的情形．若点 C 是通常点，且满足 $\overrightarrow{AC}=\lambda\,\overrightarrow{CB}$，则称点 C 分线段 AB 成定比 λ，把 λ 记作 (A,B,C)．用 $\boldsymbol{e}$ 表示与 $\overrightarrow{AB}$ 同向的单位向量，则 $\overrightarrow{AC}=\mu\boldsymbol{e}$，称 μ 是线段 AC 的**代数长**，就用 AC 表示．同理，用 CB 表示线段 CB 的代数长．于是

$$(A,B,C)=\frac{AC}{CB}. \tag{3.1}$$

当 C 为无穷远点时，规定 $(A,B,C)=-1$．然后，我们来定义 $\overline{\pi}_0$ 上共线四点的交比.

定义 3.1　设 A，B，C，D 为射影平面 $\overline{\pi}_0$ 上共线的四点，A，B 为通常点，$A \neq B$，$C \neq B$，$D \neq A,B$．将 (A,B,C) 与 (A,B,D) 的比值称为 A，B，C，D 的**交比**，记作 $(A,B;C,D)$，即

$$(A,B;C,D):=\frac{(A,B,C)}{(A,B,D)}=\frac{AC}{CB}\Big/\frac{AD}{DB}=\frac{AC}{CB}\cdot\frac{DB}{AD}.\qquad(3.2)$$

若 A，B，C 各不相同，则规定：当 $D=B$ 时，$(A,B;C,D)=0$.

有时也把交比称为**二重比**.

我们也可以给射影平面上共点的四线规定它们的交比. 设 l_1，l_2，l_3，l_4 是经过点 O 的四条直线，$l_1\neq l_2$. 任取一条不经过点 O 的直线 l，设 l 与 l_i 相交于 A_i（$i=1,2,3,4$），如图 7. 8 所示. 如果 $(A_1,A_2;A_3,A_4)$ 有定义，我们就规定共点四线 l_1，l_2，l_3，l_4 的交比为

$$(l_1,l_2;l_3,l_4):=(A_1,A_2;A_3,A_4).\qquad(3.3)$$

但是要证明这个定义是有意义的，即这样定义的交比与直线 l（称为截线）的选取无关. 为此，在 $\boldsymbol{\pi}_0$ 上取定一个仿射标架 $[O;\boldsymbol{d}_1,\boldsymbol{d}_2]$，设直线 l_i 的齐次坐标为 $(\eta_{i1},\eta_{i2},\eta_{i3})^{\mathrm{T}}$，点 A_i 的齐次坐标为 $(a_{i1},a_{i2},a_{i3})^{\mathrm{T}}$，$i=1,2,3,4$. 因为 $l_1\neq l_2$，根据三线共点的条件（见习题 7.2 第 3 题），得

$$\begin{aligned}\eta_{3j}&=\lambda_1\eta_{1j}+\mu_1\eta_{2j},\\ \eta_{4j}&=\lambda_2\eta_{1j}+\mu_2\eta_{2j},\end{aligned}\quad j=1,2,3.$$

在仿射坐标系中，若点 $M_1(x_1,y_2)^{\mathrm{T}}$ 与 $M_2(x_2,y_2)^{\mathrm{T}}$ 的连线与直线 $Ax+By+C=0$ 的交点为 M，则

$$\frac{M_1M}{MM_2}=-\frac{Ax_1+By_1+C}{Ax_2+By_2+C}.$$

因此，我们得到

$$\frac{A_1A_3}{A_3A_2}=-\frac{\eta_{31}\dfrac{a_{11}}{a_{13}}+\eta_{32}\dfrac{a_{12}}{a_{13}}+\eta_{33}}{\eta_{31}\dfrac{a_{21}}{a_{23}}+\eta_{32}\dfrac{a_{22}}{a_{23}}+\eta_{33}}=-\frac{\mu_1\left(\eta_{21}\dfrac{a_{11}}{a_{13}}+\eta_{22}\dfrac{a_{12}}{a_{13}}+\eta_{23}\right)}{\lambda_1\left(\eta_{11}\dfrac{a_{21}}{a_{23}}+\eta_{12}\dfrac{a_{22}}{a_{23}}+\eta_{13}\right)},$$

$$\frac{A_1A_4}{A_4A_2}=-\frac{\mu_2\left(\eta_{21}\dfrac{a_{11}}{a_{13}}+\eta_{22}\dfrac{a_{12}}{a_{13}}+\eta_{23}\right)}{\lambda_2\left(\eta_{11}\dfrac{a_{21}}{a_{23}}+\eta_{12}\dfrac{a_{22}}{a_{23}}+\eta_{13}\right)}.$$

于是有

$$(l_1,l_2;l_3,l_4)=(A_1,A_2;A_3,A_4)=\frac{A_1A_3}{A_3A_2}:\frac{A_1A_4}{A_4A_2}$$
$$=\frac{\mu_1\lambda_2}{\lambda_1\mu_2}=\frac{\lambda_2}{\mu_2}\bigg/\frac{\lambda_1}{\mu_1}. \tag{3.4}$$

由此可见，这样定义的共点四线的交比只与这四条直线的相互位置有关，而与截线 l 的选取无关.

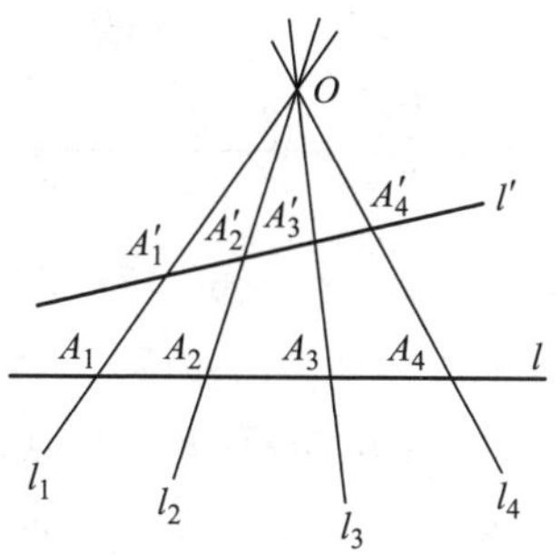

图　7.8

如图 7.8 所示，在以 O 为中心的中心投影下，设 l 的像为 l'，l' 与 l_i 的交点为 A_i' $(i=1,2,3,4)$，则在这个中心投影下，A_i 的像为 A_i' $(i=1,2,3,4)$. 根据上面证明的共点四线的交比与截线的选取无关，得

$$(A_1,A_2;A_3,A_4)=(l_1,l_2;l_3,l_4)=(A_1',A_2',A_3',A_4').$$

因此在中心投影下交比保持不变.

由于中心投影可以分解成射影和截影两个步骤，因此交比在射影和截影下保持不变. 由此可以推广前面所述的交比的定义，免除前面定义交比时所加上的某些元素不能是无穷远元素的限制. 共线四点 A，B，C，D，若 A，B，C 各不相同，并且 $D\neq A$，则可以把它们的交比$(A,B;C,D)$规定为它们在某个点 O 上的射影 OA，OB，OC，OD 的交比；共点四线 l_1，l_2，l_3，l_4，若 l_1，l_2，l_3 各不相同，并且 $l_4\neq l_1$，则可以把它们的交比$(l_1,l_2;l_3,l_4)$规定为它们在某条直线 l 上的截影 P_1，P_2，P_3，P_4 的交比. 这样规定的交比仍然包含前

面的定义作为特例，并且具有性质：交比在上述射影和截影下保持不变. 这样一来，我们在讨论交比的性质时，总可以假设它们是共线的四个通常点的交比，因为如果共线的四个点中有无穷远点，我们总可以经过射影和截影把它们变成共线的四个通常点(如图 7.9).

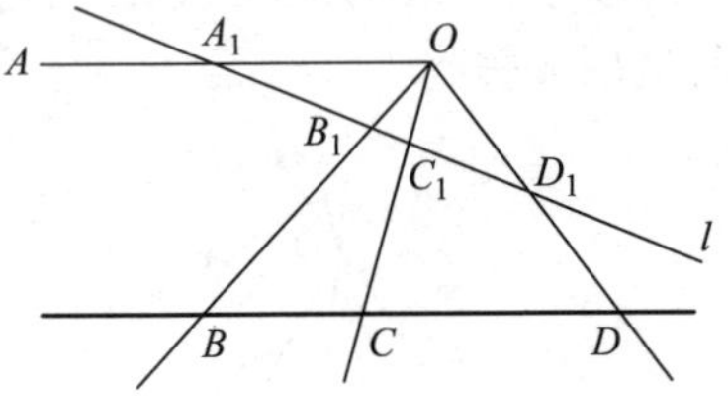

图　7.9

我们已经会用直线的齐次坐标计算共点四线的交比(见公式(3.4))，现在我们来讨论如何用点的齐次坐标计算共线四点的交比.

定理 3.1　设 A，B，C，D 是射影平面 $\overline{\pi}_0$ 上的共线四点，其中 A，B，C 各不相同，并且 $D\neq A$，又设 A，B，C，D 的齐次坐标分别为 $(a_1,a_2,a_3)^{\mathrm{T}}$，$(b_1,b_2,b_3)^{\mathrm{T}}$，$(c_1,c_2,c_3)^{\mathrm{T}}$，$(d_1,d_2,d_3)^{\mathrm{T}}$，并且

$$c_i=\lambda_1a_i+\mu_1b_i,\quad d_i=\lambda_2a_i+\mu_2b_i,\quad i=1,2,3,$$

则

$$(A,B;C,D)=\frac{\lambda_2}{\mu_2}\Big/\frac{\lambda_1}{\mu_1}.\tag{3.5}$$

证明　在直线 AB 外任取一点 P，设它的齐次坐标为 $(p_1,p_2,p_3)^{\mathrm{T}}$，则连线 PA，PB，PC，PD 的齐次坐标依次为

$$\left(\begin{vmatrix}p_2 & a_2\\ p_3 & a_3\end{vmatrix},-\begin{vmatrix}p_1 & a_1\\ p_3 & a_3\end{vmatrix},\begin{vmatrix}p_1 & a_1\\ p_2 & a_2\end{vmatrix}\right)^{\mathrm{T}},$$

$$\left(\begin{vmatrix}p_2 & b_2\\ p_3 & b_3\end{vmatrix},-\begin{vmatrix}p_1 & b_1\\ p_3 & b_3\end{vmatrix},\begin{vmatrix}p_1 & b_1\\ p_2 & b_2\end{vmatrix}\right)^{\mathrm{T}},$$

$$\left(\begin{vmatrix}p_2 & \lambda_1a_2+\mu_1b_2\\ p_3 & \lambda_1a_3+\mu_1b_3\end{vmatrix},-\begin{vmatrix}p_1 & \lambda_1a_1+\mu_1b_1\\ p_3 & \lambda_1a_3+\mu_1b_3\end{vmatrix},\begin{vmatrix}p_1 & \lambda_1a_1+\mu_1b_1\\ p_2 & \lambda_1a_2+\mu_1b_2\end{vmatrix}\right)^{\mathrm{T}},$$

$$\left(\begin{vmatrix} p_2 & \lambda_2 a_2+\mu_2 b_2 \\ p_3 & \lambda_2 a_3+\mu_2 b_3 \end{vmatrix}, -\begin{vmatrix} p_1 & \lambda_2 a_1+\mu_2 b_1 \\ p_3 & \lambda_2 a_3+\mu_2 b_3 \end{vmatrix}, \begin{vmatrix} p_1 & \lambda_2 a_1+\mu_2 b_1 \\ p_2 & \lambda_2 a_2+\mu_2 b_2 \end{vmatrix}\right)^{\mathrm{T}}.$$

显然，有

$$\begin{vmatrix} p_2 & \lambda_1 a_2+\mu_1 b_2 \\ p_3 & \lambda_1 a_3+\mu_1 b_3 \end{vmatrix} = \lambda_1\begin{vmatrix} p_2 & a_2 \\ p_3 & a_3 \end{vmatrix} + \mu_1\begin{vmatrix} p_2 & b_2 \\ p_3 & b_3 \end{vmatrix},$$

等等，于是由(3.4)式得

$$(A,B;C,D) = (PA,PB;PC,PD) = \frac{\lambda_2}{\mu_2}\Big/\frac{\lambda_1}{\mu_1}. \qquad \square$$

共线四点的交比还可以通过另一种形式来计算.

定理 3.2 设 A，B，C，D 是射影平面 $\overline{\pi}_0$ 上的共线四点，其中 A，B，C 各不相同，并且 $D\neq A$. 在此直线上取两点 P，Q，设它们的齐次坐标分别为 $(p_1,p_2,p_3)^{\mathrm{T}}$，$(q_1,q_2,q_3)^{\mathrm{T}}$，又设 A，B，C，D 的齐次坐标分别为 $(a_1,a_2,a_3)^{\mathrm{T}}$，$(b_1,b_2,b_3)^{\mathrm{T}}$，$(c_1,c_2,c_3)^{\mathrm{T}}$，$(d_1,d_2,d_3)^{\mathrm{T}}$，并且

$$\begin{aligned} a_i &= \lambda_1 p_i+\mu_1 q_i, \quad & b_i &= \lambda_2 p_i+\mu_2 q_i, \\ c_i &= \lambda_3 p_i+\mu_3 q_i, \quad & d_i &= \lambda_4 p_i+\mu_4 q_i, \end{aligned} \qquad i=1,2,3,$$

则

$$(A,B;C,D) = \frac{\begin{vmatrix} \lambda_1 & \lambda_3 \\ \mu_1 & \mu_3 \end{vmatrix}\cdot\begin{vmatrix} \lambda_2 & \lambda_4 \\ \mu_2 & \mu_4 \end{vmatrix}}{\begin{vmatrix} \lambda_1 & \lambda_4 \\ \mu_1 & \mu_4 \end{vmatrix}\cdot\begin{vmatrix} \lambda_2 & \lambda_3 \\ \mu_2 & \mu_3 \end{vmatrix}}. \tag{3.6}$$

证明 因为点 A 与 B 不同，所以 (λ_1,μ_1) 与 (λ_2,μ_2) 不成比例，从而

$$d = \begin{vmatrix} \lambda_1 & \mu_1 \\ \lambda_2 & \mu_2 \end{vmatrix} \neq 0.$$

由已知有 $a_i=\lambda_1 p_i+\mu_1 q_i$，$b_i=\lambda_2 p_i+\mu_2 q_i$ $(i=1,2,3)$，所以

$$p_i = \frac{1}{d}\begin{vmatrix} a_i & \mu_1 \\ b_i & \mu_2 \end{vmatrix}, \quad q_i = \frac{1}{d}\begin{vmatrix} \lambda_1 & a_i \\ \lambda_2 & b_i \end{vmatrix}, \quad i=1,2,3,$$

从而

$$c_i=\lambda_3p_i+\mu_3q_i=\frac{\lambda_3}{d}\begin{vmatrix}a_i&\mu_1\\b_i&\mu_2\end{vmatrix}+\frac{\mu_3}{d}\begin{vmatrix}\lambda_1&a_i\\\lambda_2&b_i\end{vmatrix}$$

$$=d^{-1}[(\lambda_3\mu_2-\lambda_2\mu_3)a_i+(\lambda_1\mu_3-\lambda_3\mu_1)b_i],\quad i=1,2,3.$$

类似地，有

$$d_i=d^{-1}[(\lambda_4\mu_2-\lambda_2\mu_4)a_i+(\lambda_1\mu_4-\lambda_4\mu_1)b_i],\quad i=1,2,3.$$

所以

$$(A,B;C,D)=\frac{d^{-1}(\lambda_4\mu_2-\lambda_2\mu_4)}{d^{-1}(\lambda_1\mu_4-\lambda_4\mu_1)}\Big/\frac{d^{-1}(\lambda_3\mu_2-\lambda_2\mu_3)}{d^{-1}(\lambda_1\mu_3-\lambda_3\mu_1)}$$

$$=\frac{\begin{vmatrix}\lambda_1&\lambda_3\\\mu_1&\mu_3\end{vmatrix}\cdot\begin{vmatrix}\lambda_2&\lambda_4\\\mu_2&\mu_4\end{vmatrix}}{\begin{vmatrix}\lambda_1&\lambda_4\\\mu_1&\mu_4\end{vmatrix}\cdot\begin{vmatrix}\lambda_2&\lambda_3\\\mu_2&\mu_3\end{vmatrix}}.\qquad\square$$

从定理 3.2 不难得出交比的下列性质：

(1) $(C,D;A,B)=(A,B;C,D)=(B,A;D,C)$；

(2) 若 D 与 B 也不同，则有

$$(B,A;C,D)=\frac{1}{(A,B;C,D)}=(A,B;D,C);$$

(3) $(A,C;B,D)=1-(A,B;C,D)$.

不难看出，对于共点四线的交比，也有类似于定理 3.2 的计算公式和上述三条性质.

共点四线的交比还有一条重要性质：设 O 是 $\overline{\pi}_0$ 上的通常点，l_1，l_2，l_3，l_4 是共点于 O 的四条不同的直线，用 $\langle l_i,l_j\rangle$ 表示直线 l_i 绕 O 转到 l_j 的角度，则有

$$(l_1,l_2;l_3,l_4)=\frac{\sin\langle l_1,l_3\rangle}{\sin\langle l_3,l_2\rangle}\Big/\frac{\sin\langle l_1,l_4\rangle}{\sin\langle l_4,l_2\rangle}.\qquad(3.7)$$

这个公式的证明留给读者(见习题 7.3 第 8 题).

3.2　调和点列与调和线束

交比为 -1 的情形是一种重要的情形.

定义 3.2　射影平面上共线四点 A，B，C，D，如果满足交比 $(A,B;C,D)=-1$，则称它们是**调和点列**，其中点 D 称为 A，B，C 的**第四调和点**，并且称点 D 是点 C 关于点偶 A，B 的**调和共轭点**.

由于

$$(A,B;D,C)=\frac{1}{(A,B;C,D)},$$

所以若点 D 是点 C 关于点偶 A，B 的调和共轭点，则点 C 也是点 D 关于点偶 A，B 的调和共轭点. 这时称 C，D 关于 A，B **调和共轭**.

由于 $(C,D;A,B)=(A,B;C,D)$，因此如果 C，D 关于 A，B 调和共轭，则 A，B 关于 C，D 调和共轭. 此时称点偶 C，D 与点偶 A，B 彼此**调和分割**.

由于中心投影保持交比不变，因此中心投影把调和点列映成调和点列.

由交比的定义以及交比在射影和截影下的不变性可以看出，任给共线的三个不同点 A，B，C，它们的第四调和点一定存在，并且是唯一的.

设 A，B，C 是 $\overline{\pi}_0$ 上共线的三个通常点，如果 C 是线段 AB 的中点，则从 $(A,B;C,D)=-1$ 可以推出 D 为直线 AB 上的无穷远点. 这说明，线段 AB 的中点 C 关于 A，B 调和共轭的点是直线 AB 上的无穷远点，从而直线 AB 上的无穷远点关于 A，B 的调和共轭点是线段 AB 的中点（注：所谓的线段 AB 指的是直线 AB 上 A 与 B 之间的不含无穷远点的那一部分）.

类似地，共点四线 l_1，l_2，l_3，l_4，如果满足

$$(l_1,l_2;l_3,l_4)=-1,$$

则称它们是**调和线束**，其中 l_4 称为 l_1，l_2，l_3 的**第四调和线**.

同样，任给共点的三条不同的直线，它们的第四调和线存在，并且唯一.

设 O 是 $\overline{\pi}_0$ 上的通常点，l_1，l_2，l_3，l_4 是经过点 O 的四条不同的直线. 如果 l_3 是 l_1 与 l_2 所夹的一个角的角平分线，并且 $(l_1,l_2;l_3,l_4)=-1$，则由公式(3.7)可以得出 l_4 是 l_1 与 l_2 所夹的另一个角的角平

分线(如图 7.10). 这说明, l_1 与 l_2 所夹的两个角的角平分线关于 l_1, l_2 调和共轭.

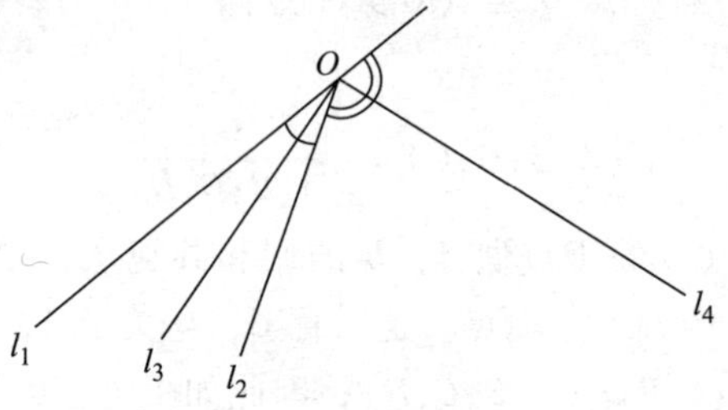

图　7.10

任给共线的三个通常点 A, B, C, 它们的第四调和点可以按下述步骤作出:

在直线 AB 外任取一点 S, 连接 SA, SB, SC. 在直线 SC 上取一点 G ($\neq C,S$), 连接 AG, 它与 SB 交于 E, 连接 BG, 它与 SA 交于 F, 则 FE 与 AB 的交点 D 就是 A, B, C 的第四调和点(如图 7.11).

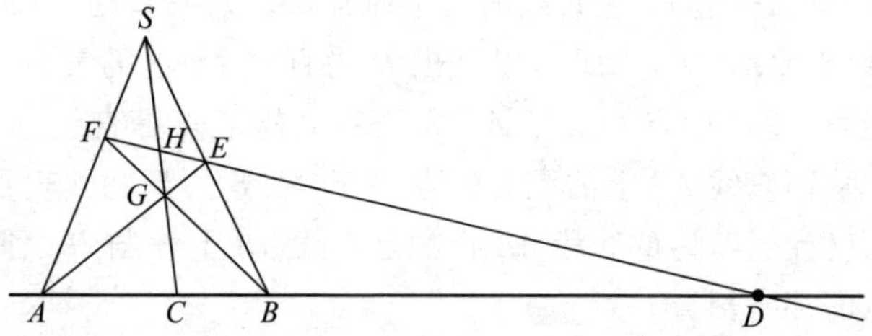

图　7.11

证明　设 FE 与 SC 的交点为 H. 先后考虑以 S 为中心的线束和以 G 为中心的线束可以得出

$$(A,B;C,D)=(SA,SB;SC,SD)=(F,E;H,D),$$

$$(F,E;H,D)=(GF,GE;GH,GD)=(B,A;C,D),$$

从而 $(A,B;C,D)=(B,A;C,D)$, 再用交比的性质(2), 可得到 $(A,B;C,D)^2=1$. 假如 $(A,B;C,D)=1$, 则得 $(A,C;B,D)=0$, 从而

$(A,C,B)=0$. 于是 $A=B$. 这与已知矛盾. 所以必有 $(A,B;C,D)=-1$, 从而 D 是 A, B, C 的第四调和点. □

习 题 7.3

1. 在射影平面 $\overline{\pi}_0$ 上, 设共线三点 A, B, C 的齐次坐标分别为 $(1,2,5)^{\mathrm{T}}$, $(1,0,3)^{\mathrm{T}}$, $(-1,2,-1)^{\mathrm{T}}$, 在直线 AB 上求一点 D, 使得交比 $(A,B;C,D)=5$.

2. 在射影平面 $\overline{\pi}_0$ 上, 设三点 A, B, C 的齐次坐标分别为 $(1,4,1)^{\mathrm{T}}$, $(0,1,1)^{\mathrm{T}}$, $(2,3,-3)^{\mathrm{T}}$, 证明 A, B, C 三点共线, 并且求此直线上的一点 D, 使得 $(A,B;C,D)=-4$.

3. 在射影平面 $\overline{\pi}_0$ 上, 给了共线的四个通常点的仿射坐标 $A(2,-4)^{\mathrm{T}}$, $B(-4,5)^{\mathrm{T}}$, $C(4,-7)^{\mathrm{T}}$, $D(0,-1)^{\mathrm{T}}$, 求它们的交比 $(A,B;C,D)$.

4. 在射影平面 $\overline{\pi}_0$ 上, 设共点于 O 的三条直线 l_1, l_2, l_3 的齐次坐标分别为 $(-1,0,2)^{\mathrm{T}}$, $(3,1,-2)^{\mathrm{T}}$, $(1,1,2)^{\mathrm{T}}$, 求经过 O 的一条直线 l_4, 使得交比 $(l_1,l_2;l_3,l_4)=-3$.

5. 在射影平面 $\overline{\pi}_0$ 上, 设五个点 P, A, B, C, D 的齐次坐标分别为 $(3,-3,1)^{\mathrm{T}}$, $(1,0,0)^{\mathrm{T}}$, $(0,1,0)^{\mathrm{T}}$, $(0,0,1)^{\mathrm{T}}$, $(1,-1,1)^{\mathrm{T}}$, 求直线 PA, PB, PC, PD 的交比.

6. 设 A, B, C, D, E 是共线的五点, 并且两两不同, 证明:

$$(A,B;C,D)\cdot(A,B;D,E)=(A,B;C,E).$$

7. 用交比 $(A,B;C,D)$ 表达 A, B, C, D 四点按任何其他顺序所取的交比.

8. 设 O 是射影平面 $\overline{\pi}_0$ 上的通常点, l_1, l_2, l_3, l_4 是共点于 O 的四条不同的直线, 用 $\langle l_i,l_j\rangle$ 表示直线 l_i 绕 O 逆时针转到 l_j 的角度, 证明:

$$(l_1,l_2;l_3,l_4)=\frac{\sin\langle l_1,l_3\rangle}{\sin\langle l_3,l_2\rangle}\Big/\frac{\sin\langle l_1,l_4\rangle}{\sin\langle l_4,l_2\rangle}.$$

9. 若 l_1, l_2, l_3, l_4 是射影平面 $\overline{\pi}_0$ 上的调和线束, 并且 l_3 与 l_4 互相垂直, 证明: l_3 是 l_1 与 l_2 的夹角的角平分线.

10. 证明：在欧氏平面 π_0 上，已给一个圆上任意四个不同的固定点 A_1，A_2，A_3，A_4，则它们到圆上任意第五点 P 的连线的交比 $(PA_1, PA_2; PA_3, PA_4)$ 是常数，与 P 在圆上的位置无关.

§4 射影坐标和射影坐标变换

4.1 点的射影坐标

在 §1 中，我们在扩大的欧氏平面 $\overline{\pi}_0$ 上定义点的齐次坐标时，用了欧氏平面 π_0 上的仿射标架 $[O_1; \boldsymbol{d}_1, \boldsymbol{d}_2]$. 我们自然希望能够直接用射影平面 $\overline{\pi}_0$ 上的元素（“点”）作为标架. 也就是说，要在射影平面 $\overline{\pi}_0$ 上建立射影坐标系.

为了回答上述问题，我们先从把 O 这个模型来看. 上述问题就变成：能不能用把 O 中的直线（这就是“点”）作为标架建立射影坐标系？我们已经知道，把 O 中的直线 l 完全被它的方向向量所决定，但是方向向量可以相差一个非零倍数. 基于这一事实，我们分两步来回答上述问题.

首先，我们在把 O 中取一个仿射标架 $[O; \boldsymbol{d}_1, \boldsymbol{d}_2, \boldsymbol{d}_3]$. 这时把 O 中的每一条直线 l 的方向向量 $\boldsymbol{v}$ 在这个仿射标架下就有仿射坐标 $(x_1, x_2, x_3)^{\mathrm{T}}$. 我们自然会想到就可以将 $(x_1, x_2, x_3)^{\mathrm{T}}$ 称为直线 l 的坐标 . 这种坐标可以相差一个非零倍数. 这说明：只要在把 O 中取定一个仿射标架，那么把 O 中的每条直线就都有了坐标. 但是我们的目的是要以把 O 中的直线作为标架，因此我们要进一步分析：在把 O 中取定一个仿射标架 $[O; \boldsymbol{d}_1, \boldsymbol{d}_2, \boldsymbol{d}_3]$ 后可以确定把 O 中的几条直线？显然，$\boldsymbol{d}_1$，$\boldsymbol{d}_2$，$\boldsymbol{d}_3$ 分别确定了把 O 中的三条直线 l_1，l_2，l_3，其中 $\boldsymbol{d}_i$ 就是 l_i $(i=1,2,3)$ 的方向向量，于是 l_1 的坐标是 $(1,0,0)^{\mathrm{T}}$，l_2 的坐标是 $(0,1,0)^{\mathrm{T}}$，l_3 的坐标是 $(0,0,1)^{\mathrm{T}}$. 这三条直线 l_1，l_2，l_3 称为把 O 中的**基本直线**（即坐标分别为 $(1,0,0)^{\mathrm{T}}$，$(0,1,0)^{\mathrm{T}}$，$(0,0,1)^{\mathrm{T}}$ 的直线）. 此外，若令 $\boldsymbol{d} = \boldsymbol{d}_1 + \boldsymbol{d}_2 + \boldsymbol{d}_3$，则 $\boldsymbol{d}$ 也确定了把 O 中的一条直线 l_4，它的坐标是 $(1,1,1)^{\mathrm{T}}$. 直线 l_4 称为把 O 中的**单位直线**（即坐

标为$(1,1,1)^{\mathrm{T}}$的直线). 由于$\boldsymbol{d}_1$, $\boldsymbol{d}_2$, $\boldsymbol{d}_3$, $\boldsymbol{d}$中任意三个向量都不共面，因此l_1, l_2, l_3, l_4中任意三条直线都不共面. 这样的四条直线称为把O中**一般位置的四条直线**. 上述说明，把O中取定一个仿射标架$[O;\boldsymbol{d}_1,\boldsymbol{d}_2,\boldsymbol{d}_3]$后，就确定了把$O$中的一般位置的四条直线$l_1$, l_2, l_3, l_4, 前三条是基本直线，第四条是单位直线.

其次，我们容易想到把上述三条基本直线l_1, l_2, l_3和单位直线l_4合在一起作为把O中的射影标架. 但是，在这样做之前还要说明一件事，即如果我们在单位直线l_4上取另一个方向向量$\boldsymbol{d}'$, 并且在基本直线l_i上取方向向量$\boldsymbol{d}_i'$ $(i=1,2,3)$, 使得$\boldsymbol{d}'=\boldsymbol{d}_1'+\boldsymbol{d}_2'+\boldsymbol{d}_3'$, 那么我们又得到把$O$中的一个仿射标架$[O;\boldsymbol{d}_1',\boldsymbol{d}_2',\boldsymbol{d}_3']$. 于是，把$O$中每一条直线$l$在这个仿射标架下也有坐标$(x_1',x_2',x_3')^{\mathrm{T}}$, 它是$l$的方向向量$\boldsymbol{v}$在$[O;\boldsymbol{d}_1',\boldsymbol{d}_2',\boldsymbol{d}_3']$中的坐标. 而且对于这个仿射标架，$l_1$, l_2, l_3, l_4的坐标分别为$(1,0,0)^{\mathrm{T}}$, $(0,1,0)^{\mathrm{T}}$, $(0,0,1)^{\mathrm{T}}$, $(1,1,1)^{\mathrm{T}}$. 因此，对于这个仿射标架，l_1, l_2, l_3仍是基本直线，l_4仍是单位直线. 既然对于三条基本直线和一条单位直线可以得到不同的仿射标架$[O;\boldsymbol{d}_1,\boldsymbol{d}_2,\boldsymbol{d}_3]$和$[O;\boldsymbol{d}_1',\boldsymbol{d}_2',\boldsymbol{d}_3']$, 那么我们必须说明把$O$中每一条直线$l$的方向向量$\boldsymbol{v}$分别在这两个仿射标架下的坐标$(x_1,x_2,x_3)^{\mathrm{T}}$和$(x_1',x_2',x_3')^{\mathrm{T}}$是成比例的，这样才能把上述三条基本直线和一条单位直线合在一起作为把O中的射影标架. 现在就来说明$(x_1,x_2,x_3)^{\mathrm{T}}$和$(x_1',x_2',x_3')^{\mathrm{T}}$为什么是成比例的：因为$\boldsymbol{d}'$和$\boldsymbol{d}$都是$l_4$的方向向量，所以可设$\boldsymbol{d}'=\lambda\boldsymbol{d}$. 同理，可设$\boldsymbol{d}_i'=\lambda_i\boldsymbol{d}_i(i=1,2,3)$. 于是

$$\boldsymbol{d}'=\boldsymbol{d}_1'+\boldsymbol{d}_2'+\boldsymbol{d}_3'=\lambda_1\boldsymbol{d}_1+\lambda_2\boldsymbol{d}_2+\lambda_3\boldsymbol{d}_3.$$

又有$\boldsymbol{d}'=\lambda\boldsymbol{d}=\lambda(\boldsymbol{d}_1+\boldsymbol{d}_2+\boldsymbol{d}_3)$, 因此

$$\lambda_1\boldsymbol{d}_1+\lambda_2\boldsymbol{d}_2+\lambda_3\boldsymbol{d}_3=\lambda\boldsymbol{d}_1+\lambda\boldsymbol{d}_2+\lambda\boldsymbol{d}_3,$$

从而得$\lambda_i=\lambda(i=1,2,3)$. 所以

$$\boldsymbol{v}=\sum_{i=1}^{3}x_i'\boldsymbol{d}_i'=\sum_{i=1}^{3}x_i'\lambda\boldsymbol{d}_i.$$

由此得出$x_i=\lambda x_i'(i=1,2,3)$.

综上所述，我们可以给出下述定义：

定义 4.1 设l_1, l_2, l_3, l_4是把O中一般位置的四条直线，在

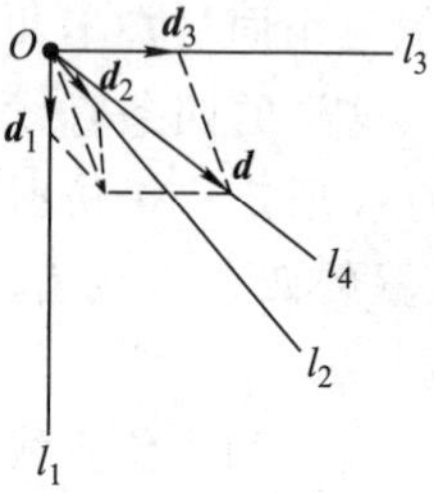

图 7.12

l_4 上取一个方向向量 $\boldsymbol{d}$，然后在 l_i 上取方向向量 $\boldsymbol{d}_i$ $(i=1,2,3)$，使得 $\boldsymbol{d}=\boldsymbol{d}_1+\boldsymbol{d}_2+\boldsymbol{d}_3$（如图 7.12）. 称 l_1，l_2，l_3 为**基本直线**，l_4 为**单位直线**，$[l_1,l_2,l_3,l_4]$ 为把 O 的一个**基底**（或**射影标架**）；把 O 中每一条直线 l 的方向向量 $\boldsymbol{v}$ 在仿射标架 $[O;\boldsymbol{d}_1,\boldsymbol{d}_2,\boldsymbol{d}_3]$ 下的坐标 $(x_1,x_2,x_3)^{\mathrm{T}}$ 称为 l 在基底 $[l_1,l_2,l_3,l_4]$ 中的**齐次射影坐标**（简称**射影坐标**）.

显然，把 O 中的直线 l 在基底 $[l_1,l_2,l_3,l_4]$ 中的齐次射影坐标不唯一，但它们成比例；不同直线在同一基底中的齐次射影坐标不成比例. 基本直线 l_1，l_2，l_3 的齐次射影坐标分别为 $(1,0,0)^{\mathrm{T}}$，$(0,1,0)^{\mathrm{T}}$，$(0,0,1)^{\mathrm{T}}$；单位直线 l_4 的齐次射影坐标为 $(1,1,1)^{\mathrm{T}}$.

现在来看扩大的欧氏平面 $\overline{\pi}_0$ 上如何引进射影坐标系.

在欧氏平面 π_0 外取一点 O，于是扩大的欧氏平面 $\overline{\pi}_0$ 上的点和直线分别与把 O 中的直线和平面有一个一一对应. 显然，把 O 中一般位置的四条直线对应于 $\overline{\pi}_0$ 上**一般位置的四个点**（即其中任意三点不共线）. 于是容易想到下述定义：

定义 4.2 在扩大的欧氏平面 $\overline{\pi}_0$ 上取定一般位置的四个点 A_1，A_2，A_3，E，在 π_0 外取一点 O. 对于 $\overline{\pi}_0$ 上的每个点 M，将直线 OM 在把 O 的基底 $[OA_1,OA_2,OA_3,OE]$ 中的齐次射影坐标 $(x_1,x_2,x_3)^{\mathrm{T}}$ 称为点 M 在 $\overline{\pi}_0$ 的**基底** $[A_1,A_2,A_3,E]$ 中的**齐次射影坐标**（简称**射影坐标**）. 基底 $[A_1,A_2,A_3,E]$ 中的前三个点称为**基本点**，第四个点称为**单位点**.

显然，基本点 A_1，A_2，A_3 的射影坐标分别为 $(1,0,0)^{\mathrm{T}}$，$(0,1,0)^{\mathrm{T}}$ 和 $(0,0,1)^{\mathrm{T}}$，单位点 E 的射影坐标为 $(1,1,1)^{\mathrm{T}}$. 直线 A_1A_2，A_2A_3，A_3A_1 构成的三角形称为**坐标三角形**.

现在来说明上述定义与 π_0 外一点 O 的取法无关. 在 OE 上取一个方向向量 $\boldsymbol{d}$，在 OA_i 上取方向向量 $\boldsymbol{d}_i(i=1,2,3)$，使得 $\boldsymbol{d}=\boldsymbol{d}_1+\boldsymbol{d}_2+\boldsymbol{d}_3$. 设 $\overrightarrow{OM}$ 在仿射标架 $[O;\boldsymbol{d}_1,\boldsymbol{d}_2,\boldsymbol{d}_3]$ 中的坐标为 $(x_1,x_2,x_3)^{\mathrm{T}}$，由定义 4.1 和定义 4.2 知，$(x_1,x_2,x_3)^{\mathrm{T}}$ 就是点 M 在基底 $[A_1,A_2,A_3,E]$

中的射影坐标. 设直线 A_3E 与 A_1A_2 交于点 A_{12}，直线 A_3M 与 A_1A_2 交于点 M_{12}(如图 7.13). 由于 $\overrightarrow{OA_{12}}$，$\overrightarrow{OA_1}$，$\overrightarrow{OA_2}$ 共面以及 $\overrightarrow{OA_{12}}$，$\overrightarrow{OA_3}$，$\overrightarrow{OE}$ 共面，于是可以得到 $\overrightarrow{OA_{12}}=\lambda(1,1,0)^{\mathrm{T}}$. 类似地，由 $\overrightarrow{OM_{12}}$，$\overrightarrow{OA_1}$，$\overrightarrow{OA_2}$ 共面以及 $\overrightarrow{OM_{12}}$，$\overrightarrow{OA_3}$，$\overrightarrow{OM}$ 共面，可得 $\overrightarrow{OM_{12}}=\mu(x_1,x_2,0)^{\mathrm{T}}$. 于是 OA_1，OA_2，OA_{12}，OM_{12}的方向向量分别为 $\boldsymbol{d}_1$，$\boldsymbol{d}_2$，$\boldsymbol{d}_1+\boldsymbol{d}_2$，$x_1\boldsymbol{d}_1+x_2\boldsymbol{d}_2$. 在平面 OA_1A_2 上取仿射标架$[O;\boldsymbol{d}_1,\boldsymbol{d}_2]$，则 O，A_1，A_2，A_{12}，M_{12}的齐次坐标分别为$(0,0,1)^{\mathrm{T}}$，$(1,0,t_1)^{\mathrm{T}}$，$(0,1,t_2)^{\mathrm{T}}$，$(1,1,t_3)^{\mathrm{T}}$，$(x_1,x_2,t_4)^{\mathrm{T}}$. 易求出直线 OA_1，OA_2，OA_{12}，OM_{12}在齐次坐标中的方程，从而可得它们的齐次坐标依次为$(0,1,0)^{\mathrm{T}}$，$(-1,0,0)^{\mathrm{T}}$，$(-1,1,0)^{\mathrm{T}}$，$(-x_2,x_1,0)^{\mathrm{T}}$. 显然，有

$$\begin{pmatrix}-1\\1\\0\end{pmatrix}=\begin{pmatrix}0\\1\\0\end{pmatrix}+\begin{pmatrix}-1\\0\\0\end{pmatrix},\quad \begin{pmatrix}-x_2\\x_1\\0\end{pmatrix}=x_1\begin{pmatrix}0\\1\\0\end{pmatrix}+x_2\begin{pmatrix}-1\\0\\0\end{pmatrix}.$$

于是，由公式(3.4)得

$$(OA_1,OA_2;OA_{12},OM_{12})=\frac{x_1}{x_2}\Big/\frac{1}{1}=\frac{x_1}{x_2}.$$

所以$(A_1,A_2;A_{12},M_{12})=x_1:x_2$(这里设点 M 不在直线 A_1A_3 上).

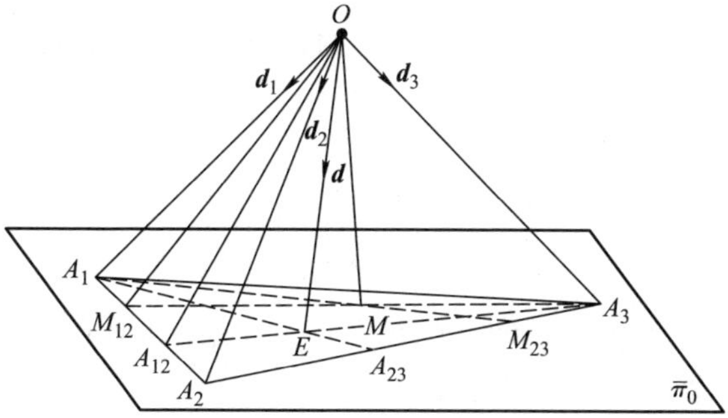

图 7.13

类似地，对于不在直线 A_1A_2 上的点 M，有

$$(A_2,A_3;A_{23},M_{23})=x_2:x_3;$$

对于不在直线 A_2A_3 上的点 M，有

$$(A_3,A_1;A_{31},M_{31})=x_3:x_1.$$

由此可见，对于不在直线 A_1A_2，A_2A_3，A_3A_1 上的点 M，它的射影坐标 $(x_1,x_2,x_3)^{\mathrm{T}}$ 中 $x_1:x_2$，$x_2:x_3$，$x_3:x_1$ 分别等于上述三个交比；而直线 A_1A_3 上的点 $M(x_1,0,x_3)^{\mathrm{T}}$，有 $x_3:x_1$ 等于交比；直线 A_1A_2 或 A_2A_3 上的点类似. 因此，$\overline{\pi}_0$ 上每个点在基底 $[A_1,A_2;A_3,E]$ 中的射影坐标与点 O 取法无关($O\in\pi_0$)，并且点 M 的射影坐标的几何意义为

$$x_1:x_2=(A_1,A_2;A_{12},M_{12}),$$
$$x_2:x_3=(A_2,A_3;A_{23},M_{23}),$$
$$x_3:x_1=(A_3,A_1;A_{31},M_{31}),$$

其中点 A_{12} 是直线 A_3E 与 A_1A_2 的交点，点 M_{12} 是直线 A_3M 与 A_1A_2 的交点，等等.

不难看出，§1 中给出的点 M 的齐次仿射坐标是在特殊基底 $[A_1,A_2,A_3,E]$ 中的齐次射影坐标，其中 A_1，A_2 是无穷远点，A_3，E 是通常点.

注意，在一般的基底下，不能用点 M 的射影坐标中 x_3 是否为零来判定 M 是否为无穷远点.

设点 M 在基底 $[A_1,A_2,A_3,E]$ 下的射影坐标为 $(x_1,x_2,x_3)^{\mathrm{T}}$，则显然有

$$\begin{pmatrix}x_1\\x_2\\x_3\end{pmatrix}=x_1\begin{pmatrix}1\\0\\0\end{pmatrix}+x_2\begin{pmatrix}0\\1\\0\end{pmatrix}+x_3\begin{pmatrix}0\\0\\1\end{pmatrix},$$

即任一点 M 的射影坐标等于三个基本点的射影坐标的线性组合，并且组合的系数恰好就是 M 的射影坐标 x_1，x_2，x_3.

4.2　射影坐标变换公式

设 $\overline{\pi}_0$ 上有两个基底：Ⅰ $[A_1,A_2,A_3,E]$ 和 Ⅱ $[A_1',A_2',A_3',E']$；又设 $\overline{\pi}_0$ 上点 M 的基底Ⅰ中的射影坐标为 $(x_1,x_2,x_3)^{\mathrm{T}}$，$M$ 在基底Ⅱ中

的射影坐标为$(x_1',x_2',x_3')^{\mathrm{T}}$. 我们来讨论$(x_1,x_2,x_3)^{\mathrm{T}}$与$(x_1',x_2',x_3')^{\mathrm{T}}$之间的关系.

在π_0外取一点O，把O中相应地有两个基底$[OA_1,OA_2,OA_3,OE]$和$[OA_1',OA_2',OA_3',OE']$，对于这两个基底分别取它们所对应的一个仿射标架$\tilde{\mathrm{I}}[O;\boldsymbol{d}_1,\boldsymbol{d}_2,\boldsymbol{d}_3]$和$\tilde{\mathrm{II}}[O;\boldsymbol{d}_1',\boldsymbol{d}_2',\boldsymbol{d}_3']$，于是$\overrightarrow{OM}$在仿射标架$\tilde{\mathrm{I}}$中的坐标为$(\lambda x_1,\lambda x_2,\lambda x_3)^{\mathrm{T}}$，$\overrightarrow{OM}$在仿射标架$\tilde{\mathrm{II}}$中的坐标为$(\lambda' x_1',\lambda' x_2',\lambda' x_3')^{\mathrm{T}}$. 根据几何空间中向量的仿射坐标变换公式知，若$\boldsymbol{d}_j'$的$\tilde{\mathrm{I}}$坐标为$(a_{1j},a_{2j},a_{3j})^{\mathrm{T}}(j=1,2,3)$，则

$$\begin{pmatrix}\lambda x_1\\ \lambda x_2\\ \lambda x_3\end{pmatrix}=\begin{pmatrix}a_{11}&a_{12}&a_{13}\\ a_{21}&a_{22}&a_{23}\\ a_{31}&a_{32}&a_{33}\end{pmatrix}\begin{pmatrix}\lambda' x_1'\\ \lambda' x_2'\\ \lambda' x_3'\end{pmatrix},$$

也就是

$$\rho\begin{pmatrix}x_1\\ x_2\\ x_3\end{pmatrix}=\begin{pmatrix}a_{11}&a_{12}&a_{13}\\ a_{21}&a_{22}&a_{23}\\ a_{31}&a_{32}&a_{33}\end{pmatrix}\begin{pmatrix}x_1'\\ x_2'\\ x_3'\end{pmatrix},\tag{4.1}$$

其中ρ是非零实数，对于不同的点，ρ的值不同. 公式(4.1)就是点的**射影坐标变换公式**. 由于$\boldsymbol{d}_j'$，$\boldsymbol{d}'$分别是$\overrightarrow{OA_j'}$，$\overrightarrow{OE'}$的一个方向向量，因此$\boldsymbol{d}_j'=\lambda_j\overrightarrow{OA_j'}$，$\boldsymbol{d}'=\lambda\overrightarrow{OE'}(j=1,2,3)$. 由于$\boldsymbol{d}'=\boldsymbol{d}_1'+\boldsymbol{d}_2'+\boldsymbol{d}_3'$，因此$\lambda\overrightarrow{OE'}=\lambda_1\overrightarrow{OA_1'}+\lambda_2\overrightarrow{OA_2'}+\lambda_3\overrightarrow{OA_3'}$. 又$\overrightarrow{OA_j'}$，$\overrightarrow{OE'}$的$\tilde{\mathrm{I}}$坐标分别与$A_j'$，$E'$的Ⅰ坐标成比例，从而可求出$\lambda_j$，进而求出$\boldsymbol{d}_j'$的$\tilde{\mathrm{I}}$坐标，于是可写出射影坐标变换公式.

例 4.1 设射影平面$\overline{\pi}_0$上取了两个基底Ⅰ$[A_1,A_2,A_3,E]$和Ⅱ$[A_1',A_2',A_3',E']$，已知点A_1'，A_2'，A_3'，E'在基底Ⅰ中的射影坐标分别为$(1,-1,2)^{\mathrm{T}}$，$(2,0,1)^{\mathrm{T}}$，$(-1,2,4)^{\mathrm{T}}$和$(1,-1,0)^{\mathrm{T}}$，求基底Ⅰ到基底Ⅱ的点的射影坐标变换公式.

解 由于$\lambda\overrightarrow{OE'}=\lambda_1\overrightarrow{OA_1'}+\lambda_2\overrightarrow{OA_2'}+\lambda_3\overrightarrow{OA_3'}$，因此

$$\lambda\begin{pmatrix}1\\-1\\0\end{pmatrix}=\lambda_1\begin{pmatrix}1\\-1\\2\end{pmatrix}+\lambda_2\begin{pmatrix}2\\0\\1\end{pmatrix}+\lambda_3\begin{pmatrix}-1\\2\\4\end{pmatrix}.$$

解得 $\lambda_1=\frac{7}{15}\lambda,\lambda_2=\frac{2}{15}\lambda,\lambda_3=-\frac{4}{15}\lambda$. 取 $\lambda=15$，得

$$\lambda_1=7,\quad \lambda_2=2,\quad \lambda_3=-4.$$

所以从基底Ⅰ到基底Ⅱ的点的射影坐标变换公式为

$$\rho\begin{pmatrix}x_1\\x_2\\x_3\end{pmatrix}=\begin{pmatrix}7&4&4\\-7&0&-8\\14&2&-16\end{pmatrix}\begin{pmatrix}x_1'\\x_2'\\x_3'\end{pmatrix},\tag{4.2}$$

其中 ρ 为非零实数.

4.3 直线的射影坐标方程

设相异两点 P，Q 在基底 $[A_1,A_2,A_3,E]$ 中的射影坐标分别为 $(p_1,p_2,p_3)^{\mathrm{T}}$，$(q_1,q_2,q_3)^{\mathrm{T}}$. 点 $M(x_1,x_2,x_3)^{\mathrm{T}}$ 在直线 PQ 上的充分必要条件是把 O 中相应的直线 OM，OP，OQ 共面，从而存在不全为零的实数 λ，μ，使得它们的方向向量 $\boldsymbol{v}_M$，$\boldsymbol{v}_P$，$\boldsymbol{v}_Q$ 适合 $\boldsymbol{v}_M=\lambda\boldsymbol{v}_P+\mu\boldsymbol{v}_Q$，即

$$\begin{pmatrix}x_1\\x_2\\x_3\end{pmatrix}=\lambda\begin{pmatrix}p_1\\p_2\\p_3\end{pmatrix}+\mu\begin{pmatrix}q_1\\q_2\\q_3\end{pmatrix},\tag{4.3}$$

或者有

$$\begin{vmatrix}x_1&p_1&q_1\\x_2&p_2&q_2\\x_3&p_3&q_3\end{vmatrix}=0,$$

展开得

$$\eta_1x_1+\eta_2x_2+\eta_3x_3=0,\tag{4.4}$$

其中

$$\eta_1 = \begin{vmatrix} p_2 & q_2 \\ p_3 & q_3 \end{vmatrix}, \quad \eta_2 = -\begin{vmatrix} p_1 & q_1 \\ p_3 & q_3 \end{vmatrix}, \quad \eta_3 = \begin{vmatrix} p_1 & q_1 \\ p_2 & q_2 \end{vmatrix}$$

不全为零(因为 P, Q 是相异两点，所以 $\boldsymbol{v}_P$ 与 $\boldsymbol{v}_Q$ 不共线). 这说明，直线 PQ 的射影坐标方程(4.4)是三元一次齐次方程. 反之，易看出，任意一个三元一次齐次方程(在射影坐标系中)都表示射影平面上的一条直线.

(4.3)式称为直线 PQ 在给定射影坐标系中的**参数方程**.

容易看出，$\eta_1x_1+\eta_2x_2+\eta_3x_3=0$ 与 $\omega_1x_1+\omega_2x_2+\omega_3x_3=0$ 表示同一条直线的充分必要条件是(η_1,η_2,η_3)与$(\omega_1,\omega_2,\omega_3)$成比例. 因此，可以将$(\eta_1,\eta_2,\eta_3)^{\mathrm{T}}$ 称为直线 $\eta_1x_1+\eta_2x_2+\eta_3x_3=0$ 的**齐次射影坐标**(简称**射影坐标**).

由上述讨论还可看出：

(1) 射影平面上，设三点 P, Q, R 的射影坐标分别为$(p_1,p_2,p_3)^{\mathrm{T}}$, $(q_1,q_2,q_3)^{\mathrm{T}}$, $(r_1,r_2,r_3)^{\mathrm{T}}$, 则 P, Q, R 三点共线的充分必要条件是

$$\begin{vmatrix} p_1 & q_1 & r_1 \\ p_2 & q_2 & r_2 \\ p_3 & q_3 & r_3 \end{vmatrix} = 0;$$

(2) 射影平面上，设相异两点 P, Q 的射影坐标分别是$(p_1,p_2,p_3)^{\mathrm{T}}$, $(q_1,q_2,q_3)^{\mathrm{T}}$, 点 R 的射影坐标是$(r_1,r_2,r_3)^{\mathrm{T}}$, 则点 R 与 P, Q 共线的充分必要条件是，存在不全为零的实数 λ, μ, 使得

$$\begin{pmatrix} r_1 \\ r_2 \\ r_3 \end{pmatrix} = \lambda \begin{pmatrix} p_1 \\ p_2 \\ p_3 \end{pmatrix} + \mu \begin{pmatrix} q_1 \\ q_2 \\ q_3 \end{pmatrix}.$$

请读者利用射影平面的对偶原理写出关于射影坐标的三线共点的条件.

4.4 用射影坐标计算交比

在§3中，我们曾经给出了用齐次坐标计算交比的公式(3.5)和公式(3.4). 现在我们来说明这两个公式在射影坐标下仍然成立.

定理 4.1　设 A, B, C, D 是射影平面 $\overline{\pi}_0$ 上共线的四点，其中 A, B, C 各不相同，并且 $D \neq A$，又设 A, B, C, D 在任一基底 Ⅰ$[A_1,A_2,A_3,E]$中的射影坐标分别为$(a_1,a_2,a_3)^{\mathrm{T}}$，$(b_1,b_2,b_3)^{\mathrm{T}}$，$(c_1,c_2,c_3)^{\mathrm{T}}$，$(d_1,d_2,d_3)^{\mathrm{T}}$，并且

$$c_i = \lambda_1 a_i + \mu_1 b_i,\quad d_i = \lambda_2 a_i + \mu_2 b_i,\quad i = 1,2,3,$$

则

$$(A,B;C,D) = \frac{\lambda_2}{\mu_2}\Big/\frac{\lambda_1}{\mu_1}. \tag{4.5}$$

证明　在 $\overline{\pi}_0$ 上取基底Ⅱ$[B_1,B_2,B_3,F]$，使得 B_1, B_2 都为无穷远点，则 A, B, C, D 在基底Ⅱ中的射影坐标$(a_1',a_2',a_3')^{\mathrm{T}}$，$(b_1',b_2',b_3')^{\mathrm{T}}$，$(c_1',c_2',c_3')^{\mathrm{T}}$，$(d_1',d_2',d_3')^{\mathrm{T}}$也就是它们的齐次坐标．设

$$c_i' = \lambda_1' a_i' + \mu_1' b_i',\quad d_i' = \lambda_2' a_i' + \mu_2' b_i'\quad i = 1,2,3,$$

则由公式(3.5)得

$$(A,B;C,D) = \frac{\lambda_2'}{\mu_2'}\Big/\frac{\lambda_1'}{\mu_1'}.$$

设基底Ⅰ到Ⅱ的射影坐标变换公式为

$$\rho\begin{pmatrix}x_1\\x_2\\x_3\end{pmatrix} = \boldsymbol{H}\begin{pmatrix}x_1'\\x_2'\\x_3'\end{pmatrix},$$

其中 $\boldsymbol{H}$ 是非奇异矩阵，于是由 $c_i = \lambda_1 a_i + \mu_1 b_i$ 得

$$\rho_3^{-1}\boldsymbol{H}\begin{pmatrix}c_1'\\c_2'\\c_3'\end{pmatrix} = \lambda_1\rho_1^{-1}\boldsymbol{H}\begin{pmatrix}a_1'\\a_2'\\a_3'\end{pmatrix} + \mu_1\rho_2^{-1}\boldsymbol{H}\begin{pmatrix}b_1'\\b_2'\\b_3'\end{pmatrix}.$$

所以

$$\lambda_1' = \lambda_1\rho_3\rho_1^{-1},\quad \mu_1' = \mu_1\rho_3\rho_2^{-1}.$$

同理可得 $\lambda_2' = \lambda_2\rho_4\rho_1^{-1}$，$\mu_2' = \mu_2\rho_4\rho_2^{-1}$．于是可以计算出

$$\frac{\lambda_2'}{\mu_2'}\Big/\frac{\lambda_1'}{\mu_1'} = \frac{\lambda_2}{\mu_2}\Big/\frac{\lambda_1}{\mu_1},$$

从而(4.5)式成立．　□

类似地，关于用齐次坐标计算共点四线的交比的公式(3.4)在射影坐标中仍然成立.

此外，由公式(3.6)的推导过程可以看出，既然公式(3.5)对于射影坐标也成立，因此公式(3.6)对于射影坐标同样成立. 并且，共点四线交比的类似于公式(3.6)的公式对于射影坐标也成立.

4.5 点的非齐次射影坐标

定义 4.3 在射影平面上取一个基底Ⅰ$[A_1, A_2, A_3, E]$，对于不在直线 A_1A_2 上的点 $M(x_1, x_2, x_3)^{\mathrm{T}}$，令

$$x = \frac{x_1}{x_3}, \quad y = \frac{x_2}{x_3},$$

则称$(x, y)^{\mathrm{T}}$是点 M 的**非齐次射影坐标**.

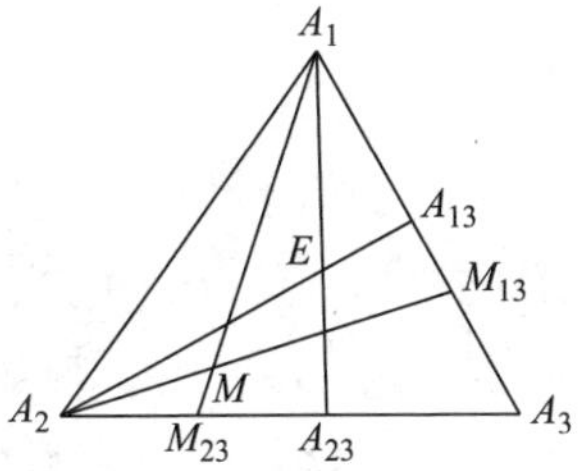

图 7.14

由前面谈到的点 M 的齐次射影坐标的几何意义知道

$$x_1 : x_3 = (A_1, A_3; A_{13}, M_{13}),$$

$$x_2 : x_3 = (A_2, A_3; A_{23}, M_{23}),$$

因此点 M 的非齐次射影坐标实际上就是交比(如图 7.14).

取另一基底Ⅱ$[A_1', A_2', A_3', E']$，对于既不在直线 A_1A_2 上，又不在直线 $A_1'A_2'$ 上的任意一点 M，设它在基底Ⅰ，Ⅱ中的齐次射影坐标分别是$(x_1, x_2, x_3)^{\mathrm{T}}$，$(x_1', x_2', x_3')^{\mathrm{T}}$，非齐次射影坐标分别是$(x, y)^{\mathrm{T}}$，$(x', y')^{\mathrm{T}}$，则

$$x = \frac{x_1}{x_3}, \quad y = \frac{x_2}{x_3}; \quad x' = \frac{x_1'}{x_3'}, \quad y' = \frac{x_2'}{x_3'}.$$

由齐次射影坐标变换公式(4.1)得

$$\rho x_i = \sum_{j=1}^{3} a_{ij} x_j', \quad i = 1, 2, 3,$$

从而得

$$\begin{cases} x = \dfrac{a_{11}x' + a_{12}y' + a_{13}}{a_{31}x' + a_{32}y' + a_{33}}, \\ y = \dfrac{a_{21}x' + a_{22}y' + a_{23}}{a_{31}x' + a_{32}y' + a_{33}}. \end{cases} \tag{4.6}$$

这是点的**非齐次射影坐标变换公式**，它表明点 M 在基底Ⅰ中的非齐次射影坐标 x，y 可以用 M 在基底Ⅱ中的非齐次射影坐标 x'，y' 的分式线性函数来表达.

习　题　7.4

1. 设在射影平面的一个基底Ⅰ中给定了点 $B_1(4,-2,3)^{\mathrm{T}}$，$B_2(5,2,0)^{\mathrm{T}}$，$B_3(1,3,-2)^{\mathrm{T}}$，$F(1,1,0)^{\mathrm{T}}$，$M(1,1,-1)^{\mathrm{T}}$，证明点 B_1，B_2，B_3，F 是一般位置的四个点，并且求基底Ⅰ到基底Ⅱ$[B_1,B_2,B_3,F]$的射影坐标变换公式，以及 M 在基底Ⅱ中的射影坐标.

2. 在射影平面上，求基底Ⅰ$[A_1,A_2,A_3,E]$到基底Ⅱ$[A_3,A_1,E,A_2]$的射影坐标变换公式.

3. 在射影平面上，设点 F 在基底Ⅰ$[A_1,A_2,A_3,E]$中的射影坐标为$(\varepsilon_1,\varepsilon_2,\varepsilon_3)^{\mathrm{T}}$，并且 A_1，A_2，A_3，F 是一般位置的四个点，求基底Ⅰ到基底Ⅱ$[A_1,A_2,A_3,F]$的射影坐标变换公式.

4. 在射影平面上取四点 $B_1(1,2,1)^{\mathrm{T}}$，$B_2(1,1,0)^{\mathrm{T}}$，$B_3(2,1,1)^{\mathrm{T}}$，$F(0,1,7)^{\mathrm{T}}$，求点 $M(1,1,1)^{\mathrm{T}}$ 在基底$[B_1,B_2,B_3,F]$中的坐标.

5. 证明帕普斯(Pappus)定理：设 A，B，C；A'，B'，C' 分别是直线 l_1 和 l_2 上的三个点，并且均与 l_1 和 l_2 的交点 D 不重合，又设 AB' 与 $A'B$ 交于点 P，BC' 与 $B'C$ 交于点 Q，CA'与 $C'A$ 交于点 R，则 P，Q，R 三点共线.

6. 在射影平面上取一个基底$[A_1,A_2,A_3,E]$，设 A_{23}是直线 A_1E 与 A_2A_3 的交点，求直线 A_2A_3 上的一个点 P，使得交比

$$(A_2,A_3;A_{23},P) = a.$$

7. 在射影平面上给了一个三角形 $A_1A_2A_3$，设 P_1，P_2，P_3 分别在直线 A_2A_3，A_3A_1，A_1A_2 上，但是都不和 A_1，A_2，A_3 重合，而 Q_1，

Q_2，Q_3 依次为 P_1，P_2，P_3 对于 A_2，A_3；A_3，A_1；A_1，A_2 的调和共轭点，证明：A_1Q_1，A_2Q_2，A_3Q_3 共点的充分必要条件是 P_1，P_2，P_3 共线(如图 7.15).

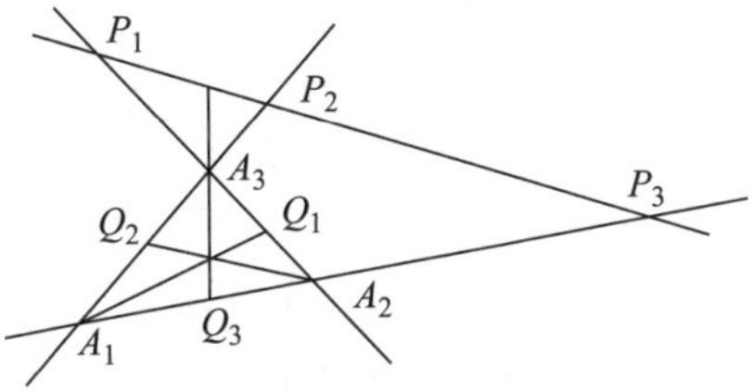

图 7.15

8. 在射影平面上，设 A_1，A_2，A_3 和 P_1，P_2，P_3 的意义同第 7 题，但是

$$(A_2,A_3;Q_1,P_1)=e_1,\quad (A_3,A_1;Q_2,P_2)=e_2,\quad (A_1,A_2;Q_3,P_3)=e_3,$$

证明：若 P_1，P_2，P_3 共线，则 Q_1，Q_2，Q_3 共线的充分必要条件是 $e_1e_2e_3=1$. 又如果 P_1，P_2，P_3 在扩大的欧氏平面的无穷远直线上，那么上述命题的几何意义是什么?

9. 在射影平面上，设 A_1，A_2，A_3，P_1，P_2，P_3，Q_1，Q_2，Q_3 的意义同第 8 题，证明：若 P_1，P_2，P_3 共线，则 A_1Q_1，A_2Q_2，A_3Q_3 共点的充分必要条件是 $e_1e_2e_3=-1$. 又如果 P_1，P_2，P_3 在扩大的欧氏平面的无穷远直线上，那么上述命题的几何意义是什么?

*10. 射影平面 $\overline{\pi}_0$ 上，由一般位置的四个点 A，B，C，D(称它们为**顶点**)和由它们两两相连的六条直线(称它们为**边**)构成的图形称为**完备四点形**，其中不在同一顶点上的两条边称为**对边**，对边的交点称为**对角点**，如图 7.16 中的 E，F，G 均是对角点.

(1) 证明：完备四点形的三个对角点不共线. 由这三个对角点确定的三角形称为完备四点形的**对角三角形**.

(2) 证明：完备四点形的任意两个对角点调和分割它们的连线和另外两条边的交点.

*11. 在射影平面上，完备四点形的对偶称为**完备四边形**. 叙述

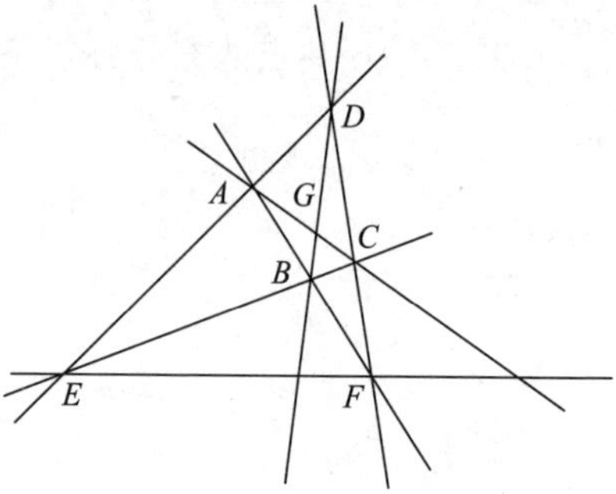

图　7.16

第 10 题中第(2)小题的对偶命题，并且说明调和线束的作图方法.

§5　射影映射和射影变换

本章一开头曾介绍过中心投影，这一节我们要来讨论作为中心投影的推广的射影映射.

5.1　射影映射的定义和性质

定义 5.1　射影平面 $\mathscr{P}_1$ 的点集到射影平面 $\mathscr{P}_2$ 的点集的一个双射，如果把共线三点映成共线三点，则称它为一个**射影映射**.

由定义知，中心投影是射影映射.

射影平面到自身的射影映射称为**射影变换**.

由定义立即得到射影映射的下述性质：

性质 1　射影映射的乘积还是射影映射，即如果 τ_1 是射影平面 $\mathscr{P}_1$ 到 $\mathscr{P}_2$ 的一个射影映射，τ_2 是射影平面 $\mathscr{P}_2$ 到 $\mathscr{P}_3$ 的一个射影映射，则 $\tau_2\tau_1$ 是射影平面 $\mathscr{P}_1$ 到 $\mathscr{P}_3$ 的一个射影映射.　□

性质 2　射影映射把不共线三点映成不共线三点.

证明　设 τ 是射影平面 $\mathscr{P}_1$ 到 $\mathscr{P}_2$ 的一个射影映射，A，B，C 是 $\mathscr{P}_1$ 上的不共线三点，它们在 τ 下的像分别是 A'，B'，C'. 由于 τ 是

单射，因此 A'，B'，C' 两两不同. 假设 A'，B'，C' 在同一条线 l' 上. 在 $\mathscr{P}_1$ 上任取一点 M，它在 τ 下的像为 M'，如果 M 在线 AB 或 AC 上，则 M' 在 l' 上. 如果 M 不在 AB 和 AC 上，则经过 M 作一条线与 AB 交于 P ($\neq A$)，与 AC 交于 Q ($\neq A$). 设 P，Q 在 τ 下的像分别是 P'，Q'，则 P'，Q' 均在 l' 上. 因为 M，P，Q 共线，所以 M'，P'，Q' 共线，从而 M' 在 l' 上. 这与 τ 是 $\mathscr{P}_1$ 到 $\mathscr{P}_2$ 的满射矛盾. 因此 A'，B'，C' 不共线. □

性质 3 射影映射是可逆的，并且它的逆映射也是射影映射.

证明 由定义知，射影映射是可逆的. 由性质 2 得出射影映射的逆映射是射影映射. □

性质 4 射影映射把线映成线.

证明 由定义和性质 2 立即得到. □

由性质 4 和性质 2，性质 3 得出，射影映射 τ 诱导了射影平面 $\mathscr{P}_1$ 上线的集合到 $\mathscr{P}_2$ 上线的集合的一个双射，并且保持点和线的关联性.

从性质 2 立即得出

性质 5 射影映射把一般位置的四个点变成一般位置的四个点.

□

进一步，我们有

定理 5.1（射影映射基本定理之一） 射影平面 $\overline{\pi}_0$ 到 $\overline{\pi}_1$ 的射影映射 τ 把 $\overline{\pi}_0$ 上的一般位置的四个点 A_1，A_2，A_3，E 映成 $\overline{\pi}_1$ 上的一般位置的四个点 A'_1，A'_2，A'_3，E'，并且 $\overline{\pi}_0$ 上任一点 M 在基底 Ⅰ$[A_1,A_2,A_3,E]$ 中的射影坐标等于 M 的像 M' 在基底 Ⅰ$'[A'_1,A'_2,A'_3,E']$ 中的射影坐标.

证明 前半部分就是性质 5. 现在证后半部分. 设 M 在基底 Ⅰ 中的射影坐标为 $(x_1,x_2,x_3)^{\mathrm{T}}$，$M$ 的像 M' 在基底 Ⅰ$'$ 中的射影坐标是 $(\tilde{x}'_1,\tilde{x}'_2,\tilde{x}'_3)^{\mathrm{T}}$. 在 $\overline{\pi}_1$ 上再取一个基底 Ⅱ$[B_1,B_2,B_3,F]$，设 M' 在 Ⅱ 中的射影坐标是 $(x'_1,x'_2,x'_3)^{\mathrm{T}}$. 设 Ⅱ 到 Ⅰ$'$ 的射影坐标变换公式中的系数矩阵为 $\boldsymbol{A}=(a_{ij})$，对 M' 用坐标变换公式得

$$\rho\begin{pmatrix}x_1'\\x_2'\\x_3'\end{pmatrix}=\begin{pmatrix}a_{11}&a_{12}&a_{13}\\a_{21}&a_{22}&a_{23}\\a_{31}&a_{32}&a_{33}\end{pmatrix}\begin{pmatrix}\tilde{x}_1'\\\tilde{x}_2'\\\tilde{x}_3'\end{pmatrix},$$

因此

$$x_i'=\rho^{-1}(a_{i1}\tilde{x}_1'+a_{i2}\tilde{x}_2'+a_{i3}\tilde{x}_3'),\quad i=1,2,3. \tag{5.1}$$

设 τ 关于基底 I 和基底 II 的公式为

$$x_i=f_i(x_1',x_2',x_3'),\quad i=1,2,3.$$

用(5.1)式代入得

$$\begin{aligned}x_i&=f_i(\rho^{-1}(a_{11}\tilde{x}_1'+a_{12}\tilde{x}_2'+a_{13}\tilde{x}_3'),\rho^{-1}(a_{21}\tilde{x}_1'+a_{22}\tilde{x}_2'+a_{23}\tilde{x}_3'),\\&\qquad\rho^{-1}(a_{31}\tilde{x}_1'+a_{32}\tilde{x}_2'+a_{33}\tilde{x}_3'))\\&=:g_i(\tilde{x}_1',\tilde{x}_2',\tilde{x}_3'),\quad i=1,2,3.\end{aligned} \tag{5.2}$$

由于 f_i 由 τ 和基底 I，II 决定，所以 g_i 由 τ 和基底 I，II 决定，与点 M 的选择无关. 考虑 $\overline{\pi}_0$ 上的直线

$$l_i:\ x_i=0,\quad i=1,2,3.$$

l_i 的像 l_i' 在 I′ 中的方程为

$$g_i(\tilde{x}_1',\tilde{x}_2',\tilde{x}_3')=0.$$

由于 l_i' 是直线，它的方程应当为三元一次方程，所以

$$g_i(\tilde{x}_1',\tilde{x}_2',\tilde{x}_3')=c_{i1}\tilde{x}_1'+c_{i2}\tilde{x}_2'+c_{i3}\tilde{x}_3',$$

从而由(5.2)式得

$$x_i=c_{i1}\tilde{x}_1'+c_{i2}\tilde{x}_2'+c_{i3}\tilde{x}_3',\quad i=1,2,3. \tag{5.3}$$

由于 g_i 与点的选择无关，所以公式(5.3)对于每一个点 M 均成立. 特别地，考虑点 A_1，它在基底 I 中的射影坐标是 $(1,0,0)^{\mathrm{T}}$，它的像 A_1' 在基底 I′ 中的射影坐标是 $(1,0,0)^{\mathrm{T}}$，代入(5.3)式得

$$k_1=c_{11},\quad 0=c_{21},\quad 0=c_{31}.$$

同理，分别考虑点 A_2，A_3，得

$$k_2=c_{22},\quad c_{12}=c_{32}=0,\quad k_3=c_{33},\quad c_{13}=c_{23}=0.$$

再考虑点 E，得

$$k_1=k_2=k_3=:k.$$

因此

$$(x_1,x_2,x_3)^{\mathrm{T}}=k(\tilde{x}_1',\tilde{x}_2',\tilde{x}_3')^{\mathrm{T}}. \tag{5.4}$$

这证明了 M 在基底 I 中的射影坐标等于 M 的像 M' 在基底 I′ 中的射影坐标. □

定理 5.2(射影映射基本定理之二) 设 A_1, A_2, A_3, E 是射影平面 $\overline{\pi}_0$ 上一般位置的四个点, A_1', A_2', A_3', E' 是射影平面 $\overline{\pi}_1$ 上一般位置的四个点, 则存在 $\overline{\pi}_0$ 到 $\overline{\pi}_1$ 的唯一的射影映射 τ 把 A_1, A_2, A_3, E 分别映成 A_1', A_2', A_3', E'.

证明 *存在性* 在 $\overline{\pi}_0$ 上取基底 I $[A_1,A_2,A_3,E]$, 在 $\overline{\pi}_1$ 上取基底 I′$[A_1',A_2',A_3',E']$. 规定 $\overline{\pi}_0$ 到 $\overline{\pi}_1$ 的一个映射 τ 如下: $\overline{\pi}_0$ 上任取一点 M, 它在 I 中的射影坐标为$(x_1,x_2,x_3)^{\mathrm{T}}$, M 在映射 τ 下的像 M' 是在 I′ 中的射影坐标为$(x_1,x_2,x_3)^{\mathrm{T}}$ 的点. 显然, τ 是单射、满射. 设 P, Q, R 是 $\overline{\pi}_0$ 上共线三点, 则它们的射影坐标组成的 3 阶行列式等于零. 根据 τ 的定义, $\tau(P)$, $\tau(Q)$, $\tau(R)$在 I′ 中的射影坐标组成的 3 阶行列式也等于零, 因此 $\tau(P)$, $\tau(Q)$, $\tau(R)$共线. 这证明了 τ 是 $\overline{\pi}_0$ 到 $\overline{\pi}_1$ 的一个射影映射.

唯一性 如果 σ 是 $\overline{\pi}_0$ 到 $\overline{\pi}_1$ 的一个射影映射, 它把 A_1, A_2, A_3, E 分别映成 A_1', A_2', A_3', E'. 根据定理 5.1, $\overline{\pi}_0$ 上任一点 M 在基底 I 中的射影坐标等于 $\sigma(M)$在基底 I′ 中的射影坐标, 从而 $\sigma(M)=\tau(M)$. 因此 $\sigma=\tau$. □

定理 5.2 的存在性部分的证明表明, 在射影平面 $\overline{\pi}_0$, $\overline{\pi}_1$ 上分别取基底 I $[A_1,A_2,A_3,E]$, I′$[A_1',A_2',A_3',E']$, 如果 $\overline{\pi}_0$ 到 $\overline{\pi}_1$ 的一个映射 τ 使得 $\overline{\pi}_0$ 上任一点 M 在 I 中的射影坐标等于 $\tau(M)$在 I′中的射影坐标, 则 τ 一定是 $\overline{\pi}_0$ 到 $\overline{\pi}_1$ 的一个射影映射.

定理 5.3 设 τ 是射影平面 $\overline{\pi}_0$ 到 $\overline{\pi}_1$ 的一个射影映射, 在 $\overline{\pi}_0$, $\overline{\pi}_1$ 上分别取基底 I $[A_1,A_2,A_3,E]$, II $[B_1,B_2,B_3,F]$, 又设 $\overline{\pi}_0$ 上任一点 M 在 I 中的射影坐标为$(x_1,x_2,x_3)^{\mathrm{T}}$, $\tau(M)$在 II 中的射影坐标为$(x_1',x_2',x_3')^{\mathrm{T}}$, 则

$$\rho\begin{pmatrix}x_1'\\x_2'\\x_3'\end{pmatrix}=\begin{pmatrix}a_{11}&a_{12}&a_{13}\\a_{21}&a_{22}&a_{23}\\a_{31}&a_{32}&a_{33}\end{pmatrix}\begin{pmatrix}x_1\\x_2\\x_3\end{pmatrix}, \tag{5.5}$$

其中ρ是非零实数，$\boldsymbol{A}=(a_{ij})$是非奇异的．公式(5.5)称为射影映射τ关于基底Ⅰ和Ⅱ的公式．反之，如果$\overline{\pi}_0$到$\overline{\pi}_1$的一个映射τ关于基底Ⅰ和Ⅱ的公式为(5.5)式，其中系数矩阵$\boldsymbol{A}=(a_{ij})$是非奇异的，那么τ一定是射影映射．

证明 设τ是$\overline{\pi}_0$到$\overline{\pi}_1$的一个射影映射，它把A_1，A_2，A_3，E分别映成A_1'，A_2'，A_3'，E'，则A_1'，A_2'，A_3'，E'是$\overline{\pi}_1$上的一般位置的四个点．取基底Ⅰ$'[A_1',A_2',A_3',E']$．根据定理5.1，$\tau(M)$在Ⅰ$'$中的射影坐标等于M在Ⅰ中的射影坐标$(x_1,x_2,x_3)^{\mathrm{T}}$．设$\tau(M)$在Ⅱ中的射影坐标为$(x_1',x_2',x_3')^{\mathrm{T}}$，Ⅱ到Ⅰ$'$的射影坐标变换公式中的系数矩阵为$\boldsymbol{A}=(a_{ij})$，则

$$\rho\begin{pmatrix}x_1'\\x_2'\\x_3'\end{pmatrix}=\boldsymbol{A}\begin{pmatrix}x_1\\x_2\\x_3\end{pmatrix}.$$

把这个公式右端的$(x_1,x_2,x_3)^{\mathrm{T}}$解释成$M$在Ⅰ中的射影坐标，则这个公式是射影映射$\tau$关于基底Ⅰ和Ⅱ的公式．由于射影坐标变换公式中的系数矩阵一定是非奇异的，所以$\boldsymbol{A}$是非奇异的．

反之，如果$\overline{\pi}_0$到$\overline{\pi}_1$的一个映射τ关于基底Ⅰ和Ⅱ的公式是(5.5)式，其中系数矩阵$\boldsymbol{A}$是非奇异的，则从公式(5.5)看出τ是单射、满射．设P，Q，R是$\overline{\pi}_0$上共线的三点，它们在Ⅰ中的射影坐标分别是$(p_1,p_2,p_3)^{\mathrm{T}}$，$(q_1,q_2,q_3)^{\mathrm{T}}$，$(r_1,r_2,r_3)^{\mathrm{T}}$，则矩阵

$$\boldsymbol{B}=\begin{pmatrix}p_1&q_1&r_1\\p_2&q_2&r_2\\p_3&q_3&r_3\end{pmatrix}$$

的行列式等于零．由公式(5.5)得，$\tau(P)$，$\tau(Q)$，$\tau(R)$在Ⅱ中的射影坐标分别为

$$\rho_1^{-1}\boldsymbol{A}\begin{pmatrix}p_1\\p_2\\p_3\end{pmatrix},\quad \rho_2^{-1}\boldsymbol{A}\begin{pmatrix}q_1\\q_2\\q_3\end{pmatrix},\quad \rho_3^{-1}\boldsymbol{A}\begin{pmatrix}r_1\\r_2\\r_3\end{pmatrix}.$$

它们组成的矩阵为

$$\boldsymbol{AB}\begin{pmatrix}\rho_1^{-1} & 0 & 0\\ 0 & \rho_2^{-1} & 0\\ 0 & 0 & \rho_3^{-1}\end{pmatrix},$$

显然这个矩阵的行列式等于零(因为 $|\boldsymbol{B}|=0$). 所以 τ 把共线三点映成共线三点. 因此 τ 是射影映射. □

性质 6　射影映射保持共线四点的交比不变.

证明　设 τ 是射影平面 $\overline{\pi}_0$ 到 $\overline{\pi}_1$ 的一个射影映射, A, B, C, D 是 $\overline{\pi}_0$ 上的共线四点, 它们在 τ 下的像分别是 A', B', C', D', 则 A', B', C', D' 仍共线. 在 $\overline{\pi}_0$ 上取一个基底 $\mathrm{I}[A_1,A_2,A_3,E]$, 设 A_i, E 在 τ 下的像分别为 A_i', E', 则 $\mathrm{I}'[A_1',A_2',A_3',E']$是 $\overline{\pi}_1$ 上的一个基底, 并且任一点 $M\in\overline{\pi}_0$ 在 I 中的射影坐标等于 $\tau(M)$ 在 I′中的射影坐标. 因此 A, B, C, D 在 I 中的射影坐标分别等于 A', B', C', D' 在 I′ 中的射影坐标. 从定理 4.1 立即得到

$$(A,B;C,D)=(A',B';C',D').$$ □

由于共点四线的交比等于它们在某条直线上的截影的交比, 因此由性质 6 立即得到

性质 7　射影映射保持共点四线的交比不变. □

下面我们指出射影映射基本定理在航空摄影中的应用. 本章一开头我们曾指出, 航空摄影时在底片上所得到的像是一块大地(假定地面是平的)经过中心投影以后的像, 并且由于飞机飞行时的颠簸, 使得底片与地面不平行, 因此底片上的像通常不是地面的相似图, 而是变了形的图像. 利用射影映射基本定理就可以给出矫正摄影图像的适当的方法. 矫正的目的是要从底片得到地面的一个相似图, 而地面的一张相似图就是地面 π_0 在一个水平平面 π'上的中心投影, 可以设想中心就是镜头. 因此, 相似图 π_1' 也是底片 π_1 在相应的中心投影下的像, 而中心投影是一个射影映射. 根据射影映射基本定理, 要想从底片 π_1 得到地面的一张相似图 π_1', 只需确定 π_1 上一组一般位置的四个点所对应的 π'上的四个点就够了, 因为这两组一般位置的四个点就唯一确定了这个中心投影. 具体做法如下: 首先,

取一张准确的地形图 π_0'(不必很详细)，在 π_0' 上任意选取一组一般位置的四个点 A'，B'，C'，D'，在底片 π_1 上找出它们的对应点 A，B，C，D；然后，把 π_1 和 π_0' 装到灯光照射器上，调整它们的位置，使得 A，B，C，D 正好分别照射到 A'，B'，C'，D' 上；最后，把地图 π_0' 换成照相正片，注意不要变动调整好的位置，那么正片上印出的就是一张地面的相似图，它是由底片 π_1 经过矫正得到的.

5.2　射影变换

射影平面 $\overline{\pi}_0$ 到自身的射影映射 σ 称为 $\overline{\pi}_0$ 的**射影变换**，此时 σ 的公式(5.5)中 $(x_1',x_2',x_3')^{\mathrm{T}}$ 和 $(x_1,x_2,x_3)^{\mathrm{T}}$ 分别是像和原像对于同一个基底的射影坐标.

由于射影变换的乘积还是射影变换，恒等变换是射影变换，射影变换是可逆的，其逆变换仍是射影变换，从而射影平面上的所有射影变换形成一个群，称它为**射影变换群**.

关于射影映射的性质和定理 5.1，定理 5.2 以及定理 5.3 对于射影变换同样成立．交比是射影不变量.

同样，射影平面的一个射影变换 σ(点变换)引起了这个射影平面上的所有线组成的集合到自身的一个双射，并且 σ 保持点与线的关联性.

例 5.1　在射影平面上，求把点 $A(1,0,1)^{\mathrm{T}}$，$B(2,1,1)^{\mathrm{T}}$，$C(3,-1,0)^{\mathrm{T}}$，$D(3,5,2)^{\mathrm{T}}$ 分别映成点 $A'(-1,0,3)^{\mathrm{T}}$，$B'(1,1,3)^{\mathrm{T}}$，$C'(2,3,8)^{\mathrm{T}}$，$D'(2,1,-2)^{\mathrm{T}}$ 的射影变换 σ 的公式.

解　设 σ 的公式为

$$\lambda\begin{pmatrix}x_1'\\x_2'\\x_3'\end{pmatrix}=\begin{pmatrix}a_{11}&a_{12}&a_{13}\\a_{21}&a_{22}&a_{23}\\a_{31}&a_{32}&a_{33}\end{pmatrix}\begin{pmatrix}x_1\\x_2\\x_3\end{pmatrix},$$

则由已知条件得

$$\begin{pmatrix}a_{11}&a_{12}&a_{13}\\a_{21}&a_{22}&a_{23}\\a_{31}&a_{32}&a_{33}\end{pmatrix}\begin{pmatrix}1&2&3&3\\0&1&-1&5\\1&1&0&2\end{pmatrix}=\begin{pmatrix}-\lambda_1&\lambda_2&2\lambda_3&2\lambda_4\\0&\lambda_2&3\lambda_3&\lambda_4\\3\lambda_1&3\lambda_2&8\lambda_3&-2\lambda_4\end{pmatrix}.$$

上式两边取转置得

$$\begin{pmatrix}1 & 0 & 1\\ 2 & 1 & 1\\ 3 & -1 & 0\\ 3 & 5 & 2\end{pmatrix}\begin{pmatrix}a_{11} & a_{21} & a_{31}\\ a_{12} & a_{22} & a_{32}\\ a_{13} & a_{23} & a_{33}\end{pmatrix}=\begin{pmatrix}-\lambda_1 & 0 & 3\lambda_1\\ \lambda_2 & \lambda_2 & 3\lambda_2\\ 2\lambda_3 & 3\lambda_3 & 8\lambda_3\\ 2\lambda_4 & \lambda_4 & -2\lambda_4\end{pmatrix}. \tag{5.6}$$

对下述矩阵作初等行变换化成简化行阶梯形：

$$\begin{pmatrix}1 & 0 & 1 & -\lambda_1 & 0 & 3\lambda_1\\ 2 & 1 & 1 & \lambda_2 & \lambda_2 & 3\lambda_2\\ 3 & -1 & 0 & 2\lambda_3 & 3\lambda_3 & 8\lambda_3\\ 3 & 5 & 2 & 2\lambda_4 & \lambda_4 & -2\lambda_4\end{pmatrix}\longrightarrow$$

$$\begin{pmatrix}1 & 0 & 0 & \frac{1}{4}\lambda_1+\frac{1}{4}\lambda_2+\frac{1}{2}\lambda_3 & \frac{1}{4}\lambda_2+\frac{3}{4}\lambda_3 & -\frac{3}{4}\lambda_1+\frac{3}{4}\lambda_2+2\lambda_3\\ 0 & 1 & 0 & \frac{3}{4}\lambda_1+\frac{3}{4}\lambda_2-\frac{1}{2}\lambda_3 & \frac{3}{4}\lambda_2-\frac{3}{4}\lambda_3 & -\frac{9}{4}\lambda_1+\frac{9}{4}\lambda_2-2\lambda_3\\ 0 & 0 & 1 & -\frac{5}{4}\lambda_1-\frac{1}{4}\lambda_2-\frac{1}{2}\lambda_3 & -\frac{1}{4}\lambda_2-\frac{3}{4}\lambda_3 & \frac{15}{4}\lambda_1-\frac{3}{4}\lambda_2-2\lambda_3\\ 0 & 0 & 0 & -2\lambda_1-4\lambda_2+2\lambda_3+2\lambda_4 & -4\lambda_2+3\lambda_3+\lambda_4 & 6\lambda_1-12\lambda_2+8\lambda_3-2\lambda_4\end{pmatrix}.$$

为了使矩阵方程(5.6)有解，上述简化行梯形矩阵最后一行的第 4，5，6 个元素应当为 0，于是有

$$\begin{cases}-2\lambda_1-4\lambda_2+2\lambda_3+2\lambda_4=0,\\ \quad\quad\;\; -4\lambda_2+3\lambda_3+\lambda_4=0,\\ 6\lambda_1-12\lambda_2+8\lambda_3-2\lambda_4=0.\end{cases}$$

解得

$$\lambda_1=\frac{3}{4}\lambda_4,\quad \lambda_2=-\frac{1}{8}\lambda_4,\quad \lambda_3=-\frac{1}{2}\lambda_4.$$

取 $\lambda_4=32$，得

$$\lambda_1=24,\quad \lambda_2=-4,\quad \lambda_3=-16.$$

代入上述简化行梯形矩阵的前 3 行、后 3 列中可求出 $a_{ij}(i,j=1,2,$

3)，于是得到 σ 的公式为

$$\lambda\begin{pmatrix}x_1'\\x_2'\\x_3'\end{pmatrix}=\begin{pmatrix}-3 & 23 & -21\\-13 & 9 & 13\\-53 & -31 & 125\end{pmatrix}\begin{pmatrix}x_1\\x_2\\x_3\end{pmatrix}.$$

5.3　分式线性变换

在射影平面上取定一个基底 $[A_1,A_2,A_3,E]$. 设射影变换 σ 的公式为(5.5). 对于不在直线 A_1A_2 上，并且不在直线 $a_{31}x_1+a_{32}x_2+a_{33}x_3=0$ 上的点 $M(x_1,x_2,x_3)^{\mathrm T}$，设它的非齐次射影坐标为 $(x,y)^{\mathrm T}$，它在 σ 下的像 $M'(x_1',x_2',x_3')^{\mathrm T}$ 的非齐次射影坐标为 $(x',y')^{\mathrm T}$. 由于

$$x'=\frac{x_1'}{x_3'},\quad y'=\frac{x_2'}{x_3'},\quad x_1=xx_3,\quad x_2=yx_3,$$

因此由(5.5)式得

$$x'=\frac{a_{11}x+a_{12}y+a_{13}}{a_{31}x+a_{32}y+a_{33}},\quad y'=\frac{a_{21}x+a_{22}y+a_{23}}{a_{31}x+a_{32}y+a_{33}}. \tag{5.7}$$

公式(5.7)是射影变换 σ 在非齐次射影坐标中的表达式，它是分式线性函数，并且

$$\begin{vmatrix}a_{11} & a_{12} & a_{13}\\a_{21} & a_{22} & a_{23}\\a_{31} & a_{32} & a_{33}\end{vmatrix}\neq 0. \tag{5.8}$$

由此可见，射影平面的射影变换用非齐次射影坐标表达时，是平面的分式线性变换.

5.4　仿射-射影变换

考虑扩大的欧氏平面 $\overline{\pi}_0$ 上的把无穷远直线映成无穷远直线的射影变换，这样的射影变换称为**仿射-射影变换**.

取一个仿射-射影变换 σ，在 $\overline{\pi}_0$ 上取一个基底 Ⅰ $[A_1,A_2,A_3,E]$，使得 A_1，A_2 为无穷远点，这时点的齐次射影坐标也就是点的齐次仿射坐标，非齐次射影坐标也就是点的仿射坐标. 设 σ 在 Ⅰ 中的公式

仍为(5.5)式，由于无穷远直线 $x_3=0$ 上的点均变成无穷远点，因此由(5.5)式得

$$\lambda\begin{pmatrix}x_1'\\x_2'\\0\end{pmatrix}=\begin{pmatrix}a_{11}&a_{12}&a_{13}\\a_{21}&a_{22}&a_{23}\\a_{31}&a_{32}&a_{33}\end{pmatrix}\begin{pmatrix}x_1\\x_2\\0\end{pmatrix}. \tag{5.9}$$

取 $x_1=1$，$x_2=0$，得 $a_{31}=0$；取 $x_1=0$，$x_2=1$，得 $a_{32}=0$. 于是 σ 在 I 中的公式成为

$$\lambda\begin{pmatrix}x_1'\\x_2'\\x_3'\end{pmatrix}=\begin{pmatrix}a_{11}&a_{12}&a_{13}\\a_{21}&a_{22}&a_{23}\\0&0&a_{33}\end{pmatrix}\begin{pmatrix}x_1\\x_2\\x_3\end{pmatrix}. \tag{5.10}$$

由于 σ 的公式中的系数矩阵应为非奇异的，因此有

$$a_{33}\begin{vmatrix}a_{11}&a_{12}\\a_{21}&a_{22}\end{vmatrix}\neq 0,$$

从而 $a_{33}\neq 0$. 令

$$c_{ij}=\frac{a_{ij}}{a_{33}},\quad i,j=1,2,3,$$

则 σ 在 I 中的公式又可写成

$$\lambda'\begin{pmatrix}x_1'\\x_2'\\x_3'\end{pmatrix}=\begin{pmatrix}c_{11}&c_{12}&c_{13}\\c_{21}&c_{22}&c_{23}\\0&0&1\end{pmatrix}\begin{pmatrix}x_1\\x_2\\x_3\end{pmatrix}, \tag{5.11}$$

其中 $\lambda'=\dfrac{\lambda}{a_{33}}$，并且

$$\begin{vmatrix}c_{11}&c_{12}\\c_{21}&c_{22}\end{vmatrix}\neq 0. \tag{5.12}$$

现在考虑 $\overline{\pi}_0$ 上的任一通常点 $M(x_1,x_2,x_3)^{\mathrm{T}}$. 设它的仿射坐标为 $(x,y)^{\mathrm{T}}$，则 $x=\dfrac{x_1}{x_3}$，$y=\dfrac{x_2}{x_3}$. 设 M 在 σ 下的像 M'(M'必为通常点)的仿射坐标为 $(x',y')^{\mathrm{T}}$. 由 σ 用非齐次射影坐标表达的公式(5.7)得

$$\begin{cases} x' = c_{11}x + c_{12}y + c_{13}, \\ y' = c_{21}x + c_{22}y + c_{23}. \end{cases} \tag{5.13}$$

由(5.12)式知，公式(5.13)的系数矩阵是非奇异的．这说明，$\overline{\pi}_0$ 上的仿射-射影变换 σ 限制到 π_0 上时，它是仿射变换(5.13)．在这个意义上，我们可以说：仿射变换是特殊的射影变换．

习　题　7.5

1．在射影平面上，取一个基底$[A_1,A_2,A_3,E]$，求把点 $B_1(1,0,1)^{\mathrm{T}}$，$B_2(2,0,1)^{\mathrm{T}}$，$B_3(0,1,1)^{\mathrm{T}}$，$F(0,2,1)^{\mathrm{T}}$ 分别映成基点 A_1，A_2，A_3，E 的射影变换 σ 的公式．

2．在射影平面上，取一个基底$[A_1,A_2,A_3,E]$，设 $B_i(i=1,2,3)$ 为坐标三角形的顶点 A_i 和单位点 E 的连线 A_iE 与对边的交点(如图 7.17)，求把 A_1，A_2，A_3 分别映成 B_1，B_2，B_3 的射影变换公式的一般形式．

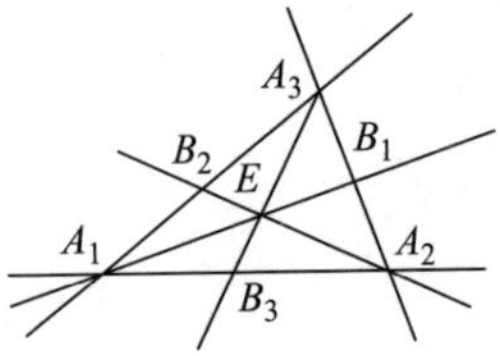

图　7.17

3．在扩大的欧氏平面上，求出把直线 $x_1=0$，$x_2=0$，$x_3=0$ 分别映成直线 $a_ix_1+b_ix_2+c_ix_3=0$ $(i=1,2,3)$的射影变换公式的一般形式．

4．证明：在射影平面上，以坐标三角形的三个顶点为不动点的射影变换公式的一般形式是

$$\lambda\begin{pmatrix} x_1' \\ x_2' \\ x_3' \end{pmatrix} = \begin{pmatrix} a & 0 & 0 \\ 0 & b & 0 \\ 0 & 0 & c \end{pmatrix}\begin{pmatrix} x_1 \\ x_2 \\ x_3 \end{pmatrix},$$

其中 a，b，c 均可取任意非零实数．

5．在射影平面上，设射影变换 σ 的公式为

$$\lambda\begin{pmatrix} x_1' \\ x_2' \\ x_3' \end{pmatrix} = \begin{pmatrix} 0 & 1 & 1 \\ -1 & 2 & 1 \\ -2 & 2 & 3 \end{pmatrix}\begin{pmatrix} x_1 \\ x_2 \\ x_3 \end{pmatrix},$$

求 σ 的不动点和不变直线．

*6. 设射影平面上的一个点变换 σ 有不动点 A 和不动直线 l_0（l_0 上每点均不动），A 不在 l_0 上，并且对于每个其他点 P，σ 把 P 映成 AP 上的点 P'，使得 $(A,P_0;P,P')=e$，其中 P_0 是 AP 和 l_0 的交点，e 是常数（$\neq 0,1$），证明：σ 是射影变换. 此时称 σ 为**透射**，A 为**透射中心**，l_0 为**透射轴**.

§6 配极，二次曲线的射影分类

6.1 射影平面上的二次曲线

射影平面上，射影坐标满足二次齐次方程

$$a_{11}x_1^2+a_{22}x_2^2+a_{33}x_3^2+2a_{12}x_1x_2+2a_{13}x_1x_3+2a_{23}x_2x_3=0 \qquad (6.1)$$

的点构成的集合称为**二次曲线**.

显然，若点 $M(x_1,x_2,x_3)^{\mathrm{T}}$ 在二次曲线(6.1)上，则它的任一射影坐标 $(\lambda x_1,\lambda x_2,\lambda x_3)^{\mathrm{T}}$ 满足方程(6.1)；并且二次曲线(6.1)在任意基底下的方程仍是二次齐次方程.

把二次曲线方程(6.1)的左端简记作 $F(x_1,x_2,x_3)$，它可以写成

$$F(x_1,x_2,x_3)=(x_1,x_2,x_3)\begin{pmatrix}a_{11}&a_{12}&a_{13}\\a_{12}&a_{22}&a_{23}\\a_{13}&a_{23}&a_{33}\end{pmatrix}\begin{pmatrix}x_1\\x_2\\x_3\end{pmatrix},$$

其中系数矩阵 $\boldsymbol{A}=(a_{ij})$ 是对称矩阵. 如果 $\boldsymbol{A}$ 是非奇异的，则称二次曲线(6.1)为**非退化的**；否则，称为**退化的**.

方程(6.1)可写成

$$\boldsymbol{X}^{\mathrm{T}}\boldsymbol{A}\boldsymbol{X}=0, \qquad (6.1)'$$

其中 $\boldsymbol{X}^{\mathrm{T}}=(x_1,x_2,x_3)$；方程(6.1)也可以写成

$$\sum_{i,j=1}^{3}a_{ij}x_ix_j=0, \quad 其中 \quad a_{ij}=a_{ji}. \qquad (6.1)''$$

现在考虑扩大的欧氏平面 $\overline{\pi}_0$. 在 π_0 上取一个直角标架 $[O_1;\boldsymbol{e}_1,\boldsymbol{e}_2]$，相应的 $\overline{\pi}_0$ 的基底记作 I，则点 M 在 I 中的射影坐标 $(x_1,x_2,x_3)^{\mathrm{T}}$ 就是 M 的齐次坐标. 于是 M 在 $[O_1;\boldsymbol{e}_1,\boldsymbol{e}_2]$ 中的仿射坐标为

$$x=\frac{x_1}{x_3},\quad y=\frac{x_2}{x_3}.$$

设给了二次曲线 $\overline{S}$，它在 I 中的方程为(6.1)式.

情形 1　a_{11}，a_{22}，a_{12} 不全为零. 通常点 $M(x_1,x_2,x_3)^{\mathrm{T}}$ 在 $\overline{S}$ 上的充分必要条件是 M 的仿射坐标 $(x,y)^{\mathrm{T}}$ 适合

$$a_{11}x^2+a_{22}y^2+2a_{12}xy+2a_{13}x+2a_{23}y+a_{33}=0. \tag{6.2}$$

无穷远点 $N(x_1,x_2,0)^{\mathrm{T}}$ 在 $\overline{S}$ 上的充分必要条件是 N 相应的 π_0 上的方向 $\boldsymbol{v}(x_1,x_2)^{\mathrm{T}}$ 适合

$$a_{11}x_1^2+a_{22}x_2^2+2a_{12}x_1x_2=0, \tag{6.3}$$

这表明 $\boldsymbol{v}(x_1,x_2)^{\mathrm{T}}$ 是 π_0 上的二次曲线(6.2)的渐近方向. 所以，当 a_{11}，a_{22}，a_{12}不全为零时，$\overline{\pi}_0$ 上的二次曲线 $\overline{S}$ 由欧氏平面 π_0 上的二次曲线(6.2)以及它的渐近方向所对应的无穷远点所组成.

情形 2　$a_{11}=a_{22}=a_{12}=0$. 这时通常点 $M(x_1,x_2,x_3)^{\mathrm{T}}$ 在 $\overline{S}$ 上的充分必要条件是它的仿射坐标 $(x,y)^{\mathrm{T}}$ 满足方程

$$2a_{13}x+2a_{23}y+a_{33}=0. \tag{6.4}$$

在情形 2 下，任一无穷远点的坐标都满足(6.1)，从而整条无穷远直线在 $\overline{S}$ 上. 因此，若 $a_{11}=a_{22}=a_{12}=0$，则 $\overline{S}$ 或者由一条射影直线(6.4)和一条无穷远直线组成，或者由一对重合的无穷远直线组成.

总之，射影平面 $\overline{\pi}_0$ 上的二次曲线 $\overline{S}$ 有 11 种，其中 9 种分别是欧氏平面 π_0 上的二次曲线并且补充了它的渐近方向所对应的无穷远点；另外 2 种是：一条射影直线(6.4)和一条无穷远直线，一对重合的无穷远直线.

6.2　二次曲线的切线

现在研究直线与二次曲线相交的情况. 设直线 PQ 的参数方程为

$$x_i=\lambda p_i+\mu q_i,\quad \lambda,\mu \text{ 不全为零},\quad i=1,2,3. \tag{6.5}$$

代入二次曲线 $\overline{S}$ 的方程(6.1)中，得

$$[\lambda(p_1,p_2,p_3)+\mu(q_1,q_2,q_3)]\boldsymbol{A}\left[\lambda\begin{pmatrix}p_1\\p_2\\p_3\end{pmatrix}+\mu\begin{pmatrix}q_1\\q_2\\q_3\end{pmatrix}\right]=0,$$

即

$$\lambda^2F(p_1,p_2,p_3)+\mu^2F(q_1,q_2,q_3)+2\lambda\mu\overline{F}(p_1,p_2,p_3;q_1,q_2,q_3)=0, \tag{6.6}$$

其中

$$\overline{F}(p_1,p_2,p_3;q_1,q_2,q_3)=(p_1,p_2,p_3)\boldsymbol{A}\begin{pmatrix}q_1\\q_2\\q_3\end{pmatrix}.$$

如果 $F(p_1,p_2,p_3)=F(q_1,q_2,q_3)=\overline{F}(p_1,p_2,p_3;q_1,q_2,q_3)=0$，则 λ，μ 可取任意不全为零的实数，从而直线 PQ 的所有点都在二次曲线 $\overline{S}$ 上.

如果 $F(p_1,p_2,p_3)$，$F(q_1,q_2,q_3)$，$\overline{F}(p_1,p_2,p_3;q_1,q_2,q_3)$不全为零，则(6.6)式可确定 $\lambda:\mu$ 的两个值(不同的、相同的或虚的)，从而得到直线 PQ 与二次曲线 $\overline{S}$ 有两个交点(不同的、重合的或虚的).

定义 6.1 若直线 L 与二次曲线 $\overline{S}$ 有重合的两个交点，或者 L 整个在 $\overline{S}$ 上，则称 L 是 $\overline{S}$ 的**切线**，它们的交点称为**切点**.

设直线 L 是 $\overline{S}$ 的切线，切点为 P. 在 L 上任取一点 Q ($\neq P$)，设 P，Q 的射影坐标分别是$(p_1,p_2,p_3)^{\mathrm{T}}$，$(q_1,q_2,q_3)^{\mathrm{T}}$，$L$ 的参数方程为(6.5)式. 因为 L 与 $\overline{S}$ 有二重交点 P，所以(6.6)式确定 $\lambda:\mu$ 的两个相同的值，从而得

$$[\overline{F}(p_1,p_2,p_3;q_1,q_2,q_3)]^2-F(p_1,p_2,p_3)\cdot F(q_1,q_2,q_3)=0.$$

由于 P 在 $\overline{S}$ 上，所以 $F(p_1,p_2,p_3)=0$，从而由上式得

$$\overline{F}(p_1,p_2,p_3;q_1,q_2,q_3)=0. \tag{6.7}$$

切线 L 上任一点 $Q(q_1,q_2,q_3)^{\mathrm{T}}$ 均适合方程(6.7)，即适合方程

$$(p_1,p_2,p_3)\boldsymbol{A}\begin{pmatrix}x_1\\x_2\\x_3\end{pmatrix}=0. \tag{6.8}$$

若$(p_1,p_2,p_3)\boldsymbol{A}\neq\boldsymbol{0}$，则(6.8)是一次齐次方程，它就是切线 L 的方程. 若$(p_1,p_2,p_3)\boldsymbol{A}=\boldsymbol{0}$，则 x_1，x_2，x_3 可取任意不全为零的实数值. 这意味着扩大的欧氏平面上任一点与点 P 的连线都是 $\overline{S}$ 的切线.

二次曲线 $\overline{S}$ 上的点 $P(p_1,p_2,p_3)^{\mathrm{T}}$，如果使得

$$(p_1,p_2,p_3)\boldsymbol{A}=\boldsymbol{0},$$

则称它是 $\overline{S}$ 的**奇点**.

显然，非退化的二次曲线没有奇点(因为 $\boldsymbol{A}$ 非奇异).

设直线 L 整个在 $\overline{S}$ 上，则仍可得到(6.7)式，因此仍有上述结论.

6.3　极点和极线

取点 $P(p_1,p_2,p_3)^{\mathrm{T}}$ 不在二次曲线 $\overline{S}$ 上. 过点 P 引任意一条直线 L，使得 L 与 $\overline{S}$ 有两个不同的交点 G，H；作点 P 关于 G，H 的调和共轭点 Q，即作 Q，使得 $(G,H;P,Q)=-1$. 用这样的方法所作的点 Q 的几何轨迹称为点 P 关于二次曲线 $\overline{S}$ 的**配极**，而点 P 对于配极而言称为**极点**(如图 7.18).

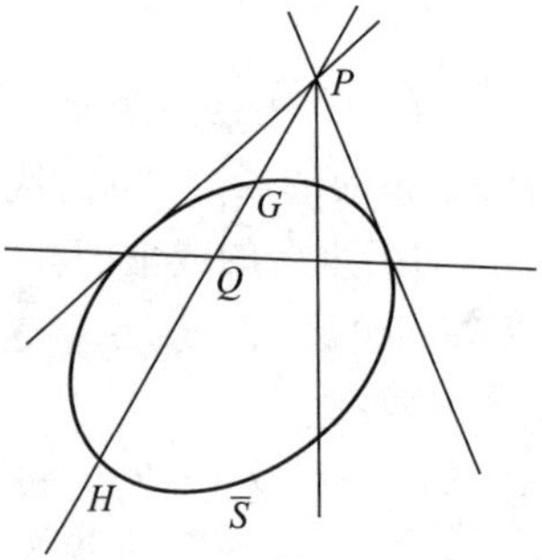

图　7.18

现在来求点 $P(p_1,p_2,p_3)^{\mathrm{T}}$ 关于二次曲线 $\overline{S}$ 的配极的方程. 设 $Q(q_1,q_2,q_3)^{\mathrm{T}}$ 是配极上任一点，则直线 PQ 的参数方程为(6.5)式，它与 $\overline{S}$ 的交点 G，H 对应的参数值 λ_i，μ_i 满足(6.6)式. 设 λ_1，μ_1 和 λ_2，μ_2 是满足(6.6)式的两组值，则点 G 的坐标为

$$(\lambda_1p_1+\mu_1q_1,\lambda_1p_2+\mu_1q_2,\lambda_1p_3+\mu_1q_3)^{\mathrm{T}},$$

点 H 的坐标为

$$(\lambda_2p_1+\mu_2q_1,\lambda_2p_2+\mu_2q_2,\lambda_2p_3+\mu_2q_3)^{\mathrm{T}},$$

从而

$$(P,Q;G,H)=\frac{\lambda_2}{\mu_2}\Big/\frac{\lambda_1}{\mu_1}.$$

因为 $(P,Q;G,H)=(G,H;P,Q)=-1$，所以

$$\frac{\lambda_1}{\mu_1}+\frac{\lambda_2}{\mu_2}=0.$$

于是由(6.6)式得

$$\overline{F}(p_1,p_2,p_3;q_1,q_2,q_3)=0.$$

这说明，点 P 关于 $\overline{S}$ 的配极上的任一点 $Q(q_1,q_2,q_3)^{\mathrm{T}}$ 满足

$$(p_1,p_2,p_3)\boldsymbol{A}\begin{pmatrix}x_1\\x_2\\x_3\end{pmatrix}=0. \tag{6.9}$$

由于 P 不在 $\overline{S}$ 上，所以 $(p_1,p_2,p_3)\boldsymbol{A}\neq\boldsymbol{0}$，从而(6.9)式是 x_1，x_2，x_3 的一次方程. 于是点 $P(\overline{\in}\overline{S})$ 关于 $\overline{S}$ 的配极上的任意一点 Q 都在直线(6.9)上. 为简便起见，干脆把整条直线(6.9)称为点 $P(\overline{\in}\overline{S})$ 关于二次曲线 $\overline{S}$ 的配极，因此配极也称为**极线**，它的方程是(6.9)，或者写成

$$\sum_{i,j=1}^{3}a_{ij}p_ix_j=0. \tag{6.10}$$

若点 $P(p_1,p_2,p_3)^{\mathrm{T}}$ 在二次曲线 $\overline{S}$ 上，且 P 不是 $\overline{S}$ 的奇点，则以 P 为切点的切线方程(6.8)与(6.9)式形式一样. 因此，这时我们把以 P 为切点的切线就称为点 $P(\in\overline{S})$ 关于 $\overline{S}$ 的极线.

若点 $P(p_1,p_2,p_3)^{\mathrm{T}}$ 是 $\overline{S}$ 的奇点，则 $(p_1,p_2,p_3)\boldsymbol{A}=\boldsymbol{0}$，从而 $\overline{\pi}_0$ 上任一点都满足方程(6.9). 因此，这时我们把任一条直线都看作奇点 P 的极线.

极线有两条重要性质：

(1) 点 P 的极线上的任何一点 Q 的极线经过点 P.

证明　在点 $P(p_1,p_2,p_3)^{\mathrm{T}}$ 的极线上任取一点 $Q(q_1,q_2,q_3)^{\mathrm{T}}$，则有

$$(p_1,p_2,p_3)\boldsymbol{A}\begin{pmatrix}q_1\\q_2\\q_3\end{pmatrix}=0.$$

上式两边取转置，得

$$(q_1,q_2,q_3)\boldsymbol{A}\begin{pmatrix}p_1\\p_2\\p_3\end{pmatrix}=0.$$

这表明点 P 在点 Q 的极线上. □

(2) 点 P 的极线经过点 P 的充分必要条件是 P 在二次曲线 $\overline{S}$ 上.

证明　点 $P(p_1,p_2,p_3)^{\mathrm{T}}$ 在自己的极线上的充分必要条件是

$$(p_1,p_2,p_3)\boldsymbol{A}\begin{pmatrix}p_1\\p_2\\p_3\end{pmatrix}=0,$$

即 P 在 $\overline{S}$ 上. □

若 $\overline{S}$ 是非退化二次曲线，则 $\overline{S}$ 没有奇点. 因此 $\overline{\pi}_0$ 上每一点 P 都有关于 $\overline{S}$ 的唯一的极线. 反之，$\overline{\pi}_0$ 上的每一条直线 $b_1x_1+b_2x_2+b_3x_3=0$ 必定是某一个确定的点关于 $\overline{S}$ 的极线，这是因为 $(p_1,p_2,p_3)\boldsymbol{A}=(b_1,b_2,b_3)$ 有唯一的解：

$$(p_1,p_2,p_3)=(b_1,b_2,b_3)\boldsymbol{A}^{-1}.$$

定义 6.2　设 $\overline{S}$ 是非退化二次曲线，$\overline{\pi}_0$ 上的点的集合与直线的集合之间有一个一一对应 τ：点 P 对应于它关于 $\overline{S}$ 的极线 L_P，直线 L 对应于它关于 $\overline{S}$ 的极点 Q_L. 称 τ 是扩大的欧氏平面 $\overline{\pi}_0$ 关于 $\overline{S}$ 的**配极映射**.

配极映射保持关联性，这是因为如果点 P 在直线 L 上，设 L 是点 Q_L 的极线，则点 P 的极线 L_P 经过点 Q_L.

6.4　自配极三角形

定义 6.3　设 $\overline{S}$ 是射影平面 $\overline{\pi}_0$ 上的一条二次曲线，$\overline{\pi}_0$ 上的一个 $\triangle ABC$ 称为关于 $\overline{S}$ 的**自配极三角形**，如果它的每一条边是对顶点的极线.

定理 6.1　对于射影平面 $\overline{\pi}_0$ 上的任意一条二次曲线 $\overline{S}$，都存在关于 $\overline{S}$ 的自配极三角形.

证明　在二次曲线 $\overline{S}$ 外任取一点 A，设 A 的极线是 L_A，则 A 不在 L_A 上.

情形 1　L_A 不是整个在 $\overline{S}$ 上. 此时在 L_A 上取一点 B，使 B 不在 $\overline{S}$ 上. 设 B 的极线是 L_B. 因为 B 在 L_A 上，所以 A 在 L_B 上. 因为 $B\in\overline{S}$,

所以 B 不在 L_B 上，从而 B 不是 L_A 与 L_B 的交点. 设 L_A 与 L_B 的交点为 C，于是 A，B，C 可以构成一个三角形. 因为 C 在 L_A 上，所以 A 在 C 的极线上. 同理，B 在 C 的极线上. 因此 A，B 的连线 L 是 C 的极线(如图 7.19). 于是，$\triangle ABC$ 是自配极三角形.

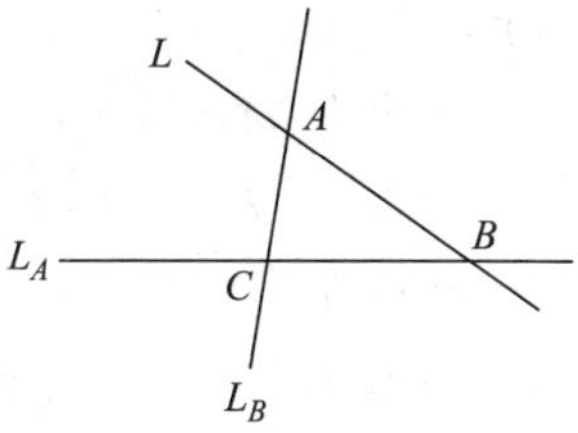

图 7.19

情形 2 L_A 整个在 $\bar{S}$ 上. 此时 $\bar{S}$ 必为一对重合直线，从而 L_A 上每一个点都是 $\bar{S}$ 的奇点(根据奇点的定义，通过计算可得). 在 L_A 上任取两点 B，C，则 $\triangle ABC$ 是自配极三角形. □

6.5 二次曲线的射影分类

任给一条二次曲线 $\bar{S}$，它在基底 Ⅰ 中的方程为(6.1)式. 现在取关于 $\bar{S}$ 的一个自配极三角形 ABC 作为坐标三角形建立一个基底 Ⅱ$[A,B,C,F]$. 设 $\bar{S}$ 在 Ⅱ 中的方程为

$$\sum_{i,j=1}^{3} a_{ij}^* x_i^* x_j^* = 0. \tag{6.11}$$

$\triangle ABC$ 的三条边 BC，AC，AB 在 Ⅱ 中的方程分别为

$$x_1^* = 0, \quad x_2^* = 0, \quad x_3^* = 0.$$

因为 BC 是点 A 的极线，所以 BC 在 Ⅱ 中的方程又应为

$$(1,0,0)\begin{pmatrix} a_{11}^* & a_{12}^* & a_{13}^* \\ a_{12}^* & a_{22}^* & a_{23}^* \\ a_{13}^* & a_{23}^* & a_{33}^* \end{pmatrix}\begin{pmatrix} x_1^* \\ x_2^* \\ x_3^* \end{pmatrix} = 0,$$

即

$$a_{11}^* x_1^* + a_{12}^* x_2^* + a_{13}^* x_3^* = 0.$$

于是得 $a_{12}^* = 0$，$a_{13}^* = 0$. 同理，因为 AC 是点 B 的极线，所以可得 $a_{12}^* = 0$，$a_{23}^* = 0$. 于是 $\bar{S}$ 在 Ⅱ 中的方程成为

$$a_{11}^* x_1^{*2} + a_{22}^* x_2^{*2} + a_{33}^* x_3^{*2} = 0. \tag{6.12}$$

适当选取自配极三角形的顶点的次序，(6.12)式可分为以下几

种情形:

情形 1　$\lambda_1 x_1^{*2}+\lambda_2 x_2^{*2}+\lambda_3 x_3^{*2}=0$, $\lambda_1\lambda_2\lambda_3\neq 0$;

情形 2　$\lambda_1 x_1^{*2}+\lambda_2 x_2^{*2}=0$, $\lambda_1\lambda_2\neq 0$;

情形 3　$\lambda_1 x_1^{*2}=0$, $\lambda_1\neq 0$.

再取基底Ⅲ，使得Ⅱ到Ⅲ的坐标变换公式为

$$\rho x_i^{*}=\frac{1}{\sqrt{|\lambda_i|}}\tilde{x}_i,\quad i=1,2,3.$$

从情形 1 可得

(1) $\tilde{x}_1^2+\tilde{x}_2^2+\tilde{x}_3^2=0$;

(2) $\tilde{x}_1^2+\tilde{x}_2^2-\tilde{x}_3^2=0$.

从情形 2 可得

(3) $\tilde{x}_1^2+\tilde{x}_2^2=0$;

(4) $\tilde{x}_1^2-\tilde{x}_2^2=0$.

从情形 3 可得

(5) $\tilde{x}_1^2=0$.

因此，任给一条二次曲线 $\overline{S}$，我们总可以适当选取一个基底，使得 $\overline{S}$ 的方程为上述这五个方程中的某一个. 由于射影坐标变换公式与射影变换的公式在形式上类似，因此由上述结论知，对于任给的一条二次曲线 $\overline{S}$，我们总可以作一个适当的射影变换，使得 $\overline{S}$ 变成一条新的二次曲线 $\overline{S}'$，而 $\overline{S}'$ 在原来基底中的方程为下述之一:

$$\begin{gathered}x_1^2+x_2^2+x_3^2=0,\quad x_1^2+x_2^2-x_3^2=0,\\ x_1^2+x_2^2=0,\quad x_1^2-x_2^2=0,\quad x_1^2=0.\end{gathered}\tag{6.13}$$

前两条二次曲线是非退化的，后三条是退化的. 不难看出，这五条二次曲线彼此不射影等价(所谓的两条曲线射影等价，意思是存在一个射影变换把其中一条映成另一条). 这样我们就得到

定理 6.2　射影平面上所有二次曲线分成五个射影类，它们的代表是(6.13)式中五个方程所分别表示的曲线，其中前两类都是非退化的二次曲线，后三类都是退化的二次曲线. □

容易看出，第一类都是没有轨迹的二次曲线；第二类里的二次

曲线是原欧氏平面上的椭圆、双曲线和抛物线并且补充了它们的渐近方向(如果有的话)所对应的无穷远点；第三类的二次曲线都是一个点；第四里的二次曲线都是一对相交直线；第五类的二次曲线都是一对重合直线.

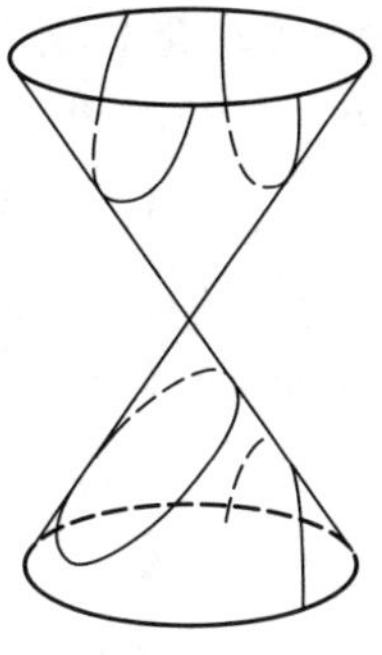

图 7.20

射影平面上的椭圆、双曲线和抛物线在同一个射影类里，这是不奇怪的. 譬如，在中心投影下，椭圆、抛物线和双曲线可以互变：椭圆是平面 π_0 与圆锥面的交线，抛物线是平面 π_1 与圆锥面的交线，于是以圆锥顶点为中心的从 $\overline{\pi}_0$ 到 $\overline{\pi}_1$ 的中心投影把椭圆映成抛物线(如图 7.20)；其余类似.

*6.6 斯坦纳定理，巴斯卡定理，布里昂香定理

本小节讨论非退化二次曲线的三个定理. 本小节所指的非退化二次曲线都把无轨迹除外.

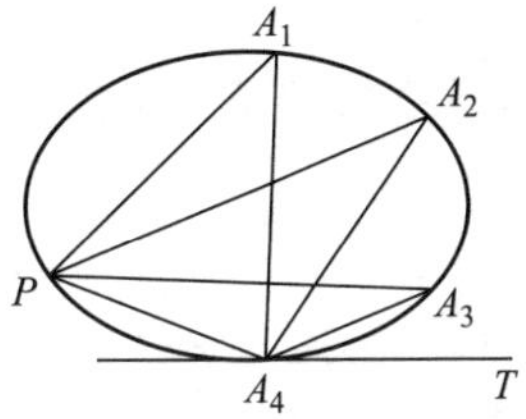

图 7.21

斯坦纳(Steiner)定理 如果一条非退化二次曲线 $\overline{S}$ 上给定四个不同的点 A_1，A_2，A_3，A_4，则 $\overline{S}$ 上任意一点 P 与它们的连线的交比 $(PA_1,PA_2;PA_3,PA_4)$ 是一个常数(与点 P 在 $\overline{S}$ 上的位置无关). 如果点 P 与给定的四个点中某一个点(譬如 A_4)重合，则 A_4A_1，A_4A_2，A_4A_3 与点 A_4 处的切线 A_4T 的交比 $(A_4A_1,A_4A_2;A_4A_3,A_4T)$ 仍等于上述常数(如图 7.21).

证明 易看出 A_1，A_2，A_3，A_4 是一般位置的四个点，因此可取基底为 $[A_1,A_2,A_3,A_4]$. 于是，$\overline{S}$ 的方程为

$$a_{12}x_1x_2+a_{23}x_2x_3+a_{13}x_1x_3=0, \tag{6.14}$$

其中 $a_{12}a_{23}a_{13}\neq 0$，并且 $a_{12}+a_{23}+a_{13}=0$. 不失一般性，可设

$$a_{23}=1,\quad a_{13}=-k,\quad a_{12}=k-1,\quad k\neq 0,1.$$

于是(6.14)式成为

$$x_2x_3-kx_1x_3+(k-1)x_1x_2=0. \tag{6.15}$$

设点 P 坐标为 $(x_1,x_2,x_3)^{\mathrm{T}}$，则它们满足方程(6.15)．直线 PA_1，PA_2，PA_3，PA_4 的方程分别为

$$x_3X_2-x_2X_3=0,\quad x_3X_1-x_1X_3=0,\quad -x_2X_1+x_1X_2=0,$$
$$(x_2-x_3)X_1-(x_1-x_3)X_2+(x_1-x_2)X_3=0,$$

从而 PA_1，PA_2，PA_3，PA_4 的射影坐标分别为

$$(0,x_3,-x_2)^{\mathrm{T}},\quad (x_3,0,-x_1)^{\mathrm{T}},$$
$$x_1(0,x_3,-x_2)^{\mathrm{T}}-x_2(x_3,0,-x_1)^{\mathrm{T}},$$
$$(x_3-x_1)(0,x_3,-x_2)^{\mathrm{T}}+(x_2-x_3)(x_3,0,-x_1)^{\mathrm{T}},$$

因此

$$(PA_1,PA_2;PA_3,PA_4)=\frac{x_3-x_1}{x_2-x_3}\Big/\frac{x_1}{-x_2}=\frac{x_2(x_1-x_3)}{x_1(x_2-x_3)}.\qquad(6.16)$$

由(6.15)式可得

$$k=\frac{x_2(x_1-x_3)}{x_1(x_2-x_3)},$$

因此

$$(PA_1,PA_2;PA_3,PA_4)=k.$$

当点 P 趋近于 A_4 时，$(PA_1,PA_2;PA_3,PA_4)$ 总是等于 k，而割线 PA_4 趋近于切线 A_4T，于是经过取极限就得到

$$(A_4A_1,A_4A_2;A_4A_3,A_4T)=k.$$ □

利用斯坦纳定理可以证明下述的巴斯卡定理：

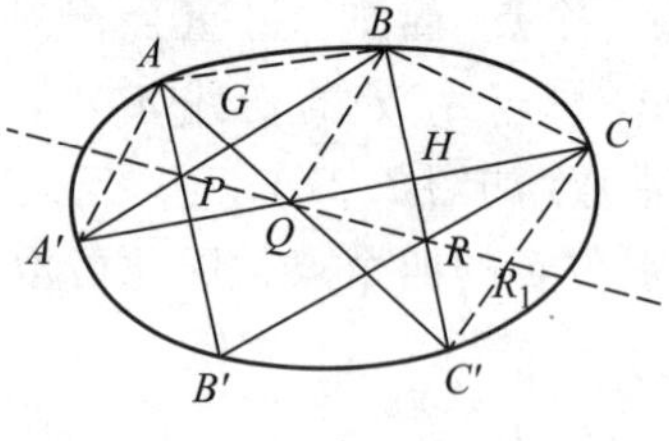

图 7.22

巴斯卡(Pascal)定理 一条非退化二次曲线的内接六角形的三对对边的交点一定共线，即如果 A，B，C，A'，B'，C' 在一条非退化二次曲线 $\overline{S}$ 上，设 AB' 与 $A'B$ 交于 P，AC' 与 $A'C$ 交于 Q，BC' 与 $B'C$ 交于 R，则 P，Q，R 共线(如图 7.22)．

证明 设 BC' 与直线 PQ 交于 R_1．若能证得 $R_1=R$，则 R 在 PQ 上．

设 BC' 与 $A'C$ 交于 H，AC' 与 $A'B$ 交于 G. 从线束 Q（线束 Q 指所有经过点 Q 的直线构成的集合）与割线 BC' 来看，有

$$(QB,QH;QC',QR_1)=(B,H;C',R_1);$$

从线束 Q 与割线 BA' 来看，有

$$(QB,QH;QC',QR_1)=(QB,QA';QG,QP)=(B,A';G,P).$$

由上两式得

$$(B,H;C',R_1)=(B,A';G,P). \tag{6.17}$$

再从线束 A 与割线 BA' 来看，有

$$(B,A';G,P)=(AB,AA';AG,AP)=(AB,AA';AC',AB'). \tag{6.18}$$

对于线束 A 和线束 C，用斯坦纳定理，得

$$(AB,AA';AC',AB')=(CB,CA';CC',CB'). \tag{6.19}$$

再从线束 C 和割线 BC' 来看，有

$$(CB,CA';CC',CB')=(B,H;C',R). \tag{6.20}$$

由(6.17)—(6.20)式得

$$(B,H;C',R_1)=(B,H;C',R),$$

从而 $R_1=R$，即 R 在直线 PQ 上. □

巴斯卡定理的对偶命题是下述布里昂香定理：

布里昂香(Brianchon)定理 连接非退化二次曲线的外切六边形的对顶点所成的三条直线相交于一点(如图 7.23).

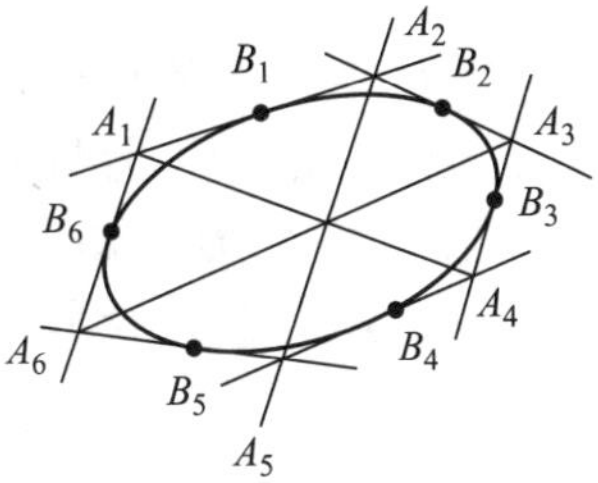

图 7.23

习 题 7.6

1. 在射影平面上给了下列五个点，求由它们所确定的二次曲线：

$$A(1,-1,0)^{\mathrm{T}},\quad B(2,0,-1)^{\mathrm{T}},\quad C(0,2,-1)^{\mathrm{T}},$$
$$D(1,4,-2)^{\mathrm{T}},\quad E(2,3,-2)^{\mathrm{T}}.$$

2. 求经过点 $A(1,0,1)^{\mathrm{T}}$，$B(0,1,1)^{\mathrm{T}}$，$C(0,-1,1)^{\mathrm{T}}$ 且以直线 l_1：$x_1-x_3=0$ 和直线 l_2：$x_3-x_2=0$ 为切线的二次曲线.

3. 求点 $P(1,2,1)^{\mathrm{T}}$ 关于二次曲线

$$\overline{S}: x_1^2 - x_2^2 + x_3^2 - 2x_1x_2 - 4x_1x_3 = 0$$

的极线.

4. 证明：不在二次曲线 $\overline{S}$ 上的每个无穷远点的极线是共轭于此无穷远点所对应的方向的直径.

5. 证明：非退化二次曲线 $\overline{S}$ 的中心(若有的话)的极线是无穷远直线.

6. 证明：双曲线上的无穷远点的极线是它的渐近线，从而双曲线上无穷远点处的切线是渐近线.

7. 证明：抛物线上的无穷远点的极线是无穷远直线，从而无穷远直线是抛物线的切线.

8. 证明：圆锥曲线(即椭圆、双曲线和抛物线，以下同)的焦点的极线是准线.

9. 从圆锥曲线外一点 P 作圆锥曲线的切线的方法为：从 P 作任意两条直线 L_1，L_2，使得 $L_i(i=1,2)$ 与圆锥曲线交于 G_i，H_i，连接 H_2G_1，H_2H_1；连接 G_1G_2，它与 H_2H_1 交于 A；连接 H_1G_2，它与 H_2G_1 交于 B；连接 AB，它与 L_1，L_2 分别交于 Q_1，Q_2，与圆锥曲线交于 C_1，C_2；连接 PC_1，PC_2，它们就是从 P 所引的圆锥曲线的两条切线(如图 7.24). 说出这种方法的理由.

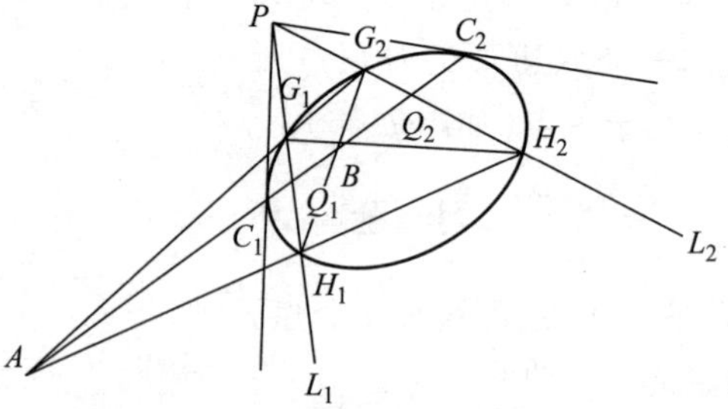

图　7.24

*10. 怎样用直尺作过圆锥曲线上给定点的切线？

*11. 对于非退化二次曲线 $\overline{S}$，给了一个配极映射 τ，它把点 $P(x_1, x_2, x_3)^{\mathrm{T}}$ 对应于点 P 的极线 $L_P(\zeta_1, \zeta_2, \zeta_3)^{\mathrm{T}}$，设 τ 的公式为

$$\rho\begin{pmatrix}\zeta_1\\ \zeta_2\\ \zeta_3\end{pmatrix}=\begin{pmatrix}2 & 0 & -1\\ 0 & 1 & 1\\ -1 & 1 & 0\end{pmatrix}\begin{pmatrix}x_1\\ x_2\\ x_3\end{pmatrix}.$$

(1) 求直线 L：$x_1+x_2+x_3=0$ 的极点；

(2) 求自共轭点的轨迹(若一个点 P 的极线经过 P，则称 P 是关于 $\overline{S}$ 的**自共轭点**. 易知，非退化二次曲线 $\overline{S}$ 的自共轭点的轨迹就是二次曲线 $\overline{S}$ 本身).

*12. 证明：如果一个完备四点形内接于一条二次曲线 $\overline{S}$，那么它的三对对边的交点形成一个自配极三角形.

*13. 证明：对于射影平面上任给一般位置的五个点(即其中任意三点不共线)，有且只有一条二次曲线经过它们.

习题答案与提示

习 题 1.1

1. $\overrightarrow{AB}=\frac{1}{2}\boldsymbol{a}-\frac{1}{2}\boldsymbol{b}$，$\overrightarrow{BC}=\frac{1}{2}\boldsymbol{a}+\frac{1}{2}\boldsymbol{b}$，$\overrightarrow{CD}=-\frac{1}{2}\boldsymbol{a}+\frac{1}{2}\boldsymbol{b}$，

$\overrightarrow{DA}=-\frac{1}{2}\boldsymbol{a}-\frac{1}{2}\boldsymbol{b}$.

2. $\overrightarrow{BC}=\frac{4}{3}\boldsymbol{l}-\frac{2}{3}\boldsymbol{k}$，$\overrightarrow{CD}=\frac{2}{3}\boldsymbol{l}-\frac{4}{3}\boldsymbol{k}$.

3. 点 M 是线段 AB 的中点 $\Longleftrightarrow \overrightarrow{AM}=\frac{1}{2}\overrightarrow{AB}$.

4. 利用第 3 题的结论.

5. $\overrightarrow{AD}=\frac{1}{2}\overrightarrow{AB}+\frac{1}{2}\overrightarrow{AC}$，$\overrightarrow{BE}=-\overrightarrow{AB}+\frac{1}{2}\overrightarrow{AC}$，

$\overrightarrow{CF}=\frac{1}{2}\overrightarrow{AB}-\overrightarrow{AC}$，$\overrightarrow{AD}+\overrightarrow{BE}+\overrightarrow{CF}=\boldsymbol{0}$.

6. $\overrightarrow{MN}=\frac{1}{2}(\overrightarrow{MC}+\overrightarrow{MD})$.

7. 分情形讨论. 等号成立 $\Longleftrightarrow$ $\boldsymbol{a}$ 与 $\boldsymbol{b}$ 同向(包括 $\boldsymbol{a}$ 与 $\boldsymbol{b}$ 中至少有一个为 $\boldsymbol{0}$).

8. 第一部分利用命题 1.5 的结果. 第二部分的回答为：否. 例如，设 $\boldsymbol{b}=2\boldsymbol{a}$，$\boldsymbol{c}$ 与 $\boldsymbol{a}$ 不共线，则 $\boldsymbol{a}$，$\boldsymbol{b}$，$\boldsymbol{c}$ 共面；但是 $\boldsymbol{c}$ 不能表示成 $\boldsymbol{a}$ 与 $\boldsymbol{b}$ 的线性组合.

9. 点 M 在直线 AB 上 $\Longleftrightarrow$ $\overrightarrow{AM}$ 与 $\overrightarrow{AB}$ 共线，然后利用命题 1.1.

10. 四点 A，B，C，D 共面 $\Longleftrightarrow$ $\overrightarrow{AB}$，$\overrightarrow{AC}$，$\overrightarrow{AD}$ 共面，然后利用命题 1.5.

11. 因为 A, B, C 不共线，所以 $\overrightarrow{AB}$ 与 $\overrightarrow{AC}$ 不共线. 于是，根据命题 1.4 得，点 M 在 A, B, C 决定的平面上 $\Longleftrightarrow$ $\overrightarrow{AM}=\mu\overrightarrow{AB}+\nu\overrightarrow{AC}$，其中 μ, ν 是实数.

12. 点 M 在 $\triangle ABC$ 内(包括三条边) $\Longleftrightarrow$ 在线段 BC 上有点 D，使得 M 在线段 AD 上，然后注意利用例 1.1 的结果.

13. 利用第 12 题的结果.

14. 设 M 是对角线 AC 的中点，去证 $\overrightarrow{BM}=\frac{1}{2}\overrightarrow{BD}$.

15. 设两条中线 AD 与 BE 交于点 M，要证第三条中线 CF 经过点 M. 为此，只要证 $\overrightarrow{CM}=k\overrightarrow{CF}$ 对于某个实数 k 成立. 而这只要分别把 $\overrightarrow{CM}$ 和 $\overrightarrow{CF}$ 表示成 $\overrightarrow{AB}$ 与 $\overrightarrow{AC}$ 的线性组合即可看出. 把 $\overrightarrow{CM}$ 表示成 $\overrightarrow{AB}$ 与 $\overrightarrow{AC}$ 的线性组合的办法是：设 $\overrightarrow{AM}=\lambda\overrightarrow{AD}$, $\overrightarrow{BM}=\mu\overrightarrow{BE}$，用两种方法把 $\overrightarrow{CM}$ 表示成 $\overrightarrow{AB}$ 与 $\overrightarrow{AC}$ 的线性组合，其系数含 λ 和 μ. 然后利用推论 1.1 的结论可得到关于 λ, μ 的两个方程，解此方程组可得出 $\lambda=\mu=\frac{2}{3}$. 注意，做这题时不要一开始就用 $AM=\frac{2}{3}AD$ 的结论.

16. 设 E, F, G, H, K, L 分别为棱 AB, CD, BC, AD, AC, BD 的中点. 先证 $\overrightarrow{EG}=\overrightarrow{HF}$，从而 $EFGH$ 为平行四边形，于是对角线 EF 与 GH 互相平分于 M. 再证 KL 经过点 M. 为此，只要证 $\overrightarrow{KM}=\lambda\overrightarrow{KL}$ 对于某个实数 λ 成立，而这只要把 $\overrightarrow{KM}$, $\overrightarrow{KL}$ 都表示成 $\overrightarrow{AB}$, $\overrightarrow{AC}$, $\overrightarrow{AD}$ 的线性组合便可看出.

17. 设 $\overrightarrow{GE}=\lambda\overrightarrow{BE}$, $\overrightarrow{GF}=\mu\overrightarrow{CF}$. 用两种方法把同一个向量 $\overrightarrow{AG}$ 表示成 $\overrightarrow{AB}$ 与 $\overrightarrow{AC}$ 的线性组合，其系数含 λ, μ. 然后利用推论 1.1，可得到 λ, μ 的两个方程，解之即得结论.

18. 用反证法. 假如结论不成立，则可以设

$$\overrightarrow{OA_1}+\overrightarrow{OA_2}+\cdots+\overrightarrow{OA_n}=\overrightarrow{OP},$$

其中 $P\neq O$. 将平面绕点 O 旋转 $\frac{2\pi}{n}$，设点 P 变成点 Q $(\neq P)$，则 $\overrightarrow{OP}$ 变成 $\overrightarrow{OQ}$ $(\neq\overrightarrow{OP})$. 由于 O 是正 n 边形 $A_1A_2\cdots A_n$ 的对称中

心，所以当平面绕 O 点旋转 $\frac{2\pi}{n}$ 时，和向量 $\overrightarrow{OA_1}+\overrightarrow{OA_2}+\cdots+\overrightarrow{OA_n}$ 不变，即 $\overrightarrow{OP}$ 不变，矛盾.

19. 平面上取定一点 O. 在 G 中任取两点 A，B，利用 G 的定义以及例 1.1 的结论，去证线段 AB 上任意一点 M 属于 G.

习　题　1.2

3. $M\left(\frac{1}{2},\frac{1}{2}\right)^{\mathrm{T}}$，$P\left(\frac{1}{5},\frac{4}{5}\right)^{\mathrm{T}}$，$Q\left(\frac{5}{6},\frac{5}{6}\right)^{\mathrm{T}}$；$\overrightarrow{PQ}$ 的坐标为 $\left(\frac{19}{30},\frac{1}{30}\right)^{\mathrm{T}}$.

4. $A(-1,0)^{\mathrm{T}}$，$D\left(-\frac{1}{2},\frac{1}{2}\right)^{\mathrm{T}}$，$\overrightarrow{AD}$ 的坐标为 $\left(\frac{1}{2},\frac{1}{2}\right)^{\mathrm{T}}$，$\overrightarrow{DB}$ 的坐标为 $(0,-1)^{\mathrm{T}}$.

5. $A(0,0)^{\mathrm{T}}$，$B(1,0)^{\mathrm{T}}$，$F(0,1)^{\mathrm{T}}$，$C(2,1)^{\mathrm{T}}$，$D(2,2)^{\mathrm{T}}$，$E(1,2)^{\mathrm{T}}$；$\overrightarrow{DB}$ 的坐标是 $(-1,-2)^{\mathrm{T}}$，$\overrightarrow{DF}$ 的坐标是 $(-2,-1)^{\mathrm{T}}$.

6. 利用习题 1.1 第 11 题的结论得 $\overrightarrow{OM}=\lambda\boldsymbol{d}_1+\mu\boldsymbol{d}_2+\nu\boldsymbol{d}_3$，且 $\lambda+\mu+\nu=1$. 又设 $\overrightarrow{OM}=k\,\overrightarrow{OE}$，从而可求出 $M\left(\frac{1}{3},\frac{1}{3},\frac{1}{3}\right)^{\mathrm{T}}$.

7. (1) $(0,16,-1)^{\mathrm{T}}$；　(2) $(-11,-9,-2)^{\mathrm{T}}$.

8. $D(3,-4,6)^{\mathrm{T}}$，$M\left(\frac{3}{2},-\frac{1}{2},\frac{5}{2}\right)^{\mathrm{T}}$.

9. 利用命题 1.5，考虑相应的齐次线性方程组有无非零解.

(1) 不共面，$\boldsymbol{c}$ 不能表示成 $\boldsymbol{a}$，$\boldsymbol{b}$ 的线性组合；

(2) 共面，$\boldsymbol{c}=\frac{1}{2}\boldsymbol{a}+\frac{2}{3}\boldsymbol{b}$；

(3) 共面，$\boldsymbol{c}$ 不能表示成 $\boldsymbol{a}$，$\boldsymbol{b}$ 的线性组合.

10. $B\left(10,0,\frac{13}{5}\right)^{\mathrm{T}}$.

11. 设点 D，E，F 分别是 $\triangle ABC$ 的边 BC，CA，AB 的中点，则点 F，D，E 分别内分边 AB，BC，CA 成定比 $\lambda=1$，$\mu=1$，$\nu=1$. 由于 $\lambda\mu\nu=1$，因此根据切瓦定理，三线 AD，BE，CF 交于一点 M.

在教材例 2.3（切瓦定理）的证明中，已求出交点 M 在仿射标架

$[A;\overrightarrow{AB},\overrightarrow{AC}]$下的坐标$(x,y)^{\mathrm{T}}$为

$$x=\frac{1}{1+\mu(1+\nu)}=\frac{1}{3},\quad y=\frac{\mu}{1+\mu(1+\nu)}=\frac{1}{3}.$$

因此$\overrightarrow{AM}=\frac{1}{3}\overrightarrow{AB}+\frac{1}{3}\overrightarrow{AC}=\frac{1}{3}(\overrightarrow{AB}+\overrightarrow{AC})=\frac{2}{3}\overrightarrow{AD}$. 由于点$D$的坐标为$\left(\frac{x_2+x_3}{2},\frac{y_2+y_3}{2},\frac{z_2+z_3}{2}\right)^{\mathrm{T}}$，因此点$M$（$\triangle ABC$的重心）的坐标为

$$\left(\frac{x_1+x_2+x_3}{3},\frac{y_1+y_2+y_3}{3},\frac{z_1+z_2+z_3}{3}\right)^{\mathrm{T}}.$$

12. 设AD，BE，CF分别是$\triangle ABC$的三个角$\angle BAC$，$\angle ABC$，$\angle BCA$的平分线. 根据“三角形的角平分线分对边之比等于这个角的两边之比”，得

$$\frac{AF}{FB}=\frac{CA}{CB},\quad \frac{BD}{DC}=\frac{AB}{AC},\quad \frac{CE}{EA}=\frac{BC}{BA},$$

于是点F分线段AB成定比$\lambda=\frac{CA}{CB}$，点D分线段BC成定比$\mu=\frac{AB}{AC}$，点E分线段CA成定比$\nu=\frac{BC}{BA}$. 由于

$$\lambda\mu\nu=\frac{CA}{CB}\frac{AB}{AC}\frac{BC}{BA}=1,$$

因此根据切瓦定理，三线AD，BE，CF共点.

习　题　1.3

1. $(3\boldsymbol{a}+2\boldsymbol{b})\cdot(2\boldsymbol{a}-5\boldsymbol{b})=14-33\sqrt{3}$.

2. 取仿射标架$[O;\overrightarrow{OA},\overrightarrow{OB},\overrightarrow{OC}]$，求它的度量参数，并且求点$P$，$M$的坐标. 然后利用内积去计算长度和角度. 可求出

$$|OP|=\sqrt{3},\quad |OM|=\frac{1}{3}\sqrt{15+2\sqrt{3}},$$

$$\langle\overrightarrow{OP},\overrightarrow{OM}\rangle=\arccos\frac{\sqrt{2424+46\sqrt{3}}}{6\sqrt{71}}.$$

3. 计算内积.

4. 用 $\overrightarrow{AB}$, $\overrightarrow{AC}$, $\overrightarrow{AD}$ 表出各个向量，然后计算.

5. 将等式的左端按内积的性质进行计算. 当 $\boldsymbol{a}$ 与 $\boldsymbol{b}$ 不共线时，此等式的几何意义是：平行四边形两条对角线的长度的平方和等于它的四条边的长度的平方和.

6. (1) 不正确； (2) 不正确； (3) 不正确； (4) 不正确.

7. $\boldsymbol{u}\cdot\boldsymbol{v}=354$, $|\boldsymbol{u}|=\sqrt{2310}$, $|\boldsymbol{v}|=\sqrt{105}$,

$$\langle\boldsymbol{u},\boldsymbol{v}\rangle=\arccos\frac{118}{35\sqrt{22}}.$$

8. $|AB|=\sqrt{149}$, $|AC|=3\sqrt{21}$, $|BC|=2\sqrt{29}$, $|AD|=2\sqrt{35}$,

$$BE=\frac{1}{2}\sqrt{341},\ |CF|=\frac{1}{2}\sqrt{461}.$$

9. 用内积去判断 $\triangle ABC$ 是否有两条边垂直.

10. 取仿射标架 $[A;\overrightarrow{AB},\overrightarrow{AC}]$，利用内积去计算长度.

11. 设 D, E, F 分别为 BC, CA, AB 的中点，AB, AC 的垂直平分线交于点 M，要证 $MD\perp BC$. 为此，去计算
$2\overrightarrow{MD}\cdot\overrightarrow{BC}=[(\overrightarrow{ME}+\overrightarrow{EC}+\overrightarrow{CD})+(\overrightarrow{MF}+\overrightarrow{FB}+\overrightarrow{BD})]\cdot\overrightarrow{BC}$.

12. 设四面体的顶点为 A, B, C, D. 取仿射标架 $[A;\overrightarrow{AB},\overrightarrow{AC},\overrightarrow{AD}]$. 设 $AB\perp CD$, $AC\perp BD$, 要证 $AD\perp BC$. 为此，去计算内积 $\overrightarrow{AD}\cdot\overrightarrow{BC}$. 第二部分：先证 $\overrightarrow{AC}+\overrightarrow{BD}=\overrightarrow{AD}+\overrightarrow{BC}$，从而 $|\overrightarrow{AC}+\overrightarrow{BD}|^2=|\overrightarrow{AD}+\overrightarrow{BC}|^2$；再证 $\overrightarrow{AB}+\overrightarrow{CD}=\overrightarrow{CB}+\overrightarrow{AD}$.

13. $\cos\alpha=\dfrac{1}{3}$, $\cos\beta=\dfrac{2}{3}$, $\cos\gamma=-\dfrac{2}{3}$,

$$\alpha=\arccos\frac{1}{3},\ \beta=\arccos\frac{2}{3},\ \gamma=\arccos\left(-\frac{2}{3}\right).$$

14. 不正确. 例如，设 $[O;\boldsymbol{e}_1,\boldsymbol{e}_2,\boldsymbol{e}_3]$ 是直角标架，则 $\boldsymbol{e}_1\cdot\boldsymbol{e}_3=\boldsymbol{e}_2\cdot\boldsymbol{e}_3$，且 $\boldsymbol{e}_3\neq\boldsymbol{0}$，但是 $\boldsymbol{e}_1\neq\boldsymbol{e}_2$.

15. 因为 $\boldsymbol{a}$, $\boldsymbol{b}$, $\boldsymbol{c}$ 不共面，所以存在实数 k_1, k_2, k_3，使得 $\boldsymbol{x}=k_1\boldsymbol{a}+k_2\boldsymbol{b}+k_3\boldsymbol{c}$. 去计算 $\boldsymbol{x}\cdot\boldsymbol{x}$，然后利用内积的正定性.

16. 利用命题 1.5 以及齐次线性方程组有非零解的充分必要条件是它

的系数行列式等于零.

习 题 1.4

1. 利用内积与长度的关系、外积的定义和内积的定义.
2. 计算$(\boldsymbol{a}-\boldsymbol{d})\times(\boldsymbol{b}-\boldsymbol{c})$.
3. $\boldsymbol{a}\times\boldsymbol{b}$ 的坐标是$(-12,-26,8)^{\mathrm{T}}$，以 $\boldsymbol{a}$，$\boldsymbol{b}$ 为邻边的平行四边形的面积是 $2\sqrt{221}$.
4. $(3\boldsymbol{a}+\boldsymbol{b}-\boldsymbol{c})\times(\boldsymbol{a}-\boldsymbol{b}+\boldsymbol{c})$的坐标是$(16,4,16)^{\mathrm{T}}$.
5. 几何意义：以 $\boldsymbol{a}$，$\boldsymbol{b}$ 为邻边且定向为 $\boldsymbol{a}\times\boldsymbol{b}$ 的平行四边形的定向面积的两倍等于以它的两条对角线为邻边且定向为$(\boldsymbol{a}-\boldsymbol{b})\times(\boldsymbol{a}+\boldsymbol{b})$的平行四边形的定向面积.
6. 分别用 $\boldsymbol{a}$，$\boldsymbol{b}$ 去叉乘等式 $\boldsymbol{a}+\boldsymbol{b}+\boldsymbol{c}=\boldsymbol{0}$ 的两边. 几何意义：如果 $\boldsymbol{a}+\boldsymbol{b}+\boldsymbol{c}=\boldsymbol{0}$，且 $\boldsymbol{a}$，$\boldsymbol{b}$，$\boldsymbol{c}$ 构成一个三角形，则以 $\boldsymbol{a}$，$\boldsymbol{b}$ 为邻边且定向为 $\boldsymbol{a}\times\boldsymbol{b}$ 的平行四边形的定向面积等于以 $\boldsymbol{b}$，$\boldsymbol{c}$ 为邻边且定向为 $\boldsymbol{b}\times\boldsymbol{c}$ 的平行四边形的定向面积，并且等于以 $\boldsymbol{c}$，$\boldsymbol{a}$ 为邻边且定向为 $\boldsymbol{c}\times\boldsymbol{a}$ 的平行四边形的定向面积.
7. 设$\triangle ABC$ 的重心为 M. 取仿射标架$[A;\overrightarrow{AB},\overrightarrow{AC}]$. 计算 $\overrightarrow{AB}\times\overrightarrow{AM}$，$\overrightarrow{AM}\times\overrightarrow{AC}$，$\overrightarrow{BC}\times\overrightarrow{BM}$.
8. 在几何空间中取右手直角坐标系$[O;\boldsymbol{e}_1,\boldsymbol{e}_2,\boldsymbol{e}_3]$，计算$|\overrightarrow{AB}\times\overrightarrow{AC}|$. 正负号的几何意义：当 $\overrightarrow{AB}$到 $\overrightarrow{AC}$的旋转方向(转角小于 π)为逆时针方向时，带正号；为顺时针方向时，带负号.
9. 不正确.
10. $\boldsymbol{x}$ 与 $\boldsymbol{x}\times\boldsymbol{y}$ 共线 $\Longleftrightarrow \boldsymbol{x}\times(\boldsymbol{x}\times\boldsymbol{y})=\boldsymbol{0}$，然后利用二重外积公式. 答案是：$\boldsymbol{x}$ 与 $\boldsymbol{x}\times\boldsymbol{y}$ 共线 $\Longleftrightarrow$ $\boldsymbol{x}$ 与 $\boldsymbol{y}$ 共线.
11. (1) $\boldsymbol{x}$ 在 $\boldsymbol{a}$ 上的分量与 $\boldsymbol{y}$ 在 $\boldsymbol{a}$ 上的分量相等. 或者说，在同一起点下，$\boldsymbol{x}$ 与 $\boldsymbol{y}$ 的终点连线与 $\boldsymbol{a}$ 垂直.

    (2) 在同一起点下，$\boldsymbol{x}$ 与 $\boldsymbol{y}$ 的终点连线与 $\boldsymbol{a}$ 平行或重合.

    (3) $\boldsymbol{x}=\boldsymbol{y}$.
12. 若 $\boldsymbol{b}$ 与 $\boldsymbol{a}$ 不垂直，则方程 $\boldsymbol{a}\times\boldsymbol{x}=\boldsymbol{b}$ 无解. 下设 $\boldsymbol{b}\perp\boldsymbol{a}$(这时包括 $\boldsymbol{b}=\boldsymbol{0}$ 的情形). 根据第 11 题(2)的结论，所求的点 P 的轨迹是

与 $\boldsymbol{a}$ 平行或重合的一条直线. 为了确定这条直线, 只要求出 $\boldsymbol{a}\times\boldsymbol{x}=\boldsymbol{b}$ 的一个特解即可. 可求出 $\boldsymbol{x}=|\boldsymbol{a}|^{-2}(\boldsymbol{b}\times\boldsymbol{a})$ 是 $\boldsymbol{a}\times\boldsymbol{x}=\boldsymbol{b}$ 的一个特解, 从而点 P 的轨迹是与 $\boldsymbol{a}=\overrightarrow{OA}$ 平行且与 OA 的距离为 $|\boldsymbol{b}||\boldsymbol{a}|^{-1}$ 的一条直线, 它位于经过 OA 且与 $\boldsymbol{b}$ 垂直的平面内, 且在直线 OA 的由 $\boldsymbol{b}\times\boldsymbol{a}$ 指向的一侧.

13. 当 $\boldsymbol{b}$ 与 $\boldsymbol{c}$ 不垂直时, 显然无解. 下设 $\boldsymbol{b}\perp\boldsymbol{c}$. 设 $\boldsymbol{x}$ 是 $\boldsymbol{x}\cdot\boldsymbol{a}=h$ 与 $\boldsymbol{x}\times\boldsymbol{b}=\boldsymbol{c}$ 的解, 则得

$$\boldsymbol{a}\times(\boldsymbol{x}\times\boldsymbol{b})=\boldsymbol{a}\times\boldsymbol{c},$$

从而得

$$(\boldsymbol{a}\cdot\boldsymbol{b})\boldsymbol{x}=h\boldsymbol{b}+\boldsymbol{a}\times\boldsymbol{c}. \tag{1}$$

从(1)式可得到:

情形 1　当 $\boldsymbol{a}$ 与 $\boldsymbol{c}$ 共线时, 无解.

情形 2　当 $\boldsymbol{a}$ 与 $\boldsymbol{c}$ 不共线, 且 $\boldsymbol{a}$ 与 $\boldsymbol{b}$ 不垂直时, 有唯一解:

$$\boldsymbol{x}=(\boldsymbol{a}\cdot\boldsymbol{b})^{-1}(h\boldsymbol{b}+\boldsymbol{a}\times\boldsymbol{c}).$$

情形 3　当 $\boldsymbol{a}$ 与 $\boldsymbol{c}$ 不共线, 且 $\boldsymbol{a}\perp\boldsymbol{b}$ 时, 如果 $\boldsymbol{c}$, $\boldsymbol{a}$, $h\boldsymbol{b}$ 成左手系, 则无解; 如果 $|h||\boldsymbol{b}|\neq|\boldsymbol{a}||\boldsymbol{c}|\sin\langle\boldsymbol{a},\boldsymbol{c}\rangle$, 则也无解; 如果 $\boldsymbol{c}$, $\boldsymbol{a}$, $h\boldsymbol{b}$ 成右手系, 并且 $|h||\boldsymbol{b}|=|\boldsymbol{a}||\boldsymbol{c}|\sin\langle\boldsymbol{a},\boldsymbol{c}\rangle$, 则有无穷多个解. 根据第 11 题的(1), $\boldsymbol{x}\cdot\boldsymbol{a}=h$ 的解向量 $\boldsymbol{x}$ 的终点轨迹是与 $\boldsymbol{a}$ 垂直且与 O 的距离为 $\dfrac{|h|}{|\boldsymbol{a}|}$ 的平面 π_1, 并且 O 到 π_1 的指向与 $h\boldsymbol{a}$ 同向; 根据第 12 题的结论, $\boldsymbol{x}\times\boldsymbol{b}=\boldsymbol{c}$ 的解向量 $\boldsymbol{x}$ 的终点轨迹是与 $\boldsymbol{b}=\overrightarrow{OB}$ 平行且与 OB 的距离为 $|\boldsymbol{c}||\boldsymbol{b}|^{-1}$ 的一条直线 l, 它位于经过 O 且与 $\boldsymbol{c}$ 垂直的平面 π_2 内, 并且在直线 OB 的由 $\boldsymbol{b}\times\boldsymbol{c}$ 指向的一侧. 因此, $\boldsymbol{x}\cdot\boldsymbol{a}=h$ 与 $\boldsymbol{x}\times\boldsymbol{b}=\boldsymbol{c}$ 的解向量 $\boldsymbol{x}$ 的终点轨迹是平面 π_1 与 π_2 的交线, 此交线就是 l.

14. (1) $\boldsymbol{r}_1=(\cos\theta)\boldsymbol{r}+(\sin\theta)\boldsymbol{e}\times\boldsymbol{r}$.

(2) 过 P 作平面 π 与 OA 垂直, 设 OA 与 π 交于点 B, 于是 $\overrightarrow{BP}$ 绕 $\overrightarrow{OA}$ 右旋 θ 角得到 $\overrightarrow{BP_1}$. 对 $\overrightarrow{BP}$ 利用第(1)小题的结论. 注意 $\overrightarrow{OB}$ 是 $\overrightarrow{OP}$ 在方向 $\overrightarrow{OA}$ 上的内射影. 答案是:

$$\overrightarrow{OP_1}=\cos\theta\,\overrightarrow{OP}+\frac{\overrightarrow{OP}\cdot\overrightarrow{OA}}{|\overrightarrow{OA}|^2}(1-\cos\theta)\,\overrightarrow{OA}+\frac{\sin\theta}{|\overrightarrow{OA}|}\overrightarrow{OA}\times\overrightarrow{OP}.$$

习 题 1.5

1. 利用内积的定义和外积的定义.

2. 等式两边用 $\boldsymbol{c}$ 点乘.

3. 四面体 $ABCD$ 的体积等于以 $\overrightarrow{AB}$，$\overrightarrow{AC}$，$\overrightarrow{AD}$ 为棱的平行六面体的体积的 $\frac{1}{6}$. 四面体 $ABCD$ 的体积为 $\frac{59}{6}$.

4. 利用二重外积公式和混合积的性质.

5. 利用拉格朗日恒等式.

6. 利用二重外积公式.

7. (1) 利用二重外积公式；

(2) 利用外积的反交换律、二重外积公式和混合积的性质.

8. 利用第 7 题(1)，(2)的结果.

9. $\boldsymbol{x}$，$\boldsymbol{y}$ 与 $\boldsymbol{x}\times\boldsymbol{y}$ 共面 $\Longleftrightarrow \boldsymbol{x}\times\boldsymbol{y}\cdot(\boldsymbol{x}\times\boldsymbol{y})=0$，然后利用内积的定义(或拉格朗日恒等式)，可推出 $\boldsymbol{x}$ 与 $\boldsymbol{y}$ 共线.

10. 利用二重外积公式和混合积性质(或拉格朗日恒等式).

11. 利用第 10 题的结果.

12. 设 $\boldsymbol{a}=x\boldsymbol{d}_1+y\boldsymbol{d}_2+z\boldsymbol{d}_3$，两边用 $\boldsymbol{d}_2\times\boldsymbol{d}_3$ 点乘，可求出 x. 同理，可求出 y，z.

13. 取一个仿射标架，把方程组的系数行列式的第 1，2，3 列分别看成向量 $\boldsymbol{a}$，$\boldsymbol{b}$，$\boldsymbol{c}$ 的坐标. 由已知条件得 $\boldsymbol{a}\times\boldsymbol{b}\cdot\boldsymbol{c}\neq 0$，从而 $\boldsymbol{a}$，$\boldsymbol{b}$，$\boldsymbol{c}$ 不共面. 然后利用定理 2.1. 如果要求出这个解，可利用第 12 题的结果.

14. 因为 $\boldsymbol{a}$，$\boldsymbol{b}$，$\boldsymbol{c}$ 不共面，利用第 4 题的结果知，$\boldsymbol{a}\times\boldsymbol{b}$，$\boldsymbol{b}\times\boldsymbol{c}$，$\boldsymbol{c}\times\boldsymbol{a}$ 也不共面.

习 题 2.1

1. 在各小题中，由已知条件，可找出平面上的一个点和两个不共线向量的坐标. 第(3), (4), (5)小题平面的普通方程可以有更简单的求法: (3)的普通方程可设为 $Ax+By=0$; (4)的普通方程可设为 $Ax+Cz+D=0$; (5)的普通方程可设为 $3x-2y+D=0$. 各小题的方程如下:

(1) $19x+11y+13z-3=0$;　(2) $20x+12y+z-18=0$;

(3) $x-3y=0$;　(4) $5x+3z-7=0$;　(5) $3x-2y-7=0$.

2. (1) 求出平面与三根坐标轴的交点;

(2) 此平面与 y 轴平行, 求出它与 x 轴, z 轴的交点;

(3) 此平面过原点, 求出它的两个不共线的向量;

(4) 此平面与 Ozx 平面平行, 求出它与 y 轴的交点.

3. 在 3 阶行列式上添上适当的一行, 适当的一列, 变成 4 阶行列式, 它的值等于原 3 阶行列式. 然后利用行列式的性质.

4. a 是平面 π 与 x 轴的交点的第一个坐标, 称为平面 π 在 x 轴上的截距; 其余类似.

5. 如果 $(a,b,c)^{\mathrm{T}} \neq (\alpha,\beta,\gamma)^{\mathrm{T}}$, 且 $(a,b,c)^{\mathrm{T}} \neq -(\alpha,\beta,\gamma)^{\mathrm{T}}$, 则点的轨迹为两个平面; 其余情况可类似讨论.

6. (1) 平行;　(2) 相交;　(3) 重合.

7. 可设所求平面的方程为 $Ax+By+Cz+E=0$.

8. 利用命题 1.1, 是恰交于一点.

9. 用反证法.

10. 利用本章的定理 1.4, 得 $5x+z-5=0$.

11. 将 M 的坐标代入平面的方程.

12. 可利用第 11 题的结果, 并且注意平行平面的系数之间的关系.

答案是: $\lambda \dfrac{A_2D_1-A_1D_2}{A_3D_2-A_2D_3}$, 其中 $\lambda=\dfrac{A_3}{A_1}=\dfrac{B_3}{B_1}=\dfrac{C_3}{C_1}$.

习　题　2.2

1. (1) $3x+y-2z+1=0$.

(2) 已知平面的法向量平行于所求平面 π, 于是 π 上已知一点和两个不共线向量. π 的方程为 $3x-y-z-6=0$.

2. 用 $\boldsymbol{n}_1$，$\boldsymbol{n}_2$ 表示已知的两个平面的法向量，则 $\boldsymbol{n}_1\times\boldsymbol{n}_2$ 为所求平面 π 的法向量. $M(x,y,z)^{\mathrm{T}}$ 在平面 π 上 $\Longleftrightarrow \overrightarrow{M_0M}\cdot\boldsymbol{n}_1\times\boldsymbol{n}_2=0$.

3. $\triangle M_1M_2M_3$ 的面积等于

$$\frac{1}{2}\left|\overrightarrow{M_1M_2}\times\overrightarrow{M_1M_3}\right|=\frac{D^2\sqrt{A^2+B^2+C^2}}{2|ABC|},$$

四面体 $OM_1M_2M_3$ 的体积等于

$$\frac{1}{6}\left|\overrightarrow{OM_1}\times\overrightarrow{OM_2}\cdot\overrightarrow{OM_3}\right|=\frac{|D|^3}{6|ABC|}.$$

4. (1) $\dfrac{\sqrt{38}}{19}$；　(2) $\sqrt{2}$.

5. $\dfrac{|D-D_1|}{\sqrt{A^2+B^2+C^2}}$.

6. 平面 π 与 z 轴平行. 答案是：$\dfrac{|D|}{\sqrt{A^2+B^2}}$.

7. 设平面 π 与 x 轴，y 轴，z 轴的截距分别是 a，b，c，则根据习题 2.1 的第 4 题可知，π 的方程为

$$\frac{x}{a}+\frac{y}{b}+\frac{z}{c}=1.$$

8. 利用第 5 题的结果. 答案是：

$$Ax+By+Cz+D\pm d\sqrt{A^2+B^2+C^2}=0.$$

9. $Ax+By+Cz+\dfrac{1}{2}(D_1+D_2)=0$.

10. $\arccos\dfrac{1}{\sqrt{1+a^2+b^2}}$ 或 $\arccos\left(-\dfrac{1}{\sqrt{1+a^2+b^2}}\right)$.

11. 用 π_i 表示平面 $A_ix+B_iy+C_iz+D_i=0\ (i=1,2)$，用 π 表示平面 $Ax+By+Cz+D=0$. 如果 $\pi\perp\pi_i\ (i=1,2)$，则平面束中任一平面都与 π 垂直. 如果 π 至少与 $\pi_i\ (i=1,2)$ 中一个不垂直，则与 π 垂直的平面的方程为

$$(A_2A+B_2B+C_2C)(A_1x+B_1y+C_1z+D_1)$$
$$-(A_1A+B_1B+C_1C)(A_2x+B_2y+C_2z+D_2)=0.$$

12. π_1 与 π_2 交成四个二面角，相对的两个二面角的角平分面是同一个，因此共有两个角平分面，其方程为

$$\frac{A_1x+B_1y+C_1z+D_1}{\sqrt{A_1^2+B_1^2+C_1^2}}=\pm\frac{A_2x+B_2y+C_2z+D_2}{\sqrt{A_2^2+B_2^2+C_2^2}}.$$

13. 设定比为 $k\ (>0)$. 取一个直角坐标系，使得 π_2 的方程为 $z=0$. 设 π_1 的方程为 $A_1x+B_1y+C_1z+D_1=0$，则到 π_1 的距离与到 π_2 的距离之比为 k 的点的轨迹的方程为

$$A_1x+B_1y+\left(C_1\pm k\sqrt{A_1^2+B_1^2+C_1^2}\right)z+D_1=0.$$

当 $\pi_1 /\!/ \pi_2$，且 $k=1$ 时，点的轨迹为一个平面；其余情形为两个平面.

14. 设 π_1，π_2 的方程分别为

$$Ax+By+Cz+D+d^2=0,\quad Ax+By+Cz+D-d^2=0.$$

在 π_1 上任取一点 $P_1(x_1,y_1,z_1)^{\mathrm{T}}$，它满足

$$Ax_1+By_1+Cz_1+D+d^2=0,$$

从而

$$Ax_1+By_1+Cz_1+D-d^2=-2d^2<0.$$

这表明，满足条件 $|Ax+By+Cz+D|<d^2$ 的点与 π_1 上的点都在平面 π_2 的同侧. 类似地，可知满足题设条件的点与 π_2 上的点都在平面 π_1 的同侧.

15. $|x|+|y|+|z|<a \Longleftrightarrow \pm x\pm y\pm z<a$，而 $\pm x\pm y\pm z=a$ 等价于 8 个三元一次方程组成的方程组.

16. M_1 与 M_2 在平面 π 的同侧 $\Longleftrightarrow$ 线段 M_1M_2 上的点都不在平面 π 上. 根据第一章的例 1.1，可推出线段 M_1M_2 的参数方程是

$$\begin{cases}x=(1-t)x_1+tx_2,\\ y=(1-t)y_1+ty_2,\\ z=(1-t)z_1+tz_2,\end{cases}\quad 0\leqslant t\leqslant 1.$$

去证：线段 M_1M_2 上有点 $M(x,y,z)^{\mathrm{T}}$ 在平面 π 上 $\Longleftrightarrow$ F_1 与 F_2 异号.

习 题 2.3

1. (1) $\dfrac{x+2}{-1}=\dfrac{y-3}{3}=\dfrac{z-5}{4}$;　(2) $\dfrac{x}{-1}=\dfrac{y-3}{-1}=\dfrac{z-1}{6}$.

2. (1) $\dfrac{x+1}{3}=\dfrac{y-2}{2}=\dfrac{z-9}{-1}$;

(2) 设 l 的单位方向向量为 $\boldsymbol{v}$, 则 $\boldsymbol{v}$ 的坐标为$(\cos\alpha,\cos\beta,\cos\gamma)^{\mathrm{T}}$, 其中 α, β, γ 是 $\boldsymbol{v}$ 的方向角. l 与三根坐标轴的夹角相等 $\Longleftrightarrow$ $\alpha=\beta=\gamma$ 或 $\alpha=\beta=\pi-\gamma$ 或 $\alpha=\pi-\beta=\gamma$ 或 $\alpha=\pi-\beta=\pi-\gamma$. 因为 $\cos^2\alpha+\cos^2\beta+\cos^2\gamma=1$, 所以在每一种情形都有 $\cos^2\alpha=\dfrac{1}{3}$. 于是 $\boldsymbol{v}$ (或 $-\boldsymbol{v}$)的坐标为 $\left(\dfrac{\sqrt{3}}{3},\dfrac{\sqrt{3}}{3},\dfrac{\sqrt{3}}{3}\right)^{\mathrm{T}}$ 或 $\left(\dfrac{\sqrt{3}}{3},\dfrac{\sqrt{3}}{3},-\dfrac{\sqrt{3}}{3}\right)^{\mathrm{T}}$ 或 $\left(\dfrac{\sqrt{3}}{3},-\dfrac{\sqrt{3}}{3},\dfrac{\sqrt{3}}{3}\right)^{\mathrm{T}}$ 或 $\left(\dfrac{\sqrt{3}}{3},-\dfrac{\sqrt{3}}{3},-\dfrac{\sqrt{3}}{3}\right)^{\mathrm{T}}$. 因此过点$(2,4,-1)^{\mathrm{T}}$有四条直线满足与三根坐标轴夹角相等的要求.

3. (1) $\dfrac{x+\dfrac{3}{4}}{1}=\dfrac{y+\dfrac{1}{4}}{3}=\dfrac{z}{-4}$;　(2) $\dfrac{x}{1}=\dfrac{y-1}{0}=\dfrac{z+2}{0}$.

4. (1) $\begin{cases}\dfrac{x+1}{0}=\dfrac{y-2}{-1},\\ z=0,\end{cases}$ 即 $\begin{cases}x=-1,\\ z=0;\end{cases}$　(2) $\begin{cases}2x+3y+1=0,\\ z=0.\end{cases}$

5. (1) 异面;　(2) 异面.

6. (1) 解方程组

$$\begin{cases}\dfrac{x-1}{2}=\dfrac{z+2}{-1},\\[2mm] \dfrac{y+1}{3}=\dfrac{z+2}{-1},\\[2mm] 3x+2y+z=0,\end{cases}$$

得交点坐标为$\left(\dfrac{13}{11},-\dfrac{8}{11},-\dfrac{23}{11}\right)^{\mathrm{T}}$;

(2) 交点坐标为$\left(-\frac{1}{3},0,\frac{5}{3}\right)^{\mathrm{T}}$.

7. l 与 z 轴相交

$\Longleftrightarrow l$ 与 z 轴有唯一公共点

$$\Longleftrightarrow \text{方程组} \begin{cases} A_1x+B_1y+C_1z+D_1=0, \\ A_2x+B_2y+C_2z+D_2=0, \\ x=0, \\ y=0 \end{cases} \text{有唯一解}$$

$\Longleftrightarrow C_1$, C_2 不全为零，并且 $C_1D_2=C_2D_1$.

8. (1) 所求平面 π 经过 l_1 上的一个点$(1,0,0)^{\mathrm{T}}$，并且 l_1，l_2 的方向向量是 π 上的两个不共线向量. π 的方程为 $x-2y-1=0$.

(2) 根据本章的定理 1.4，经过直线 l_1 的平面的方程可写成

$$\lambda(2x-y-2z+1)+\mu(x+y+4z-2)=0.$$

根据已知条件可求出 $\lambda=3\mu$. 取 $\mu=1$，则 $\lambda=3$. 于是 π 的方程为

$$7x-2y-2z+1=0.$$

(3) 与第(2)小题方法相同，得 $23x-32y+26z-17=0$.

9. (1) $6x-2y+3z-17=0$.

(2) 经过 z 轴的平面方程可写成 $Ax+By=0$. 答案是：

$$x+3y=0 \quad \text{或} \quad 3x-y=0.$$

(3) 所求平面 π 的法向量与 π_i 的法向量 $\boldsymbol{n}_i(i=1,2)$垂直，因此 $\boldsymbol{n}_1\times\boldsymbol{n}_2$ 为 π 的一个法向量. π 的方程为 $-16x+14y+11z+65=0$.

10. (1) $\dfrac{x-1}{1}=\dfrac{y}{1}=\dfrac{z+1}{-2}$.

(2) 所求直线 l 在经过点$(11,9,0)^{\mathrm{T}}$ 与直线 l_i 的平面 $\pi_i(i=1,2)$上，因此 l 是 π_1 与 π_2 的交线，l 的方程是

$$\begin{cases} 7x-5y+2z-32=0, \\ 15x-17y-46z-12=0. \end{cases}$$

(3) 所求直线 l 在经过直线 l_i 且与向量$(8,7,1)^{\mathrm{T}}$ 平行的平面 π_i $(i=1,2)$上，因此 l 是 π_1 与 π_2 的交线，其方程为

$$\begin{cases} 2x-3y+5z+41=0, \\ x-y-z-17=0. \end{cases}$$

11. (1) 设所求直线 l 的方向向量为 $(X,Y,Z)^{\mathrm{T}}$，利用 l 与 l_1 相交且垂直的条件列出两个方程，可求出 $X=2Z$，$3Y=-5Z$. l 的方程是

$$\frac{x-2}{6}=\frac{y+1}{-5}=\frac{z-3}{3}.$$

(2) 先求出所求直线 l 的方向向量. l 的方程是

$$\frac{x-4}{1}=\frac{y-2}{2}=\frac{z+3}{-3}.$$

(3) 与第(1)小题的方法相同. l 的方程是

$$\frac{x-2}{4}=\frac{y+3}{-13}=\frac{z+1}{-5}.$$

也可以先求出所求直线 l 与已知直线 l_1 的交点，从而可求得 l 的一个方向向量.

(4) 设所求直线 l 与已知直线 l_1 的交点为 M_2，又设 $\boldsymbol{r}_2=\overrightarrow{OM_2}$，$\boldsymbol{r}_1=\overrightarrow{OM_1}$，$\boldsymbol{r}_0=\overrightarrow{OM_0}$. 因为 $\overrightarrow{M_0M_2}\perp\boldsymbol{v}$，所以 $(\boldsymbol{r}_2-\boldsymbol{r}_0)\cdot\boldsymbol{v}=0$. 因 M_2 在 l_1 上，故 $\boldsymbol{r}_2=\boldsymbol{r}_1+t\boldsymbol{v}$ 对某个实数 t 成立. 设法求出 t，从而可求出 l 的一个方向向量 $\overrightarrow{M_0M_2}=\boldsymbol{r}_2-\boldsymbol{r}_0$，因此可求出 l 的方程为

$$\boldsymbol{r}=\boldsymbol{r}_0+u\left(\boldsymbol{r}_1-\boldsymbol{r}_0+\frac{(\boldsymbol{r}_0-\boldsymbol{r}_1)\cdot\boldsymbol{v}}{|\boldsymbol{v}|^2}\boldsymbol{v}\right),$$

其中参数 u 可以取任意实数.

12. 在 $\triangle ABC$ 所在平面上取一仿射标架 $[A;\overrightarrow{AB},\overrightarrow{AC}]$，写出直线 AQ，BR，CP 的方程. AQ，BR，CP 共点 $\Longleftrightarrow$ 它们的方程组成的方程组有解.

13. 取一仿射标架 $[A;\overrightarrow{AB},\overrightarrow{AC}]$，求出 $\triangle ABC$ 的顶点与对边分点的连线的方程，解方程组.

14.

$$\begin{aligned}&l/\!/\pi \text{ 或 } l \text{ 在 } \pi \text{ 上}\\ \Longleftrightarrow\ & l \text{ 的方向向量 } \boldsymbol{v} \text{ 平行于 } \pi\\ \Longleftrightarrow\ & \begin{vmatrix} A & B & C\\ A_1 & B_1 & C_1\\ A_2 & B_2 & C_2\end{vmatrix}=0.\end{aligned}$$

15. 已知 l_1 与 l_2 相交，设交点为 $M_0(x_0,y_0,z_0)^{\mathrm{T}}$，则四元齐次线性方

程组

$$A_ix+B_iy+C_iz+D_iw=0,\quad i=1,2,3,4$$

有非零解$(x_0,y_0,z_0,1)^{\mathrm{T}}$，从而系数行列式等于零.

16. 因为 l 与 l_i 相交，所以 l 在经过 l_i 的某个平面 $\pi_i(i=1,2)$ 上．于是 l 是 π_1 与 π_2 的交线．利用平面束的方程可以写出 π_1，π_2 的方程.

17. 先证与线段 M_1M_2 的两个端点等距离的点的轨迹是一个平面(此线段的垂直平分面)：

$$\begin{aligned}&\text{点 } M(x,y,z)^{\mathrm{T}} \text{ 与 } M_1,\ M_2 \text{ 等距离}\\ \Longleftrightarrow\ &(x-x_1)^2+(y-y_1)^2+(z-z_1)^2\\ &\quad=(x-x_2)^2+(y-y_2)^2+(z-z_2)^2\\ \Longleftrightarrow\ &2(x_1-x_2)x+2(y_1-y_2)y+2(z_1-z_2)z\\ &\quad+x_2^2+y_2^2+z_2^2-x_1^2-y_1^2-z_1^2=0.\end{aligned}$$

18. 分别过 A，B 作平面 π_1，π_2 与 l 垂直，则 $|A'B'|$ 等于 π_1 与 π_2 的距离，A' 为 π_1 与 l 的交点，B' 为 π_2 与 l 的交点．于是有

$$|A'B'|=\frac{6}{\sqrt{14}},\quad A'\left(\frac{17}{7},-\frac{2}{7},\frac{15}{7}\right)^{\mathrm{T}},\quad B'\left(\frac{23}{7},\frac{1}{7},\frac{24}{7}\right)^{\mathrm{T}}.$$

求 $|A'B'|$ 的另一方法：l 的一个方向向量为 $\boldsymbol{v}(2,1,3)^{\mathrm{T}}$，用 $\boldsymbol{v}^0$ 表示方向 $\boldsymbol{v}$ 上的单位向量，则

$$|A'B'|=|\Pi_{\boldsymbol{v}^0}(\overrightarrow{AB})|=\frac{|\overrightarrow{AB}\cdot\boldsymbol{v}|}{|\boldsymbol{v}|}.$$

19. 情形 1　若 $\pi_1/\!/\pi_2$ 或 π_1 与 π_2 重合，则所求直线不唯一，其方向向量$(X,Y,Z)^{\mathrm{T}}$满足 $A_1X+B_1Y+C_1Z=0$.

情形 2　若 π_1 与 π_2 相交，则所求直线的方向向量为

$$\left(\begin{vmatrix}B_1 & C_1\\ B_2 & C_2\end{vmatrix},-\begin{vmatrix}A_1 & C_1\\ A_2 & C_2\end{vmatrix},\begin{vmatrix}A_1 & B_1\\ A_2 & B_2\end{vmatrix}\right)^{\mathrm{T}}.$$

习　题　2.4

1. (1) $\dfrac{\sqrt{418}}{11}$；　(2) $\dfrac{19\sqrt{113}}{113}$.

2. (1) $l_1 /\!/ l_2$. 距离为 $2\sqrt{3}$.

(2) l_1 与 l_2 异面. 距离为 $\dfrac{15}{\sqrt{41}}$.

(3) l_1 与 l_2 相交. 距离为 0.

3. (1) $\begin{cases}45x-2y-17z-45=0,\\23x-20y+13z=0;\end{cases}$ (2) $\begin{cases}x+y+4z-1=0,\\x-2y-2z+1=0.\end{cases}$

4. (1) $\dfrac{\pi}{2}$; (2) $\arccos\dfrac{2\sqrt{22}}{11}$.

5. (1) $\arcsin\dfrac{2\sqrt{14}}{21}$; (2) $\arcsin\dfrac{\sqrt{70}}{14}$.

6. 平面 $\boldsymbol{\pi}$ 与 x 轴, y 轴, z 轴的夹角分别为

$$\arcsin\frac{|A|}{\sqrt{A^2+B^2+C^2}},\quad \arcsin\frac{|B|}{\sqrt{A^2+B^2+C^2}},$$

$$\arcsin\frac{|C|}{\sqrt{A^2+B^2+C^2}}.$$

此平面与三根坐标轴成等角 $\Longleftrightarrow |A|=|B|=|C|$.

7. 所求平面经过点 $\left(\dfrac{x_1+x_2}{2},\dfrac{y_1+y_2}{2},\dfrac{z_1+z_2}{2}\right)^{\mathrm{T}}$, 并且平行于向量 $\boldsymbol{v}_i(X_i,Y_i,Z_i)^{\mathrm{T}}$, $i=1,2$.

8. 取 l_1 为 z 轴, l_1 和 l_2 的公垂线为 x 轴, x 轴的正半轴与 l_2 相交于 $P(d,0,0)^{\mathrm{T}}$. 公垂线段 OP 的垂直平分面经过点 $\left(\dfrac{d}{2},0,0\right)^{\mathrm{T}}$, 且与公垂线垂直, 因此 $(1,0,0)^{\mathrm{T}}$ 为其法向量. 所以公垂线段的垂直平分面方程为 $x-\dfrac{d}{2}=0$. 设 l_2 的方向向量 $\boldsymbol{v}_2$ 为 $(X,Y,Z)^{\mathrm{T}}$, 它满足 $1\cdot X+0\cdot Y+0\cdot Z=0$, 即 $X=0$, 从而 l_2 的方程为 $\dfrac{x-d}{0}=\dfrac{y}{Y}=\dfrac{z}{Z}$, 于是 l_2 上任一点 M_2 的坐标为 $(d,tY,tZ)^{\mathrm{T}}$. l_1 上任一点 M_1 的坐标为 $(0,0,z)^{\mathrm{T}}$, 因此 M_1M_2 的中点坐标为 $\left(\dfrac{d}{2},\dfrac{tY}{2},\dfrac{tZ+z}{2}\right)^{\mathrm{T}}$. 由

于 t，z 均可取任意实数，所以中点轨迹的方程为 $x=\frac{d}{2}$.

9. 设点 P 的坐标为 $(x,y,z)^{\mathrm{T}}$，由已知有 $xyz\neq 0$，$M(x,0,z)^{\mathrm{T}}$，$N(x,y,0)^{\mathrm{T}}$. 平面 OMN 的法向量为 $\overrightarrow{OM}\times\overrightarrow{ON}$，于是 $\sin\theta=|\cos\langle\overrightarrow{OP},\overrightarrow{OM}\times\overrightarrow{ON}\rangle|$. 易看出

$$\sin\alpha=|\cos\langle\overrightarrow{OP},\boldsymbol{e}_3\rangle|,\quad \sin\beta=|\cos\langle\overrightarrow{OP},\boldsymbol{e}_1\rangle|,$$

$$\sin\gamma=|\cos\langle\overrightarrow{OP},\boldsymbol{e}_2\rangle|.$$

习　题　3.1

1. (1) 球心为 $(6,-2,3)^{\mathrm{T}}$，半径为 7；

(2) 球心为 $(1,-2,3)^{\mathrm{T}}$，半径为 6.

2. (1) $x^2+y^2+z^2-3x+y-7z+14=0$.

(2) $x^2+y^2+z^2-\frac{7}{2}x-2y-\frac{3}{2}z=0$.

(3) 设球的半径为 R，则球心为 $(R,R,R)^{\mathrm{T}}$. 球面方程为

$$(x-5)^2+(y-5)^2+(z-5)^2=25$$

或

$$(x-3)^2+(y-3)^2+(z-3)^2=9.$$

(4) 球心坐标为 $(0,0,z_0)^{\mathrm{T}}$，球的半径 $R=\sqrt{z_0^2+5}$. 答案是：$x^2+y^2+(z-4)^2=21$（或写成 $x^2+y^2+z^2-8z-5=0$）.

3. 已知点到球心的向量为切面的一个法向量. 切面方程为

$$3x+2y+4z-22=0.$$

4. 因为已知平面 π 与 z 轴的交点为 $\left(0,0,-\frac{D}{C}\right)^{\mathrm{T}}$，且平面 π 的一个法向量为 $(A,B,C)^{\mathrm{T}}$，所以球心必在第八卦限，从而球心坐标为 $(R,-R,-R)^{\mathrm{T}}$，其中 R 为球的半径. 注意球心与原点位于平面 π 的同侧，由 $D<0$ 可推出 $AR-BR-CR+D<0$. 利用球心到平面 π 的距离为 R 可列出方程，解出 $R=\frac{-D}{A-B-C+\sqrt{A^2+B^2+C^2}}$.

球面方程为 $(x-R)^2+(y+R)^2+(z+R)^2=R^2$.

5. （1）圆心为$\left(\frac{4}{3},-\frac{13}{3},\frac{2}{3}\right)^{\mathrm{T}}$，圆的半径为 $\frac{7}{3}\sqrt{3}$；

（2）圆心为$\left(-\frac{AD}{A^2+B^2+C^2},-\frac{BD}{A^2+B^2+C^2},-\frac{CD}{A^2+B^2+C^2}\right)^{\mathrm{T}}$，圆的半径为

$$\frac{\sqrt{R^2(A^2+B^2+C^2)-D^2}}{\sqrt{A^2+B^2+C^2}}.$$

6. 先求出经过已知三点的平面 π 的方程，为

$$2x+3y+6z-6=0.$$

再求出某一个经过已知三点的球面的球心(利用球心到这三点的距离相等). 于是所求的圆的方程为

$$\begin{cases}(x-1)^2+\left(y-\frac{1}{4}\right)^2+(z+1)^2=\frac{81}{16},\\ 2x+3y+6z-6=0.\end{cases}$$

注意球面的方程(第一个方程)不唯一.

7. 易求出曲线的普通方程为

$$\begin{cases}x^2+y^2+z^2=25,\\ 4x-3y=0.\end{cases}$$

圆心为原点，半径为5.

8. 曲线上的点的坐标满足 $x^2+y^2+z^2=y$，从而它们在球面 $x^2+\left(y-\frac{1}{2}\right)^2+z^2=\frac{1}{4}$ 上.

9. （1）$5x^2+5y^2+2z^2+2xy-4xz+4yz+4x-4y-4z-6=0$.

（2）$5x^2+5y^2+23z^2-12xy+24xz-24yz-24x+24y-46z+23=0$.

（3）$9x^2+9y^2-10z^2-6z-9=0$.

（4）$27x^2-30y^2+27z^2+76xy-152xz-76yz-180x$
$-90y+180z+153=0$.

（5）$c^2a^2(x^2+y^2)-(c^2+a^2)z^2+2(c^2b+a^2d)z-c^2b^2-a^2d^2=0$.

（6）$4x^2+9(y^2+z^2)=36$.

（7）$(\pm\sqrt{x^2+z^2}-2)^2+y^2=1$，即 $(x^2+y^2+z^2+3)^2=16(x^2+z^2)$.

(8) 该曲线的渐近线为 x 轴与 y 轴. 绕 x 轴旋转的曲面方程为 $x^2(y^2+z^2)=a^4$；绕 y 轴旋转的曲面方程为 $(x^2+z^2)y^2=a^4$.

(9) $(x^2+z^2)^3=y^2$. (10) $\begin{cases} x^2+y^2=1, \\ 0\leqslant z\leqslant 1. \end{cases}$

10. 母线 $\begin{cases} z=1/x^2, \\ y=0 \end{cases}$ 绕 z 轴旋转；或母线 $\begin{cases} z=1/y^2, \\ x=0 \end{cases}$ 绕 z 轴旋转.

11. (1) 选取右手直角坐标系，使得两定点 A，B 的坐标分别为 $(a,0,0)^{\mathrm{T}}$，$(-a,0,0)^{\mathrm{T}}$. 设 $|\overrightarrow{MA}|=k|\overrightarrow{MB}|$，$k\geqslant 0$. 当 $k=0$ 时，动点 M 的轨迹为一个点；当 $k=1$ 时，轨迹为一个平面：$x=0$；当 $k\neq 0$，1 时，轨迹为一个球面，其方程为

$$\left(x+\frac{k^2+1}{k^2-1}a\right)^2+y^2+z^2=\frac{4k^2a^2}{(k^2-1)^2}.$$

(2) 选取坐标系如第(1)小题. 设到两定点的距离之和为 $2b$. 若 $b>a>0$，则所求点的轨迹的方程为

$$(b^2-a^2)x^2+y^2+z^2=b^2(b^2-a^2)；$$

若 $b=a$，则所求点的轨迹为线段 AB，其方程为

$$\begin{cases} -a\leqslant x\leqslant a, \\ y=0, \\ z=0; \end{cases}$$

若 $b<a$，则没有轨迹.

(3) 以定平面为 Oxy 平面建立右手直角坐标系，使得定点 A 的坐标为 $(0,0,a)^{\mathrm{T}}$，则所求点的轨迹的方程为

$$x^2+y^2-2az+a^2=0.$$

习 题 3.2

1. 圆柱面的半径为 2，对称轴的方向为 $\boldsymbol{v}(1,2,3)^{\mathrm{T}}$，且经过点 $M_0(0,0,0)^{\mathrm{T}}$，从而所求圆柱面的方程为 $\dfrac{|\overrightarrow{M_0M}\times\boldsymbol{v}|}{|\boldsymbol{v}|}=2$，计算得

$$13x^2+10y^2+5z^2-4xy-6xz-12yz-56=0.$$

2. 圆柱面的半径为 M_1 到对称轴的距离. 圆柱面方程为

$$8x^2+5y^2+5z^2-4xy+4xz+8yz+16x+14y+22z-39=0.$$

3. 圆柱面母线的方向为 $\boldsymbol{v}(1,1,1)^{\mathrm{T}}$. 经过原点与母线垂直的平面 π 的方程为 $x+y+z=0$. 求出 π 与三条母线 l_1, l_2, l_3 的交点 A_1, A_2, A_3. 然后求出平面 π 截圆柱面所得的圆的圆心 D 和半径 r, D 即为对称轴上一点, r 即为圆柱面半径, 从而可求出圆柱面方程为

$$x^2+y^2+z^2-xy-xz-yz+3y-3z=0.$$

4. 利用 §2.1 所讲的建立柱面方程的方法. 第(4)小题中, 准线所在的平面为 $x=2z$.

(1) $y^2=2z$; (2) $(x-z)(y+z)=4$;

(3) $(x+z)^2+y^2=1$; (4) $4x^2+25y^2+z^2-4xz-20x-10z=0$.

5. 设母线的方向为 $\boldsymbol{v}(l,m,1)^{\mathrm{T}}$, 圆柱面的半径为 r. 在准线上取三个点 $A_1(2,0,0)^{\mathrm{T}}$, $A_2(0,1,0)^{\mathrm{T}}$, $A_3\left(1,\dfrac{\sqrt{3}}{2},0\right)^{\mathrm{T}}$, 它们到对称轴的距离都等于 r. 由此列出三个方程, 可求出 $l=\pm\sqrt{3}$, $m=0$, $r=1$, 从而这样的圆柱面有两个, 它们的方程分别是

$$4y^2+(x\pm\sqrt{3}z)^2=4.$$

6. 利用公式(2.5).

7. 设向量 $\boldsymbol{v}(2,2,1)^{\mathrm{T}}$ 与向量 $\overrightarrow{M_0M_1}(2,0,-3)^{\mathrm{T}}$ 的夹角为 α, 然后利用公式(2.5). 圆锥面方程为

$$\begin{aligned}51x^2&+51y^2+12z^2+104xy+52xz+52yz-518x\\&-516y-252z+1279=0.\end{aligned}$$

8. 已知球面的球心为 $D(-1,2,-2)^{\mathrm{T}}$, 半径 $r=\sqrt{29}$. 切锥面为圆锥面, 它的对称轴为 AD, 其中 A 是顶点. 母线与轴的夹角 α 应满足 $\sin\alpha=\dfrac{r}{|\overrightarrow{AD}|}$. 然后利用公式(2.5). 圆锥面的方程是

$$\begin{aligned}131x^2&+124y^2-4z^2-24xy-72xz-96yz+340x\\&-480y+800z-2900=0.\end{aligned}$$

9. 利用 §2.4 所讲的方法可得

(1) $81(x-4)^2+225y^2-81(z+3)^2+216(x-4)(z+3)=0$;

(2) $100x^2-29y^2=0$;

(3) $x^2+y^2-3z^2=0$;

(4) $(2Rc+d)x^2+(2Rc+d)y^2+d(z-2R)^2$
$$-2Rax(z-2R)-2Rby(z-2R)=0.$$

10. 准线方程为
$$\begin{cases}(y-1)^2+(z-1)^2=4,\\ x=0,\end{cases}$$
然后利用 §2.4 所讲的方法. 这个锥面方程为
$$21x^2+4y^2+4z^2-16xy-12xz+44x-8y-8z-8=0.$$

11. 母线的方向为 $\boldsymbol{v}(1,1,-2)^{\mathrm{T}}$. 点 $M(x,y,z)^{\mathrm{T}}$ 在已知球面的外切柱面上 $\Longleftrightarrow$ 点 M 在一条母线上，并且这条母线与球面有重合的两个交点. 由此可求出外切柱面方程为
$$5x^2+5y^2+2z^2-2xy+4xz+4yz-6=0.$$

12. 以球心为原点建立右手直角坐标系，则球面方程为 $x^2+y^2+z^2=r^2$. 设外切柱面母线的方向为 $\boldsymbol{v}(l,m,n)^{\mathrm{T}}$. 在外切柱面上任取一点 $M(X,Y,Z)^{\mathrm{T}}$，把经过 M 的母线的参数方程代入球面方程，注意此母线与球面有重合的两个交点，因此参数 t 的二次方程的判别式为零. 由此出发可证外切柱面是圆柱面，注意利用拉格朗日恒等式.

13. 在交线上任取一点 $M(x,y,z)^{\mathrm{T}}$. 由点 M 和 x 轴决定的平面 π_1 的法向量为 $\boldsymbol{n}_1=\boldsymbol{e}_1\times\overrightarrow{OM}$，由 M 与 y 轴决定的平面 π_2 的法向量为 $\boldsymbol{n}_2=\boldsymbol{e}_2\times\overrightarrow{OM}$. 由于 $\boldsymbol{n}_1$ 与 $\boldsymbol{n}_2$ 的夹角 α 为常数，从而可求出交线的轨迹方程为
$$(x^2+z^2)(y^2+z^2)=(1+\tan^2\alpha)x^2y^2.$$
这是 x，y，z 的四次齐次方程，所以它是一个以原点为顶点的锥面.

习　题　3.3

1. 椭球面的方程为 $\dfrac{x^2}{9}+\dfrac{y^2}{16}+\dfrac{z^2}{36}=1$.

2. 椭圆抛物面的方程为 $\frac{18}{5}x^2+\frac{8}{5}y^2=2z$.

3. 马鞍面的方程为 $\frac{72}{5}x^2-\frac{18}{5}y^2=2z$.

4. 这是马鞍面，并且其方程为 $\frac{x^2}{3}-\frac{z^2}{2}=2y$.

5. 当 $k<c^2$ 时，为椭球面；当 $c^2<k<b^2$ 时，为单叶双曲面；当 $b^2<k<a^2$ 时，为双叶双曲面；当 $k>a^2$ 时，为虚椭球面.

6. (1) 取直角坐标系，使两定点 A，B 的坐标分别为 $(a,0,0)^{\mathrm{T}}$，$(-a,0,0)^{\mathrm{T}}$. 设动点 $M(x,y,z)^{\mathrm{T}}$，$|\overrightarrow{MA}|-|\overrightarrow{MB}|=\pm k$，其中 $k\geqslant 0$. 由三角形不等式可知 $k\leqslant 2a$. 当 $0<k<2a$ 时，所求的轨迹方程为

$$\frac{4x^2}{k^2}+\frac{4y^2}{k^2-4a^2}+\frac{4z^2}{k^2-4a^2}=1.$$

这是双叶双曲面. 当 $k=2a$ 时，所求轨迹方程为 $y^2+z^2=0$，且 $x\geqslant a$ 或 $x\leqslant -a$. 这是 x 轴去掉区间 $(-a,a)$. 当 $k=0$ 时，轨迹方程为 $x^2=0$. 这是一对重合的 Oyz 平面.

(2) 以定平面为 Oxy 平面，建立直角坐标系，使定点 A 的坐标为 $(0,0,a)^{\mathrm{T}}$. 设比值为 k ($\geqslant 0$). 当 $k=0$ 时，轨迹为一个点，即定点 A. 当 $k=1$ 时，轨迹方程为 $x^2+y^2=2a\left(z-\frac{a}{2}\right)$. 这是椭圆抛物面(旋转抛物面). 当 $k\neq 1$ 时，轨迹方程为

$$x^2+y^2+(1-k^2)\left(z-\frac{a}{1-k^2}\right)^2=\frac{a^2k^2}{1-k^2}.$$

当 $0<k<1$ 时，轨迹为椭球面；当 $k>1$ 时，轨迹为双叶双曲面.

(3) 以定平面为 Oxy 平面，以定直线为 z 轴，建立直角坐标系. 轨迹方程为 $x^2+y^2-z^2=0$. 这是二次锥面.

(4) 以两条给定直线 l_1，l_2 的公垂线为 z 轴，公垂线段的中点为原点，让 x 轴与 l_1，l_2 所成的角相等，建立直角坐标系，则 l_1，l_2 分别经过点 $A_1\left(0,0,\frac{a}{2}\right)^{\mathrm{T}}$，$A_2\left(0,0,-\frac{a}{2}\right)^{\mathrm{T}}$，它们的方向向量分别

为 $\boldsymbol{v}_1\left(\cos\dfrac{\alpha}{2}, -\sin\dfrac{\alpha}{2}, 0\right)^{\mathrm{T}}$，$\boldsymbol{v}_2\left(\cos\dfrac{\alpha}{2}, \sin\dfrac{\alpha}{2}, 0\right)^{\mathrm{T}}$. 轨迹方程为 $xy\sin\alpha = az$. 当 $\alpha = 0$ 时，轨迹为一个平面（即 Oxy 平面）；当 $0 < \alpha \leqslant \dfrac{\pi}{2}$ 时，轨迹为双曲抛物面.

7. 以定点为原点，二次曲线所在平面与 Oxy 平面平行，建立直角坐标系. 设二次曲线所在平面为 $z = h$，则锥面方程为

$$a_{11}h^2x^2 + 2a_{12}h^2xy + a_{22}h^2y^2 + 2b_1hxz + 2b_2hyz + cz^2 = 0.$$

8. 用 $\overrightarrow{OP_i^0}$ 表示 $\overrightarrow{OP_i}$ 方向的单位向量，设

$$\alpha_i = \langle \overrightarrow{OP_i^0}, \boldsymbol{e}_1 \rangle, \quad \beta_i = \langle \overrightarrow{OP_i^0}, \boldsymbol{e}_2 \rangle, \quad \gamma_i = \langle \overrightarrow{OP_i^0}, \boldsymbol{e}_3 \rangle, \quad i = 1,2,3,$$

其中 $\boldsymbol{e}_1$，$\boldsymbol{e}_2$，$\boldsymbol{e}_3$ 是原直角坐标系的一个基，于是

$$\overrightarrow{OP_i^0} = (\cos\alpha_i, \cos\beta_i, \cos\gamma_i), \quad \overrightarrow{OP_i} = k_i\,\overrightarrow{OP_i^0},$$

其中 $|k_i| = r_i\,(i = 1,2,3)$. 又由已知条件得，$[O; \overrightarrow{OP_1^0}, \overrightarrow{OP_2^0}, \overrightarrow{OP_3^0}]$ 也为一个直角坐标系，记作 Ⅱ，从而 $(\cos\alpha_1, \cos\alpha_2, \cos\alpha_3)$ 是 $\boldsymbol{e}_1$ 在 Ⅱ 中的方向余弦，因此有 $\sum\limits_{i=1}^{3}\cos^2\alpha_i = 1$. 同理，有

$$\sum_{i=1}^{3}\cos^2\beta_i = 1, \quad \sum_{i=1}^{3}\cos^2\gamma_i = 1.$$

从点 P_1，P_2，P_3 在椭球面上可得三个等式，相加便可证得结论.

9. 经过 x 轴的任一平面与椭球面的截线不可能是圆；经过 z 轴的任一平面与椭球面的截线也不是圆；经过 y 轴的平面中有两个平面与椭球面的截线是圆. 注意经过 y 轴的平面的方程形如 $Ax + Cz = 0$. 这两张截面的方程为 $\pm c\sqrt{a^2 - b^2}x + abz = 0$.

习 题 3.4

1. 经过点 M 的两条直母线分别是

$$\begin{cases} 2x + z = 0, \\ y - 3 = 0; \end{cases} \quad \begin{cases} \dfrac{x}{2} + \dfrac{z}{4} + \dfrac{y}{3} - 1 = 0, \\ \dfrac{y}{3} - \dfrac{x}{2} + \dfrac{z}{4} + 1 = 0. \end{cases}$$

2. 消去参数 λ，得 $z^2=x+y$. 这是抛物柱面.

3. 设与 l_1，l_2，l_3 同时共面的直线 l 的方程为

$$\frac{x-x_0}{X}=\frac{y-y_0}{Y}=\frac{z-z_0}{Z}.$$

利用 l 与 $l_i(i=1,2,3)$ 共面，可列出三个方程. 把它们看成 X，Y，Z 的方程，由于有非零解，所以系数行列式等于零. 由此即得 x_0，y_0，z_0 满足的方程，它就是所求曲面的方程. 答案是：$x^2+y^2-z^2=1$，单叶双曲面.

4. 类似于第 3 题的方法. 答案是：

$$4x^2-9y^2+6x+27y-108z-72=0.$$

这是马鞍面.

5. 这样的连线经过两点：$M_1\left(\frac{3}{2}+3t,\ -1+2t,\ -t\right)^{\mathrm{T}}$，$M_2(3t,2t,0)^{\mathrm{T}}$，其中 t 是任意给定的一个实数，从而这条连线的方程为

$$\frac{x-3t}{\frac{3}{2}}=\frac{y-2t}{-1}=\frac{z}{-t}.$$

消去 t，得 $\frac{y^2}{4}-\frac{x^2}{9}=2z$. 这就是所求曲面的方程，它是马鞍面.

6. 考虑马鞍面的一族直母线(4.12). 任给 λ 一个值，得到这族中的一条直母线 l_λ，它在平面 π_λ：$\frac{x}{\sqrt{p}}+\frac{y}{\sqrt{q}}+2\lambda=0$ 上. 显然，π_λ 平行于平面 π_0：$\frac{x}{\sqrt{p}}+\frac{y}{\sqrt{q}}=0$. 因此 $l_\lambda /\!/ \pi_0$. 任取这族中的两条直线 l_{λ_1}，l_{λ_2}，$\lambda_1\neq\lambda_2$. 由上述得 $\pi_{\lambda_1}/\!/\pi_{\lambda_2}$，但不重合，从而 l_{λ_1} 与 l_{λ_2} 不相交. 从 l_λ 的方程可求出 l_λ 的方向向量为$(\sqrt{p},\ -\sqrt{q},\ -2\lambda)^{\mathrm{T}}$. 由此可知 $l_{\lambda_1}\not/\!/ l_{\lambda_2}$，从而 l_{λ_1} 与 l_{λ_2} 异面. 类似地，可讨论另一族直母线(4.13).

7. 在马鞍面的第一族直母线(4.12)中任取一条直线 l_{λ_1}，其方向向量为 $\boldsymbol{v}_1(\sqrt{p},\ -\sqrt{q},\ -2\lambda_1)^{\mathrm{T}}$(见第 6 题)，经过点 $M_1(-\lambda_1\sqrt{p},\ -\lambda_1\sqrt{q},0)^{\mathrm{T}}$.

在第二族直母线(4.13)中任取一条直线 l_{λ_2}，其方向向量为 $\boldsymbol{v}_2(\sqrt{p},\sqrt{q},-2\lambda_2)^{\mathrm{T}}$，经过点 $M_2(-\lambda_2\sqrt{p},\lambda_2\sqrt{q},0)^{\mathrm{T}}$. 计算 $\overrightarrow{M_1M_2}\cdot\boldsymbol{v}_1\times\boldsymbol{v}_2$，得0. 所以 l_{λ_1} 与 l_{λ_2} 共面. 又显然 $\boldsymbol{v}_1$ 与 $\boldsymbol{v}_2$ 不共线，所以 l_{λ_1} 与 l_{λ_2} 相交.

8. 单叶双曲面的一族直母线(4.7)中任一条直线的方向向量为 $(a(\mu^2-\nu^2),2b\mu\nu,-c(\mu^2+\nu^2))^{\mathrm{T}}$. 任取这族中的三条直线 l_1，l_2，l_3，用 $\boldsymbol{w}_i$ 表示 $l_i(i=1,2,3)$ 的方向向量. 计算 $\boldsymbol{w}_1\times\boldsymbol{w}_2\cdot\boldsymbol{w}_3$，并说明它不等于0，从而 l_1，l_2，l_3 不平行于同一个平面. 类似地，可讨论另一族直母线(4.10).

9. 在单叶双曲面的一族直母线(4.7)中任取两条直线 l_1，l_2，分别对应于参数组 (μ_1,ν_1)，(μ_2,ν_2)，它们的方向向量从第8题提示可知. 求 l_i 经过的一个特殊点(譬如，令 $z=0$) $M_i(i=1,2)$，然后计算 $\overrightarrow{M_1M_2}\cdot\boldsymbol{w}_1\times\boldsymbol{w}_2$，说明它不等于0，因此 l_1 与 l_2 异面. 类似地，可讨论第二族直母线(4.10).

10. 分别在两族直母线中各取一条直线，求出这两条直线分别经过的一个特殊点 M_1，M_2. 将这两条直线的方向向量分别记为 $\boldsymbol{w}_1$，$\boldsymbol{w}_2$，去计算 $\overrightarrow{M_1M_2}\cdot\boldsymbol{w}_1\times\boldsymbol{w}_2$.

11. 因为马鞍面的任意两条同族直母线异面，所以两条正交的直母线必是异族的，从而它们的方向向量分别为 $\boldsymbol{v}_1(\sqrt{p},-\sqrt{q},-2\lambda_1)^{\mathrm{T}}$，$\boldsymbol{v}_2(\sqrt{p},\sqrt{q},-2\lambda_2)^{\mathrm{T}}$. 答案是：交点的轨迹方程为

$$\begin{cases}\dfrac{x^2}{p}-\dfrac{y^2}{q}=q-p,\\[2mm] z=\dfrac{q-p}{2}.\end{cases}$$

12. 写出经过 M_0，方向为 $(X,Y,Z)^{\mathrm{T}}$ 的直线 l 的参数方程，把它代入单叶双曲面的方程中. 注意参数 t 可以取无穷多个值，所以 t^2 的系数，t 的系数都应为0，并可看出 $Z\neq0$. 于是可取 $Z=c$，其中 $c\neq0$. 再去求 X，Y.

13. 考虑(4.7)式中任一条直母线 l，去证 l 与 Oxy 平面相交. 由于 l

在单叶双曲面上，所以 l 与 Oxy 平面的交点在单叶双曲面与 Oxy 平面的交线——腰椭圆上.

14. 设 l_i 与 Oxy 平面的交点为 $M_i(i=1,2)$. 不妨设原点 O 是线段 M_1M_2 的中点，于是可设 $M_1(a,0,0)^{\mathrm{T}}$，$M_2(-a,0,0)^{\mathrm{T}}$. 设 l_i 的方向向量为 $\boldsymbol{v}_i(X_i,Y_i,Z_i)^{\mathrm{T}}(i=1,2)$. 再设直线 l 与 $l_i(i=1,2)$ 共面且与 Oxy 平面平行，则 l 的方向向量为 $\boldsymbol{v}(X,Y,0)^{\mathrm{T}}$. 在 l 上任取一点 $M_0(x_0,y_0,z_0)^{\mathrm{T}}$. 因为 l 与 l_i 共面，所以

$$\overrightarrow{M_0M_i}\cdot\boldsymbol{v}_i\times\boldsymbol{v}=0,\quad i=1,2.$$

消去 X，Y，可得到 x_0，y_0，z_0 满足的一个方程. 利用 l_1 与 l_2 异面，可说明 x_0，y_0，z_0 满足的方程是二次方程. 再说明这个二次直纹面不可能是柱面、锥面、单叶双曲面，从而一定是马鞍面.

15. 建立直角坐标系，使得 l_1 为 x 轴，过 l_1 与 l_2 平行的平面为 Oxy 平面，l_1 与 l_2 的公垂线为 z 轴，则 l_2 的方向向量为 $\boldsymbol{v}_2(a,1,0)^{\mathrm{T}}$，并且它经过点 $M_2(0,0,d)^{\mathrm{T}}$. 由已知条件知，l_3 的方向向量为 $\boldsymbol{v}_3(b,1,0)^{\mathrm{T}}$. 设 l_3 与 Ozx 平面的交点为 $M_3(c,0,h)^{\mathrm{T}}$. 再设直线 l 与 l_1 交于点 $A_1(\lambda,0,0)^{\mathrm{T}}$，与 l_2 交于点 $A_2(u_1,u_2,d)^{\mathrm{T}}$，与 l_3 交于点 $A_3(w_1,w_2,h)^{\mathrm{T}}$，则 l 的方向向量为 $(u_1-\lambda,u_2,d)^{\mathrm{T}}$，也为 $(w_1-\lambda,w_2,h)^{\mathrm{T}}$，从而 $(w_1-\lambda,w_2,h)^{\mathrm{T}}=k(u_1-\lambda,u_2,d)^{\mathrm{T}}$. 由此得 $k=\dfrac{h}{d}$. 解出 u_1，u_2，进而写出 l 的方程. 消去 λ，即得 l 上的点 $(x,y,z)^{\mathrm{T}}$ 所满足的方程. 说明它是二次方程，然后说明它不是柱面、锥面、单叶双曲面，从而一定是马鞍面.

习　题　3.5

2. （1）曲线在 Oxy 平面，Oyz 平面上的投影的方程分别为

$$\begin{cases}x^2+y^2=4,\\ z=0\end{cases}（其中\ |y|\leqslant 1），\quad \begin{cases}y^2+z^2=1,\\ x=0.\end{cases}$$

（2）曲线在 Oxy 平面，Oyz 平面上的投影的方程分别为

$$\begin{cases}x^2+y^2=4,\\ z=0,\end{cases}\quad \begin{cases}z=2y,\\ x=0\end{cases}（其中\ |y|\leqslant 2）.$$

（3）曲线在 Oxy 平面，Oyz 面上的投影的方程分别为

$$\begin{cases}(x^2+y^2)^2+16(x^2+y^2)=80,\\ z=0,\end{cases}\quad \begin{cases}z^2+4z=5,\\ x=0.\end{cases}$$

3. （1）曲线在 Oxy 平面，Ozx 平面上的投影的方程分别为

$$\begin{cases}x^2+y^2-2x-1=0,\\ z=0,\end{cases}\quad \begin{cases}2x-z^2+1=0,\\ y=0.\end{cases}$$

（2）曲线在 Oxy 平面，Ozx 平面上的投影的方程分别为

$$\begin{cases}\dfrac{y^2}{12}-\dfrac{3x^2}{16}=1,\\ z=0,\end{cases}\quad \begin{cases}x-z=0,\\ y=0.\end{cases}$$

（3）曲线在 Oxy 平面，Ozx 平面上的投影的方程分别为

$$\begin{cases}x^2+\dfrac{y^2}{8}=1,\\ z=0,\end{cases}\quad \begin{cases}x^2-z+2=0,\\ y=0\end{cases}(\text{其中 } 2\leqslant z\leqslant 4).$$

4. （1）$\begin{cases}x^2+y^2\leqslant 16,\\ z\leqslant x+4,\\ z\geqslant 0;\end{cases}$ （2）$\begin{cases}x^2+y^2\leqslant 4,\\ y^2+z^2\leqslant 1;\end{cases}$ （3）$\begin{cases}x^2+y^2+z^2\leqslant 5,\\ x^2+y^2\leqslant 4z.\end{cases}$

习 题 4.1

1. Ⅰ到Ⅱ的点的坐标变换公式为

$$\begin{cases}x=x'-y'+1,\\ y=x'+y'+1.\end{cases}$$

2. Ⅰ到Ⅱ的点的坐标变换公式为

$$\begin{cases}x=-x'-2y'+2,\\ y=-2x'-y'+2.\end{cases}$$

3. （1）O' 的Ⅰ坐标为 $(3,-2)^{\mathrm{T}}$，$\boldsymbol{d}_1'$ 的Ⅰ坐标为 $(0,1)^{\mathrm{T}}$，$\boldsymbol{d}_2'$ 的Ⅰ坐标为 $(-1,0)^{\mathrm{T}}$；O 的Ⅱ坐标为 $(2,3)^{\mathrm{T}}$，$\boldsymbol{d}_1$ 的Ⅱ坐标为 $(0,-1)^{\mathrm{T}}$，$\boldsymbol{d}_2$ 的Ⅱ坐标为 $(1,0)^{\mathrm{T}}$.

（2）l_1 在Ⅱ中的方程为 $x'+2y'-9=0$.

（3）l_2 在Ⅰ中的方程为 $2x-3y-7=0$.

习　题　4.3

1. 点的坐标变换公式为

$$\begin{pmatrix} x \\ y \end{pmatrix} = \begin{pmatrix} \frac{3}{5} & -\frac{4}{5} \\ \frac{4}{5} & \frac{3}{5} \end{pmatrix} \begin{pmatrix} x' \\ y' \end{pmatrix} + \begin{pmatrix} -3 \\ 0 \end{pmatrix}.$$

直线 l_1 在 $O'x'y'$ 中的方程为 $x' - 18y' - 20 = 0$.

2. 点的坐标变换公式为

$$\begin{pmatrix} x \\ y \end{pmatrix} = \begin{pmatrix} \frac{5}{13} & -\frac{12}{13} \\ \frac{12}{13} & \frac{5}{13} \end{pmatrix} \begin{pmatrix} x' \\ y' \end{pmatrix} + \begin{pmatrix} 1 \\ 2 \end{pmatrix}.$$

点 $A(-2,0)^{\mathrm{T}}$ 的新坐标为 $(-3,2)^{\mathrm{T}}$.

椭圆在原坐标系中的方程为

$$\frac{1}{9}(5x + 12y - 29)^2 + \frac{1}{4}(12x - 5y - 2)^2 = 169.$$

3. 点的坐标变换公式为

$$\begin{pmatrix} x \\ y \end{pmatrix} = \begin{pmatrix} \frac{1}{2} & -\frac{\sqrt{3}}{2} \\ \frac{\sqrt{3}}{2} & \frac{1}{2} \end{pmatrix} \begin{pmatrix} x' \\ y' \end{pmatrix} + \begin{pmatrix} 1 \\ 2 \end{pmatrix},$$

从而

$$\begin{pmatrix} x' \\ y' \end{pmatrix} = \begin{pmatrix} \frac{1}{2} & \frac{\sqrt{3}}{2} \\ -\frac{\sqrt{3}}{2} & \frac{1}{2} \end{pmatrix} \begin{pmatrix} x - 1 \\ y - 2 \end{pmatrix}.$$

Ⅰ的原点 O 的Ⅱ坐标为 $\left(-\frac{1}{2} - \sqrt{3},\ -1 + \frac{\sqrt{3}}{2}\right)^{\mathrm{T}}$.

直线 l 在Ⅱ中的方程为 $(1 - \sqrt{3})x' - (1 + \sqrt{3})y' = 4$.

4. 点的坐标变换公式为

$$\begin{pmatrix} x \\ y \end{pmatrix} = \begin{pmatrix} \frac{5}{13} & -\frac{12}{13} \\ \frac{12}{13} & \frac{5}{13} \end{pmatrix} \begin{pmatrix} x' \\ y' \end{pmatrix} + \begin{pmatrix} \frac{37}{13} \\ -\frac{62}{13} \end{pmatrix}.$$

5. 点的坐标变换公式为

$$\begin{pmatrix} x \\ y \end{pmatrix} = \begin{pmatrix} \frac{4}{5} & -\frac{3}{5} \\ \frac{3}{5} & \frac{4}{5} \end{pmatrix} \begin{pmatrix} x' \\ y' \end{pmatrix} + \begin{pmatrix} -1 \\ 2 \end{pmatrix}.$$

点 A，B，C 的新坐标分别为

$$\left(\frac{9}{5},\quad -\frac{13}{5}\right)^{\mathrm{T}},\quad (0,0)^{\mathrm{T}},\quad \left(-\frac{7}{5}, -\frac{26}{5}\right)^{\mathrm{T}}.$$

6. （1）$\theta = \frac{7\pi}{4}$，新原点的旧坐标为$(5, -3)^{\mathrm{T}}$；

（2）$\theta = \frac{3\pi}{2}$，新原点的旧坐标为$(2,3)^{\mathrm{T}}$.

7. 作移轴

$$\begin{cases} x = x' + 1, \\ y = y' + 1, \end{cases}$$

则曲线的新方程为 $y' = 4x'^2$. 这是以 y' 轴为对称轴的抛物线.

8. 作移轴

$$\begin{cases} x = x' - 4, \\ y = y' + 2, \end{cases}$$

则图形的新方程为 $x'y' = -5$. 这是以 x' 轴，y' 轴为渐近线的等轴双曲线.

9. 以抛物线的对称轴为 x' 轴，顶点为新原点，建立右手直角坐标系 $O'x'y'$，则点的坐标变换公式为

$$\begin{pmatrix} x \\ y \end{pmatrix} = \begin{pmatrix} \frac{1}{\sqrt{2}} & -\frac{1}{\sqrt{2}} \\ \frac{1}{\sqrt{2}} & \frac{1}{\sqrt{2}} \end{pmatrix} \begin{pmatrix} x' \\ y' \end{pmatrix} + \begin{pmatrix} 4 \\ 2 \end{pmatrix}.$$

由于焦点与顶点的距离为 $\sqrt{(4-2)^2+(2-0)^2}=2\sqrt{2}$，因此抛物线的焦参数 $p=4\sqrt{2}$. 由于焦点的新坐标为 $(-2\sqrt{2},0)^{\mathrm{T}}$，因此抛物线的新方程为 $y'^2=-8\sqrt{2}x'$，从而抛物线的原方程为

$$(x-y-2)^2=-16(x+y-6).$$

10. 以准线的方向 $(1,1)^{\mathrm{T}}$ 为 y' 轴正向，顶点为新原点，建立右手直角坐标系 $O'x'y'$. 由于焦点到准线的距离为 $2\sqrt{2}$，因此焦参数 $p=2\sqrt{2}$. 可求出顶点的旧坐标为 $(1,1)^{\mathrm{T}}$，于是点的坐标变换公式为

$$\begin{pmatrix}x\\y\end{pmatrix}=\begin{pmatrix}\frac{1}{\sqrt{2}} & \frac{1}{\sqrt{2}}\\ -\frac{1}{\sqrt{2}} & \frac{1}{\sqrt{2}}\end{pmatrix}\begin{pmatrix}x'\\y'\end{pmatrix}+\begin{pmatrix}1\\1\end{pmatrix}.$$

抛物线的新方程为 $y'=4\sqrt{2}x'$，从而原方程为

$$(x+y-2)^2=8(x-y),$$

即
$$x^2+2xy+y^2-12x+4y+4=0.$$

11. l_2 的方向向量为 $(1,1)^{\mathrm{T}}$，l_1 的方向向量为 $(-1,1)^{\mathrm{T}}$. l_1 与 l_2 的交点为 $\left(-\frac{1}{2},\frac{1}{2}\right)^{\mathrm{T}}$. 以交点为新原点 O'，l_2 为 x' 轴，建立右手直角坐标系 $O'x'y'$，则点的坐标变换公式为

$$\begin{pmatrix}x\\y\end{pmatrix}=\begin{pmatrix}\frac{1}{\sqrt{2}} & -\frac{1}{\sqrt{2}}\\ \frac{1}{\sqrt{2}} & \frac{1}{\sqrt{2}}\end{pmatrix}\begin{pmatrix}x'\\y'\end{pmatrix}+\begin{pmatrix}-\frac{1}{2}\\ \frac{1}{2}\end{pmatrix}.$$

椭圆的新方程为 $\frac{x'^2}{1}+\frac{y'^2}{4}=1$，从而原方程为

$$4(x+y)^2+(x-y+1)^2=8.$$

12. l_1，l_2 的方向向量分别为 $(1,1)^{\mathrm{T}}$，$(-1,1)^{\mathrm{T}}$，l_1 与 l_2 的交点为 $(-1,0)^{\mathrm{T}}$. 以交点为新原点 O'，l_1 为 x'轴，建立右手直角坐标系 $O'x'y'$，则点的坐标变换公式为

$$\begin{pmatrix} x \\ y \end{pmatrix} = \begin{pmatrix} \frac{1}{\sqrt{2}} & -\frac{1}{\sqrt{2}} \\ \frac{1}{\sqrt{2}} & \frac{1}{\sqrt{2}} \end{pmatrix} \begin{pmatrix} x' \\ y' \end{pmatrix} + \begin{pmatrix} -1 \\ 0 \end{pmatrix}.$$

点 A，B 的新坐标分别为 $(-\sqrt{2},0)^{\mathrm{T}}$，$\left(-\frac{1}{\sqrt{2}},-\frac{3}{\sqrt{2}}\right)^{\mathrm{T}}$. 设椭圆的新方程为 $\frac{x'^2}{a^2}+\frac{y'^2}{b^2}=1$. 把点 A，B 的新坐标代入，可求得 $a=\sqrt{2}$，$b=\sqrt{6}$. 椭圆的原方程为

$$3(x+y+1)^2+(x-y+1)^2=12.$$

13. l_i 的一个方向向量为 $\boldsymbol{v}_i(-B_i,A_i)^{\mathrm{T}}$，单位化得 $\frac{1}{|\boldsymbol{v}_i|}\boldsymbol{v}_i$ 的 I 坐标为 $\left(\frac{-B_i}{\sqrt{A_i^2+B_i^2}},\frac{A_i}{\sqrt{A_i^2+B_i^2}}\right)^{\mathrm{T}}$. 设 l_1 与 l_2 的交点 O' 的 I 坐标为 $(x_0,y_0)^{\mathrm{T}}$.

情形 1　$\boldsymbol{v}_2$ 按逆时针方向旋转 $\frac{\pi}{2}$ 与 $\boldsymbol{v}_1$ 同向.

(1) 取 $\boldsymbol{e}_1'=\frac{1}{|\boldsymbol{v}_2|}\boldsymbol{v}_2$，$\boldsymbol{e}_2'=\frac{1}{|\boldsymbol{v}_1|}\boldsymbol{v}_1$，则 II $[O';\boldsymbol{e}_1',\boldsymbol{e}_2']$ 为右手直角坐标系. II 到 I 的点的坐标变换公式为

$$\begin{cases} x'=\dfrac{1}{\sqrt{A_1^2+B_1^2}}(A_1x+B_1y+C_1), \\ y'=-\dfrac{1}{\sqrt{A_2^2+B_2^2}}(A_2x+B_2y+C_2). \end{cases}$$

(2) 取 $\boldsymbol{e}_1'=-\frac{1}{|\boldsymbol{v}_2|}\boldsymbol{v}_2$，$\boldsymbol{e}_2'=-\frac{1}{|\boldsymbol{v}_1|}\boldsymbol{v}_1$，则 II $[O';\boldsymbol{e}_1',\boldsymbol{e}_2']$ 为右手直角坐标系. II 到 I 的点的坐标变换公式为

$$\begin{cases} x'=-\dfrac{1}{\sqrt{A_1^2+B_1^2}}(A_1x+B_1y+C_1), \\ y'=\dfrac{1}{\sqrt{A_2^2+B_2^2}}(A_2x+B_2y+C_2). \end{cases}$$

情形 2　$\boldsymbol{v}_2$ 按顺时针方向旋转 $\frac{\pi}{2}$ 与 $\boldsymbol{v}_1$ 同向.

（1）取 $\boldsymbol{e}_1' = \frac{1}{|\boldsymbol{v}_2|}\boldsymbol{v}_2$，$\boldsymbol{e}_2' = -\frac{1}{|\boldsymbol{v}_1|}\boldsymbol{v}_1$，则 Ⅱ$[O';\boldsymbol{e}_1',\boldsymbol{e}_2']$为右手直角坐标系. Ⅱ到Ⅰ的点的坐标变换公式为

$$\begin{cases} x' = -\dfrac{1}{\sqrt{A_1^2+B_1^2}}(A_1x+B_1y+C_1), \\ y' = -\dfrac{1}{\sqrt{A_2^2+B_2^2}}(A_2x+B_2y+C_2). \end{cases}$$

（2）取 $\boldsymbol{e}_1' = -\frac{1}{|\boldsymbol{v}_2|}\boldsymbol{v}_2$，$\boldsymbol{e}_2' = \frac{1}{|\boldsymbol{v}_1|}\boldsymbol{v}_1$，则 Ⅱ$[O';\boldsymbol{e}_1',\boldsymbol{e}_2']$为右手直角坐标系. Ⅱ到Ⅰ的点的坐标变换公式为

$$\begin{cases} x' = \dfrac{1}{\sqrt{A_1^2+B_1^2}}(A_1x+B_1y+C_1), \\ y' = \dfrac{1}{\sqrt{A_2^2+B_2^2}}(A_2x+B_2y+C_2). \end{cases}$$

习　题　4.4

1. （1）Ⅰ到Ⅱ的点的坐标变换公式为

$$\begin{pmatrix} x \\ y \\ z \end{pmatrix} = \begin{pmatrix} \frac{1}{2} & 0 & \frac{1}{2} \\ \frac{1}{2} & \frac{1}{2} & 0 \\ 0 & \frac{1}{2} & \frac{1}{2} \end{pmatrix} \begin{pmatrix} x' \\ y' \\ z' \end{pmatrix};$$

（2）Ⅱ坐标：$A(1,-1,1)^{\mathrm{T}}$，$B(1,1,-1)^{\mathrm{T}}$，$C(-1,1,1)^{\mathrm{T}}$.

2. 坐标变换公式为

$$\begin{pmatrix} x \\ y \\ z \end{pmatrix} = \begin{pmatrix} -\frac{2}{3} & -\frac{\sqrt{2}}{6} & \frac{\sqrt{2}}{2} \\ -\frac{1}{3} & \frac{2}{3}\sqrt{2} & 0 \\ -\frac{2}{3} & -\frac{\sqrt{2}}{6} & -\frac{\sqrt{2}}{2} \end{pmatrix} \begin{pmatrix} x' \\ y' \\ z' \end{pmatrix} + \begin{pmatrix} 2 \\ 1 \\ 2 \end{pmatrix}.$$

3. Ⅰ到Ⅱ的点的坐标变换公式为

$$\begin{pmatrix} x \\ y \\ z \end{pmatrix} = \begin{pmatrix} -\frac{1}{\sqrt{3}} & \frac{1}{\sqrt{2}} & \frac{1}{\sqrt{6}} \\ -\frac{1}{\sqrt{3}} & 0 & -\frac{2}{\sqrt{6}} \\ -\frac{1}{\sqrt{3}} & -\frac{1}{\sqrt{2}} & \frac{1}{\sqrt{6}} \end{pmatrix} \begin{pmatrix} x' \\ y' \\ z' \end{pmatrix} + \begin{pmatrix} -\frac{1}{2} \\ 1 \\ \frac{1}{2} \end{pmatrix}.$$

4. (1) 作直角坐标变换

$$\begin{cases} x' = \frac{1}{\sqrt{6}}(2x + y + z), \\ y' = \frac{1}{\sqrt{3}}(x - y - z), \\ z' = \frac{1}{\sqrt{2}}(y - z), \end{cases}$$

则曲面在新坐标系中的方程为 $6x'^2 - 3y'^2 = \sqrt{2}z'$. 这是马鞍面.

(2) 先作直角坐标变换

$$\begin{cases} x = \frac{1}{\sqrt{2}}(x' + z'), \\ y = y', \\ z = -\frac{1}{\sqrt{2}}(x' - z'), \end{cases}$$

可消去交叉项. 然后配方, 作移轴, 得 S 的新方程为 $21\tilde{x}^2 - 25\tilde{y}^2 - 3\tilde{z}^2 = 100$. 这是双叶双曲面.

5. (1) 作直角坐标变换

$$\begin{pmatrix} x \\ y \\ z \end{pmatrix} = \begin{pmatrix} 0 & 1 & 0 \\ 1 & 0 & 0 \\ 0 & 0 & -1 \end{pmatrix} \begin{pmatrix} x' \\ y' \\ z' \end{pmatrix} + \begin{pmatrix} 0 \\ 0 \\ 1 \end{pmatrix},$$

则在新的右手直角坐标系中, 曲面的方程为 $\frac{x'^2}{9} + \frac{y'^2}{4} = z'$. 这是椭圆抛物面.

(2) 作直角坐标变换

$$\begin{pmatrix} x \\ y \\ z \end{pmatrix} = \begin{pmatrix} \frac{1}{\sqrt{2}} & \frac{1}{\sqrt{2}} & 0 \\ -\frac{1}{\sqrt{2}} & \frac{1}{\sqrt{2}} & 0 \\ 0 & 0 & 1 \end{pmatrix} \begin{pmatrix} x' \\ y' \\ z' \end{pmatrix},$$

则在新的右手直角坐标系中，曲面的方程为 $2y'^2 + z'^2 = 1$. 这是椭圆柱面.

(3) 作直角坐标变换

$$\begin{pmatrix} x \\ y \\ z \end{pmatrix} = \begin{pmatrix} \frac{1}{\sqrt{2}} & \frac{1}{\sqrt{2}} & 0 \\ -\frac{1}{\sqrt{2}} & \frac{1}{\sqrt{2}} & 0 \\ 0 & 0 & 1 \end{pmatrix} \begin{pmatrix} x' \\ y' \\ z' \end{pmatrix},$$

则在新的右手直角坐标系中，曲面的方程为 $y'^2 - x'^2 = 2z'$. 这是马鞍面.

(4) 先作直角坐标变换

$$\begin{pmatrix} x \\ y \\ z \end{pmatrix} = \begin{pmatrix} \frac{1}{\sqrt{2}} & \frac{1}{\sqrt{2}} & 0 \\ -\frac{1}{\sqrt{2}} & \frac{1}{\sqrt{2}} & 0 \\ 0 & 0 & 1 \end{pmatrix} \begin{pmatrix} x' \\ y' \\ z' \end{pmatrix},$$

则在新的右手直角坐标系中，曲面的方程为

$$z' = \frac{1}{2}(y' - \sqrt{2})^2 - \frac{1}{2}x'^2 - 3.$$

再作移轴

$$\begin{cases} x' = x^*, \\ y' = y^* + \sqrt{2}, \\ z' = z^* - 3, \end{cases}$$

则在右手直角坐标系 $O^*x^*y^*z^*$ 中，曲面的方程为 $y^{*2} - x^{*2} = 2z^*$.

这是马鞍面.

6. 我们有

$$\begin{cases} \boldsymbol{e}'_1 = -\dfrac{1}{\tan\omega}\boldsymbol{e}_1 + \dfrac{1}{\sin\omega}\boldsymbol{e}_2, \\ \boldsymbol{e}'_2 = -\dfrac{1}{\sin\omega}\boldsymbol{e}_1 + \dfrac{1}{\tan\omega}\boldsymbol{e}_2, \end{cases}$$

从而Ⅰ到Ⅱ的点的坐标变换公式为

$$\begin{pmatrix} x \\ y \end{pmatrix} = \begin{pmatrix} -\dfrac{1}{\tan\omega} & -\dfrac{1}{\sin\omega} \\ \dfrac{1}{\sin\omega} & \dfrac{1}{\tan\omega} \end{pmatrix} \begin{pmatrix} x' \\ y' \end{pmatrix}.$$

7. 利用习题 1.4 中第 14 题的第(2)小题的结论可得，Ⅰ到Ⅱ的点的坐标变换公式为

$$\begin{pmatrix} x \\ y \\ z \end{pmatrix} = \begin{pmatrix} \dfrac{2}{3} & -\dfrac{1}{3} & \dfrac{2}{3} \\ \dfrac{2}{3} & \dfrac{2}{3} & -\dfrac{1}{3} \\ -\dfrac{1}{3} & \dfrac{2}{3} & \dfrac{2}{3} \end{pmatrix} \begin{pmatrix} x' \\ y' \\ z' \end{pmatrix}.$$

8. 作直角坐标变换，把二次曲面的方程化成标准方程. 这只要先在平面直角坐标系中将相应的二次曲线方程化成标准方程. 由此可知，当二次曲线分别为椭圆、双曲线、抛物线时，相应的二次曲面分别为椭圆抛物面、双曲抛物面、抛物柱面.

9. 作仿射坐标变换，可知是椭球面.

10. 所给二次锥面的方程可写成 $\boldsymbol{X}^{\mathrm{T}}\boldsymbol{A}\boldsymbol{X}=0$，其中

$$\boldsymbol{A} = \begin{pmatrix} a_{11} & a_{12} & a_{13} \\ a_{12} & a_{22} & a_{23} \\ a_{13} & a_{23} & a_{33} \end{pmatrix}, \qquad \boldsymbol{X} = \begin{pmatrix} x \\ y \\ z \end{pmatrix}.$$

作直角坐标变换 $\boldsymbol{X}=\boldsymbol{T}\boldsymbol{X}'$，其中 $\boldsymbol{T}$ 是正交矩阵，则二次锥面在新坐标系中的方程为 $\boldsymbol{X}'^{\mathrm{T}}(\boldsymbol{T}^{\mathrm{T}}\boldsymbol{A}\boldsymbol{T})\boldsymbol{X}'=0$. 由于 $\mathrm{tr}(\boldsymbol{A})$ 表示矩阵 $\boldsymbol{A}$ 的主对角线上元素之和，可证

$$\operatorname{tr}(\boldsymbol{T}^{\mathrm{T}}\boldsymbol{A}\boldsymbol{T}) = \operatorname{tr}(\boldsymbol{A}). \tag{1}$$

充分性 若 $a_{11}+a_{22}+a_{33}=0$，即 $\operatorname{tr}(\boldsymbol{A})=0$. 作直角坐标变换 $\boldsymbol{X}=\boldsymbol{T}\boldsymbol{X}'$，把二次锥面方程化成标准方程

$$\frac{x'^2}{a^2}+\frac{y'^2}{b^2}-\frac{z'^2}{c^2}=0. \tag{2}$$

于是得 $\frac{1}{a^2}+\frac{1}{b^2}-\frac{1}{c^2}=0$. 代入(2)式中，得

$$\frac{1}{a^2}(x'^2-z'^2)+\frac{1}{b^2}(y'^2-z'^2)=0. \tag{3}$$

考虑直线 L：$\begin{cases} x'=lt, \\ y'=mt, \\ z'=nt \end{cases}$ 代入(3)式中，得

$$t^2\left[\frac{1}{a^2}(l^2-n^2)+\frac{1}{b^2}(m^2-n^2)\right]=0. \tag{4}$$

L 为二次锥面的直母线当且仅当 t^2 的系数为 0，即

$$\frac{1}{a^2}(l^2-n^2)+\frac{1}{b^2}(m^2-n^2)=0. \tag{5}$$

易看出 $l=m=n=1$ 时，(5)式成立. 因此过原点且方向为 $(1,1,1)^{\mathrm{T}}$ 的直线 L_1 是二次锥面 S 的一条直母线. 然后去求与 L_1 垂直的直线 L_2，且 L_2 为 S 的直母线. 把 L_1 与 L_2 的方向向量作外积，由此可得第三条直母线 L_3.

必要性 以二次锥面 S 的三条互相垂直的直母线为新坐标系的 x' 轴，y' 轴，z' 轴. 设这个直角坐标变换公式为 $\boldsymbol{X}=\boldsymbol{T}\boldsymbol{X}'$，则在新坐标系中方程为 $\boldsymbol{X}'^{\mathrm{T}}(\boldsymbol{T}^{\mathrm{T}}\boldsymbol{A}\boldsymbol{T})\boldsymbol{X}'=0$. 设 $\boldsymbol{T}^{\mathrm{T}}\boldsymbol{A}\boldsymbol{T}=(b_{ij})$. 因为新坐标为 $(1,0,0)^{\mathrm{T}}$，$(0,1,0)^{\mathrm{T}}$，$(0,0,1)^{\mathrm{T}}$ 的三个点都在 S 上，所以得出 $b_{11}=b_{22}=b_{33}=0$，从而

$$a_{11}+a_{22}+a_{33}=\operatorname{tr}(\boldsymbol{A})=\operatorname{tr}(\boldsymbol{T}^{\mathrm{T}}\boldsymbol{A}\boldsymbol{T})=0.$$

11. 适当选取直角坐标系. 设 $M(X,Y,Z)^{\mathrm{T}}$ 在交线上，则 M 与 l_1 决定一个平面 π_1，M 与 l_2 决定一个平面 π_2. 分别写出 π_1，π_2 的方程，利用它们的法向量 $\boldsymbol{n}_1$，$\boldsymbol{n}_2$ 互相垂直，可得出 X，Y，Z 满

足的方程.

12. 第一步绕 z 轴旋转，使得 x 轴转至 x'' 轴，其中 x'' 轴是 $Ox'y'$ 平面与 Oxy 平面的交线，转角为 ψ $(0\leqslant\psi<2\pi)$；第二步绕 x'' 轴旋转，使得 z 轴(即 z'' 轴)转至 z' 轴位置(即 z''' 轴与 z' 轴重合)，转角为 θ $(0\leqslant\theta<2\pi)$；第三步绕 z' 轴(即 z''' 轴)旋转，使得 x''' 轴(即 x'' 轴)转至 x' 轴位置，转角为 φ $(0\leqslant\varphi<2\pi)$.

习 题 5.1

1. (1) 先作转轴

$$\begin{pmatrix} x \\ y \end{pmatrix} = \begin{pmatrix} \frac{1}{\sqrt{10}} & \frac{3}{\sqrt{10}} \\ -\frac{3}{\sqrt{10}} & \frac{1}{\sqrt{10}} \end{pmatrix} \begin{pmatrix} x' \\ y' \end{pmatrix},$$

则在右手直角坐标系 $Ox'y'$中，二次曲线 S 的方程为

$$2x'^2+12y'^2+\frac{12}{5}\sqrt{10}\,x'-\frac{24}{5}\sqrt{10}\,y'-12=0.$$

再作移轴

$$\begin{cases} x^*=x'+\dfrac{3}{5}\sqrt{10}, \\ y^*=y'-\dfrac{\sqrt{10}}{5}, \end{cases}$$

则 S 在右手直角坐标系 $O^*x^*y^*$ 中的方程为

$$2x^{*2}+12y^{*2}=24.$$

S 是椭圆型曲线，且是椭圆，长轴在 x^* 轴上，短轴在 y^* 轴上，长半轴为 $\sqrt{12}$，短半轴为 $\sqrt{2}$.

总的坐标变换公式为

$$\begin{pmatrix} x \\ y \end{pmatrix} = \begin{pmatrix} \frac{1}{\sqrt{10}} & \frac{3}{\sqrt{10}} \\ -\frac{3}{\sqrt{10}} & \frac{1}{\sqrt{10}} \end{pmatrix} \begin{pmatrix} x^* \\ y^* \end{pmatrix} + \begin{pmatrix} 0 \\ 2 \end{pmatrix},$$

于是 O^* 在 Oxy 中的坐标为 $(0,2)^{\mathrm{T}}$，x^* 轴，y^* 轴的单位向量在 Oxy 中的坐标分别为

$$\left(\frac{1}{\sqrt{10}},-\frac{3}{\sqrt{10}}\right)^{\mathrm{T}},\quad \left(\frac{3}{\sqrt{10}},\frac{1}{\sqrt{10}}\right)^{\mathrm{T}}.$$

(2) 先作转轴

$$\begin{pmatrix} x \\ y \end{pmatrix}=\begin{pmatrix} \frac{2}{\sqrt{13}} & \frac{3}{\sqrt{13}} \\ -\frac{3}{\sqrt{13}} & \frac{2}{\sqrt{13}} \end{pmatrix}\begin{pmatrix} x' \\ y' \end{pmatrix},$$

则在右手直角坐标系 $Ox'y'$ 中，S 的方程为

$$-4x'^2+9y'^2-\frac{8}{\sqrt{13}}x'-\frac{90}{\sqrt{13}}y'-19=0.$$

再作移轴

$$\begin{cases} x^*=x'+\dfrac{1}{\sqrt{13}}, \\ y^*=y'-\dfrac{5}{\sqrt{13}}, \end{cases}$$

则 S 在右手直角坐标系 $O^*x^*y^*$ 中的方程为

$$-4x^{*2}+9y^{*2}=36.$$

S 是双曲型曲线，且是双曲线，它的实轴在 y^* 轴上，虚轴在 x^* 轴上，实半轴为 2，虚半轴为 3.

总的坐标变换公式为

$$\begin{pmatrix} x \\ y \end{pmatrix}=\begin{pmatrix} \frac{2}{\sqrt{13}} & \frac{3}{\sqrt{13}} \\ -\frac{3}{\sqrt{13}} & \frac{2}{\sqrt{13}} \end{pmatrix}\begin{pmatrix} x^* \\ y^* \end{pmatrix}+\begin{pmatrix} 1 \\ 1 \end{pmatrix},$$

于是 O^* 在 Oxy 中的坐标为 $(1,1)^{\mathrm{T}}$，x^* 轴，y^* 轴的单位向量在 Oxy 中的坐标分别为

$$\left(\frac{2}{\sqrt{13}},-\frac{3}{\sqrt{13}}\right)^{\mathrm{T}},\quad \left(\frac{3}{\sqrt{13}},\frac{2}{\sqrt{13}}\right)^{\mathrm{T}}.$$

(3) 先作转轴

$$\begin{pmatrix} x \\ y \end{pmatrix} = \begin{pmatrix} \frac{1}{\sqrt{2}} & -\frac{1}{\sqrt{2}} \\ \frac{1}{\sqrt{2}} & \frac{1}{\sqrt{2}} \end{pmatrix},$$

则 S 在右手直角坐标系 $Ox'y'$ 中的方程为

$$2y'^2 - 8\sqrt{2}x' + 2\sqrt{2}y' + 25 = 0.$$

再作移轴

$$\begin{cases} x^* = x' - \dfrac{3}{\sqrt{2}}, \\ y^* = y' + \dfrac{1}{\sqrt{2}}, \end{cases}$$

则 S 在右手直角坐标系 $O^*x^*y^*$ 中的方程为

$$2y^{*2} - 8\sqrt{2}x^* = 0, \quad 即 \quad y^{*2} = 4\sqrt{2}x^*.$$

S 是抛物型曲线，且是抛物线，它的焦参数 $p = 2\sqrt{2}$，对称轴在 x^* 轴上，开口朝着 x^* 轴的正向.

总的坐标变换公式为

$$\begin{pmatrix} x \\ y \end{pmatrix} = \begin{pmatrix} \frac{1}{\sqrt{2}} & -\frac{1}{\sqrt{2}} \\ \frac{1}{\sqrt{2}} & \frac{1}{\sqrt{2}} \end{pmatrix} \begin{pmatrix} x^* \\ y^* \end{pmatrix} + \begin{pmatrix} 2 \\ 1 \end{pmatrix},$$

于是 O^* 在 Oxy 中的坐标为 $(2,1)^{\mathrm{T}}$，x^* 轴，y^* 轴的单位向量在 Oxy 中的坐标分别为

$$\left(\frac{1}{\sqrt{2}}, \frac{1}{\sqrt{2}}\right)^{\mathrm{T}}, \quad \left(-\frac{1}{\sqrt{2}}, \frac{1}{\sqrt{2}}\right)^{\mathrm{T}}.$$

(4) S 的方程的二次项部分的矩阵 $\boldsymbol{A}$ 为

$$\boldsymbol{A} = \begin{pmatrix} 6 & 6 \\ 6 & 1 \end{pmatrix}.$$

$\boldsymbol{A}$ 的特征多项式为 $\lambda^2 - 7\lambda - 30$，它的两个实根为 10，$-3$，从而 $\boldsymbol{A}$ 的全部特征值是 $\lambda_1 = 10$，$\lambda_2 = -3$.

对于 $\lambda_1=10$，求出 $(10\boldsymbol{I}-\boldsymbol{A})\boldsymbol{X}=\boldsymbol{0}$ 的一个非零解 $(3,2)^{\mathrm{T}}$，单位化得 $\boldsymbol{\eta}_1=\left(\frac{3}{\sqrt{13}},\frac{2}{\sqrt{13}}\right)^{\mathrm{T}}$.

对于 $\lambda_2=-3$，求出 $(-3\boldsymbol{I}-\boldsymbol{A})\boldsymbol{X}=\boldsymbol{0}$ 的一个非零解 $(-2,3)^{\mathrm{T}}$，单位化得 $\boldsymbol{\eta}_2=\left(-\frac{2}{\sqrt{13}},\ \frac{3}{\sqrt{13}}\right)^{\mathrm{T}}$.

令

$$\boldsymbol{T}=\begin{pmatrix}\frac{3}{\sqrt{13}} & -\frac{2}{\sqrt{13}}\\ \frac{2}{\sqrt{13}} & \frac{3}{\sqrt{13}}\end{pmatrix},$$

则 $\boldsymbol{T}$ 是正交矩阵，且 $|\boldsymbol{T}|=1$. 作转轴

$$\begin{pmatrix}x\\ y\end{pmatrix}=\boldsymbol{T}\begin{pmatrix}x'\\ y'\end{pmatrix},$$

则 S 在 $Ox'y'$ 中的方程的一次项系数的一半分别为

$$a'_1=\boldsymbol{\delta}^{\mathrm{T}}\eta_1=(-18,\ -3)\begin{pmatrix}\frac{3}{\sqrt{13}}\\ \frac{2}{\sqrt{13}}\end{pmatrix}=-\frac{60}{\sqrt{13}},$$

$$a'_2=\boldsymbol{\delta}^{\mathrm{T}}\eta_2=(-18,\ -3)\begin{pmatrix}-\frac{2}{\sqrt{13}}\\ \frac{3}{\sqrt{13}}\end{pmatrix}=\frac{27}{\sqrt{13}}.$$

于是 S 在 $Ox'y'$ 中的方程为

$$10x'^2-3y'^2-\frac{120}{\sqrt{13}}x'+\frac{54}{\sqrt{13}}y'=0.$$

再作移轴

$$\begin{cases}x^*=x'-\frac{6}{\sqrt{13}},\\ y^*=y'-\frac{9}{\sqrt{13}},\end{cases}$$

则 S 在右手直角坐标系 $O^*x^*y^*$ 中的方程为

$$10x^{*2}-3y^{*2}=9.$$

S 是双曲型曲线，且是双曲线，它的实轴在 x^* 轴上，虚轴在 y^* 轴上，实半轴为 $\frac{3}{\sqrt{10}}$，虚半轴为 $\sqrt{3}$.

总的坐标变换公式为

$$\begin{pmatrix}x\\y\end{pmatrix}=\begin{pmatrix}\frac{3}{\sqrt{13}} & -\frac{2}{\sqrt{13}}\\ \frac{2}{\sqrt{13}} & \frac{3}{\sqrt{13}}\end{pmatrix}\begin{pmatrix}x^*\\y^*\end{pmatrix}+\begin{pmatrix}0\\3\end{pmatrix},$$

于是 O^* 在 Oxy 中的坐标为 $(0,3)^{\mathrm{T}}$，x^* 轴，y^* 轴的单位向量在 Oxy 中的坐标分别为

$$\left(\frac{3}{\sqrt{13}},\frac{2}{\sqrt{13}}\right)^{\mathrm{T}},\quad \left(-\frac{2}{\sqrt{13}},\frac{3}{\sqrt{13}}\right)^{\mathrm{T}}.$$

（5）S 的方程的二次项部分的矩阵 $\boldsymbol{A}$ 为

$$\boldsymbol{A}=\begin{pmatrix}4 & -2\\ -2 & 1\end{pmatrix}.$$

$\boldsymbol{A}$ 的特征多项式为 $\lambda^2-5\lambda$，它的两个实根是 0，5，于是 $\boldsymbol{A}$ 的全部特征值为 $\lambda_1=0$，$\lambda_2=5$.

对于 $\lambda_1=0$，求出 $(0\boldsymbol{I}-\boldsymbol{A})\boldsymbol{X}=\boldsymbol{0}$ 的一个非零解 $(1,2)^{\mathrm{T}}$，单位化得 $\boldsymbol{\eta}_1=\left(\frac{1}{\sqrt{5}},\frac{2}{\sqrt{5}}\right)^{\mathrm{T}}$.

对于 $\lambda_2=5$，求出 $(5\boldsymbol{I}-\boldsymbol{A})\boldsymbol{X}=\boldsymbol{0}$ 的一个非零解 $(-2,1)^{\mathrm{T}}$，单位化得 $\boldsymbol{\eta}_2=\left(-\frac{2}{\sqrt{5}},\frac{1}{\sqrt{5}}\right)^{\mathrm{T}}$.

令

$$\boldsymbol{T}=\begin{pmatrix}\frac{1}{\sqrt{5}} & -\frac{2}{\sqrt{5}}\\ \frac{2}{\sqrt{5}} & \frac{1}{\sqrt{5}}\end{pmatrix},$$

则 $\boldsymbol{T}$ 是正交矩阵，且 $|\boldsymbol{T}|=1$. 作转轴

$$\begin{pmatrix}x\\y\end{pmatrix}=\boldsymbol{T}\begin{pmatrix}x'\\y'\end{pmatrix},$$

则 S 在 $Ox'y'$ 中的方程的一次项系数的一半分别为

$$a_1'=\boldsymbol{\delta}^{\mathrm{T}}\boldsymbol{\eta}_1=(-1,-7)\begin{pmatrix}\frac{1}{\sqrt{5}}\\\frac{2}{\sqrt{5}}\end{pmatrix}=-3\sqrt{5},$$

$$a_2'=\boldsymbol{\delta}^{\mathrm{T}}\boldsymbol{\eta}_2=(-1,-7)\begin{pmatrix}-\frac{2}{\sqrt{5}}\\\frac{1}{\sqrt{5}}\end{pmatrix}=-\sqrt{5}.$$

于是 S 在 $Ox'y'$ 中的方程为

$$5y'^2-6\sqrt{5}x'-2\sqrt{5}y'+7=0.$$

再作移轴

$$\begin{cases}x^*=x'-\dfrac{1}{\sqrt{5}},\\y^*=y'-\dfrac{1}{\sqrt{5}},\end{cases}$$

则 S 在 $O^*x^*y^*$ 中的方程为

$$y^{*2}=\frac{6}{\sqrt{5}}x^*.$$

S 是抛物型曲线，且是抛物线，它的焦参数 $p=\frac{3}{\sqrt{5}}$，对称轴在 x^* 轴上，开口朝着 x^* 轴的正向.

总的坐标变换公式为

$$\begin{pmatrix}x\\y\end{pmatrix}=\begin{pmatrix}\frac{1}{\sqrt{5}}&-\frac{2}{\sqrt{5}}\\\frac{2}{\sqrt{5}}&\frac{1}{\sqrt{5}}\end{pmatrix}\begin{pmatrix}x^*\\y^*\end{pmatrix}+\begin{pmatrix}-\frac{1}{5}\\\frac{3}{5}\end{pmatrix},$$

于是 O^* 在 Oxy 中的坐标为 $\left(-\dfrac{1}{5},\dfrac{3}{5}\right)^{\mathrm{T}}$，$x^*$ 轴，y^* 轴的单位向量在 Oxy 中的坐标分别为

$$\left(\frac{1}{\sqrt{5}},\frac{2}{\sqrt{5}}\right)^{\mathrm{T}},\quad \left(-\frac{2}{\sqrt{5}},\frac{1}{\sqrt{5}}\right)^{\mathrm{T}}.$$

2. 作直角坐标变换

$$\begin{cases} x'=\dfrac{1}{\sqrt{A_1^2+B_1^2}}(A_1x+B_1y+C_1), \\ y'=\dfrac{1}{\sqrt{A_2^2+B_2^2}}(A_2x+B_2y+C_2), \end{cases}$$

得到新方程为 $\dfrac{x'^2}{\lambda^2}+\dfrac{y'^2}{\mu^2}=1$，其中

$$\lambda=\frac{1}{\sqrt{A_1^2+B_1^2}},\quad \mu=\frac{1}{\sqrt{A_2^2+B_2^2}}.$$

这是椭圆.

习　题　5.2

1. (1) $I_1=8$，$I_2=-9$，$I_3=81$. 由于 $I_2<0$，因此二次曲线 S 是双曲型曲线. 由于 $I_3\neq0$，因此 S 是双曲线.

多项式 $\lambda^2-8\lambda-9$ 的两个实根为 $\lambda_1=9$，$\lambda_2=-1$，于是 S 的最简方程为 $9x^{*2}-y^{*2}-9=0$，即 $x^{*2}-\dfrac{y^{*2}}{9}=1$，从而 S 的实轴在 x^* 轴上，虚轴在 y^* 轴上，实半轴为 1，虚半轴为 3.

(2) $I_1=2$，$I_2=0$，$I_3=-16$. 由于 $I_2=0$，因此 S 是抛物型曲线. 由于 $I_3\neq0$，因此 S 是抛物线.

多项式 $\lambda^2-2\lambda$ 的两个实根为 $\lambda_1=0$，$\lambda_2=2$，于是 S 的最简方程为 $2y^{*2}\pm4\sqrt{2}x^*=0$，即 $y^{*2}=\mp2\sqrt{2}x^*$，从而焦参数 $p=\sqrt{2}$.

(3) $I_1=10$，$I_2=9$，$I_3=-81$. 由于 $I_2>0$，因此 S 是椭圆型曲线. 由于 I_3 与 I_1 异号，因此 S 是椭圆.

多项式 $\lambda^2-10\lambda+9$ 的两个实根为 $\lambda_1=1$，$\lambda_2=9$，于是椭圆的最

简方程为 $\frac{x^{*2}}{9}+y^{*2}=1$，从而它的长轴在 x^* 轴上，短轴在 y^* 轴上，长半轴为 3，短半轴为 1.

(4) $I_1=34$，$I_2=81$，$I_3=0$. 由于 $I_2>0$，因此 S 是椭圆型曲线. 由于 $I_3=0$，因此 S 是一个点.

多项式 $\lambda^2-34\lambda+81$ 的两个实根为 $\lambda_1=17+4\sqrt{13}$，$\lambda_2=17-4\sqrt{13}$，于是 S 的最简方程为

$$(17+4\sqrt{13})x^{*2}+(17-4\sqrt{13})y^{*2}=0.$$

(5) $I_1=-1$，$I_2=-\frac{9}{4}$，$I_3=0$，由于 $I_2<0$，因此 S 是双曲型曲线. 由于 $I_3=0$，因此 S 是一对相交直线.

把 S 的原方程的左端分解成两个一次因式的乘积，得到这对相交直线的方程分别为

$$x+2y-7=0,\qquad x-y-4=0.$$

(6) $I_1=10$，$I_2=0$，$I_3=0$，$K_1<0$. 由于 $I_2=0$，因此 S 是抛物型曲线. 由于 $I_3=0$，$K_1<0$，因此 S 是一对平行直线.

把 S 的原方程的左端分解成两个一次因式的乘积，得到这对平行直线的方程分别为

$$2x+y+1=0,\qquad 4x+2y-5=0.$$

(7) $I_1=33$，$I_2=200$，$I_3=9928$. 由于 $I_2>0$，因此 S 是椭圆型曲线. 由于 I_3 与 I_1 同号，因此 S 是虚椭圆.

多项式 $\lambda^2-33\lambda+200$ 的实根为 $\lambda_1=25$，$\lambda_2=8$，于是 S 的最简方程为 $25x^{*2}+8y^{*2}+\frac{1241}{25}=0$.

2. 当 $\lambda=4$ 时，所给方程表示一对平行直线.

3. (1) 当 $\lambda>\frac{1}{2}$，且 $\lambda\neq 1$ 时，是椭圆；当 $\lambda=\frac{1}{2}$ 时，是一个点；当 $\lambda<\frac{1}{2}$，且 $\lambda\neq -1$ 时，是虚椭圆；当 $\lambda=1$ 时，是抛物线；当 $\lambda=-1$ 时，是一对虚平行直线.

(2) 当 $\lambda>1$ 或 $0<\lambda<1$ 或 $\lambda<-2$ 时，是双曲线；当 $\lambda=1$ 时，是

一对相交直线；当 $\lambda=0$ 时，是抛物线；当 $-1<\lambda<0$ 时，是椭圆；当 $\lambda=-1$ 时，是一个点；当 $-2<\lambda<-1$ 时，是虚椭圆；当 $\lambda=-2$ 时，是一对虚平行直线.

4. 二次方程(0.1)表示一个圆当且仅当它的最简方程为

$$\lambda_1 x^{*2}+\lambda_2 y^{*2}+\frac{I_3}{I_2}=0,$$

其中 $\lambda_1=\lambda_2$，I_3 与 I_1 异号. 又由于 λ_1 与 λ_2 是 $\lambda^2-I_1\lambda+I_2$ 的相等实根的充分必要条件为 $I_1^2-4I_2=0$，因此方程(0.1)表示一个圆当且仅当 $I_1^2=4I_2$，$I_1I_3<0$.

5. 二次方程(0.1)表示等轴双曲线当且仅当它的最简方程为

$$\lambda_1 x^{*2}+\lambda_2 y^{*2}+\frac{I_3}{I_2}=0,$$

其中 $\lambda_1=-\lambda_2$，$I_3\neq 0$. 于是

$$I_1=\lambda_1+\lambda_2=(-\lambda_2)+\lambda_1=0.$$

二次方程(0.1)表示两条互相垂直的直线当且仅当它的最简方程为 $(\sqrt{|\lambda_1|})^2x^{*2}-(\sqrt{|\lambda_2|})^2y^{*2}=0$，其中 $(-\sqrt{|\lambda_2|})\sqrt{|\lambda_2|}+\sqrt{|\lambda_1|}\sqrt{|\lambda_1|}=0$，即 $|\lambda_2|=|\lambda_1|$，从而 $\lambda_2=-\lambda_1$. 于是

$$I_1=\lambda_1+\lambda_2=0.$$

6. 若二次方程(0.1)表示一对平行直线，则这对平行直线的最简方程为 $I_1y^{*2}+\dfrac{K_1}{I_1}=0$，即 $y^*=\pm\sqrt{\dfrac{-K_1}{I_1^2}}$，从而它们的距离为

$$d=2\sqrt{\frac{-K_1}{I_1^2}}=\sqrt{\frac{-4K_1}{I_1^2}}.$$

7. 抛物线的最简方程为

$$I_1y^{*2}\pm 2\sqrt{\frac{-I_3}{I_1}}x^*=0.$$

由于 $\sqrt{\dfrac{-I_3}{I_1}}$ 为正数，因此 $I_1I_3<0$.

习 题 5.3

1. (1) 两个虚交点，它们的坐标分别为

$$\left(\frac{3+\sqrt{89}\mathrm{i}}{4},\frac{-11+\sqrt{89}\mathrm{i}}{6}\right)^{\mathrm{T}},\quad \left(\frac{3-\sqrt{89}\mathrm{i}}{4},\frac{-11-\sqrt{89}\mathrm{i}}{6}\right)^{\mathrm{T}};$$

(2) 两个不同的交点，它们的坐标分别为

$$\left(\frac{-13+3\sqrt{61}}{10},\frac{-16+\sqrt{61}}{5}\right)^{\mathrm{T}},\quad \left(\frac{-13-3\sqrt{61}}{10},\frac{-16-\sqrt{61}}{5}\right)^{\mathrm{T}}.$$

2. (1) 有两个渐近方向：$k_1(5,1)^{\mathrm{T}}$，$k_2(-2,1)^{\mathrm{T}}$；

(2) 有两个渐近方向：$k_1(-2,1)^{\mathrm{T}}$，$k_2(1,1)^{\mathrm{T}}$；

(3) $I_2=0$，这是抛物型曲线，有一个渐近方向：$k(-1,1)^{\mathrm{T}}$；

(4) $I_2=0$，有一个渐近方向：$k(-4,8)^{\mathrm{T}}$.

3. (1) 对称中心的坐标为$(1,1)^{\mathrm{T}}$；

(2) 对称中心的坐标为$(-1,2)^{\mathrm{T}}$；

(3) 有无穷多个对称中心，它们恰好组成一条直线：

$$4x+2y-5=0;$$

(4) 没有对称中心.

4. 二次曲线是一个点，这个点是对称中心，其坐标为$\left(-\frac{1}{9},\frac{5}{9}\right)^{\mathrm{T}}$.

5. 有唯一的中心 $\Longleftrightarrow \lambda\neq 9$；

没有中心 $\Longleftrightarrow \lambda=9$，且 $\mu\neq 9$；

有一条中心直线 $\Longleftrightarrow \lambda=9$ 且 $\mu=9$.

6. 二次曲线是中心型曲线，且中心是原点$\Longleftrightarrow a_{11}a_{22}-a_{12}\neq 0$，且 $a_1=a_2=0$.

7. $xy-x-4=0$.

习 题 5.4

1. (1) $I_1=10$，$I_2=9$. $\lambda^2-10\lambda+9$ 的根为 $\lambda_1=1$，$\lambda_2=9$. 属于 λ_1 的主方向为 1: −1，与此方向共轭的对称轴的方程为

$$x-y=0.$$

属于 λ_2 的主方向为 1:1，与此方向共轭的对称轴的方程为

$$x+y-2=0.$$

(2) $I_1=0$，$I_2=-1$. $\lambda^2-1=0$ 的根为 $\lambda_1=-1$，$\lambda_2=1$. 属于 λ_1 的主方向为 1: -1，与此方向共轭的对称轴的方程为

$$x-y+3=0.$$

属于 λ_2 的主方向为 1:1，与此方向共轭的对称轴的方程为

$$x+y-1=0.$$

(3) $I_1=5$，$I_2=0$. $\lambda^2-5\lambda$ 的根为 $\lambda_1=0$，$\lambda_2=5$. 属于 λ_1 的主方向为 2:1，这是渐近方向. 属于 λ_2 的主方向为 1: -2，与此方向共轭的对称轴的方程为

$$2x-4y-1=0.$$

2. 易知对称中心为原点. 设二次曲线 S 的方程的二次项部分的矩阵 $\boldsymbol{A}$ 的特征值为 λ_1，λ_2，则从(4.4)式的第一个式子可得，属于 λ_1 的主方向为 $a_{12}:(\lambda_1-a_{11})$，属于 λ_2 的主方向为 $a_{12}:(\lambda_2-a_{11})$，从而分别以它们为方向向量的对称轴的方程为

$$\frac{x}{a_{12}}=\frac{y}{\lambda_1-a_{11}},\qquad \frac{x}{a_{12}}=\frac{y}{\lambda_2-a_{11}}.$$

若 $a_{12}\neq 0$，将上述两个方程先移项，然后相乘得

$$[a_{12}y-(\lambda_1-a_{11})x][a_{12}y-(\lambda_2-a_{11})x]=0.$$

展开整理得

$$a_{12}(x^2-y^2)-(a_{11}-a_{22})xy=0.$$

若 $a_{12}=0$，则 S 的方程为 $a_{11}x^2+a_{22}y^2+a_0=0$. 易知 x 轴，y 轴都是 S 的对称轴，从而仍满足上述方程.

3. 由于方程(0.1)表示一条抛物线，因此 $I_2=0$，且它只有一个渐近方向：$(-a_{12},a_{11})^{\mathrm{T}}$. 这是抛物线的方程的二次项部分的矩阵 $\boldsymbol{A}$ 的属于特征值 $\lambda_1=0$ 的一个特征向量. 由于 $\boldsymbol{A}$ 的属于非零特征值 λ_2 的任一特征向量必与$(-a_{12},a_{11})^{\mathrm{T}}$ 正交，因此 $\boldsymbol{A}$ 的属于 λ_2 的一个特征向量为$(a_{11},a_{12})^{\mathrm{T}}$. 于是与此方向共轭的对称轴的方程为

$$a_{11}(a_{11}x+a_{12}y+a_1)+a_{12}(a_{12}x+a_{22}y+a_2)=0.$$

必要性　若顶点是原点，则原点在对称轴上，且原点在抛物线

上，从而

$$a_{11}a_1+a_{12}a_2=0,\quad a_0=0.$$

把上述第一个式子两边平方得

$$a_{11}^2a_1^2+2a_{11}a_{12}a_1a_2+a_{12}^2a_2^2=0.$$

由于 $I_2=0$，因此 $a_{11}a_{22}=a_{12}^2$. 于是上式可写成

$$a_{11}^2a_1^2+2a_{11}a_{12}a_1a_2+a_{11}a_{22}a_2^2=0.$$

若 $a_{11}\neq 0$，则上式可写成

$$a_{11}a_1^2+2a_{12}a_1a_2+a_{22}a_2^2=0.$$

若 $a_{11}=0$，由于 $I_2=0$，因此 $a_{12}=0$. 此时 $a_{22}\neq 0$. 抛物线的唯一的渐近方向为 $(-a_{22},a_{12})^{\mathrm{T}}=(-a_{22},0)^{\mathrm{T}}$，从而 $\boldsymbol{A}$ 的属于非零特征值 λ_2 的一个特征向量为 $(0,1)^{\mathrm{T}}$. 于是与此方向共轭的对称轴的方程为 $a_{22}y+a_2=0$. 由于原点在对称轴上，因此 $a_2=0$. 这时仍有等式

$$a_{11}a_1^2+a_{22}a_2^2+2a_{12}a_1a_2=0.$$

充分性　设 $a_{11}a_1^2+a_{22}a_2^2+2a_{12}a_1a_2=0$，且 $a_0=0$，于是原点在抛物线上.

若 $a_{11}\neq 0$，则在 $a_{11}a_1^2+a_{22}a_2^2+2a_{12}a_1a_2=0$ 两边乘 a_{11}，得

$$a_{11}^2a_1^2+a_{11}a_{22}a_2^2+2a_{11}a_{12}a_1a_2=0.$$

由于 $I_2=0$，因此 $a_{11}a_{22}=a_{12}^2$，从而上式可写成

$$(a_{11}a_1+a_{12}a_2)^2=0.$$

由此得出 $a_{11}a_1+a_{12}a_2=0$. 因此原点在对称轴上，从而原点是抛物线与对称轴的交点，即原点是顶点.

若 $a_{11}=0$，则在必要性的证明的最后一段已证 $a_{12}=0$，$a_{22}\neq 0$. 此时从 $a_{11}a_1^2+a_{22}a_2^2+2a_{12}a_1a_2=0$ 得 $a_2=0$. 在必要性的证明的最后一段已证对称轴的方程为 $a_{22}y+a_2=0$，从而 $a_{22}y=0$，于是原点在对称轴上. 因此原点是顶点.

4. 共轭于方向 $(\mu,\nu)^{\mathrm{T}}$ 的直径的方程为

$$\mu(2y+1)+\nu(2x-5y+3)=0.$$

因此经过点 $(-4,2)^{\mathrm{T}}$ 的直径 l_1，μ，ν 应满足

$$5\mu-15\nu=0,$$

从而可取$(\mu,\nu)^{\mathrm{T}}=(3,1)^{\mathrm{T}}$. 于是共轭于方向$(3,1)^{\mathrm{T}}$的直径$l_1$的方程为

$$2x+y+6=0.$$

直线l_1的方向向量的坐标为$(1,-2)^{\mathrm{T}}$，与此方向共轭的直径l_2的方程为

$$(2y+1)-2(2x-5y+3)=0,$$

即$4x+8y+5=0$. l_2就是l_1的共轭直径.

5. 圆的标准方程为$x^2+y^2=r^2$. 于是，共轭于方向$(\mu_1,\nu_1)^{\mathrm{T}}$的直径$l_1$的方程为$\mu_1x+\nu_1y=0$，$l_1$的方向为$(\nu_1,-\mu_1)^{\mathrm{T}}$；共轭于方向$(\nu_1,-\mu_1)^{\mathrm{T}}$的直径$l_2$的方程为$\nu_1x-\mu_1y=0$，$l_2$的方向为$(\mu_1,\nu_1)^{\mathrm{T}}$. 由于$\nu_1\mu_1+(-\mu_1)\nu_1=0$，因此$l_1\perp l_2$.

6. 椭圆的标准方程为$\dfrac{x^2}{a^2}+\dfrac{y^2}{b^2}=1$. 于是，共轭于方向$(\mu,\nu)^{\mathrm{T}}$的直径$l_1$的方程为$\mu\dfrac{1}{a^2}x+\nu\dfrac{1}{b^2}y=0$，$l_1$的方向为$\left(\dfrac{\nu}{b^2},-\dfrac{\mu}{a^2}\right)^{\mathrm{T}}$. 与$l_1$的方向共轭的直径$l_2$的方程为$\dfrac{\nu}{b^2}\dfrac{1}{a^2}x-\dfrac{\mu}{a^2}\dfrac{1}{b^2}y=0$，即$\nu x-\mu y=0$.

直径l_1与椭圆的交点$M_1(x_1,y_1)^{\mathrm{T}}$的坐标满足

$$\begin{cases}\dfrac{\mu}{a^2}x_1+\dfrac{\nu}{b^2}y_1=0,\\[2mm] \dfrac{x_1^2}{a^2}+\dfrac{y_1^2}{b^2}=1.\end{cases}$$

解得

$$x_1^2=\frac{a^4\nu^2}{a^2\nu^2+b^2\mu^2},\qquad y_1^2=\frac{b^4\mu^2}{a^2\nu^2+b^2\mu^2}.$$

于是交点M_1与中心(即原点)的距离d_1的平方为

$$d_1^2=\frac{a^4\nu^2+b^4\mu^2}{a^2\nu^2+b^2\mu^2}.$$

直径l_2与椭圆的交点$M_2(x_2,y_2)^{\mathrm{T}}$的坐标满足

$$\begin{cases} \nu x_2 - \mu y_2 = 0, \\ \dfrac{x_2^2}{a^2} + \dfrac{y_2^2}{b^2} = 1. \end{cases}$$

解得

$$x_2^2 = \frac{a^2 b^2 \mu^2}{a^2 \nu^2 + b^2 \mu^2}, \qquad y_2^2 = \frac{a^2 b^2 \nu^2}{a^2 \nu^2 + b^2 \mu^2}.$$

于是交点 M_2 与中心的距离 d_2 的平方为

$$d_2^2 = \frac{a^2 b^2 \mu^2 + a^2 b^2 \nu^2}{a^2 \nu^2 + b^2 \mu^2},$$

从而

$$d_1^2 + d_2^2 = a^2 + b^2,$$

即椭圆的任意一对共轭半径的长度的平方和等于 $a^2 + b^2$.

7. 设这条弦的方向为 $(\mu,\nu)^{\mathrm{T}}$，则与此方向共轭的直径 l 的方程为 $\mu\left(\frac{1}{9}x\right) + \nu\left(\frac{1}{4}y\right) = 0$. 由于这条弦的中点 $(2,1)^{\mathrm{T}}$ 在 l 上，因此有 $\frac{2}{9}\mu + \frac{\nu}{4} = 0$. 可取 $\mu = 9$，$\nu = -8$. 于是这条弦的斜率为 $-\frac{8}{9}$.

8. 设双曲线 $\frac{x^2}{9} - \frac{y^2}{4} = 1$ 的被点 $(5,1)^{\mathrm{T}}$ 平分的弦的方向为 $(\mu,\nu)^{\mathrm{T}}$，则与此方向共轭的直径 l_1 的方程为

$$\mu\frac{x}{9} + \nu\left(-\frac{y}{4}\right) = 0.$$

由于点 $(5,1)^{\mathrm{T}}$ 在 l_1 上，因此 $\frac{5}{9}\mu - \frac{1}{4}\nu = 0$. 可取 $\mu = 9$，$\nu = 20$. 于是这条弦所在的直线 l_2 的方程为

$$\frac{x-5}{9} = \frac{y-1}{20}.$$

l_2 与双曲线的两个交点的坐标分别为

$$\left(5 + \frac{3}{2}\sqrt{\frac{55}{91}}, 1 + \frac{10}{3}\sqrt{\frac{55}{91}}\right)^{\mathrm{T}}, \qquad \left(5 - \frac{3}{2}\sqrt{\frac{55}{91}}, 1 - \frac{10}{3}\sqrt{\frac{55}{91}}\right)^{\mathrm{T}}.$$

9. 任取抛物型曲线的一条直径 l，设它共轭于非渐近方向 $(\mu,\nu)^{\mathrm{T}}$，又设 l 的方向为 $(\mu^*,\nu^*)^{\mathrm{T}}$. 根据命题 4.1，得

$$\varphi(\mu^*,\nu^*) = I_2\varphi(\mu,\nu).$$

由于 $I_2=0$，因此 $\varphi(\mu^*,\nu^*)=0$，从而 $(\mu^*,\nu^*)^{\mathrm{T}}$ 是渐近方向. 因此抛物型曲线的直径的方向一定是渐近方向.

10. 设抛物线的标准方程为 $y^2=2px$，则它的唯一的渐近方向为 $(1,0)^{\mathrm{T}}$，沿渐近方向的任一条直线 l 的方程为

$$\frac{x-x_0}{1}=\frac{y-y_0}{0},$$

即 $y=y_0$. 考虑方向 $(y_0,p)^{\mathrm{T}}$. 由于 $\varphi(y_0,p)=p^2\neq 0$，因此 $(y_0,p)^{\mathrm{T}}$ 是非渐近方向. 与此方向共轭的直径的方程为

$$y_0(-p)+py=0,$$

即 $y=y_0$. 这表明 l 是共轭于方向 $(y_0,p)^{\mathrm{T}}$ 的直径.

11. 对于中心型曲线 S，任取它的一个非渐近方向 $(\mu,\nu)^{\mathrm{T}}$. 设 l_1 是经过中心且方向为 $(\mu,\nu)^{\mathrm{T}}$ 的直线. 根据命题 4.1 前面的一段话，S 的共轭于 $(\mu,\nu)^{\mathrm{T}}$ 的直径 l_2 的方向为

$$(-a_{12}\mu-a_{22}\nu,a_{11}\mu+a_{12}\nu)^{\mathrm{T}}.$$

与此方向共轭的直径 l_3 的方程为

$$(-a_{12}\mu-a_{22}\nu)(a_{11}x+a_{12}y+a_1)+(a_{11}\mu+a_{12}\nu)(a_{12}x+a_{22}y+a_2)=0.$$

设 S 的中心 M_0 的坐标为 $(x_0,y_0)^{\mathrm{T}}$，则

$$a_{11}x_0+a_{12}y_0+a_1=0,\qquad a_{12}x_0+a_{22}y_0+a_2=0,$$

从而 l_3 经过 S 的中心 M_0. 整理 l_3 的方程得

$$-I_2\nu x+I_2\mu y+(a_{11}a_2-a_{12}a_1)\mu+(a_{12}a_2-a_{22}a_1)\nu=0,$$

于是 l_3 的方向为 $(I_2\mu,I_2\nu)^{\mathrm{T}}$，即 $(\mu,\nu)^{\mathrm{T}}$. 由于经过 S 的中心 M_0 且方向为 $(\mu,\nu)^{\mathrm{T}}$ 的直线唯一，因此 l_3 就是 l_1. 于是 l_1 是直径.

12. (1) 在习题 5.2 第 1 题的第(1)小题已求出 $I_1=8$，$I_2=-9$，$I_3=81$. S 是双曲线.

$\lambda^2-8\lambda-9$ 的根为 $\lambda_1=9$，$\lambda_2=-1$，于是 S 的标准方程为

$$x^{*2}-\frac{y^{*2}}{9}=1,$$

从而 S 的实半轴为 1，虚半轴为 3. 解方程组

$$\begin{cases}3y-6=0,\\3x+8y-13=0,\end{cases}$$

得 $y=2$，$x=-1$. 因此双曲线的对称中心 O^* 的坐标为 $(-1,2)^{\mathrm{T}}$. 二次项部分的矩阵 $\boldsymbol{A}$ 的属于特征值 $\lambda_1=9$ 的一个特征向量为 $(1,3)^{\mathrm{T}}$，它给出了实轴(即 x^* 轴)的方向，于是实轴的方程为

$$\frac{x+1}{1}=\frac{y-2}{3},\quad 即\quad 3x-y+5=0.$$

$\boldsymbol{A}$ 的属于特征值 $\lambda_2=-1$ 的一个特征向量为 $(-3,1)^{\mathrm{T}}$，它给出了虚轴(即 y^* 轴)的方向，于是虚轴的方程为

$$\frac{x+1}{-3}=\frac{y-2}{1},\quad 即\quad x+3y-5=0.$$

(2) 习题 5.2 第 1 题的第(2)小题已求出 $I_1=2$，$I_2=0$，$I_3=-16$. S 是抛物线. $\lambda^2-2\lambda$ 的根为 $\lambda_1=0$，$\lambda_2=2$，于是 S 的标准方程为 $y^{*2}=2\sqrt{2}x^*$，从而焦参数 $p=\sqrt{2}$.
二次项部分的矩阵 $\boldsymbol{A}$ 的属于特征值 $\lambda_2=2$ 的一个特征向量为 $(1,1)^{\mathrm{T}}$，与此方向共轭的直径(即抛物线的对称轴)的方程为

$$(x+y-4)+(x+y)=0,\quad 即\quad x+y-2=0.$$

对称轴与抛物线的交点为顶点，求得它的坐标为 $(1,1)^{\mathrm{T}}$.
考虑顶点左边的直线 $x=0$ 与抛物线有无交点：

$$\begin{cases}x^2+2xy+y^2-8x+4=0,\\x=0,\end{cases}\quad 即\quad \begin{cases}y^2+4=0,\\x=0.\end{cases}$$

由于第一个方程无解，因此 $x=0$ 与抛物线无交点，从而抛物线的开口应当向右.
(3) 习题 5.2 第 1 题的第(3)小题已求出 $I_1=10$，$I_2=9$，$I_3=-81$. S 是椭圆. $\lambda^2-10\lambda+9$ 的根为 $\lambda_1=1$，$\lambda_2=9$，于是 S 的标准方程为 $\frac{x^{*2}}{9}+y^{*2}=1$，从而长半轴为 3，短半轴为 1. 解方程组

$$\begin{cases}5x+4y-9=0,\\4x+5y-9=0,\end{cases}$$

得 $x=1$，$y=1$. 于是椭圆的对称中心 O^* 的坐标为 $(1,1)^{\mathrm{T}}$.

二次项部分的矩阵 $\boldsymbol{A}$ 的属于特征值 $\lambda_1=1$ 的一个特征向量为 $(1,-1)^{\mathrm{T}}$，于是长轴(即 x^* 轴)的方程为

$$\frac{x-1}{1}=\frac{y-1}{-1}, \quad 即 \quad x+y-2=0.$$

$\boldsymbol{A}$ 的属于特征值 $\lambda_2=9$ 的一个特征向量为 $(1,1)^{\mathrm{T}}$，于是短轴(即 y^* 轴)的方程为 $x-y=0$.

(4) $I_1=5$，$I_2=0$，$I_3=-16$. S 是抛物线. $\lambda^2-5\lambda$ 的根为 $\lambda_1=0$，$\lambda_2=5$，于是 S 的标准方程为 $y^{*2}=\frac{8\sqrt{5}}{25}x^*$，从而焦参数为

$$p=\frac{4\sqrt{5}}{25}.$$

二次项部分的矩阵 $\boldsymbol{A}$ 的属于特征值 $\lambda_2=5$ 的一个特征向量为 $(-1,2)^{\mathrm{T}}$，与此方向共轭的直径(即抛物线的对称轴)的方程为

$$(-1)(x-2y)+2(-2x+4y+4)=0,$$

即

$$5x-10y-8=0.$$

求出对称轴与抛物线的交点坐标为 $\left(\frac{21}{100},-\frac{139}{200}\right)^{\mathrm{T}}$，它就是抛物线的顶点的坐标.

考虑顶点左边的直线 $x=0$ 与抛物线有无交点：

$$\begin{cases}x^2-4xy+4y^2+8y+3=0,\\ x=0,\end{cases} \quad 即 \quad \begin{cases}4y^2+8y+3=0,\\ x=0.\end{cases}$$

由于第一个方程的判别式 $\Delta=64-4\times4\times3>0$，因此抛物线与直线 $x=0$ 有交点，从而抛物线开口向左.

13. 设二次曲线 S 的方程为(0.1). 对称轴 l_1：$x+y+1=0$ 的方向为 $(-1,1)^{\mathrm{T}}$，与此方向共轭的直径 l_2 的方程为

$$-(a_{11}x+a_{12}y+a_1)+(a_{12}x+a_{22}y+a_2)=0,$$

即

$$(a_{12}-a_{11})x+(a_{22}-a_{12})y+(a_2-a_1)=0.$$

l_2 是另一条对称轴：$x-y+1=0$. 于是有

$$a_{12}-a_{11}=k, \quad a_{22}-a_{12}=-k, \quad a_2-a_1=k.$$

由此得出 $a_{11}=a_{22}$，$a_{12}=a_{11}+k$，$a_2-a_1=k$.

对称轴 l_2：$x-y+1=0$ 的方向为 $(1,1)^{\mathrm{T}}$，与此方向共轭的直径（它就是 l_1）的方程为

$$(a_{11}x+a_{12}y+a_1)+(a_{12}x+a_{22}y+a_2)=0,$$

即
$$(a_{11}+a_{12})x+(a_{12}+a_{22})y+(a_1+a_2)=0.$$

又 l_1 的方程为 $x+y+1=0$，于是有

$$a_{11}+a_{12}=h,\quad a_{12}+a_{22}=h,\quad a_1+a_2=h.$$

由此得出 $a_{12}=h-a_{11}$，又 $a_{12}=a_{11}+k$，因此 $a_{11}=\dfrac{h-k}{2}$，$a_{12}=\dfrac{h+k}{2}$. 由 $a_1+a_2=h$，$a_2-a_1=k$ 得 $a_2=\dfrac{h+k}{2}=a_{12}$，$a_1=\dfrac{h-k}{2}=a_{11}$. 于是 S 的方程为

$$a_{11}x^2+2a_{12}xy+a_{11}y^2+2a_{11}x+2a_{12}y+a_0=0.$$

由于点 $(-2,-1)^{\mathrm{T}}$ 和 $(0,-2)^{\mathrm{T}}$ 在 S 上，因此

$$\begin{cases}a_{11}+2a_{12}+a_0=0,\\ 4a_{11}-4a_{12}+a_0=0.\end{cases}$$

由此得出 $a_{11}=2a_{12}$，$a_0=-2a_{11}$. 因此 S 的方程为

$$x^2+xy+y^2+2x+y-2=0.$$

习 题 5.5

1. （1）切线方程：$\dfrac{x_0x}{a^2}+\dfrac{y_0y}{b^2}=1$；

法线方程：$a^2y_0x-b^2x_0y=(a^2-b^2)x_0y_0$.

（2）切线方程：$\dfrac{x_0x}{a^2}-\dfrac{y_0y}{b^2}=1$；

法线方程：$a^2y_0x+b^2x_0y=(a^2+b^2)x_0y_0$.

（3）切线方程：$y_0y=p(x+x_0)$；法线方程：$y_0x+py=(p+x_0)y_0$.

2. （1）$9x+10y-28=0$；（2）$x-2y=0$；

（3）$x-y+2\sqrt{2}=0$ 或 $11x+5y-10\sqrt{2}=0$；

（4）经过点 $(0,2)^{\mathrm{T}}$ 有一对重合的切线：$x^2=0$.

3. 切线方程：$3x-y=0$；法线方程：$x+3y-10=0$.

4. (1) 切线方程为 $\frac{x+4}{-4}=\frac{y-3}{1}$ 或 $\frac{x-1}{-4}=\frac{y-1}{1}$，切点坐标为$(-4,3)^{\mathrm{T}}$ 或$(1,1)^{\mathrm{T}}$；

(2) 切线方程为 $y\pm2=0$，切点坐标为$(1,-2)^{\mathrm{T}}$或$(-1,2)^{\mathrm{T}}$.

5. 设二次曲线 S 与它的一条直径的交点为 $M_0(x_0,y_0)^{\mathrm{T}}$，则过 M_0 的切线的方向为$(-F_2(x_0,y_0),F_1(x_0,y_0))^{\mathrm{T}}$. 设直线 l 的共轭方向为$(\mu,\nu)^{\mathrm{T}}$，则 l 的方程可写出，从而看出方向$(\mu,\nu)^{\mathrm{T}}$与切线方向平行.

6. 因为 $A_1A_2+B_1B_2=0$，$\begin{vmatrix} A_1 & B_1 \\ A_2 & B_2 \end{vmatrix}\neq0$，所以可作直角坐标变换

$$\begin{cases} x'=\dfrac{1}{\sqrt{A_2^2+B_2^2}}(A_2x+B_2y+C_2), \\ y'=\dfrac{1}{\sqrt{A_1^2+B_1^2}}(A_1x+B_1y+C_1). \end{cases}$$

然后从新方程可以得出各个结论.

7. 根据第 1 题的第(3)小题，抛物线在点$(x_1,y_1)^{\mathrm{T}}$处的切线方程为

$$y_1y=p(x+x_1).$$

8. 在椭圆上任取一点 $M_0(x_0,y_0)^{\mathrm{T}}$，经过 M_0 的切线 l 的方向为 $\left(-\frac{y_0}{b^2},\frac{x_0}{a^2}\right)^{\mathrm{T}}$，切线 l 的方程为 $\frac{x_0x}{a^2}+\frac{y_0y}{b^2}=1$. 与切线 l 垂直的方向为 $\left(\frac{x_0}{a^2},\frac{y_0}{b^2}\right)^{\mathrm{T}}$. 写出经过左焦点 F_1 且与 l 垂直的直线 l_1 的方程，将 l 和 l_1 的方程联立解得 l 与 l_1 的交点满足的方程为 $x^2+y^2=a^2$. 类似地，可求出 T_2 的轨迹为 $x^2+y^2=a^2$.

9. 设椭圆方程为 $\frac{x^2}{a^2}+\frac{y^2}{b^2}=1$. 经过 $M_0(x_0,y_0)^{\mathrm{T}}$ 作椭圆的切线，设切线方向为$(\mu,\nu)^{\mathrm{T}}$，则根据(5.5)式，可写出 μ，ν 满足的方程

$$[\mu F_1(x_0,y_0)+\nu F_2(x_0,y_0)]^2-\varphi(\mu,\nu)F(x_0,y_0)=0. \quad (1)$$

由于两条切线互相垂直，因此它们的方向$(\mu_1,\nu_1)^{\mathrm{T}}$，$(\mu_2,\nu_2)^{\mathrm{T}}$满

足 $\frac{\nu_1}{\mu_1}\cdot\frac{\nu_2}{\mu_2}=-1$. 把(1)式写成 $\frac{\nu}{\mu}$ 的二次方程的形式，于是用根与系数的关系可得出 x_0，y_0 满足的方程为

$$x_0^2+y_0^2=a^2+b^2.$$

10. 设抛物线方程为 $y^2=2px$. 用与第 9 题类似的方法可证得两条边与抛物线相切的直角的顶点 $M_0(x_0,y_0)^{\mathrm{T}}$ 位于准线上，即 $x_0=-\frac{p}{2}$. 设经过 M_0 的两条切线的切点分别为 $M_1(x_1,y_1)^{\mathrm{T}}$，$M_2(x_2,y_2)^{\mathrm{T}}$. 根据(5.6)式可以写出经过 M_0 的切线的方程为

$$\left[-p\left(x+\frac{p}{2}\right)+y_0(y-y_0)\right]^2-(y-y_0)^2(y_0^2-2px_0)=0.$$

如果焦点在切点 M_1，M_2 的连线上，则可以推出 $x_1x_2=\frac{p^2}{4}$；反之亦然. 利用过抛物线 $y^2=2px$ 上一点 $M_i(x_i,y_i)^{\mathrm{T}}$ 的切线与 x 轴的交点为 $(-x_i,0)^{\mathrm{T}}$，可以计算出 $x_1x_2=\frac{p^2}{4}$. 由此证得切点 M_1，M_2 的连线经过焦点.

11. 设抛物线方程为 $y^2=2px$，A，B，C 的坐标分别为 $(x_1,y_1)^{\mathrm{T}}$，$(x_2,y_2)^{\mathrm{T}}$，$(x_0,y_0)^{\mathrm{T}}$. 不妨设 $y_1>0$，$y_2<0$. 易看出 $x_0<0$（若 y_1 与 y_2 同号，则易看出 $x_0>0$，此种情况可类似讨论)，则 CE 平行于 x 轴 $\Longleftrightarrow y_1+y_2=2y_0 \Longleftrightarrow x_1+x_2-2\sqrt{x_1x_2}=\frac{2y_0^2}{p}$. 经过点 C 的切线的方程为

$$[-p(x-x_0)+y_0(y-y_0)]^2-(y-y_0)^2(y_0^2-2px_0)=0.$$

利用 $(-x_i,0)^{\mathrm{T}}$ 在切线上，可计算出

$$x_1+x_2=\frac{2y_0^2}{p}-2x_0,\qquad x_1x_2=x_0^2.$$

由此即得 $x_1+x_2-2\sqrt{x_1x_2}=\frac{2y_0^2}{p}$.

12. (1) 渐近线为 $4x+3y-7=0$，$3x-4y+1=0$；

(2) 渐近线为 $3x-2y=0$，$2x+3y-13=0$.

13. 双曲线的渐近方向$(\mu,\nu)^{T}$满足

$$a_{11}\mu^2+2a_{12}\mu\nu+a_{22}\nu^2=0.$$

设方程$a_{11}x^2+2a_{12}xy+a_{22}y^2=0$代表的两条相交直线的方向分别为$(\mu_1,\nu_1)^{T}$，$(\mu_2,\nu_2)^{T}$，则可以计算出

$$a_{11}\mu_i^2+2a_{12}\mu_i\nu_i+a_{22}\nu_i^2=0,\qquad i=1,2.$$

所以双曲线的渐近方向即为上述两条相交直线的方向.

14. 求出双曲线的对称中心为原点O，然后利用第13题的结果.

15. 利用不变量可判断所给方程表示一条双曲线，再利用第14题的结果可求出它的渐近线为$Ax+By=0$，$Bx-Ay=0$.

16. 设双曲线方程为$\dfrac{x^2}{a^2}-\dfrac{y^2}{b^2}=1$. 通过计算可得，双曲线上的点到它的两条渐近线的距离的乘积等于$\dfrac{a^2b^2}{a^2+b^2}$.

17. 易计算出$I_2=-(A_1B_2-A_2B_1)^2<0$，所以是双曲型曲线. 设渐近方向为$(\mu,\nu)^{T}$，从$\varphi(\mu,\nu)=0$，可得$(\mu,\nu)^{T}$等于

$(B_1+B_2,\ -(A_1+A_2))^{T}$ 或 $(B_1-B_2,\ -(A_1-A_2))^{T}$.

根据(5.7)式，可求出渐近线的方程为

$$(A_1\pm A_2)x+(B_1\pm B_2)y+(C_1\pm C_2)=0.$$

将两条渐近线方程的左端相乘得到的x，y的多项式与所给二次曲线方程的左端的多项式(方程右端为零)不相同，因此所给二次曲线是双曲线，不是一对相交直线.

习 题 6.1

1. (1) 是，否，否；(2) 是，是，是；(3) 是，是，是；(4) 是，否，否；(5) 是，是，否；(6) 否；(7) 是，否，否；(8) 否.

2. 平面关于x轴的反射的公式是$\begin{cases}x'=x,\\ y'=-y.\end{cases}$

3. $\begin{cases}x'=y,\\ y'=x.\end{cases}$

4. $\begin{cases} x' = \dfrac{1}{A^2+B^2}[(B^2-A^2)x-2ABy-2AC], \\ y' = \dfrac{1}{A^2+B^2}[(A^2-B^2)y-2ABx-2BC]. \end{cases}$

5. 以 l_1 为 x 轴，建立直角坐标系．设 l_2 的方程为 $y=b$，则

$$\tau_1: \begin{cases} x'=x, \\ y'=-y; \end{cases} \quad \tau_2: \begin{cases} x'=x, \\ y'=2b-y. \end{cases}$$

计算 $\tau_1\tau_2$ 得，$\tau_1\tau_2$ 是沿向量 $\boldsymbol{a}(0,-2b)^{\mathrm{T}}$ 的平移.

6. 点 $(1,0)^{\mathrm{T}}$，$(-1,1)^{\mathrm{T}}$ 的像分别是点 $(1,4)^{\mathrm{T}}$，$(-2,1)^{\mathrm{T}}$；直线 $x+y-2=0$ 的像是直线 $2x-y-1=0$.

7. $\sigma_1\sigma_2: \begin{cases} x'=3x-4y+8, \\ y'=7x-11y+24; \end{cases} \quad \sigma_2\sigma_1: \begin{cases} x'=-5x+5y-7, \\ y'=4x-3y+4. \end{cases}$

8. (1) $\begin{cases} x' = \dfrac{1}{2}x+\dfrac{\sqrt{3}}{2}y+1+\dfrac{\sqrt{3}}{2}, \\ y' = -\dfrac{\sqrt{3}}{2}x+\dfrac{1}{2}y+\dfrac{1}{2}-\sqrt{3}; \end{cases}$ (2) $\begin{cases} x'=5x-3y+8, \\ y'=-3x+2y-3. \end{cases}$

9. 先求平面绕点 O 转角为 θ 的旋转 σ 的公式．设点 P 和它的像 P' 在 $[O;\boldsymbol{e}_1,\boldsymbol{e}_2]$ 中的坐标分别为 $(x,y)^{\mathrm{T}}$，$(x',y')^{\mathrm{T}}$．记 $|OP|=r$，则 $|OP'|=r$．设以 x 轴的正半轴为始边，以射线 OP 为终边的角为 α，则从三角函数的定义得

$$x=r\cos\alpha, \qquad y=r\sin\alpha,$$
$$x'=r\cos(\alpha+\theta), \quad y'=r\sin(\alpha+\theta).$$

由此得出

$$\begin{cases} x' = x\cos\theta - y\sin\theta, \\ y' = x\sin\theta + y\cos\theta. \end{cases}$$

这就是绕点 O 转角为 θ 的旋转 σ 的公式.

再求平面绕点 $M_0(x_0,y_0)^{\mathrm{T}}$ 转角为 θ 的旋转 τ 的公式．作坐标轴的平移

$$\begin{cases} x=x^*+x_0, \\ y=y^*+y_0, \end{cases}$$

则新直角坐标系 $O^*x^*y^*$ 的原点 O^* 为点 M_0. 设点 Q 和它在 τ 下的像 Q' 在 $O^*x^*y^*$ 中的坐标分别为 $(x^*,y^*)^{\mathrm{T}}$, $(\tilde{x}^*,\tilde{y}^*)^{\mathrm{T}}$, 则根据平面绕点 O 转角为 θ 的旋转的公式，得

$$\begin{cases}\tilde{x}^*=x^*\cos\theta-y^*\sin\theta,\\ \tilde{y}^*=x^*\sin\theta+y^*\cos\theta.\end{cases}$$

利用坐标轴的平移公式得，点 Q 和像 Q' 在 Oxy 中的坐标 $(x,y)^{\mathrm{T}}$, $(x',y')^{\mathrm{T}}$ 满足

$$\begin{cases}x=x^*+x_0,\\ y=y^*+y_0,\end{cases}\qquad\begin{cases}x'=\tilde{x}^*+x_0,\\ y'=\tilde{y}^*+y_0,\end{cases}$$

于是

$$\begin{cases}x'-x_0=(x-x_0)\cos\theta-(y-y_0)\sin\theta,\\ y'-y_0=(x-x_0)\sin\theta+(y-y_0)\cos\theta.\end{cases}$$

由此得出

$$\begin{cases}x'=x\cos\theta-y\sin\theta-x_0\cos\theta+y_0\sin\theta+x_0,\\ y'=x\sin\theta+y\cos\theta-x_0\sin\theta-y_0\sin\theta+y_0.\end{cases}$$

这就是平面绕点 $M_0(x_0,y_0)^{\mathrm{T}}$ 转角为 θ 的旋转 τ 的公式.

10. 设 σ: $S\to S'$, τ: $S'\to S''$. 若 σ 和 τ 都是单射，任取 a_1, $a_2\in S$, 设 $(\tau\sigma)(a_1)=(\tau\sigma)(a_2)$, 则 $\tau(\sigma(a_1))=\tau(\sigma(a_2))$. 由于 τ 是单射，因此 $\sigma(a_1)=\sigma(a_2)$. 又由于 σ 是单射，因此 $a_1=a_2$, 从而 $\tau\sigma$ 是单射.

设 σ 和 τ 都是满射. 任取 $c\in S''$, 由于 τ 是满射，因此存在 $b\in S'$, 使得 $\tau(b)=c$. 又由于 σ 是满射，因此存在 $a\in S$, 使得 $\sigma(a)=b$. 于是 $(\tau\sigma)(a)=\tau(\sigma(a))=\tau(b)=c$. 因此 $\tau\sigma$ 是满射.

习　题　6.2

1. 易验证矩阵

$$\begin{pmatrix}\frac{4}{5} & -\frac{3}{5}\\ \frac{3}{5} & \frac{4}{5}\end{pmatrix}$$

是正交矩阵，因此所给变换是正交变换. 不动点的坐标是$\left(\frac{7}{2},\frac{1}{2}\right)^{\mathrm{T}}$.

2. 像直线的方程为

$$(1-\sqrt{3})x+(1+\sqrt{3})y+4\sqrt{3}-6=0.$$

3. 像曲线的方程为 $y^2-x^2=a^2$.

4. σ 在新坐标系中的公式为

$$\begin{pmatrix}\tilde{x}'\\ \tilde{y}'\end{pmatrix}=\begin{pmatrix}\frac{\sqrt{2}}{2} & -\frac{\sqrt{2}}{2}\\ \frac{\sqrt{2}}{2} & \frac{\sqrt{2}}{2}\end{pmatrix}\begin{pmatrix}\tilde{x}\\ \tilde{y}\end{pmatrix}+\frac{1}{4}\begin{pmatrix}-2-\sqrt{2}+6\sqrt{3}-3\sqrt{6}\\ 6-3\sqrt{2}+2\sqrt{3}+\sqrt{6}\end{pmatrix}.$$

5. 利用性质 8 的(2).

6. 不妨取 l_1 为 x 轴. 设 $P\overset{\tau_1}{\longmapsto}P'\overset{\tau_2}{\longmapsto}P''$. 运用平面几何知识，易证得 $|OP|=|OP''|$，$\angle POP''=2\theta$，所以 $\tau_2\tau_1$ 是绕 O 点转角为 2θ 的旋转.

7. 作适当的坐标系的平移，使得 σ 在新坐标系中的公式为

$$\begin{pmatrix}\tilde{x}'\\ \tilde{y}'\end{pmatrix}=\begin{pmatrix}\cos\theta & -\sin\theta\\ \sin\theta & \cos\theta\end{pmatrix}\begin{pmatrix}\tilde{x}\\ \tilde{y}\end{pmatrix}.$$

由此看出 σ 是绕新原点的旋转.

8. 根据定理 2.3，正交变换 σ 在直角坐标系 Ⅰ 中的公式为

$$\begin{pmatrix}x'\\ y'\end{pmatrix}=\begin{pmatrix}a_{11} & a_{12}\\ a_{21} & a_{22}\end{pmatrix}\begin{pmatrix}x\\ y\end{pmatrix}+\begin{pmatrix}a_1\\ a_2\end{pmatrix}.$$

此公式又可看成 Ⅰ 到 Ⅱ 的坐标变换公式，其中$\begin{pmatrix}a_{11} & a_{12}\\ a_{21} & a_{22}\end{pmatrix}$是 Ⅰ 到 Ⅱ 的过渡矩阵. 然后利用第四章 §3.2 的结果.

9. 利用第 8 题的结论.

10. (1) 作直角坐标变换(转轴)，适当选取转角 β，可以使得所给的点变换 σ 在新坐标系中的公式为

$$\begin{pmatrix}\tilde{x}'\\ \tilde{y}'\end{pmatrix}=\begin{pmatrix}1 & 0\\ 0 & -1\end{pmatrix}\begin{pmatrix}\tilde{x}\\ \tilde{y}\end{pmatrix}.$$

由此看出 σ 是关于新横轴的反射. 易求出新横轴的旧方程为

$$x\sin\theta - y\cos\theta = 0.$$

(2) 这是第(1)小题的特殊情况, 其中 $\theta = \frac{\pi}{8}$. 因此所给的点变换是关于直线 $x\sin\frac{\pi}{8} - y\cos\frac{\pi}{8} = 0$ 的反射.

习 题 6.3

1. $(1, -2)^{\mathrm{T}}$.

2. (1) $\begin{pmatrix} x' \\ y' \end{pmatrix} = \begin{pmatrix} 1 & -2 \\ -1 & 1 \end{pmatrix}\begin{pmatrix} x \\ y \end{pmatrix} + \begin{pmatrix} -1 \\ 0 \end{pmatrix}$;

(2) $\begin{pmatrix} x' \\ y' \end{pmatrix} = \begin{pmatrix} -3 & -4 \\ 2 & 3 \end{pmatrix}\begin{pmatrix} x \\ y \end{pmatrix} + \begin{pmatrix} 2 \\ 1 \end{pmatrix}$;

(3) $\begin{pmatrix} x' \\ y' \end{pmatrix} = \begin{pmatrix} 7 & 10 \\ -5 & -7 \end{pmatrix}\begin{pmatrix} x \\ y \end{pmatrix} + \begin{pmatrix} 9 \\ -4 \end{pmatrix}$.

3. 先求出第一组三条直线的三个交点 A, B, C, 再求出第二组三条直线的三个交点 A', B', C', 则所求的仿射变换 τ 把 A 映成 A', B 映成 B', C 映成 C'. 由此可求出 τ 的公式为

$$\begin{pmatrix} x' \\ y' \end{pmatrix} = \begin{pmatrix} -2 & 2 \\ -8 & 3 \end{pmatrix}\begin{pmatrix} x \\ y \end{pmatrix} + \begin{pmatrix} 1 \\ 0 \end{pmatrix}.$$

4. 求出椭圆 $\frac{x^2}{a^2} + \frac{y^2}{b^2} = 1$ 在所给仿射变换下的像的方程可看出结果.

当 $\theta \neq 2k\pi$ 时, 可证所给仿射变换的不动点只有原点.

5. $\begin{pmatrix} \tilde{x}' \\ \tilde{y}' \end{pmatrix} = \frac{1}{7}\begin{pmatrix} 15 & 10 \\ -5 & -36 \end{pmatrix}\begin{pmatrix} \tilde{x} \\ \tilde{y} \end{pmatrix} + \frac{1}{7}\begin{pmatrix} 13 \\ 12 \end{pmatrix}$.

6. 不变直线有两条, 其方程分别是

$$4x - y = 0, \quad 2x - 2y - 3 = 0.$$

7. (1) l_1: $2x - y = 0$; l_2: $x + y = 0$.

(2) 以 l_1 为 $\tilde{x}$ 轴, l_2 为 $\tilde{y}$ 轴, 其交点 O 为原点, 建立新的仿射坐标系 Ⅱ$[O;\boldsymbol{d}_1',\boldsymbol{d}_2']$, 其中 $\boldsymbol{d}_i'$ 为 $l_i(i=1,2)$ 的方向向量. 先求出 Ⅰ

到Ⅱ的坐标变换公式，然后可求出 τ 在Ⅱ中的公式为

$$\begin{cases}\tilde{x}'=5\tilde{x},\\ \tilde{y}'=-\tilde{y}.\end{cases}$$

8. 利用仿射变换保持向量的数量乘法.

9. (1) 任给一个角 $\angle BAC$，设在相似比为 k 的相似变换 τ 下，点 A，B，C 的像分别是点 A'，B'，C'，则射线 AB，AC 的像分别为射线 $A'B'$，$A'C'$，从而 $\angle BAC$ 的像为 $\angle B'A'C'$. 由于线段 AB，AC，BC 的像分别为线段 $A'B'$，$A'C'$，$B'C'$，因此

$$\frac{A'B'}{AB}=\frac{A'C'}{AC}=\frac{B'C'}{BC}=k.$$

不妨设 $k<1$，则 $AB>A'B'$. 在 $\triangle ABC$ 的边 AB 上截取 $AD=A'B'$，经过点 D 作 $DE/\!/BC$，与边 AC 交于点 E.

利用平行线分线段成比例定理(即“两条直线被一组平行线所截，所得的对应线段成比例”)可证出：平行于三角形的一边，并且和其他两边相交的直线所截得的三角形的三边与原三角形的三边对应成比例. 利用这个结论得

$$\frac{AD}{AB}=\frac{AE}{AC}=\frac{DE}{BC}.$$

由于 $AD=A'B'$，因此

$$\frac{AE}{AC}=\frac{DE}{BC}=\frac{AD}{AB}=\frac{A'B'}{AB}=\frac{A'C'}{AC}=\frac{B'C'}{BC},$$

从而 $AE=A'C'$，$DE=B'C'$. 又有 $AD=A'B'$，因此

$$\triangle ADE\cong\triangle A'B'C',$$

从而 $\angle DAE=\angle B'A'C'$，即 $\angle BAC=\angle B'A'C'$. 因此相似保持角的大小不变.

注：此题不宜直接用相似三角形的判定定理 1(即“三边对应成比例的两个三角形相似”)和性质定理(即“相似三角形的对应角相等”)去证. 这是因为初中数学教材中把相似三角形的定义说成“对应边成比例，且对应角相等的两个三角形叫做相似三角形”，然后由此出发去证明三角形相似的三个判定定理. 相似图形是有统一定义的，见本节定义 3.2，不宜给相似三角形再单独下定义.

正确的做法应当如下：按照相似图形的定义 3.2，如果有一个相似比为 k 的相似变换，使得 $\triangle ABC$ 的像是 $\triangle A'B'C'$，那么称 $\triangle ABC$ 与 $\triangle A'B'C$ 是相似三角形. 然后利用相似变换的定义和相似保持角的大小不变，立即得到相似三角形的性质定理：相似三角形的对应边成比例，对应角相等. 接着去证明一个定理：平行于三角形的一边并且和其他两边相交的直线所截得的三角形与原三角形相似. 利用这个定理去证明相似三角形的三个判定定理.

(2) 设 τ 是相似变换. 取一个直角标架 $[O;\boldsymbol{e}_1,\boldsymbol{e}_2]$，设 $O\overset{\tau}{\longmapsto}O'(a_1,a_2)^{\mathrm{T}}$，$\boldsymbol{e}_i\overset{\tau}{\longmapsto}\boldsymbol{e}_i'(a_{1i},a_{2i})^{\mathrm{T}}(i=1,2)$，则根据定理 3.2 和命题 3.3，$\tau$ 的公式为

$$\begin{pmatrix}x'\\y'\end{pmatrix}=\begin{pmatrix}a_{11}&a_{12}\\a_{21}&a_{22}\end{pmatrix}\begin{pmatrix}x\\y\end{pmatrix}+\begin{pmatrix}a_1\\a_2\end{pmatrix},$$

其中系数矩阵是正交矩阵的 k 倍，k 为相似比.

10. (1) 位似 τ 在以位似中心 O 为原点的仿射坐标系中的公式为

$$\begin{pmatrix}x'\\y'\end{pmatrix}=\begin{pmatrix}k&0\\0&k\end{pmatrix}\begin{pmatrix}x\\y\end{pmatrix};$$

(2) 从 τ 的公式以及压缩的公式可看出.

11. 从位似的公式和压缩的公式可看出.

12. (1) 分别两种情形考虑：

情形 1 $AB/\!/l$.

情形 2 AB 与 l 相交.

(2) 若 $AB/\!/l$，在 l 上取两点 C，D，则 $\overrightarrow{AB}=\lambda\overrightarrow{CD}$. 利用仿射变换保持向量的数乘，可证得 $\overrightarrow{AB}=\overrightarrow{A'B'}$，从而 $AA'/\!/BB'$ 或 AA' 与 BB' 重合.

若 AB 与 l 交于 C，根据第(1)小题的结论和仿射变换保持向量的数乘，以及相似三角形的判定定理 3 和性质定理可证得 $AA'/\!/BB'$ 或 AA' 与 BB' 重合.

13. 设点 P 不在 l 上，它在 τ 下的像为点 P'. 根据已知条件和第 12 题，MP 和 $M'P'$ 都与 l 交于点 C，且 $PP'/\!/MM'$，从而 $PP'/\!/l$. 当点 P 与 M 在 l 的同侧(异侧)时，$\overrightarrow{PP'}$ 与 $\overrightarrow{MM'}$ 同向(反向). 从

点 P，M 分别作 l 的垂线，垂足分别为 Q，N，则 $PQ /\!/ MN$，从而 $P'Q /\!/ M'N$. 于是 $\angle P'QP = \angle M'NM$. 因此 $\frac{|PP'|}{|PQ|} = \frac{|MM'|}{|MN|}$ $=: k$. 综上所述，τ 是错切. 以 τ 的不动直线 l 为 x 轴，建立仿射坐标系，可得错切 τ 的公式. 利用推论 3.6，可得错切不改变图形的面积.

14. 因为 τ 不是错切，所以每一个点与它的像点的连线都与 τ 的不动直线 l 相交. 在 l 外取一点 A，其像为 A'. 把 AA' 与 l 的交点作为原点 O，在 l 上取一点 C，令 $\boldsymbol{d}_1 = \overrightarrow{OC}$，$\boldsymbol{d}_2 = \overrightarrow{OA}$，建立仿射标架 $[O;\boldsymbol{d}_1,\boldsymbol{d}_2]$. 求出 τ 的公式为

$$\begin{pmatrix} x' \\ y' \end{pmatrix} = \begin{pmatrix} 1 & 0 \\ 0 & k \end{pmatrix}\begin{pmatrix} x \\ y \end{pmatrix},$$

其中 k 满足 $\overrightarrow{OA'} = k\,\overrightarrow{OA}$. 当 $k>0$ 时，τ 是一个压缩；当 $k<0$ 时，τ 是一个压缩与一个斜反射的乘积.

15. 保留两点 M_1，M_2 不变的平面仿射变换 τ 一定使直线 M_1M_2 上每一个点都不变，从而 τ 或者是错切，或者是第 14 题中的仿射变换.

16. 6 个.

17. 唯一性由 §2 的推论 2.1 立即得到. 对于存在性，可利用推论 3.4 说明存在一个仿射变换 τ 把直角标架 Ⅰ 变成 Ⅱ，然后从 τ 的公式看出 τ 一定是正交变换.

18. $\triangle A'B'C'$ 的面积为 135 cm^2.

习　题　6.4

1. 利用线段和线段的中点是仿射概念，相交是仿射性质.

2. 利用角度是度量概念，相交是度量性质.

3. 设 P 是 $\triangle ABC$ 内部的一点，连接 AP 并延长与 BC 交于 D，则 $0 < \frac{|AP|}{|AD|} < 1$. 然后利用共线、共线点的顺序是仿射性质，线段的分比是仿射不变量.

4. 按照变换群的定义去验证.

5. 所给仿射变换可写成

$$\tau:\begin{pmatrix}x'\\y'\end{pmatrix}=\begin{pmatrix}a&-b\\b&a\end{pmatrix}\begin{pmatrix}x\\y\end{pmatrix},\quad a,b\text{ 是不全为零的实数.}$$

由于 $\begin{vmatrix}a&-b\\b&a\end{vmatrix}=a^2+b^2\neq 0$，因此上式右端的 2 阶方阵 $\boldsymbol{A}$ 是可逆矩阵，从而 τ 是平面到自身的一个双射. 然后验证所有这种变换构成的集合 G 满足变换群的定义中的三个条件.

6. 按照变换群的定义去验证.

7. *必要性* 设 $\triangle ABC$ 与 $\triangle DEF$ 正交等价，则存在平面上的一个正交变换 σ 把 $\triangle ABC$ 映成 $\triangle DEF$，其中 A，B，C 的像分别为 D，E，F. 由于平面上的正交变换或者是平移，或者是旋转，或者是反射，或者是它们之间的乘积，因此 $\triangle ABC$ 经过平移、旋转、反射能够变成 $\triangle DEF$，从而它们全等.

充分性 设 $\triangle ABC\cong\triangle DEF$. 令 $\boldsymbol{e}_1=\dfrac{1}{|\overrightarrow{AB}|}\overrightarrow{AB}$，$\boldsymbol{e}_1'=\dfrac{1}{|\overrightarrow{DE}|}\overrightarrow{DE}$，建立两个直角坐标系 Ⅰ$[A;\boldsymbol{e}_1,\boldsymbol{e}_2]$，Ⅱ$[D;\boldsymbol{e}_1',\boldsymbol{e}_2']$，于是存在平面上的一个正交变换 σ 把Ⅰ映成Ⅱ，且任一点 P 的Ⅰ坐标等于它的像点 P' 的Ⅱ坐标. 显然 σ 把点 A 映成点 D. 由于点 B 的Ⅰ坐标为$(|AB|,0)^{\mathrm{T}}$，且 $|AB|=|DE|$，因此点 B 的像点 B' 的Ⅱ坐标为$(|DE|,0)^{\mathrm{T}}$. 而这恰好是点 E 的Ⅱ坐标，于是点 B 的像为点 E. 又由于点 C 的Ⅰ坐标为

$$(|AC|\cos\angle CAB,|AC|\sin\angle CAB)^{\mathrm{T}},$$

且 $|AC|=|DF|$，$\angle CAB=\angle FDE$，因此点 C 的像点 C'的Ⅱ坐标为

$$(|DF|\cos\angle FDE,|DF|\sin\angle FDE)^{\mathrm{T}}.$$

而这恰好是点 F 的Ⅱ坐标，于是点 C 的像为点 F. 所以 σ 把 $\triangle ABC$ 映成 $\triangle DEF$. 因此 $\triangle ABC$ 与 $\triangle DEF$ 正交等价.

8. 设直线 l_1 与 l_2 交于点 A，l_3 与 l_4 交于点 D. 在 l_1，l_2 上分别取点 B，C，在 l_3，l_4 上分别取点 E，F，使得 $AB=DE$，$AC=DF$.

必要性　设一对相交直线 l_1，l_2 与另一对相交直线 l_3，l_4 正交等价，则存在平面上的正交变换 σ 把 l_1，l_2 分别映成 l_3，l_4，从而把点 A 映成点 D，点 B 映成点 E，点 C 映成点 F. 于是 σ 把 $\triangle ABC$ 映成 $\triangle DEF$，从而 $\triangle ABC$ 与 $\triangle DEF$ 正交等价. 根据第 7 题，得

$$\triangle ABC \cong \triangle DEF.$$

充分性　设 $\angle CAB = \angle FDE$，则

$$\triangle ABC \cong \triangle DEF.$$

根据第 7 题，得 $\triangle ABC$ 与 $\triangle DEF$ 正交等价，从而存在平面上的一个正交变换 σ 把 $\triangle ABC$ 映成 $\triangle DEF$. 于是 σ 把 l_1 映成 l_3，把 l_2 映成 l_4，因此一对相交直线 l_1，l_2 与另一对相交直线 l_3，l_4 正交等价.

9. 设直线 l_1 与 l_2 交于点 A，直线 l_3 与 l_4 交于点 D. 在 l_1，l_2，l_3，l_4 上分别取点 B，C，E，F. 根据 §3 的推论 3.4，存在平面上的仿射变换 τ 把不共线三点 A，B，C 映成不共线三点 D，E，F，从而 τ 把直线 l_1，l_2 分别映成直线 l_3，l_4. 因此相交直线 l_1，l_2 与相交直线 l_3，l_4 仿射等价.

10. 取定一个 $\triangle ABC$. 根据 §3 的推论 3.4，平面上任意一个三角形都与 $\triangle ABC$ 仿射等价. 因此平面上所有三角形都在仿射类 $[\triangle ABC]$ 里. 另一方面，在 $[\triangle ABC]$ 里任取一个图形 E，由于 E 与 $\triangle ABC$ 仿射等价，因此存在仿射变换 τ 把 E 映成 $\triangle ABC$，从而 τ^{-1} 把 $\triangle ABC$ 映成 E. 由于仿射变换 τ^{-1} 把三角形映成三角形，因此 E 是三角形. 综上所述，平面上所有三角形恰好组成一个仿射类.

11. 先证：如果两个梯形仿射等价，则它们的平行对边的比值相同.

习　题　6.5

1. 以椭圆的中心为原点，长轴为 x 轴，建立直角坐标系，作一个仿射变换

$$\tau:\begin{pmatrix}x'\\y'\end{pmatrix}=\begin{pmatrix}\frac{1}{a} & 0\\ 0 & \frac{1}{b}\end{pmatrix}\begin{pmatrix}x\\y\end{pmatrix},$$

它把椭圆映成单位圆.

2. 作第 1 题的仿射变换 τ，可证得常数为 ab.

3. 同第 2 题的方法，可证得常数为 $4ab$.

4. 作一个仿射变换把椭圆映成圆. 注意切线、平行线、共轭直径都是仿射概念，并且注意圆的外切平行四边形是菱形，而菱形的对角线互相垂直，从而它们所在的直线是圆的一对共轭直径.

5. 作第 1 题中的仿射变换把椭圆映成单位圆，且以圆的一对共轭直径和圆的交点为顶点的平行四边形是正方形.

6. 作一仿射变换把椭圆映成圆，且圆的内接四边形中以正方形的面积为最大.

7. 取一个正三角形 $A'B'C'$，作它的内切圆. 作一个仿射变换 τ 把 A，B，C 依次映成 A'，B'，C'. 这个椭圆的面积与 $\triangle ABC$ 的面积的比值等于这个内切圆的面积与 $\triangle A'B'C'$ 的面积的比值，可求出后者等于 $\frac{\sqrt{3}}{9}\pi$.

8. 作第 1 题中的仿射变换 τ 把椭圆映成单位圆. 所求的椭圆内接三角形的面积等于 $\frac{3\sqrt{3}}{4}ab$.

9. 作一个仿射变换把平行四边形映成一个正方形(根据例 4.1，这样的仿射变换是存在的)，且内切于正方形的二次曲线必为圆.

10. 取一个直角坐标系，设双曲线的方程为 $\frac{x^2}{a^2}-\frac{y^2}{b^2}=1$. 作一个仿射变换 τ 把这条双曲线映成双曲线 $xy=1$. 它的渐近线为 $x=0$ 和 $y=0$. 可求出经过 $xy=1$ 上的任一点的切线与渐近线确定的三角形的面积为 2，从而原三角形的面积是 $\frac{2}{d_\tau}$.

11. 同第 10 题的方法.

12. 任取一个圆，以圆心为原点建立一个直角坐标系. 设圆的方程为 $x^2+y^2=r^2$. 根据§3 的命题3.3 和习题6.3 的第9 题，相似变换 τ 的公式为

$$\begin{pmatrix} x' \\ y' \end{pmatrix} = k\boldsymbol{T}\begin{pmatrix} x \\ y \end{pmatrix} + \begin{pmatrix} a_1 \\ a_2 \end{pmatrix},$$

其中 $\boldsymbol{T}$ 是正交矩阵. 这个圆在 τ 下的像的方程为

$$(x-a_1)^2+(y-a_2)^2=(kr)^2.$$

13. 以圆 C 的圆心为原点，建立一个直角坐标系Ⅰ，去证 τ 把Ⅰ映成一个直角坐标系Ⅱ，从而 τ 在Ⅰ中的公式的系数矩阵是正交矩阵，因此 τ 是正交变换.

习　题　6.6

1. 求转轴的方法：只要求出正交变换的两个不动点，则它们的连线即为转轴. 显然，原点是一个不动点. 因此只要求出另一个不动点 $(3-2\sqrt{2},\sqrt{2}-1,1)^{\mathrm{T}}$.

2. 利用已知条件并且注意正交矩阵的列的性质，可得所求正交变换的公式为

$$\begin{pmatrix} x' \\ y' \\ z' \end{pmatrix} = \begin{pmatrix} 0 & 0 & 1 \\ 1 & 0 & 0 \\ 0 & 1 & 0 \end{pmatrix}\begin{pmatrix} x \\ y \\ z \end{pmatrix}.$$

3. 所求正交变换的公式为

$$\begin{pmatrix} x' \\ y' \\ z' \end{pmatrix} = \boldsymbol{A}\begin{pmatrix} x \\ y \\ z \end{pmatrix},$$

其中 $\boldsymbol{A}$ 是正交矩阵，且第 1 列为 $\left(\frac{\lambda}{a},\frac{\mu}{a},\frac{\nu}{a}\right)^{\mathrm{T}}$，$a$ 满足

$$a^2=\lambda^2+\mu^2+\nu^2.$$

4. (2) 取一个右手直角坐标系Ⅰ$[O;\boldsymbol{e}_1,\boldsymbol{e}_2,\boldsymbol{e}_3]$. σ 把Ⅰ映成直角标系Ⅱ. 因为 σ 是第一类的，所以Ⅱ仍是右手系. 设 $\boldsymbol{v}_i$ 的Ⅰ坐标为 $(x_i,y_i,z_i)^{\mathrm{T}}$ $(i=1,2)$，分别计算 $\bar{\sigma}(\boldsymbol{v}_1\times\boldsymbol{v}_2)$，$\bar{\sigma}(\boldsymbol{v}_1)\times\bar{\sigma}(\boldsymbol{v}_2)$

的Ⅱ坐标.

5. $\begin{pmatrix}x'\\y'\\z'\end{pmatrix}=\begin{pmatrix}x_2-x_1 & x_3-x_1 & x_4-x_1\\y_2-y_1 & y_3-y_1 & y_4-y_1\\z_2-z_1 & z_3-z_1 & z_4-z_1\end{pmatrix}\begin{pmatrix}x\\y\\z\end{pmatrix}+\begin{pmatrix}x_1\\y_1\\z_1\end{pmatrix}$.

6. $x-2y-z-3=0$.

7. $\begin{pmatrix}x'\\y'\\z'\end{pmatrix}=\begin{pmatrix}1 & 0 & a_{13}\\0 & 1 & a_{23}\\0 & 0 & a_{33}\end{pmatrix}\begin{pmatrix}x\\y\\z\end{pmatrix}$，其中 a_{33} 可取任意非零实数，a_{13}，a_{23} 可取任意实数.

8. 建立适当的仿射坐标系，利用第 5 题和第 7 题的结果.

9. (1) 在平面 $x+y+z=1$ 上取三个点：$(1,0,0)^{\mathrm{T}}$，$(0,1,0)^{\mathrm{T}}$，$(0,0,1)^{\mathrm{T}}$. 利用第 5 题的结果可计算出所求仿射变换的公式为

$$\begin{pmatrix}x'\\y'\\z'\end{pmatrix}=\begin{pmatrix}2 & 1 & 1\\2 & 3 & 2\\-2 & -2 & -1\end{pmatrix}\begin{pmatrix}x\\y\\z\end{pmatrix}+\begin{pmatrix}-1\\-2\\2\end{pmatrix}.$$

(2) $\begin{pmatrix}x'\\y'\\z'\end{pmatrix}=\begin{pmatrix}-1 & 3 & -1\\0 & 1 & 0\\0 & 0 & 1\end{pmatrix}\begin{pmatrix}x\\y\\z\end{pmatrix}+\begin{pmatrix}1\\0\\0\end{pmatrix}$.

(3) 注意三个平面有公共点 $(0,1,-1)^{\mathrm{T}}$，它是不动点. 所求仿射变换的公式为

$$\begin{pmatrix}x'\\y'\\z'\end{pmatrix}=\frac{1}{4}\begin{pmatrix}1 & -6 & -1\\-5 & 2 & 1\\5 & 6 & 7\end{pmatrix}\begin{pmatrix}x\\y\\z\end{pmatrix}+\begin{pmatrix}\frac{5}{4}\\\frac{3}{4}\\-\frac{3}{4}\end{pmatrix}.$$

10. 作适当的仿射变换把椭球面映成单位球面. 利用定理 6.5 可计算出椭球体的体积为 $\frac{4}{3}\pi abc$.

11. 利用正交变换的公式，并且注意其系数矩阵 $\boldsymbol{A}$ 有特征值 1.

12. 点 $P(a,b,c)^{\mathrm{T}}$ 的像点 P' 的坐标为 $(ka,b,c)^{\mathrm{T}}$，于是

$$\begin{aligned}&\text{点 } P(a,b,c)^{\mathrm{T}} \text{ 在曲面 } F(x,y,z)=0 \text{ 上}\\ \Longleftrightarrow\ & F(a,b,c)=0\\ \Longleftrightarrow\ & F(k^{-1}(ka),b,c)=0\\ \Longleftrightarrow\ & \text{点 } P'(ka,b,c)^{\mathrm{T}} \text{ 在曲面 } F(k^{-1}x,y,z)=0 \text{ 上.}\end{aligned}$$

13. 从第 12 题的结论立即得到.

14. 从第 12 题的结论立即得到.

习　题　7.1

1. (1) $x_1-x_2-2x_3=0$；

(2) 因为无穷远点的齐次坐标必形如 $(x_1,x_2,0)^{\mathrm{T}}$，所以从直线 AB 的普通方程可得出 AB 上的无穷远点的齐次坐标为 $(1,1,0)^{\mathrm{T}}$.

2. 三条直线的公共点的齐次坐标为 $(-1,1,1)^{\mathrm{T}}$.

3. 利用 $\overline{\pi}_0$ 上的通常点的仿射坐标 $(x,y)^{\mathrm{T}}$ 与齐次坐标 $(x_1,x_2,x_3)^{\mathrm{T}}$ 之间的关系：$x=\dfrac{x_1}{x_3}$，$y=\dfrac{x_2}{x_3}$.

(1) $x_1+2x_2-x_3=0$，无穷远点为 $(2,-1,0)^{\mathrm{T}}$；

(2) $x_1=0$，无穷远点为 $(0,1,0)^{\mathrm{T}}$；

(3) $x_2-x_3=0$，无穷远点为 $(1,0,0)^{\mathrm{T}}$；

(4) $3x_1-2x_2=0$，无穷远点为 $(2,3,0)^{\mathrm{T}}$.

4. 直线 AB 的方程为 $2x_1+x_2-x_3=0$.

5. 因为这样的圆盘与实射影平面的球面模型存在“点”与“点”之间的一一对应，“直线”与“直线”之间的一一对应，并且这对应关系保持关联性，所以它是一个实射影平面.

习　题　7.2

1. 考虑三线 P_1P_2，P_2P_3，P_3P_1 的齐次坐标组成的矩阵与三点 P_1，P_2，P_3 的齐次坐标组成的矩阵之间的关系.

2. 设 l_i 的方向向量为 $\boldsymbol{d}_i\,(i=1,2)$，在欧氏平面 π 上建立仿射标架

$[D;\boldsymbol{d}_1,\boldsymbol{d}_2]$，则在扩大的欧氏平面 $\overline{\pi}$ 上，l_1 上的无穷远点 ∞_1 的齐次坐标为 $(1,0,0)^{\mathrm{T}}$，l_2 上的无穷远点 ∞_2 的齐次坐标为 $(0,1,0)^{\mathrm{T}}$，点 D 的齐次坐标为 $(0,0,1)^{\mathrm{T}}$. 于是可求出 A，B，C，A'，B'，C' 的齐次坐标分别为 $(1,0,a)^{\mathrm{T}}$，$(1,0,b)^{\mathrm{T}}$，$(1,0,c)^{\mathrm{T}}$，$(0,1,a')^{\mathrm{T}}$，$(0,1,b')^{\mathrm{T}}$，$(0,1,c')^{\mathrm{T}}$，其中 a，b，c，a'，b'，c' 均不等于零. 求出 P，Q，R 的齐次坐标分别为

$$(a'-b',a-b,aa'-bb')^{\mathrm{T}},\quad (b'-c',b-c,bb'-cc')^{\mathrm{T}},$$
$$(c'-a',c-a,cc'-aa')^{\mathrm{T}}.$$

计算得它们组成的行列式等于零，因此 P，Q，R 共线.

对偶命题：在射影平面上，l_1，l_2，l_3 和 l_1'，l_2'，l_3' 分别是与点 P，P' 关联的三条直线，并且均与直线 PP' 不重合. 设 l_1 与 l_2' 的交点为 A，l_1' 与 l_2 的交点为 A'，l_2 与 l_3' 的交点为 B，l_2' 与 l_3 的交点为 B'，l_3 与 l_1' 的交点为 C，l_3' 与 l_1 的交点为 C'，则 AA'，BB'，CC' 三线共点.

3. 利用射影平面上三线共点的充分必要条件是它们的齐次坐标组成的 3 阶行列式等于零.

4. 在 l_1 上适当选取两点 A，A'，在 l_2 上适当选取两点 B，B'，使得 AB 与 $A'B'$ 交于点 P，且 M 不在 AB 上，从而有 $\triangle ABM$. 设法求出一点 M'，形成 $\triangle A'B'M'$. 然后利用德沙格定理的逆定理.

习　题　7.3

1. 利用公式(3.5)可求出点 D 的齐次坐标为 $(3,10,19)^{\mathrm{T}}$.

2. 点 D 的齐次坐标为 $(8,37,13)^{\mathrm{T}}$.

3. $(A,B;C,D)=-\dfrac{1}{2}$.

4. l_4 的齐次坐标为 $(9,1,-14)^{\mathrm{T}}$.

5. $(PA,PB;PC,PD)=1$.

6. 利用公式(3.5).

7. 共线的四点可写出 24 种形式的交比，利用交比的三条性质可得出它们中至多只有 6 个不同的值.

8. 利用公式(3.3)以及分别在 $\triangle OA_1A_3$，$\triangle OA_2A_3$，$\triangle OA_1A_4$，$\triangle OA_2A_4$ 中用正弦定理，通过计算可得.

9. 若 l_3 与 l_4 垂直，则

$$\langle l_3,l_2\rangle+\langle l_2,l_4\rangle=90^\circ,\quad \langle l_3,l_1\rangle+\langle l_1,l_4\rangle=90^\circ.$$

然后利用第 8 题的结果.

10. 利用第 8 题的结果以及同弧上的圆周角相等.

习 题 7.4

1. $\rho\begin{pmatrix}x_1\\x_2\\x_3\end{pmatrix}=\begin{pmatrix}8&-10&3\\-4&-4&9\\6&0&-6\end{pmatrix}\begin{pmatrix}x_1'\\x_2'\\x_3'\end{pmatrix}$，点 M 的Ⅱ坐标为$\begin{pmatrix}7\\8\\6\end{pmatrix}$.

2. $\rho\begin{pmatrix}x_1\\x_2\\x_3\end{pmatrix}=\begin{pmatrix}0&1&-1\\0&0&-1\\1&0&-1\end{pmatrix}\begin{pmatrix}x'\\y'\\z'\end{pmatrix}$.

3. $\rho\begin{pmatrix}x\\y\\z\end{pmatrix}=\begin{pmatrix}\varepsilon_1&0&0\\0&\varepsilon_2&0\\0&0&\varepsilon_3\end{pmatrix}\begin{pmatrix}x'\\y'\\z'\end{pmatrix}$.

4. $\rho\begin{pmatrix}x_1\\x_2\\x_3\end{pmatrix}=\begin{pmatrix}4&-10&6\\8&-10&3\\4&0&3\end{pmatrix}\begin{pmatrix}x'\\y'\\z'\end{pmatrix}$，点 M 的Ⅱ坐标为$\begin{pmatrix}15\\6\\20\end{pmatrix}$.

5. 选一个基底$[O_1,O_2,D,E]$，其中 O_1 在 l_1 上，并且 O_1 与 A，B，C 均不重合；O_2 在 l_2 上，并且 O_2 与 A'，B'，C' 均不重合. 先求出 A，B，C，A'，B'，C'的射影坐标分别为$(1,0,a)^{\mathrm T}$，$(1,0,b)^{\mathrm T}$，$(1,0,c)^{\mathrm T}$，$(0,1,a')^{\mathrm T}$，$(0,1,b')^{\mathrm T}$，$(0,1,c')^{\mathrm T}$；然后求出 P，Q，R 的射影坐标.

6. 利用§3 的(3.5)式可求出点 P 的射影坐标是$(0,a,1)^{\mathrm T}$.

7. 取$[A_1,A_2,A_3,E]$为基底，分别去求 P_1，P_2，P_3 共线的充分必要条件，A_1Q_1，A_2Q_2，A_3Q_3 共点的充分必要条件.

8. 类似于第 7 题的方法. 如果 P_1，P_2，P_3 在扩大的欧氏平面的无穷

远直线上，那么上述命题的几何意义是第一章 §2 的门内劳斯定理所述.

9. 类似于第 7 题的方法. 几何意义是习题 2.3 的第 12 题.

10. 取基底$[A,B,C,D]$.

11. 调和线束的作图方法：任给共点于 O 的三条直线 l_1，l_2，l_3，它们的第四调和线可以按下述步骤作出：

作任意一条不经过点 O 的直线 l，设 l 与 l_i 交于 $B_i(i=1,2,3)$；经过 B_3 作任一直线 l' 与 l_i 交于 $D_i(i=1,2)$；连接 D_1B_2，D_2B_1，设 D_1B_2 与 D_2B_1 交于 D_4；连接 OD_4，则直线 OD_4 即为所求的第四调和线.

利用第 10 题的第(2)小题的对偶命题可证明上述作出的 OD_4 的确是 l_1，l_2，l_3 的第四调和线.

习 题 7.5

1. $\lambda\begin{pmatrix}x_1'\\x_2'\\x_3'\end{pmatrix}=\begin{pmatrix}-1&-2&2\\-2&-2&2\\0&-1&0\end{pmatrix}\begin{pmatrix}x_1\\x_2\\x_3\end{pmatrix}$.

2. $\lambda\begin{pmatrix}x_1'\\x_2'\\x_3'\end{pmatrix}=\begin{pmatrix}0&\lambda_2&\lambda_3\\\lambda_1&0&\lambda_3\\\lambda_1&\lambda_2&0\end{pmatrix}$，其中 λ_1，λ_2，λ_3 可以取任意非零实数.

3. 设所求的射影变换 σ 的公式为

$$\lambda\begin{pmatrix}x'_1\\x'_2\\x'_3\end{pmatrix}=\boldsymbol{A}\begin{pmatrix}x_1\\x_2\\x_3\end{pmatrix}.$$

再设 $\boldsymbol{A}^{-1}=(c_{ij})$，由已知条件可求得

$$\boldsymbol{A}^{-1}=\begin{pmatrix}\rho_1&0&0\\0&\rho_2&0\\0&0&\rho_3\end{pmatrix}\begin{pmatrix}a_1&b_1&c_1\\a_2&b_2&c_2\\a_3&b_3&c_3\end{pmatrix},$$

于是

$$A=\begin{pmatrix}a_1 & b_1 & c_1\\ a_2 & b_2 & c_2\\ a_3 & b_3 & c_3\end{pmatrix}^{-1}\begin{pmatrix}\rho_1^{-1} & 0 & 0\\ 0 & \rho_2^{-1} & 0\\ 0 & 0 & \rho_3^{-1}\end{pmatrix}.$$

5. σ 的全部不动点为

$$\begin{pmatrix}1\\1\\2\end{pmatrix},\quad k_1\begin{pmatrix}1\\1\\0\end{pmatrix}+k_2\begin{pmatrix}1\\0\\1\end{pmatrix},$$

其中 k_1，k_2 可取任意不全为零的实数.

设 l：$a_1x_1+a_2x_2+a_3x_3=0$ 是 σ 的不变直线，则 l 的像直线 l'仍为 l，从而 l' 的方程仍为 $a_1x_1+a_2x_2+a_3x_3=0$. 用$(x_1',x_2',x_3')^{\mathrm T}$ 表示点 $M(x_1,x_2,x_3)^{\mathrm T}$ 的像 M' 的坐标，则 l' 的方程可写成 $a_1x_1'+a_2x_2'+a_3x_3'=0$. 因此 l' 的原像 l 的方程可写成

$$(a_1,a_2,a_3)\begin{pmatrix}0 & 1 & 1\\ -1 & 2 & 1\\ -2 & 2 & 3\end{pmatrix}\begin{pmatrix}x_1\\x_2\\x_3\end{pmatrix}=0.$$

又 l 的方程应为 $a_1x_1+a_2x_2+a_3x_3=0$，由此出发可求出 σ 的全部不变直线为

$$x_1-x_2-x_3=0,\quad (c_1+2c_2)x_1-c_1x_2-c_2x_3=0,$$

其中 c_1，c_2 可取任意不全为零的实数.

6. 在 l_0 上取两点 A_2，A_3，建立一个基底 Ⅰ$[A,A_2,A_3,E]$. 设点 P，P' 在Ⅰ中的射影坐标分别是$(x_1,x_2,x_3)^{\mathrm T}$，$(x_1',x_2',x_3')^{\mathrm T}$，可求出点 P_0 的Ⅰ坐标为$(0,y_0,z_0)^{\mathrm T}$，且 $y_0x_3=z_0x_2$，$y_0x_3'=z_0x_2'$. 利用$(A,P_0;P,P')=e$，求出$(x_1',x_2',x_3')^{\mathrm T}$ 与$(x_1,x_2,x_3)^{\mathrm T}$ 的关系为

$$\lambda\begin{pmatrix}x'_1\\x'_3\\x'_3\end{pmatrix}=\begin{pmatrix}e & 0 & 0\\ 0 & 1 & 0\\ 0 & 0 & 1\end{pmatrix}\begin{pmatrix}x_1\\x_2\\x_3\end{pmatrix}.$$

这是 σ 在基底Ⅰ中的公式. 根据定理 5.3 的后半部分，σ 是射影变换.

习　题　7.6

1. $2x_1^2+2x_2^2+10x_3^2+4x_1x_2+9x_1x_3+9x_2x_3=0.$

2. 因为点 A 在直线 l_1 上，所以 l_1 是以 A 为切点的切线．把经过点 A 的切线方程(利用(6.8)式)与 l_1 的方程作比较．点 B 在直线 l_2 上，所以 l_2 是以 B 为切点的切线．所求二次曲线的方程为

$$x_1^2+x_2^2-x_3^2=0.$$

3. $3x_1+3x_2+x_3=0.$

4. 任取一个不在 $\overline{S}$ 上的无穷远点 ∞_1，设它对应的方向为 $\boldsymbol{v}_1$，则 $\boldsymbol{v}_1$ 是 S 的非渐近方向．设以 $\boldsymbol{v}_1$ 为方向的一条直线与 S 交于 A，B 两点，则 ∞_1 关于 A，B 的调和共轭点为线段 AB 的中点．因此 ∞_1 的极线是共轭于 $\boldsymbol{v}_1$ 的直径.

5. 经过中心 O 作一直线与 S 交于 A，B 两点．点 O 关于 A，B 的调和共轭点是直线 AB 上的无穷远点.

6. 因为双曲线的中心的极线是无穷远直线，所以无穷远点的极线经过中心．又因为双曲线上的无穷远点的极线经过它自身，所以这极线的方向是渐近方向，从而是渐近线.

7. 设抛物线上的无穷远点为 ∞_0，任取一个不在抛物线上的无穷远点 ∞，要证 ∞ 在 ∞_0 的极线上，只要证 ∞_0 在 ∞ 的极线上．这可利用第 4 题的结论，注意抛物线的每一条直径的方向都是渐近方向.

8. 在欧氏平面 π_0 上取一个直角坐标系，使得圆锥曲线的方程为标准方程．去计算焦点的极线的方程.

9. 说明 $Q_i(i=1,2)$ 是 G_i，H_i，P 的第四调和点，从而 Q_1Q_2 是点 P 的极线．因为 C_i 在 P 的极线上，所以 P 在 C_i 的极线上，而 C_i 的极线是二次曲线的切线，因此 $PC_i(i=1,2)$ 是切线.

10. 设 C 是圆锥曲线上的一个点，作经过点 C 的切线的方法如下：经过 C 作任一直线 L_1 与圆锥曲线交于 D，在 L_1 上取两点 Q_1，Q_2；分别作 Q_1，Q_2 的极线，设它们的交点为 F，则 FC 就是经过点 C 的切线.

11. (1) 直线 L 的射影坐标为$(1,1,1)^{\mathrm{T}}$，代入 τ 的公式中，可求出 L

的极点为$(1,4,-1)^{\mathrm{T}}$.

(2)　　P 是自共轭点

$\Longleftrightarrow L_P$ 经过 P

$\Longleftrightarrow \xi_1x_1+\xi_2x_2+\xi_3x_3=0$

$$\Longleftrightarrow \rho^{-1}(x_1,x_2,x_3)\begin{pmatrix}2 & 0 & -1\\ 0 & 1 & 1\\ -1 & 1 & 0\end{pmatrix}\begin{pmatrix}x_1\\ x_2\\ x_3\end{pmatrix}=0$$

$\Longleftrightarrow 2x_1^2+x_2^2-2x_1x_3+2x_2x_3=0.$

12. 设完备四点形 $ABCD$ 内接于 $\overline{S}$，AB 与 CD 交于 H，AC 与 BD 交于 F，AD 与 BC 交于 G. 根据第四调和点的作图方法，找出 F 关于 A，C 的调和共轭点 F_1(它是 GH 与 AC 的交点)；找出 F 关于 B，D 的调和共轭点 F_2(它是 GH 与 BD 的交点). 于是 F 的极线是 F_1F_2(即 GH). 类似地，找出 H 关于 B，A 的调和共轭点，H 关于 D，C 的调和共轭点，从而求出 H 的极线. 可用类似的方法去求 G 的极线.